厚生労働省認定教材	
認定番号	第58643号
認定年月日	昭和58年10月６日
改定承認年月日	平成30年１月11日
訓練の種類	普通職業訓練
訓練課程名	普通課程

機械工作法

独立行政法人 高齢・障害・求職者雇用支援機構
職業能力開発総合大学校 基盤整備センター 編

はしがき

本書は職業能力開発促進法に定める普通職業訓練に関する基準に準拠し，機械系，金属加工系，航空機系，鉄道車両系，精密機器系の系基礎学科「機械工作法」，機械整備系の系基礎学科「工作法」，及びメカトロニクス系，自動車製造科の専攻学科「機械工作法」等の教科書として編集したものです。

作成にあたっては，内容の記述をできるだけ平易にし，専門知識を系統的に学習できるように構成してあります。

本書は職業能力開発施設での教材としての活用や，さらに広く機械分野の知識・技能の習得を志す人々にも活用していただければ幸いです。

なお，本書は次の方々のご協力により改定したもので，その労に対し深く謝意を表します。

〈監修委員〉

岡部眞幸　職業能力開発総合大学校

和田正毅　職業能力開発総合大学校

〈改定執筆委員〉

臼井　章　東京都立中央・城北職業能力開発センター板橋校

江原良一　群馬県立高崎産業技術専門校

神山貴洋　埼玉県立川越高等技術専門校

三谷浩教　滋賀県立高等技術専門校　米原校舎

（委員名は五十音順，所属は執筆当時のものです）

平成 30 年 1 月

独立行政法人 高齢・障害・求職者雇用支援機構

職業能力開発総合大学校 基盤整備センター

目　　次

第1章　機械工作法の概要

第2章　切削加工法

第３章　研削加工法

第４章　研磨加工法

第５章　特殊エネルギ加工法

第6章　仕上げ法，組立て法

第7章　鋳造法

第８章　塑性加工法

第９章　その他の加工法

第10章　接合法，切断法

第11章　機械加工の周辺技術

第1章
機械工作法の概要

本章では，ものづくりを行う上で必須の工作機械，さらにその工作機械を用いた機械工作法についての基本を学習する。機械工作法には様々な加工法があるため，それぞれの特徴を理解する。そして，技術者としては，コスト，リードタイム，品質について考慮でき，さらに，ものづくりのための最適な材料，加工法等の選定ができることがますます必要とされることから，しっかり学習する。

第１節　総　　説

1.1　機械工作法とその目的

21世紀になり，我々の生活はますます利便性が増し，快適になってきている。

我々の生活の利便性や快適さを支える工業製品として，スマートフォン，携帯電話などの携帯通信端末，音楽プレーヤ，デジタルカメラなどの携帯情報機器，家の中には冷蔵庫，エアコン，テレビ，ビデオ，カメラ，パソコン，ゲーム機などの家電製品，家の外には自転車，バイク，自動車，公共の場にはバス，電車，飛行機などがある。

これらの工業製品をつくるための金型や種々の部品のほとんどは，それぞれの目的に合った工作物（素材）や形状，精度にしたがって様々な機械工作法でつくられる。例えば，図１－１は工作機械を使ったものづくりを示している。

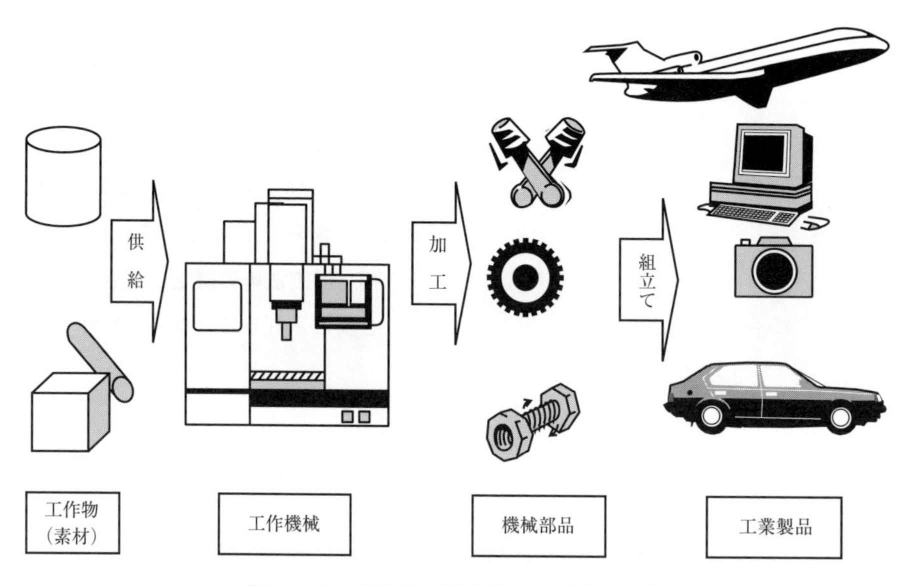

図１－１　工作機械によるものづくりの例

このように機械工作法とは，文字どおり機械を用いて機械部品や金型を製作・加工する方法であり，実際にものづくりを行うときには目的に合った各種の生産機械が用いられる。

機械工作法の目的は，目的の機械部品や金型を得るために，合理的で適切な加工方法によって，工作物（素材）を目的形状に加工し，仕上げることである。

機械工作法では，様々な加工方法や製造・生産に関する技術を系統的に学習する。そして，機械工作の全容を把握し，合理的な工作法を企画し，実施する能力を養う。また，実際に機械部品を加工することから，その学習においては実習が伴って初めて完全な知識となる。

従来，実際に加工を行う場合，合理的・計画的でないため，製品を製作する上で時間，材料，人件費，コストなどにむり・むだが多く，効率の上で種々の問題があった。しかし，現在は，コンピュータの発達によって種々の**加工シミュレーション**技術が確立されつつある。加工シミュレーションを行って，機械工作の科学的・数理的な解析が可能となったことで，そのような問題点を解決でき，合理的な工作方法を学べる状況になってきている。

1.2　機械工作法の分類

機械工作法の分類には，エネルギなどいろいろな視点で分ける方法がある。本書では，加工される工作物の質量変化に着目して大別している。機械工作法は表１－１に示すように様々な加工法から構成され，加工メカニズムは，除去加工法，付加加工法，変形加工法の三つに分類される。

（1）　除去加工法

除去加工法は，図１－２に示すように工作物（素材）の余分な部分を取り除いて（工作物の質量を

表１－１　機械工作法の分類

<table>
<tr><th>大分類</th><th>中分類</th><th colspan="3">小分類（加工法）</th></tr>
<tr><td rowspan="6">除去加工</td><td rowspan="4">機械的除去
（機械加工）</td><td rowspan="2">切削</td><td>連続加工</td><td>バイト（旋削，平削り，形削り，立て削り，中ぐり，ねじ切り），ドリル，リーマ，タップ，ダイス，ブローチ</td></tr>
<tr><td>断続加工</td><td>フライス，ホブ</td></tr>
<tr><td rowspan="2">と粒</td><td>固定
と粒加工</td><td>研削（円筒，内面，平面，心なし，総形，ねじ，歯車，センタ穴，ベルトサンディング），ホーニング，超仕上げ，バフ仕上げ</td></tr>
<tr><td>遊離
と粒加工</td><td>ラッピング，バレル加工，超音波加工，噴射加工</td></tr>
<tr><td>熱的除去</td><td colspan="3">ガス切断，放電加工（形彫り，ワイヤ），レーザ加工（ガス，YAG，エキシマ），プラズマ加工，電子ビーム加工，イオンビーム加工など</td></tr>
<tr><td>化学的・
電気化学的除去</td><td colspan="3">ケミカルミーリング（腐食加工），フォトエッチング，電解加工，電解研磨，電鋳，化学研磨など</td></tr>
<tr><td rowspan="2">付加加工</td><td>接合</td><td colspan="3">溶接（ガス，アーク，サブマージアーク，不活性ガスアーク〔TIG，MIG〕，エレクトロスラグ，電子ビーム，融接，電気抵抗〔突合せ，点，シーム〕），圧接，ろう付け，接着，焼きばめ，圧入，締結（リベット締結，ねじ締結）など</td></tr>
<tr><td>被覆</td><td colspan="3">肉盛り，金属溶射，めっき，蒸着，塗装，プラスチック・ライニング，セラミック・コーティングなど</td></tr>
<tr><td rowspan="2">変形加工
（成形加工）</td><td>個体以外の
素形材</td><td colspan="3">鋳造（砂型，金型，ダイカスト，精密，遠心，低圧），焼結，射出成形（プラスチック，金属），圧縮成形，ラピッド・プロトタイプ</td></tr>
<tr><td>個体の素形材
（プレス加工）</td><td colspan="3">鍛造（冷間，温間，熱間），圧延，引抜き，押出し，曲げ，絞り，せん断，転造（ねじ，歯車），フォーミング，製缶，スタンピング，板金，ローラ，バニッシュ仕上げ</td></tr>
</table>

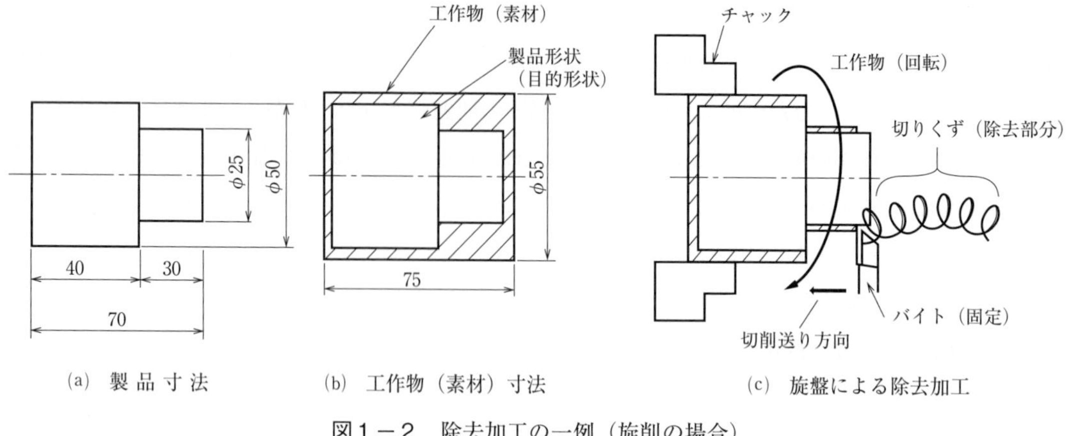

(a)　製 品 寸 法　　(b)　工作物（素材）寸法　　(c)　旋盤による除去加工

図１－２　除去加工の一例（旋削の場合）

減らして）目的の形状（製品）にする加工法である。製品形状以外の除去された部分は加工くずとなる。切削で除去された部分を切りくず（あるいは切粉（きりこ））という。このように，除去加工の短所はむだな切りくずが出ることである。この方法には主に機械的除去，熱的除去，化学・電気化学的除去の三つの方式がある。熱的除去及び化学・電気化学的除去方式は，**特殊加工**と呼ばれたり，**高エネルギ密度加工**と呼ばれたりする。

a　機械的除去

機械的除去加工法には，後述する切削加工，研削加工，ホーニング加工，超仕上げ加工，ラッピング，バフ仕上げ，バレル加工，超音波加工，噴射加工などがある。その中でも，切削加工ととと粒加工にはその用途，目的によって各種の加工法がある。

切削加工は，除去される**切りくずの形態**から**連続加工**と**断続加工**に分けられる。切りくずが連続に出る連続加工には旋削，ドリル（穴あけ）加工，中ぐり，平削り，形削り，立て削り，ブローチ削り，ねじ切りなどがある。切りくずが不連続の断続加工には，のこ引き，フライス削り，ホブ削りが挙げられる。

一方，と粒加工は，工具のと粒の形態から，固定と粒加工と遊離と粒加工に大別される。固定と粒加工の代表として研削加工があり，円筒，内面，心なし，総形，ねじ，歯車，センタ穴，ベルトサンディング，プランジカットなどの加工法がある。遊離と粒加工の代表例はラッピングである。

また，切削加工を作業形態から分類すると，手作業と機械作業に分けられる。

①　手作業……はつり，やすりがけ，きさげなど

②　機械作業…切削，研削，ラップ仕上げなど

一般的に機械加工という場合，手作業は除外される。

b　熱 的 除 去

熱的除去とは，工作物を除去するために熱を用いる加工法である。これには溶断，放電加工（形彫り放電加工，ワイヤ放電加工），プラズマ加工，レーザ加工（CO_2ガス，YAG（ヤグ），エキシマ），電子ビーム加工，イオンビーム加工などがある。

c　化学的・電気化学的除去

これらには，主に化学的除去を用いたケミカルミーリング（腐食加工），電気と化学を原理的に用いたフォトエッチング，電解加工，電解研磨，化学研磨などがある。

（2）　付加加工法

付加加工法とは，目的の形状（製品）を得るために複数の工作物（材料）を足し合わせてつくる加工法である。加工前よりも質量が増えることから付加加工法（別名，付着加工法）といわれる。具体的には溶接，圧接やろう付けなどの接合，そして肉盛り，溶射，めっきなどの被覆がある。図1－3に，金属アーク溶接法によるV形開先の突き合せ継手を示す。図中の2枚の板を接合・溶接した部分が付加加工された部分である。溶接には，様々な加工法があり，最近はYAGレーザや電子ビーム加工による溶接なども行われるようになってきている。

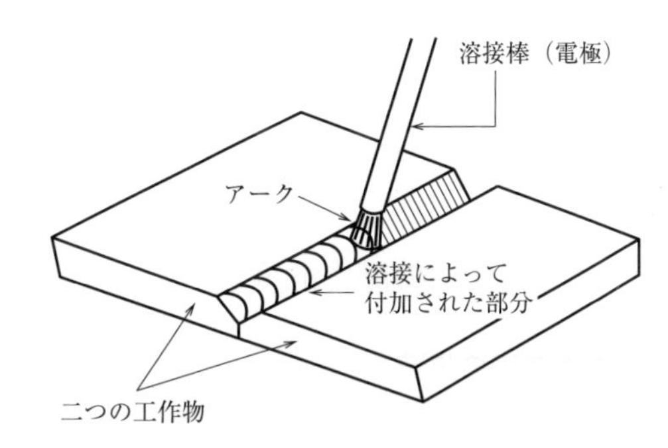

図1－3　付加加工の一例
（金属アーク溶接法によるV形開先の突き合せ継手の場合）

（3）　変形加工法

変形加工法は，工作物（材料）を変形させて目的の形状にする加工法である。図1－4では金型を用いて金属プレス成形機で薄板を成形し，製品（ステンレス容器）をつくる様子を示す。加工前後の質量の変化はほとんどない。そのため，資源が効率よく，つまりむだなく使えるため，除去加工法はこの変形加工に置き換えられつつある。変形加工は工作物をいったん溶かしたもの（非個体）と溶かさないもの（個体）に分けられる。

工作物を溶かす加工法には，主に樹脂製品を成形する**プラスチック成形加工**（射出成形，圧縮成形

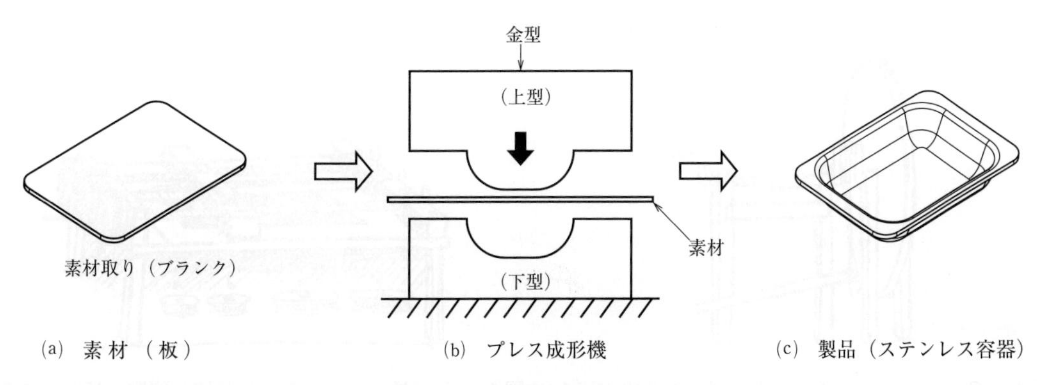

図1－4　変形加工の一例
（金属プレス成形加工法による薄板曲げ加工の場合）

など)，また，主にアルミ製品を成形する鋳造法には**ダイカスト**などがある。そして，金属粉末を素材として焼結してからプレス成形する粉末焼結成形加工などがある。さらに，最近の金属粉末を素材とした射出成形加工法の**MIM**（Metal Injection Method：メタル射出成形加工法）は新しい技術である。

工作物を溶かさない加工法には鍛造，転造，圧延，引抜き，押出しなどのプレス機を用いた塑性加工，そして，プレス機を用いた鍛造には温度によって常温で行う冷間鍛造法，200～600℃で行う温間鍛造法，1000℃付近で行う熱間鍛造法があり，このほかに，手作業で刀などをつくる自由鍛造などがある。特に，鍛造では素材を限りなくむだなく成形する技術が試みられ，近年では**ニア・ネット・シェイプ**から材料100％を製品にする**ネット・シェイプ**技術が盛んに行われている。

1.3　機械工作法の歴史的変遷

（1）工作機械の起源

工作機械の起源は，器を削り出す木工用道具として用いられた弓錐（きり）や弓旋盤などで，これらは，ひもや弓，足踏みなどによる人力駆動であった。図１－５に示す旋盤はポール旋盤（さお旋盤）と呼ばれ，ひもの一端をさおに，もう一端を踏み台に結び付けて工作物を駆動する。さおが元に戻ろうとする力を利用して回転運動を与えるため，軸の回転方向は交互に反転を繰り返すことから，切削するためには相当な熟練を要した。

図１－５　ポール旋盤（14世紀）
出所：L. T. C. ロルト著「工作機械の歴史」平凡社，1993，p21，図3

ルネサンス時代には，レオナルド・ダ・ヴィンチ（伊）が図１－６と図１－７のような旋盤を考案した。図１－６は，クランク軸とフライホイール（はずみ車）が描かれており，足踏みをすると主軸を連続して回転させることができ，当時としては画期的な機構であった。図１－７は，ねじ切り旋盤を示しており，親ねじや往復台，換え歯車を備えている。工具を取り付けた刃物台が親ねじによって

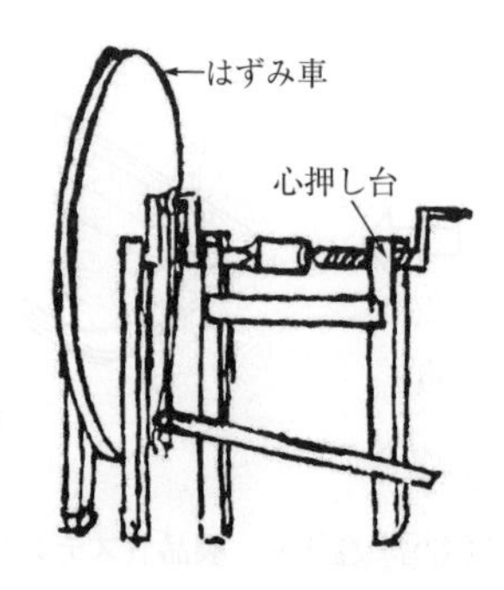

図１－６　ダ・ヴィンチのスケッチ（1500年ごろ）
出所：（図１－５に同じ）p27，図7

図１－７　ダ・ヴィンチのねじ切り旋盤（1500年ごろ）
出所：（図１－５に同じ）p27，図6

往復台上を直線運動すると同時に，工作物が回転しねじが切られていく構造になっている。また，換え歯車によって，ねじのピッチを換えられるようになっている。

17 世紀から 18 世紀初めにかけてのバロック時代では，イタリアで生まれた機械式時計を中心とした小形の精密工作と装飾品加工の分野において，図１－８のような工作機械に発展した。当時，王侯貴族しか持てなかった時計も，加工技術の進歩と共に小形になり，値段も安くなったことで，市民の手に届くようになった。

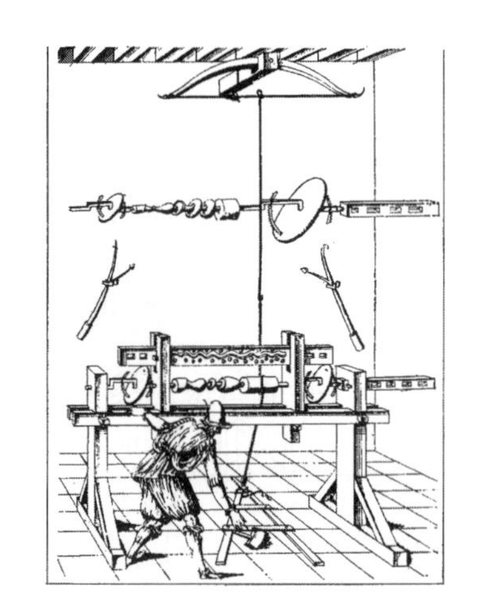

図１－８　装飾用旋盤（ローズ旋盤）
出所：（図１－５に同じ）p 35，図11

加工技術もフランスを経てイギリスやヨーロッパ各地に広がり，その後，スイスが時計工業の中心となった。しかし，19 世紀後半のアメリカ方式といわれる互換性のある部品によって大量に工業製品を生産することが可能になるまで，時計工業を含めた数多くの分野で，安価で高い品質の工業製品が世の中に出回ることはなかった。

（2）動力源の移り変わり

18～19 世紀の産業革命による蒸気機関やその後の電気の発明によって金属の切削加工をするために必要な動力が得られるまでは，金属の加工は，手間のかかる鍛冶仕事であった。工作機械は，紡績や機織り機械のスピンドルの製造等，小形製品の加工に使われていたが，大砲をはじめとする大形の兵器分野での加工に広がっていった。18 世紀後半にイギリスで起こった産業革命は，J．ワット（英）が発明した蒸気機関が原動力となって進行したことがよく知られているが，図１－９に示すJ．ウィルキンソン（英）の発明した中ぐり盤が実用化されると，シリンダの要求精度に対して必要な加工精度を達成することができたため，この中ぐり盤によって蒸気機関が初めて実現できた。

また，ウィルキンソンの中ぐり盤も，初めは水車で駆動したが，蒸気機関の実現を機に動力は原動機に置き換わり，その結果，様々な工作機械が発明，考案され，また改良されて，いわゆるメカニズムを基本とした工作機械の体系化が進んだ。

18 世紀のイギリスでは，蒸気シリンダや大砲をつくるための中ぐり盤が発達したのに対し，19 世紀のアメリカでは，農機具やマスケット銃，ライフルといった小火器を数多くつくる必要があった。このため大量生産方式として，部品に互換性を持たせ，部品交換ができるよう十分な精度で仕上げられるような部品加工にフライス盤が重要な役割を果たした。図１－10 に示す万能フライス盤が登場したことで，これまで手作業で行っていたねじれドリルのらせん溝を，自動的にフライス加工できるようになった。

19 世紀後半における電動機（モータ）の発明は，工作機械の駆動方式を一変させた。Z．T．グラム（仏）が機械を駆動するモータを発表し，自工場の動力軸系駆動に採用したのが始まりである。ブラウン＆シャープ社（米）は，電動機を取り入れた２番万能フライス盤を製作し，今日の定速フライ

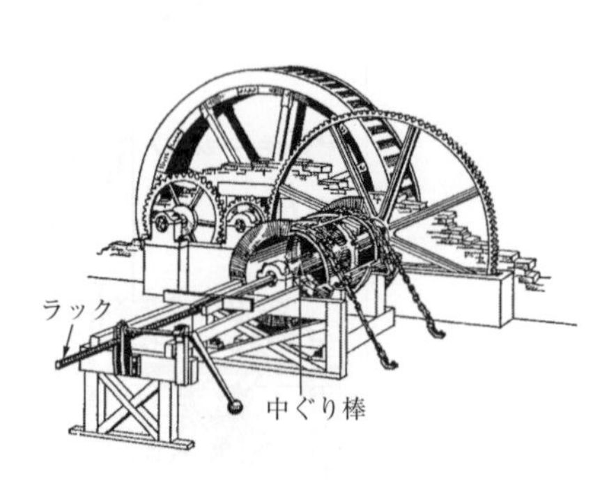

図１－９　ウィルキンソンが製作した
シリンダ加工用の中ぐり盤（1776年）
出所：（図１－５に同じ）p 61，図20

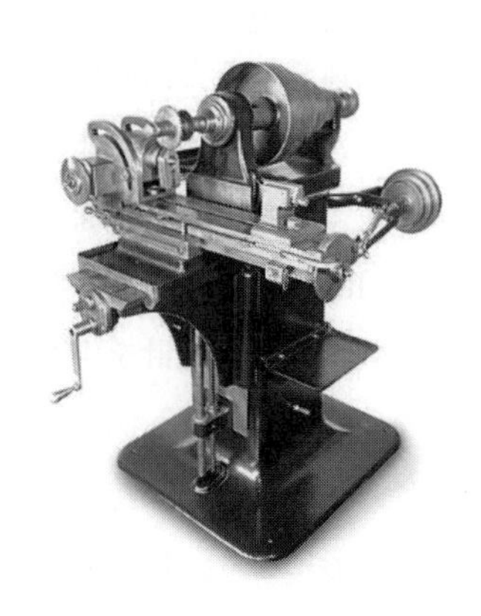

図１－10　ブラウン＆シャープ製
万能フライス盤（1860年ごろ）
出所：（株）三共製作所

ス盤の原形を完成させている。フライスの送り速度を主軸の回転速度とは独立して選ぶことができ，フライスの切削能力を最大に利用することができた。

20 世紀後半までの電動機は，交流モータの時代が長く続き，ベルトの掛替えや歯車の組換えにより回転速度や送り速度を変えていた。その後，直流モータを経てインバータを利用した連続変速が可能になり，さらにサーボ機構と組み合わせた高精度な位置の制御も可能となった。

（3）　機械構造と運動の仕組みの移り変わり

古代から産業革命前までは，切削工具を人間の手で支えて加工し，工作機械の構造もほとんどが木製であった。最初に金属が構造材料に使われたのは，18 世後半，J．ヴォーカンソン（仏）とその後を継いだセノー（仏）の工業用旋盤といわれる。図１－11 に示す旋盤は，45° に傾けたプリズム形の案内面上を往復台が滑ることで切りくずが落ちやすくなり，切削工具もツールポストに固定し，工具の推力にも対抗できる振止め機能をもたせるなどして，高い精度のねじ切り加工ができるようになった。

図１－12 は，工作機械の父と称される H．モーズレイ（英）のねじ切り旋盤である。この旋盤は現在の旋盤とほぼ同様の構造要素を備えている。すなわち旋盤の部品全てが金属製であり，かつ高精

図１－11　ヴォーカンソンの旋盤（1775年ごろ）
出所：（図１－５に同じ）p 73，図22

図１－12　モーズレイのねじ切り旋盤（1800年ごろ）
出所：（図１－５に同じ）p 103，図34

度の案内面と親ねじ送りにより，精密なねじ加工を可能にした。モーズレイのもとでは多くの優秀な工作機械技術者が育ち，ねじの規格統一を提唱してウィットねじの生みの親となったJ．ホイットワース（英，ウイットウォースとも表記する）や形削り盤を考案したJ．ナスミス（英）などがいた。

精密研削盤の祖先に当たる原始的な研磨機は，旋盤に用いる切削工具を研磨する必要から，旋盤と同じくらい古い歴史があると考えられるが，焼入れした硬い材料を加工する必要が出るまでは，大きな進歩はなく，また，十分な品質のといしをつくることが長い間できなかった。1870年代，実用的なといし車をF．B．ノートン（米）が開発した時期と同じくして，ブラウン&シャープ社（米）が画期的な研削盤を開発した。工作物をテーブル上の工作物ヘッドと心押し台で保持して左右に動かし，他方，といし軸はテーブルと直角に移動して切込みを与える構造になっており，今日の円筒研削盤の原形といわれている。

その後，ブラウン&シャープ社に勤めていたC．H．ノートン（米）は，図1－13に示すような，剛性が高く，幅広のといし車で研削できる高能率・高精度の重研削用円筒研削盤を開発した。また，J．ヒールド（米）が，図1－14に示すようなプラネタリ（遊星）形内面研削盤を開発した。ノートンとヒールドの研削盤の登場で，内燃機関の心臓部であるシリンダとピストンの加工が，従来の中ぐり，リーマ通し，ラッピングという工程では得られなかった穴の加工精度を飛躍的に向上させ，アメリカ自動車メーカの自動車生産に大きく貢献したといわれている。

図1－13　ノートンの万能研削盤（1900年）
出所：（有）大橋機械「円筒研削盤の世界」2010年1月号

図1－14　ヒールドの内面研削盤（1910年）
出所：（図1－10に同じ）

（4）　自動化の移り変わり

20世紀における工作技術の特徴は，油圧，空気圧，電気電子装置の単独，又はこれらを組み合わせた制御方式が，ごく簡単な小形汎用機を除いて，急速かつ広範に採用されたことである。電磁作動弁とマイクロスイッチで制御される油圧，又は空気圧によるジャッキのような装置は，作業者が行っていた工作物の固定や工具等の段取り替え作業を極めて容易にすることができた。

中でも第二次世界大戦以後における工作機械に関する最も重要な発明は，NC工作機械であるといえる。NC工作機械は，工作物に対する工具の位置をそれに対する数値情報で指令し，制御する工作機械である。それまで歯車と送りねじによって制御されていた送り速度，ならびにレバーとハンドル

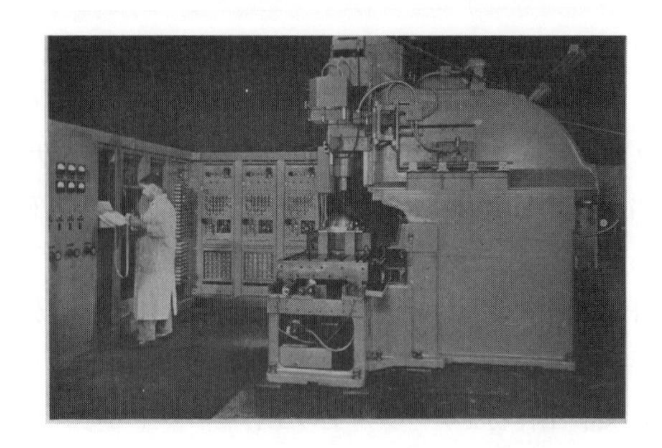

図1－15　世界最初のNC工作機械（1949年）
出所：BONNIER Corporation「POPULAR SCIENCE」第167巻，第2号，1955年8月刊，p107

操作で制御していた位置決めを全て数値制御によって制御するが，複雑形状の加工についてNC装置が出現する前は，倣い装置による自動制御が中心であった。NC工作機械を発明したのは，J. T. パーソンズ（米）であるが，彼はヘリコプタのブレードの輪郭を検査するための板ゲージを加工する機械に関する考案をアメリカ空軍に提案し，1949年MIT（マサチューセッツ工科大学）サーボ機構研究所の協力を経て，図1－15に示すようなNCフライス盤の開発に成功した。

ドイツをはじめとする伝統的な工作機械技術を継承してきたヨーロッパでは，NCによる自動化はあまり見向きされなかったが，その後，アメリカで急速に発展していった。NC工作機械に対する日本の対応は素早く，1957年に東京工業大学で国産初のNC工作機械の試作に成功している。民間の工作機械の国産1号機は牧野フライス製作所と富士通（後に，FANUC（株）として会社を設立）の共同開発によるもので，その後，日本のNC工作機械は急成長し，1980年には世界の工作機械の生産額のトップを占めるまでになった。

（5）　加工精度の移り変わり

産業革命以後における，工作機械の到達可能精度の変遷をまとめると，図1－16のようになる。これは，各時代における代表的あるいは最も高精度の加工精度を寸法100mmに対する寸法誤差に換算して示した図である。

ウィルキンソンの中ぐり盤以降，100年でほぼ一けたの割合で精度が向上してきた工作機械は，第二次世界大戦以後，精度向上のテンポが急増していることが分かる。測定器の精度向上に伴う工作機械の精度の向上と併せ

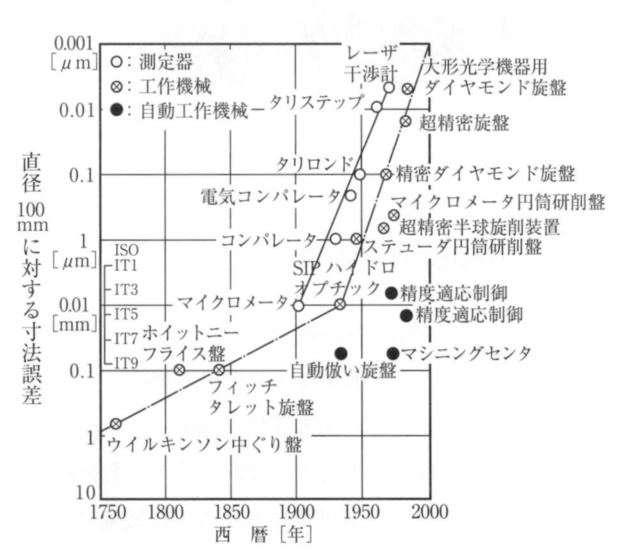

図1－16　工作機械と加工精度の変遷
出所：伊東誼ほか「工作機械工学」コロナ社，2004，p25，図1.14

て，これら工作機械は工具材料の発展に呼応するように高速化，高能率化が図られてきた。

（6）　切削工具の移り変わり

切削工具については，19 世紀に様々な鉄や鋼の製造方法が開発され「工具鋼」が作り出されたが，切削速度は毎分数メートルでもすぐに発熱の影響で軟化してしまい，鋼の切削には不向きであった。主としてねずみ鋳鉄，錬鉄，青銅などを加工対象としていた。

1868 年に R．ムショット（英）がマンガン（M）やタングステン（W）を添加したムショット鋼を開発し，切削速度 10m/min 程度で切削できるようになり，旋削の生産性が 2 倍になった。

その後，1900 年のパリ博覧会で，F．テイラー（米）と M．ホワイト（米）が「高速度工具鋼」（製造現場では今もハイスと呼ばれている）を開発し，軟鋼を切削速度 40m/min で切削加工を実演したのがきっかけで，切削工具の高速化が始まったといわれる。また，テイラーは切削加工を科学的にとらえ，今日でも用いられている工具寿命の方程式「$V\ T^{\alpha}=C$」などを導き出し，科学管理法の礎も築いた。日本国内では，安来鉄鋼合資会社（現，日立金属（株）安来工場）で 1913（大正 2）年に東洋で初めて高速度鋼の製造に成功している。

1915 年ごろ，コバルト（Co），クロム（Cr），タングステンを主成分とする「鋳造合金」が開発され，製造元により「ステライト，スピードアロイ，タンガロイ」などと呼ばれた。成分は超硬合金に近く，極めて硬く，800℃程度の温度まで耐えられたが，大変もろくて工具としては成形が難しかった。

「超硬合金」は，クルップ社（独）により，1926 年のパリ博覧会で「ウィディア」の商品名で紹介されている。ハイスと同様に，切削工具の開発では歴史的な出来事といわれている。高速度工具鋼で 26 分，鋳造合金で 15 分要していた加工が，超硬合金によりわずか 6 分で加工できるようになった。

1930 年代は，ソビエト連邦（ロシア）やアメリカ等で「セラミックス」を切削工具として使用する研究が行われたが，当時のセラミックスは大変もろく，1942 年にデグサ社（独）により販売され，さらにチップとして利用されるようになったのは，1950 年代になってからのことである。

1955 年に「ダイヤモンド」，1957 年に「cBN」の人工合成にゼネラルエレクトリック社（米）が成功したが，切削工具として利用できるようになったのは，さらに遅く，1972 年になって焼結体を成形できるようになった。

1959 年フォード社（米）が，ジェットエンジンや固体ロケットの材料として「サーメット」を開発したが，翌年の日本国際工作見本市（JIMTOF）で出品されると，以降日本を中心に開発が進められ，現在も仕上げ加工中心に広く利用されている。

切削工具の構造は，1940 年から 1950 年ごろまでは，刃部として超硬合金をチップ形状にして，「ろう付け」により使用していたが，1950 年の中ごろになると，機械的に取付けが可能なホルダの設計が行われ，「スローアウェイ形」のチップが開発された。日本では，1970 年代後半まで，ろう付けによる付刃バイトが使用されており，その後，スローアウェイ形バイトが量産加工の生産現場で急速に普及していった。

1950 年代前半に，メタルゲゼルシャフト社（独）が化学的蒸着法によるコーティングチップを開発した。この開発により，母材のじん性[1]を変えることなく耐摩耗性を大幅に改善できたことで，この工具にとって最も必要な要素である「硬さ」と「じん性」の相反する関係を解決することできたため，切削速度は50%向上し，工具寿命も延ばすことが可能になった。

工作機械と切削工具は，深く関連し合っており，工具の開発が進むとそれに追随して機械の開発も進み，逆もまた然りである。

これまでの工作機械の発達とその関連事項を表1－2に示す。現在使われている基本的な工作機械のほぼ全種類の原形は，1850年ごろまでに出そろっていることが分かる。

表1－2　代表的な工作機械の発達史と関連事項

西暦[年]	工作機械	関連事項
1769		ワットが，蒸気機関の特許を取る（英）
1775	ウィルキンソンが中ぐり盤を発明（英）	（蒸気機関シリンダ製作が可能になる）
1797	モーズレイが旋盤を完成（英）	
1817	R. ロバートが平削り盤を考案（英）	
1822		J. パーキンがねじれドリルを考案（米）
1827	ホイットニーがフライス盤を考案（米）	
1835	ホイットワースが門形平削り盤，立て削り盤，自動盤を製作（英）	
1836	ナスミスが形削り盤を製作（英）	
1841		ホイットワースが標準ねじを定める（英）
1853		コルトが兵器の互換式大量生産を開始（米）
1855	ブラウンが歯切り盤を発明（米）	
	ストーンがタレット旋盤を考案（米）	
1861	ブラウン＆シャープ社（米）が万能フライス盤をつくる（米）	
1862	セラーズが現在と同式の平削り盤をつくる（米）	
1876	ブラウン＆シャープ社（米）が万能研削盤をつくる（米）	ノートン社が実用的なといしをつくる（米）
1885		ダイムラーが自動車を発明（独）
1886	フェローズが歯切り盤を考案（米）	
1897	ハウターがホブ盤を考案，特許を取得（独）	
1900		テイラーとホワイトが高速度工具鋼を発明（米）
1901	ノートンが円筒研削盤をつくる（米）	
1923	ケラーが倣い形削り盤をつくる（米）	
1925	バーンズ社がホーニング盤を販売（米）	
1926		クルップ社が超硬合金ウィディアを開発（独）
1935	ウォレスが超仕上げ盤を考案（米）	
1952	パーソンズがMITサーボ機構研究所でNCフライス盤を完成（米）	

1）じん（靱）性：引張り強さ，伸び，硬さ，衝撃値，疲れ強さなど，機械的な変形及び破壊に関係する性質の一つで，粘りに強くて衝撃破壊を起こしにくいかどうかの程度を表す。

1.4　工作機械とその種類

（1）　工作機械について

工作機械により飛行機，船舶，電車，自動車，自転車，テレビや冷蔵庫などの家電製品，CD，DVD，パソコンなどの電子機器，釣り具，ゴルフ道具などのレジャー用品など全ての工業製品を構成している部品をつくっている。

工作機械とは，工作物（材料）を目的の製品である形状，寸法，面粗さに成形・加工する機械のことで，**日本産業規格**（**JIS**：Japanese Industrial Standards）では，「**主として金属の工作物を，切削，研削などによって，又は電気，その他のエネルギを利用して不要な部分を取り除き，所要の形状に作り上げる機械**」と定義している（JIS B 0105：2012）。しかし，工作物は金属ばかりではなくプラスチックなど非金属の加工なども行われる。したがって，工作機械は広い意味で工作物の材質によって，主に次の三つに区別される。

① 金属加工機（工作物が金属の場合）

② 木材加工機（工作物が木材の場合）

③ その他（工作物がプラスチック，石，紙などの場合）

ここで，工作機械を学習する意義について触れる。工作機械とは，単に目的の製品をつくる機械だけではなく，ものづくりの原点，基準，すなわち**マザーマシン**[2)]であるということである。工作機械は，極めて高精度な**変位基準の設計**[3)]がなされているため，要求される所要の幾何形状，寸法，精度，表面品位をもつ製品（部品）を生み出すことができる。したがって，その製品（部品）は世界のどこでも通用することになる。

工作機械は，英語で**machine tool**という。つまり，toolとは，ものづくりの道具ということである。したがって，種々の目的の製品に対するmachine tool，工作機械が必要となり，数多くの種類の工作機械がある。

（2）　工作機械の種類について

工作機械は，表１－３に示すようにその作業の利用形態，加工機構・原理，制御方式（操作性），構造・形態，作業内容，工作物形状，加工面形状，運動形態などにより分類される。

a　作業の利用形態による分類

作業の利用形態には，主に汎用工作機械，単能工作機械，専用工作機械，複合工作機械，特注工作機械の五つがある。

2）あらゆる機械やそれらの部品は工作機械によってつくられているため「マザーマシン」と呼ばれ，工作機械は世の中に存在するあらゆる機械の頂点に立つ「機械をつくる機械」である。

3）機械に静的，振動的，熱的な負荷がかかったときに，許容される変位以上の変位が生じないように設計すること。

表1－3　工作機械の分類

分類	利用形態	加工機構原理	制御方式（操作性）	構造・形態	作業内容	工作物形状	加工面形状	運動形態
内容	1. 汎用 2. 単能 3. 専用 4. 複合 5. 特注	1. 切削 2. 研削 3. 研磨 4. 複合 5. 電気 6. 化学 7. 射出 8. 塑性 9. 焼結	1. 手動 2. 半自動 ・機械制御 ・油圧制御 ・倣い制御 3. 自動 ・プログラム制御 ・数値制御	1. 主軸向 ・立て形 ・横　形 2. ベッド形　態 ・水平形 ・スラント形 3. コラム形　態 ・シングル形 ・門　形	1. 旋盤 2. ボール盤 3. 中ぐり盤 4. フライス盤 5. 平削り盤 6. 形削り盤 7. 立て削り盤 8. ねじ切り盤 9. 心立て盤 10. 彫刻機 11. ブローチ盤 12. 研削盤 13. ホーニング盤 14. ラップ盤 15. ポリシング盤 16. 金のこ盤 17. 歯切り盤 18. 歯車仕上げ盤 19. 転造盤 20. 多機能機械 ・専用工作機械 ・ターニングセンタ ・マシニングセンタ 21. 放電加工機 22. 電解加工機 23. 超音波加工機 24. レーザ加工機 25. 射出成形機 26. 塑性加工機 ・プレス加工機 27. 圧縮焼結機	1. 円筒物 2. 角　物 3. 板　物 4. 鋳　物 5. 粉　体	1. 円　筒　面 2. 平　　　面 3. テーパ面 4. 複合形状面 5. 自由曲面	1. 直線 2. 回転 3. 連続 4. 間欠 5. 単動 6. 複動

(a)　汎用工作機械

汎用工作機械（general purpose machine）とは，種々の目的の製品を得るために，形状や寸法など広い範囲の工作物を加工する機械で，用途に応じて適当な付属装置を用いて，各種の作業内容に対応できる。しかし，多目的であるために機械剛性が犠牲になり，加工能率が低下する傾向がある。

(b)　単能工作機械

作業内容がただ一種類の工作物を加工する目的で構成された機械を単能工作機械という。機械構造が単純で剛性は大きい。よって精度も高く多量生産に向いている。しかし，汎用工作機械に比べて作業内容が限定され，一つの加工機能しかない。

(c)　専用工作機械

専用工作機械（special purpose machine）とは，一般に，エンジンブロックなど特定の工作物を加工する目的で構成された機械で，その機械構造が単純で剛性は大きい。よって，精度もよく，特定された工作物の多量生産に向く。

(d)　複合工作機械

複合工作機械は表１－３の作業内容の中の多機能機械に相当し，ターニングセンタ，マシニングセンタのような機械である。

(e)　特注工作機械

特注工作機械は，ある目的の製品を速く，精度よく，低コストでつくるため，特別な仕様でつくられた機械で，汎用形から複合形を必要に応じて組み合わせて使用する。

b　加工機構・原理による分類

加工方法に使われている機械的なメカニズムや物理的な原理で分類される。加工機構・原理には切削，研削，研磨，複合，電気，化学，射出，塑性，焼結などが挙げられる。

c　制御方式（操作性）による分類

制御方式（操作性）には，次のような方式がある。

(a)　手 動 方 式

手動方式（manual type）は全ての機械の操作を人間が行う。

(b)　半自動方式

半自動方式（semi automatic type）では，作業者は機械への工作物の段取り（取付け，取外し）を行い，加工開始から終了までを機械が自動的に行う。主に次の制御方式が，半自動方式に当たる。

①　機械制御方式

機械要素である歯車，リンク機構，そしてカム機構などによって所要の加工動作を時間的に制御して，目的の製品をつくる方式である。

②　油圧制御方式

油圧ポンプ，シリンダ，モータなど油圧機器等を駆動源（アクチュエータ）とし，制御弁，バルブ，フィルタなどで油圧回路を構成し，流量調節弁に電気信号を加えて，所要の加工動作を時間的に制御して，目的の製品をつくる方式である。

③　倣 い 制 御

型板や模型（マスタモデル）の輪郭形状に倣って，工具台に取り付けられた工具で工作物を型板と相似形に制御してつくる方式である。

(c)　自 動 方 式

一般に加工工程の一部を自動的に行う場合を自動方式（automatic type, full automatic type）という。さらに，工作機械への工作物の供給，段取り，加工，工具交換，工作物の着脱の全てを行う場合を全自動方式という。

①　プログラム制御

時間軸に沿って所要の機械動作を行うために，ピンボードやシーケンス制御のプログラムであるラダーダイヤグラム，さらに**プログラマブルコントローラ**（**PC**：Programmable Controller）あるいは**プログラマブルロジックコントローラ**（**PLC**：Programmable Logic Controller）への命令書であるシーケンスプログラムによって，機械を制御して，目的の製品をつくる方式である。

② 数値制御

基本的には「１」と「０」とからなる２進数であるデジタル信号を数値という。この数値の情報の指令（プログラム）を用いて，機械の動作を制御して，目的の製品をつくる方式を数値制御（NC：Numerical Control）という。

d　構造・形態による分類

工作機械の構造・形態の分類には，主に主軸の向き，ベッド形態，コラム形態がある。

(a) 主軸の向き

主軸の向きが地面に対して垂直の立て形と水平の横形，その他に傾斜形，複合形，可変形などがある。主軸の向きによる工作機械の選定に関しては，工作物の大きさ，配置，切りくずの排出の仕方，重力の影響などを考慮する必要がある。

(b) ベッド形態

ベッドは，機械あるいは主軸台，往復台などの構造要素を搭載する一つの基準面をもつ台のことである。このベッドの形態には，主に水平形と傾斜（スラント）形がある。

(c) コラム形態

コラムは，柱という意味である。このコラム形態には片持梁（はり）状の柱が１本のシングル形と両端支持梁状の２本の柱の門形とがある。

e　作業内容による分類

作業内容については後述するが，工作機械の作業内容で分類すると，次のような種類がある。

① 旋盤（lathe, turning machine）
② ボール盤（drilling machine）
③ 中ぐり盤（boring machine）
④ フライス盤（milling machine）
⑤ 平削り盤（planing machine, planer）
⑥ 形削り盤（shaping machine, shaper）
⑦ 立て削り盤
(slotting machine, slotter, vertical shaper)
⑧ ねじ切り盤（thread cutting machine）
⑨ 心立て盤（centering machine）
⑩ 彫刻盤（engraving machine）
⑪ ブローチ盤（broaching machine）
⑫ 研削盤（grinding machine, grinder）
⑬ ホーニング盤（honing machine）
⑭ ラップ盤（lapping machine）
⑮ ポリッシ盤（polishing machine）
⑯ 金切りのこ盤（metal sawing machine）
⑰ 歯切り盤（gear cutting machine）
⑱ 歯車仕上げ盤（gear finishing machine）
⑲ 転造盤（rolling machine）
⑳ 多機能機械（multi functional machine）
・専用工作機械（special purpose machine）
・ターニングセンタ（turning center）
・マシニングセンタ（machining center）
㉑ 放電加工機（electrical discharge machine）
㉒ 電解加工機（electro chemiral machine）
㉓ 超音波加工機（ultrasonic machine）
㉔ レーザ加工機（laser machining machine）

㉕　射出成形機（injection machine）
㉖　塑性加工機（plastic machine）
・プレス加工機（press machine）
㉗　圧縮焼結機
（compressive sintering machine）

f　工作物形状による分類

加工される工作物に着目して，その形態や形状で分類すると，円筒物又は丸物（丸棒），角物（角棒，角材），板物，鋳物，粉体などがある。

g　加工面形状による分類

加工面形状には円筒面，平面，テーパ面，複合形状面，自由曲面がある。

円筒面には，円筒外面と内面があり，旋削，中ぐり，円筒研削，内面研削などの加工法で作業が行われる。平面は，フライス削り，平面削りなどの加工法でつくられる。テーパ面は旋削や放電加工でつくられる。複合形状面は，放電加工，超音波加工，ターニングセンタやマシニングセンタなどによる複合加工でつくられる。自由曲面はマシニングセンタや複数の主軸をもち加工する多軸加工機などによる複合加工でつくられる。

h　運動形態による分類

工作機械における運動形態には，直線，回転，連続，間欠，単動，複動などがある。詳細は後述するが，主軸運動や主（切削）運動などの関係で運動形態の見方が変わるので，注意が必要となる。

（3）　工作機械の運動機能について

工作機械における工作物と工具との間の運動機能として，主に主（切削）運動，送り運動，位置決め運動の三つがある。

a　主（切削）運動

主（切削）運動とは，工作物の不要部分を除去するための切削を行う運動である。

b　送り運動

送り運動は，工作物の未加工部分を除去するために，工作物又は工具を移動させる運動である。

c　位置決め運動

位置決め運動とは，工作物を目的の形状，寸法，表面品位にするため，工作物や工具の位置を決める運動である。この運動では，切削運動は伴われない。

詳しくは後述するが，各種工作機械によって，主運動，送り運動，位置決め運動が異なる。例えば，旋削の場合，図１－17に示すような連続運動が行われている。主（切削）運動は工作物を回転させ，位置決め運動は工具（バイト）を切込み位置まで移動させ，送り運動は工具に直線運動を与えることで旋削（切削）が行われる。

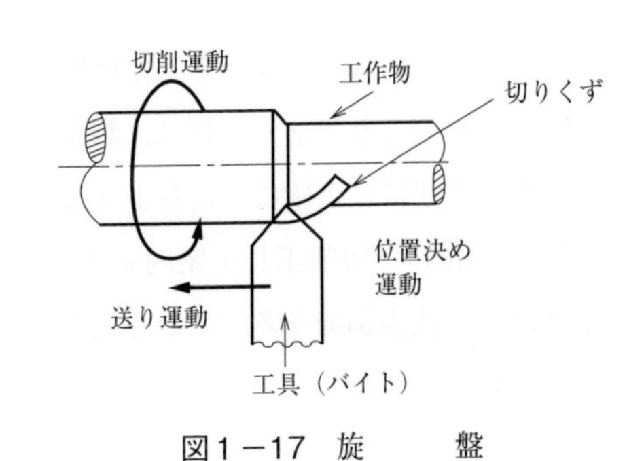

図１－17　旋　　盤

また，工作機械の運動方向や形態によって，工作機械の運動は次のように区別される。

① 回転運動と直線運動
② 一方向運動と往復運動
③ 連続運動と断続（間欠）運動

1.5 工　具

工具には，主に切削工具，研削工具，測定・検査工具，ジグ，保持具，作業用器具などがある。

（1） 切 削 工 具

切削工具（cutting tool）は，旋盤，ボール盤，中ぐり盤，フライス盤，平削り盤，形削り盤などの工作機械に取り付けられ，切削加工に使用される工具のことで，バイト，ドリル，フライス，リーマ，タップ，ダイスなどを指す。

（2） 研 削 工 具

研削工具（grinding tool）は，研削盤，ホーニング盤，ラップ盤，ポリシング盤などの工作機械に用いられ，と粒によって加工する工具で，研削といし，研磨布，研磨紙，研磨ベルトなどのことである。

1.6 その他の治工具

（1） 測定・検査工具

測定・検査工具は，工作物や，工作機械で加工した部品，あるいはそれらを組み立てた製品の寸法，形状，表面品位などを調べる場合に使用する道具や機器のことである。図１－18 に示すように，ノギス，デプスゲージ，マイクロメータ，デプスマイクロメータ，ダイヤルゲージ，ブロックゲージなどの小さい測定工具から，図１－19 に示すような表面粗さ測定機，真円度測定機，３次元測定機などの比較的大きい測定機器まで様々ある。

（2） ジグ・取付具

ジグ・取付具は，工作物を工作機械で加工したり組み立てるときに，正確な位置に固定するために必要な道具のことである。特に，特定の工作物を取り付ける場合，ジグや取付具はその作業をむり・むらなく迅速に，正確に行えるようにし，優れた作業効率をもたらす。

ジグ（jig）は切削工具を案内する部分をもつ道具をいう。ドリル穴あけ加工時に使用するブシュなどはこの代表例である。これをもたない道具を取付具（fixture）という（詳細は第 11 章第２節で述べる）。

（3） 作業用器具

作業用器具は，機械類の仕上げや組立て，あるいは分解に必要な道具のことである。スパナ，ドライバ，ハンマなどから，電気グラインダ，電気ドリルなどの手動工具類もこれに含まれる。

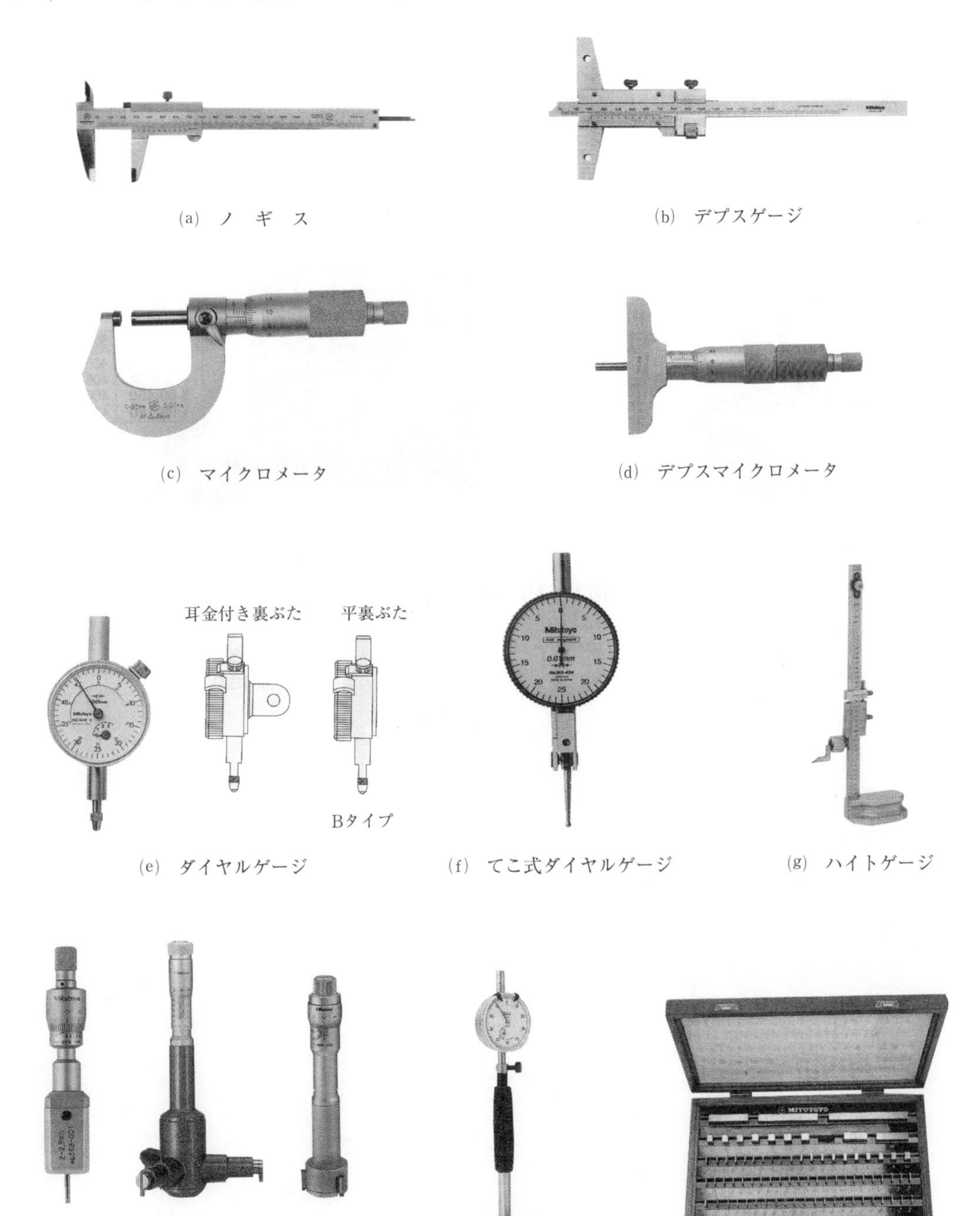

(a) ノ　ギ　ス　(b) デプスゲージ　(c) マイクロメータ　(d) デプスマイクロメータ　(e) ダイヤルゲージ　(f) てこ式ダイヤルゲージ　(g) ハイトゲージ　(h) ホールテスト　(i) シリンダゲージ　(j) ブロックゲージ・セット

図1－18　測 定 工 具

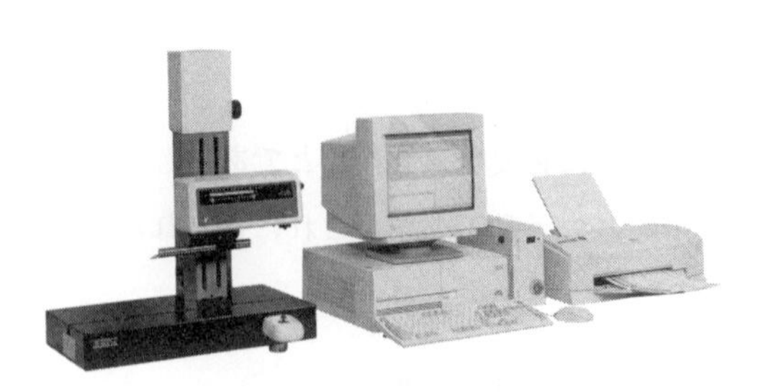

(a)　表面粗さ測定機

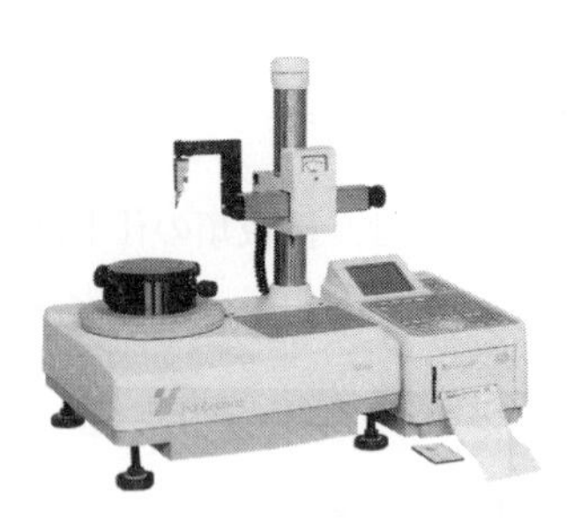

(b)　真円度測定機

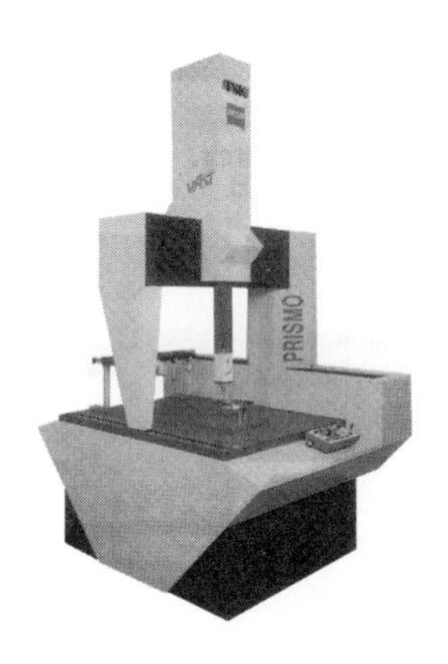

(c)　３次元測定機

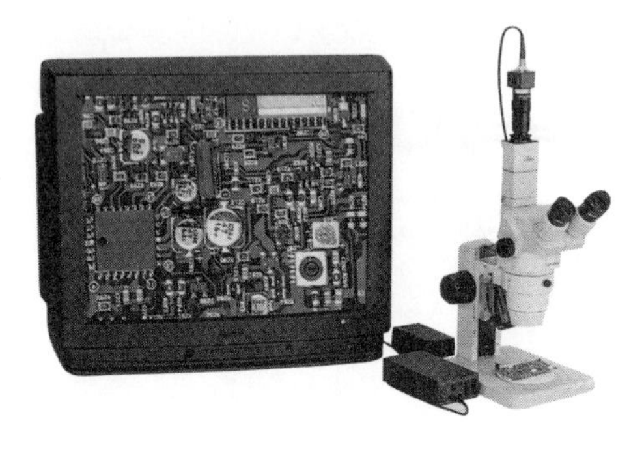

(d)　測定顕微鏡

図１－19　精密測定機器

〔第１章のまとめ〕

第１章で学んだ機械工作法の概要に関する次のことについて，各自整理しておこう。

(1) 機械工作法の目的とは，どのようなものか。
(2) 機械工作法の分類を，加工される工作物の質量変化に着目して大別すると，どのように分類されるか。
(3) 機械工作法の歴史的変遷の中で，工作機械の動力源はどのように移り変わったか。
(4) 機械工作法の歴史的変遷の中で，工作機械の加工精度はどのように移り変わったか。
(5) 日本産業規格（JIS B 0105）では，工作機械をどのように定義しているか。
(6) 「マザーマシン」とは，どのような機械をいうか。
(7) 工作機械の種類は，どのように分類されているか。
(8) 工作機械における工作物と工具との間の運動機能として，主にどのような運動があるか。
(9) 機械工作で使用する工具には，主にどのような工具があるか。

【第1章のまとめ】

[illegible]

第2章
切削加工法

時代の流れと共に，半導体や耐熱合金などの高度な材料の精密加工が要求されるようになり，また機械部品加工の高精度化が要求されるようになった。その流れは現在に続いており，加工技術を学ぶためには，経験と知識の両方が求められる。加工技術を体験によって会得しつつ，それに関する知識を吸収しようとする態度が肝要である。本章では，切削加工で学ぶべき最も基本となることについて述べる。

第1節　切削理論

1.1　切削加工

一般に，高硬度な材料でできた切削工具を用いて，工作物を所定の形状に加工する方法を切削加工といい，研削といしを用いた加工方法と区別している。切削工具の切込みと送りによって，比較的大きな切りくずから微細な切りくずまでが排出され，工作物は必要とする寸法精度と粗さに仕上げられる。

切削加工では工具と工作物との間に相対運動を与える必要があり，運動には，主に**主（切削）運動**，**送り運動**，**位置決め運動**の三つがある。これらの相対運動の組合せによって切削様式が分類されている。また，切削工具を切れ刃数で分類する方法がある。単一刃工具としては，切削方向に一つの主切れ刃をもつバイトがあり，多刃工具としては，複数の切れ刃をもつドリルやフライスなどがある。

切削加工では常に切削能率，すなわち単位時間に出す切りくずの量，消耗品費としての工具の寿命，製品としての仕上げ面の粗さなどを考慮して切削条件を決めなければならない。

1.2　切削様式

切削様式は，主に以下の4種類に大別されている。

（1）　旋　　削

旋削（turning）は，図2－1.1(a)に示すように，工作物への回転切削運動と工具への直線送り運動とを組み合わせた切削加工方法で，切削工具として主にバイトを使用する。

直線送り運動が回転軸心と平行でない場合には，円錐形状及び回転曲面形状を切削することができる。また，相対運動であるため，刃物が工作物の外周で回転運動を行ってもよい。さらには，外周だけではなく円筒の内面を切削することも可能であり，これを中ぐりという。

（2）　形削り，平削り

形削り（shaping）は，同図(b)のように旋削と同様なバイトに直線切削運動を与え，工作物に間欠的な直線送り運動を与える加工で，二つの直線運動の組合せによって平面を切削する加工法である。工具に与える直線切削運動は往復運動であるが，戻り行程では切削は行われない。また，戻り工程では，工作物にきずを付けないように工具を傾けて上方に逃がし，早送りで戻すようになっている。工具が戻ると同時に，工作物に一定量の送りが与えられ，次の切削が行われる。その間，工作物は位置決めされて静止しているため，直線送り運動は間欠的になる。

平削り（planing）は，同図(c)のように工具と工作物への相対運動の与え方が形削りとちょうど逆の関係になっている。すなわち，工作物に往復直線運動を与えて，静止した工具により直線切削運動を行う。工作物の戻り時に工具を逃がすことは形削りの場合と同じである。次の切削が開始される前に，工具には一定量の送りが与えられ位置決めされる。したがって，工具の直線送り運動が間欠的となる。

（3） 穴　あ　け

穴あけ（drilling）は，同図(d)のように，回転切削運動をドリルに与え，その回転軸の推進方向へ直線送り運動を与えることにより工作物に穴をあける加工法である。工具がリーマの場合はリーマ仕上げ，タップの場合はタップ立てになる。ただし，リーマ仕上げの場合もタップ立ての場合も，あらかじめ下穴の穴あけが必要になる。

（4） フライス削り

フライス削り（milling）は，同図(e)のように円筒外周に多数枚の切刃を設けたフライスという切削工具に回転切削運動を与え，工作物あるいは工具に直線送り運動を行わせて平面を切削する加工法である。フライス削りに用いる工具の種類は多く，代表的な工具に正面フライスやエンドミルがある。

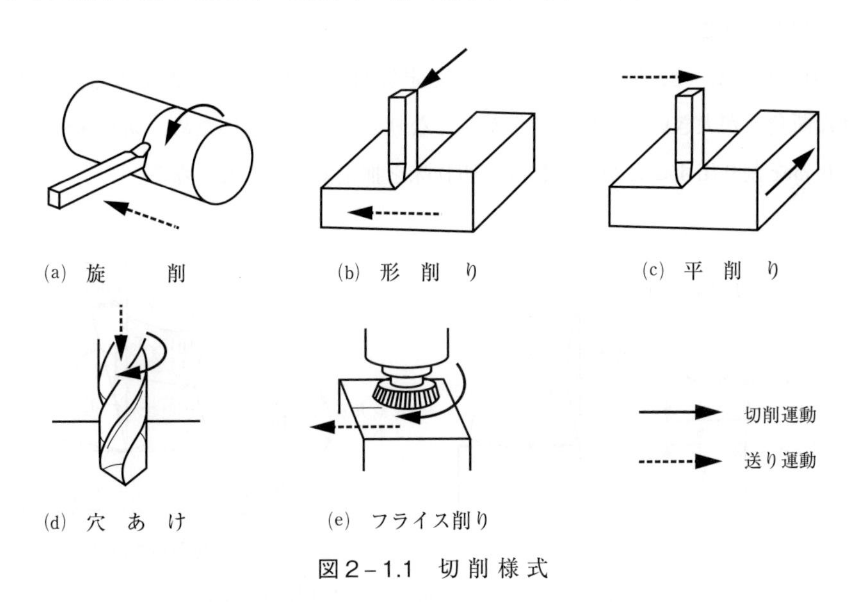

図2－1.1　切 削 様 式

1.3　切 削 機 構

金属の切削加工は，連続したせん断作用により行われる。図2－1.2に示すように，旋削の場合，回転する工作物は切削工具によってせん断力を受けながら必要量だけ削り取られ，排出部分はせん断ひずみによって大きく変形し，せん断面に沿って滑りを起こし，切りくずとなる。また，切削加工を行うと，工具と工作物・切りくずの間で摩擦が起き，この摩擦とせん断変形によって，工具の刃先周辺には切削熱が発生する。それらのほとんどは切りくずと共に放熱されるが，一部は残留ひずみエネルギとして工作物の内部に残る。

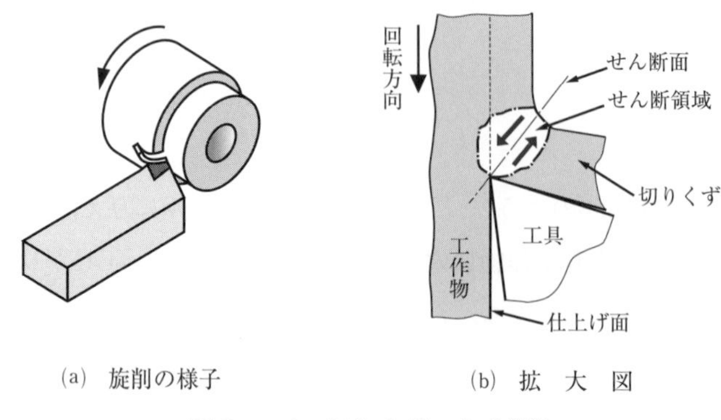

(a)　旋削の様子　　(b)　拡　大　図

図２－1.2　切りくずの生成機構

金属の切削加工は，極めて短い時間の現象であり，切りくずに大きな変形がほぼ瞬間的に与えられることから，変形量が小さいほど費やされるエネルギは小さくなり，その結果，切削力が小さくなる。これが，切れ味が良好な状態である。つまり，変形量の小さい切りくずが出るような切削が，切れ味がよい切削ということである。

また，この切れ味は，せん断角の大小によって定量的に評価することができる。図２－1.3に示すように，せん断角 ϕ が大きいと，切りくずが薄くなり変形量が小さいため，切れ味がよい。したがって，せん断角 ϕ を割り出すことができれば，切れ味を推定できることになる。

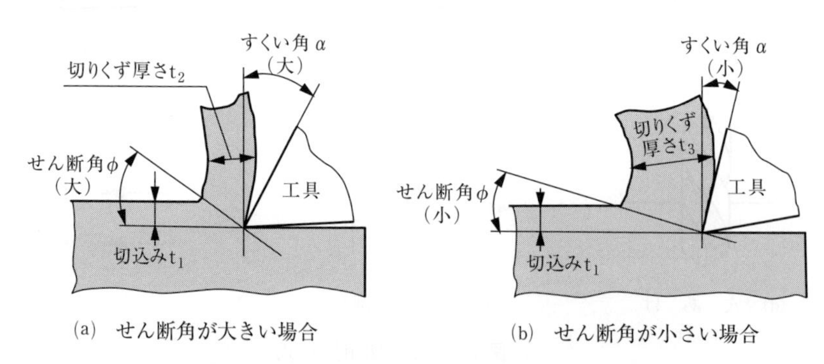

(a)　せん断角が大きい場合　　(b)　せん断角が小さい場合

図２－1.3　せん断角と切りくず厚さの関係

せん断角 ϕ について，幾何学的な関係から式（２・１）が成り立つため，切りくずの厚さを測定し，切削工具のすくい角と切込み量から，せん断角を求めることができる。

$$\tan\phi = \frac{(t_1/t_2)\cos\alpha}{1-(t_1/t_2)\sin\alpha} \quad \cdots\cdots (2\cdot1)$$

ϕ ：せん断角

α ：すくい角

t_1：切込み

t_2：切りくず厚さ

ここに，t_1/t_2は切削比と呼ばれ，切りくずの変形前後の厚さの比率，すなわち，せん断現象の規模の大きさについての目安を表す。

1.4　切りくずの形態

切りくずの形には，図２－1.4に示すように４種類ある。切りくずの形は，工作物の材質，切削工具の形状，切削速度，切込み，送り，切削油剤などの切削条件によって変わる。

（1）　流　れ　形

刃先が前進するにつれて，切りくずとなる部分が，同図(a)のように刃先から斜め上方に向かって連続的に滑りを生じ，塑性変形によって切りくずが流れるようにつながって切りくずが排出される。軟鋼，銅及びアルミニウム合金など比較的にねばく軟らかい材料を，切削工具のすくい角と切削速度を大きくし，切込みと送りを小さくして切削するときに生じやすい。切削作用は滑らかで，仕上げ面はきれいである。また，切削油剤を使用すると流れ形になりやすい。

（2）　せ ん 断 形

工作物の切りくずとなる部分が圧縮され，同図(b)のように，刃先から斜め上方にせん断されて断片

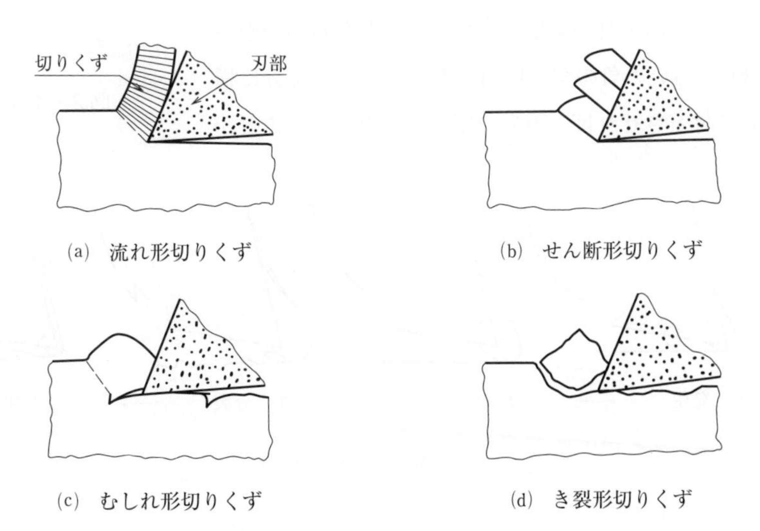

(a)　流れ形切りくず

(b)　せん断形切りくず

(c)　むしれ形切りくず

(d)　き裂形切りくず

図２－1.4　切りくずの形態

的な切りくずとなる。強度が低くてもろい材料，例えば黄銅などを切削するときに生じやすい。流れ形の切削のときより切削工具のすくい角を小さくして，切削速度を下げて，切込み及び送りを大きくすると発生しやすい。仕上げ面は流れ形より劣る。

（3）　むしれ形

同図(c)のように，刃先部分の少し前で工作物の内部に向かって小さな裂け目が最初に起こり，その後，直ちに刃先から斜め上方にせん断が起こって，表面をむしり取ったような切りくずが出る。純アルミニウムや銅のように軟らかくて延展性に富む材料で，切削工具との凝着を起こすと生じるようになる。したがって，むしれ形切りくずの発生は切削条件が悪くなった状態である。

（4）　き　裂　形

刃先から工作物の内部にき裂ができ，さらに切削工具が前進するとせん断が生じ，同図(d)のように切りくずが離れる。セラミックスのように硬くてもろい材料のときに生じる。また，せん断形より切込み，送りを大きくし，切削速度，切削工具のすくい角を小さくしたときに発生する。切りくずは，つながらないでむしれたように出てくる。仕上げ面は粗く，良好ではない。

1.5　構成刃先

図２－1.5 に示すように，鋼やアルミニウム合金などの延性の大きい材料を削ると，工具の刃先に微細な切りくずのような金属片が層状に付着することがある。この付着物を構成刃先という。

一般に構成刃先は，図２－1.6 に示すように，0.005～0.05 秒の周期で生成と脱落を繰り返すので，仕上げ面や寸法に悪い影響を及ぼす。構成刃先は切削工具の破損や摩耗の原因となる場合が多いが，刃先に 30° ぐらいの負のすくい角をもたせ，この部分に構成刃先を安定して付着させれば，刃先の摩耗を少なくすることが

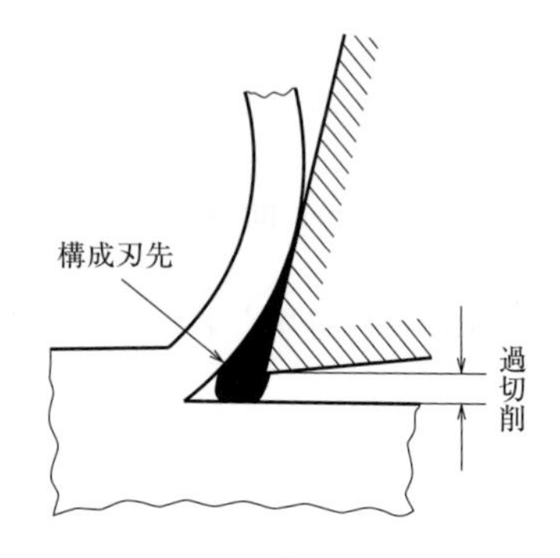

図２－1.5　構成刃先

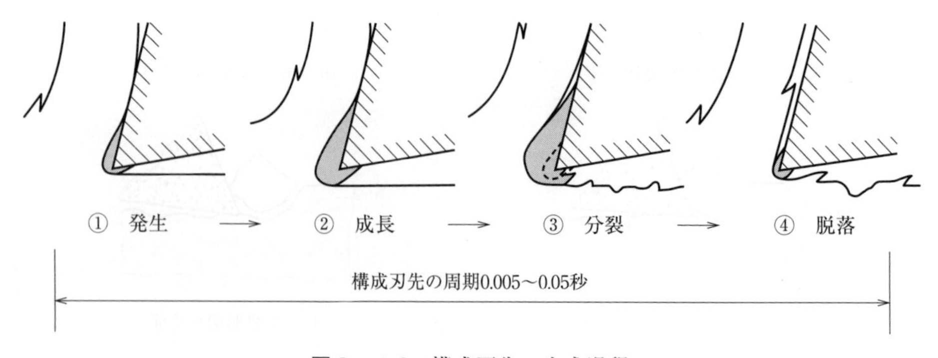

図２－1.6　構成刃先の生成過程

できる。

構成刃先を消失させるには，切削速度を速くして切削温度を工作物の金属の再結晶温度（560～600℃）以上で削ったり，切込みを小さく，送りを大きくしたりする。又は切りくずが滑らかに滑るようにすくい面を鏡面仕上げにしたり，すくい角を30°以上にしたりする。逆に，切削速度をより遅くし，切削油剤を十分に与えることなどによっても，構成刃先の発生を防ぐことができる。

1.6　切削パラメータ（切削速度，送り，切込み）

切削速度とは主運動の速さで，旋盤の場合には削っている部分の工作物の周速度，フライス盤の場合にはフライスの刃先の周速度，また形削り盤の場合には切削行程でのバイトの速度で，単位［m/min］で表される。切削速度が速ければ単位時間当たりの切削効率はよくなるが，過度に速すぎると切削工具の寿命を著しく短くする。工具費だけを考えれば，単位切削長さ当たりの摩耗量が重要な指標になる。適正な切削速度は，工作物の材質及び工具の材質や種類などの条件によって異なるため，最初は工具の種類における標準と思われる値を目安にする。

送りは，図2－1.7の S で示す値で，一般に，旋盤では同図(a)のように工作物が1回転したときのバイトの移動した量［mm/rev］である。形削り盤では，同図(b)に示すようなバイトの1往復ごとに工作物の移動した量［mm/stroke］であり，フライス盤では，同図(c)のようにフライス1刃ずつの工作物の移動量［mm/tooth］で表す。送りが大きいと切削能率はよいが，仕上げ面は粗くなる。

切込みは，同図の A で示す値で，工作物に切削工具をくい込ませる量で，$S \times A$ を切削断面積という。これが大きくなるにしたがって切削能率はよくなるが，大きな切削力を必要とするため，より大きな切削熱が発生するようになる。一般に，荒削りのときには，切削能率を重視するため，S と A を大きくする。仕上げ削りのときにはその反対に，仕上げ面と形状精度を重視するために S と A を小さくする。

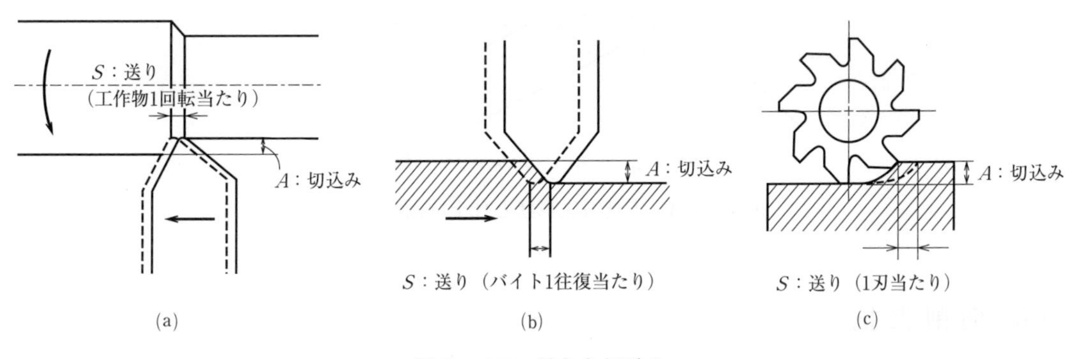

図2－1.7　送りと切込み

1.7　理論粗さ

工作物表面に転写される理論的な仕上げ面粗さ Rth ［μm］は，工具（バイト）刃先の形状によって決まる。

工具刃先形状が丸い場合，図2－1.8(a)に示すように，その理論粗さ Rth は式（2・2）で表される。

$$Rth \fallingdotseq \frac{f^2}{8r} \times 10^3 \quad \cdots\cdots (2 \cdot 2)$$

ただし，f は送り量［mm/rev］，r は工具刃先のコーナ半径［mm］である。

一方，工具刃先形状が四角い場合，同図(b)に示すように，その理論粗さ Rth は式（2・3）で示される。

$$Rth \fallingdotseq \frac{f}{\tan\alpha + \cot\beta} \times 10^3 \quad \cdots\cdots (2 \cdot 3)$$

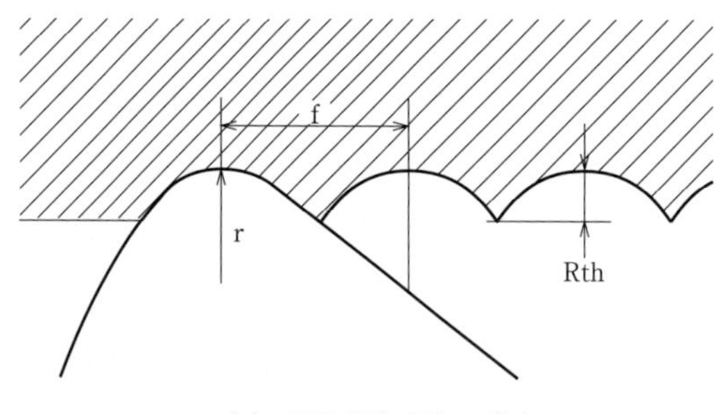

(a)　工具刃先が丸い場合

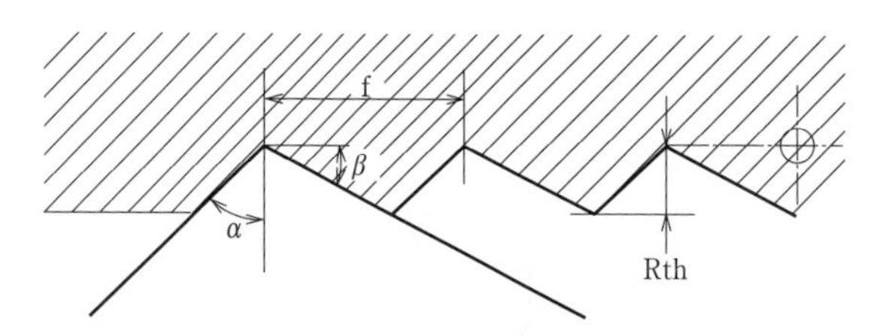

(b)　工具刃先が四角い（丸みがない）場合

図2－1.8　工具刃先形状と仕上げ面粗さ

1.8　切削抵抗

工作物を削るときに，切削工具に働く力を切削抵抗という。切削抵抗は，切削速度，切込み，送りなどの大きさと関連するため，切削抵抗を考察するときは，図2－1.9に示すように，切削抵抗を三つの分力に分けて考える。そのため，切削抵抗は3分力に分けて測定される。また，切削抵抗は，図

2－1.10 に示す切削工具の切れ刃の角度によっても大きな影響を受ける。

主分力が最も大きく，大部分の消費動力はこれに費やされる。主分力は多少の切削速度の変化には影響されないが，工作物の硬さ，切削面積の増加などには大きな影響を受ける。主分力が切削速度の影響を受けにくい理由は，切削速度が大きく増加して工作物の温度が高くなると，工作物の軟化のための切削抵抗減少分と相殺されるからである。また，切削工具のすくい角を大きくすると，背分力と主分力は小さくなる。図2－1.11 に示すように，横切れ刃角を大きくすると，主分力と背分力は増加するが，送り分力は減少する。

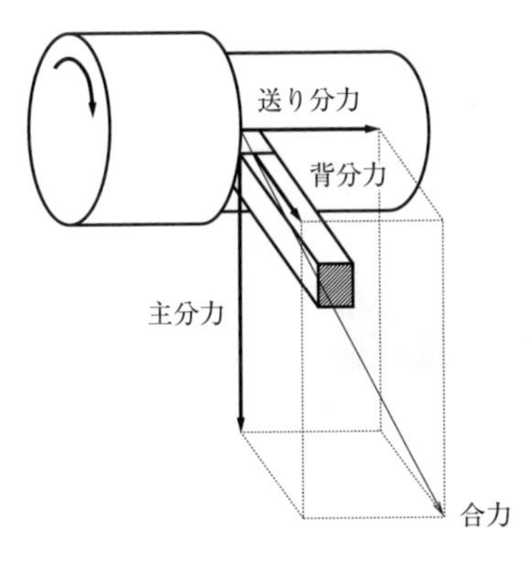

図2－1.9　切削抵抗の3分力

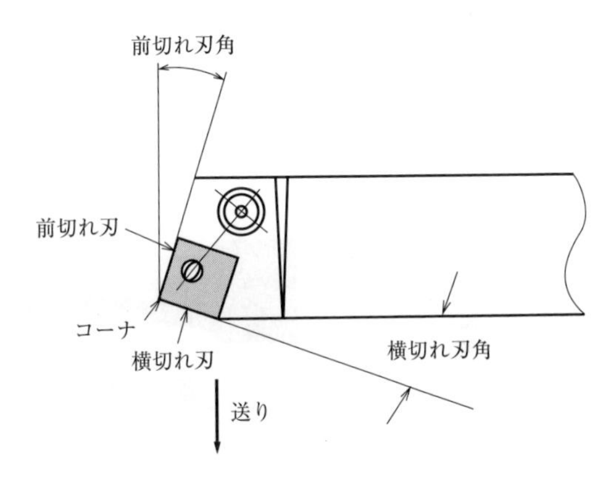

図2－1.10　切削工具の角度

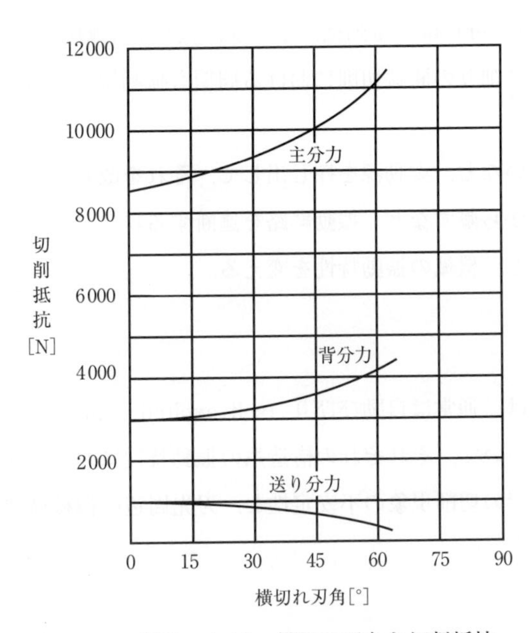

図2－1.11　横切れ刃角と切削抵抗

1.9　び　び　り

切削加工で，工作物と工具の間の異常な振動によって，図２－1.12 に示すような模様が現れ，作業を続行できないことがある。このような振動現象をびびり（chatter, chattering）といい，仕上げ面が悪くなると共に，工具の刃先や機械にも悪い影響が現れるため，その原因と対策を考える必要がある。

外部の振動源によって生じる場合を強制びびり，外部的な振動源がないのに加工プロセス自体が不安定になって振動が発生する場合を自励びびりという。

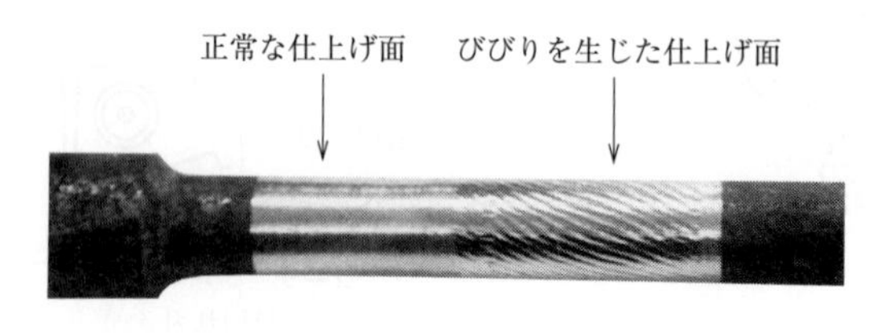

図２－1.12　びびりマークの例

（1）　強制びびり

強制びびり（forced chatter）は，電動機，ポンプ，歯車，主軸などの不つりあいなどが振動源になる場合である。フライス削りの断続切削における周期も振動源になる。対策としては次のことが挙げられる。

①　回転体の不つりあいなど，震動源を探し出して，それを改善する。
②　油圧ポンプを機械から離すなど，振動経路を遮断する。
③　機械を補強するなど，機械の振動特性を変える。

（2）　自励びびり

加工中に生じるびびりは，通常は自励びびり（self-excited chatter）である。自励びびりは，工作機械と工具及び工作物において，それぞれの構造系の振動特性において悪い条件が組み合わされたとき，すなわち，工具刃先での切削現象の不安定性と，刃先周辺の機械構造における振動特性との相互干渉によって起きる。

（3）　びびりの原因

主なびびりの原因を挙げると，次のようになる。

a　工作機械に関するもの

①　滑り面の面圧不足や主軸の軸受に予荷重（プリロード）不足がある。

② 据付け基礎において，ジャッキボルトの遊びやレベリングが不適切になっている。

③ 電動機が取付け不良で振動する。

④ 複数ベルトの場合，ベルトの張力が不均一で振動する。

⑤ 主軸駆動歯車のかみ合い不良で振動が生じる。

b　工具に関するもの

① バイトの突出し量が多い。

② 工具の締付けが緩い。

③ バイトのコーナ半径が大きい場合やフライス刃数が多い場合のように，工作物との接触面積が大きい。

c　工作物に関するもの

① 工作物がたわみやすい。

② 工作物の取付けに緩みがある。

d　切削条件に関するもの

① 回転速度が適正でない。

② 切込みが大きすぎる。

③ 送りが小さすぎる。

また，表の２－1.1に加工方法別によるびびりの原因と対策の例を示す。

表２－1.1　加工方法別によるびびりの原因と対策の例

加工方法	原　因	対　策
旋削加工	切削条件が不適正	切削速度を適正にする。
		送りを適正にする。
		切込み量を適正にする。
	バイトの剛性が低い	バイトの高さを適正にする。
		バイトの突出しを短くする。
		剛性の高いバイトを使用する。
	コーナ(ノーズ)Rや刃先の丸みが大きい	コーナ(ノーズ)Rのより小さなバイトを使用する。
		コーティングが薄い材質やコーティングされてない材質を使用する。
	工作物がたわむ	振止めを使用する。
エンドミル加工	切削条件が不適正	切削速度を適正にする。
		１刃当たりの送り量を大きくする。
	エンドミルの剛性が低い	外径の太い工具を使用する。
		超硬など剛性の高い工具を使用する。
		刃長の短い工具を使用する。
		突出し長さを短くする。
		コレットの点検交換。
	加工物の取付け剛性が低い	加工物がたわみにくい取付けを行う。
		工具の摩耗を確認し，切れ味のよい刃物を使用する。

1.10　切 削 工 具

（1）　切削工具材料

切削工具の具備すべき条件として，高温高圧下における，硬さ，じん性や化学的安定性が挙げられる。一般的には，図２－1.13 に示すように硬さとじん性は相反する性質であり，使いやすさと価格を含めて全てを満足する材質はないため，それぞれの使用環境において，最適な工具材料を選択することが必要である。また，図２－1.14 のように，時代と共に切削速度向上への要求に呼応して工具材料は発展しており，より効率のよい切削工具を使うことが求められている。

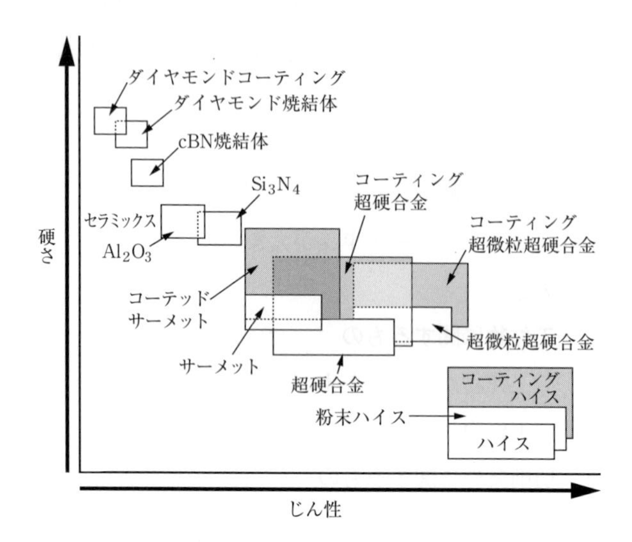

図２－1.13　工具材料の機械的性質

出所：三菱マテリアル（株）「旋削工具・ミーリング工具・穴あけ工具総合カタログ2006－2008」2006，pF031（一部追記）

切削工具の材料には，炭素工具鋼，合金工具鋼，高速度工具鋼などの鋼と，超硬合金，ステライト，セラミックス，サーメット，ダイヤモンドなどの鋼以外の材料がある。前者の鋼は熱処理によって硬くしてあるため，切削熱によって刃先温度がある大きさ以上になると，急激に硬さが減少し，切削能力が低下する。

JIS B 4053：2013 では，表２－1.2 に示すとおり超硬合金，サーメット，超微粒超硬合金及びこれらにコーティングした工具は超硬質合金と定義されている。さらに，この超硬質合金，セラミックス（表２－1.3），ダイヤモンド（表２－1.4）及び窒化ほう素（表２－1.5）を超硬質工具材料と呼んでいる。そして，これらの超硬質工具材料を被削材から区分しており，まずその大分類として，表２－1.6 のようにＰ，Ｍ，Ｋ，Ｎ，Ｓ，Ｈの記号を採用している。JIS の使用分類は，使用範囲と作業範囲は明確にしているものの，切削用超硬質工具と材料との関連付けは各工具製造業者に任されている。

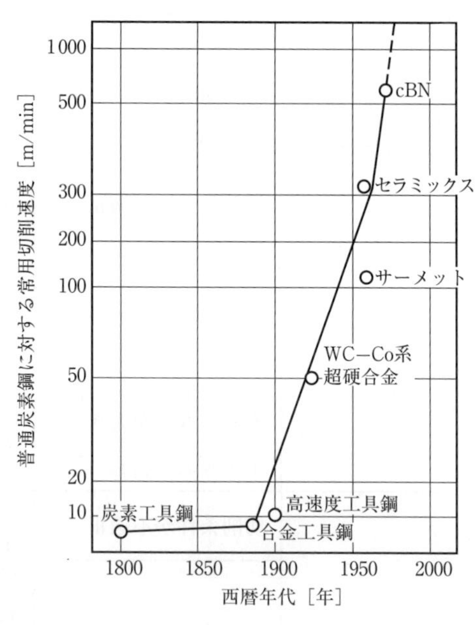

図２-1.14　切削工具材料の発展と切削速度

表２－1.6 の大分類は，記号の後にさらに数字を付けて細かく分類される。Ｐの場合を例にとれば，

表２－1.7のようになる。そのため，工具材料の呼び記号は，「HW－P10」，「HC－K20」，「CA－K10」のように呼称される。

表２－1.2　超硬合金（JIS B 4053：2013）

材料記号	材料の分類
HW	金属及び硬質の金属化合物からなり，その硬質相中の主成分が炭化タングステンであり，硬質相粒の平均粒径が１μm以上であるもの。一般に，超硬合金という。
HF	金属及び硬質の金属化合物からなり，その硬質相中の主成分が炭化タングステンであり，硬質相粒の平均粒径が１μm未満であるもの。一般に，超微粒超硬合金という。
HT	金属及び硬質の金属化合物からなり，その硬質相中の主成分がチタン，タンタル（ニオブ）の，炭化物，炭窒化物，窒化物であって，炭化タングステンの成分が少ないもの。一般に，サーメットという。
HC	上記の超硬合金の表面に炭化物，炭窒化物，窒化物（炭化チタン・窒化チタンなど），酸化物（酸化アルミニウムなど），ダイヤモンド，ダイヤモンドライクカーボンなどを，１層又は多層に化学的又は物理的に被覆させたもの。一般に，被覆超硬合金という。

表２－1.3　セラミックス（JIS B 4053：2013）

材料記号	材料の分類
CA	酸化物セラミックスからなり，その主成分が酸化アルミニウム（Al_2O_3）であるもの。
CM	酸化物以外の成分を含んだセラミックスからなり，その主成分が酸化アルミニウム（Al_2O_3）であるもの。
CN	窒化物セラミックスからなり，その主成分が窒化けい素（Si_3N_4）であるもの。
CR	酸化物セラミックスからなり，その主成分が酸化アルミニウム（Al_2O_3）であり，ウィスカーなどで強化されているもの。
CC	上記のセラミックスの表面に炭化物，炭窒化物，窒化物（炭化チタン・窒化チタンなど），酸化物（酸化アルミニウムなど），ダイヤモンド，ダイヤモンドライクカーボンなどを，１層又は多層に化学的又は物理的に被覆させたもの。

表２－1.4　ダイヤモンド（JIS B 4053：2013）

材料記号	材料の分類
DP	多結晶ダイヤモンド
DM	単結晶ダイヤモンド

表２－1.5　窒化ほう素（JIS B 4053：2013）

材料記号	材料の分類
BL	主成分が立方晶窒化ほう素であり，窒化ほう素の含有量が少ないもの。
BH	主成分が立方晶窒化ほう素であり，窒化ほう素の含有量が多いもの。
BC	上記の窒化ほう素の表面に炭化物，炭窒化物，窒化物（炭化チタン，窒化チタンなど），酸化物（酸化アルミニウムなど），ダイヤモンド，ダイヤモンドライクカーボンなどを，１層又は多層に化学的又は物理的に被覆させたもの。

表２－1.6　切削用超硬質工具材料（JIS B 4053：2013）

識別記号	識別色	被　削　材
P	青色	鋼： 鋼，鋳鋼（オーステナイト系ステンレスを除く）
M	黄色	ステンレス鋼： オーステナイト系，オーステナイト／フェライト系，ステンレス鋳鋼
K	赤色	鋳鉄： ねずみ鋳鉄，球状黒鉛鋳鉄，可鍛鋳鉄
N	緑色	非鉄金属： アルミニウム，その他の非鉄金属，非金属材料
S	茶色	耐熱合金・チタン： 鉄，ニッケル，コバルト基耐熱合金，チタン及びチタン合金
H	灰色	高硬度材料： 高硬度鋼，高硬度鋳鉄，チルド鋳鉄

表２－1.7　被削材に基づく切りくず形状の大分類Pにおける使用分類記号

使用分類				特性の向上方向			
				切削特性		材料特性	
使用分類記号	被　削　材	切削方式	作業条件	切削速度	送り量	耐摩耗性	じん性
P01	鋼，鋳鋼	旋　削 中ぐり	高速で小切削面積のとき，又は加工品の寸法精度及び表面の仕上げ程度が良好なことを望むとき。ただし，振動がない作業条件のとき。	高速 ↑	↓	高い ↑	↓
P10	鋼，鋳鋼	旋　削 ねじ切り フライス削り	高～中速で小～中切削面積のとき，又は作業条件が比較的よいとき。				
P20	鋼，鋳鋼 特殊鋳鉄（連続形切りくずが出る場合）	旋　削 フライス削り 平削り	中速で中切削面積のとき，又はP系列中最も一般的作業のとき。 平削りでは小切削面積のとき。				
P30	鋼，鋳鋼 特殊鋳鉄（連続形切りくずが出る場合）	旋　削 フライス削り 平削り	低～中速で中～大切削面積のとき，又はあまり好ましくない作業条件のとき。				
P40	鋼 鋳鋼（砂かみや巣がある場合）	旋　削 平削り フライス削り 溝フライス	低速で大切削面積のとき，P30より一層好ましくない作業条件のとき。 小形の自動旋盤作業の一部，又は大きなすくい角を使用したいとき。				
P50	鋼 鋳鋼（低～中引張強度で砂かみや巣がある場合）	旋　削 平削り フライス削り 溝フライス	低速で大切削面積のとき，最も好ましくない作業条件のとき。 小形の自動旋盤作業の一部，又は大きなすくい角を使用したいとき。		高送り		高い

注）当表はJIS B 4053：1998に準拠している。

a　炭素工具鋼（SK）

炭素工具鋼は，1.0～1.5％程度の炭素（C）を含み，合金元素を含まない高炭素鋼で，刃先温度が約300℃を超えると硬さが低下するため，ハクソー，やすり，ドリルの一部など低速用切削工具に使われている。

b　合金工具鋼（SKS）

合金工具鋼は，炭素工具鋼にニッケル（Ni），クロム（Cr），タングステン（W），モリブデン（Mo）などを1種ないし数種を加えて焼入れ性をよくし，炭素工具鋼に比べて耐摩耗性や粘り強さを増大させた工具鋼であるが，やはり300℃ぐらいから急激に硬さが低下するため，低速用切削工具だけに使用されている。

c　高速度工具鋼（SKH）

高速度工具鋼は，炭素工具鋼，合金工具鋼などに比べれば格段に速い切削速度で切削できるところから「high speed steel」と名付けられた。俗にハイスと呼ばれ，刃先温度が600℃程度まで硬さが低下しない。

表2－1.8に示すように，含まれている成分によってW系とMo系に大別される。W系の基本形は0.8%C，18%W，4%Cr，1%V（バナジウム）のいわゆる18－4－1の形で，これにコバルト（Co）を加えたものは硬さや耐摩耗性が大きい。

Mo系はW系のものからWを減らし，Moを加える。一般的にW系はバイト類に，Mo系は耐衝撃性を必要とするフライス，ドリルなどに用いられる。生産量は圧倒的にMo系のほうが多い。

d　超硬合金

炭化タングステン（WC）の細かい粉末にCoの粉末を結合剤として加え，これを高圧で固めたのち，高温で焼結したものが超硬合金（超硬）である。ハイスに比べて，高温硬さと耐摩耗性に優れている。超硬合金と後述のサーメットは，現在の切削工具の主流である。超硬合金におけるKの系列はWC系で，じん性に優れている。これに，炭化チタン（TiC）や炭化タンタル（TaC）を加えて，高速切削における耐摩耗性を高めた合金がPの系列である。その中間がMの系列である。

e　サーメット

サーメットはNiとMoを結合剤（一部はCoも含有）として，TiCや窒化チタン（TiN）の細かい粉末を焼結した材料で，耐熱性，耐摩耗性及び耐食性などは炭化タングステンより勝っている。TiC系は，高速切削時の耐摩耗性に優れているために，旋削などの仕上げ加工用として用いられる。TiN系は，フライス削りなどのような断続切削にも優れた性質を示す。サーメットの優れた性質の一つは，被削材との親和性が低いことで，ステンレス鋼のように粘くて凝着しやすい材料に対して適している。資源的に，チタンはタングステンより豊富であることも魅力的である。

f　セラミックス

セラミックスとは，酸化物，炭化物，窒化物などの無機質非金属材料を指し，WCなどもその部類に入るが，一般にセラミックス工具は，酸化アルミニウム（$A1_2O_3$）を主成分とするアルミナ系の白セラミックスと$A1_2O$－TiC系の黒セラミックスを指す。セラミックス工具は超硬と比べて，さらに高い硬さがあるが，じん性がかなり劣るため，高速軽切削に向いている。

アルミナ系は，機械的強度やじん性がほかのセラミックス工具に比べて劣るが，化学的に安定性が

表2-1.8　高速度工具鋼鋼材（JIS G 4403 : 2015）

［%］

種類の記号	化学成分											用途例（参考）
	C	Si	Mn	P	S	Cr	Mo	W	V	Co	Cu	
SKH2	0.73～0.83	0.45以下	0.40以下	0.030以下	0.030以下	3.80～4.50	(1)	17.20～18.70	1.00～1.20	(1)	0.25以下	一般切削用，その他各種工具
SKH3	0.73～0.83	0.45以下	0.40以下	0.030以下	0.030以下	3.80～4.50	(1)	17.00～19.00	0.80～1.20	4.50～5.50	0.25以下	高速重切削用，その他各種工具
SKH4	0.73～0.83	0.45以下	0.40以下	0.030以下	0.030以下	3.80～4.50	(1)	17.00～19.00	1.00～1.50	9.00～11.00	0.25以下	難削材切削用，その他各種工具
SKH10	1.45～1.60	0.45以下	0.40以下	0.030以下	0.030以下	3.80～4.50	(1)	11.50～13.50	4.20～5.20	4.20～5.20	0.25以下	高難削材切削用，その他各種工具
SKH40	1.23～1.33	0.45以下	0.40以下	0.030以下	0.030以下	3.80～4.50	4.70～5.30	5.70～6.70	2.70～3.20	8.00～8.80	0.25以下	硬さ，じん性，耐摩耗性を必要とする一般切削用・その他各種工具
SKH50	0.77～0.87	0.70以下	0.45以下	0.030以下	0.030以下	3.50～4.50	8.00～9.00	1.40～2.00	1.00～1.40	(1)	0.25以下	じん性を必要とする一般切削用・その他各種工具
SKH51	0.80～0.88	0.45以下	0.40以下	0.030以下	0.030以下	3.80～4.50	4.70～5.20	5.90～6.70	1.70～2.10	(1)	0.25以下	
SKH52	1.00～1.10	0.45以下	0.40以下	0.030以下	0.030以下	3.80～4.50	5.50～6.50	5.90～6.70	2.30～2.60	(1)	0.25以下	比較的じん性を必要とする高硬度材切削用・その他各種工具
SKH53	1.15～1.25	0.45以下	0.40以下	0.030以下	0.030以下	3.80～4.50	4.70～5.20	5.90～6.70	2.70～3.20	(1)	0.25以下	
SKH54	1.25～1.40	0.45以下	0.40以下	0.030以下	0.030以下	3.80～4.50	4.20～5.00	5.20～6.00	3.70～4.20	(1)	0.25以下	高難削材切削用，その他各種工具
SKH55	0.87～0.95	0.45以下	0.40以下	0.030以下	0.030以下	3.80～4.50	4.70～5.20	5.90～6.70	1.70～2.10	4.50～5.00	0.25以下	比較的じん性を必要とする高速重切削用・その他各種工具
SKH56	0.85～0.95	0.45以下	0.40以下	0.030以下	0.030以下	3.80～4.50	4.70～5.20	5.90～6.70	1.70～2.10	7.00～9.00	0.25以下	
SKH57	1.20～1.35	0.45以下	0.40以下	0.030以下	0.030以下	3.80～4.50	3.20～3.90	9.00～10.00	3.00～3.50	9.50～10.50	0.25以下	高難削材切削用，その他各種工具
SKH58	0.95～1.05	0.70以下	0.40以下	0.030以下	0.030以下	3.50～4.50	8.20～9.20	1.50～2.10	1.70～2.20	(1)	0.25以下	じん性を必要とする一般切削用・その他各種工具
SKH59	1.05～1.15	0.70以下	0.40以下	0.030以下	0.030以下	3.50～4.50	9.00～10.00	1.20～1.90	0.90～1.30	7.50～8.50	0.25以下	比較的じん性を必要とする高速重切削用・その他各種工具

この表にない元素は，溶鋼を仕上げる目的以外に意図的に添加してはならない。
注(1)　意図的に添加してはならない。

高いことから，鋳鉄等の仕上げ切削で優れた性質を発揮する。ホットプレスで製造される Al_2O_3-TiC系は，じん性が改善され，硬さも劣ることがないことから，鋳鋼や鋼の仕上げ切削に用いられる。また，アルミナ系は焼入れ鋼などの高硬度材にも適用することが可能である。それ以外に窒化ケイ素（Si_3N_4），ジルコニア（ZrO_2），サイアロン（SiAlON：Si－Al－O－N系焼結体）などのセラミックス工具材料が出現している。

g　コーティング工具

コーティング工具は硬さ，じん性，熱伝導率など，母材のもつ優れた性質を生かしつつ，高温での凝着摩耗による耐摩耗性の劣化など，母材の欠点を補うために，その表面に物理的（PVD）又は化学的（CVD）に耐摩耗性，耐溶着性に富んだ材料を単層又は多層に蒸着させている。母材として，じん性の高い超硬とハイスが主として利用されている。コーティング材料としては，TiC，TiN，Al_2O_3，炭窒化チタン（TiCN），窒化チタンアルミ（TiAlN），ダイヤモンドなどがある。TiAlN のコーティング工具は，焼入れ鋼の切削加工が可能である。現在では，超硬合金の半数以上がコーティング材料となっている。

コーティング工具まで含めた工具材料は，非常に多岐にわたっているため，最適工具材料の選択基準を一律的に決めづらくなっている。そのため，使用に当たっては，メーカの技術資料を十分に見て判断することが必要である。

h　cBN 工具

cBN（立方晶形窒化ほう素，cubic boron nitride）は立方晶の窒化ほう素（boron nitride, BN）を超高圧と高温下で変態させて結晶化させた化合物で，天然には存在しない。cBN 工具は，この粒子を Co やセラミックスを結合剤として，超高圧，高温下で焼結してつくられる。図2－1.15 に示すように，cBN はダイヤモンドに次ぐ硬さと熱伝導率であるが，1000℃以上の高温でも化学的に安定している。cBN は鉄との反応性も低いために，研削でしか加工できなかった焼入れ鋼も切削で仕上げることが可能であり，コーティング工具と比較しても，かなり優れた性能を示す。

i　ダイヤモンド工具

ダイヤモンドは物質中で最も硬く，熱伝導率も高いが，600℃以上で黒鉛化が進むこと及び 700℃以上で鉄との反応が，800℃を超えると炭化が起きるという欠点をもつ。ダイヤモンドは，単一結晶として使われる場合と粒子を焼結させて使われる場合とがある。単一結晶で用いる場合は，刃先を極めて鋭利に研ぐことができるため，純アルミニウム無酸素銅など非鉄金属の鏡面切削仕上げなどが可能で，レーザプリンタやコピー機のポリゴンミラーなどの超精密加工に用いられる。

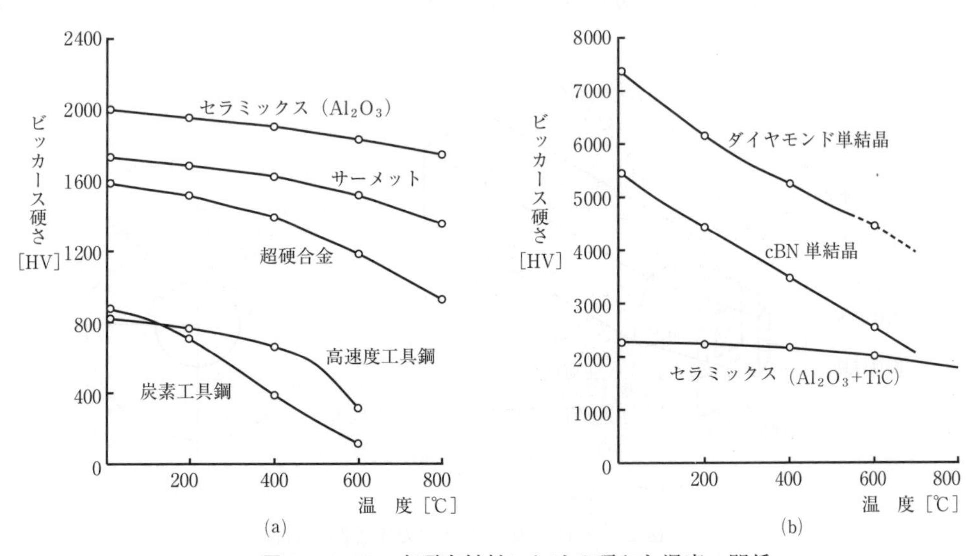

図2－1.15　高硬度材料における硬さと温度の関係

焼結ダイヤモンド工具は，単結晶ダイヤモンド工具より，刃先の鋭利さでは劣るが，へき開などのチッピングが起きづらい。そのために，エンジン材料であるアルミニウム合金などの高能率切削に焼結ダイヤモンド工具が用いられる。

(2)　刃先形状

図2－1.16は，バイトとフライスの刃先形状と各部の名称を示している。切削工具刃先のそれぞれの角度や形状は，どれも重要な役割をもっているが，特にすくい角と逃げ角が切削工具の切れ味に及ぼす影響は大きい。すくい角は，大きいほど切れ味がよく，よい仕上げ面が得られるが，この反面，刃物角が小さくなり断面二次モーメントが減少して刃先の強さが弱くなる。逃げ角は，逃げ面が工作物の切削面に当たらないように設けられる。逃げ角が大きいと，刃先の摩耗が多少大きくなっても切れ味が悪くならないが，大きすぎるとすくい角の増大のときと同様に刃先の強さを弱める。刃先各部の形状は，工作物や工具の材質及び切削の状態に応じて，適した形状を選択する。

(3)　刃先の摩耗

工具寿命は，材料の被削性，切削条件，切削油，切削温度などによって影響され，機械的摩耗と熱的化学的摩耗がある。大きなチッピングが起きない定常摩耗は切削温度に最も強く支配されるといってよい。切削温度は，切削速度が増大すると共に上昇し，切削工具，工作物，切りくずの温度が高くなり，刃先を軟化させて摩耗を生じさせる。切削工具の摩耗は，逃げ面とすくい面で起きる。

逃げ面摩耗はフランク摩耗ともいわれ，図2－1.16(a)に示す主逃げ面と副逃げ面にできる。すくい面摩耗は，切削工具のすくい面にできる摩耗をいい，クレータ摩耗はすくい面摩耗の中でくぼみが生じる形態をいう。図2－1.17は，刃先の摩耗を示している。すくい面摩耗が一定の深さになったときや逃げ面摩耗が一定の限界量になったときに工具寿命に達したと判断する。そのため，刃先は，ルーペなどで普段からよく観察することが必要である。

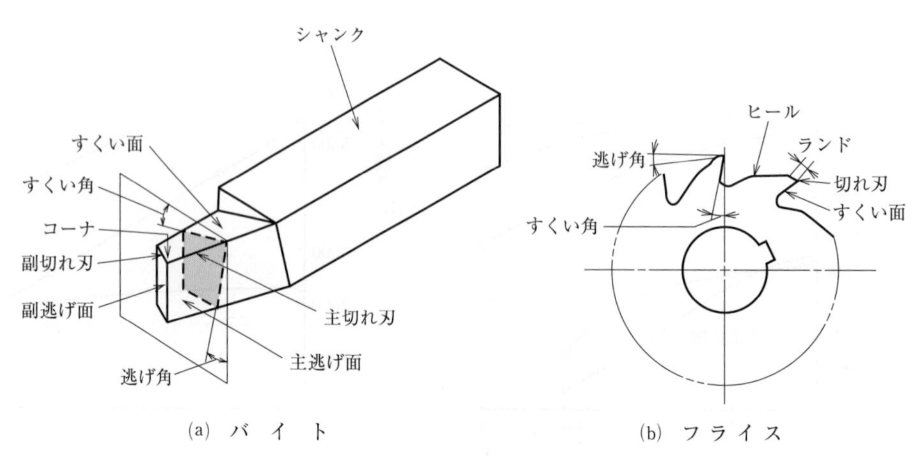

(a)　バ　イ　ト　　(b)　フ　ラ　イ　ス

図2－1.16　切削工具の刃先各部の名称

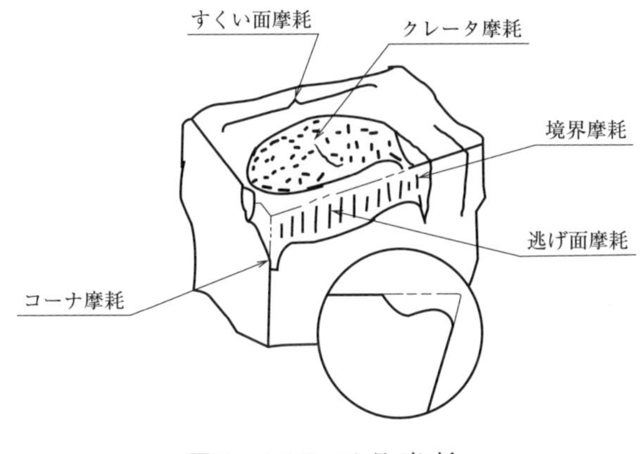

図2－1.17　工具摩耗

1.11　被削材

材料の被削性は，切削加工の能率，精度に直接大きな影響を与える。一般に，切削抵抗が小さく，切削効率が高く，仕上げ面がよく，また工具寿命を長く保つことができる材料は被削性がよいという。また，切りくず処理の良否などによっても判断される。

（1）鋼

a　炭素鋼

フェライトは，切削抵抗が小さいが柔軟であり，構成刃先ができやすいために削りにくい。パーライト地が増すにつれて，切削抵抗が増大する。0.3%C鋼は最も被削性がよいが，構成刃先ができやすいため，すくい角を多少，大きめに取り，切込みを小さくして高速切削すれば，きれいな仕上げ面が得られる。

b　快削鋼

快削鋼は一般の鋼に比べ，硫黄（S），リン（P）などを多く含有させた材料で，硫黄快削鋼のように呼ばれる。構成刃先が付きにくいため仕上げ面がよい。これらは，高速切削において，工具寿命が長く，加工能率を向上できることから，自動盤による，ねじ類などの切削に多く用いられる。

c　合金鋼

合金鋼は炭素鋼よりも被削性は劣る。Cr，Moなどのように炭化物をつくる成分も含む合金は，一般的に，削りやすい傾向をもつが，Ni，Mnのようにフェライトに固溶する成分を含む合金は削りにくい。ステンレス鋼は，加工硬化しやすく粘りのあることから被削性の悪い材料であるが，S，Moなどを添加することによって被削性が改善される。

（2）　鋳鋼と鋳鉄

a　鋳　　　鋼

0.2%C程度の鋳鋼は，ねばくて削りにくいが，0.3～0.4%Cの鋳鋼は，切削抵抗はやや大きいが，被削性はよく，よい仕上げ面が得られる。

b　鋳　　　鉄

鋳鉄は，引張り強さ230N/mm^{2}以下では削りやすいが，280N/mm^{2}以上になると被削性が悪くなる。鋳鉄中の黒鉛炭素は，強度が小さいため切りくずを細かくし，潤滑性に富むため構成刃先の発生をさまたげ，被削性をよくする。鋳鉄の切削に切削油剤を使わない理由はこのためである。鋳鉄は，引張り強さが小さいわりに切削工具が摩耗しやすいため，切削速度は鋼よりも遅くし，鋳肌の切削時には砂の焼付きがあって硬いことから切込みを深くしなければならない。

（3）　非 鉄 金 属

アルミニウム合金の切削抵抗は，鋼や鉄に比べて極めて小さいが，純度の高いアルミニウムや合金元素の少ないアルミニウム合金は構成刃先ができやすいために，よい仕上げを得にくい。そのために，すくい角を30～40°に取ったり，高速切削したりするとよい仕上げ面が得られる。

銅はねばりがあって被削性が悪いために，アルミニウムと同様に切削する。銅合金に0.5～3%Pb（鉛）を添加すると，切削抵抗は半減し，構成刃先ができにくくなって被削性が改善され，よい仕上げ面が得られるようになる。しかし，鉛は環境負荷物質であるため，銅合金の鉛レス化の動向がある。鉛と同等の快削性を付与する目的で，ビスマスを添加した鉛フリー銅合金が開発されている。

1.12　切 削 油 剤

切削加工するときの切削油剤の作用は，次のように考えられている。

①　潤 滑 作 用

工作物や切りくずと工具の間の摩耗を少なくし，工具の摩耗と熱の発生を防ぐ。

②　冷 却 作 用

発生した熱を取り去り，工具の温度上昇を防ぐ。

③　洗 浄 作 用

切りくずの微粉末が刃先に溶着するのを防ぎ，刃先の切れ味を保つようにする。研削加工では，目詰まりを防ぐ。

上記以外に，切削油剤には，防せい（錆）性，消泡性，浸透性などが必要である。このほか，フライス作業や研削作業では，切りくずを洗い流す性質をもつことも望まれ，また，人間や機械に無害でなくてはならない。しかし，これらの性質の全てを満足するような切削油剤は得られないため，工具の寿命や仕上げ面に重点を置く場合には，潤滑性のよい不水溶性切削油剤を，また，温度上昇を防ぐことを重点にする場合には，冷却性のよい水溶性切削油剤を選ぶようにする。

（1）　不水溶性切削油剤

不水溶性切削油剤は，表2－1.9に示すように極圧添加剤の有無などによってN1種からN4種までの4種類に区分されている。これらはさらに，動粘度，脂肪油分などによって細分される。なお，不水溶性切削油剤では，塩素系極圧添加剤を使用しないことになっている。

極圧添加剤は，S，Pなどを含む化合物で，それが摩擦面で反応し，その反応生成物が潤滑作用をもつため，切りくずの溶着を防止し，摩擦を減少させる作用をする。

表2－1.9　不水溶性切削油剤の種類及び性状（JIS K 2241：2017）

<table>
<tr><th colspan="2" rowspan="3">種　類</th><th colspan="8">性　状</th></tr>
<tr><th rowspan="2">動粘度
[mm²/s]
(40℃)</th><th rowspan="2">脂肪油分
質量分率
[%]</th><th rowspan="2">全硫黄分
質量分率
[%]</th><th colspan="2">銅板腐食</th><th rowspan="2">引火点
[℃]</th><th rowspan="2">流動点
[℃]</th><th rowspan="2">耐荷重能
[MPa]</th></tr>
<tr><th>100℃
(1h)</th><th>150℃
(1h)</th></tr>
<tr><td rowspan="4">N1種</td><td>1号</td><td rowspan="2">10未満</td><td>10未満</td><td rowspan="4">－</td><td rowspan="4">－</td><td rowspan="4">1
以下</td><td rowspan="2">70以上</td><td rowspan="24">－5
以下</td><td rowspan="4">0.1
以上</td></tr>
<tr><td>2号</td><td>10以上</td></tr>
<tr><td>3号</td><td rowspan="2">10以上</td><td>10未満</td><td rowspan="2">130以上</td></tr>
<tr><td>4号</td><td>10以上</td></tr>
<tr><td rowspan="4">N2種</td><td>1号</td><td rowspan="2">10未満</td><td>10未満</td><td rowspan="4">極圧添加剤を含有し，5以下</td><td rowspan="4">－</td><td rowspan="4">1
以下</td><td rowspan="2">70以上</td><td rowspan="4">0.1
以上</td></tr>
<tr><td>2号</td><td>10以上</td></tr>
<tr><td>3号</td><td rowspan="2">10以上</td><td>10未満</td><td rowspan="2">130以上</td></tr>
<tr><td>4号</td><td>10以上</td></tr>
<tr><td rowspan="8">N3種</td><td>1号</td><td rowspan="2">10未満</td><td>10未満</td><td rowspan="4">硫黄系極圧添加剤を含有し，1未満</td><td rowspan="8">2
以下</td><td rowspan="8">2
以上</td><td rowspan="2">70以上</td><td rowspan="4">0.15
以上</td></tr>
<tr><td>2号</td><td>10以上</td></tr>
<tr><td>3号</td><td rowspan="2">10以上</td><td>10未満</td><td rowspan="2">130以上</td></tr>
<tr><td>4号</td><td>10以上</td></tr>
<tr><td>5号</td><td rowspan="2">10未満</td><td>10未満</td><td rowspan="4">1以上
5以下</td><td rowspan="2">70以上</td><td rowspan="4">0.25
以上</td></tr>
<tr><td>6号</td><td>10以上</td></tr>
<tr><td>7号</td><td rowspan="2">10以上</td><td>10未満</td><td rowspan="2">130以上</td></tr>
<tr><td>8号</td><td>10以上</td></tr>
<tr><td rowspan="8">N4種</td><td>1号</td><td rowspan="2">10未満</td><td>10未満</td><td rowspan="4">硫黄系極圧添加剤を含有し，1未満</td><td rowspan="8">3
以上</td><td rowspan="8">－</td><td rowspan="2">70以上</td><td rowspan="4">0.15
以上</td></tr>
<tr><td>2号</td><td>10以上</td></tr>
<tr><td>3号</td><td rowspan="2">10以上</td><td>10未満</td><td rowspan="2">130以上</td></tr>
<tr><td>4号</td><td>10以上</td></tr>
<tr><td>5号</td><td rowspan="2">10未満</td><td>10未満</td><td rowspan="4">1以上
5以下</td><td rowspan="2">70以上</td><td rowspan="4">0.25
以上</td></tr>
<tr><td>6号</td><td>10以上</td></tr>
<tr><td>7号</td><td rowspan="2">10以上</td><td>10未満</td><td rowspan="2">130以上</td></tr>
<tr><td>8号</td><td>10以上</td></tr>
</table>

（2）　水溶性切削油剤

水溶性切削油剤は，水で20～80倍に希釈して使用する油剤で，表2－1.10に示すように希釈液の外観，表面張力，不揮発分などによってA１種からA３種まで区分され，さらに，pHと金属腐食によって細分される。なお，水溶性切削油剤では，いずれも塩素系極圧添加剤及び亜硝酸塩を使用しないことになっている。

一般に，A１種をエマルジョン形，A２種をソリューブル形，A３種をソリューション形と呼んでいる。A１種は，A２種とA３種に比べれば潤滑作用が高く，逆にA３種は冷却作用が高い。A２種は中間の性質を示す。A３種は腐らないため研削加工で使われている。

表2－1.10　水溶性切削油剤の種類及び性状（JIS K 2241：2017）

<table>
<tr><th colspan="2" rowspan="4">種　類</th><th colspan="12">性　　状</th></tr>
<tr><th rowspan="3">外　観
（室温）</th><th rowspan="3">表面
張力
［10^{-3}N/m］
（25±1℃）</th><th rowspan="3">不揮発
分質量
分率[(1)]
［%］</th><th rowspan="3">pH
（25±1℃）</th><th rowspan="3">金属腐食
（室温，48h）</th><th colspan="4">乳化安定度［ml］
（室温，24h）</th><th rowspan="3">全硫黄
分質量
分率[(1)]
［%］</th><th rowspan="3">泡立ち
試　験
［ml］
（24±2℃）</th></tr>
<tr><th colspan="2">水</th><th colspan="2">硬水</th></tr>
<tr><th>油層</th><th>クリーム層</th><th>油層</th><th>クリーム層</th></tr>
<tr><td rowspan="2">A１種</td><td>1号</td><td rowspan="2">乳白色</td><td rowspan="2">－</td><td rowspan="2">80
以上</td><td>8.5以上
10.5未満</td><td>変色がないこと
（鋼板）</td><td rowspan="2">0.5
未満</td><td rowspan="2">2.5
以下</td><td rowspan="2">2.5
以下</td><td rowspan="2">2.5
以下</td><td rowspan="6">5
以下</td><td rowspan="6">1
以下</td></tr>
<tr><td>2号</td><td>8.0以上
10.5未満</td><td>変色がないこと
（アルミニウム板及び鋼板）</td></tr>
<tr><td rowspan="2">A２種</td><td>1号</td><td rowspan="2">半透明
又は
透明</td><td rowspan="2">40
未満</td><td rowspan="4">30
以上</td><td>8.5以上
10.5未満</td><td>変色がないこと
（鋼板）</td><td colspan="4" rowspan="4">－</td></tr>
<tr><td>2号</td><td>8.0以上
10.5未満</td><td>変色がないこと
（アルミニウム板及び鋼板）</td></tr>
<tr><td rowspan="2">A３種</td><td>1号</td><td rowspan="2">透明</td><td rowspan="2">40
以上</td><td>8.5以上
10.5未満</td><td>変色がないこと
（鋼板）</td></tr>
<tr><td>2号</td><td>8.0以上
10.5未満</td><td>変色がないこと
（アルミニウム板及び鋼板）</td></tr>
</table>

（注）（1）不揮発分及び全硫黄分は，原液における性状を規定し，それ以外の項目においては，A1種は基準希釈倍率10倍の水溶液，A2種及びA3種は30倍の水溶液の性状を規定したものである。

第2節　旋 盤 作 業

2.1　旋 盤 と は

旋盤（lathe）は，主軸に固定（チャッキング）した工作物に回転する主（切削）運動を与え，工具（バイト）に直線送り運動を与えて，所定の寸法に加工するために，工具を位置決め運動によって切込み位置を調整して，切削を行う工作機械である。

旋盤は図2－2.1に示すように，外丸削り，テーパ削り，端面削り，側面削り，正面削り，突切り，溝削り，穴あけ，中ぐり，ねじ切りなどの加工ができる工作機械である。

このように，工作物を回転させて，バイトで削ることを旋削（turning又はlathe turning）という。

2.2　旋盤の種類と特徴

旋盤の種類には，表2－2.1に示すように，普通旋盤から数値制御旋盤まで，様々な種類がある。

（1）　普 通 旋 盤

普通旋盤（engine lathe）は，旋盤の中で最も一般的なもので，単に旋盤といえば，普通旋盤を指し，旋盤の基本作業を習得するのに適している。また，試作や治工具の製作などの1品物や多品種少量生産などに不可欠な工作機械である。詳細は後述するが，普通旋盤の構造は，図2－2.2に示すように，主軸台，往復台，心押し台，機械送り及びねじ切り機構，ベッド及び脚の五つの主要部分から構成される。

（2）　タレット旋盤

タレット旋盤（turret lathe）は図2－2.3に示すように，複数の工具を旋回割出しの可能なタレットと呼ばれる刃物台に取り付け，このタレットが1回転する間に目的の製品形状が得られるようにした旋盤である。刃物台の形状には，4角，6角，8角，10角，12角，16角のタレット形以外にドラム形もある。

一般に，機械部品を旋削する場合，1種類の加工だけで完成する部品は少ない。図2－2.1に示したように機械部品の製作には外丸削り，正面削り，穴あけ，中ぐり，ねじ切りなどの複数の加工が必要となる。タレット旋盤では，複数の加工ができるため，一定品質の部品を能率的につくることができる。このことから，タレット旋盤は小ねじやピン類の同一小物部品の中量生産に適している。さらに，複数加工の自動サイクルができる機種や，全操作が自動的にできる自動タレット旋盤は多量生産にも使用されている。特に，自動タレット旋盤は次節で述べる自動旋盤の一種と考えて差し支えない。

表2－2.1　旋盤の種類と大きさの表し方（JIS B 0105：2012）

用語	定義	参考 機械の大きさの表し方
普通旋盤	基本的なもので，ベッド，主軸台，心押台，往復台，送り機構などからなる旋盤。	ベッド上の振り，センタ間距離，及び往復台上の振り。
数値制御旋盤	数値制御によって運転するものを，特に，数値制御旋盤という。	
工具旋盤	工具，ジグなどの加工のために，ねじ切り装置，テーパ削り装置，二番取り装置などを備えた工具室用の旋盤。	
多頭旋盤	複数の主軸台をもつ旋盤。主軸が向き合っている対向主軸形もある。	主軸頭の数，コレット口径又はチャック外径，及び切削できる長さ。
多じん（刃）旋盤	刃物台上に多くの刃物を取り付け，全部又はいくつかの刃物で同時に切削を行う旋盤。	ベッド上の振り，センタ間距離，及び往復台上の振り。
くし形刃物台旋盤	横送り刃物台上に多くの刃物をくし歯状に取り付け，これらを順次使用する旋盤。	チャック外径，切削できる長さ，及び横送り台の移動量。
親ねじ旋盤	主として工作機械の親ねじを切る旋盤。ピッチ補正機能を備えている。	普通旋盤に準じる。
ねじ切り旋盤	ねじ切り専用に使用する旋盤。	ベッド上の振り，センタ間距離，及び往復台上の振り。
倣い旋盤	刃物台が形板，模型又は実物に倣って動き，それらと同じ輪郭を削り出す旋盤。	普通旋盤に準じる。
タレット旋盤	タレットヘッドを備え，これに多くの刃物又は工具を取り付け，タレットヘッドを割り出してこれらを順次使用する旋盤。	ベッド上の振り，横送り台上の振り，及び主軸端からタレット面までの距離。
卓上タレット旋盤	タレットヘッドを備えた卓上旋盤。	タレット旋盤に準じる。
自動旋盤	機械をカム，油圧又は電気的な機構で自動的に作動させる旋盤。棒材用及びチャック作業用がある。チャック作業で限られた工程だけの加工を行うものを特に単能盤ということもある。	
単軸自動旋盤	主軸が1本の自動旋盤。主軸台が主軸の軸方向に移動することによって送り運動を行うものを主軸台移動形といい，主軸台が固定し工具が運動するものを主軸台固定形という。	コレット口径又はチャック外径，及び切削できる長さ。
多軸自動旋盤	複数の主軸をもつ自動旋盤。主軸の数によって，4軸自動旋盤，8軸自動旋盤などという。主軸を一つのキャリヤに乗せ，キャリヤごと回転して個々の割り出しを行うものをキャリヤ回転形という。	主軸の数，コレット口径又はチャック外径，及び切削できる長さ。
卓上旋盤	主として作業台上に据え付け，コレットチャックによる作業を主体とする小形の旋盤。	ベッド上の振り及びセンタ間距離。
正面旋盤	主軸に面板を備え，主として正面削りを行う旋盤。刃物台は，主軸に直角方向に広範囲に動く。	ベッド上の振り又は面板の直径，及び面板から往復台までの距離。
立て旋盤	工作物を水平面内で回転するテーブル上に取り付け，刃物台をコラム又はクロスレールに沿って送って切削する旋盤。	加工できる最大直径，テーブル上面からクロスレール下面までの距離，刃物台の移動量及び中ぐり棒の移動量。
ロール旋盤	主として圧延用の円筒ロール，溝ロールを切削する旋盤。	工作物の最大直径及び最大長さ。
中ぐり旋盤	中ぐり加工専用に使用される旋盤であって，直径に比べて長い穴を中ぐりする旋盤。シリンダライナの加工専用のシリンダライナ旋盤などがある。	ベッド上の振り，往復台上の振り及び工作物の長さ。
クランク軸旋盤	クランク軸のピン部又はジャーナル部を切削する旋盤。	ベッド上の振り又は回転円板の内径，切削できるクランク軸の最大長さ，及び切削できるクランクアーム間の最小距離。
カム軸旋盤	マスタカムに倣ったバイトを主軸と直角方向に往復運動させて，カム軸のカム部の輪郭を切削する旋盤。	テーブル上の振り及びセンタ間距離。
車輪旋盤	鉄道車両の車輪を，車軸に取り付けた状態で，外周を切削する旋盤。	切削できる車輪の最大及び最小直径並びに両面間の距離。
車軸旋盤	鉄道車両の車軸を切削する旋盤。	工作物の最大直径及び最大長さ。

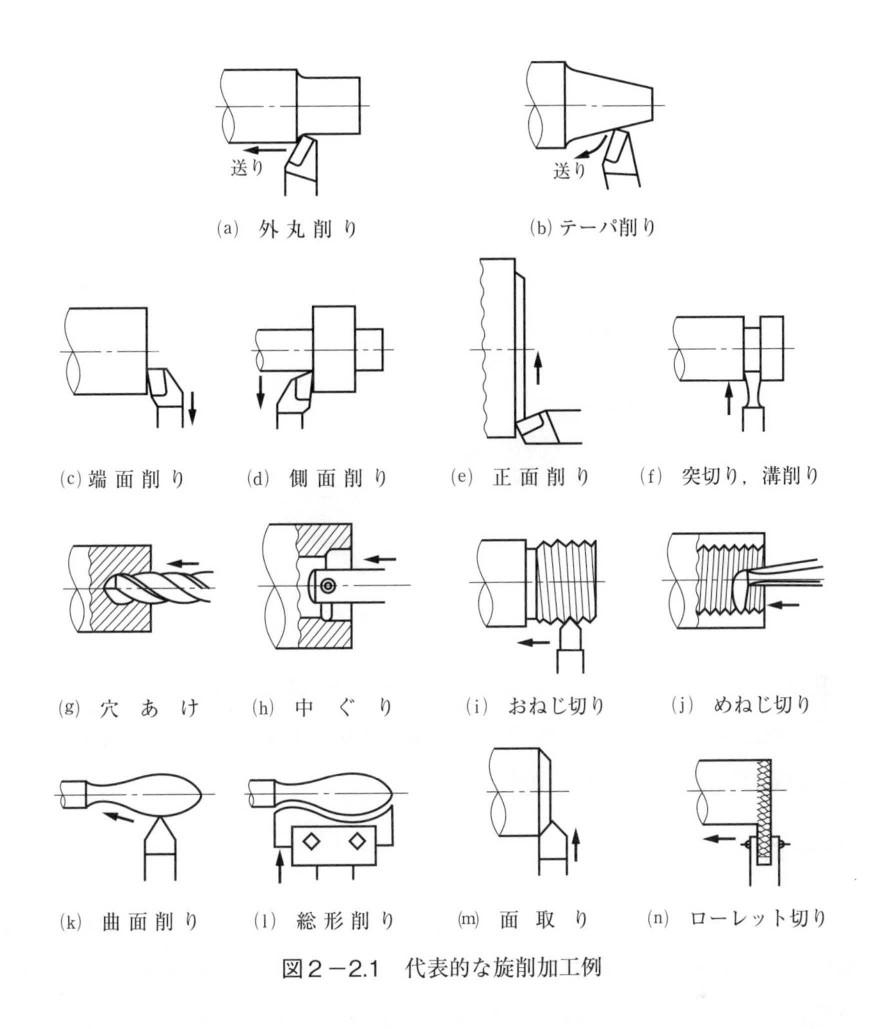

図２－2.1　代表的な旋削加工例

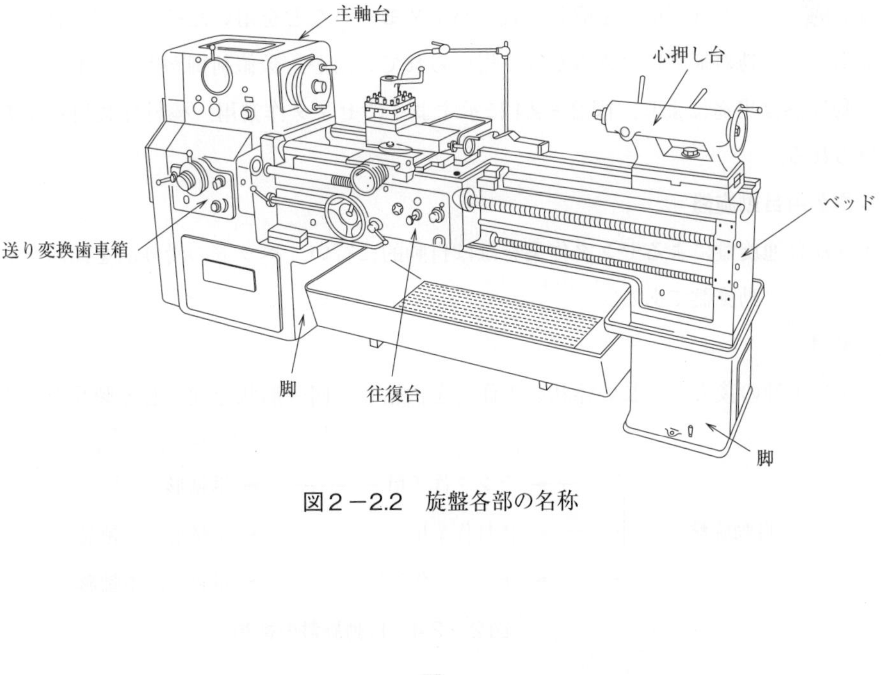

主軸台
心押し台
ベッド
送り変換歯車箱
脚
往復台
脚

図２－2.2　旋盤各部の名称

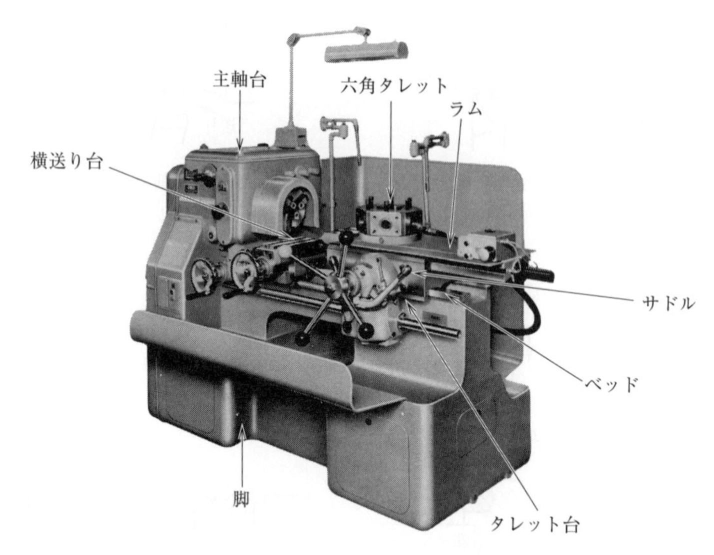

図２－2.3　タレット旋盤

タレット旋盤の構造は，主にベッド，主軸台，タレット台，横送り台及び脚などからなる。その大きさは，ベッド上の振り，横送り台上の振り，主軸端とタレット面間の距離，つまり，タレット台の最大移動距離及び棒材工作物の最大径で表す。

（3）　自 動 旋 盤

自動旋盤（automatic lathe）は，旋盤作業で作業者が行う操作のほとんどを自動的に行う旋盤である。自動旋盤には，工作物の供給や取付け，取外しを作業者が行う半自動旋盤と，全ての操作を自動的に行う全自動旋盤がある。工具の移動や工作物の供給などを自動的に制御する方式には，主にカムなどによる機械方式，電気制御油圧駆動方式，パルスモータなどを用いたモータ（電動機）駆動方式がある。従来，各運動の制御にはカムが多く用いられていたが，数値制御が主流である。

また，自動旋盤は用途により，図２－2.4に示すようにセンタ作業用，棒材作業用及びチャック作業用に分けられる。

a　センタ作業用自動旋盤

このタイプは普通旋盤によるセンタ作業をほぼ自動的に行い，ベッドの滑り面を傾斜させて切りくず処理を工夫した自動旋盤である。

b　棒材作業用

このタイプは主軸の後方から長い棒状の工作物を供給し，同一形状を加工して製品をつくり，工作

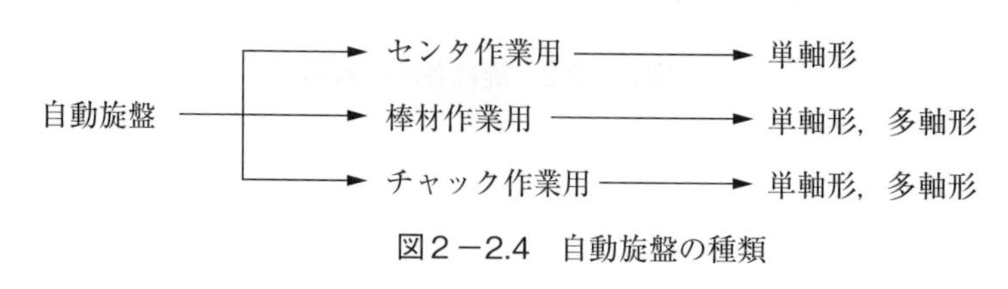

図２－2.4　自動旋盤の種類

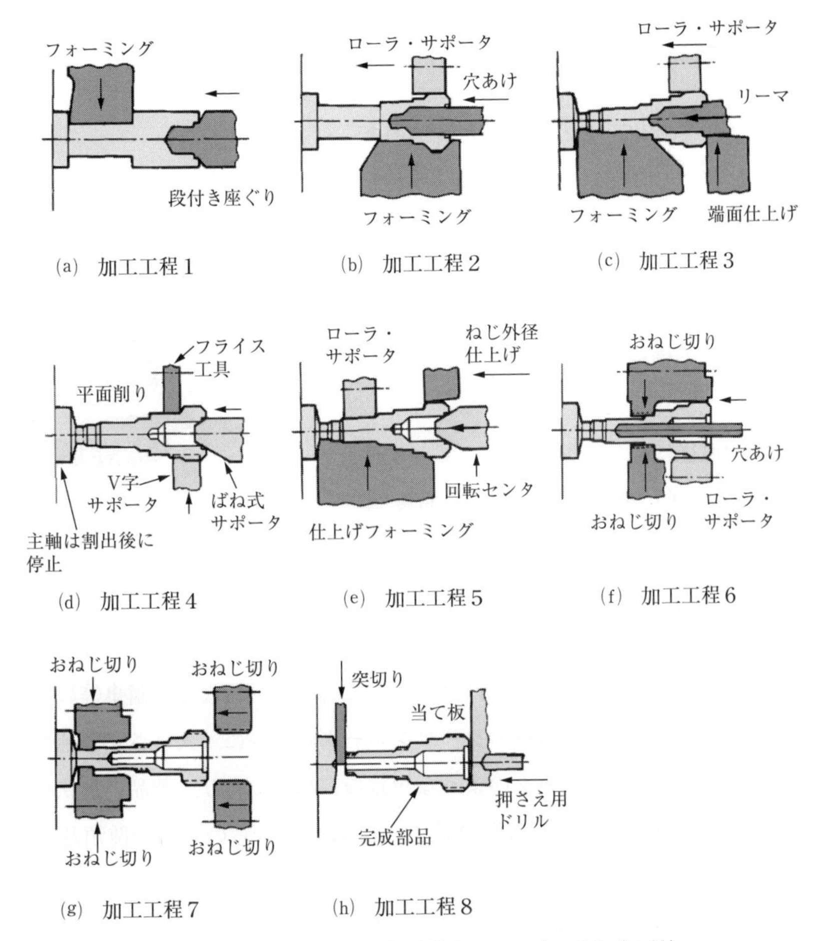

図2－2.5　多軸自動旋盤による加工例（8軸）

出所：Society of Manufacturing Engineers「Tool and Manufacturing Engineers Handbook」1998，p15－38，図15－33（一部変更）

物がなくなると自動的に停止する自動旋盤である。主軸の数により単軸形と4～6軸の多軸形とがある。単軸形自動旋盤は，ほとんどタレット旋盤を自動化したような旋盤である。多軸形自動旋盤は，4～6本の主軸を一つの主軸ドラムに束ね，主軸ドラムを旋回割出しして，これが一回転すると一つの製品の加工が終了する。図2－2.5は8軸の多軸自動旋盤による部品の加工工程を示す。

c　チャック作業用

チャック作業用単軸形自動旋盤は，チャッキングマシンとも呼ばれ，チャック動作は，小形の機種は機械式又は空気圧式，中・大形では油圧式である。

多軸形自動旋盤は，図2－2.6に示すように棒材作業用多軸形自動旋盤とほぼ同じ機構であるが，主軸端に工作物を取り付ける部分がチャックになっている点が異なるだけである。

図2－2.6　多軸自動旋盤

（4）　立 て 旋 盤

立て旋盤（vertical lathe）は図２－2.7に示すように，テーブルの旋回中心が垂直である旋盤である。取付けや心出しが比較的容易なため，重量や形状の大きい工作物や重心の不均一な工作物などを加工するのに適している。

立て旋盤には，その構造から，門形とシングルコラム形がある。

また，工作物の直径に応じて振り（テーブルと同心の仮想円の最大直径）を変えられる振り可変形と，変えられない振り固定形がある。

図２－2.7　立 て 旋 盤

（5）　その他の旋盤

機械部品の種類は非常に多く，小さい部品例として時計・計器などの歯車等の部品から，大きい部品例では大形船舶の部品や大形発電機のタービンロータのように，大きさが各種ある。また，形状も簡単なピンのような部品からクランクのような複雑な部品まであり，製品の形状や精度，表面品位などに適したいろいろな旋盤がある。前掲の表２－2.1に，これらの旋盤の種類及び大きさの表し方が示されている。

図２－2.8は大形旋盤を示す。また，図２－2.9はロール旋盤を示す。

図２－2.8　大 形 旋 盤

図2－2.9　ロール旋盤

2.3　旋盤の主要構造と各部の機能

ここでは，図2－2.2に示した普通旋盤の構造について詳述する。

（1）主　軸　台

主軸台（head stock, spindle stock）は，図2－2.10に示すように，工作物を支持して，これに回転運動を与える部分である。主軸台は，主軸，主軸駆動装置（主軸を支える軸受，モータ，回転運動伝達装置）及び主軸回転速度変速歯車装置，これらを収める主軸台ハウジングからなっている。

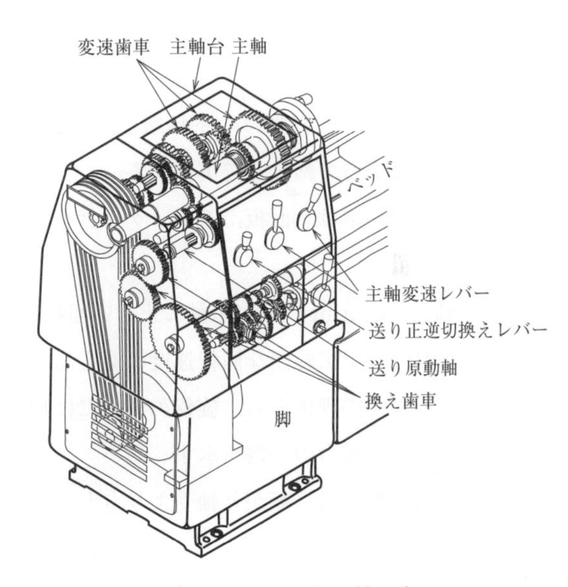

図2－2.10　主　軸　台

a　主　　軸

主軸（spindle）は，大きな切削力を受けるため，良質の合金鋼や炭素鋼でつくられ，熱処理が施されている。また，主軸内部は，同図に示すようにセンタの抜取りや長い工作物の加工ができるように，貫通穴になっている。一端には，テーパの主軸穴があり，そこに面板，チャックやセンタが取り付けられる。

旋盤の主軸端には，面板，チャックや回し板などを取り付ける。その部分の形式には，図2－2.11に示すように，主に次の4種類がある。

① フランジ（A）形は，面板を主軸にボルトで取り付ける。主軸外周と面板の1/4＝7°7′30″テーパ面で面板の中心が出るようになっている。

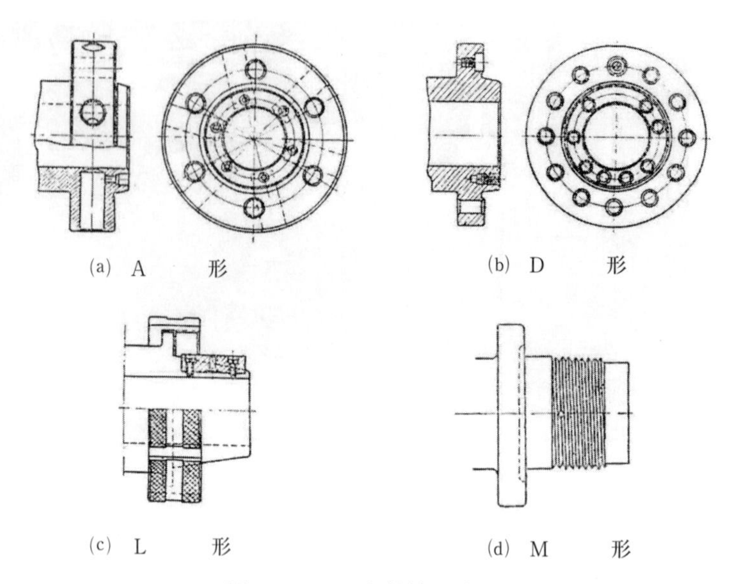

図2－2.11　主軸端の形状

出所：伊藤鎮ほか「新編 工作機械」養賢堂，1966，p168，第1.29図

② カムロックスタンド（D）形は，主軸端の凸形状のカムで，面板の凹形状カムロックスタンドを挿入して面板を取り付ける。面板の中心は主軸外周と面板の1/4テーパ面によって出るようになっている。

③ テーパキー（L）形は，主軸端と面板の7/24＝8° 17′ 50″のテーパ部をナットで締め付け，さらにキーによって締結を確実にする。

④ ねじ（M）形は，面板，チャックなどをねじ込んで取り付ける。

b　軸　　受

旋盤の軸受（bearing）は，主軸に正しい回転運動を行わせるための重要な部分である。

低速から高速まで広範囲な回転速度に適応し，発熱が少ない，潤滑，軸受交換などのメンテナンスや保守が容易などの理由から，旋盤の軸受には転がり軸受が主に用いられている。図2－2.12に転がり軸受を用いた主軸台の一例を示す。

一般に，滑り軸受は，転がり軸受よりも大きな荷重や衝撃に耐えられ，しかも滑らかな回転が得ら

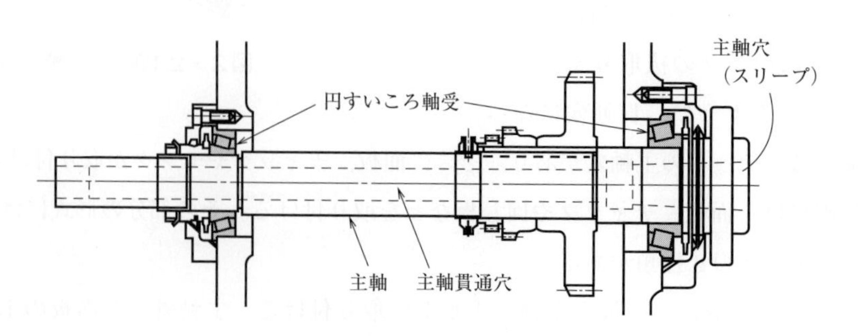

図2－2.12　主軸と軸受

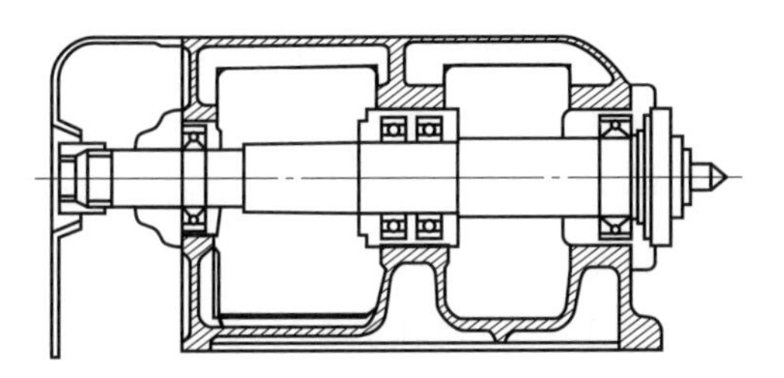

図2－2.13　3点支持の軸受

れるため，大形旋盤など特殊な旋盤には滑り軸受も用いられる。

軸受の数は，小形旋盤では，前後の2カ所の軸受で主軸を支える。軸受間隔が長い場合には，図2－2.13に示すように，中間にも軸受を設け，3点支持方式として，主軸の振れ，たわみあるいは振動を防ぐようにする。

c　主軸駆動と速度変換

主軸を駆動させる（spindle drive），すなわち回転させるには，モータ（電動機）の回転をVベルトを用いて主軸に伝える。図2－2.14は，普通旋盤の動力伝達経路の一例である。電動機の回転は，Vベルトを介して歯車変速装置に伝えられ，段階的に変速されたのち，再びVベルトを介して主軸に伝えられる。

主軸の回転速度を変えるには，段階的速度列方式と無段変速方式とがある。段階的速度列方式には，①歯車の組合せを変える方法，②電動機の極数，又はコイルの巻数を切り換える方法，③ベルトの掛替えによる方法，④それらの組合せによる方法，がある。

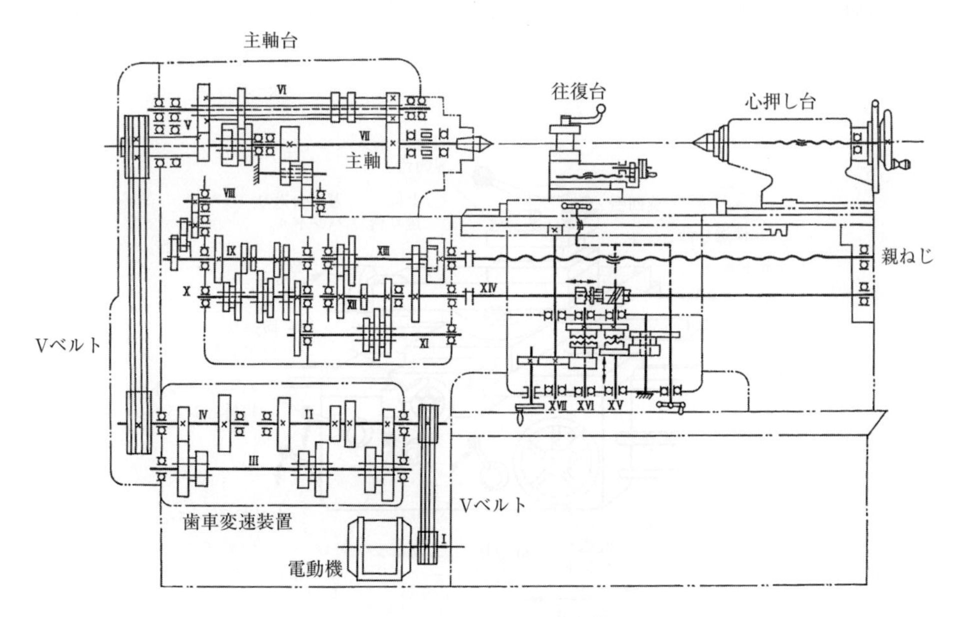

図2－2.14　普通旋盤の動力伝達経路の例

出所：益子正巳ほか「改訂新版 工作機械」朝倉書店，1981，p126，図5.17（一部追記）

一方，無段変速方式には，①機械式無段変速による方法，② DC（直流）モータや AC サーボモータによる方法がある。現在の NC 旋盤では，主軸が電動機のロータ（回転子）の役割をするビルトインモータ主軸が主流であり，AC サーボ制御によって無段階の回転速度を得ることができる。

同図は，歯車の組合せを変えて速度変換（speed change）を行う場合を示している。普通旋盤は，歯車やクラッチのかみ合せを変えて変速する機種が多く，通常 6 ～12 段ぐらいの変速の旋盤が多いが，大形の旋盤では変速段数が 32 段に及ぶ機種もある。変速は，一般に，主軸台に設けられたハンドルやレバーで行う。

（2） 往　復　台

往復台（carriage）は，ベッド上を往復運動して工具（バイト）に送り運動や位置決めを行う部分で，図 2 －2.15 に示すように，サドル，エプロン，横送り台，旋回台，上部送り台，刃物台などからなっている。

サドルは，ベッドの滑り面上を縦方向（長手，X 軸方向）に手送り，あるいは機械送りによって移動する台である。これを縦送りという。

横送り台はサドル上にあり，サドルの縦送りと直角方向に動く。これを横送りという。

エプロンは，サドル前面下部に設置されている歯車箱である。エプロンには，サドルの縦送り装置，横送り台の機械送り装置，ねじ送り装置，サドル手送り装置などが組み込まれている。

横送り台と上部送り台のハンドルには，位置決め微調整目盛がついていて，工具（バイト）の細かい位置調整が容易にできる。

刃物台には，一般に図 2 －2.15 にあるような四角刃物台が用いられ，4 本のバイトを取り付けられる。

エプロンの前面には，縦・横の機械送り装置やねじ切り装置などを操作するレバーが取り付けられている。

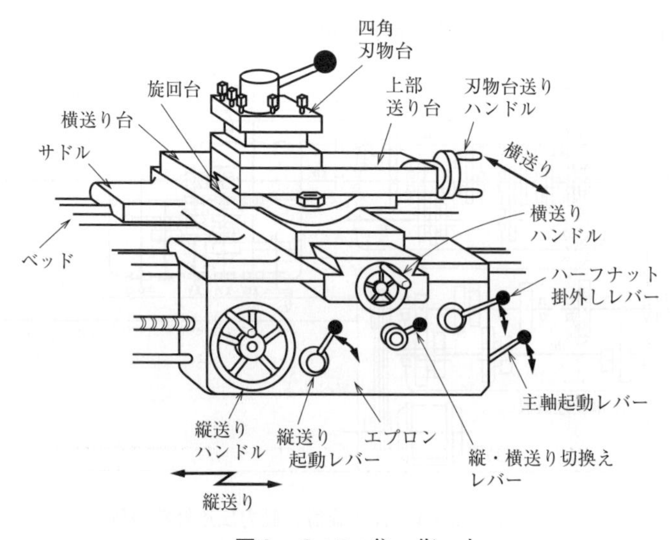

図2－2.15　往　復　台

(3)　機械送り装置及びねじ切り装置

サドル及び横送り台の機械送りは，送り軸の回転によって得られる。縦送り，横送りが同時にできる機種と，それぞれを切り換えて行う機種があり，図２－2.16は切り換えて行う場合の機械送り装置（feed mechanism）とねじ切り装置（screw cutting feed mechanism）を示している。

同図(a)は前掲の図２－2.10と見比べると理解しやすい。主軸を原動力とすると軸を中心として，まず往復台の縦送りやねじ切りの送り，そして横送り台の送り，それぞれの送り運動を与える親ねじの送りねじへ動力が伝達される。ここの送り速度は，その変換歯車で変えられる。

図２－2.16(b)と(c)は図２－2.15と見比べるとよい。縦送り，横送りは送り軸によって伝達され，ねじ切り送りは親ねじによって伝えられる。縦・横送り及びねじ切りの方向の切換えはそれぞれのハンドルやレバー操作で行われる。また，縦・横送りとねじ切りのピッチの変換は，換え歯車と送り速度変換歯車装置レバーによって行われる。換え歯車やレバーの位置は，機械に貼り付けられた表に示されており，これを参考にする。

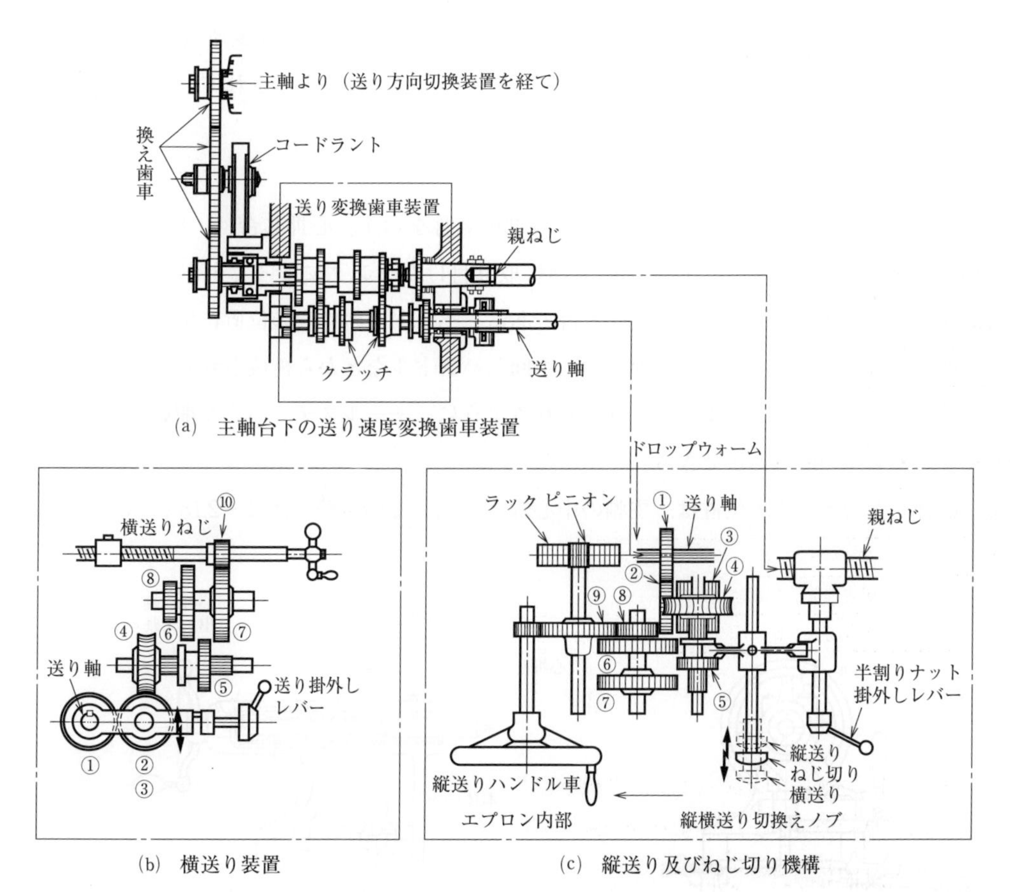

(a)　主軸台下の送り速度変換歯車装置

(b)　横送り装置　　(c)　縦送り及びねじ切り機構

図２－2.16　機械送り，ねじ切り機構

a　過負荷安全装置

サドルや横送り台に異常な大きな抵抗が発生すると，送り軸や歯車などを破壊するため，これを防ぐために機械送り装置にはドロップウォーム式，電気式，ボールクラッチ式，円錐クラッチ式，シャーピン式の五つの過負荷安全装置（over load safety unit）がある。

図2－2.16に示した装置はドロップウォーム式で，大きな抵抗があるとウォームがウォーム歯車から外れる。ウォームが外れる力の大きさは，バネの強さで調節する。普通旋盤ではこの方式が最も多く用いられる。

b　自動定寸装置

自動定寸装置（automatical sizing unit）は工具の機械送りを，自動的に所定の位置に停止させる装置で，定寸ものの加工に使われる。

c　ねじ切り装置

ねじ切り装置（screw cutting unit）はねじ切り送りを行う装置で，ねじ切り送りは親ねじの回転によって行われる。ねじ切り送りの掛外しはエプロンの内側の半割りナット（ハーフナット）のレバーを開閉して行う。

ねじ切りのピッチの変換は，同図(a)主軸台側にある換え歯車と送り速度変換歯車装置のレバーによって行う。換え歯車やレバーの位置は，一般に，機械の主軸台側に表示されている。

(4)　心押し台

図2－2.17は心押し台（tail stock）の構造と各部の名称を示す。心押し台は，ベッド上に置かれ，特に長い工作物を削るときに，心押し軸の先端に取り付けたセンタによって工作物の一端を支えたり，穴あけやリーマ加工用工具を取り付ける台である。ベッド上の任意の位置に位置決めして固定できる。心押し台は，本体，ベース，心押し軸，手回しハンドルなどから構成される。

心押し軸には，センタやドリルが取り付けられるように，モールステーパ穴が開いている。ハンドルの回転で，センタの取外しができる。

通常，心押し台のセンタの位置は，主軸の中心線と一致しているが，図2－2.18に示すように，調

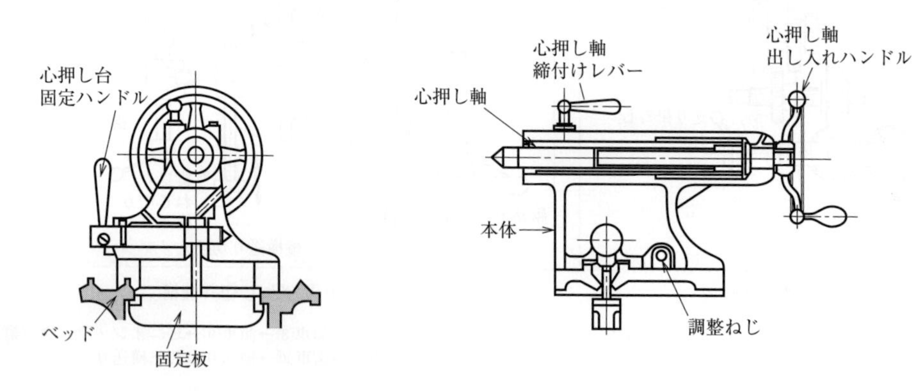

図2－2.17　心押し台

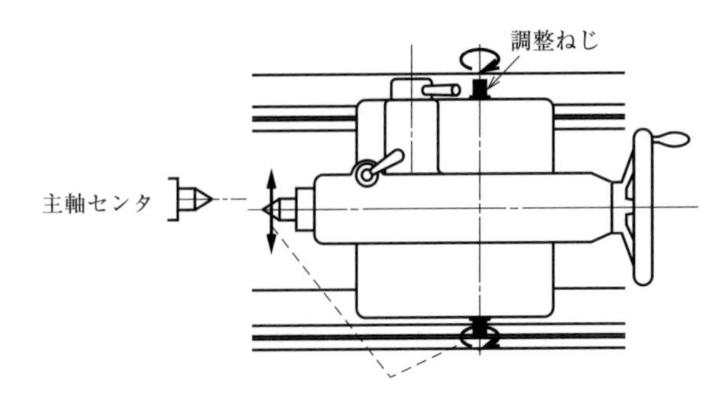

図２－2.18　センタの位置調整

整ねじで偏心させて，角度の小さいテーパ加工ができる。

(5)　ベ　ッ　ド

a　ベ　ッ　ド

ベッド（bed）は機械の本体となる台である。ベッド上に主軸台が取り付けられ，心押し台，往復台が直線運動をするように案内・支持される。

b　ベッド滑り面

ベッド滑り面（slideway，guideway）は往復台，心押し台を案内する面で，固定振止めなどの用具を取り付けられる。滑り面には図２－2.19 に示すように，Ｖ形，逆Ｖ形などがある。普通旋盤など多く用いられ，往復台の運動が滑らかで精度もよい。

一般に，ベッドは良質の鋳鉄でつくられる。鋳物は，強度が低く，伸びが小さいためたわみやすく，摩耗しやすいなどの欠点があるため，長い間の使用に耐えられるように，鋳造後，焼なましを行い，機械加工後，滑り面の表面を焼入れした後に，研削仕上げを行うベッドが多い。

(6)　脚及びオイルパン

脚（leg）は，地上（床）の上にあって，ベッドを支える部位である。この内部にモータ（電動機），電気制御機器，工具収納箱などがある。

小形の旋盤には脚というよりも，箱形にした構造が多い。また，大型旋盤では，ベッドが長く重いため脚がなく，直接床に据え付ける。

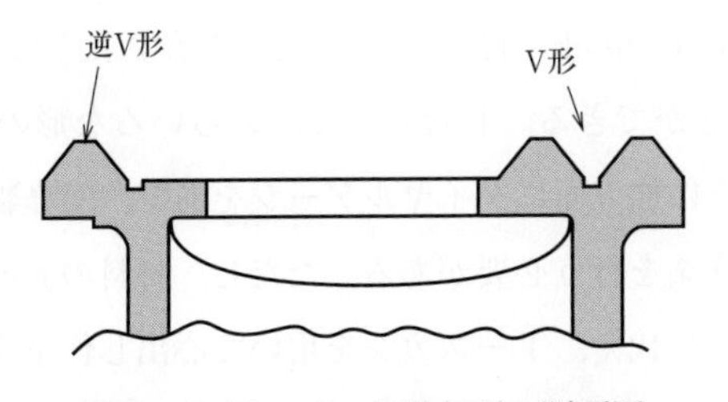

図２－2.19　ベッド滑り面の断面図

オイルパン（oil pan）はベッドの下にあり，切りくず，切削油を受ける容器である。オイルパンには，切削油タンク，切削油ポンプとその電動機が付いている。

2.4　旋盤作業の種類と特徴

旋盤作業の種類は，既に図２－2.1 に示したように様々な作業がある。

旋盤作業を工作物の支持方法によって分けると，チャック作業，センタ作業，取付け作業の三つに大別される。

（1）　チャック作業

チャック作業（chuck work）は，図２－2.20 に示すように，主軸端に取り付けたチャックで工作物をしっかり固定する作業である。チャックは主軸端に取り付け，工作物をつかむための工具である。

チャックにはいろいろな種類がある。普通旋盤の作業では，四つ爪単動チャックとスクロールチャックが最も広く用いられる。

一般に爪は，焼入れ鋼でつくられている。

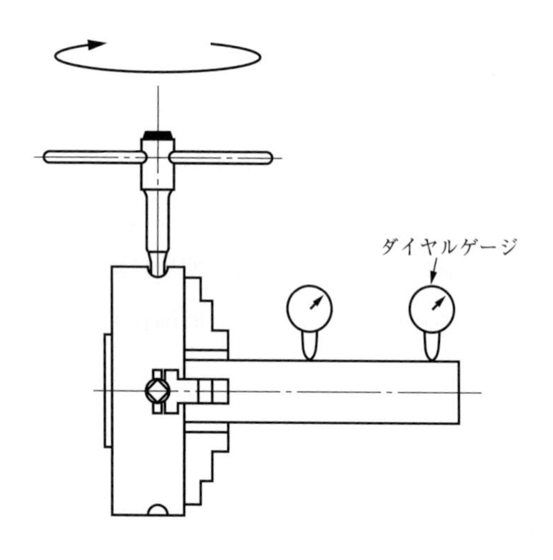

図２－2.20　四つ爪単動チャックによる心出し作業

a　四つ爪単動チャック

単動チャック（independent chuck）は，図２－2.21 に示すように，四つの爪をそれぞれ単独にチャックレンチで動かすことができる。したがって，いろいろな形の工作物をつかむことができるが，図２－2.20 に示したように加工面にダイヤルゲージをあて，工作物の中心を主軸の中心に合わせる作業，すなわち，心出し作業を行う必要がある。ただし，材料の表面が黒皮のように加工されていない場合は，ダイヤルゲージに代え，トースカンを用いて心出し作業を行う。

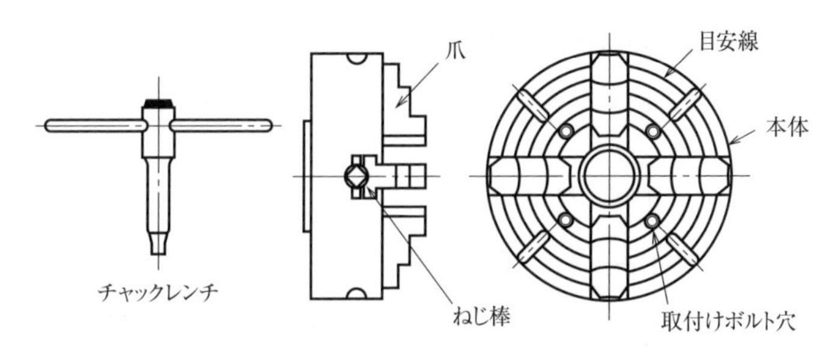

図2－2.21　四つ爪単動チャック

b　スクロールチャック

スクロールチャック（scroll chuck）は，図2－2.22に示すように一つのチャックレンチで三つの爪が同時に開閉するため，円形の丸棒や正六角形の工作物の場合，取付け，取外しの操作は容易で能率的である。

なお，製造過程でチャック面に印の付いた箇所を基準に精度が確保されているため，新しいチャックはこの場所で締め付けることが望ましい。

c　生爪（なまづめ）

生爪（soft jaws）はその素材が比較的柔らかい炭素鋼鍛鋼品などでできており，図2－2.23に示すように，工作物の径に合わせて爪を削って用いられる。これにより，工作物の仕上げ面をきず付けることなく，高精度で，しかも能率のよい作業を実現できる。

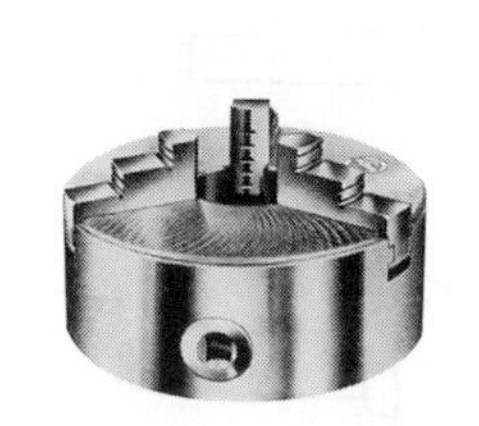

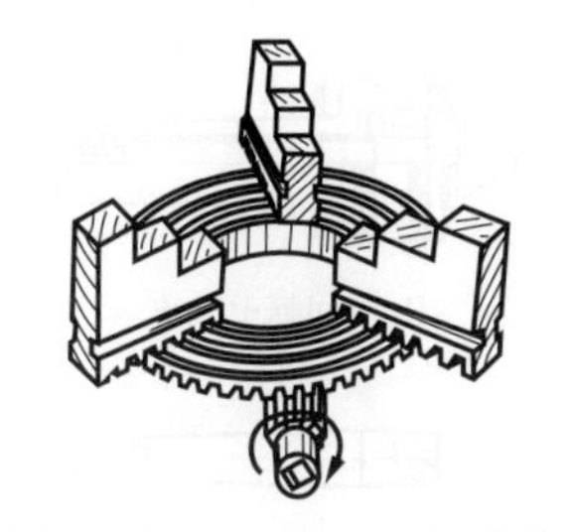

(a)　スクロールチャック　　(b)　スクロールチャックの構造

図2－2.22　スクロールチャック

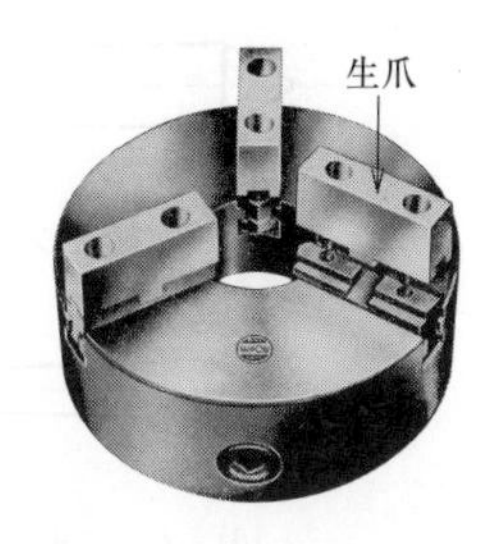

図2－2.23　生　爪

（2）　センタ作業

センタ作業（center work）は，図2－2.24に示すように，主軸穴（スリーブ）に取り付けた回りセンタと心押し台に取り付けた止まりセンタとの間に工作物を支え，回し板と回し金（ケレー）で回転させて旋削する作業である。センタ作業は，比較的細長い工作物を削るときに適した作業法で，また，何回も取付け，取外しをしても常に正しく工作物を保持できる特徴がある。

同図に示すセンタ作業を**両センタ作業**という。両センタ作業の長所は，軸形状の工作物を高い精度で加工できることである。主な短所は，工作物にテーパが付きやすい，つづみ形状になりやすい，心押し止まりセンタが焼き付く，両センタのずれによる境目が発生する，などである。

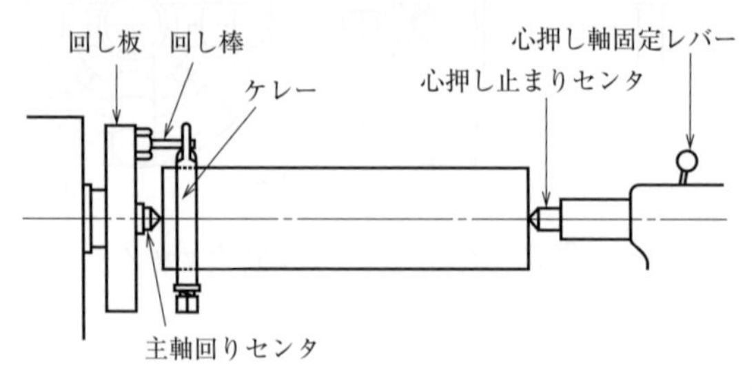

図2－2.24　両センタ作業

a　セ　ン　タ

センタ（center）は主軸の主軸穴（スリーブ）や心押し台の心押し軸穴に取り付けて，工作物の支えに用いる。主軸穴に取り付けるセンタを主軸回りセンタ（ライブセンタ），心押し台に取り付けるセンタを心押し止まりセンタ（デッドセンタ）という。

センタの種類には，図2－2.25に示すように，通常普通センタを用いる。心押し台側の止まりセンタと工作物とは，低速回転の場合でも回転による摩擦熱が発生するため，必ず潤滑油あるいは油で溶いた光明丹を与える。さらに，高速回転の場合は，センタが焼付きを起こすため，同図(b)に示す回転センタを用いる。このほかに，同図に示すように，小物用センタ，ハーフセンタ，逆センタ，かさセンタなどがある。

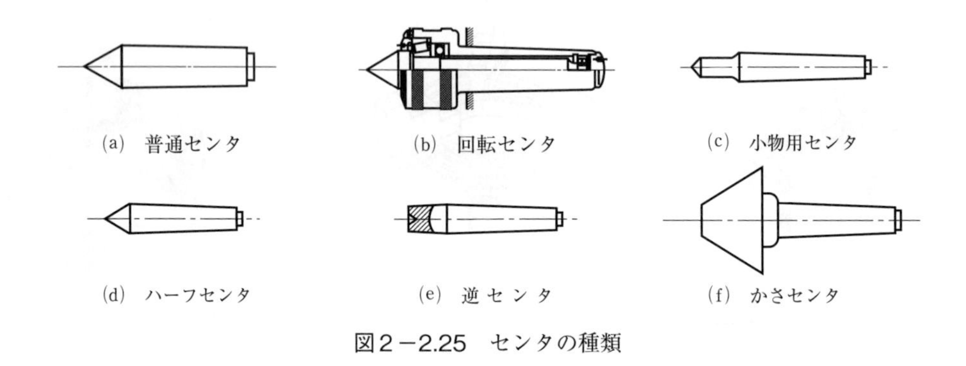

図2－2.25　センタの種類

b　回　し　板

回し板（driving plate）は主軸端に取り付けて，工作物を回転させるために使う。溝がある回し板とピンが付いた回し板がある。

c　回　し　金

回し金（work carry, lathe dog）はセンタ作業を行うとき，工作物に取り付けて，工作物を回転させるための工具で，ケレーと呼ばれる。ケレーには，図2－2.26に示すように，すぐ尾，曲がり尾，平行ケレーがある。

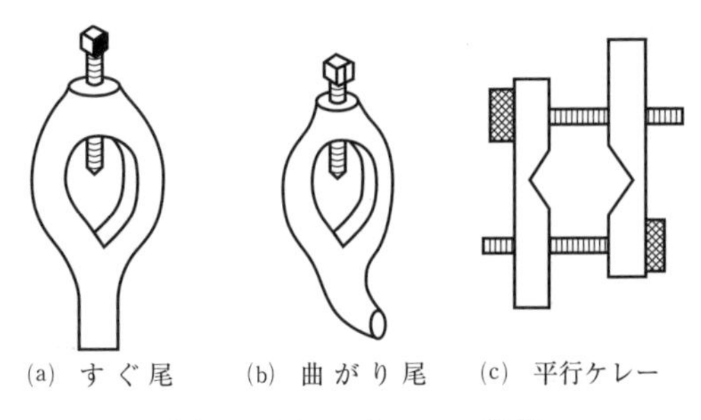

図２－2.26　ケレーの種類

工作物が細長い場合，切削中の抵抗力でたわんだり，びびりを生じたりするため，図２－2.27(a)に示す固定振止めや，(b)の移動振止めを用いて安定した切削をする。固定振止めは，ベッド上にボルトで固定し，移動振止めは，サドル上にボルトで固定する。同図(b)に示すように，工具刃先の対向側を支持できるため，びびりや振動を抑制した加工ができる。

(a) 固定振止め

(b) 移動振止め

図２－2.27　振 止 め

センタ作業に当たっては，まず図２－2.28に示すように工作物の端面に，センタ穴ドリルを用いてセンタ穴をあける。次に，図２－2.25に示したセンタを用いて工作物を支える。センタ穴の大きさは，工作物の直径によって変える。表２－2.2は，センタ穴の標準値である。

既存の仕上げられた穴に対して外周を同心に，また端面を直角に削るには，図２－2.29に示すように，その穴に心棒（マンドレル）を押し込んで，センタ作業で外周や端面の旋削を行う。

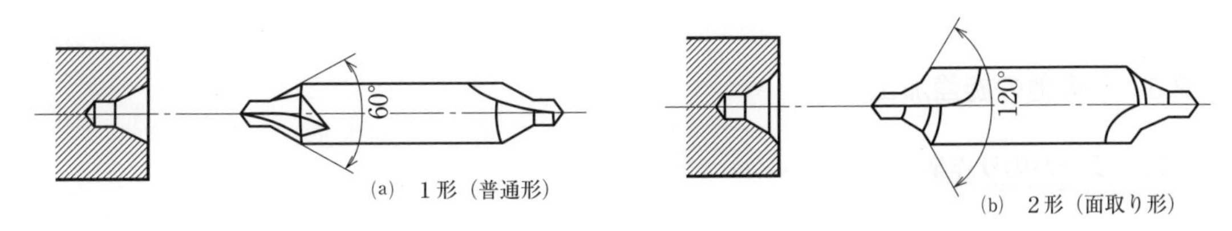

図２－2.28　センタ穴とセンタ穴ドリル

表2－2.2　工作部の直径とセンタ穴ドリルの大きさ

工作物の直径 ［mm］	呼び径 ［d］
5以下	0.7
5～ 15	1
10～ 20	1.5
20～ 35	2
30～ 45	2.5
35～ 60	3
40～ 80	4
60～100	5
80～140	6

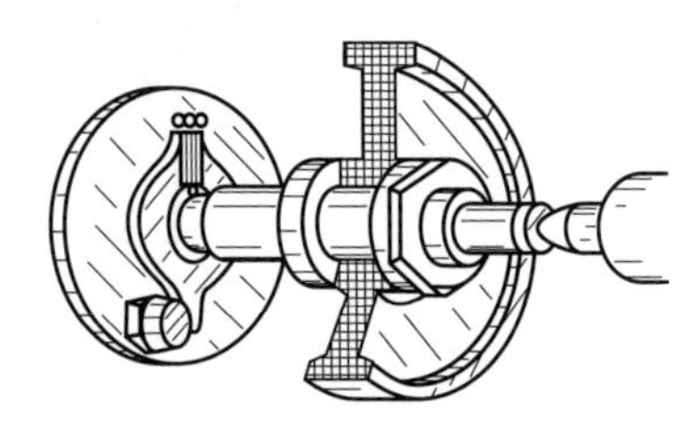

図2－2.29　心棒による加工

（3）　面板取付け作業

面板（face plate）は，主軸端に取り付けて，種々の複雑な形の工作物を取り付ける用具である。面板取付け作業は，面板を用いた旋削作業をいう。

図2－2.30は，面板取付け例を示す。同図(a)は工作物を締め金やボルトで直接面板に取り付けた場合を，同図(b)はアングルプレートを利用して取り付けた場合を示す。つりあいがとれていないと，不均一な回転をしてアンバランス振動が生じ，加工精度や機械に悪影響を及ぼすため，同図(b)に示すようにつりあいを取るおもり（バランサ）を取り付けて，アンバランスのない均一な回転にする。

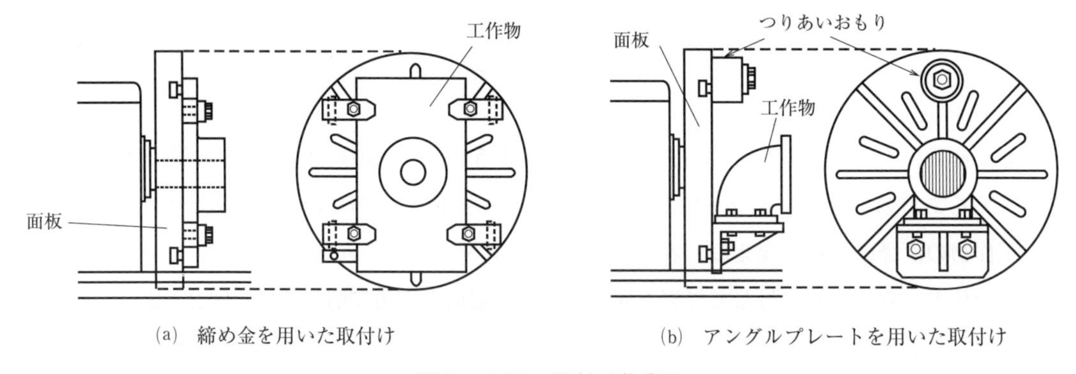

(a)　締め金を用いた取付け　　(b)　アングルプレートを用いた取付け

図2－2.30　取付け作業

2.5　その他の旋盤加工

（1）　テーパ削り作業

旋盤でテーパ削り（taper turning）をするには，各種の方法があり，工作物に適した方法を選ぶようにする。

a　心押し台のセンタをずらす方法

図２－2.31に示すように，心押し台のセンタを主軸の中心線に対して直角方向に移動させるとテーパ削りを行える。センタの移動量Ｓ［mm］は次の式で求められる。

$$S \fallingdotseq \frac{D-d}{2l} \times L \quad 又は \quad S = L \times \sin\frac{\theta}{2} \qquad (2・4)$$

この方法は，比較的工作物の長さが長く，角度の小さいテーパのときに用いられる。

b　複式刃物台を傾ける方法

図２－2.32に示すように，横送り台上の旋回台の固定ボルトを緩め，目的角度の1/2に目盛を用いて傾け，これを締め付ける。次に刃物送り台を手送りで移動させてテーパを削る。任意の角度のテーパ加工ができるが，刃物送り台の移動量が小さいため，比較的長さの短いテーパ削りに限られる。

$$\frac{\alpha}{2} = \tan^{-1}\frac{D-d}{2l} \qquad (2・5)$$

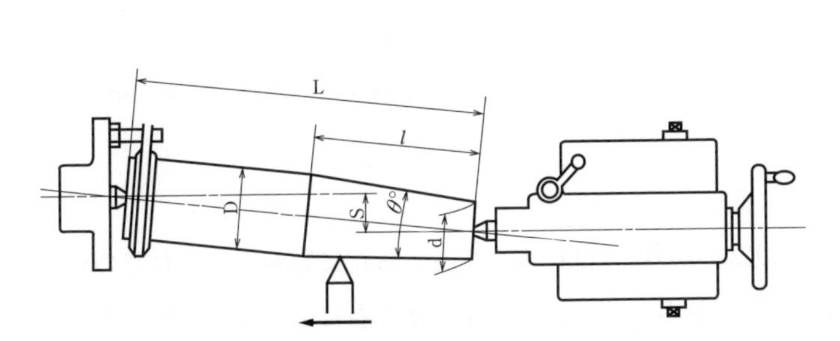

図２－2.31　心押し台のセンタをずらす方法

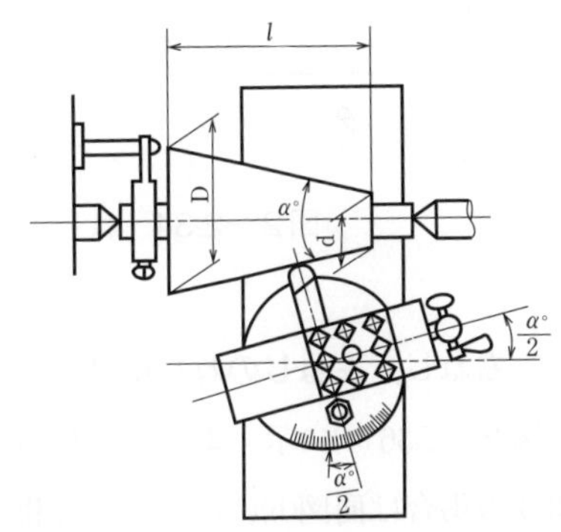

図２－2.32　複式刃物台を傾ける方法

c　テーパ削り装置による方法

この方法は，図２－2.33に示す装置を利用して約10°までの外形及び穴のテーパ加工を行う。テーパガイドを目的の角度に合わせ，往復台を移動すると，スライドブロックに連結された横送り台は，テーパガイドに導かれて移動して，テーパ加工される。

このほか，倣い削り装置付きの旋盤でもテーパ削りが可能である。

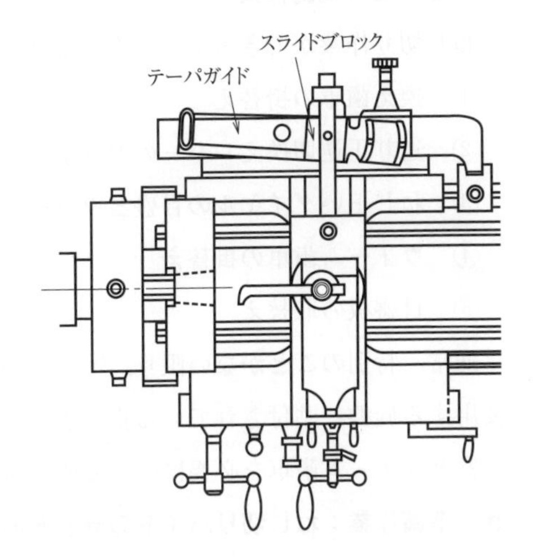

図２－2.33　テーパ削り装置

（2）　ねじ切り

a　ねじ切りの原理

図２－2.34にねじ切り（screw-thread cutting）の原理を示す。主軸Ｓは，工作物Ｗを回すと同時に，歯車G_1，G_2，G_3を経て親ねじＬも回す。工作

物と親ねじは常に一定の割合で回っているため，半割りナット（ハーフナット）Ｈを親ねじにかみ合わせると，往復台も一定の割合で動くから，往復台上の刃物台に取り付けられたねじ切りバイトに切込みを与えれば，ねじを切れる。

工作物の回転と親ねじの回転の比を変えると，異なったピッチのねじ切りができる。この回転比の変更は歯車を換えて行うことから，この歯車を換え歯車という。図２－2.35に示すように，G_1，G_2，G_3，G_4の換え歯車をねじ切換え歯車表から選び，２段掛けなら同図(a)，４段掛けなら同図(b)に示すように掛け換える。

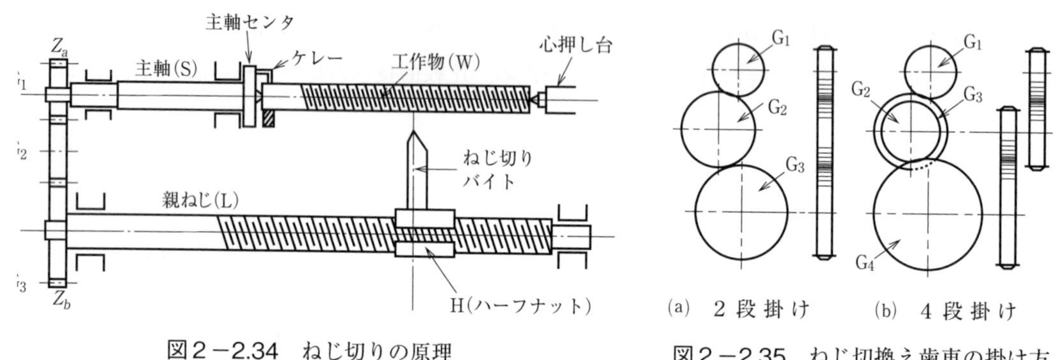

図２－2.34　ねじ切りの原理

図２－2.35　ねじ切換え歯車の掛け方

b　右ねじ，左ねじのねじ切り

図２－2.36(a)に示すように，右ねじのねじ切りの場合は往復台を右から左に動かす。左ねじのねじ切りの場合は同図(b)に示すように親ねじを逆回転させて，往復台を左から右に動かす。親ねじを逆転させるには，送り正逆方向切換えのレバーによって行う。

c　ねじ切り準備作業

ねじ切り作業ができるように次のような準備作業を行う。

①　換え歯車の掛替え

②　送り正逆切換えレバーのセット

③　ねじ追いダイヤルの目盛とウォーム歯車の確認

④　ウォーム歯車の掛替え

⑤　目盛板の取替え

通常，特別のことがない限り，①は行わなくてもよい。②は右ねじか左ねじかの選択である。③は使用する旋盤に貼付されている指示表どおりにする。④，⑤は図２－2.37に示すねじ追いダイヤルの目盛とウォーム歯車を必要に応じて換える。

d　準備作業：ねじ切りバイトのセットの仕方

ねじ切りバイトの高さを工作物の中心位置に正確に合わせる。次に図２－2.38に示すように，センタゲージを用いて工作物に対してバイトを垂直にセットする。

なお，内径用のねじ切りバイトでは，大きさや形状によってセンターゲージの向きを変える必要が

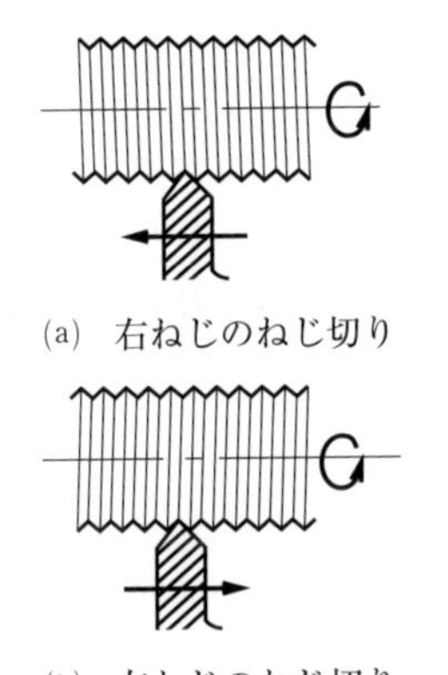

(a)　右ねじのねじ切り

(b)　左ねじのねじ切り

図2－2.36　右ねじと左ねじのねじ切り

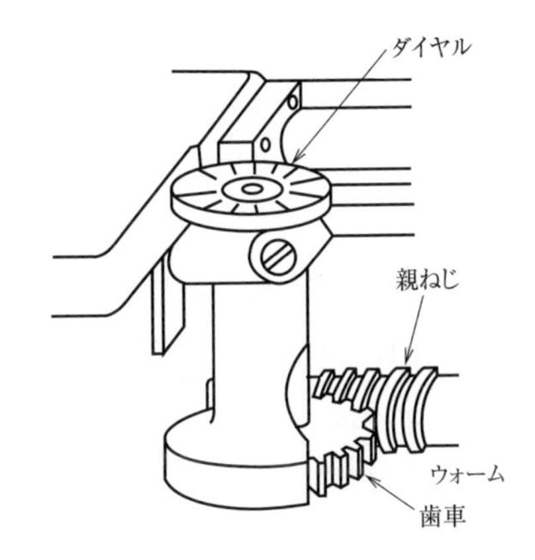

図2－2.37　ねじ追いダイヤル

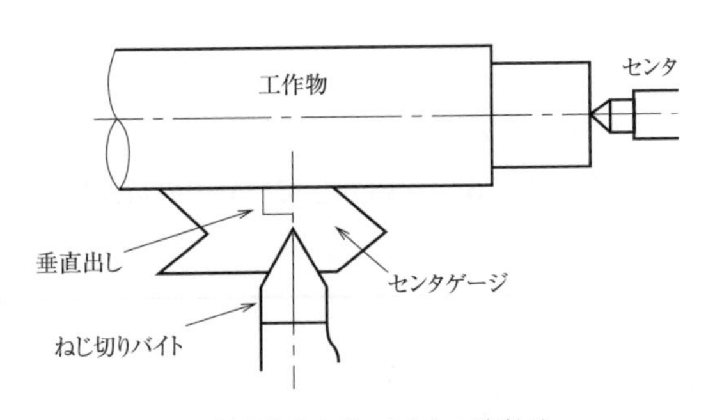

(a)　外径ねじ切りバイトの取付け

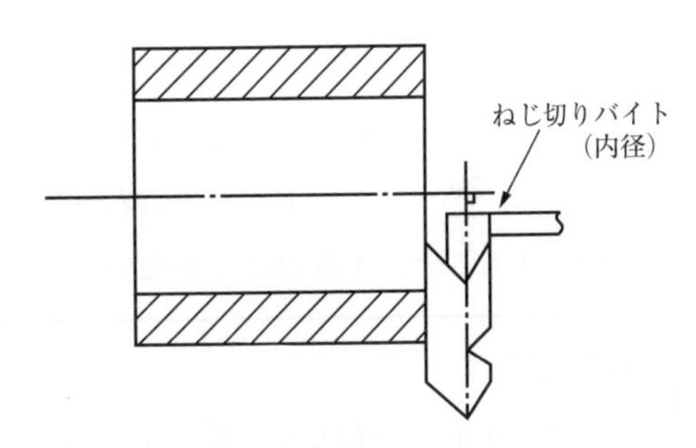

(b)　内径ねじ切りバイトの取付け

図2－2.38　センタゲージによるねじ切りバイトの垂直出し

ある。

刃先の高さやすくい角もねじ山の形に影響を及ぼすから，高い精度のねじを切る場合には，図2－2.39に示すように，すくい角を設けたバイトで荒削りをして，すくい角0°のバイトで仕上げをすると能率的である。刃先の高さは正確にセンタに合わせる。また，ねじれ角の大きいねじを切るときには，横逃げ面がねじ山に当たることがあるため注意をしなければならない。

ねじ切りバイトは，大きなすくい角を取れないことから切れ味が悪く，刃先が弱くて損傷しやすい

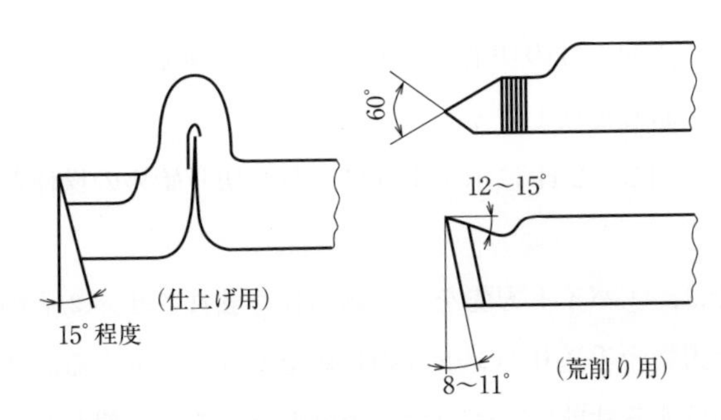

図2－2.39　ねじ切りバイトのセットの仕方
(頂角60°の三角ねじの場合)

ため，毎回少しずつ切り込んで仕上げる。

e　準備作業：ねじ切りのハーフナットの計算方法

ねじ切り作業は，ねじ山が重ならないように，上述したねじ追いダイヤルを用いて行う。ねじ追いダイヤルは，図２－2.37に示したように親ねじをウォームとするウォーム歯車で，親ねじが１回転するごとに歯が１枚ずつ動く。したがって，親ねじがn回転ごとに１度の機会を知りたいときには，nの整数倍の歯数の歯車を使って，n枚ごとに印を付けておけばよい。

$$\frac{\text{工作物のピッチ}}{\text{親ねじのピッチ}} \quad \cdots\cdots (2 \cdot 6)$$

式（２・６）が整数分の１の場合は，ハーフナットはいつかみ合わせてもよい。

上式が整数倍でない場合，例えば，ピッチ６mmの親ねじで，ピッチ４mmのねじを切るときは，

$$\frac{\text{工作物のピッチ}}{\text{親ねじのピッチ}} = \frac{4}{6} = \frac{2}{3}$$

で，ハーフナットは親ねじが２回転に１度だけかみ合わせられる。

すなわち，ハーフナットとかみ合わせてよい機会は，式（２・６）を約分して，分子の数だけ親ねじが回転するごとに１度だけしかない。

〔例　1〕

ピッチ６mmの親ねじで，ピッチ1.25mmのねじを切るときは，

$$\frac{1.25}{6} = \frac{5}{24}$$

で，親ねじが５回転ごとに１度かみ合わせられる。

〔例　2〕

ピッチ６mmの親ねじで，ピッチ1.5mmのねじを切るときは，

$$\frac{1.5}{6} = \frac{1}{4}$$

で，親ねじが１回転ごとに１度，すなわち，いつでもかみ合わせられる。

f　ねじ切り基本作業

ねじ切り作業は，通常，１回だけの切削で仕上がらない。図２－2.40に示すように一つのねじ切り作業を何回か繰り返して，ねじを仕上げる。

一つのねじ切り作業は，図２－2.41に示すように，ねじ切り始めの操作と切り終わりの操作に分けられる。

ねじ切り始めの操作では，①バイト刃先を工作物に軽く触れさせ，②そのまま往復台を右に移動させる。ここで，横送りと刃物台手送りハンドルの目盛をゼロセットする。③ねじ追いダイヤルに注目し目盛線と基準線とが一致する寸前に，④ハーフナットを下ろし，親ねじとかみ合わせる。これで工作物は１回目のねじ切りが行われる。このとき，片手は横送りハンドルを握ったまま，刃先の動きに

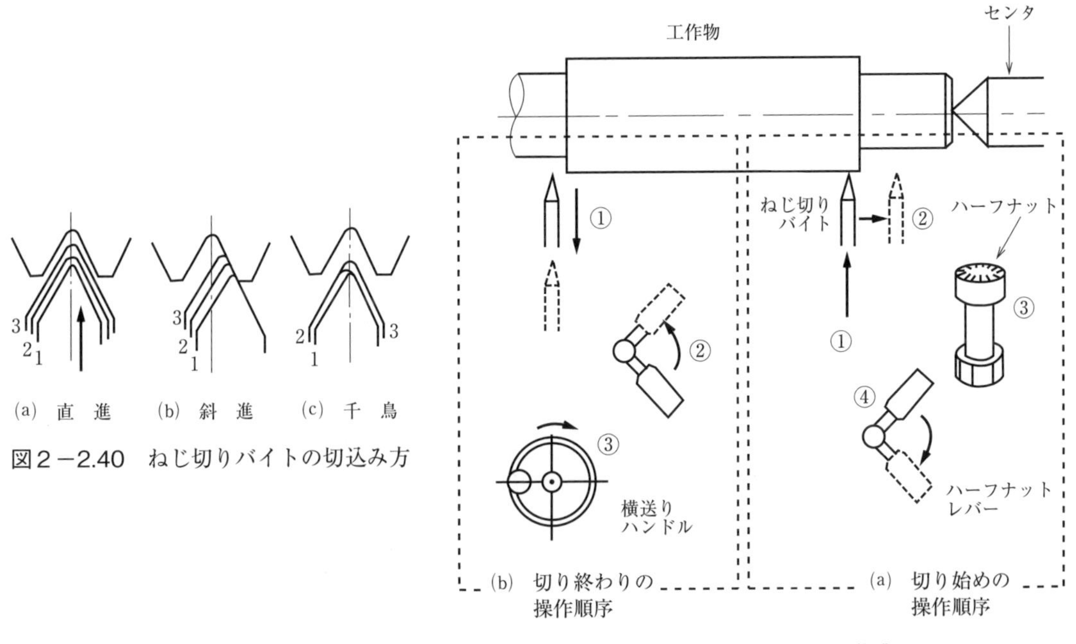

図２－2.40　ねじ切りバイトの切込み方

図２－2.41　ねじ切り作業

注意する。

切り終わりの操作では，①刃先が工作物から離れたら，素早く横送りハンドルを回して，バイトを手前に引き寄せ，②ハーフナットを上げてかみ合いを外す。そして，③往復台を動かして，バイトをねじの切り始めの位置に戻す。

ここで，２回目のねじ切りに入る前に，図２－2.42に示すように，ねじピッチゲージを用いて，ねじのピッチが正しいか否かを確認する。

２回目以降は，図２－2.43に示すように，バイトに所定の切込みを与え，再びハーフナットを親ねじにかみ合わせて，前に削ったところをさらに削る。ねじ山の頂角が60°の三角ねじ（メートルねじやユニファイねじ）の場合，バイトの切込み量 Δ に対する縦軸Z方向への移動量は約 0.577Δ（$\Delta\tan 30°$）で求められる。

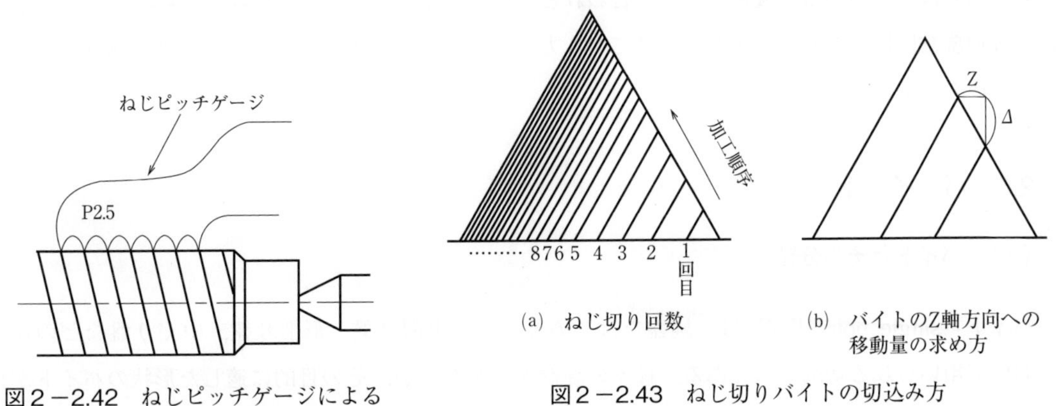

図２－2.42　ねじピッチゲージによる
ねじピッチのチェック

図２－2.43　ねじ切りバイトの切込み方

ねじが最終形状に近づいたところで，ねじリングゲージを，作製中のねじにはめ込み，チェックし，しっくり合うまで加工を行い，完成させる。

図2－2.40(a)に示したように直進で切り込むと，切りくずの排除が悪く，よい仕上げ面が得られないため，同図(b)，(c)に示したように斜進又は千鳥で切り込むとよい。ただし，超硬バイトのときは，同図(a)に示したように直進で削らないと，刃先を欠損することがあるため注意を要する。

台形ねじの場合は，図2－2.44に示すように，角形のバイトで(a)，(b)の順に荒削りをしたのちに，台形のバイトで(b)，(c)の順に仕上げると能率的である。

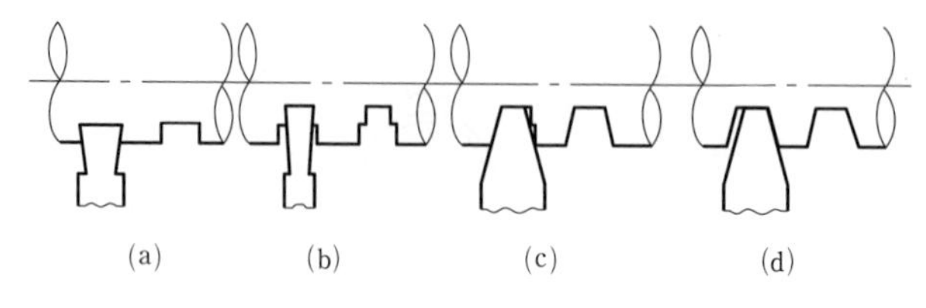

図2－2.44　台形ねじのねじ切り

(3)　倣い削り

同じ形状の工作物を多数つくる場合や，複雑な形状の工作物を切削加工する場合には，型板（テンプレート）や模型（マスタ）に倣ってバイトを動かし，これと同じ形に削る倣い削り（copying）が能率的な方法である。図2－2.45に油圧式倣い削り装置の原理を示すが，模型に接触しているスタイラス（接触子）の動きに追従して，圧力をもった油がシリンダ内のピストンで仕切られた切込み側，又は戻り側に入り，スタイラスの移動量に追従して刃物台を動かす。

倣い削りは，専用の倣い旋盤によって行われるほかに，普通旋盤に倣い削り装置を取り付けて行う方法も多く用いられている。

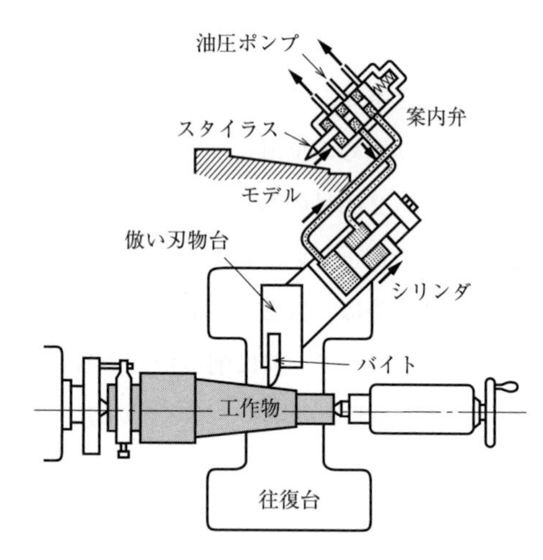

図2－2.45　油圧式倣い削り装置

2.6　バ　イ　ト

(1)　バイトとその分類

バイト（single point tool）は，旋盤をはじめとして，平削り盤，形削り盤，中ぐり盤などの作業において用いられる切削工具である。種々の旋盤作業があるが，その目的に適した形状のバイトが使われる。したがって，種々の形状，構造，材質のバイトがある。また，その素材，材質としては，本章第１節の「1.10　切削工具」で述べたように炭素工具鋼，高速度工具鋼，超硬合金，サーメット，セラミックス，cBN，ダイヤモンドなどがある。超硬鋼合金が多く使用されている。さらに，精密切削のときにはダイヤモンドバイトも用いられる。

バイトは，刃部とシャンク（柄）から構成されている。図２－2.46 にバイト各部の名称を示す。

バイトの形状は，工作物の形状，バイトの材質などにより，JIS で標準的なものが定められている。代表的なものとして剣バイト（straight tool），曲がりバイト（bent tool），片刃バイト（offset tool），腰折れバイト（goose necked tool），サーキュラバイト（circular tool），丸こまバイト（button tool），ヘールバイト（spring necked tool）などがある。

また，バイト刃部の材質によって炭素工具鋼バイト，高速度工具鋼バイト，超硬バイト，サーメットバイト，セラミックスバイト，cBN バイト，ダイヤモンドバイトがある。

さらに，バイトの構造によって，むくバイト（solid turning tool），溶接バイト（butt welded tool），付刃バイト（tipped tool），クランプバイト（clamped tool），スローアウェイバイト（throw-away turning tool），差込みバイト（inserted tool）などがある。

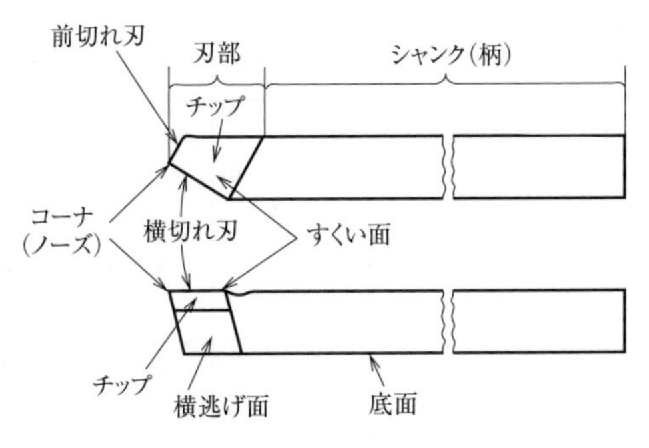

図２－2.46　バイト各部の名称

（２）　バイト刃先各部の名称と形状

バイトの刃先形状は，工作物の工作精度や工具の寿命を左右し，また，動力の損失や作業の能率にも大きな影響を及ぼす。

一般にバイト刃先に必要な条件としては，次のような事項がある。

①　切削面の表面粗さが良好なこと

②　工作物に食い込んだり，振動したりせずに，安定して削れること

③　できるだけ切削抵抗が少ないこと

④　寿命がなるべく長いこと

図２－2.47 に，工作物をバイトで切削している場合のバイトの刃先各部の名称と刃先角の表示方法を示す。また，表２－2.3 に高速度鋼バイトと超硬バイトの各部の刃先角を示す。これらの角度は工具や工作物の材質などによって異なる。

刃先角には大別すると，すくい角，逃げ角，切れ刃角の三つがある。

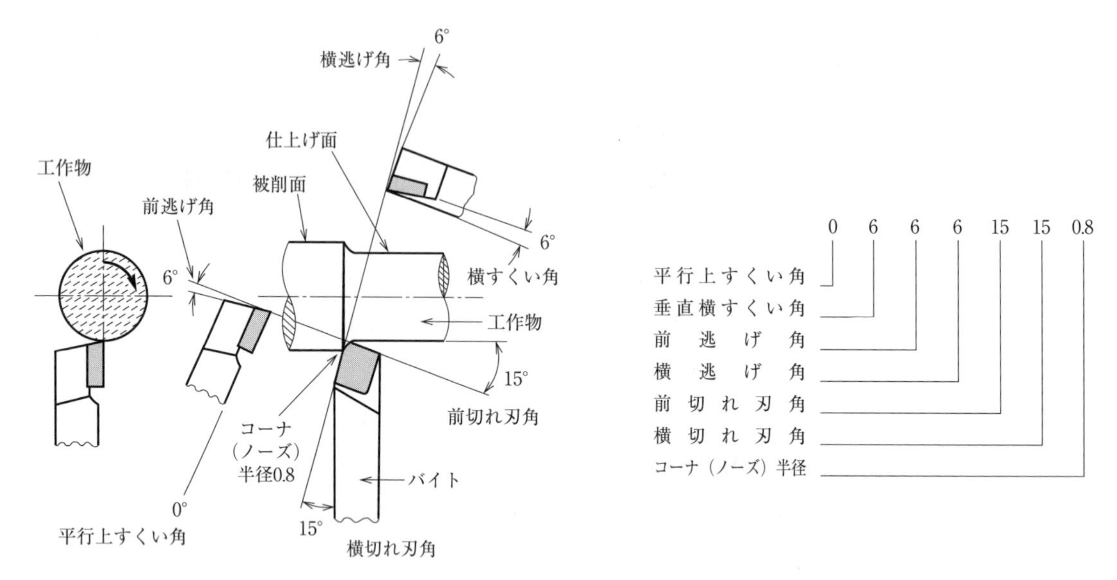

図2－2.47　バイトの刃先各部の名称と刃先角の表示方法

表2－2.3　バイトの刃先角

加工物材料		高速度鋼バイト				超硬バイト			
		前逃げ角 [°]	横逃げ角 [°]	すくい角 [°]	横すくい角 [°]	前逃げ角 [°]	横逃げ角 [°]	すくい角 [°]	横すくい角 [°]
鋳鉄	硬	8	10	5	12	4～6	4～6	0～6	0～10
	軟	8	10	5	12	4～10	4～10	0～6	0～12
可鍛鋳鉄						4～8	4～8	0～6	0～10
炭素鋼	硬	8	10	8～12	12～14	5～10	5～10	0～10	4～12
	軟	8	12	10～16 1/2	14～22	6～12	6～15	0～15	8～15
快削鋼		8	12	12～16 1/2	18～22	6～12	6～12	0～15	8～15
合金鋼	硬	3	10	8～10	12～14	5～10	5～10	0～10	4～12
	軟	3	10	10～12	12～14	6～12	5～12	0～15	8～15
青銅・黄銅	硬	8	10	0	－2～0	4～6	4～6	0～5	4～8
	軟	8	10	0	－4～0	6～8	6～8	0～10	4～16
銅		12	14	16 1/2	20	7～10	7～10	6～10	15～25
アルミニウム		8	12	35	15	6～10	6～10	5～15	8～15
プラスチック		8～10	12～15	－5～16 1/2	0～10	6～10	6～10	0～10	8～15

a　すくい角

すくい角（rake angle）は，バイト刃先が工作物をすくい上げる，つまり削るための角度である。したがって，すくい角度が大きいと，切削抵抗が少なく，切りくずの流れがよく切れ味がよい。その反面，鋭利な刃先の強度は弱くなる。一般に，軟らかい材質の工作物にはすくい角を大きく，硬い材質の工作物には小さくする。ただし，黄銅・青銅の場合，すくい角が大きすぎると，刃先が工作物に食い込みがちとなる。また，鋳鉄の場合，刃先が欠けやすいため大きなすくい角を取らない。一般に，工具材料で超硬合金は高速度工具鋼に比べてもろいので，あまり大きな角度を取ることはできない。

上すくい角及び切れ刃角は，切りくずの流れ方向に影響を及ぼす。

b　逃 げ 角

逃げ角（clearauce angle）は，工作物とバイトの摩擦をできるだけ避けるために付けた角度である。通常，5～8°くらいである。大きくすると刃物角が小さくなるため刃先強度が弱くなり，びびりなども生じやすい。逆に小さすぎると，逃げ面が工作物に当たって削れなくなる。

c　横切れ刃角・前切れ刃角

横切れ刃角（side cutting edge angle）を付けると，削り始めと終わりの切りくず負荷が徐々に増減する。つまり，切れ刃の単位長さ当たりの切削抵抗が少なく，平均切りくずの厚さも小さくなるため，バイト刃先の寿命が長くなる。また，送りを大きくすることができる。

前切れ刃角（end cutting edge angle）は，切削した仕上げ面と刃先の前縁との摩擦を少なくするために付ける。前切れ刃角が小さいほど，刃先の強さが大きいが，小さすぎるとびびりを生じやすくなる。通常5°以下はとれない。

d　コーナ半径

バイト刃先の先端をコーナといい，そのコーナに丸みを付けたものをコーナ半径（corner radius）という。コーナ半径を付けないと，刃先は損傷・欠損しやすい。この半径が大きいほうが刃先の強度は高いが，大きすぎると摩擦熱で摩耗しやすく，びびりの原因になる。断続的な切削時にはコーナ半径を大きめにする。

e　チップブレーカ

切りくず（チップ）が流れ形の場合，図2－2.48(a)に示すように切りくずは連続して排出される。連続した切りくずはバイトや工作物などに絡まって，旋削作業ができなくなる。チップブレーカ(chip breaker）とは文字どおり，切りくずであるチップを適当な長さにブレーク，破断（裂断）する刃先である。同図(b)，(c)はチップブレーカがある場合で，ブレーカでカールした切りくずが工作物やバイトに当たり，そこで切りくずが折れて破断される。同図(b)はブレーカの幅が小さく，その高さが高い場合で，切りくずのカールが比較的小さい。同図(c)はブレーカの幅が大きく，その高さが低い場合で，切りくずのカールが比較的大きくなる。このように，同図(d)に示すチップブレーカの幅と高さで，切りくずの長さを調整できる。つまり，チップブレーカは切りくず処理をコントロールできるのである。

表2－2.4はチップブレーカの標準値を示す。

バイトの刃先先端の高さは，センタの高さにすることが原則であるが，センタの高さと異なる場合は，図2－2.49に示すように，実質的なすくい角や逃げ角が変わるので注意しなければならない。

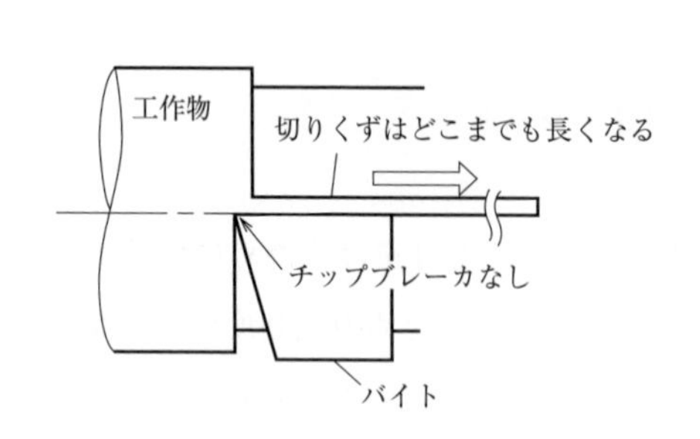

(a)　チップブレーカなし

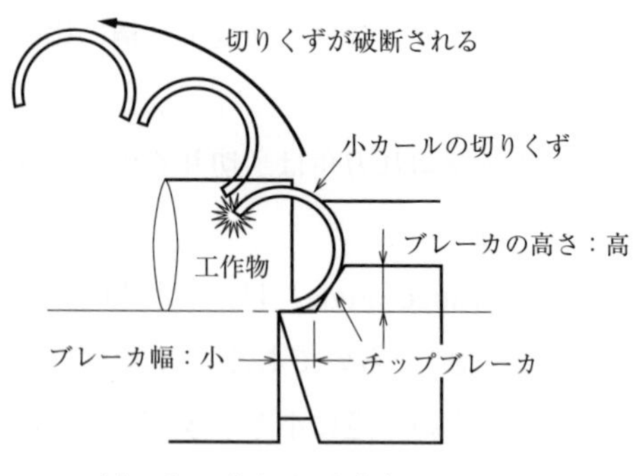

(b)　チップブレーカあり
（ブレーカ幅：小，高さ：高）

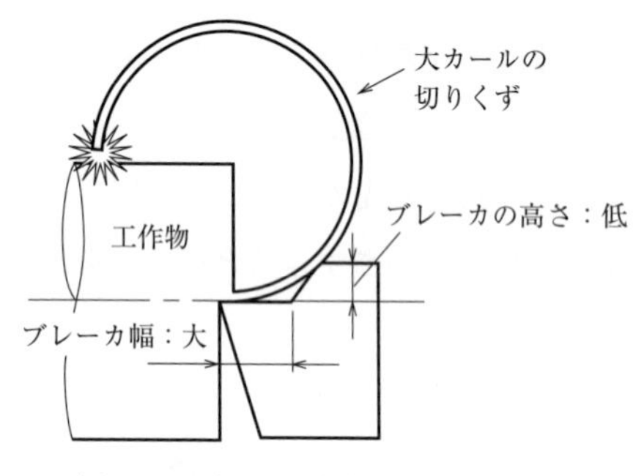

(c)　チップブレーカあり
（ブレーカ幅：大，高さ：低）

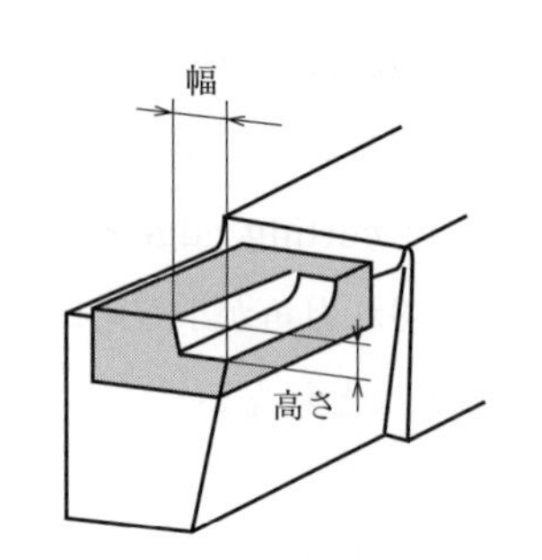

(d)　チップブレーカの幅と高さ

図2－2.48　チップブレーカの有無と切りくずの状態

表2－2.4　チップブレーカ溝幅W

[mm]

切込み深さ [mm] ＼ 送り [mm/rev]	0.2～0.3	0.2～0.42	0.45～0.55	0.55～0.7	0.7～0.8
0.1 ～ 1	1.6	2.00	2.5	2.8	3.2
1.6 ～ 6.5	2.5	3.2	4.0	4.5	4.8
8 ～ 13	3.2	4.0	5.0	5.2	5.8
14 ～ 20	4.0	5.0	5.5	6.0	6.5

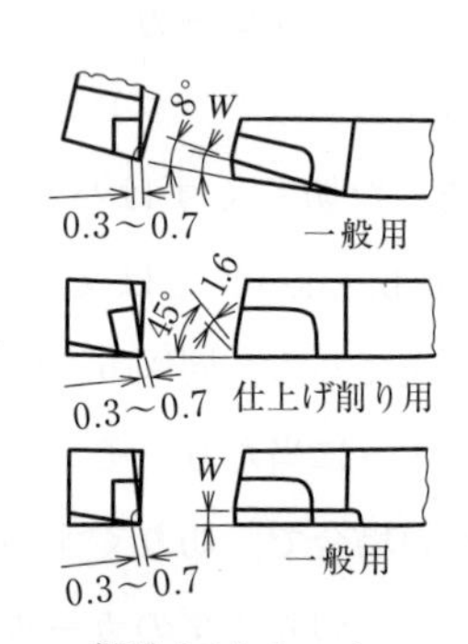

超硬バイトチップブレーカ

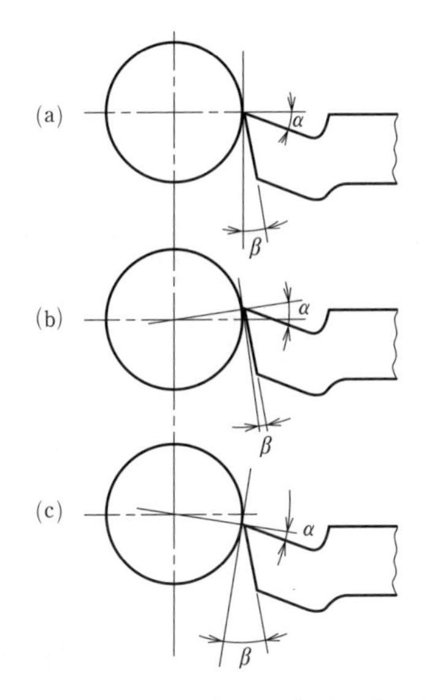

図２－2.49　バイトの高さとすくい角，逃げ角

（３）　バイトの構造による分類

a　付刃バイト

チップの材質には，高速度工具鋼や超硬合金があり，シャンクなど一般の機械構造用鋼より高価なため，一般に，図２－2.50 に示すように刃部の一部にだけチップをろう付けして用いる。このような構造のバイトを付刃バイト（tipped turning tool）と呼ぶ。標準形として JIS に規定されている付刃バイトの形状の例を高速度工具鋼は図２－2.51 に，超硬合金は図２－2.52 にそれぞれ示す。

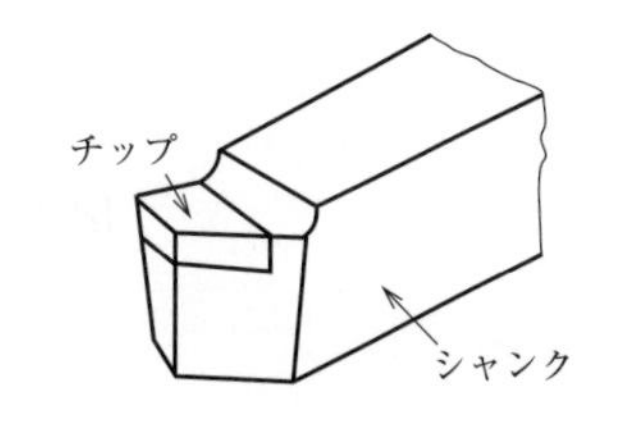

図２－2.50　チップ付刃バイト

右勝手とは，工作物を軸方向の右側から加工を始める方向をいう。左勝手とは，工作物を軸方向の左側から加工を始める方向をいう。

b　むくバイト

むくバイト（solid turning tool）は，刃部とシャンク又はボディとが一体の材料からなるバイトのことで，代表的なものに完成バイト（tool bit）がある。むくバイトは，購入後にそのまま使用できるわけではなく，加工したい形状や切削条件に合わせて，刃部を成形してから使用する。また，図２－2.53 に示すようなバイトホルダに取り付けて用いることがある。

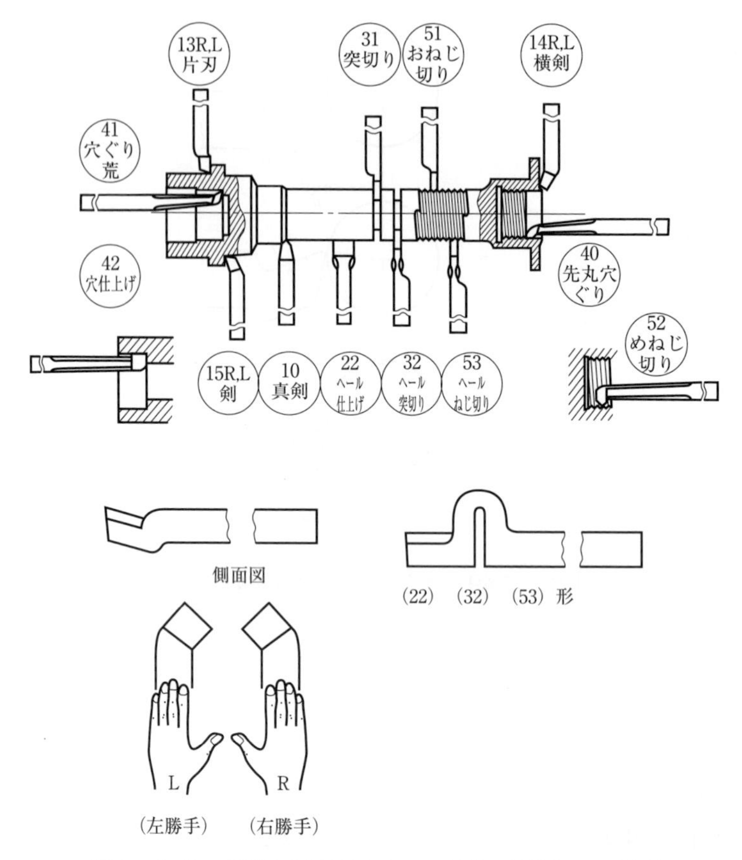

図２－2.51　高速度鋼付刃バイトの形状・用途による種類

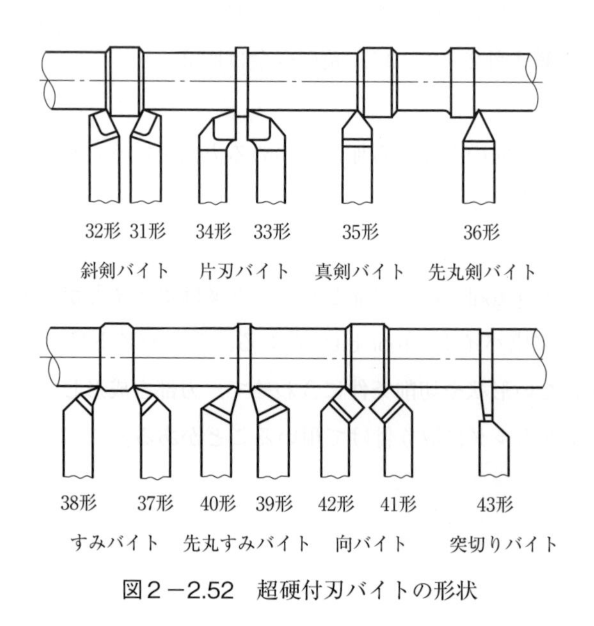

図２－2.52　超硬付刃バイトの形状

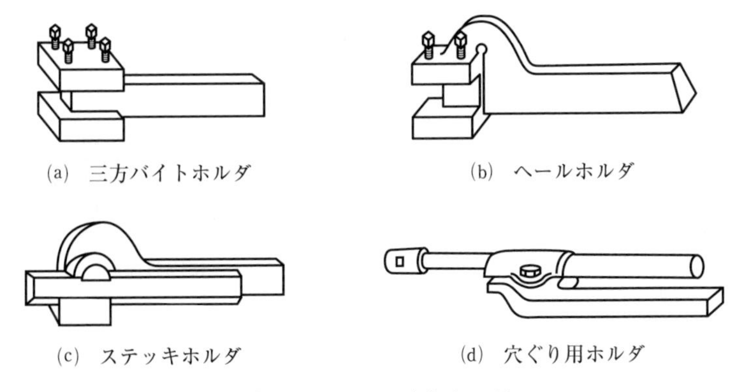
(a)　三方バイトホルダ　(b)　ヘールホルダ
(c)　ステッキホルダ　(d)　穴ぐり用ホルダ

図２－2.53　バイトホルダ

c　スローアウェイバイト

スローアウェイバイト（throw-away turning tool）では，交換可能なチップをバイトホルダに機械的に締め付けて用いる。

図２－2.54はスローアウェイバイトの各部の名称を示す。図２－2.55は，スローアウェイバイトにおける主なスローアウェイチップのクランプ方式を示す。クランプ方式にはチップ締付け機構上，レバークランプ式，ダブルクランプ式，ウェッジクランプ式，ピンロック式がある。

図２－2.55(a)のレバークランプ式は，偏心カムを基本とするレバー状の部品でチップをバイト側面に押し付ける２側面拘束である。クランプ力も強く，チップの位置決め精度もよい。同図(b)のダブルクランプ式は，クランプオンとも呼ばれ，チップの２側面を拘束して，さらに上からクランプセットで固定する。クランプ力は最も強いので，重切削に適している。同図(c)のウェッジクランプ式は，チップをピンで支示し，ウェッジクランプというくさび状の部品で固定する。側面拘束であるがクランプ力は強く，位置決め精度はピンロック方式よりもよいとされる。

図２－2.56は，スローアウェイチップの呼び方を示している。

スローアウェイバイトは，バイトの刃先が摩耗した場合，チップを回して新しいコーナを使い，表裏の各コーナを全部使い終わると廃棄する。再研削のための人件費や設備費が不要で，しかも工具管理が容易なため，広く普及している。

近年，硬さ・ねばさ・耐摩耗性などが改善された多くのチップ材種が開発・使用されるようになったため，超硬合金についてJIS B 4053では，表２－1.6で示したように用途による分類が規定され，P，M，K，N，S，Hの大分類がある。さらに使用条件によってチップ材種が細分されている。

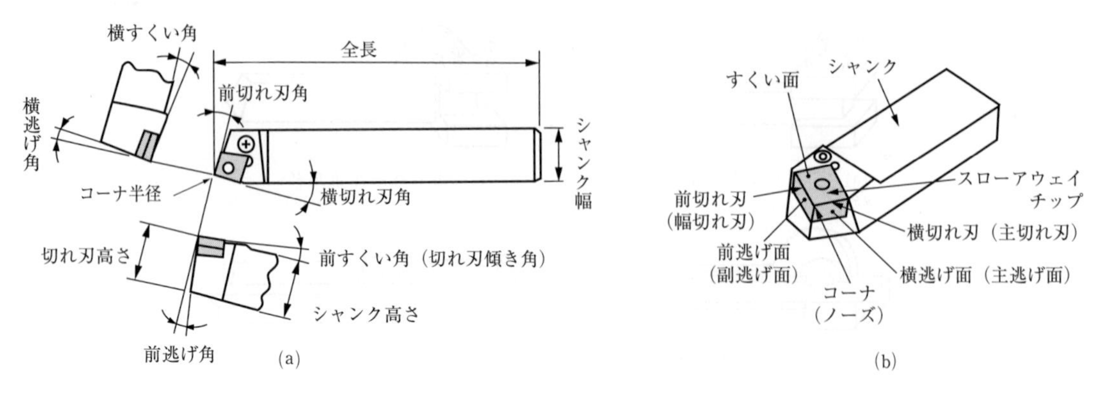

図2－2.54　スローアウェイバイト各部の名称

(a)出所：日立ツール（株）「切削工具2013～2014」2012, pC2
(b)出所：JIS B 0170：1993

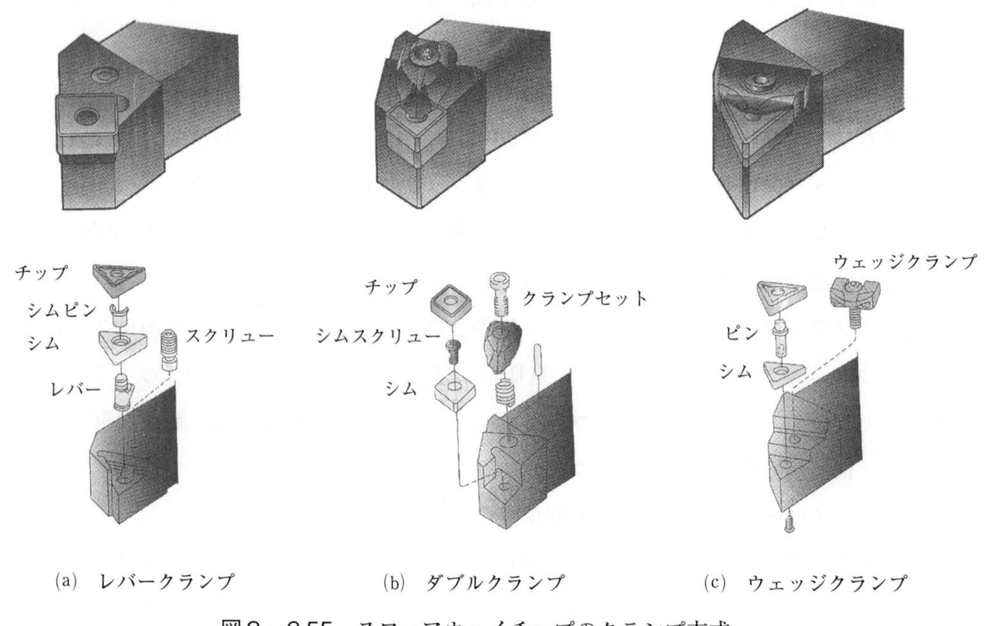

(a)　レバークランプ　　(b)　ダブルクランプ　　(c)　ウェッジクランプ

図2－2.55　スローアウェイチップのクランプ方式

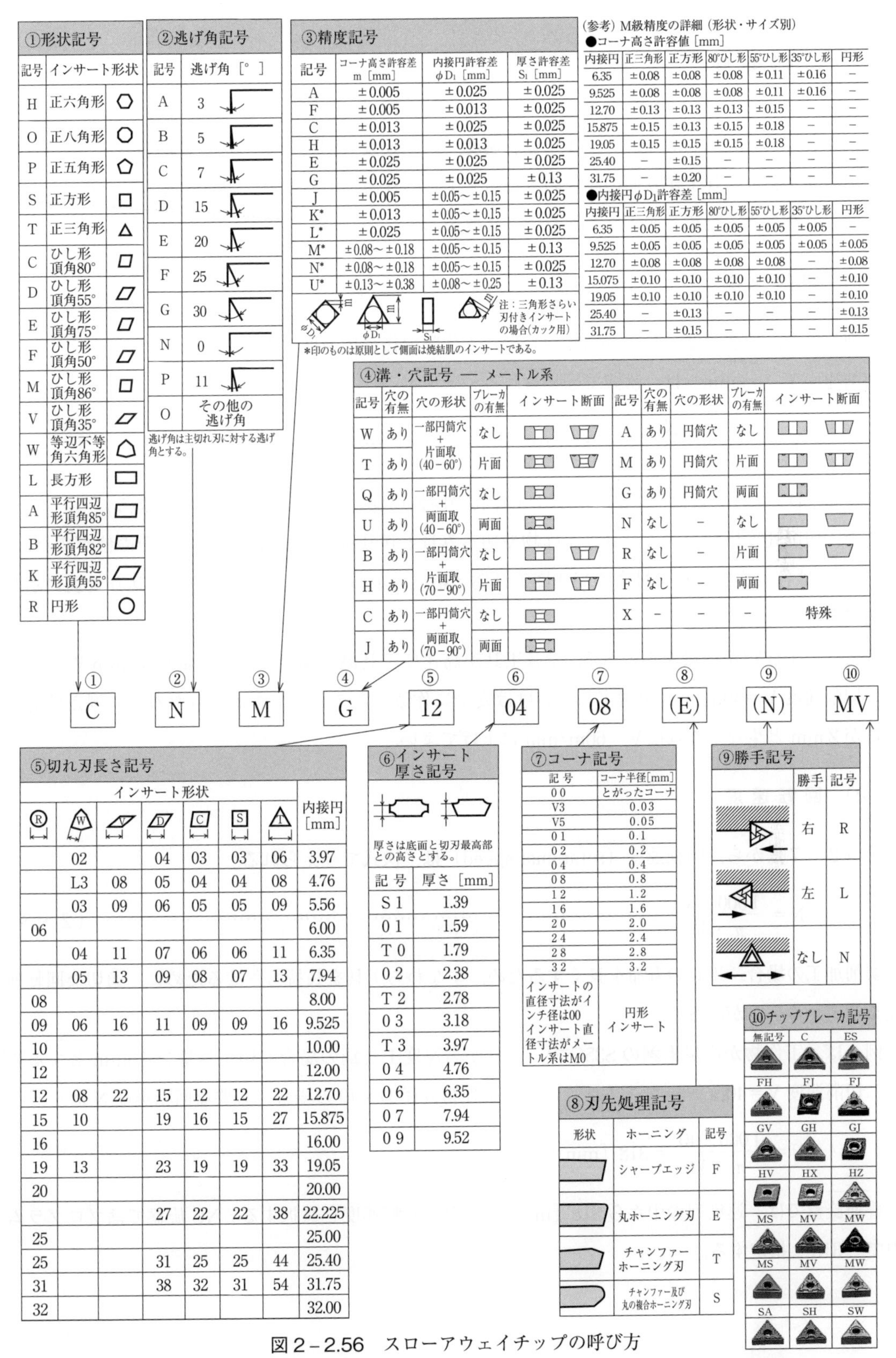

①形状記号

記号	インサート形状
H	正六角形
O	正八角形
P	正五角形
S	正方形
T	正三角形
C	ひし形頂角80°
D	ひし形頂角55°
E	ひし形頂角75°
F	ひし形頂角50°
M	ひし形頂角86°
V	ひし形頂角35°
W	等辺不等角六角形
L	長方形
A	平行四辺形頂角85°
B	平行四辺形頂角82°
K	平行四辺形頂角55°
R	円形

②逃げ角記号

記号	逃げ角［°］
A	3
B	5
C	7
D	15
E	20
F	25
G	30
N	0
P	11
O	その他の逃げ角

逃げ角は主切れ刃に対する逃げ角とする。

③精度記号

記号	コーナ高さ許容差 m［mm］	内接円許容差 ϕD_1［mm］	厚さ許容差 S_1［mm］
A	±0.005	±0.025	±0.025
F	±0.005	±0.013	±0.025
C	±0.013	±0.025	±0.025
H	±0.013	±0.013	±0.025
E	±0.025	±0.025	±0.025
G	±0.025	±0.025	±0.13
J	±0.005	±0.05～±0.15	±0.025
K*	±0.013	±0.05～±0.15	±0.025
L*	±0.025	±0.05～±0.15	±0.025
M*	±0.08～±0.18	±0.05～±0.15	±0.13
N*	±0.08～±0.18	±0.05～±0.15	±0.025
U*	±0.13～±0.38	±0.08～±0.25	±0.13

注：三角形さらい刃付きインサートの場合（カック用）

*印のものは原則として側面は焼結肌のインサートである。

（参考）M級精度の詳細（形状・サイズ別）

●コーナ高さ許容値［mm］

内接円	正三角形	正方形	80°ひし形	55°ひし形	35°ひし形	円形
6.35	±0.08	±0.08	±0.08	±0.11	±0.16	–
9.525	±0.08	±0.08	±0.08	±0.11	±0.16	–
12.70	±0.13	±0.13	±0.13	±0.15	–	–
15.875	±0.15	±0.13	±0.15	±0.18	–	–
19.05	±0.15	±0.15	±0.15	±0.18	–	–
25.40	–	±0.15	–	–	–	–
31.75	–	±0.20	–	–	–	–

●内接円 ϕD_1 許容差［mm］

内接円	正三角形	正方形	80°ひし形	55°ひし形	35°ひし形	円形
6.35	±0.05	±0.05	±0.05	±0.05	±0.05	–
9.525	±0.05	±0.05	±0.05	±0.05	±0.05	±0.05
12.70	±0.08	±0.08	±0.08	±0.08	–	±0.08
15.075	±0.10	±0.10	±0.10	±0.10	–	±0.10
19.05	±0.10	±0.10	±0.10	±0.10	–	±0.10
25.40	–	±0.13	–	–	–	±0.13
31.75	–	±0.15	–	–	–	±0.15

④溝・穴記号 ― メートル系

記号	穴の有無	穴の形状	ブレーカの有無	記号	穴の有無	穴の形状	ブレーカの有無	インサート断面
W	あり	一部円筒穴＋片面取（40－60°）	なし	A	あり	円筒穴	なし	
T	あり	一部円筒穴＋片面取（40－60°）	片面	M	あり	円筒穴	片面	
Q	あり	一部円筒穴＋両面取（40－60°）	なし	G	あり	円筒穴	両面	
U	あり	一部円筒穴＋両面取（40－60°）	両面	N	なし	–	なし	
B	あり	一部円筒穴＋片面取（70－90°）	なし	R	なし	–	片面	
H	あり	一部円筒穴＋片面取（70－90°）	片面	F	なし	–	両面	
C	あり	一部円筒穴＋両面取（70－90°）	なし	X	–	–	–	特殊
J	あり	一部円筒穴＋両面取（70－90°）	両面					

①	②	③	④	⑤	⑥	⑦	⑧	⑨	⑩
C	N	M	G	12	04	08	(E)	(N)	MV

⑤切れ刃長さ記号

R	W	V	D	C	S	T	内接円［mm］
	02		04	03	03	06	3.97
	L3	08	05	04	04	08	4.76
	03	09	06	05	05	09	5.56
06							6.00
	04	11	07	06	06	11	6.35
	05	13	09	08	07	13	7.94
08							8.00
09	06	16	11	09	09	16	9.525
10							10.00
12							12.00
12	08	22	15	12	12	22	12.70
15	10		19	16	15	27	15.875
16							16.00
19	13		23	19	19	33	19.05
20							20.00
			27	22	22	38	22.225
25							25.00
25			31	25	25	44	25.40
31			38	32	31	54	31.75
32							32.00

⑥インサート厚さ記号

厚さは底面と切刃最高部との高さとする。

記号	厚さ［mm］
S1	1.39
01	1.59
T0	1.79
02	2.38
T2	2.78
03	3.18
T3	3.97
04	4.76
06	6.35
07	7.94
09	9.52

⑦コーナ記号

記号	コーナ半径［mm］
00	とがったコーナ
V3	0.03
V5	0.05
01	0.1
02	0.2
04	0.4
08	0.8
12	1.2
16	1.6
20	2.0
24	2.4
28	2.8
32	3.2
インサートの直径寸法がインチ径は00 インサート直径寸法がメートル系はM0	円形インサート

⑧刃先処理記号

形状	ホーニング	記号
	シャープエッジ	F
	丸ホーニング刃	E
	チャンファーホーニング刃	T
	チャンファー及び丸の複合ホーニング刃	S

⑨勝手記号

	勝手	記号
	右	R
	左	L
	なし	N

⑩チップブレーカ記号

図２－2.56　スローアウェイチップの呼び方

出所：三菱マテリアル（株）「旋削工具・ミーリング工具・穴あけ工具総合カタログ2006－2008」2006，ppA002～A003

2.7 切削条件

切削条件（cutting condition）には，切削速度，回転速度，切込み量，送り量がある。これらは，工作物の寸法精度，仕上がり面の品位のみならず工具の寿命，切削能率，切削抵抗，所要動力などに大きな影響を与えるため，適正な条件を選ぶ必要がある。

（1） 切削速度

旋削の場合，切削速度（cutting speed）は，工作物の径の周速度で表される。

切削速度Ｖ［m/min］は，次式で与えられる。

$$V=\frac{\pi \cdot D \cdot N}{1000} \quad \cdots\cdots\cdots \quad (2 \cdot 7)$$

ただし，Ｄ：工作物の直径［mm］，Ｎ：工作物の回転速度［min^{-1}］，π：円周率である。

また，切削速度は使用する工具と工作物や切込み量と送り量との組合せなどで，その値が変わる。表２－2.5は各工作物材料に対する高速度工具鋼と超硬合金の切削速度を切込み量と送り量別に示した例である。

例えば，工作物が中炭素鋼のS35Cで，工具が高速度工具鋼の場合，切込み量を4.5mm以下の場合，切削速度Ｖ＝40m/minを選定しておけば安全に作業することができる。もちろん，例えば切込み量が２mmと少なくなればＶ＝60m/minに上げてよい。

（2） 回転速度

式（２・７）から，回転速度（rotational speed）は，次式で与えられる。

$$N=\frac{1000 \cdot V}{\pi \cdot D} \quad \cdots\cdots\cdots \quad (2 \cdot 8)$$

切削加工の場合，工具の寿命を長くするため，すなわち工具を長持ちさせるために，適切な回転速度を選定する必要がある。

例えば，工作物が中炭素鋼のS35Cで，工具が高速度工具鋼の場合，切込み量を4.5mmとする場合，切削速度Ｖ＝40m/minである。ここで，工作物直径Ｄ＝40の場合，必要な回転速度Ｎは，

$$N=\frac{1000 \cdot 40}{\pi \cdot 40} \fallingdotseq 318 \ [min^{-1}]$$

普通旋盤では，速度列の中から318［min^{-1}］に近い回転速度を選択する。NC旋盤ではプログラム中でS 318と指定する。

表２－2.5　切削速度の例

単位 ：切削速度［m/min］，切込み量［mm］，送り量［mm/rev］

材　　料	刃物材料	切込み量 0.13～0.38 / 送り量 0.051～0.13	切込み量 0.38～2.4 / 送り量 0.13～0.38	切込み量 2.4～4.7 / 送り量 0.38～0.76	切込み量 4.7～9.5 / 送り量 0.76～1.3	切込み量 9.5～19 / 送り量 1.3～2.3
快削鋼	(1)		75～105	55～75	25～45	16～20
	(2)	230～460	185～230	135～185	105～135	55～105
低炭素鋼 低合金鋼	(1)		70～90	45～60	20～10	13～20
	(2)	215～365	165～205	120～165	90～120	45～90
中炭素鋼	(1)		60～85	40～55	20～35	10～20
	(2)	185～300	135～185	105～135	75～105	40～75
高炭素鋼	(1)		55～75	10～55	20～30	10～15
	(2)	150～230	120～150	90～120	60～90	30～90
ニッケル鋼	(1)		60～85	40～55	20～35	13～20
	(2)	165～245	130～165	100～130	70～100	60～70
クロム鋼 ニッケルクロム鋼	(1)		45～60	30～40	15～20	9～15
	(2)	130～165	100～130	75～100	55～75	20～55
モリブデン鋼	(1)		50～65	35～40	20～25	10～15
	(2)	145～200	105～145	85～105	60～85	30～60
ステンレス鋼	(1)		15～30	25～30	15～20	9～15
	(2)	115～150	90～115	75～90	55～75	20～55
タングステン鋼	(1)		35～15	20～35	12～20	7～12
	(2)	100～120	75～100	60～75	45～60	15～45
12～14%マンガン鋼	(1)					
	(2)	60～75	40～60	20～40	15～20	
けい素鋼板用鋼塊など	(1)	120～150	90～120	60～90	45～60	
	(2)	300～370	245～305	185～245	150～185	
軟質鋳鉄	(1)		35～45	20～25	15～20	10～20
	(2)	135～185	105～135	75～105	60～75	30～60
中質鋳鉄，可鍛鋳鉄	(1)		35～45	25～35	20～25	9～20
	(2)	105～135	75～105	60～75	45～60	20～45
超硬合金鋳鉄	(1)		25～30	18～25	12～20	6～12
	(2)	75～90	45～75	30～45	20～30	15～20
チルド鋳鉄	(1)	3～5				
	(2)	9～15	3～9			
快削鉛黄銅及び青銅	(1)		90～120	70～90	45～75	30～45
	(2)	300～380	245～305	200～245	155～200	90～150
黄銅及び青銅	(1)		85～105	70～85	45～70	20～45
	(2)	215～245	185～215	150～185	120～150	60～120
高すず青銅・マンガン青銅・その他	(1)		30～45	20～30	15～20	10～15
	(2)	150～185	120～150	90～120	60～90	30～60
マグネシウム	(1)	150～230	105～150	85～105	60～85	40～60
	(2)	380～610	245～380	185～245	150～185	90～150
アルミニウム	(1)	105～150	70～105	45～70	30～45	15～30
	(2)	215～300	135～215	90～135	60～90	30～60

(注)　(1) 18－4－1形高速度工具鋼
　　　(2) 超硬合金

（3）　切込み深さ

図２－2.57 は，工作物とバイトの相対位置関係の呼称を示す。

切込み深さ（depth of cut）は，１回の切削でバイト刃先が工作物を除去する量 a［mm］である。切込み深さが 2.5mm 程度以上の場合，荒加工あるいは荒削りということが多い。切込み深さが 0.5mm 程度以下の場合，仕上げ加工あるいは仕上げ削りということが多い。荒加工と仕上げ加工の中間を中仕上げ加工あるいは中仕上げ削りという。

最大の切込み深さは，機械の電動機のパワーや工作物と工具材質などに依存する。

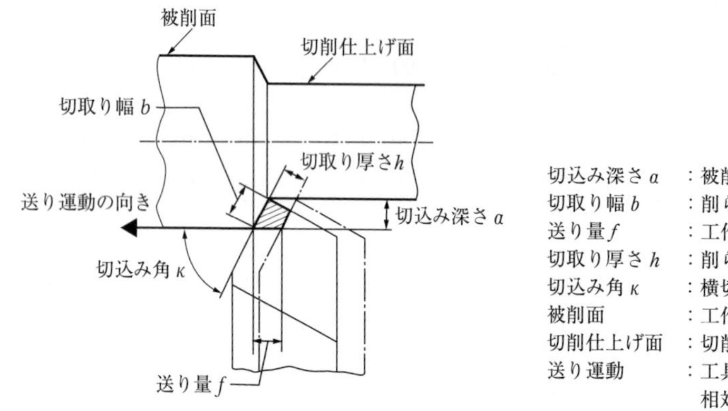

切込み深さ a	：被削面から工具が切り込んだ量
切取り幅 b	：削られる部分の幅
送り量 f	：工作物の１回転当たりに進む工具の移動量
切取り厚さ h	：削られる部分の厚さ
切込み角 κ	：横切れ刃が被削面となす角度
被削面	：工作物の加工前の表面
切削仕上げ面	：切削加工されて生成した工作物の表面
送り運動	：工具と工作物間における切りくず生成のための相対運動

図２－2.57　工作物とバイトの相対位置関係の呼称（JIS B 0170：1993）

（4）　送　　り

送りとは，工具を移動させることをいう。送りには，主に次の三つがある。

①　移動方向によって，縦送りと横送りがある。

②　その操作方式で，手送りと自動（機械）送りがある。

③　その移動状態で，早送りと切削送りがある。

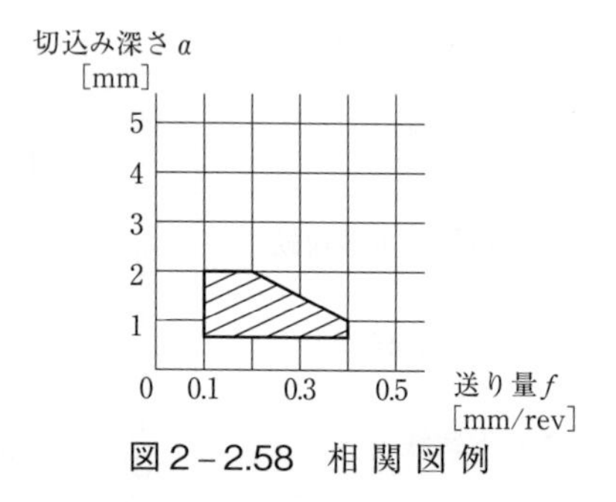

図２－2.58　相 関 図 例

送り量（feed rate）は，③の切削送りにおける送り量を指す。

送り量は，工作物が１回転する間に，工具が切削のために進む移動量 f［mm］である。よって，１回転当たりの進んだ量［mm］あるいは［mm/rev］で表される。

切込み深さと送り量とは相関があり，両者は条件によって変わる。一般に，切込み深さが大きい場合は送り量が小さく，逆に切込み深さが小さい場合は送り量を大きくする。また，荒削りの場合は，機械，バイト及び工作物の剛性（変形のしにくさ）や動力の大きさを考え，これらが耐えられる最大値にすることが能率的である。仕上げの場合は，仕上げ面粗さや削りしろによって切込み深さと送り量が決められる。

工具メーカーでは，図２－2.58 のようにこれらの相関を資料提供しており，目安として参考にするとよい。

第３節　フライス盤作業

3.1　フライス盤とは

フライスとは，外来語でフランス語の fraise（ひだえり，転がり刃）が語源である。フライス盤は英語で milling machine というが，この mill は「製粉する」の意から由来しており，切削された金属の切りくずが粉末状に出てくることからきている。

フライス盤は，主軸に固定したフライス工具に回転する主（切削）運動を，テーブルに固定した工作物に直線送り運動を与えて，主に平面や溝を切削する機械である。横フライス盤は図２－3.1(a)，立てフライス盤は同図(b)の切削様式で平面のフライス削りを行う。位置決め運動は，主軸側で行うもの，テーブル側で行うもの，主軸側とテーブル側の両方で行うものの三つの方式がある。

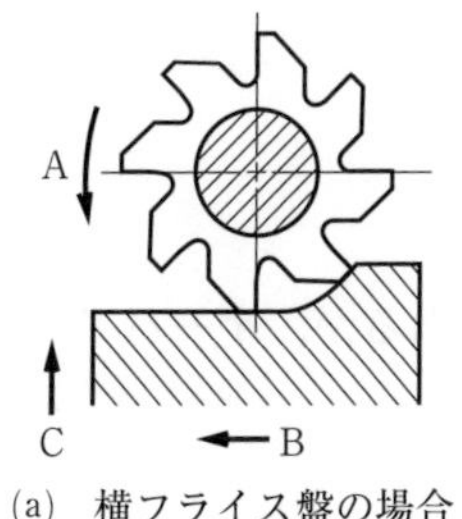

(a)　横フライス盤の場合

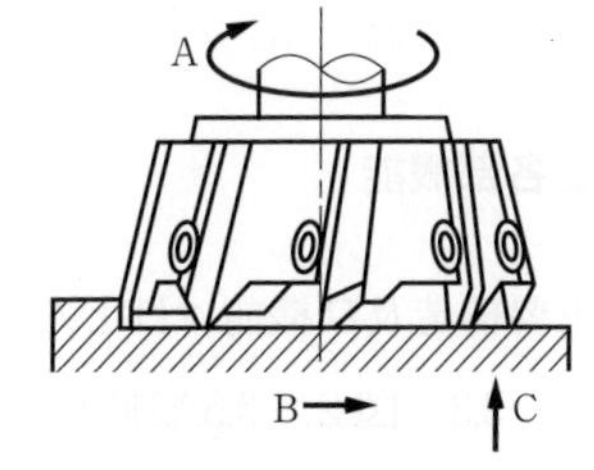

(b)　立てフライス盤の場合

A：主（切削）運動
B：送り運動
C：切込み運動

図２－3.1　フライス削り

3.2　フライス盤の種類と特徴

（1）　フライス盤の種類

フライス盤の種類は，主軸の向き，テーブルの支持方式，用途，名称などで分けられる。

a　主軸の向き

主軸の向きには，立て形，横形，万能（可変）形がある。

b　テーブルの支持方式

テーブルの支持方式にはひざ形，ベッド形がある。

ひざ形は，図２－3.2(a)に示すように，ニーの上にサドルとテーブルを載せ上下移動できる。サドルはコラムに対して前後に移動でき，テーブルは左右に移動できる。ひざ形は，汎用フライス盤に多く用いられる。

ベッド形は，同図(b)に示すようにベッドが接地しているため，サドルとテーブルが前後・左右移動はできても上下移動はできない。後述の生産フライス盤，プラノミラなどはベッド形である。

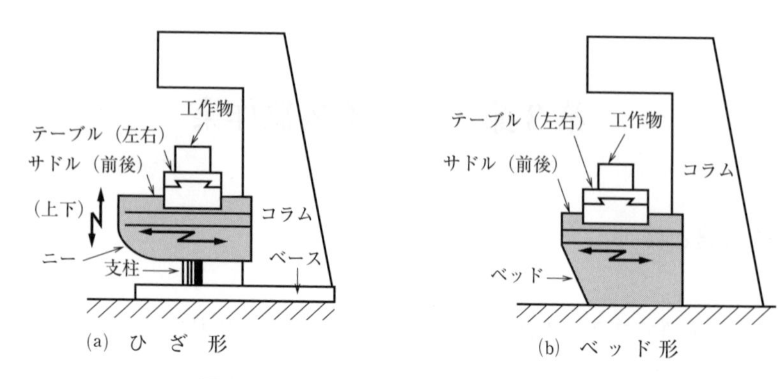

図2－3.2　テーブル支持方式の違い

c　用　　途

用途により，汎用フライス盤，生産フライス盤，専用フライス盤がある。

d　名　　称

立てフライス盤，横フライス盤，万能フライス盤，卓上フライス盤，倣いフライス盤，プラノミラ，万能工具フライス盤，形彫り盤，彫刻盤，生産フライス盤，ねじフライス盤，スプラインフライス盤，カムフライス盤，中ぐりフライス盤，NC フライス盤がある。

（2）　フライス盤の主要構造と各部機能

フライス盤の種類を問わず，主要構造及び機能はほとんど同じであるが，オーバアームは一部のフライス盤にある構造である（図2－3.3，図2－3.5参照）。

①　コ　ラ　ム

コラム（column）は機械本体で，主軸，主軸駆動装置，送り装置などを備え，ニーを上下に案内する。

②　ニ　　ー

ニー（knee）はサドル，テーブルを載せて，コラムの案内面に沿って上下移動する台である。

③　サ　ド　ル

サドル（saddle）はニーの上に載り，コラムに対して前後に移動する台である。

④　テ ー ブ ル

テーブル（table）はサドルの上に載り，上面に工作物を取り付け，左右に移動する台である。

⑤　オーバアーム

オーバアーム（over arm）はアーバ又はアーバ支えとコラムを連結し，切削中のアーバのたわみを防ぐなど補強の役目をする。

⑥ ベ　ー　ス

ベース（base）はコラムの下にあって，機械を床に据え付ける台で，内部は切削油剤のタンクとなっている。

（3）　立てフライス盤

立てフライス盤（vertical milling machine）は，図２－3.3(a)に示すように主軸が立て（垂直）になっている汎用フライス盤である。機械の構造には，主軸頭が固定されている機種，上下動できる機種や垂直面内で旋回できる機種があるが，同図は主軸頭が上下動できる形式の立てフライス盤である。また，ひざ形とベッド形の立てフライス盤を同図(b)，(c)にそれぞれ示す。

立てフライス盤では，図２－3.4 に示すように，正面フライスによる工作物の上面の加工，エンド

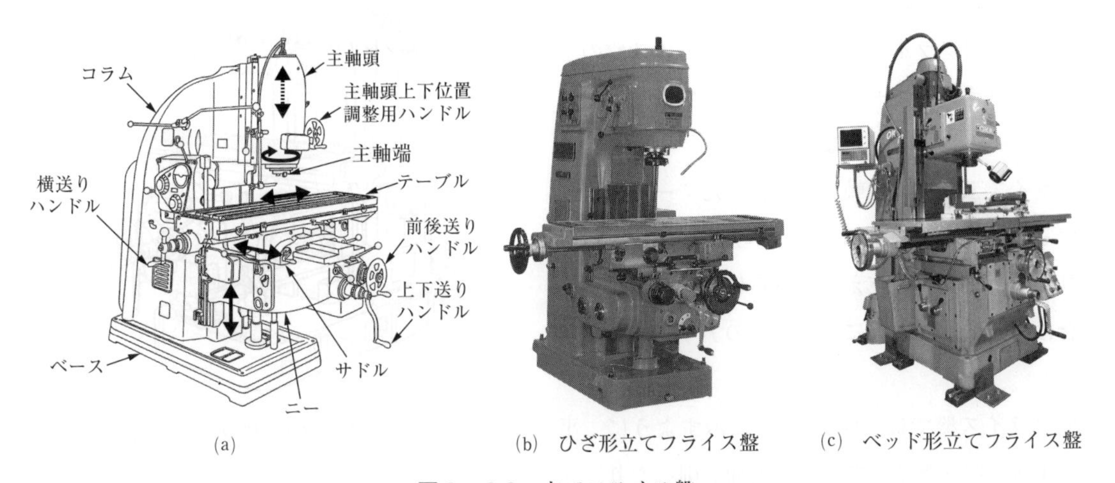

(a)　(b)　ひざ形立てフライス盤　(c)　ベッド形立てフライス盤

図２－3.3　立てフライス盤

(a)出所：竹中規雄「改訂 機械製作法 （２）」コロナ社，1973，p99，図3.38（一部追記）

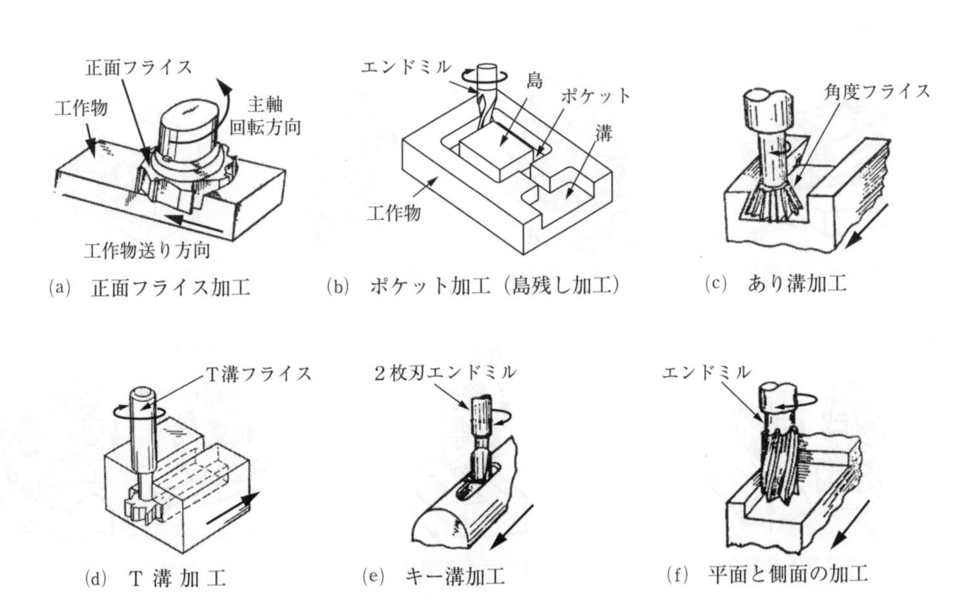

(a)　正面フライス加工　(b)　ポケット加工（島残し加工）　(c)　あり溝加工

(d)　T 溝 加 工　(e)　キー溝加工　(f)　平面と側面の加工

図２－3.4　立てフライス盤による各種作業例

(a)(c)(e)(f)出所：篠崎襄ほか「加工の工学」開発社，2000，p87，図3.11
(d)出所：小町弘ほか「絵とき 機械工学のやさしい知識」オーム社，1993，p133，図3.48

ミルによる工作物に溝加工や側面あるいはポケット加工，島のこし加工，角度フライスによるあり溝加工，Ｔ溝フライスによるＴ溝加工ができる。そのほか，ボーリングヘッドを用いて精密な穴加工も可能である。さらに，割出台や円テーブルなどの付属装置を用いて割出作業など幅の広い加工ができる。

（4）　横フライス盤

横フライス盤（horizontal milling machine）は，図２－3.5に示すように，主軸が水平になっているひざ形の汎用フライス盤である。横フライス盤の主要構造はコラム，ニー，サドル，テーブル，オーバアーム，ベースなどからなる。

フライス工具は，主軸に取り付けたアーバに取り付ける。アーバの先端部はオーバアームに取り付けられたアーバ支えで支える。さらに，アーバが長い場合は同図に示すようにもう一つのアーバ支えを用いる。

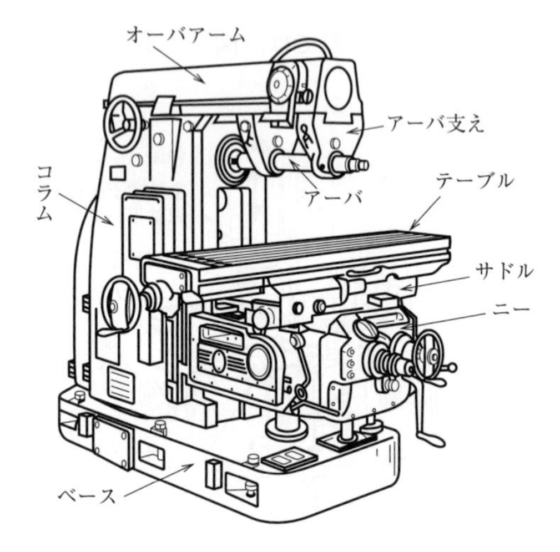

図２－3.5　横フライス盤

横フライス盤では，図２－3.6に示すように，平フライスや側（がわ）フライスで工作物上面を削ったり，メタルソーでスリット加工や切断をしたり，さらに，正面フライスで工作物側面を削ったり，そのほか総形（そうがた）フライス，組合せフライスなどで目的形状を一度に削ったりできる。

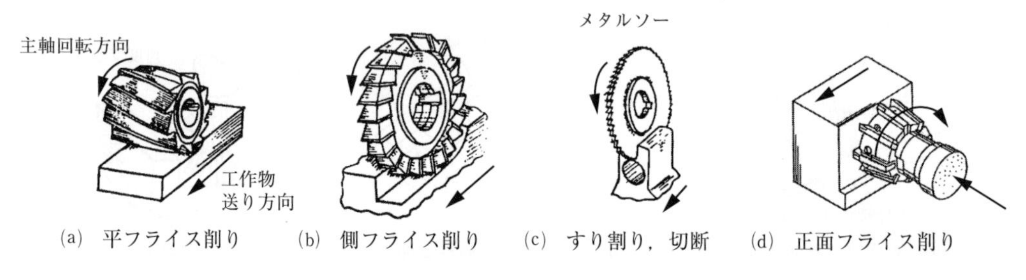

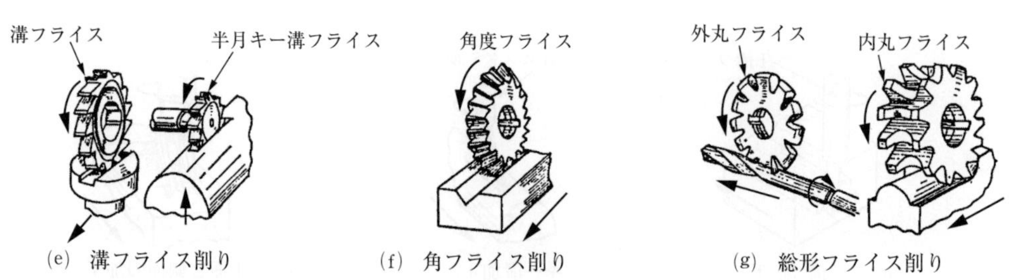

図２－3.6　横フライス盤による各種作業例

(d)を除く出所：（図2－3.4(a)に同じ）
(d)出所：（図2－3.4(d)に同じ）p139，図3.59

(5)　万能フライス盤

万能フライス盤（universal milling machine）は，ほぼ横フライス盤の構造と同じであるが，サドルに図２－3.7のような旋回台が設けられて，テーブルを水平面内で旋回させることができる。したがって，ねじれ溝などの加工ができ，横フライス盤より広い範囲の作業を行える。

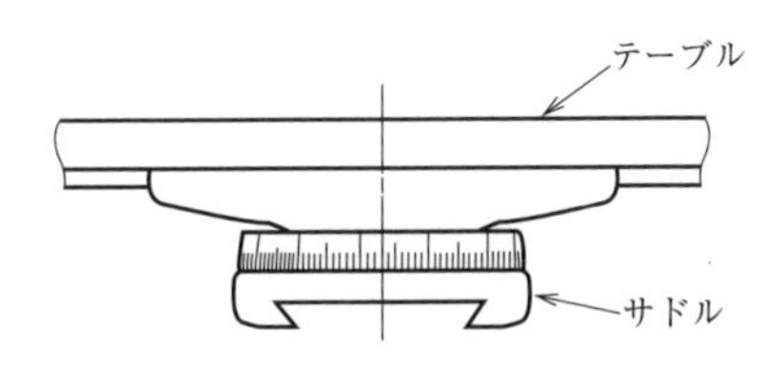

図２－3.7　万能フライス盤の旋回台

(6)　生産フライス盤

生産フライス盤（production milling machine）は，生産性を高めることを目的に，図２－3.8に示すように，これまでみてきた立てフライス盤や横フライス盤などの汎用フライス盤よりも機械構造を簡潔にし，主軸をはじめ各部分の剛性を高くし，作業を自動的に行えるようにしたフライス盤である。

生産フライス盤では，特定の工作物の多量生産を行うため，重切削が要求される。このため，テーブルはベッド形で支えられ，主軸回転速度や送り速度を頻繁に換えることが少ないことから，換え歯車で変速するものもある。テーブル運動は長手方向のみで，フライスの上下運動は主軸頭やコラムの移動で行う。前後方向の位置決めは，工作物の取付け又は主軸の移動で行う。一つの加工工程はプログラムで行う。

生産フライス盤は，次のような種類で分けられる。

①　主軸の向き

横形，立て形

②　主軸頭の数

単頭形，両頭形，多頭形

③　テーブルの形

角テーブル形，ロータリテーブル形

図２－3.9は，ロータリテーブル形両頭生産フライス盤である。工作物を取り付けるテーブルは連

図２－3.8　生産フライス盤

図２－3.9　ロータリテーブル形両頭フライス盤

続的に回転しているため，作業者は一定の場所で工作物の取付け，取外しだけの操作をすればよいことから能率的に生産作業が行える。

（7）　プラノミラー

プラノミラー（plano miller, planer type milling machine）は，ベッド上を水平移動するテーブルとコラムにまたがる横けた上を移動するフライスヘッドを有するフライス盤である。平削り形フライス盤とも呼ばれる。

プラノミラーは，コラムの形式によって，門形，片持ち形の２種がある。図２－3.10は門形プラノミラーを示す。平削り盤の工具台の代わりにフライス主軸頭を備えた機械と考えてよい。門形プラノミラーは大形工作物の平面を能率的にフライス削りすることができる。

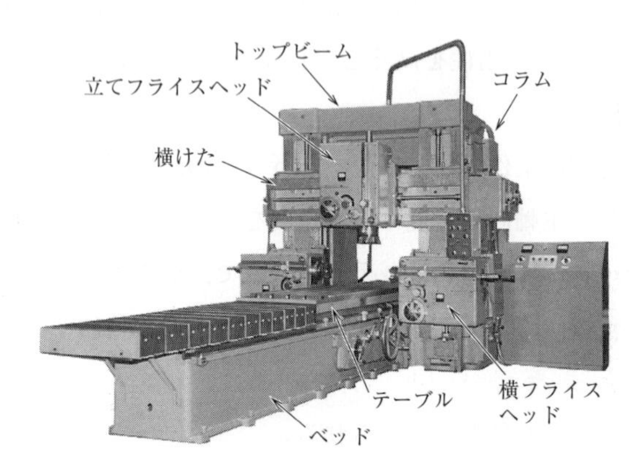

図２－3.10　プラノミラー

（8）　倣いフライス盤

倣いフライス盤（copy milling machine）は，模型（モデル）や型板（テンプレート）にスタイラスで倣いながら，工作物をフライス削りするフライス盤である。図２－3.11に倣いフライス盤の例を示す。

機械の形式で，立て形，横形がある。また，図２－3.12に示すような倣いの方式がある。

①　垂直２次元倣い

上下の直線方向の倣いを直線運動する模型に対して行う。フライス工具を少しずらしながら往復運動して加工する。

②　水平２次元倣い

平面上でモデル輪郭を倣う。輪郭倣いともいう。

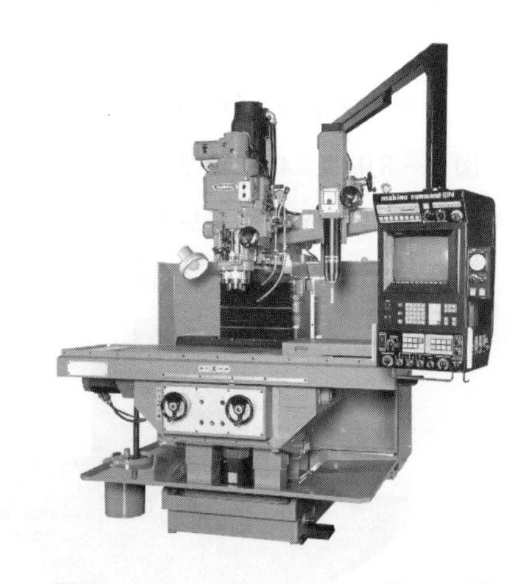

図２－3.11　倣いフライス盤の一例

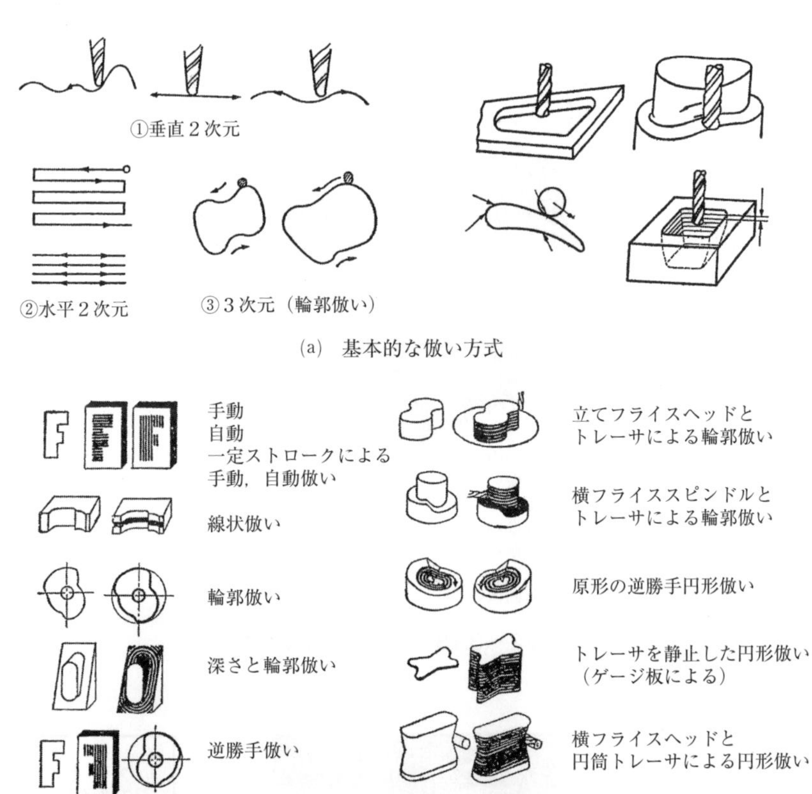

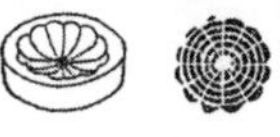

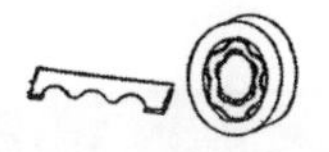

(b)　組合せによる応用的な倣い方式

図２－3.12　倣 い 方 式

出所：高木六弥「金型工作法」日刊工業新聞社，1973，p106～107，図6.2，図6.3

③　３次元倣い

上記の垂直２次元，水平２次元を組み合わせた方式を３次元倣いといい，コンビネーション倣いともいう。図２－3.13に，種々の３次元倣い方式の例を示す。

また，図２－3.14は，様々なスタイラスの種類を示す。スタイラスはモデルと直接接触する。特に，金属製スタイラスは長時間使用すると摩耗し，倣い精度が保証できなくなるため，セラミックス製のスタイラスが用いられる。

倣いフライス盤は石こうや木でつくられた模型と同一形状の製品を容易に削り出せるため，プレス，型鍛造，ダイカスト，プラスチック成形用の複雑な形状の金型などを能率的につくることができる。しかし，精度は0.1mm程度しか出ない。

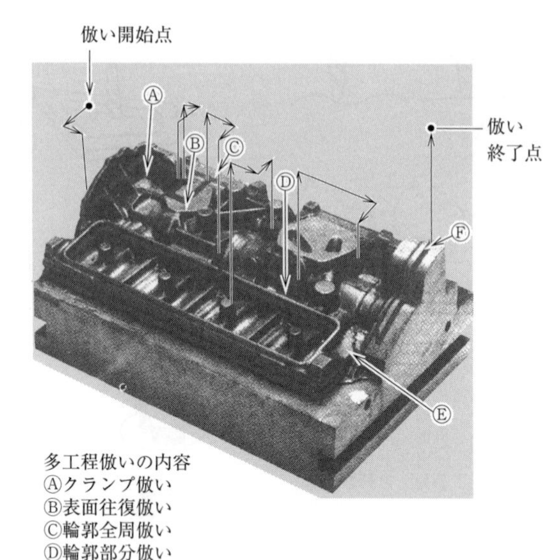

図2－3.13　多工程連続倣いの一例

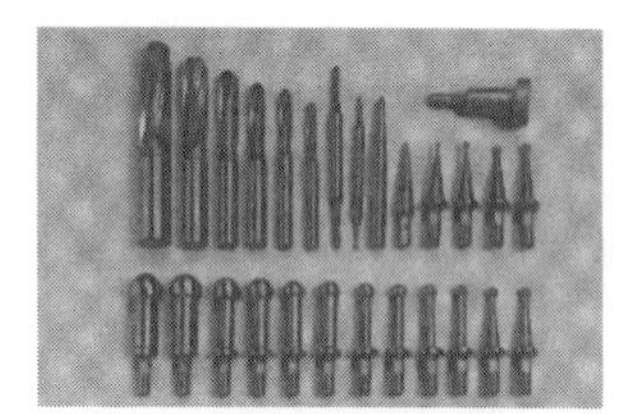
1　ツールセットS形

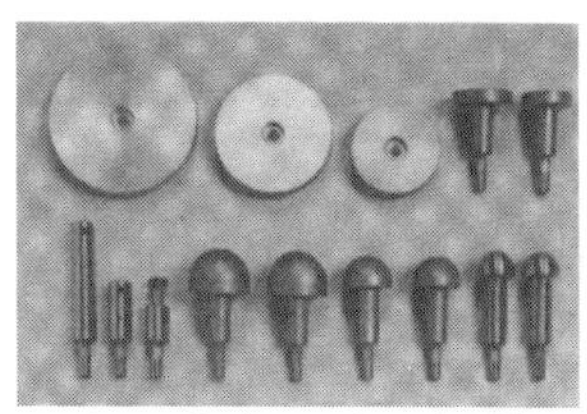
2　スタイラスセットL形

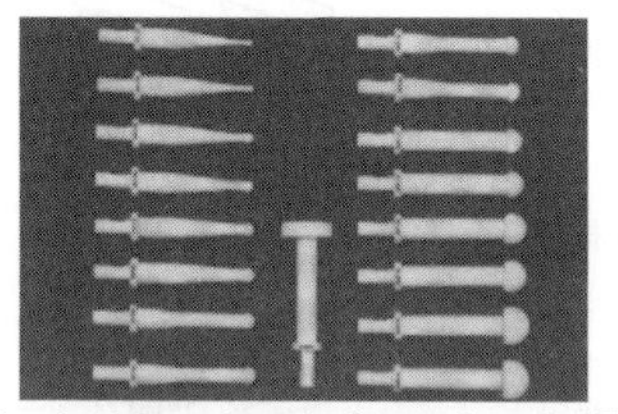
3　セラミックスタイラスセットS形

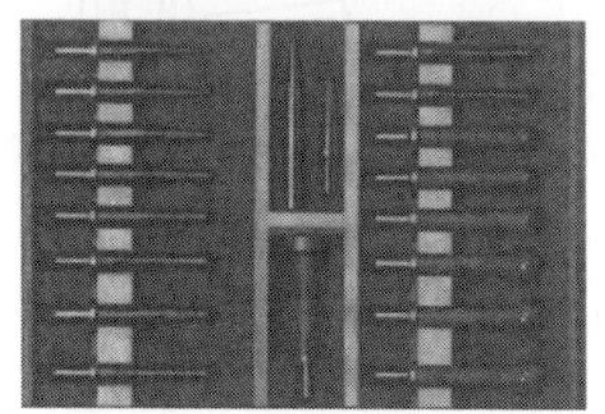
4　導電性セラミックスタイラスセット

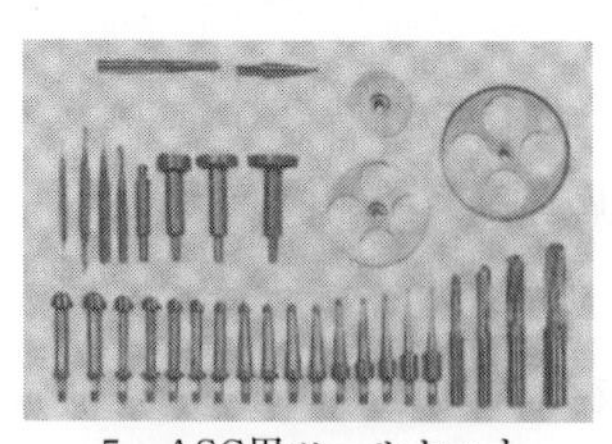
5　ASC用ツールセット

1　ツールセットS形
　スタイラス：ϕ4, 5, 7, 8, 9, 10, 11, 12, 13, 14, 17, 18, 21, 22, 26, 27, 35
　ボールエンドミル：ϕ3, 6, 8, 10, 12, 16, 20, 25
　心出しセンタ：2本
2　スタイラスセットL形
　スタイラス：ϕ33, 34, 41, 42, 43, 51, 52, 53, 78, 103, 128
　アダプタ：75, 100, 125mm
3　セラミックスタイラスセットS形
　スタイラス：ϕ4, 5, 7, 8, 9, 10, 11, 12, 13, 14, 17, 18, 21, 22, 26, 27, 35
　心出しセンタ：60, 120mm　2本
4　導電性セラミックスタイラスセット
　スタイラス：ϕ4, 5, 7, 8, 9, 10, 11, 12, 13, 14, 17, 18, 21, 22, 26, 27, 35
　心出しセンタ：2本
5　ASC用スタイラスセット
　スタイラス：ϕ4, 5, 7, 8, 9, 10, 11, 12, 13, 14, 17, 18, 21, 22, 26, 27, 35

図2－3.14　スタイラスのいろいろ

出所：武藤一夫「高精度3次元金型技術—CAD/CAE/CAT入門—」日刊工業新聞社, 1995, p161, 図12

（9）　ねじ切りフライス盤

ねじ切りフライス盤（thread milling machine）は，ねじ切りに使用する。図２－3.15 に，フライスによって，長い送り用のねじやウォームなどを能率的に削るねじフライス盤を示す。

このほか，フライスや特殊な工具類を製作する場合に便利なように，主軸やテーブルをいろいろな角度に傾けられるようにした万能工具フライス盤や，スプライン軸の溝を自動的に割り出して削るスプラインフライス盤などもある。

図２－3.15　ねじ切りフライス盤

3.3　フライス工具（種類，材料，名称）

通常のフライス盤作業に用いられる主なフライス工具は，図２－3.16 に示すとおりである。

（1）　平フライス

平フライス（plain milling cutter）は円筒面に切れ刃を付けた工具で，平面切削ができる。刃幅が 20mm 以上の場合，切削を滑らかにするため，一般にねじれ刃になっている。

（2）　側フライス

側フライス（side milling cutter）は側面や溝を切削する工具で，円筒面と側面に切れ刃をもつ。切れ刃には直刃とねじれ刃があり，ねじれ刃のねじれ角は 20° 程度である。

（3）　メタルソー

メタルソー（metal slitting saw）は工作物を切断するために用いられる。

（4）　角度フライス

角度フライス（angle milling cutter）は角溝，傾斜面，あり溝などを切削する工具である。

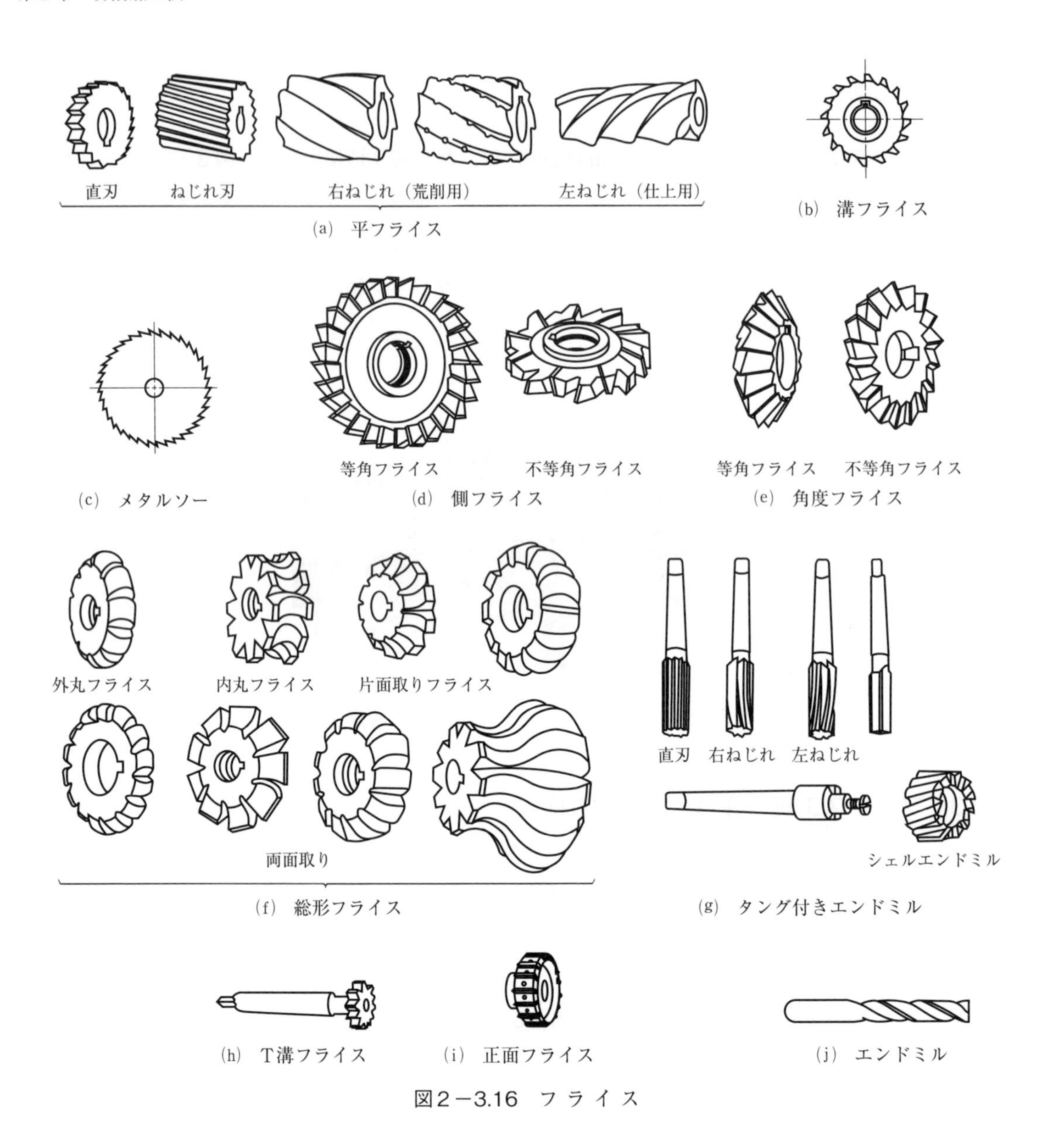

図2－3.16　フ ラ イ ス

(5)　総形フライス

目的の形状に切れ刃を創成したフライスを総形フライス（form milling）と呼ぶ。総形フライスは，切れ刃を創成する手間と時間がかかるが，一度の切削で目的の形状が得られる。

(6)　エンドミル

エンドミル（end mill）は円柱の表面と端面に切れ刃を付けた工具でシャンクと一体になっている。図２－3.17にエンドミル各部の名称を示す。エンドミルの刃先形状には，図２－3.18に示すように，スクエア，ラジアス，ボール，テーパ，テーパボールといった種類がある。エンドミルの使い分け

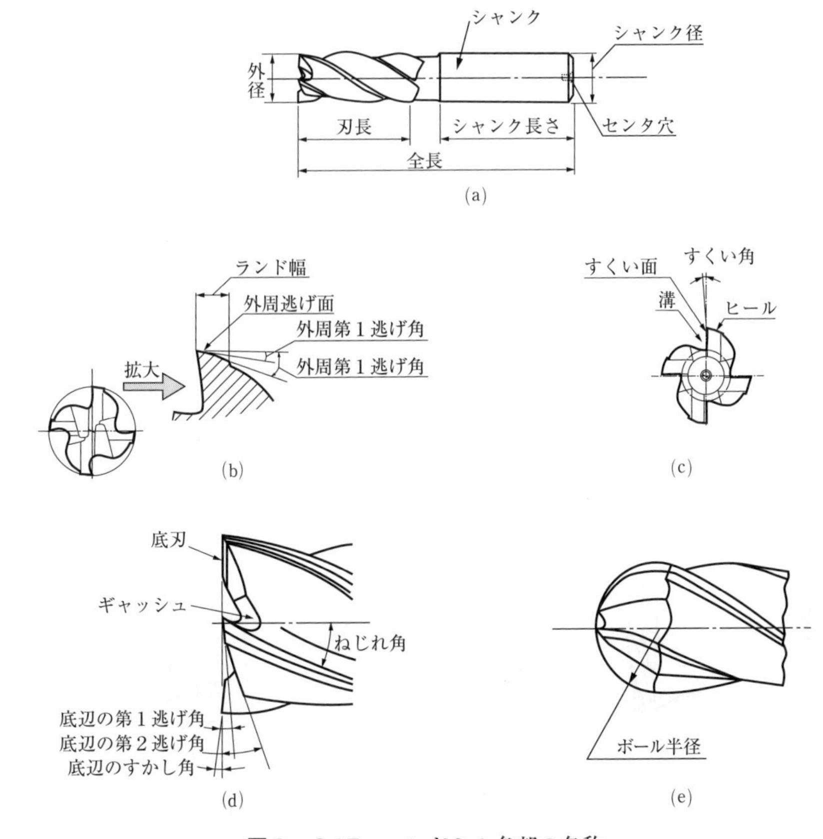

図２－3.17　エンドミル各部の名称

出所：（株）不二越「NACHI　切削工具2010」2009，pH－20

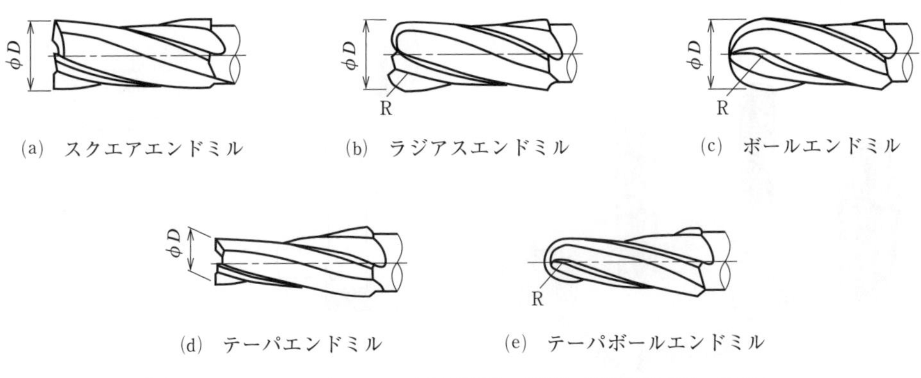

図２－3.18　エンドミルの刃先形状の種類（JIS B 0172：1993）

を，図２－3.19 に示す。後述するマシニングセンタの登場によって，エンドミルの用途は飛躍的に拡大している。また，エンドミルの刃部の材質は，高速度工具鋼だけではなく，スローアウェイチップ方式の超硬合金やそれらのコーティングのチップも登場し，従来大きな切込みなどはできなかったが，種々の剛性の高いシャンクとチップが開発され，図２－3.20 に示すように，その種類も非常に多く，様々な加工が可能になっている。

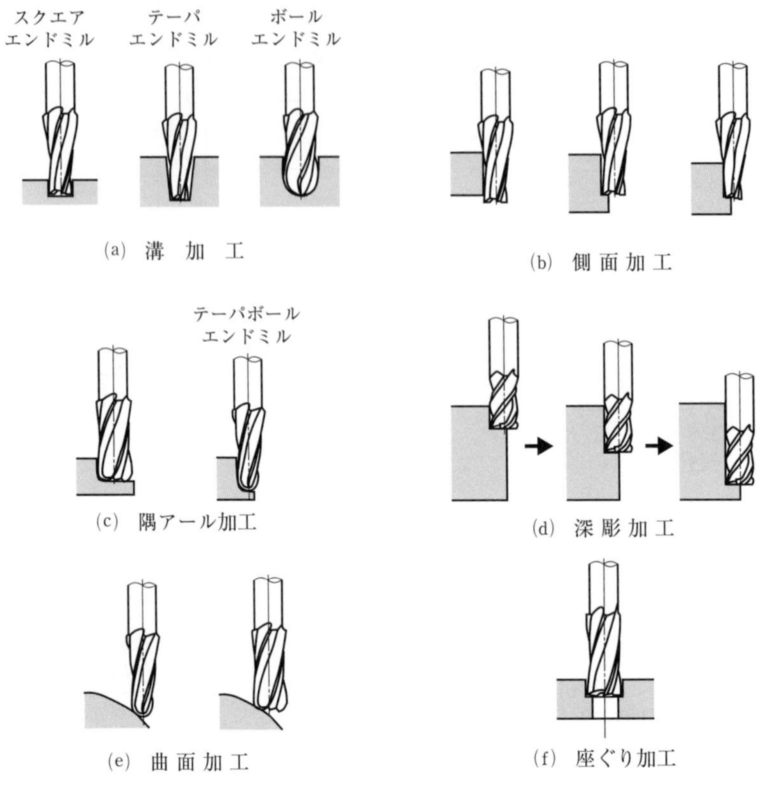

図２－3.19　エンドミルの使い分け

出所：（図2－3.17に同じ）pH－22

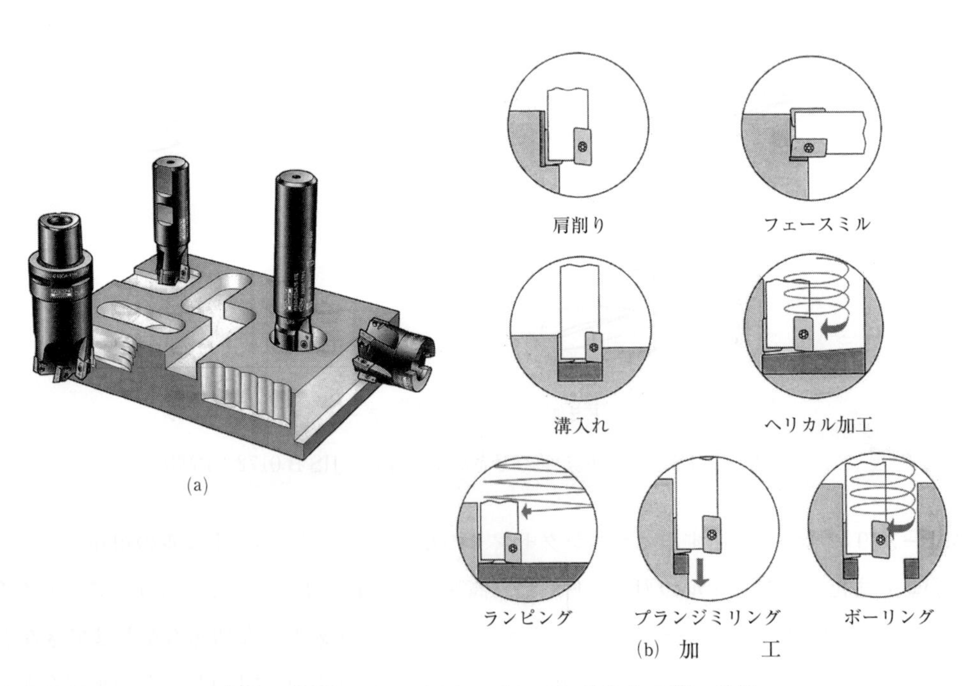

図２－3.20　スローアウェイ・エンドミルの使い分け

出所：サンドビック（株）「2001－2002 切削工具」2001，pB140

（7）　T溝フライス

T溝フライス（T slotting milling cutter）は，Tの字形状の切れ刃をもつフライス工具のことで，テーブルのT溝加工に用いられる。

（8）　正面フライス

正面フライス（face milling cutter）は正面切削用の工具で，正面フライスはアーバに取り付けて用いられる。また，図2－3.21に示すように，切れ刃としてろう付け方式とスローアウェイチップ方式が用いられている。現在は，ほとんどがスローアウェイチップ方式である。図2－3.22は超硬スローアウェイチップ式正面フライスの刃部の形状と名称を示す。また，表2－3.1にフライス刃先諸角の呼び方と機能を示す。

上記（1）～（5）までは穴付きフライスと呼ばれ，主に横フライス盤に用いられる。（6）～（8）は，シャンク付きフライスと呼ばれ，立てフライス盤で使われる。

フライス工具の材料は，バイトやドリルと同様に，高速度工具鋼，超硬合金，サーメット，cBNあるいはコーティングの材料も使用されている。表2－3.2にフライス用工具材種選定の目安を示す。

平フライスや側フライスなどの穴付きフライスは，全体が同一の高速度工具鋼材でつくられている。

図2－3.23に，一般的なフライスの刃先各部の名称を示す。同図(a)は周刃フライスを示す。周刃フライスは，回転軸に平行な円筒面に切れ刃を付けた工具で，平フライスや側フライスなどはこれに当たる。同図(b)は正面フライスである。正面フライスは，回転軸に垂直な面に切れ刃をもつ。フライスの刃先形状もバイトと同じように，工作物の材質に応じて変えなければならない。また表2－3.3にそれらの標準値を示す。

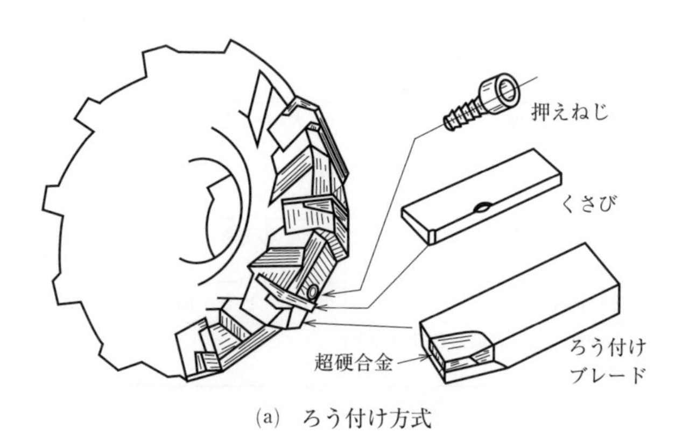

(a)　ろう付け方式

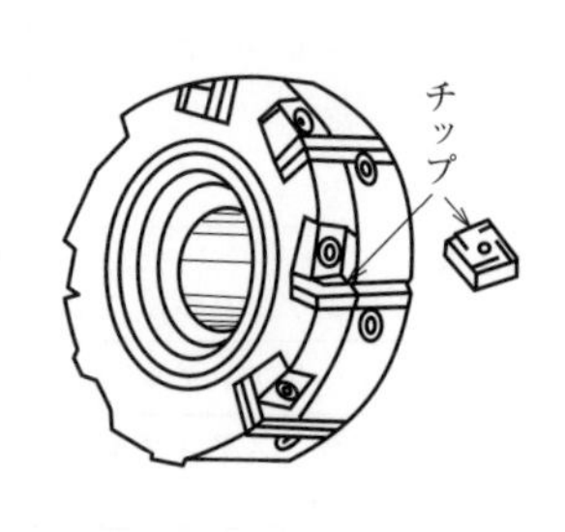

(b)　スローアウェイチップ方式

図2－3.21　正面フライス

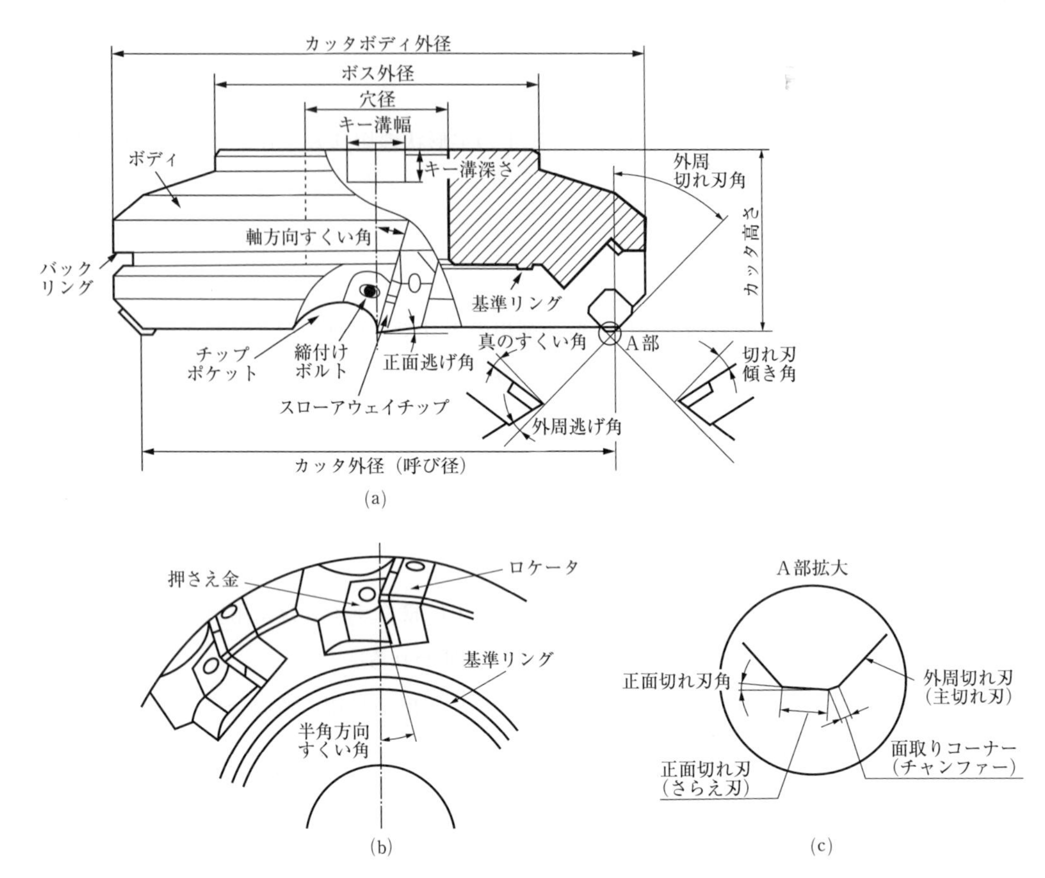

図２－3.22　超硬スローアウェイ式正面フライス各部の名称

出所：住友電工ハードメタル（株）「'07－'08イゲタロイ切削工具」2006，pN14

表２－3.1　フライス刃先諸角度の呼び方と機能

	名　称	略号	機　能	効　果
① ②	軸方向すくい角(アキシアルレーキ) 半径方向すくい角(ラジアルレーキ)	A.R R.R	切りくず排出の方向，溶着，スラストなどを支配	それぞれ正～負(大～小)のすくい角があり，正と負，正と正，負と負の組合せが代表的
③	外周切れ刃角(アプローチアングル)	A.A	切りくずの厚み，排出方向を支配	大きいとき…切りくず厚みの減少 切削負荷の緩和
④	真のすくい角(ツルーレーキアングル)	T.A	実効のすくい角	正(大)のとき…切削性がよく溶着しにくいが 切れ刃強度は弱くなる 負(小)のとき…切れ刃強度は上がるが溶着 しやすい
⑤	切れ刃傾き角 (インクリネーションアングル)	I.A	切りくずの排出の方向を支配	正(大)のとき…排出がよく切削抵抗は小 コーナ部の強度は劣る
⑥	正面切れ刃角(フェースアングル)	F.A	仕上げ面粗さを支配	小さいとき…面粗さ精度が向上
⑦	逃　げ　角(クリアランスアングル)		刃先強度，工具寿命，びびりなどを支配	

表2－3.2　フライス用工具材種選定の目安例

◎：最適　○：適用　━：切削速度［m/min］　├─┤：送り［mm／刃］

工具材種 ＼ 被削材		P 鋼・鋳鋼	P ダイス鋼	M ステンレス鋼	K 鋳鉄・ダクタイル鋳鉄	N 非鉄金属	S 難削材
超硬コーティング	ACK00				◎ 150━250 / 0.1├┤0.3		
	ACK300				◎ 70━220 / 0.15├┤0.4		
	ACP100	◎ 120━300 / 0.1├┤0.3	◎ 80━230 / 0.15├┤0.25				
	ACP200	◎ 80━250 / 0.1├┤0.35	◎ 50━220 / 0.07├┤0.3	○ 70━230 / 0.1├┤0.3			
	ACP300	○ 80━200 / 0.1├┤0.35		◎ 50━250 / 0.1├┤0.3			
	EH20Z			○ 50━200 / 0.15├┤0.25			◎ 20━50 / 0.1├┤0.2
サーメット	T250A	◎ 120━250 / 0.1├┤0.3	○ 60━180 / 0.1├┤0.2	○ 80━230 / 0.1├┤0.2			
超硬 P	A30N	○ 100━150 / 0.1├┤0.35					
超硬 K	G10E				○ 80━140 / 0.1├┤0.3		○ 15━30 / 0.1├┤0.2
超硬 K	H1					○ 400━600 / 0.1├┤0.3	
スミボロン	BN700				◎ 800→2000 / 0.1├┤0.3		
スミダイヤ	DA2200					◎ 400→3000 / 0.1├┤0.15	

出所：（図2－3.22に同じ）pG7

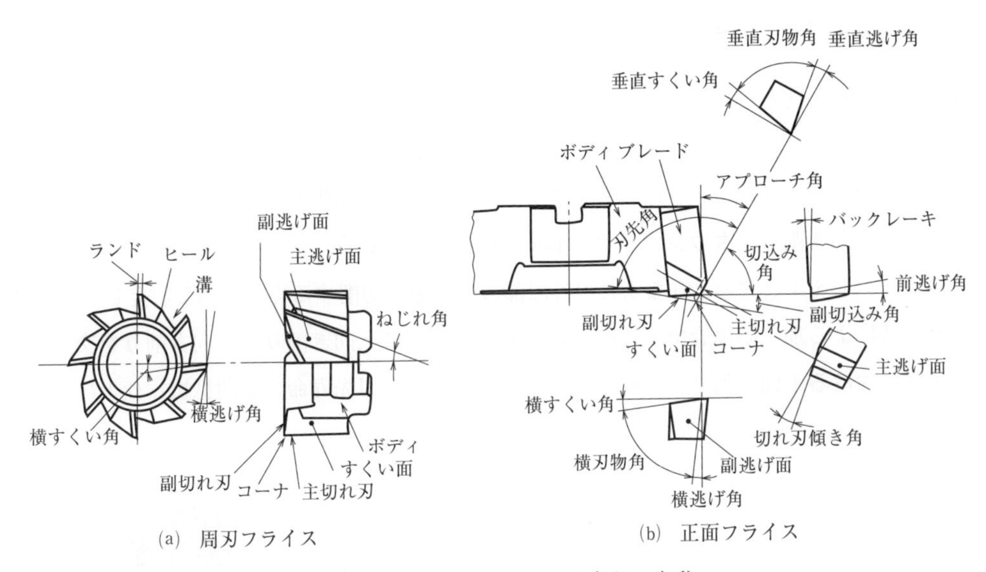

(a)　周刃フライス　　(b)　正面フライス

図2－3.23　フライスの刃先各部の名称

表２－3.3　フライスの刃先角の標準値

材料		高速度工具鋼フライス		超硬正面フライス			
		ラジアルすくい角［°］	逃げ角［°］	ラジアルすくい角［°］	ラジアル逃げ角［°］	アキシアルすくい角［°］	アキシアル逃げ角［°］
アルミニウム		20～40	10～12	10	9	－7	5
プラスチック		5～10	5～7	—	—	—	—
黄銅 青銅	軟	0～10	10～12	6	9	－7	5
	普通	0～10	4～10	3	6	－7	5
	硬	—	—	0	4	－7	3
鋳鉄	軟	8～10	4～7	6	4	－7	3
	硬			3	4	－7	3
	チル	—	—	0	4	－7	3
可鍛鋳鉄		10	5～7	6	4	－7	3
銅		10～15	8～12	—	—	—	—
鋼	軟	10～20	5～7	－6	4	－7	3
	普通	10～15	5～6	－8	4	－7	3
	硬	10～15	4～5	－10	4	－7	3
	ステンレス	10	5～8	—	—	—	—

3.4　フライス削り

（1）　上向き削りと下向き削り

フライスの回転方向と工作物の送り方向との関係でフライス削りの様子が異なる。すなわち，フライスの回転方向と工作物の送り方向とが逆の場合を，図２－3.24(a)に示すように**上向き削り**（**アップカット**：up cutting）という。一方，フライスの回転方向と工作物の送り方向とが同じ場合，同図(b)に示すように**下向き削り**（**ダウンカット**：down cutting）という。同図(a)と(b)は，平フライスや側フライス又はエンドミルなどのような工具の外周部の切れ刃で切削する場合である。そして，同図(c)は，正面フライスによる加工の場合で，１枚の切れ刃が切削中に上向き削りと下向き削りを交互に行う。

フライスにおける下向き削りと上向き削りは，フライスの刃先寿命，切削抵抗，仕上げ面粗さに影

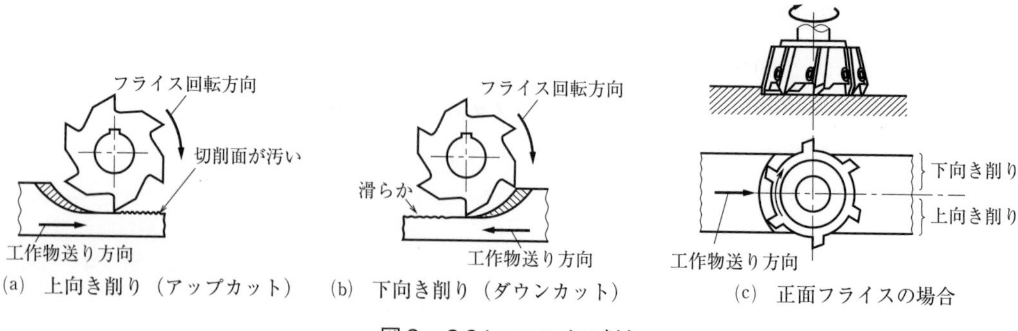

(a)　上向き削り（アップカット）　(b)　下向き削り（ダウンカット）　(c)　正面フライスの場合

図２－3.24　フライス削り

響するため重要である。

一般に，下向き削りは，上向き削りに比べてフライスの刃先寿命，切削抵抗，仕上げ面粗さに関してよい結果が得られる。具体的に，横フライス盤では，次のような**下向き削りの長所**がある。

① 上向き削りでは，切り込むときに，すぐに食い込まず，前の刃が削った面を少しすべってから切り込むため，この間にアーバがたわんだり，摩耗で刃先を傷めたりして動力の損失が大きい。下向き削りでは，すぐに切り込むため，滑りがなく，毎回の切込み量も安定し，刃先にかかる力は切削中も一様なことから，刃先の摩耗や動力の損失が少なく，仕上げ面がきれいである。

② 上向き削りでは，切削力に抵抗してテーブルを送るため，送りに大きな力を要することから，工作物の取付けをしっかり行う必要がある。下向き削りでは，切れ刃は工作物を下に押さえるように作用するため，取付けは容易である。また，送りに要する動力も少なくて済む。

③ 上向き削りでは，工作物やテーブルを持ち上げようとする力が働くために，取付けが不安定になったり，びびり振動を起こしたりしやすい。下向き削りでは，工作物の取付けの不安定さや振動が少ないため，仕上げ面がよくなる。

このように，下向き削りは上向き削りより長所があるため，仕上げ加工時は下向き削りで行うことが多い。ここで，**下向き削りの短所**を挙げておく。

① まず，切りくずが切れ刃の切込みを妨げる問題がある。

② **バックラッシ**（ねじの遊び）の問題がある。

図２－3.25(a)に示すように，上向き削りのときは，水平方向の切削力がテーブルの送り方向と逆になるため，送りねじのバックラッシが自然に取り除かれる。しかし，同図(b)の下向き削りでは，水平方向の切削力とテーブル送り方向が同じになるため，バックラッシ量だけ工作物がフライスに引き込まれて，過大の送り量となってフライスを破損したり，アーバを曲げたりする。したがって，下向き削りの場合，バックラッシ除去装置を用いる必要がある。

図２－3.26 に，バックラッシ除去装置の一例を示す。レバーを回すと，調整めねじが回され，外周に切られたねじによって矢印の方向に移動して，送りねじのバックラッシを取り除く。

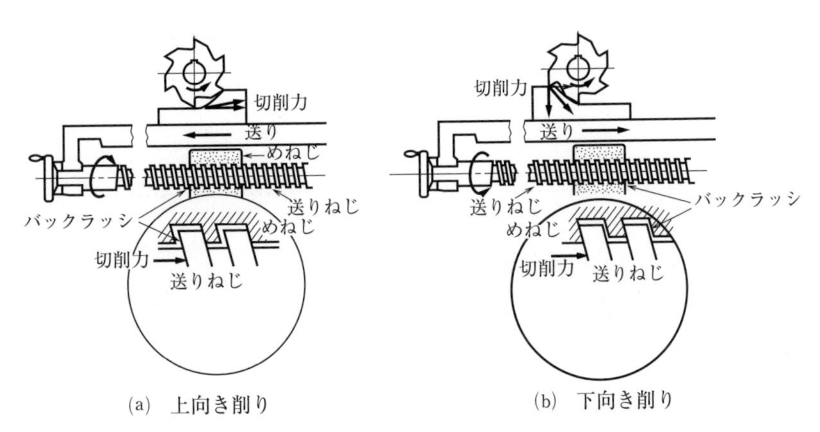

図２－3.25　上向き削り，下向き削りとバックラッシ

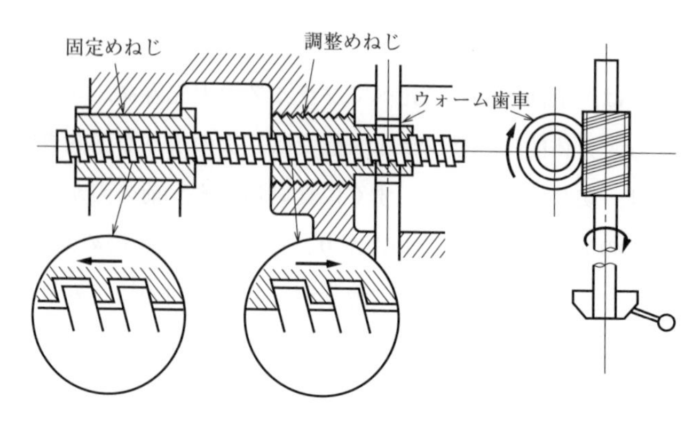

図２－3.26　バックラッシ除去装置

前掲の図２－3.24(c)は，正面フライスによる平面削りで，この場合には，下向き削りと上向き削りが同時に行われているため，送りねじのバックラッシを考える必要はないが，切削面の中心線とフライスの中心が極端に離れる場合には，やはりバックラッシの影響を考慮しなければならない。

（２）　切削条件（切削速度，送り量，切込み量）

フライス削りの場合，フライス工具が回転する主運動で，工作物が送り運動であるため，その切削速度は，フライスの刃先の周速度で表す。切削速度と回転速度は次の式によって計算される。

$$V=\frac{\pi \cdot D \cdot N}{1000} \quad \cdots\cdots (2 \cdot 9)$$

$$N=\frac{1000 \cdot V}{\pi \cdot D} \quad \cdots\cdots (2 \cdot 10)$$

V：切削速度［m/min］

D：フライスの刃先直径［mm］

N：フライスの回転速度［min^{-1}］

フライス盤の送り速度は，一般に，１分間当たりのテーブルの移動量 f で表される。しかし，切削条件としては，フライス１刃当たりの送り量 S_Z［mm］で示されるため，テーブルの毎分の送り速度は次の式で計算される。

$$f = S_Z \cdot Z \cdot N \quad \cdots\cdots (2 \cdot 11)$$

$$S_Z=\frac{S}{Z}=\frac{f}{Z \cdot N} \quad \cdots\cdots (2 \cdot 12)$$

f：テーブルの毎分の送り速度［mm/min］

S_Z：１刃当たりの送り量［mm/１刃］

Z：フライスの刃数

N：フライスの回転速度［min^{-1}］

S：フライス１回転に対する送り量［mm］＝f/N

切削速度とフライス1刃当たりの送り量の標準値を，それぞれ表2－3.4と表2－3.5に示す。

表2－3.4　フライス標準切削速度

[m/min]

材料＼工具の材質	高速度工具鋼	超硬合金（荒削り）	超硬合金（仕上げ削り）
鋳　鉄（軟）	32	50～60	120～150
〃　（硬）	24	30～60	75～100
可鍛鋳鉄	24	30～75	50～100
鋼（軟）	27	50～75	150
〃（硬）	15	25	30
アルミニウム	150	95～300	300～1200
黄　銅（軟）	60	240	180
〃　（硬）	50	150	300
青　　銅	50	75～150	150～240
銅	50	150～240	240～300
エボナイト	60	240	450
ベークライト	50	150	210
ファイバ	40	140	200

表2－3.5　フライスの1刃当たりの送り量の標準値

[mm]

		正面フライス		ねじれ刃平フライス		溝及び側フライス		エンドミル		総形フライス		メタルソー	
		HS	C	HS	C	HS	C	HS	C	HS	C	HS	C
プラスチック		0.32	0.38	0.25	0.30	0.20	0.23	0.18	0.18	0.10	0.13	0.08	0.10
Al，Mg合金		0.55	0.50	0.45	0.40	0.32	0.30	0.28	0.25	0.18	0.15	0.13	0.13
黄銅 青銅	快削	0.55	0.50	0.45	0.40	0.32	0.30	0.28	0.25	0.18	0.15	0.13	0.13
	普通	0.35	0.30	0.28	0.25	0.20	0.18	0.18	0.15	0.10	0.10	0.08	0.03
	硬	0.23	0.25	0.18	0.20	0.15	0.15	0.13	0.13	0.08	0.08	0.05	0.08
銅		0.30	0.30	0.25	0.23	0.18	0.18	0.15	0.15	0.10	0.10	0.08	0.08
鋳鉄	HB　150～180	0.40	0.50	0.32	0.40	0.23	0.30	0.20	0.25	0.13	0.15	0.10	0.13
	HB　180～220	0.32	0.40	0.25	0.32	0.18	0.25	0.18	0.20	0.10	0.13	0.08	0.10
	HB　220～300	0.28	0.30	0.20	0.25	0.15	0.18	0.15	0.15	0.08	0.10	0.08	0.08
可鍛鋳鉄・鋳鉄		0.30	0.35	0.25	0.28	0.18	0.20	0.15	0.18	0.10	0.13	0.08	0.10
炭素鋼	低炭素・快削	0.30	0.40	0.25	0.32	0.18	0.23	0.15	0.20	0.10	0.13	0.08	0.10
	軟・普通	0.25	0.35	0.20	0.28	0.15	0.20	0.13	0.18	0.08	0.10	0.08	0.10
合金鋼	焼なまし	0.20	0.35	0.18	0.28	0.13	0.20	0.10	0.18	0.08	0.10	0.05	0.10
	HB　180～220	0.15	0.30	0.13	0.25	0.10	0.18	0.08	0.15	0.50	0.10	0.05	0.08
	強じん HB　220～300	0.10	0.25	0.08	0.20	0.08	0.15	0.05	0.13	0.05	0.08	0.03	0.08
	硬 HB　300～400	0.15	0.25	0.13	0.20	0.10	0.15	0.08	0.13	0.50	0.80	0.05	0.08
	ステンレス												

（注）HS：高速度工具鋼フライス　C：超硬フライス

（３）　フライス切削の仕上面

フライス切削された加工物の表面には小さな凹凸ができる。この凹凸は一般に刃形マーク（カッタマーク），回転マーク，びびりマーク，むしれなどのいずれか，またいくつかが合成されてできたものである。良好な仕上面を得るためにはそれらを十分に理解して，最適なフライス，切削諸元の選択，そして振動防止などの対策をする必要がある。

a　刃形マーク（カッタマーク）

刃形マークとは表２－3.6 中に示すようなフライス１刃が加工物の表面に残す凹凸であり，刃の形状と送り量によって変化する。刃形マークの形状と大きさは理論的に導き出すことができ，同表の式のようになる。しかし，実際には切れ刃の不ぞろいや主軸系の弾性変形等により，回転マーク，むしれ，盛り上がりなどの要因が加わり悪くなるのが一般的である。

b　びびりマーク及びむしれ

びびりマークはフライス盤，加工物の剛性とフライスの形状，刃の切れ味，切削諸元等の要因が複

表２－3.6　正面フライス及び平フライスの理論粗さ計算式（刃振れ0の場合）

	刃先状況図	条　件	理論計算式
正面フライスの場合		工具先端がとがっている場合 r ＝ 0	$R_{th}=\frac{S_Z}{\tan\lambda+\cot\gamma}\times10^3$
正面フライスの場合		円弧の部分だけが転写される場合 $S_Z \leqq 2r\sin\gamma$	$R_{th}=\frac{S_Z^2}{8r}\times10^3$
正面フライスの場合		円弧と片方の直線部が転写される場合 $S_Z \geqq 2r\sin\gamma$	$R_{th}=\left\{r(1-\cos\gamma+T\cos\gamma)-\sin\gamma\sqrt{2T-T^2}\right\}\times10^3$ ただし，$T=\frac{S_Z}{r}\sin\gamma$
平フライス			$R_{th}=\frac{S_Z^2}{8\left(\frac{D}{2}\pm\frac{S_Z\times Z}{\pi}\right)}\times10^3$ ただし， ＋：上向き削り －：下向き削りの場合 簡単式　$R_{th}=\frac{S_Z^2}{4D}\times10^3$

R_{th}：仕上面粗さ［μm］　S_Z：１刃当たりの送り量［mm/１刃］　r：コーナ半径［mm］　γ：副切込角
ϕ：アプローチ角もしくはチャンファ角　Z：刃数　D：フライス径［mm］

雑にからみ合って起こる。現状ではその解決に決定的な方法はないが，一般には，次のような方策を取っている。

【びびりマークに対する方策】

① 切込みを小さくする。

② 送り量を大きくして比抵抗を小さくする。

③ すくい角を大きくする。

④ 下向き削りにして切削抵抗により，加工物を押し付ける。

⑤ 新しいフライスに取り替える。

⑥ 主軸回転数を１段下げる（上げる場合もある）。

⑦ テーブル等の案内面のギブ（かみそり）を締める。

【むしれに対する方策】

① 切削速度を高くする。

② 乾式で行う。

③ 新しいフライスに取り替える。

（4） 平フライス又はエンドミルによる切削の理論粗さ

フライス削り又はエンドミルによる切削の場合，上向き削り，下向き削りにかかわらず，理論粗さの簡単式は，図２－3.27に示すように，理論粗さ R_{th}，１刃当たりの送り量 S_Z で決まる。ここで，フライスの回転速度N，フライスの刃先直径D，フライスの刃数Z，また，テーブルの毎分の送り速度をfとすると，次式（２・13）の関係で表される。

$$R_{th} \fallingdotseq \frac{S_Z{}^2}{8\left(\frac{D}{2}\right)} = \frac{1}{4D}\left(\frac{f}{Z \cdot N}\right)^2 = \frac{f^2}{4DZ^2 \cdot N^2} \quad \cdots\cdots\cdots \quad （２・13）$$

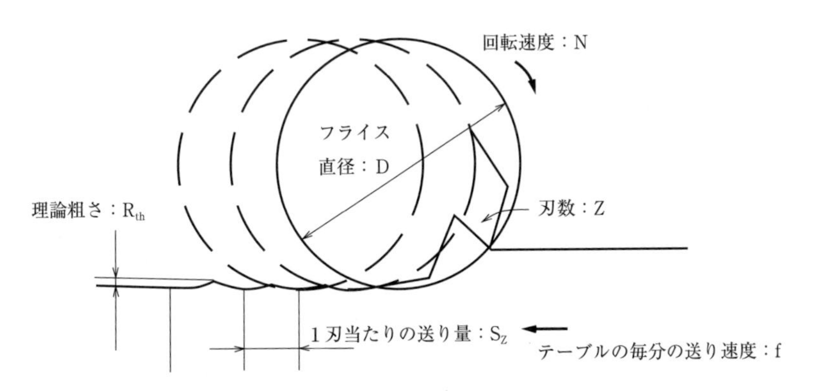

図２－3.27　平フライス又はエンドミルによる切削の理論粗さ

3.5　フライス盤作業と付属品

次に，代表的なフライス盤の各種の付属品と使用例について述べる。

（1）　フライスの取付け用具と取付け

横フライス盤の主軸への平フライスや側フライス，エンドミル，正面フライスなどの取付け（ツーリングシステム）の概要を図2－3.28に示す。

主軸穴及びアーバのテーパはナショナルテーパ，略してNTと呼ばれ，$\frac{7}{24}$（1ft（フィート）につき3.5in（インチ）の傾き）のこう配がついている。そのため，抜落ち防止のためアーバ締付けボルト（引込みボルト，ドローインボルト）で引っ張り，固定する。

エンドミルやT溝フライスなどのシャンク付きフライスは，アダプタやコレットチャックを用いて取り付ける。

また，正面フライスは，径の大きさにより，アーバを用いたり，主軸に直接ボルトで取り付けたりする。

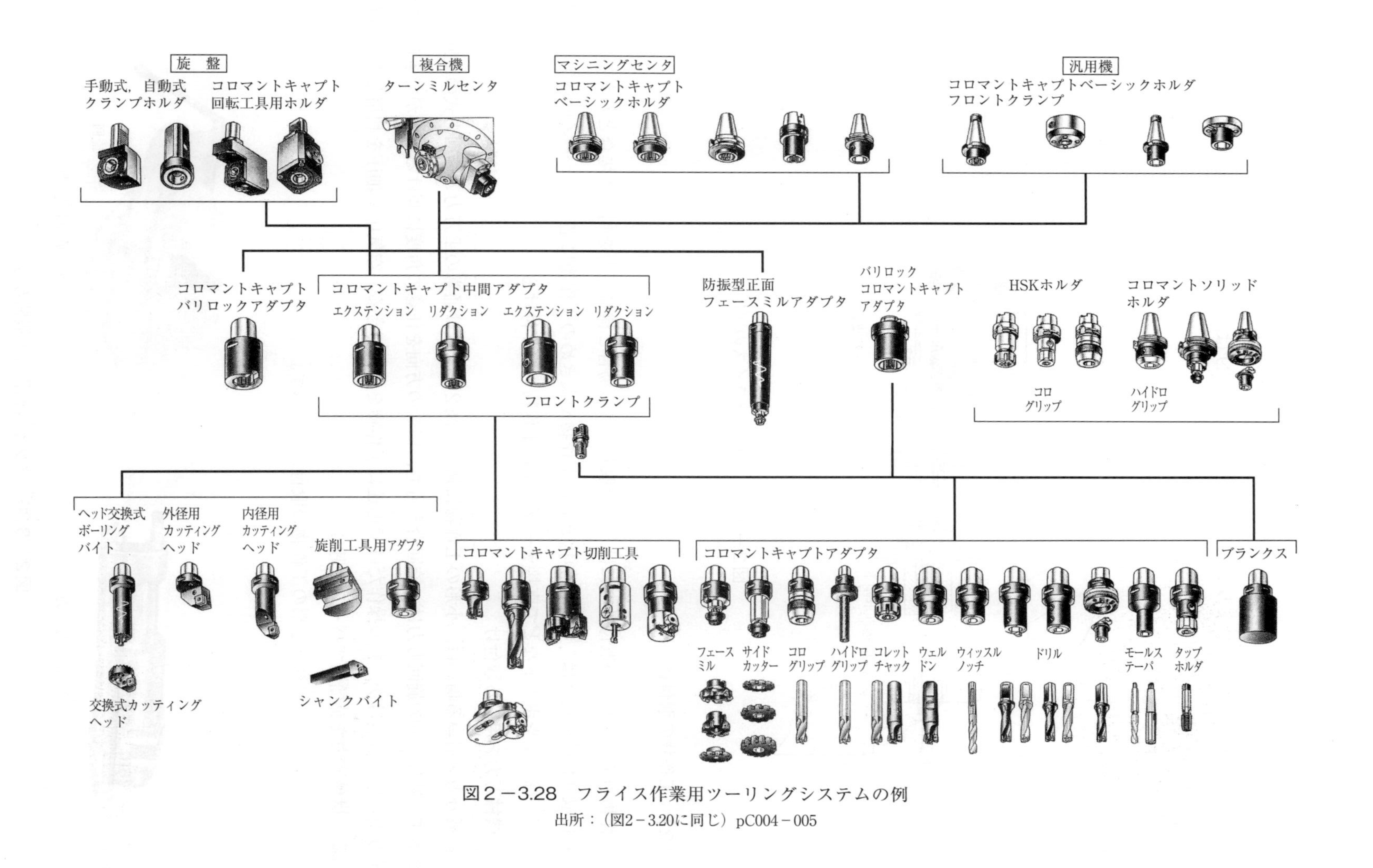

図2－3.28　フライス作業用ツーリングシステムの例
出所：（図2－3.20に同じ）pC004－005

アーバを用いて平フライスや側フライスなどの穴付きフライスを横フライス盤へ取り付ける実際の様子を，図２－3.29に示す。主軸に取り付けたアーバにキー，カラー，ナットなどを用いて固定する。また，２個以上のフライスを取り付けて，同時に２カ所以上の面を削ることもできる。これを**組合せフライス削り**（ギャングミリング）という。図２－3.29は，二つのフライスを取り付けた場合を示す。

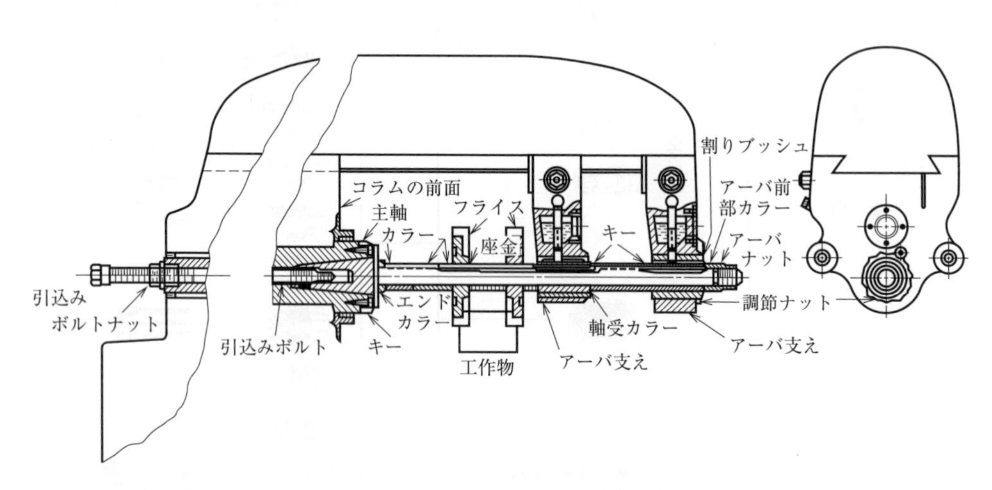

図２－3.29　穴付きフライスの取付け

（２）　工作物の取付け

工作物のテーブルへの取付け方には，直接取り付ける場合と機械万力を用いる場合とがある。

直接取り付ける場合は，特殊な形状をした工作物や大きめの工作物に適し，テーブルのＴ溝を利用して，締め金やボルトなどで直接テーブル上に工作物を取り付ける。

ａ　機械万力を用いる取付け

機械万力を用いる場合は，小形の工作物に適す。図２－3.30は通常の平万力と旋回方式の旋回万力を示す。特に，(b)の旋回万力は，旋回台をもち，口金の方向を任意の角度に傾けることができる。機械万力には，このほか，弁の操作だけで迅速に工作物を着脱できる，空気圧や油圧を利用したものもある。機械万力を英語名で**バイス**と呼ぶ。

また，図２－3.31に様々な形の工作物の取付け方を示す。

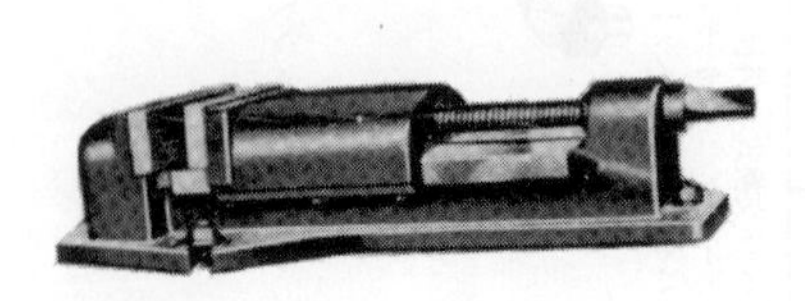

(a)　平　万　力

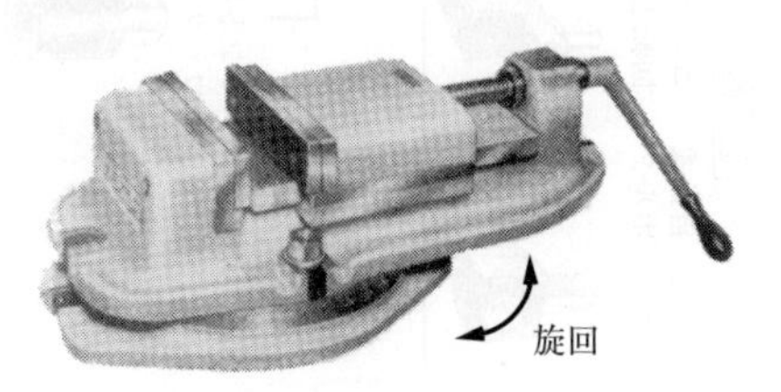

(b)　旋　回　万　力

図２－3.30　フライス盤作業用機械万力

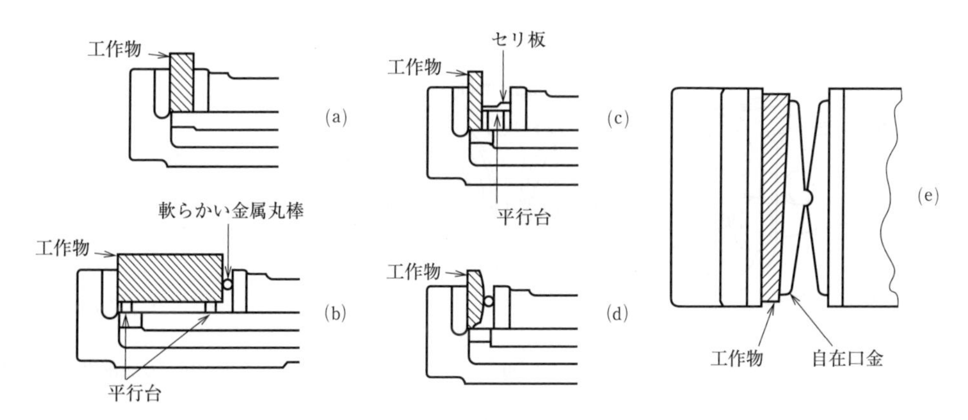

図 2－3.31　機械万力による取付け方

b　締め金やボルトを用いる取付け

図２－3.32 に工作物の取付け例を示す。締め金で工作物を取り付けるときは，なるべくボルトは工作物に近付け，締め金は水平にする。また締め付けすぎによる工作物の変形が生じないよう注意をする。

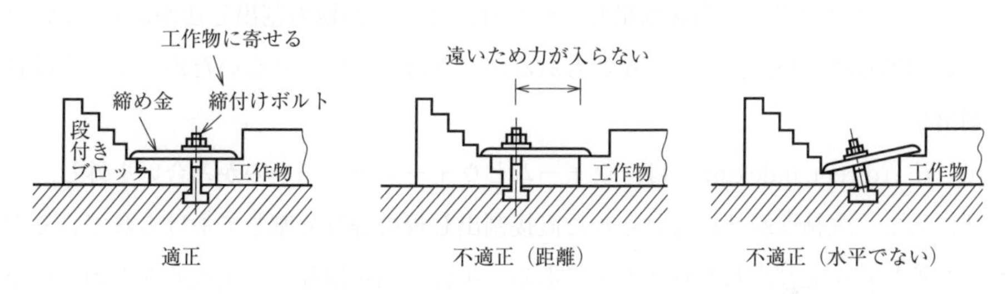

図２－3.32　締め金やボルトによる取付け

（3）　円テーブル

図２－3.33 に示す**円テーブル**（circle table, rotary table）は，万力と同様にフライス盤のテーブル上面に取り付けて用いられる。手動又は機械送りにより，上部にある円形のテーブルを回転運動させることができるため，円弧部の切削に用いられる。また，円テーブルのハンドル軸には角度目盛の刻まれたダイヤルがあり，これによって簡単な角度割出しもできる。

図２－3.33　円テーブル

（4）　割出し台と割出し作業

図２－3.34 に示す割出し台（dividing head, index head）は，テーブル上面に取り付けて，工作物の角度を割り出す装置である。歯切りのための等分分割の溝加工やねじれ溝などを削るときに用いられる。割出し台を用いた作業を割出し作業と呼んでいる。割出し台は，主軸台と心押し台とからなる。主軸台と心押し台の構造によって，単能割出し台と万能割出し台とがある。

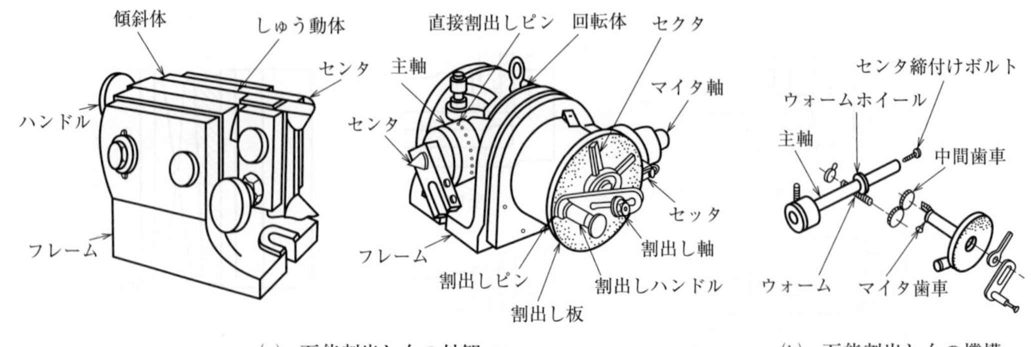

(a)　万能割出し台の外観　　(b)　万能割出し台の機構

図２－3.34　万能割出し台

同図は，最も一般に用いられている万能割出し台の外観と機構を示している。

工作物は，図２－3.35に示すように，旋盤作業の場合と同じように，割出し台と心押し台の両センタで支える。ここでのポイントは，長手方向と回転方向の心を合わせることである。一方，工作物長が短いときは，割出し台主軸に取り付けたチャックのみで工作物を片持ちに保持する。

割出し法には，直接割出し，間接割出し，ねじれ削り，その他の割出し法がある（割出し法には，このほか差動割出し法や複式割出し法などもあるが，さほど用いられないため，ここでは省く）。

a　直接割出し

直接割出し法（direct indexing）は，ウォームとウォームホイールのかみ合いを外し，主軸が自由に回る状態にして，主軸前端部に設けられた直接割出し板の等分分割してあけられている穴に，直接割出しピンを差し込んで割出しを行う方法である。主に，四角取りや六角取りなどの簡単な割出し作業に用いられる。

直接割出し板の穴数は割出し台の種類によって異なり，24等分分割された位置に穴があけられているものと，24，30，36等分分割の３種類の穴列をもつものなどがある。24穴のものでは，２，３，４，６，８，12，24等分分割の割出しができ，24，30，36の３種類の穴をもつものでは，さらに，５，９，10，15，30，36等分分割の割出しができる。

b　間接割出し

間接割出し（indirect indexing）法は，割出しハンドルと割出し板によって割出しをする方法であ

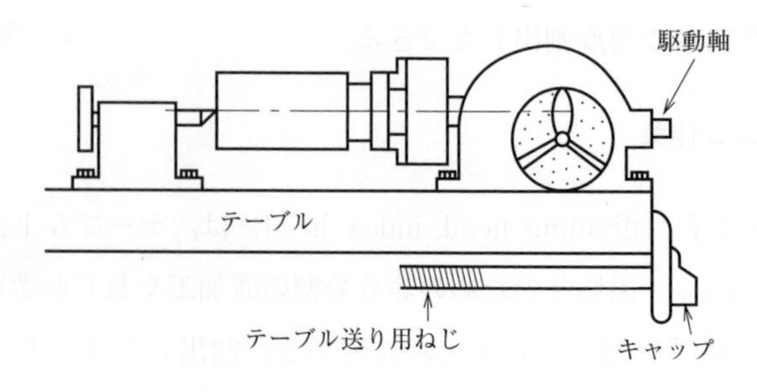

図２－3.35　割出し台の使用方法

る。直接割出し板の穴からピンを抜き，ウォームとウォームホイールをかみ合わせ，割出しハンドルを回すと主軸が回転するようになる。

例えば，割出しハンドルを40回転すると主軸は１回転するから，工作物をN等分分割する場合，すなわち，主軸を1/N回転させるには，割出しハンドルを40/N回転させればよく，工作物の等分分割数と割出しハンドルの回転数の間には次の式が成り立つ。

$$\frac{40}{N}=\frac{H}{N'} \quad \cdots\cdots (2\cdot14)$$

N　：工作物の等分分割数

N′：割出し板の穴数

H　：ハンドルを回す穴数

割出し板の穴数は，割出し台の形式によって異なるが，広く使われている割出し台の割出し板の穴数を表２－3.7に示す。

表２－3.7　割出し板の穴数

ブラウンシャープ形							シンシナチ形											
１番板 ２番板	15	16	17	18	19	20	表　面	24	25	28	30	34	37	38	39	41	42	43
	21	23	27	29	31	33	裏　面	46	47	49	51	53	54	57	58	59	62	66
	37	39	41	43	47	49												

〔例題　1〕

円周を36等分に分割する。

$\frac{40}{N}=\frac{40}{36}=\frac{20}{18}=1\frac{2}{18}$，又は$\frac{60}{54}=1\frac{6}{54}$であるから，

ブラウンシャープ形ならば，１番板を用いて割出しハンドルを１回転と18穴のところで２穴回し，シンシナチ形では，裏面を用いて１回転と54穴のところで６穴回せばよい。

〔例題　2〕

円周を62等分分割する。

$\frac{40}{N}=\frac{40}{62}$又は$\frac{20}{31}$であるから，

ブラウンシャープ形では，２番板の31穴を用いて，20穴だけ回せばよい。また，シンシナチ形では，62穴を用いて40穴だけ回せばよい。

c　ねじれ削り

はすば歯車やドリルのようなねじれ溝を削る場合は，万能フライス盤のテーブルをねじれ角だけ曲げると共に，旋盤でねじ切りをするときと同じように，テーブルの送りねじと割出し台の主軸が一定の比で回転するように歯車でつなぎ，工作物に回転と軸方向の送りを同時に与えて削る。

図2－3.36は，この歯車の掛け方を示したものである。いま，

L：工作物のリード［mm］

P：テーブル送りねじのピッチ［mm］

Z_a：割出し台に取り付ける歯車の歯数

Z_d：テーブル送りねじに取り付ける歯車の歯数

とすると，これらの歯車の歯数は，次式で計算される。

$$\frac{Z_a}{Z_d}=\frac{L}{P\times 40} \quad \cdots\cdots (2・15)$$

歯車比の大きい場合には4段掛けにして，次式で求められる。

$$\frac{Z_a\times Z_a'}{Z_d\times Z_d'}=\frac{L}{P\times 40} \quad \cdots\cdots (2・16)$$

遊び歯車はねじれ方向によって用いられる。

また，テーブルを傾ける角度は，次の式で求める。

$$\tan\ \theta=\frac{\pi\times D}{L} \quad \cdots\cdots (2・17)$$

θ：テーブルを曲げる角度［°］

D：工作物の直径［mm］

L：工作物のリード［mm］

図2－3.36　ねじれ削りの換え歯車の掛け方

〔例題　3〕

テーブルの送りねじのピッチ6 mmのフライス盤で，直径30mmの工作物にリード300mmのねじれ溝を削る場合の換え歯車とテーブルを傾ける角度を求める。

換え歯車は $\frac{Z_a}{Z_d} = \frac{L}{P \times 40}$ より $\frac{Z_a}{Z_d} = \frac{300}{6 \times 40} = \frac{30}{24}$

割出し台に30枚，送りねじに24枚を用いる。

テーブルを傾ける角度は，

$$\tan\ \theta = \frac{\pi \cdot D}{L} = \frac{3.1416 \times 30}{300} = 0.314166 \quad \theta = 17° 26'$$

d　その他の割出し作業

万能割出し台には旋回台が設けられ，主軸をテーブル面に対して任意の角度に傾けることができるため，図2－3.37及び図2－3.38のように，かさ歯車の歯切りやカムの輪郭削りなどを行うこともできる。

図2－3.37　かさ歯車の歯切り

(a)　ハートカム

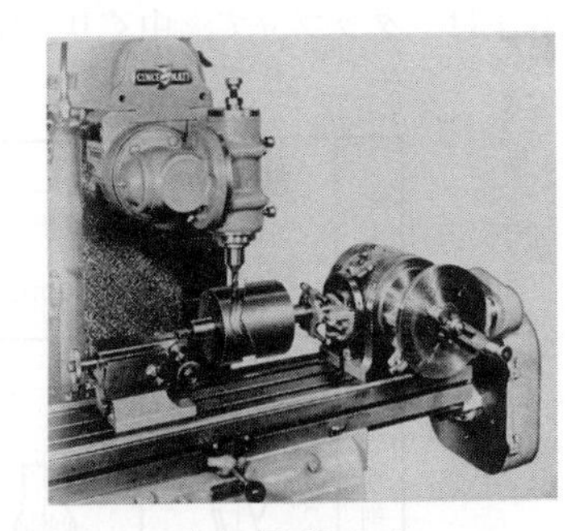

(b)　円筒カム

図2－3.38　カムの輪郭削り

第４節　ボール盤作業

4.1　ボール盤とその作業

（1）　ボール盤とは

ボール盤（drillig machine）は，図２－4.1に示すように工作物をテーブルに固定し，工具（ドリル）を主軸に取り付け，回転させる主（切削）運動と直線送り運動の両方を与えて，工具を回転させながら工作物に穴あけをする機械である。

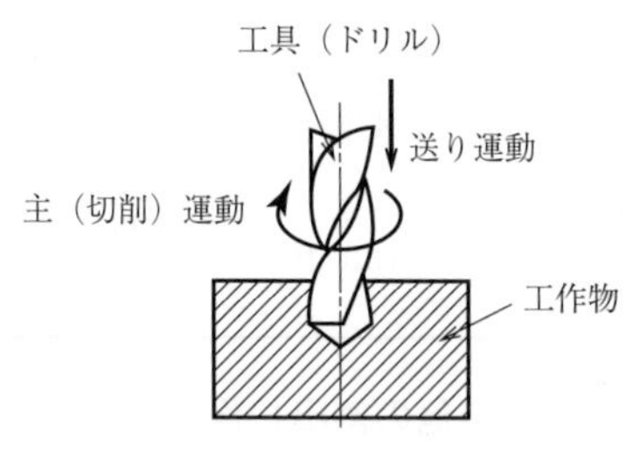

図２－4.1　ボ ー ル 盤

（2）　ボール盤作業の種類と特徴

ボール盤の主な作業は，ドリルによる穴あけである。それ以外に図２－4.2に示すように，リーマ仕上げ，タップ立て，中ぐり，座ぐりなどの作業がある。

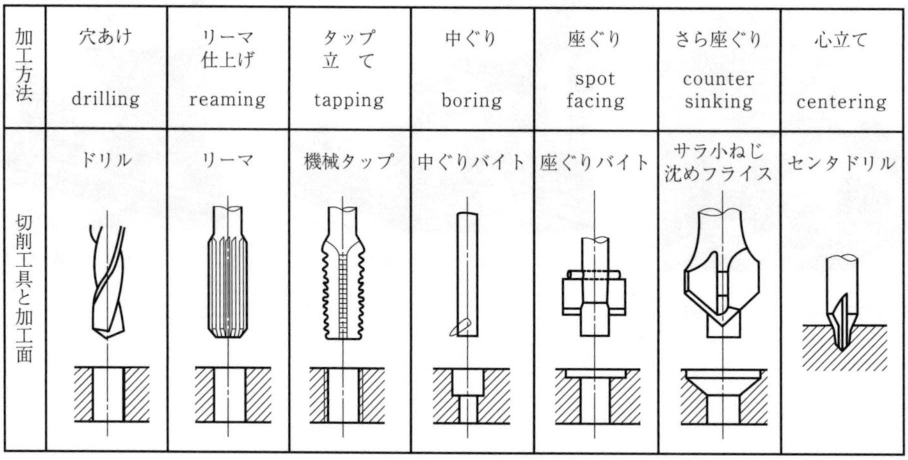

加工方法	穴あけ drilling	リーマ仕上げ reaming	タップ立て tapping	中ぐり boring	座ぐり spot facing	さら座ぐり counter sinking	心立て centering
切削工具と加工面	ドリル	リーマ	機械タップ	中ぐりバイト	座ぐりバイト	サラ小ねじ沈めフライス	センタドリル

図２－4.2　ボール盤作業のいろいろ

4.2　ボール盤の種類と特徴

ボール盤の種類には，直立ボール盤，卓上ボール盤，ラジアルボール盤，多軸ボール盤，多頭ボール盤，深穴ボール盤，ガータボール盤，ポータブルボール盤，タレットボール盤，NC（数値制御）ボール盤などがある。

a　直立ボール盤

図2－4.3に最も一般的な直立ボール盤（upright drilling machine）を示す。これは，主軸が垂直になっている。ベース，コラム，主軸頭，テーブルなどの主要部分で構成され，床に据え付けて用いる。

ベースは，機械を床に据え付ける部分である。コラムは，ベース上にあり，主軸頭やテーブルなどを支える柱である。主軸頭は，ドリルなどの工具を取り付ける主軸を支え，これに回転運動や送り運動を与える歯車装置などを内蔵している部分である。

テーブルは，工作物を取り付けるための台で，円形テーブル，角テーブルがある。角テーブルにはひざ形，ベッド形がある。テーブルは，コラムに取り付けられたニーに支えられ，ハンドルで上下に移動する。一般に，工作物は，このテーブルの上面に固定した万力でつかみ，固定する。

工作物の穴あけの中心とドリルの中心を合わせる心出し作業には，図2－4.4に示すように，テーブルの中心（O_1）を軸にしてテーブル自体を回すことと，コラムの中心（O_2）を軸にして，ニーを回すことによって行う。ベースは，機械全体を基礎の上に安定させる役目をもち，また，大形で重量のある工作物はこの上面に取り付けることもある。

直立ボール盤の大きさは，振り（主軸中心からコラムまでの距離の2倍），テーブルの大きさ，穴あけが可能な最大直径，主軸穴のモールステーパ番号及び主軸端よりテーブル面までの最大距離で表される。

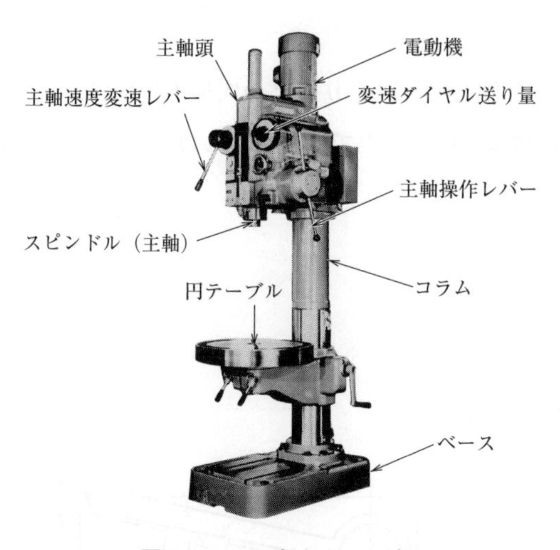

図2－4.3　直立ボール盤

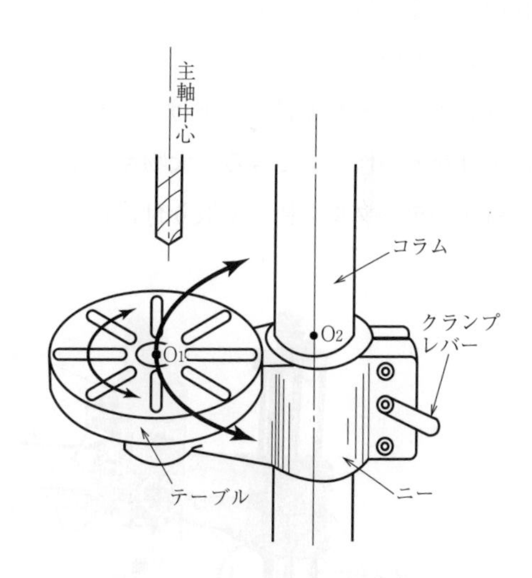

図2－4.4　テーブルと心出し

b　卓上ボール盤

図2－4.5に示す卓上ボール盤（bench drilling machine）は，直立ボール盤の小形の機械で，文字どおり作業台の上に据え付けて使用する。一般に，使用できるドリルの直径は13mmまでである。機械送り機構をもたず，送りは手動で行う。また，主軸回転速度の変換は主軸頭部のベルトプーリ径を換えて行う。

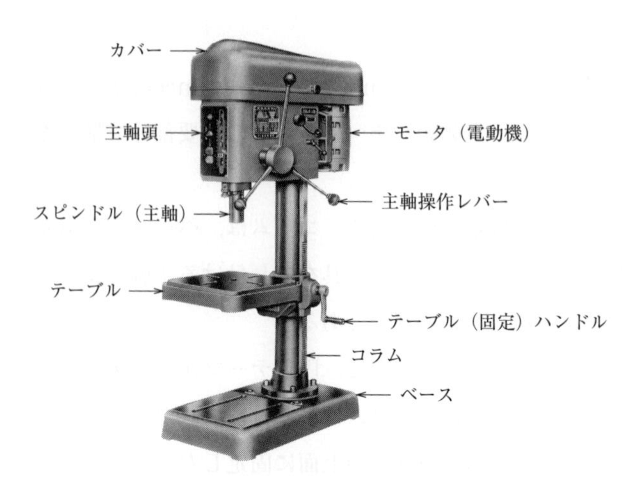

図2－4.5　卓上ボール盤

c　ラジアルボール盤

ラジアルボール盤（radial drilling machine）では図2－4.6に示すように，コラムを中心に旋回できる腕（アーム）に沿って，主軸頭が水平移動する。ラジアルボール盤は，直立ボール盤より大きなボール盤であり，ベース，コラム，アーム，主軸頭などからなる。

アームは，コラムに沿って上下移動でき，コラムを中心に旋回できる。主軸頭は，アーム上を水平移動できる。したがって，心出しや加工をするときは，工作物を動かさずに済み，大形工作物の穴あけに適している。

ラジアルボール盤は，穴あけ，タップ立て，リーマ仕上げ，座ぐりなどの穴加工の他に，中ぐり，面削りなどの作業もできる。大物や重量のある工作物は，ベース上で取り付けるほか，小形の工作物は付属のテーブルを使って取り付けられる。

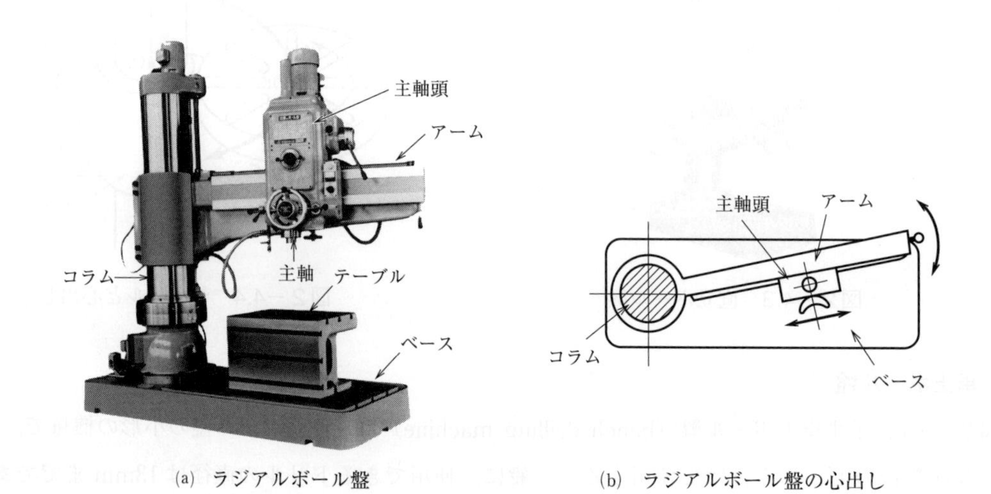

(a) ラジアルボール盤　　(b) ラジアルボール盤の心出し

図2－4.6　ラジアルボール盤

d　多軸ボール盤

多軸ボール盤（multi-spindle drilling machine）は図2－4.7に示すように，多数の主軸をもち，同時に多くの穴あけができる。特定の工作物を専用に加工する機械で，多量生産に適している。

多軸ボール盤は，主軸の向きによって，立て形，横形，傾斜形，複合形がある。また，直立ボール盤と同様に，主軸頭，コラム，テーブルからなる。特に，主軸頭には，一体形，分離（スライドヘッド）形がある。

その主軸は，上下2個の自在継手で連結されているため，工作物の穴あけ位置によって，主軸の位置を変えることができる。この主軸の位置決めを行う方式には，スピンドルサポートによる可動腕（可動ブラケット，可変松葉式スピンドル）方式，クラスタプレートによる固定板方式とがある。

e　多頭ボール盤

多頭ボール盤（multi-head drilling machine）は複数の直立ボール盤や卓上ボール盤のコラム，主軸頭を一つの台に並べた機械である。それぞれの主軸頭は独立に動作するため，各主軸に工程の流れに合った工具と加工条件（回転速度，加工深さ）を与えて，能率のよい穴あけ加工を実現できる。

f　深穴ボール盤

深穴ボール盤（deep hole drilling machine）は，銃身や油圧シリンダのように，直径に比べて深い穴の穴あけに用いるボール盤である。深穴ボール盤には，立て形，横形，傾斜形，複合形がある。

また，深穴ボール盤は，深穴を加工するため，ドリル先端から油や空気を噴出して切りくずを穴から取り除く装置や，切りくず排出のためドリルを自動的に穴から抜く装置（ステップフィードという）を備えている。したがって，ドリル工具には，ロングツイストドリル，ガンドリル，穴付きドリル，BTA[注)]穴あけ工具などのような専用工具が使われる。図2－4.8に深穴ボール盤を示す。深い長い穴を正確にあけるために，旋盤のような構造になっている。

図2－4.7　多軸ボール盤

図2－4.8　深穴ボール盤

注）BTA：Boring & Trepanning Association

4.3　ドリルとボール盤用工具

(1)　ツイストドリル

図2－4.9は，ツイストドリル（ねじれ刃ドリル：twist drill）の形状及び各部の名称を示している。ツイストドリルには，切りくずの排出用と切削油剤を案内するねじれがある。穴あけに最も多く用いられている工具で，単にドリルといわれる。

ツイストドリルの素材は，主に高速度工具鋼，超硬合金などである。このほかに，それらをコーティング（付着加工）したコーティングドリルなどがある。

シャンクには，ストレートシャンクと，約1/20のモールステーパ規格のテーパシャンクとがある。ストレートシャンクは直径13mm以下のドリルが備えられており，ドリルチャックに取り付けて使う。図2－4.10はボール盤主軸へのドリルの取付け方を示す。

テーパシャンクは，主軸に直接差し込んで用いる。テーパ部だけの摩擦では滑り落ちるため，回り止めとなるタングが主軸の溝に入り，穴あけが可能となる。また，タングは，図2－4.11に示すようにスリーブやソケットから取り外すときにドリフトに当たる役目もする。

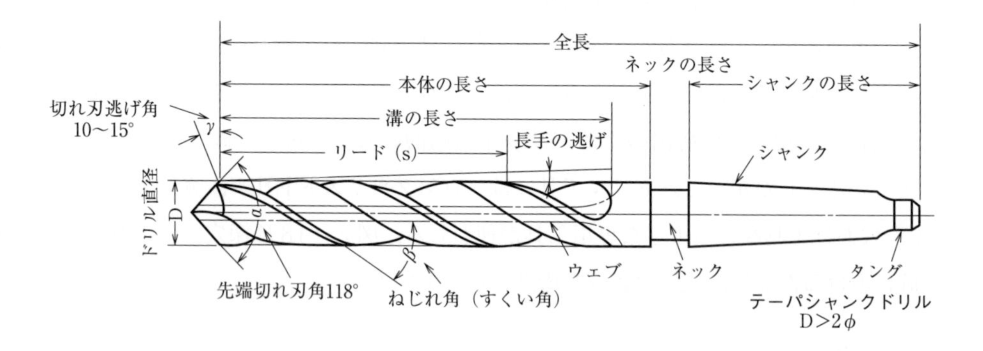

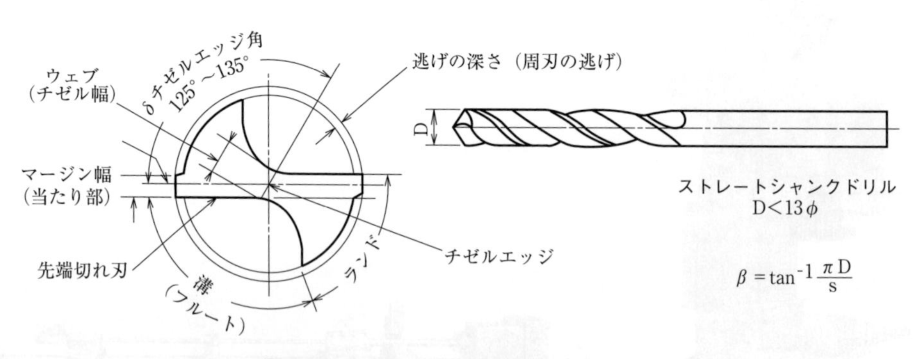

図2－4.9　ツイストドリルの各部名称

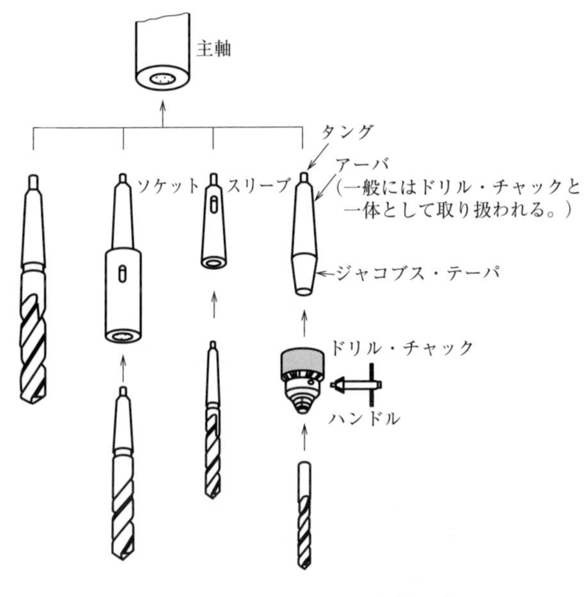

図２－4.10　ドリルの取付け方

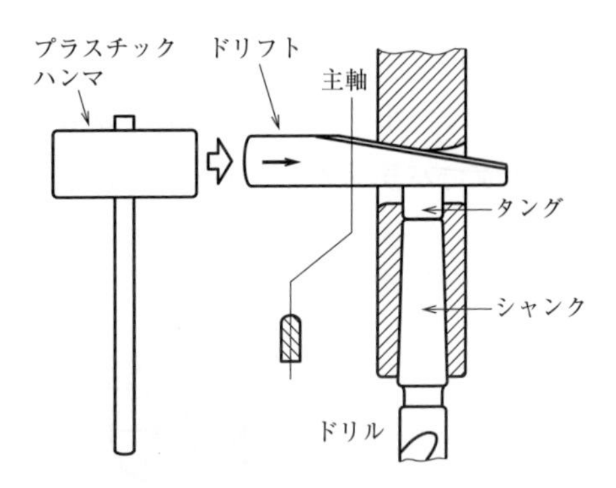

図２－4.11　ドリルの取外し方

（２）　ドリル刃先の先端形状

図２－4.9 に示したドリル刃先のうち，ここでは先端角（point angle），ねじれ角（helix angle），逃げ角（clearance angle）などについてみておく。

a　先　端　角

先端角は工作物に切込みを入れるための角度で，先端切れ刃角ともいい，118° が標準値とされる。一般に，軟質材料には小さく，硬質材料には大きく取る。この角度が左右対称にバランスがとれていることが肝要であり，アンバランスであると目的の穴径より大きくなる。

b　ね じ れ 角

ねじれ角はバイトのすくい角に当たる角度で，ねじれ角が大きいほどよく切れるが，大きすぎるとドリルの剛性が低下し折れやすくなる。

c　逃　げ　角

ドリルには次の三つの逃げがある。

(a)　長手の逃げ（body clearance）

長手の逃げは，ドリルと穴の内面の摩擦を防ぐために付けられている。先端部からシャンクに向かって，100mm の長さに対して 0.025～0.15mm のテーパがついている。これをバックテーパ（back taper）という。

(b)　周刃の逃げ（body diameter clearance）

周刃の逃げとは，ねじれ刃の背と穴の内面との摩擦を小さくするために付ける。溝の前縁に沿って狭い帯（マージン）をつくり，それ以外は削り落とされている。

(c)　切れ刃の逃げ（lip clearance）

切れ刃の逃げは，ドリル先端の切れ刃の背が，穴あけされた穴の先端部（円斜面）との摩擦を小さくする役割をし，この逃げが大きすぎると切れ刃が食い込みやすくなり，刃先は弱くなる。逆に，小さすぎると切れ味が悪くなる。逃げの目安は12～15°とされる。

d　ウェブ（心厚）

ウェブとは二つの溝に挟まれたドリル中心部の壁（桁）の部分を指す。ウェブの先端を**チゼル**という。この部分は工作物を押し込むだけで，切削はしない。したがって，チゼルの幅が大きいと切削抵抗が大きく，小さすぎると先端が破損する。ウェブが厚い場合，図2－4.12に示すように先端部をグラインダでバランスよく研ぎ落として，チゼル幅を小さくする。この作業を**シンニング**という。

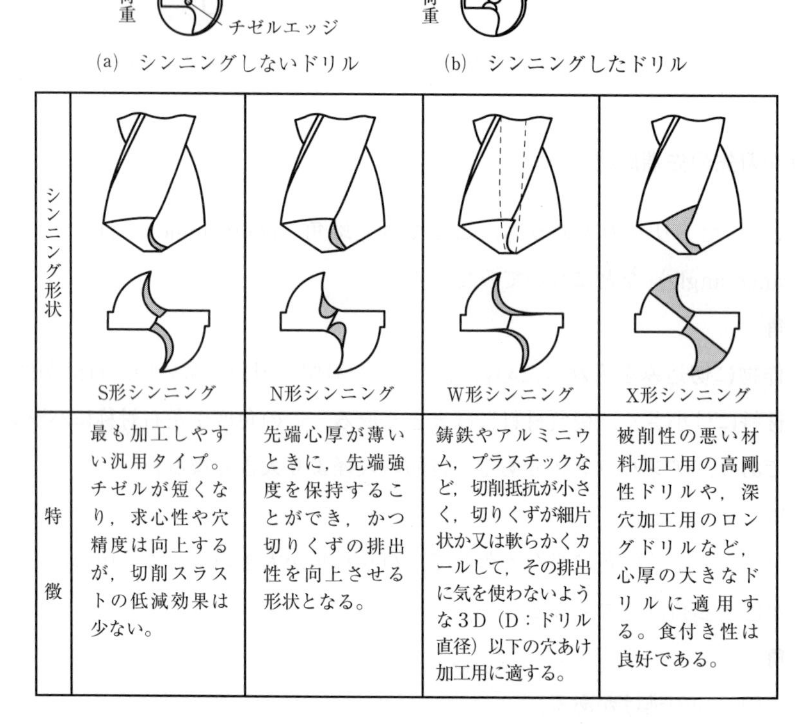

図2－4.12　シンニングの形状とその効果

シンニングを施したドリルは，軸方向にかかる切削抵抗（スラスト荷重という）が激減し，穴あけしやすくなる。

ドリル先端部の先端角・逃げ角・チゼル角などは，図2－4.13に示すようにそれぞれ工作物の材質に合った値にしなくてはならない。これらの標準値を表2－4.1に示す。

ドリルは，切れ刃が二つあるため，図2－4.14に示すように，二つの切れ刃の先端角や長さが異なると，一方の刃だけが早く摩耗したり，大きな穴があいたりする。また，逃げ角が異なる場合も，一

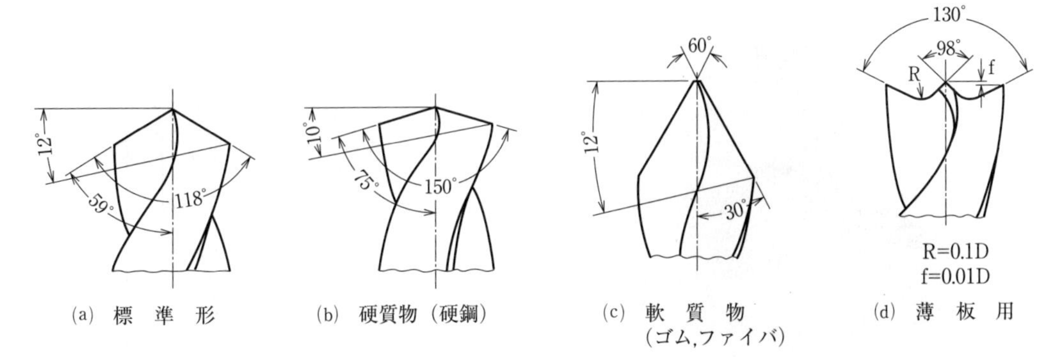

(a) 標　準　形　(b) 硬質物（硬鋼）　(c) 軟　質　物（ゴム,ファイバ）　(d) 薄　板　用

図2－4.13　ドリルの刃先形状

表2－4.1　ドリルの刃先角度

[°]

工作物材質	先　端　角	前逃げ角	チゼル角	ねじれ角
標準形ドリル（一般作業，炭素鋼，鋳鋼，鋳鉄など）	118	12～15	125～135	20～32
マンガン鋼	150	10	115～125	20～32
ニッケル鋼，窒化鋼	130～150	5～ 7	115～125	20～32
鋳　　鉄	90～118	12～15	125～135	20～32
黄銅，青銅（軟）	118	12～15	125～135	10～30
銅，銅合金	110～130	10～15	125～135	30～40
積層プラスチック	90～118	12～15	125～135	10～20
硬質ゴム	60～ 90	12～15	125～135	10～20

出所：米津栄「改訂 機械工作法（2）」朝倉書店，1984，p61，表8.5

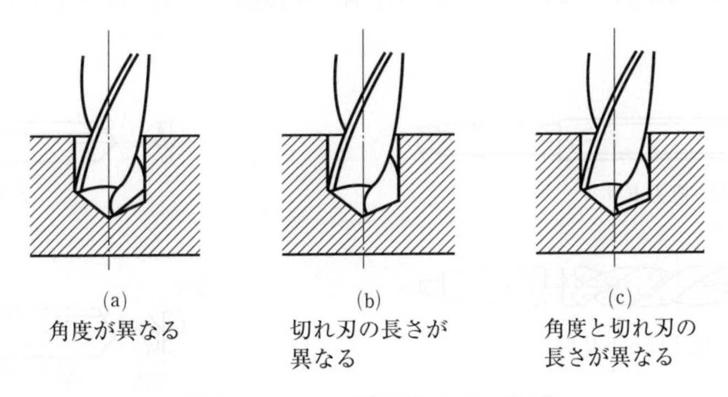
(a) 角度が異なる　(b) 切れ刃の長さが異なる　(c) 角度と切れ刃の長さが異なる

図2－4.14　不適正なドリル先端

方の刃だけが早く切れ味が悪くなる。

そこで，ドリルを研削するときは，先端部の両切れ刃形状が対称になるように心がける。この場合，図2－4.15に示すようなドリル研削盤を使うのが最もよい。手研ぎの場合には，図2－4.16に示すように，ゲージや分度器などを使って，正しく研ぐようにする。

超硬ドリルは刃先が欠けやすく，これを防ぐために，研削のあと，ハンドラッパなどで，切れ刃に

図２−4.15　ドリル研削盤

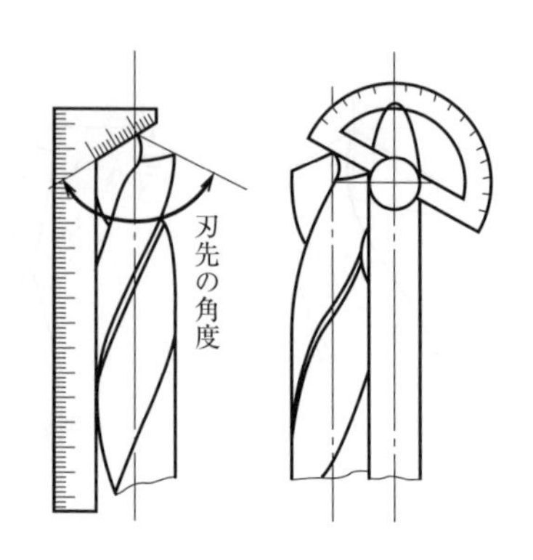

図２−4.16　ドリル先端部の検査

0.1mm ぐらいの面取りのホーニングをする。

（3）　その他のドリルの種類とボール盤用工具

図２−4.17 に，通常の２枚刃ドリル以外のドリルを示す。

a　直刃ドリル

直刃ドリル（straight fluted drill）は，ねじれ角＝0°の溝をもったドリルである。銅合金やアルミニウム合金のような軟らかい材料や精度のよい穴上げ作業に利用される。

b　油穴付きドリル

油穴付きドリル（drill with oil hole）は，切削油剤を送り込むための油穴をもったドリルである。ドリルの先端から油を噴出できるため，工具の先端の摩擦熱を抑え，切りくずを排出しやすい。した

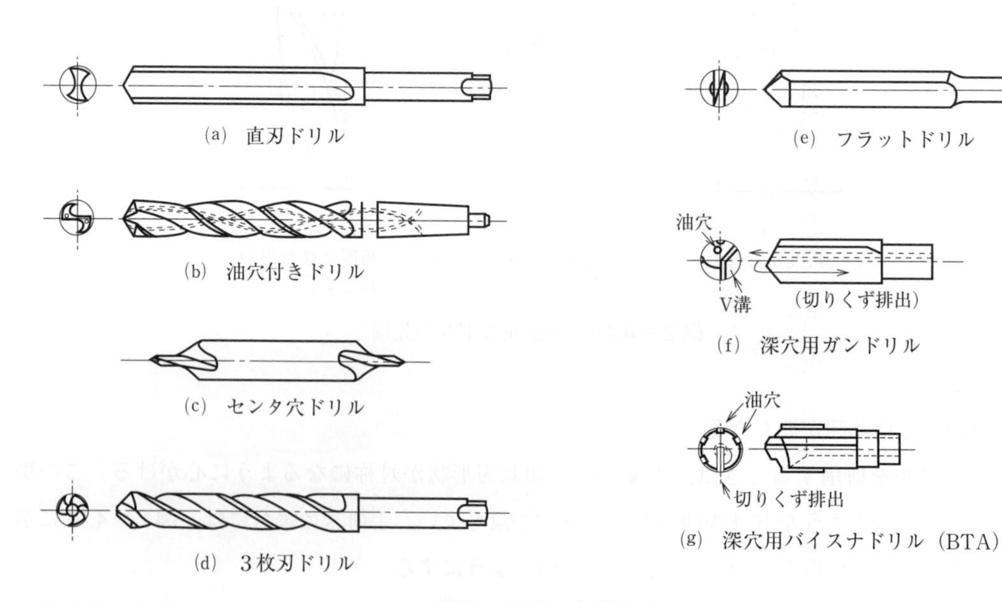

図２−4.17　各種ドリル

がって，比較的深い穴あけをするときに用いられる。

c　センタ穴ドリル

センタ穴ドリル（centre drill）は，文字どおりセンタ穴をあけるためのドリルである。溝の数が三つあるので3枚刃ドリルで，送りが速い加工に適している。

d　フラットドリル

フラットドリル（flat drill）は刃先を平たい形状にしたドリルで，通常の穴あけにはほとんど用いられない。鋳物の黒皮のような硬い部分の穴あけや，直径が0.05～0.2mmの小さい穴あけに用いられる。

e　ガンドリル

ガンドリル（gun drill）は，当初は，鉄砲の銃口を加工するためのドリルであったため，その名が付いた。図2－4.18に示すガンドリルは，偏心した切れ刃をもち，切削油をシャンク内部の偏心した油穴から高圧で送り，冷却と共に切りくずをV溝から排出する。切れ刃は1枚が一般的であるが，2枚のものもある。また，切れ刃の材質は超硬合金で，その直径は3～30mm，長さは径の200～250倍である。ドリルの中を通って切削油剤が送られる。

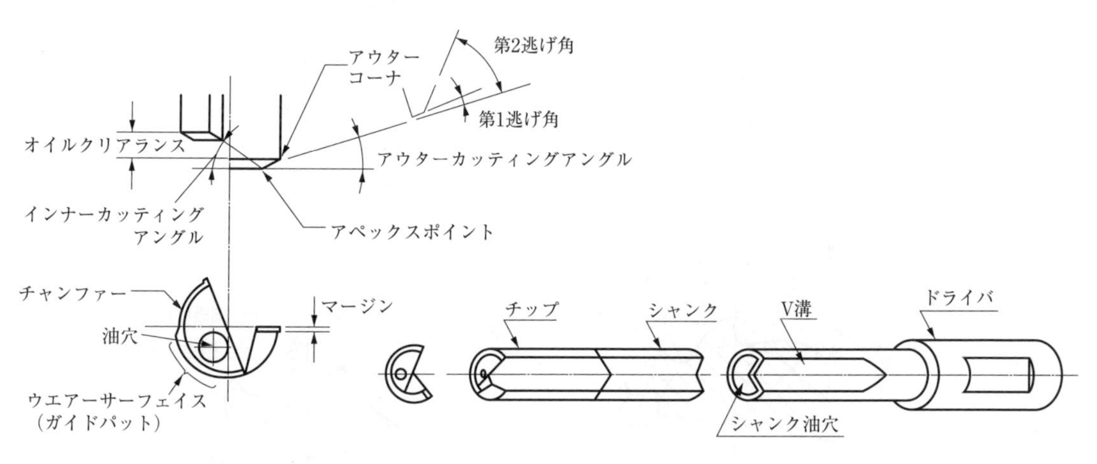

図2－4.18　ガンドリル各部の名称

出所：新マシニング・ツール事典編集委員会「新マシニング・ツール事典」産業調査会，1991，p512，図3.3.2～3.3.3

f　深穴用バイスナドリル

深穴用バイスナドリル（BTA）は，ボーリングヘッドと穴内面とのすき間から切削油を高圧で送り，切りくずをシャンク内部から排出するようにしたドリルである。

(4)　リ　ー　マ

ドリルであけた穴は，寸法も形状もそれほど正確に仕上がらない。リーマ（reamer）は，ドリル加工後さらに精度のよい穴に仕上げるときに用いる工具である。

図2－4.19に，リーマ各部の名称を示す。リーマの先端部には，リーマを案内する食付き角と長さ

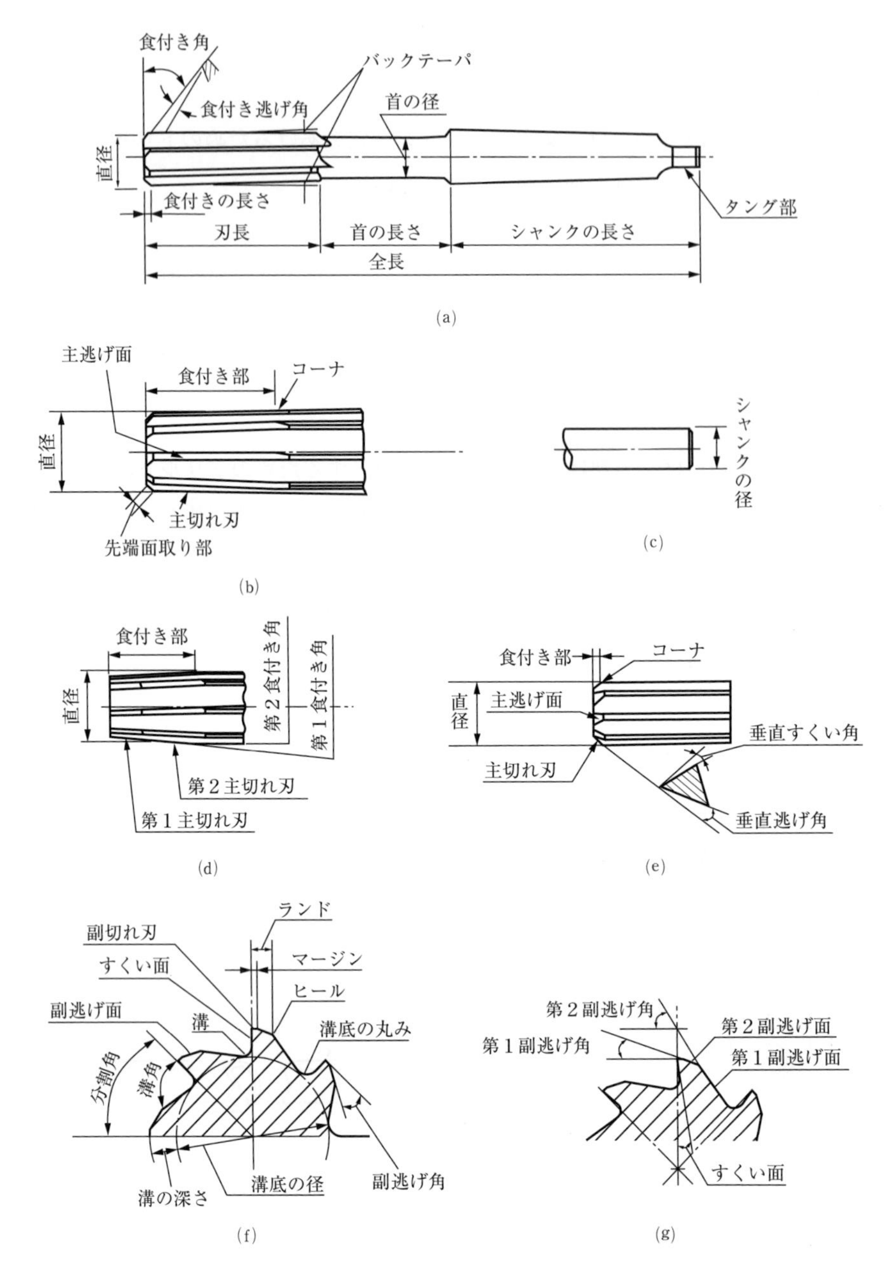

図2－4.19　リーマ各部の名称（JIS B 0173：2002）

をもつ緩やかな食付き部があり，バックテーパは0.2～0.3 μm 程度であり，すくい角は通常0°，外周は逃げ角0°のマージンがあり，その幅は0.1～0.2mmである。リーマでは微小な切削が行われ，併せてバーニッシュ効果でよい仕上げ面が得られる。リーマ加工した穴の拡大代は，数 μm 程度以下でよい寸法精度が得られる。

リーマの切削速度はドリルの場合の約$\frac{1}{5}$で，切削油剤を十分に与える。

(5) タ ッ プ

タップ（tap）立てには，図２－4.20に示すようなタップ立て装置を用いると，タップにむりが起こらず，抜くときに逆転するので便利である。

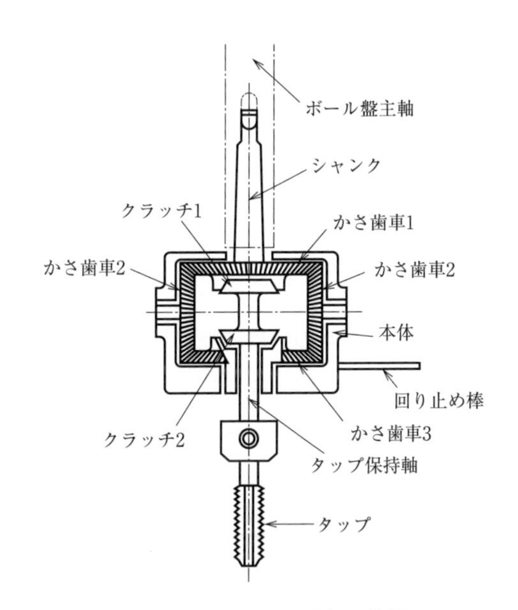

図２－4.20　タップ立て装置

4.4 ボール盤作業

(1) 基本的なドリル作業の流れ

a ドリルの取付け及び取外し

ドリルをボール盤の主軸に取り付けるには，前掲の図２－4.10に示したように，テーパシャンクのドリルは，そのまま主軸のテーパ穴に差し込む。主軸穴径の大きさに合わないときは，ソケット，スリーブ，アーバなどを用いる。ストレートシャンクドリル（直径13mm以下）は，主軸に取り付けたアーバにドリル・チャックを用いてドリルを把持する。テーパシャンクドリルを取り外すには，前掲の図２－4.11に示したように，主軸のドリル抜き穴にドリフトを打ち込む。

b 工作物の準備と取付け

工作物は目的に合わせてけがきを行う。次に，図２－4.21に示すように，ドリル加工する交点位置にポンチでポンチマークを付ける。

工作物の取付けは，図２－4.22に示すように，締め板でのクランプ法とテーブル上に取り付けた機械万力によるクランプ法などがある。締め板を用いた場合，工作物をテーブルに平行に置くことが肝要で，二つの平行台と締め板，支え台，T型クランピングボルトなどが必要である。また，万力もテーブルにボルト等で取り付けておく必要がある。

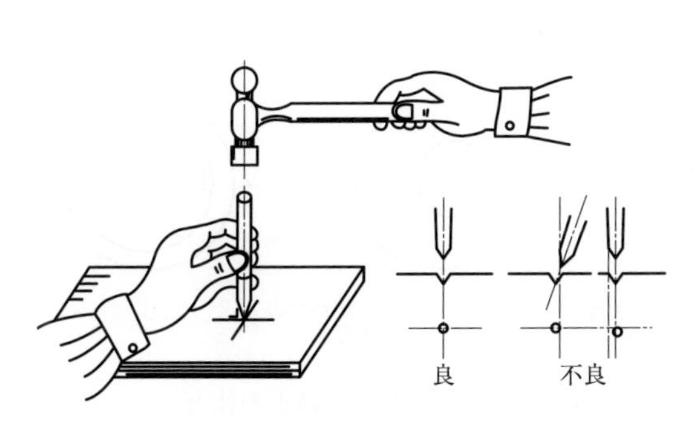

図２－4.21　ポンチの打ち方

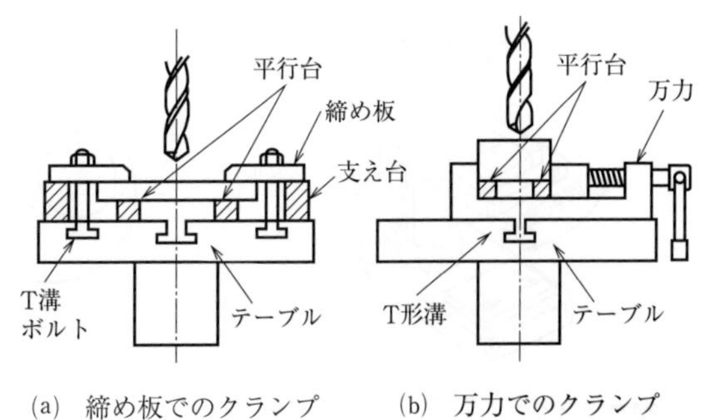

図２－4.22　ボール盤のテーブル上での工作物の取付け

c　ボール盤の取扱い

(a)　主軸回転速度の選定操作

ベルトカバーを開け，図２－4.23に示す締付けねじを緩め，ベルトテンションレバーを緩み側にして，ベルトを緩める。次に，図２－4.24に示すように，目的の回転速度に近いプーリ対にベルトを掛け替える。主軸側プーリが小さいと，ドリル回転速度は速くなる。テンションレバーを引いてベルトを張り，締付けねじを締めてカバーを閉じる。

(b)　テーブルの位置調整とドリル中心の位置合せ

図２－4.25に示すように，テーブル固定レバーを緩め，上下ハンドルを回して上下の位置を調整する。工作物のポンチマークとドリルの中心の先端が合うように，テーブルを左右に移動する。このとき，主軸上下ハンドルを回して主軸を下ろし，ポンチマークにドリル中心が合うように調整する。

位置合せが終了したら，テーブルを固定レバーで固定する。

(c)　ドリル加工

主軸を回転させる。主軸上下ハンドルを回して主軸を下ろし，試しもみをする。

試しもみしてできた円とけがき線とのずれをチェックし，図２－4.26に示すようにずれている場合は，たがねで溝を付けて，心が合うように修正する。

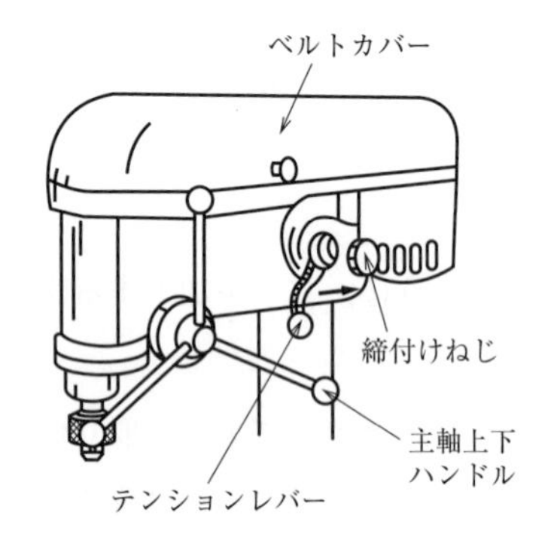

図２－4.23　主軸回転速度の選定操作

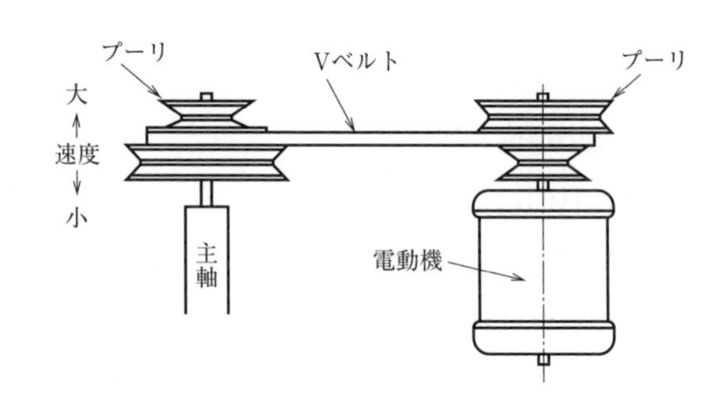

図２－4.24　主軸回転速度変更のためのベルト掛替え

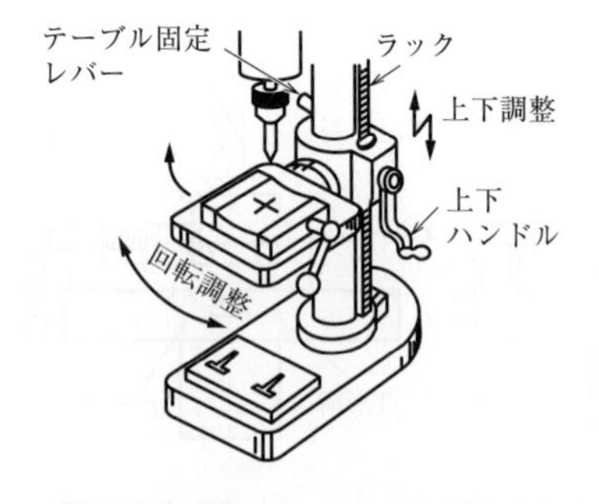

図２－4.25　テーブル位置調整

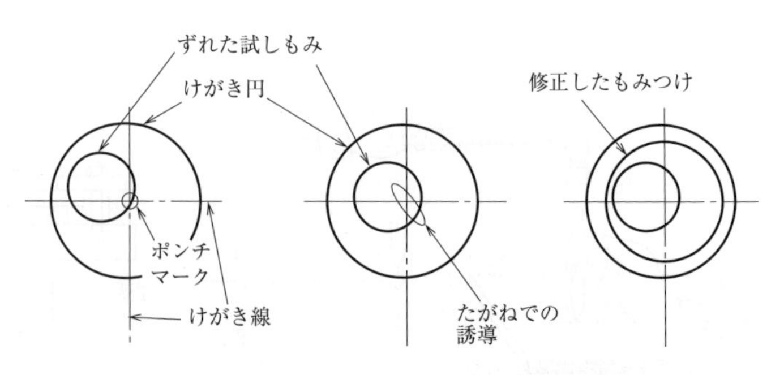

図２－4.26　ずれた試しもみの修正の仕方

(2)　ドリル加工の加工条件

ドリルの回転速度n[min^{-1}] は，次式で表される。

$$n = \frac{1000V}{\pi \cdot d} \quad \cdots\cdots (2・18)$$

ただし，V：切削速度［m/min］，d：ドリルの直径［mm］である。

表2－4.2 に，高速度工具鋼製のドリルの切削速度と送りの標準値を示す。

なお，超硬ドリルの場合は，この値の約2倍である。

表2－4.2　ドリルの標準切削速度

材　料	硬さ		切削速度 [m/min]	送り
	ブリネル (HB)	ロックウェル (HR)		
アルミニウム	100	55 (HRB)	60～80	中
ジェラルミン	90～104	61 (HRB)	65	中
銅	80～85	40～44 (HRB)	20～25	小
青銅	166～183	85～89 (HRB)	60～75	大
モネルメタル	149～170	80～86 (HRB)	15	中
鋳鉄（軟）	126	70 (HRB)	45～50	大
〃（中）	196	93 (HRB)	25～35	中
〃（硬）	292～302	32～33 (HRC)	15	小
可鍛鋳鉄	112～126	60～70 (HRB)	25～30	大
炭素鋼 (20～30C)	170～202	86～93 (HRB)	35～40	大
炭素鋼 (40～50C)	170～196	86～93 (HRB)	25	中
モリブデン鋼	196～235	92～99 (HRB)	18	中
ステンレス鋼	146～149	78～80 (HRB)	15～17	中
〃	460～177	48～49 (HRC)	6～7	小
ばね鋼	402	43 (HRC)	6～7	小

(注) HRB：B スケール，HRC：C スケール

送　り

[mm/rev]

ドリル径	大	中	小
6.5	0.20	0.13	0.06
13	0.25	0.20	0.10
19	0.40	0.25	0.14
25	0.50	0.30	0.19

第５節　中ぐり盤作業

5.1　中ぐり盤とは

図２－5.1に示すように，中ぐりとは，穴をくり広げる切削加工をいう。中ぐり盤（boring machine）は，主軸に固定した中ぐり工具を回転させる主（切削）運動を与え，工具か工作物のどちらかに直線送り運動を与え，ドリル等であけられた既存の穴を，所要の寸法穴に加工する機械である。

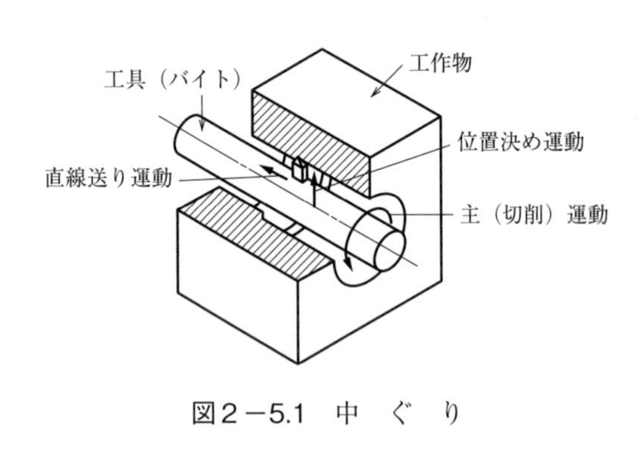

図２－5.1　中　ぐ　り

中ぐり盤は，図２－5.2に示すように，中ぐり，穴あけ，正面フライス削り，エンドミル削り，タップ立てなどの作業ができる。

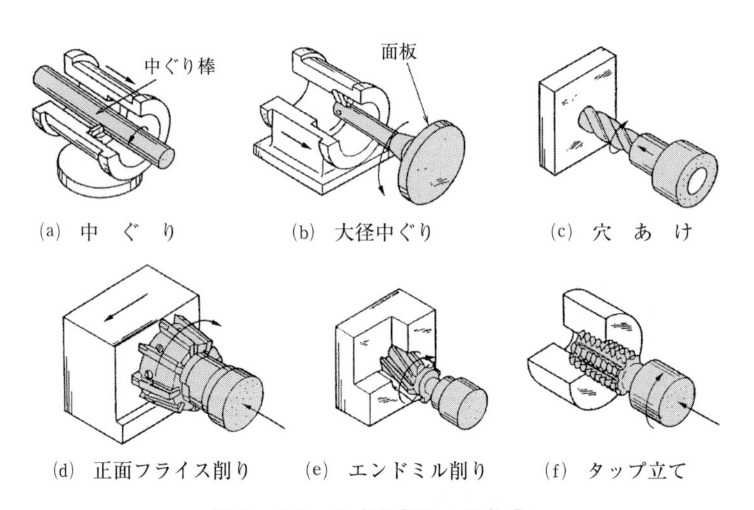

図２－5.2　中ぐり盤による作業

出所：小町弘ほか「絵とき 機械工学のやさしい知識」オーム社，1993，p139，図3.58

5.2　中ぐり盤の種類と構造

中ぐり盤には，横中ぐり盤，精密中ぐり盤，ジグ中ぐり盤，立て中ぐり盤，NC（数値制御）中ぐり盤などがある。

（1）　横中ぐり盤

横中ぐり盤（horizontal boring machine）は，主軸が水平な中ぐり盤で，一般に，単に中ぐり盤といった場合には横中ぐり盤を指す。横中ぐり盤には，テーブル形横中ぐり盤，フロア（床上）形横中ぐり盤，プレーナ（平削り）形横中ぐり盤，ポータブル形横中ぐり盤がある。

図２－5.3にテーブル形横中ぐり盤を示す。この機械は小もの，中ものの工作物を加工するのに適している。機械構造はベッド，コラム，主軸頭，サドル，テーブル，中ぐり棒支えなどからなっている。

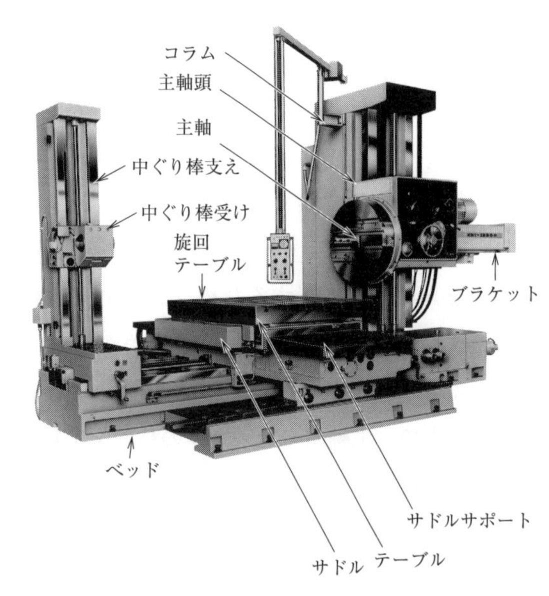

図２－5.3　テーブル形横中ぐり盤（プレーナ形）

本体の構造はベッドとコラムからなる。ベッド上にサドル，その上にテーブル，そして，テーブルの上に旋回テーブルが載っている。また，ベッド上には，コラムや中ぐり棒支えがある。サドルはベッド上を移動でき，テーブルはサドルと直角の方向に移動できる。

主軸頭は，主軸及び主軸に回転や送りを与える装置を備え，コラムの案内面を上下に移動できる。主軸の先端には，中ぐり棒やその他の工具を取り付けるためのテーパ穴が設けられている。また，主軸頭の前端部には，図２－5.4に示すような正面削りや大径の中ぐり作業を行うための面削りヘッドを備えている形式と，必要なときだけに取り付ける形式とがある。

図２－5.4　面削りヘッド

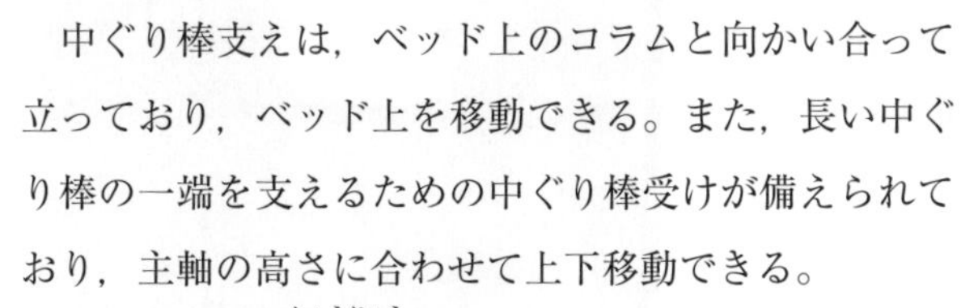

中ぐり棒支えは，ベッド上のコラムと向かい合って立っており，ベッド上を移動できる。また，長い中ぐり棒の一端を支えるための中ぐり棒受けが備えられており，主軸の高さに合わせて上下移動できる。

図２－5.5に床上（しょうじょう）形横中ぐり盤を示す。コラムがベッド上を移動し，工作物は取付け定盤に取り付けるため，大形工作物の加工に用いられる。

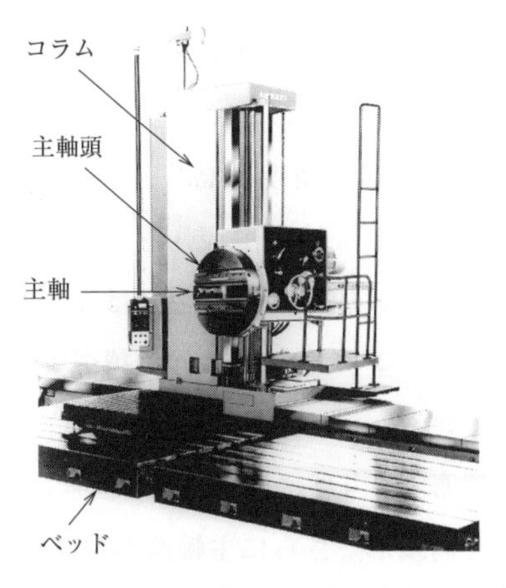

図２－5.5　床上形横中ぐり盤（フロア形）

横中ぐり盤の大きさは，テーブルの大きさ，主軸の直径，主軸移動距離，主軸頭の上下移動距離及びテーブル又はコラムの移動距離で表される。また，横中ぐり盤によるフライス作業を行うことが多いため，横中ぐりフライス盤あるいは横フライス中ぐり盤とも呼ばれる。

(2)　ジグ中ぐり盤

ジグ中ぐり盤（jig boring machine）は，本来治工具を高い精度に加工するための機械であるが，現在は精度の高い機械部品や金型を精密に加工する機械を指す。工作物を高精度に加工するため，ジグ中ぐり盤は一般の機械よりも主軸やテーブル位置決めが極めて高精度にできる。これらの位置決めは，基準尺を光学的に読み取る方式で，主軸頭やテーブルの移動を１目盛１ μm 以下の高い絶対精度で行う。

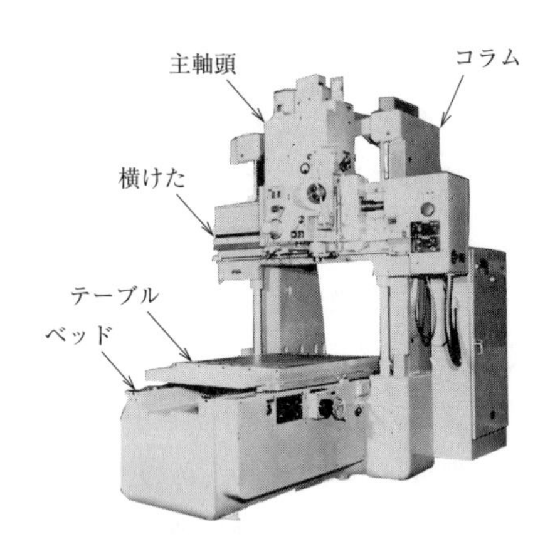

図２－5.6　門形ジグ中ぐり盤

ジグ中ぐり盤の高い精度を保つためには，機械の据付け，環境対策が不可欠である。据付けには，他の工作機械よりもしっかりとした土台やコンクリートを厚くするなどの配慮が必要である。環境に関しては，周囲からの振動や温度，湿度に対する対策が必要であり，他の一般工作機械とは隔離するため別の部屋に配置する。また，その部屋ではエアコン等を装備し，室温（20℃）や湿度を一定に保つなどの注意が必要である。

図２－5.6は，比較的大形工作物に用いられる門形構造の機械である。小形のジグ中ぐり盤には，直立ボール盤のような１本のコラムに主軸頭が取り付けられている機械もある。また，最近は，高い精度を必要とする機械部品が多くなったため，取扱いを簡便にした生産用ジグ中ぐり盤も多く見られるようになった。

(3)　精密中ぐり盤

精密中ぐり盤（precision boring machine）は，超硬バイトやダイヤモンドバイトを用いて，極めて小さい切込み量と送り量で高速切削を行い，高精度で非常によい仕上げ中ぐり加工をする機械である。機械の主軸回転精度は高く，高速回転が可能である。したがって，精密中ぐり盤を用いると，研削やその他の仕上げ加工を行う必要はなくなるため，内燃機関のシリンダや軸受などの精密中ぐりに多く用いられている。

図２－5.7　横形２軸精密中ぐり盤

精密中ぐり盤には，主軸の向きによって横形，立て形，傾斜形がある。また，主軸頭の位置で一端形と両端形，さらに主軸頭の数により，単軸と多軸に分けられる。図２－5.7は横形２軸精密中ぐり盤である。

5.3　中ぐり盤の工具と作業

（1）　中ぐり盤の工具

中ぐりに用いる工具には，図2－5.8に示すように，中ぐり棒，片持ち中ぐり棒，ボーリングヘッド，ユニバーサルヘッドなどがある。

a　中ぐり棒

同図(a)の中ぐり棒（boring bar）は，中ぐりバイトを1個あるいは複数取り付け，主軸と中ぐり棒受けとで両端を支え，回転を与えて，工作物を移動して，穴加工するための工具である。図2－5.8(a)に示すように，長い穴や離れた二つ以上の穴を中ぐりする場合，一端を主軸に取り付け，他端を中ぐり棒受けで支える。中ぐり棒は，たわみやびびり振動の影響を少なくするために，なるべく太い工具を用いる。

工作物の形状によっては，手前の穴を中ぐりしてから，これにブッシュを入れ，それで中ぐり棒を支えることもある。

b　片持ち中ぐり棒

同図(b)の片持ち中ぐり棒（stub boring bar）は，主軸に片持ちで取り付けられ，先端にバイトを取り付けて穴加工する。特に，横中ぐり盤で短い穴やさらに穴を広げるような作業の場合，同図(b)に示すように片持ち中ぐり棒を用いて行う。片持ち中ぐり棒による切削は，穴径の測定などの作業が容易である。しかし，細長い穴の場合はたわみや振動が大きくなって，正確な穴を得にくいため，中ぐり棒支えを利用する方式のほうがよい。

c　ボーリングヘッド

同図(c)のボーリングヘッド（boring head）は，片持ち中ぐり棒と同じ使用法であるが，バイト刃

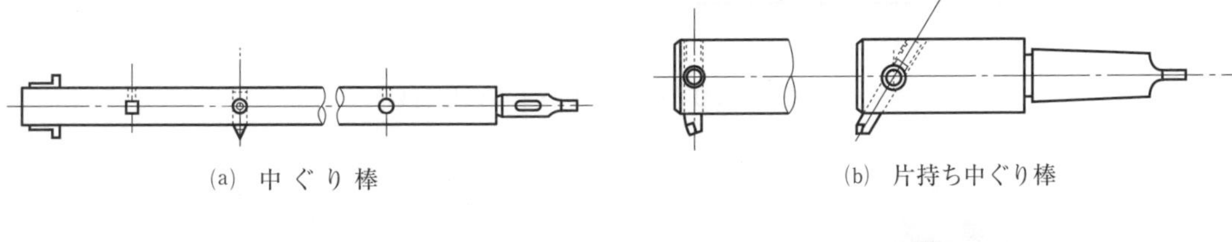

(a)　中 ぐ り 棒　　　(b)　片持ち中ぐり棒

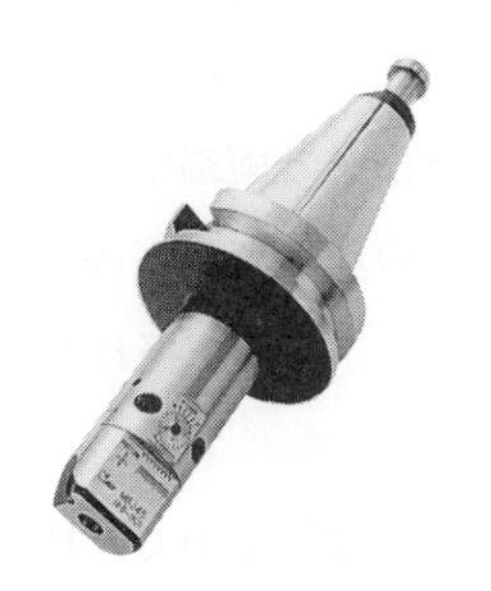

(c)　ボーリングヘッド

(d)　ユニバーサルヘッド

図2－5.8　中ぐり工具

先の位置を微調整できる機能をもち，精密な穴加工に用いられる。正確な刃先位置を調整するには，ツールプリセッタを使用する。

d　ユニバーサルヘッド

同図(d)のユニバーサルヘッド（universal head）は，中ぐりや面削りなど広い範囲の寸法の穴あけ加工ができるボーリングヘッドである。

（2）　中ぐり用バイトと取付け

中ぐり作業におけるバイトにかかる作用は旋盤作業のバイトと基本的に同じである。ただし，バイトは穴の中で切削するため，穴径を考慮して，工作物にバイトが干渉しない逃げ角を十分に大きく取る必要がある。

中ぐり棒は穴加工中切削抵抗でたわむ。したがって，切込み角は，できるだけたわまないように図２－5.9(a)に示すように大きくする。また，同図(b)に示すように，刃先のチッピングを引き起こす食込みを防ぐために，刃先位置は穴の中心より穴径の１/50ほど高くする。この場合，バイトのすくい角は負の値になることを考えて，適正なすくい角を決める。

中ぐりの場合の切削速度，切込み，送りなどは，中ぐり棒のたわみや振動を少なくするために，一般に旋盤よりは少なめにする。

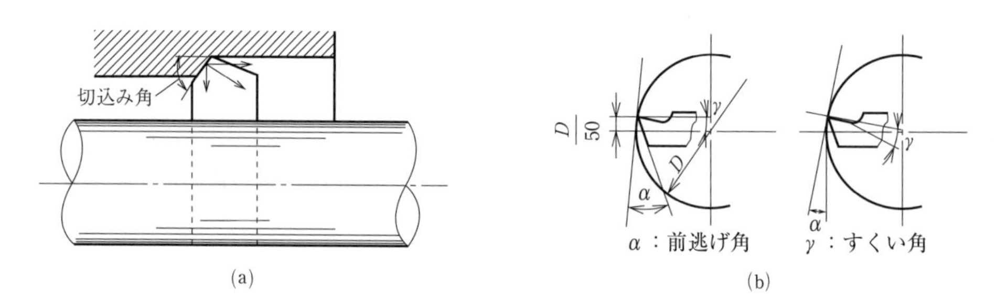

図２－5.9　中ぐり用バイトの取付け

（3）　中ぐり盤作業

中ぐり盤は，図２－5.2に前掲したような作業ができる。

横中ぐり盤における中ぐり作業は，大別すると，片持ち中ぐり棒作業と両端中ぐり棒作業に分けられる。片持ち中ぐり棒作業は同図や図２－5.10(a)に示したように穴の加工深さが浅い作業の場合である。この場合，工具の直径Ｄと工具の突出し長さＬの比を考慮して，工具が振れたりしない条件の範囲で加工を行う。

両端中ぐり棒作業は同図(b)で示すように，一端は主軸に取り付け，他端を中ぐり棒受けで支える作業である。たわみや振れ，振動などが発生しないように同図(c)に示すようにブッシュなどの治具を用いるとよい。

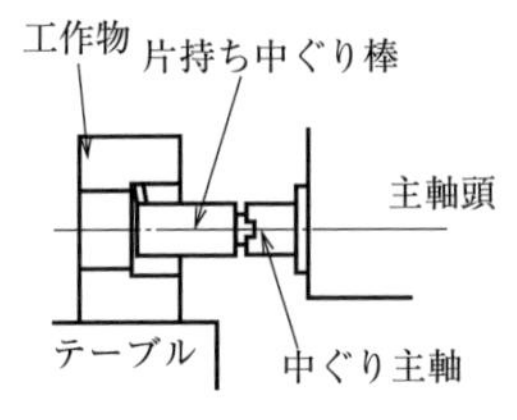

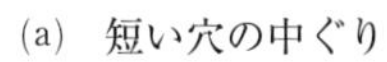

(a)　短い穴の中ぐり

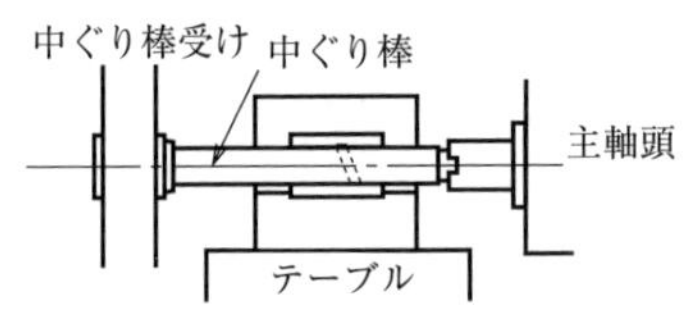
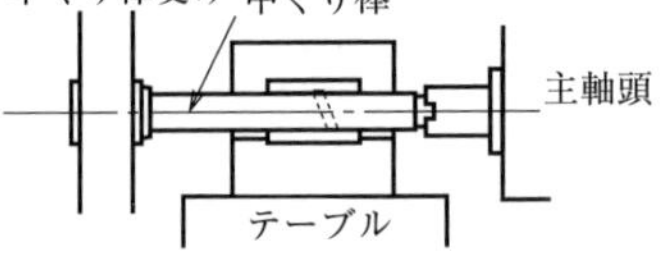

(b)　長い穴の中ぐり

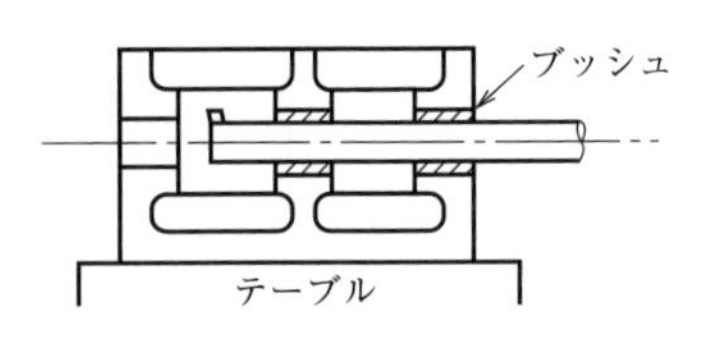

(c)　工作物で中ぐり棒を支える中ぐり

図2−5.10　中ぐり法の各種様式

第６節　形削り盤作業，平削り盤作業

6.1　形削り盤，平削り盤とは

a　形削り盤

形削り盤（shaping machine, shaper）は図２－6.1(a)のように工具が直線主（切削）運動をし，工作物がピッチ分だけ直線送り運動をして，平面を形削る機械である。工具の位置の調節によって所定の寸法にする。

b　平削り盤

平削り盤（planing machine, planer）では同図(b)のように工作物に直線主運動（切削）を，工具に直線送り運動を与え，工具の位置調節によって所定の寸法に削る。主に大型平面の切削に用いる。

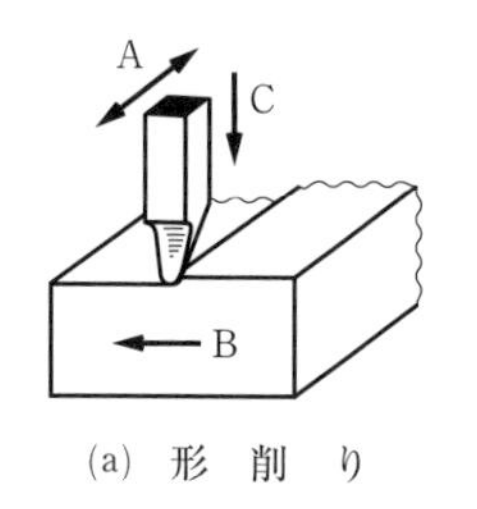

(a) 形　削　り

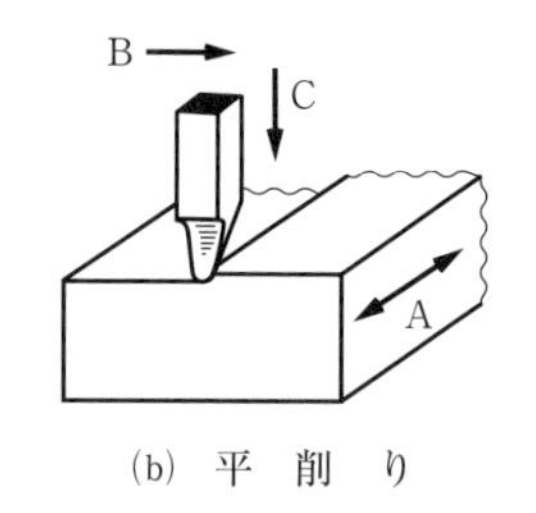

(b) 平　削　り

A：主（切削）運動
B：送り運動
C：切込み運動

図２－6.1　形削りと平削り

6.2　形削り盤

（1）　形削り盤の構造と機構

図２－6.2に形削り盤と主要各部の名称を示す。形削り盤の主な構造は，フレーム，テーブル，ラムからなる。フレームは鋳物の箱形である。ラムはフレームの上部の案内溝に導かれて水平に直線往復運動をする。ラムの先端には刃物台を備えたラムヘッドがある。刃物台にはラムの戻り行程で工具を逃がすクラッパが取り付けられている。

刃物台は上下に移動できる。ラムヘッドとクラッパは左右に旋回できる。クラッパの動作は，ラムの運動と摩擦を利用して，機械的に行う形式が多い。

ラムに往復運動を与えるラムの駆動機構には，滑り子クランク式（クランクと細窓リンク式）と油圧式とがある。図２－6.3(a)は，滑り子クランク式を示す。この機構では，切削（形削り）する工程よりも，戻り行程のほうがラムの移動が速いため，早戻り機構と呼ばれる。大歯車が回転すると，揺れ腕の溝の中にはめ込まれたスライダブロックが，溝を滑りながら大歯車の軸 O_1 を中心に回転する。そして，このスライダブロックが揺れ腕の回転軸 O_2 を中心として左右に旋回運動し，その上端に連

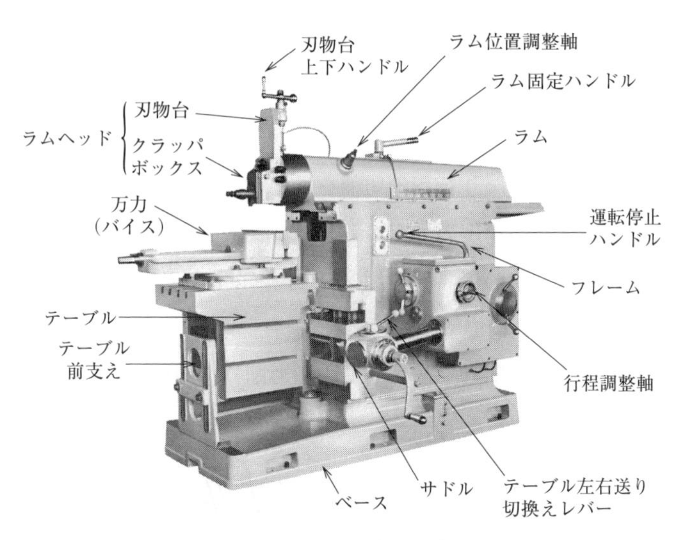

図２－6.2　形 削 り 盤

結したラムは往復運動をする。

同図(b)において，ラムはスライダブロックがＡからＢを経てＣまで動くときに前進し，ＣからＤを経てＡまで動くときに後退するため，戻り行程のほうが切削行程より速い。すなわち，早戻り運動を行う。行程の調節は，スライダブロックの回転半径（ｒ）の調整によって行われる。

テーブルは横けたと共に上下に移動でき，工作物の高さによって所望の高さに調整できる。また，テーブルはコラムに固定された横けたの案内を滑り，送りねじで左右に移動できる。

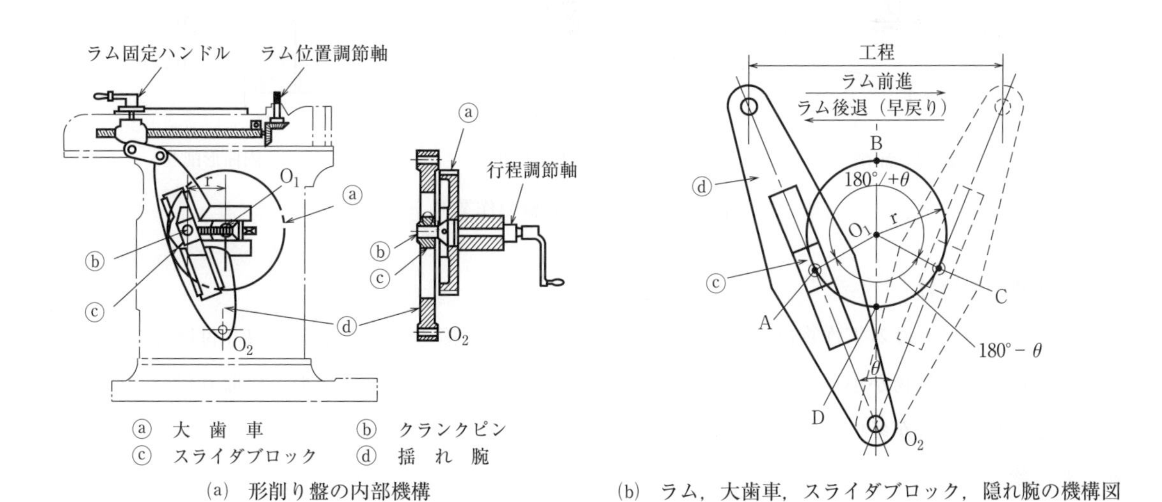

(a)　形削り盤の内部機構　　　(b)　ラム，大歯車，スライダブロック，隠れ腕の機構図

図２－6.3　ラムの早戻り運動機構

（２） 形削り盤作業

a　作業の特徴

形削り盤作業の特徴としては，戻り行程に切削を行わないため，フライス盤作業に比べて能率的でない。また，その構造上から高い精度の加工が難しい。比較的小物の工作物に平面や溝加工しかできない。しかし，形削り盤では，安い工具費で図２－6.4に示すように，水平削り，垂直削り，溝削り，側面削り，角度削りなどの作業ができる。

また，付属装置を用いれば曲面削り，歯切り，内面形削り（同図(f)）を行うこともできる。

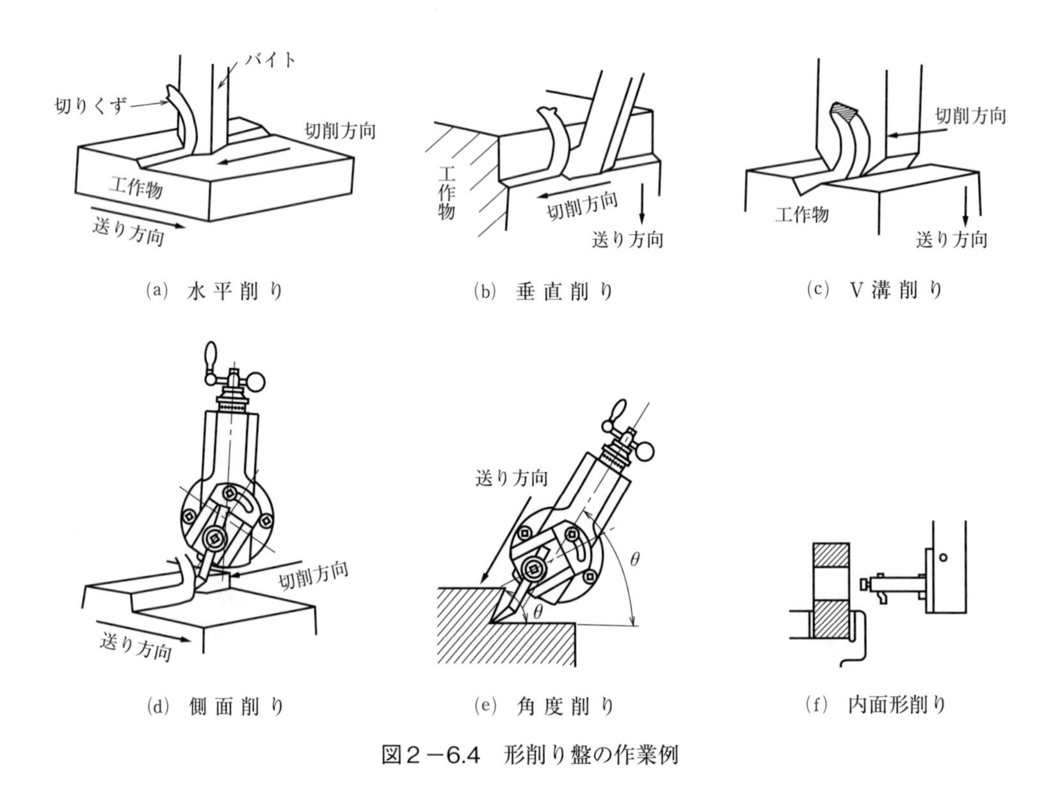

図２－6.4　形削り盤の作業例

b　工作物の取付け

形削り盤作業における工作物は，テーブルの上面や側面に，締め金やボルトで取り付けることもあるが，一般に，工作物が小形であるから，フライス盤作業と同様に，テーブル上に取り付けられた機械万力でつかむ場合が多い。

c　刃　物　台

形削り盤の刃物台構造は，図２－6.5に示すような形で，ハンドルによって工具台を上下し，角度目盛によってある角度旋回できるようになっている。バイトはクラッパブロックに取り付けて切削を行うが，クラッパブロックは，戻り行程のとき，バイトが自然に浮き上がるようにできている。

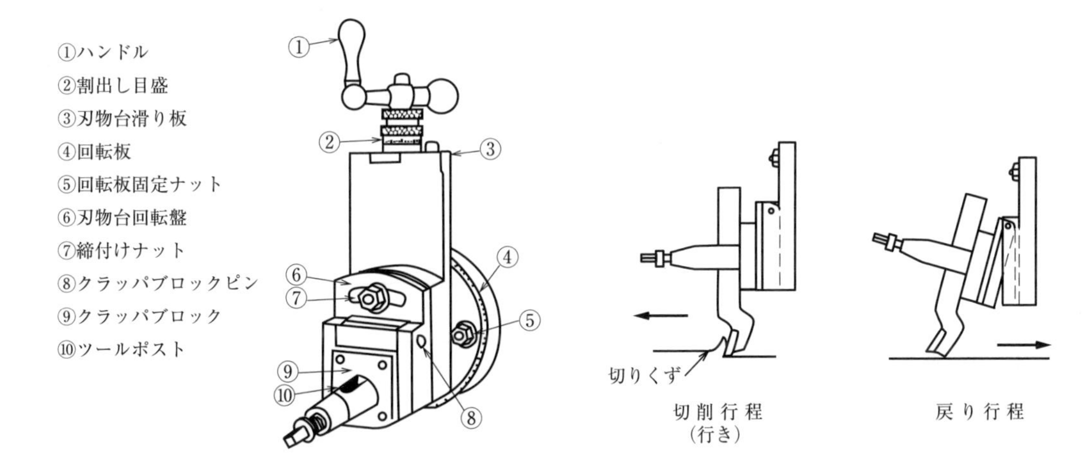

(a)　刃物台の各部の名称　　　(b)　刃物の動き

図2－6.5　刃物台と切削の様子

d　バ　イ　ト

形削り盤作業に用いられる各種のバイトの形状は，旋盤作業用のものとほとんど同じである。しかし，図2－6.6(a)に示すように，バイト刃先が基底面より高い場合には，切削力によって生じるバイトのたわみのために，刃先が工作物に食い込むため，良好な仕上げ面が得られない。したがって，同図(b)に示すように，基底面より刃先の低いバイトを用いる。JIS では，刃先の高さがバイトのシャンクの底面と一致するバイトを指定している。

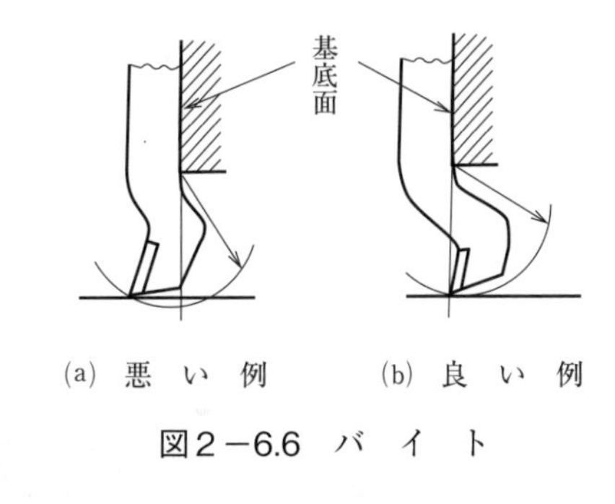

(a)　悪　い　例　　　(b)　良　い　例

図2－6.6　バ　イ　ト

e　切削条件

切削速度は，形削り盤のラムの運動が等速でないことから，切削行程の平均速度で表され，ラムの毎分往復数は，次の式で計算される。

$$N = \frac{1000 \cdot V}{S \cdot R} \quad \cdots\cdots (2 \cdot 19)$$

N：毎分往復数

V：平均切削速度［m/min］

S：行程の長さ［mm］

R：1.6～2

（注）R は行程が大きいとき2，小さいとき1.6

表2－6.1 に，高速度工具鋼バイトを使用した場合の切削速度の標準値を示す。

表2－6.1　標準切削速度

工作物の材質	工具鋼		鋳　鋼			鋼材抗張力 [N/m² 又は MPa]				鋳　鉄			可鍛鋳鉄		黄銅青銅			銅		アルミニウム合金	
	硬	軟	硬	中	軟	882N	784N	588N	392N	硬	中	軟	硬	軟	硬	中	軟	硬	軟	硬	軟
切削速度 [m/min]	6	10	8	12	16	6	12	16	22	8	14	22	10	18	40	50	60	40	50	40	60

6.3　平削り盤

（1）　平削り盤の種類と構造

a　種類と特徴

一般に，平削り盤の種類には，門形，片持ち，ピット，エッジプレーナがある。図2－6.7は門形平削り盤，図2－6.8は片持ち形平削り盤である。

門形平削り盤の主な構造は，二つのコラム，横けた，トップビーム，テーブル，ベッドなどからなる。正面刃物台は，横けたに沿って水平に左右に移動できる。また横けたと横刃物台は，コラムの案

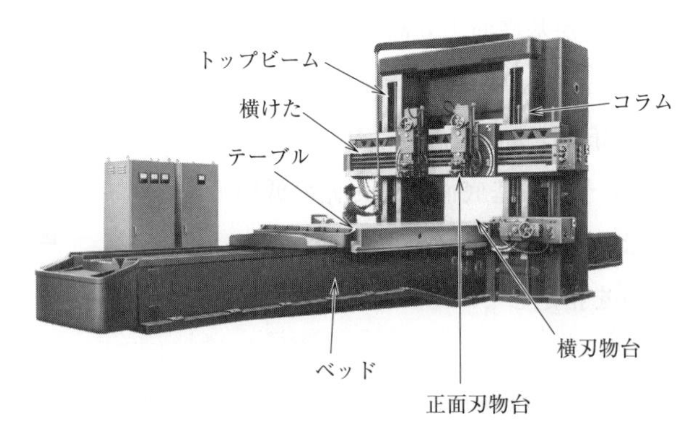

図2－6.7　門形平削り盤

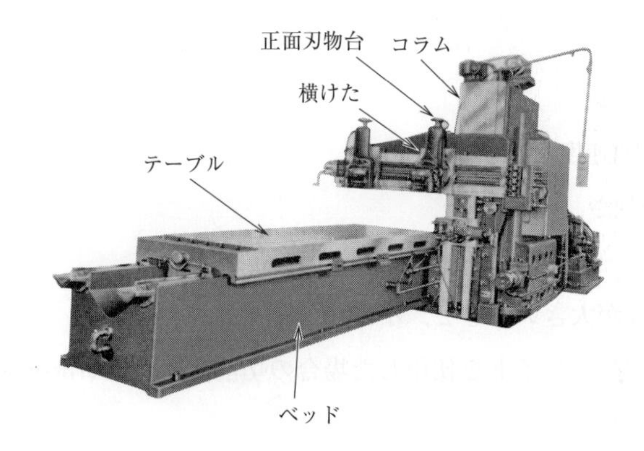

図2－6.8　片持ち形平削り盤

内面に沿って上下に動くことができる。

工作物はテーブル上に取り付けられ，テーブルはベッドの案内面上を滑って往復運動をする。空切削（エアカット）時間のむだを少なくするため，戻り行程は切削行程より速い，早戻り運動を行う。テーブルの往復運動の速度は100m/minに及ぶ。

門形平削り盤は，片持ち形に比べて，コラムや横けたが丈夫で，強力切削をしてもたわみが少ないが，加工できる工作物の大きさは，両コラムの間の距離によって制限される。

平削り盤の大きさは，テーブルの大きさ，切削可能な最大幅及び最大高さで表される。

b　構　　造

平削り盤は，旋盤のベッドや定盤などの案内面や基準となる平面の加工が多く，一般に工作物も大物で精度の高い加工が多い。そのため，テーブルは，工作物重量や切削時の抵抗などで変形しないように，丈夫な箱形になっている。テーブルとベッドの案内面は，２本あるいは３本のＶ形や平面の溝が付けられている。

c　テーブル駆動機構

テーブルの駆動機構（table driving mechanism）には，大別すると歯車式と油圧式とがある。

歯車式は，図２－6.9に示すように，ベッド内に歯車が備えられ，テーブルの下面のラックにかみ合わせる。歯車には，平歯車，はすば歯車，やまば歯車，ウォームなどが用いられる。滑らかにテーブルを動作させるには，はすば歯車ややまば歯車が用いられる。

テーブルを駆動する歯車は，正転，停止，逆転させてテーブルを往復運動させる。

テーブルの往復運動に際して，特に正逆転時には工作物，テーブル，歯車などの慣性が作用するため，正転・逆転の切換えは，電磁クラッチ方式，直流モータ方式，速度制御方式などがある。

油圧式は，図２－6.10に示すように，ピストンで仕切られたシリンダ内に交互に圧力をもった油を送り込んで，テーブルを往復運動させる。油圧式は運動が静かで，無段階の速度変換ができるという大きな特徴がある。

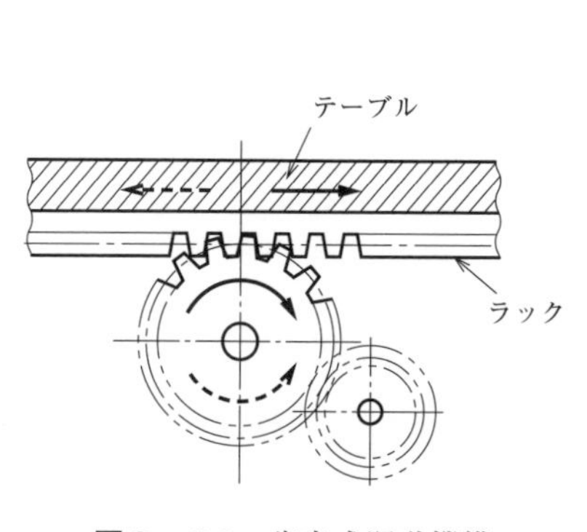

図２－6.9　歯車式運動機構

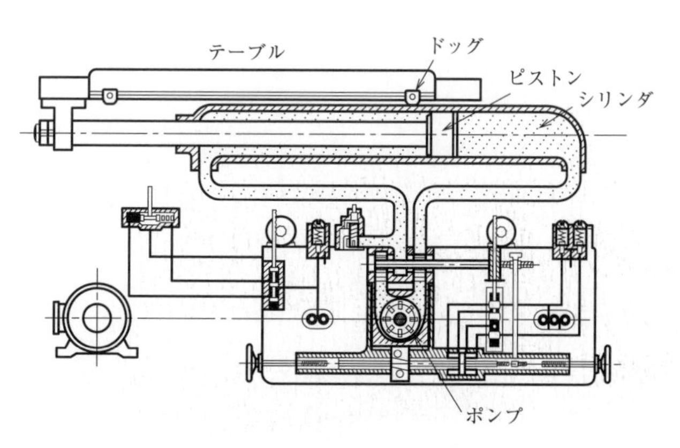

図２－6.10　油圧式運動機構

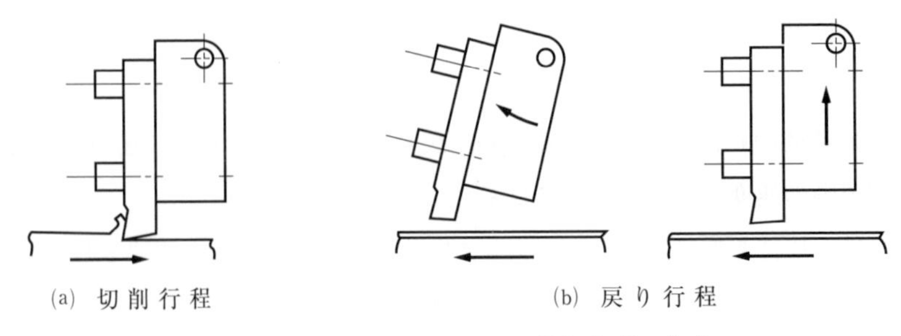

図2－6.11　クラッパによる持ち上げの方式

d　刃　物　台

平削り盤の刃物台の多くには，図2－6.11に示すように，クラッパというバイト刃先を工作物から持ち上げる装置がついている。回転又は上下運動によって戻り行程のときにバイトを持ち上げ，工作物でバイトの刃先をこすって摩耗することを防ぐようにしている。また，二つのチップを取り付けた特殊なバイトホルダを用いて，戻り行程のときにも切削できるような往復切削装置を備えた刃物台もある。

（2）　平削り盤作業

a　工作物の取付け

平削り盤の場合，工作物は比較的大物が多いため，工作物はテーブルの溝を利用して，締め金やボルトでしっかりと取り付ける。

また，テーブルの往復運動の速度は100m/minに及ぶ場合もあることから，切削抵抗と共に工作物の慣性も大きい。したがって，これらの影響で工作物が動かないようにしっかりと取り付ける必要がある。フライス盤作業と同様に取付けには注意をする。

平削り盤作業に用いられるバイトは，形削り盤用バイトに比べて，一般に大形であるが，バイト及び刃先の形状は，ほとんど同じである。

第７節　NC（数値制御）工作機械

7.1　NC（数値制御）とは

NCとはNumerical Controlの略で，数値で制御するという意味である。数値制御された工作機械をNC工作機械（又は数値制御工作機械）という。JIS B 0181：1998では，NCは「数値制御工作機械において，工作物に対する工具の位置を，それに対応する数値情報で指令する制御方式」と定義されている。

G90 G54 M03

キャラクタ	ISOコード	EIAコード
G	01000111	01100111
9	00111001	00011001
0	00110000	00100000
G	01000111	01100111
5	00110101	00010101
4	10110100	00000100
M	01001101	01010100
0	00110000	00100000
3	00110011	00010011

図2−7.1　ＮＣコード

数値制御の数値とは，蛍光灯の灯りがついたり消えたりするのと同様に，電気が流れている状態を「１」という数値，電気が流れていない状態を「０」という数値で表した２進数のすなわちデジタル量のことである。デジタル量の最小単位は**1ビット**で，時系列的に８ビットの情報，つまり１バイトの情報が同時に処理される。一般に，これらの１と０からなる言語を機械語という。

この１と０とのデータの組合せで，それぞれの数字や文字を表し，データの構成や制御又は表現に用いる。これをキャラクタという。このキャラクタのための１と０の組合せをコードという。このコードと文字の関係の規約には，ISO（International Organization for Standardization：国際標準化機構）コードとEIA（Electronics Industries Association：米国電子工業会）コードがある。

機械加工に必要な工作物や工具の位置，運動など（回転速度，送り速度，移動経路など）の情報を図２－7.1に示したようなコード，つまり数値（デジタル量）で表し，この数値で機械に命令し，制御することを数値制御という。

7.2　NC工作機械とその構成

図２－7.2はNC工作機械の構成を次のメカトロニクスの主な５要素に対応させて，分類した例を示す。

①　頭脳…コントローラ（controller）
②　手や足…アクチュエータ（actuator）
③　目や耳…センサ（sensor）
④　神経系…インターフェイス（interface）
⑤　脳の中味…ソフトウェア（software）

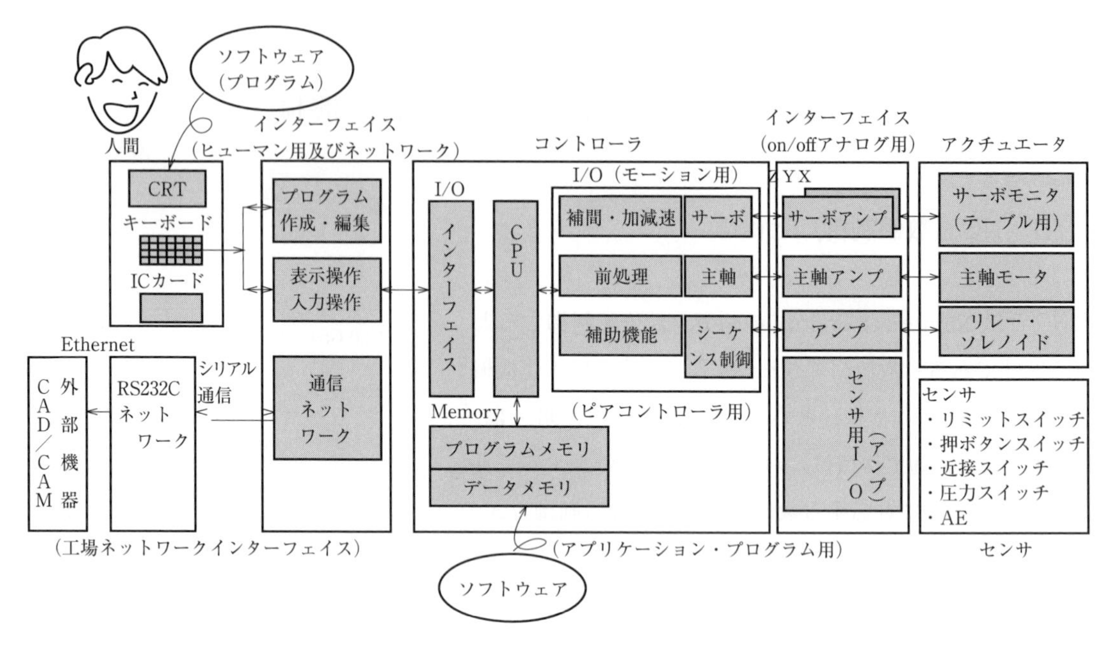

図2−7.2　NC工作機械の構成要素

NC工作機械の主な構成は，機械本体とNC装置（コントローラ）とからなる。機械本体には，アクチュエータ（駆動モータ），センサ（検出器），インターフェイス（電子回路・信号処理系）が備えられている。

それぞれの役割を簡単にみておく。

a　NC装置（コントローラ）

NC装置は，数値プログラムを翻訳し機械本体の制御を行う。NC装置からの指令によって工作物が取り付けられたテーブル駆動用のモータであるアクチュエータを動かし，目的の形状を指令したプログラムどおりに工作物を加工する。

なお，プログラム（又はパートプログラム）とは作業手順や加工方法などを，決められた約束に従って数値や記号で表したものをいう。

NC装置（コントローラ）の内部は，主にCPU，Ｉ/O（入出力）装置，メモリから構成される。その基本構成は，ほとんどパソコンと変わらない。

NC装置の主な役割は，次のようになる。

① テーブル駆動制御

② 主軸回転制御

③ 油圧空圧関連機器のシーケンス制御（よく，PLC；Programmable Logic Controllerと略される）

NC工作機械の主な信号の流れは，図2−7.3に示すように，上記の①テーブル駆動制御系と②主軸回転制御系とが組み合わされて行われる。つまり，①は，NC（数値制御）装置，センサ（検出器），アクチュエータ（サーボ機構駆動モータ），テーブル（工作物）の左右運動あるいはZ軸の上下運動という流れ，そして②は工具の径が変われば主軸回転速度を変える主軸回転の制御である。

テーブル駆動制御系では，NC工作機械のテーブル（又は工具）の移動量などは，電気パルスであるデジタル信号によって制御される。この制御を実行する機構（メカニズム）をサーボ機構という。詳細は後で述べるが，サーボ機構では，工具やテーブルの前後・左右の移動量及び移動速度をセンサで読み取った値と，NC装置からの既設定パルスの数値とが同じ値になるように制御する。つまり同じ値に修正できるようにフィードバック（帰還）制御が用いられている。例えば，この制御装置から電気パルス1個が出力されると，テーブルが規定量（$\frac{1}{100}$ mm，$\frac{1}{1000}$ mm など）だけ動くように，駆動モータが制御される。

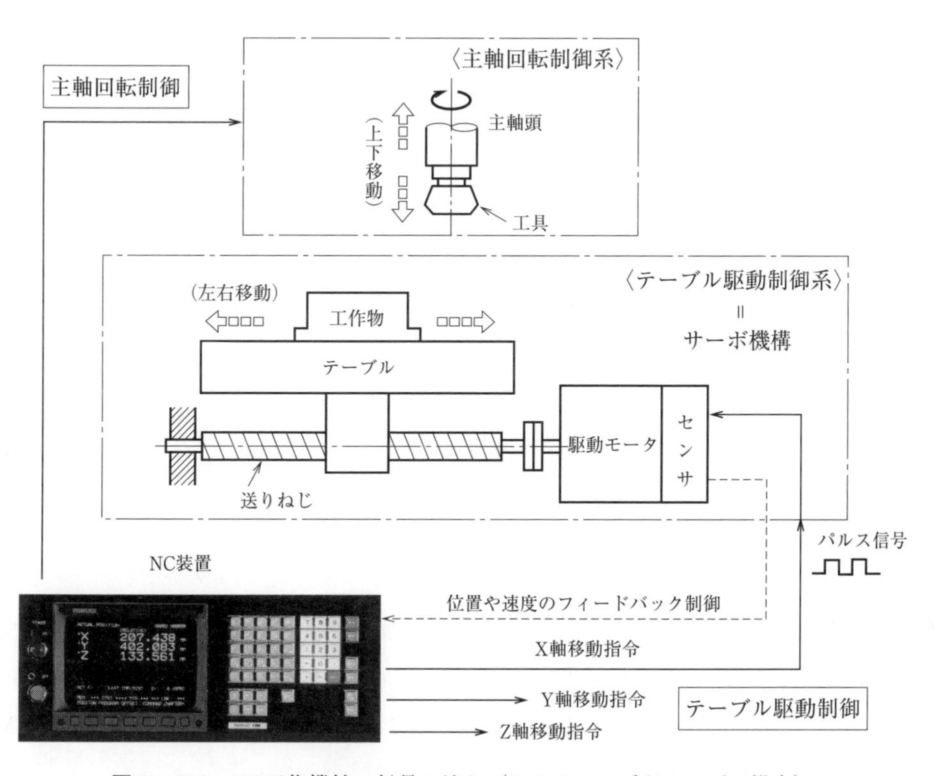

図2－7.3　NC工作機械の信号の流れ（セミクローズドループの場合）

b　アクチュエータ技術

アクチュエータとは電気的な信号を物理量に変換する装置である。工作機械では，ソレノイド装置，モータあるいは油圧装置や空気圧装置で動くシリンダなどであり，高速切削加工用のマシニングセンタなどの主軸では，空気静圧軸受や動圧軸受あるいは磁気軸受，テーブル送りでは磁気方式のリニアモータ駆動などが用いられている。また，高精度・高速度制御を行うのに，各軸専用のモータも高精度な位置決めや真円度が要求され，短時間精度±数μm，長時間精度±十数μmぐらいの精度レベルまでの加工精度（形状精度，表面粗さなど）と品質が，どのメーカでも保証されるようになってきている。

c　センサ技術

センサとは，様々な物理量（あるいは化学量）を電気的信号として検出する装置を指す。NC工作機械で使用されるセンサは，主にテーブル位置や移動量を検出する位置検出器で，光学式や磁界式などのロータリエンコーダ（回転形符号器）である。

d　インターフェイス（電子回路・信号処理系）

① サーボ関連の軸制御や主軸回転制御を行うモーションインターフェイス
② 人（オペレータ）と機械との仲介をするヒューマンインターフェイス
③ 企業内外との通信を行うネットワークインターフェイス

がある。今後，上記の③はますます重要になる。

e　ソフトウェア技術

図2－7.4に示すようなコード，つまり英数字（デジタル量）で表し，この英数字の集まりを命令語といい，この命令語の集まりをプログラムという。そして，このプログラムの集まりを総称して，ソフトウェアという。加工プログラムを**NCコード**という。

```
O1000 (REI);
G90 G17 G54 ;
N01 T02 ;
M06 ;
S1000 ;
M03 M08 ;
G00 X150. Y100. ;
G43 Z5. H01 ;
G01 Z-5. F80 ;
G28 Z100. ;
M05 ;
M09 ;
G91 G28 X0 Y0 ;
M30 ;
```

図2－7.4　NCコードプログラム例

さて，NC情報のフォーマットはJISで1970年代に決められてから，3桁コード，小数点コード，マクロ化などが追加されたが，ブロック単位の指令の基本的仕様は何も変わっていない。

近年，コンピュータの発達・普及により，設計がCAD（Computer Aided Design：コンピュータ支援による設計）で行われている。そして，CADで作成されたデータを加工や組立ての製造部門でも利用することが進められている。その結果，NCのソフト作成において，従来の自動プログラミング装置からCAM（Computer Aided Manufacturing：コンピュータ支援による製造）に代わりつつある。CAMのソフトも種々のパッケージが市販されている。

7.3　NC工作機械の制御方式

（1）　位置決め制御，直線制御，輪郭制御

NC（数値制御）工作機械の制御方式を大別すると，位置決め制御，直線制御，輪郭制御（連続通路制御）の三つがある。

a　位置決め制御

位置決め制御は，工具の移動途中の経路に関係なく，加工すべき位置（点）に速く，正確に移動させるための制御方式である。図2－7.5(a)のように，ドリル加工やタップ加工のときに工具の加工位置を決めるのに用いられる。この場合，移動経路に障害物などがないよう加工時に注意する必要がある。

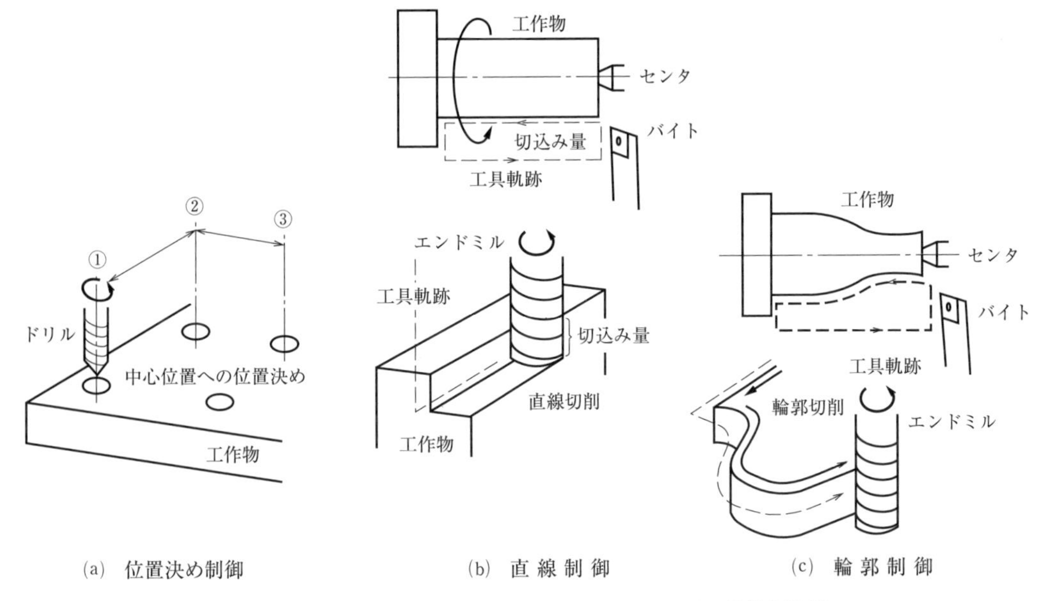

(a)　位置決め制御　　(b)　直 線 制 御　　(c)　輪 郭 制 御

図２－7.5　工具の運動経路方式による３タイプの数値制御法

b　直 線 制 御

直線制御とは，運動経路は問題にしない位置決め制御に送り速度機能を追加した制御方式で，ある点からある点までを結ぶ一つの軸上の直線を制御する方式である。同図(b)に示すように，フライス盤や旋盤などの加工に用いられ，あらかじめ切込量を設定して，工具や工作物をＸ軸あるいはＹ軸上に沿って加工を行う。

c　輪 郭 制 御

輪郭制御は同図(c)に示すように，移動の始点から終点まで工具が指定形状に沿って運動する制御方式である。同時に制御できる軸数により，直線形状はもちろん，円弧形状，放物線形状，自由曲面形状などの加工ができる。

（2）　補間について

輪郭制御を行うには工具が始点から終点まで指定形状から離れないように，階段状の経路をつくる。この階段状の経路を補間という。補間には図２－7.6 に示すように直線補間と円弧補間とがある。直線補間とは，始点と終点が直線で結ばれる方式である。円弧補間とは，始点と終点が円弧になっている方式である。制御装置から電気パルス１個が出力されると，工具やテーブル（工作物）が規定量（通常の最小移動量単位：$1\mu m = \frac{1}{1000}$ mm）だけ動くように，駆動モータが制御される。

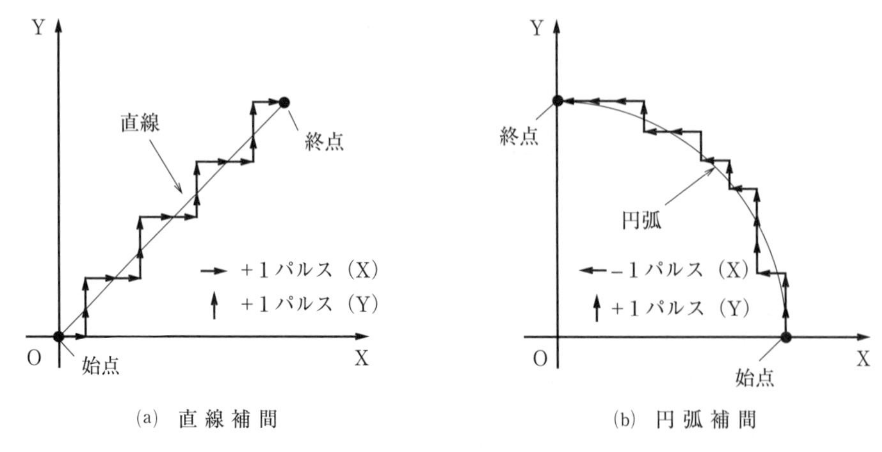

(a)　直 線 補 間　　(b)　円 弧 補 間

図2－7.6　補間について

7.4　サーボ機構の仕組み

図２－7.3でみたようにNC装置からのパルス信号を受けて，工具やテーブル（工作物）の位置や速度はサーボ機構で制御される。

さて，サーボ機構は，位置・速度検出信号の利用方法の違いにより，図２－7.7に示すようにオープンループ制御，セミクローズドループ制御，クローズドループ制御のように分類される。

（1）　オープンループ制御

オープンループ制御は，同図(a)に示すように，電気パルスの数だけモータが回転して，ボールねじが回転し，工具やテーブル（工作物）が移動する方式である。主な特徴は，次の四つである。

①　フィードバック経路がない。

②　１パルスでパルスモータが一定角度ずつ回転する。

③　構成が簡潔であるが，その分駆動系の誤差が発生しやすく，高い精度が出ない。

④　パルスモータの性能の制約で，高速運転が困難である。

（2）　セミクローズドループ制御

セミクローズドループ制御は，同図(b)に示すように，工具やテーブル（工作物）の位置をモータ端に組み込んだセンサ（検出器）で回転した量で検出し，それを速度・位置情報としてフィードバックして利用する。通常のNC工作機械ではセミクローズドループ制御が多く利用されている。主な特徴は次のとおりである。

①　ボールねじのピッチ誤差やバックラッシ誤差をなくす必要がある。

②　モータの出力軸までは，精度が保証される。よって，セミの名が付いている。

③　機械構造部分が制御対象系の外側にあるため，安定した制御系を構築できる。

（3）　クローズドループ制御

クローズドループ制御は同図(c)に示すように，テーブルにセンサ（検出器）を取り付けるので，実際の位置を直接検出し，フィードバックする方式である。次のような特徴がある。

① 精度上問題となるボールねじのねじれ・バックラッシなど機械的要因が，制御対象系の中に入るため，セミクローズドループ制御と比較すると，制御が不安定になりやすい傾向がある。

② テーブル端での位置を直接検出するため，制御精度は向上する。

③ 検出器の取付けなど，構造が複雑になる。

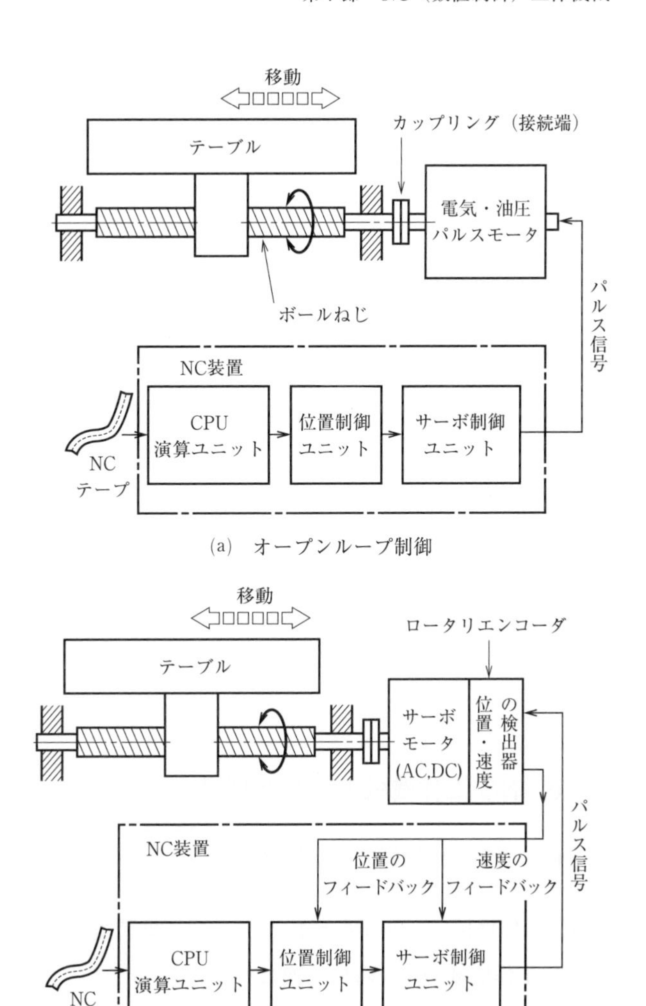

(a)　オープンループ制御

(b)　セミクローズドループ制御

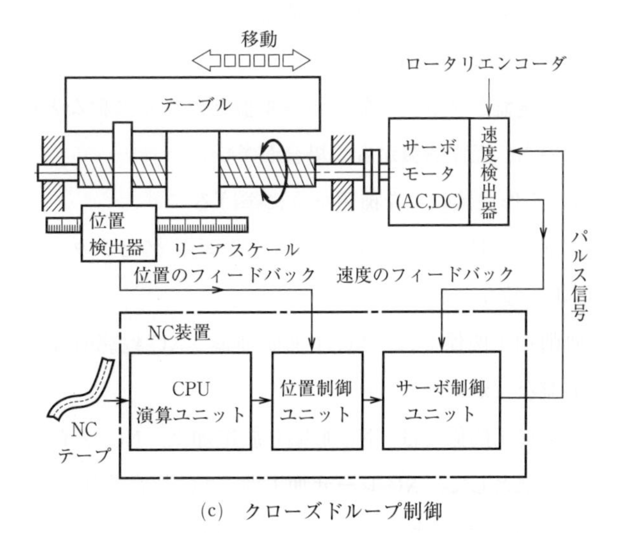

(c)　クローズドループ制御

図２－7.7　サーボ機構の分類

7.5　NC 工作機械の小史

第１章でも述べたように，1948 年に米国ミシガン州トラバース市のパーソンズ社は，ヘリコプタの羽根の型板を輪郭加工する新しい工作機械の構想研究で米国空軍と契約した。1949 年に米国ボストンのマサチューセッツ工科大学（MIT）のサーボ機構研究所はその契約に加わり，世界最初の NC 工作機械を開発し，1951 年に成果をあげた。日本には 1952 年に NC 工作機械が紹介され，1957 年に東京工業大学で NC 旋盤の試作機ができた。

日本では，各種産業で活躍してきた各種汎用工作機械が 1970 年代後半に NC 化され，NC 化率が 50％に普及したのは 1981 年のことであった。これによって，各企業は生産コストの低減，生産量の増大，加工精度の向上，品質の均一性，企業体質の改善，熟練労働者の減少などの問題に対してある程度対応が可能となった。

前述したように NC 情報のフォーマットは JIS で 1970 年代に決められた。その後，３桁コード，小数点コード，マクロ化などが追加されたが，ブロック単位の指令の基本的仕様は何も変わっていない。

7.6　NC 工作機械の特徴と種類

（1）　NC 工作機械の主な特徴

NC 工作機械は，複雑な形状の加工を制御装置により自動的に行うのが最大の特徴であるが，現在の NC 工作機械の主な特徴を次に挙げる。

①　位置決めや輪郭切削を，プログラムにより自動的に，高精度に制御できる。

②　工具交換や切削液のオン・オフなどの補助的な作業が，プログラムにより自動的に行える。

③　工具の寸法や取付け位置などによってプログラムの変更を行う必要がないように，数種類の工具補正機能がある。

④　旋盤とフライス盤，ボール盤とフライス盤などのように，複数の異なる工作機械の機能を一つの NC 工作機械がもつ場合が多い。

NC 工作機械の主な種類を次に挙げる。

切削加工関係では NC 旋盤，マシニングセンタ，NC フライス盤，NC ボール盤，NC 中ぐり盤，NC ホブ盤などがある。

研削加工関係では，NC 平面研削盤，NC 輪郭研削盤，NC 円筒研削盤，NC 工具研削盤，NC カム研削盤などがある。

放電加工関係では，NC 形彫り放電加工，NC ワイヤ放電加工がある。

その他として，NC レーザ加工機，NC 超音波加工機，NC パンチプレスなどがある。

NC 工作機械の普及した理由について述べると以下のとおりである。

生産現場では原価低減のために，材料費，機械の償却費や人件費などにおいて，いろいろと工夫や努力をしている。そうした工夫の中で，特に重視していることは自動化，省力化，無人化のための生産技術である。

汎用工作機械では，作業者は経験と訓練によって，より高度で，高能率・高精度な加工の技術や技能を身に付ける。このような熟練者になるには長い時間と費用が必要である。しかしながら，NC工作機械では比較的短時間のうちに，精度的にも能率的にも，一般に必要とされる水準までの技術や技能を身に付けることができる。そればかりでなく，同じ加工の繰返しならば，プログラムにより人手をかけずに加工を継続することができる。また，複数台のNC工作機械などを一群として一緒に制御管理するFMS（Flexible Manufacturing System）などにも用いられている。こうした理由から，生産現場ではNC工作機械が盛んに導入されている。

（2） ＮＣ旋盤

初期のNC旋盤は，六角刃物台が水平面を旋回するタレット形で，油圧倣い旋盤をNC化（同時2軸制御）した機械であった。

その後，サーボ機構やNC装置の発展により，信頼性，操作性あるいは機能性が向上し，旋盤でありながらフライス加工もできる，同時4軸加工を複合的に行うNC旋盤（ターニングセンタ）もある。

図2－7.8にNC旋盤の外観を示す。機械本体は主軸，往復台，刃物台などで構成され，NC装置は操作盤，機械操作盤，強電制御装置などで構成されている。

主軸は中空構造で，バーフィーダ（工作物の自動供給装置）が取り付けられるようになっている。

刃物台は，六角のタレット形から，図2－7.9に示す十数角のドラム形が主流になり，多工程の加工が行えるようになっている。また，作業者の対向する位置に刃物台が位置し，このため刃物台に取り付けられるバイトの切れ刃は下向きになり，切りくずの処理を容易にする構造になっている。

制御軸は，主軸長手方向（Z軸）と主軸直角方向（X軸）の同時2軸制御である。

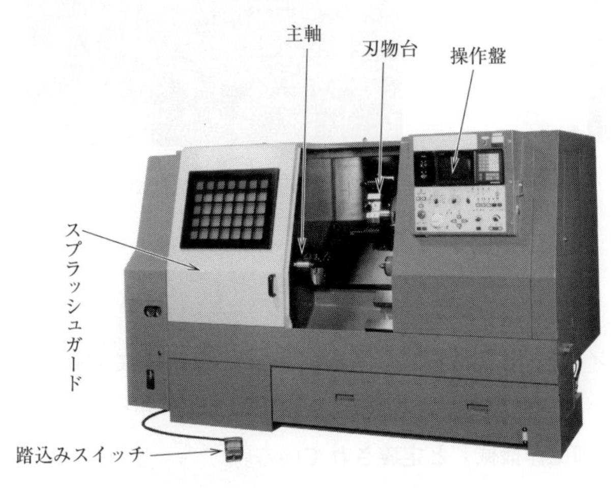

図2－7.8　ＮＣ旋盤

図2－7.9　刃物台

ターニングセンタでは，工作物の回転割出し用として付加軸（Ｃ軸）がある。図２－7.10のように，エンドミルを刃物台に取り付けてフライス加工ができる。

NC旋盤の機能としては，工作物の直径変化にかかわらず切削速度を一定に保つ周速一定制御，刃先Ｒによって生ずる形状誤差を自動的に補正する刃先Ｒ補正機能，内外径切削，段付け切削，横切削，ねじ切りなどの各種旋削パターンの固定サイクルなどがある。

NC装置は，画面に表示される指示に従って入力すると，自動的にプログラムを作成する対話機能が強化されている。また，プログラムの登録・編集が容易にできるなど，操作性が非常によくなっている。図２－7.11に操作部，図２－7.12に対話形NC機能の画面例を示す。

図２－7.10　ターニングセンタの刃物台

図２－7.11　NC旋盤の操作部

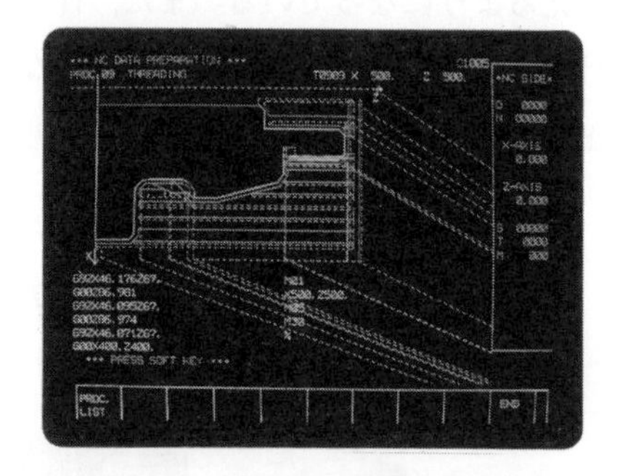

図２－7.12　対話形NC機能

（3）　マシニングセンタ

JIS B 0105：2012では，マシニングセンタ（Machining Center, MC）は「主として回転工具を使用し，フライス削り，中ぐり，穴あけ及びねじ立てを含む複数の切削加工ができ，かつ，加工プログラムに従って工具を自動交換できる数値制御工作機械」と定義されている。

工具の自動交換装置をATC（Automatic Tool Changer）と呼んでいる。

図２－7.13に主軸が横軸の横形マシニングセンタ，図２－7.14に主軸が縦軸の立て形マシニングセンタの例を示す。

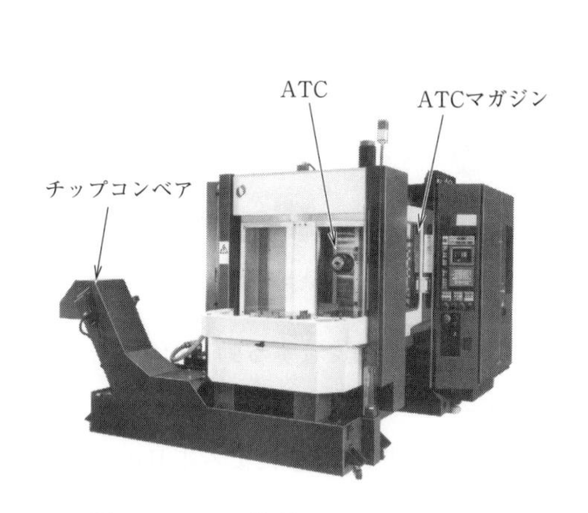

図２－7.13　横形マシニングセンタ

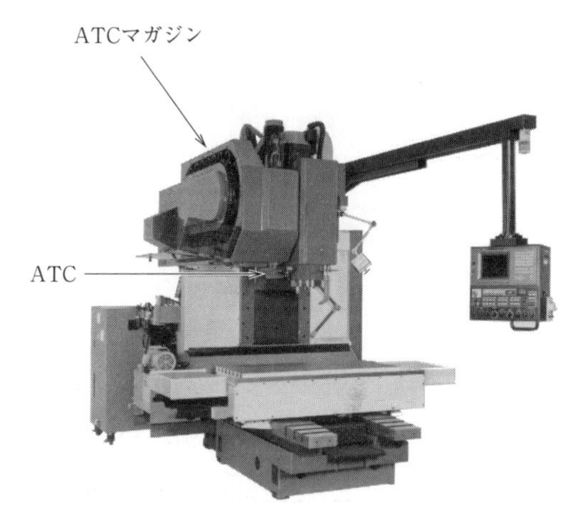

図２－7.14　立て形マシニングセンタ

このように，一般にマシニングセンタは，ATCを備え，１回の段取りで工作物にフライス加工，中ぐり加工，ドリル加工などを行うNC工作機械といえる。機械本体の主な構成は，テーブル，主軸頭，ATCである。

テーブルがAPC（Automatic Pallet Changer）仕様のマシニングセンタでは，工作物はテーブル上のパレットに取付具やジグを利用して取り付けられ，パレットが機内で回転することによって工作物の多面加工ができることになる。図２－7.15は工作物の取付け状態の一例を示している。

一般に，主軸頭のZ軸プラス方向のストロークエンドが，ATC動作による工具交換位置になっている。ATCは，ATCマガジン（又は工具マガジン）に収納されている数十本の工具のうち，指定す

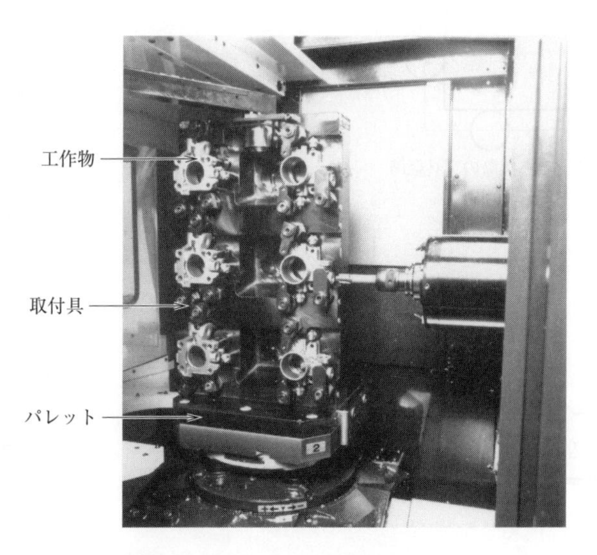

図２－7.15　工作物の取付けと割出し

図２－7.16　ATCアーム

図２－7.17　ATCマガジン

る工具を任意に呼び出し，ATC アームによって自動的に工具を主軸に装着する動作を行う。図２－7.16 に ATC アーム，図２－7.17 に ATC マガジンの例を示す。

マシニングセンタは，テーブル割出し機能による工作物の多面加工，ATC による工具の自動交換，また場合によっては，APC と呼ばれるパレットの自動交換装置などによって，長時間の無人運転を可能にしている。

マシニングセンタでは，工作物上で複数の座標系を設定できるワーク座標系，ボーリング，ドリリング，タッピング等各種の固定サイクルなどの機能が用意されているが，特徴的な機能は工具補正機能である。工具補正機能は，工具交換による工具長や工具径の変化を自動的に補正する機能で，これによって，使用する工具の長さや直径の大小を意識することなく，工作物の形状どおりにプログラミングができる便利さがある。図２－7.18 に工具径の補正，図２－7.19 に工具長の補正を示す。

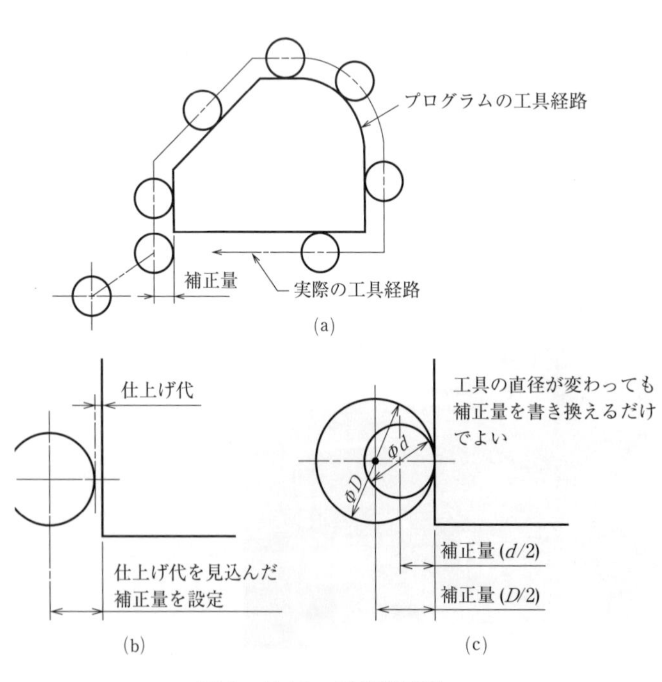

図２－7.18　工具径補正

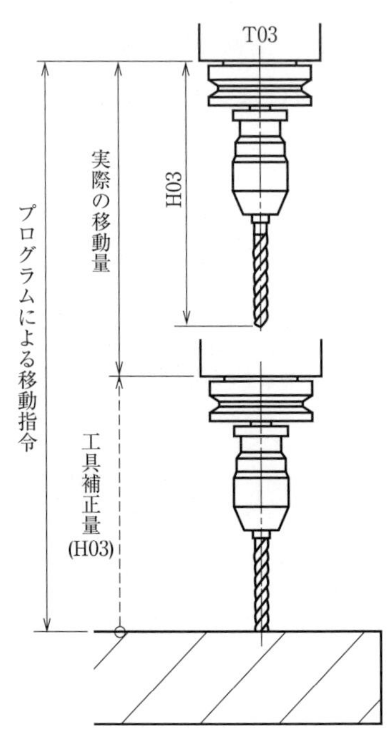

図２－7.19　工具長補正

（4） NC フライス盤

NC フライス盤は，数値制御される工作機械として，世界で初めてアメリカで開発され，3次元の複雑な形状をした航空機部品，カムや金型の加工に適している。

マシニングセンタのような多機能なNC 工作機械の登場によって，NC フライス盤そのものがマシニングセンタ化する傾向にあり，純粋なNC フライス盤の全NC 工作機械における比率は次第に減少する傾向にある。しかし，マシニングセンタに比べて価格が安く，段取りの容易さ，操作性のよさなどから，NC フライス盤は重宝されている。特に，マシニングセンタを使わなくてもよいような部品加工を行っている中小企業では，ATC を装備した，いわゆる小形マシニングセンタともいうべきNC フライス盤の需要が多い。図２－7.20～図２－7.22 に各種のNC フライス盤を示す。

図２－7.20　NC横フライス盤

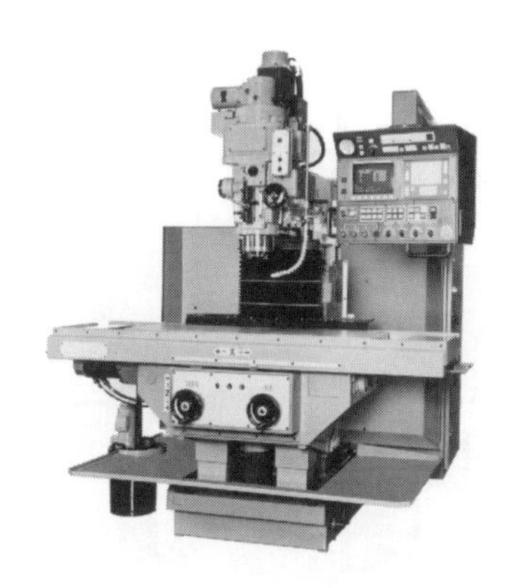

図２－7.21　NC立てフライス盤

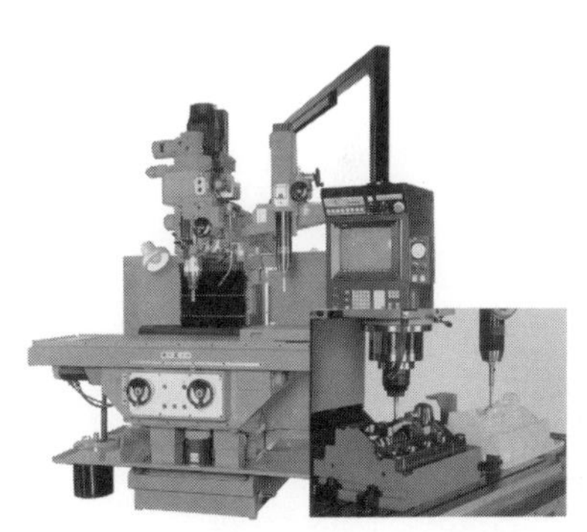

図２－7.22　NC倣いフライス盤

（5） NC ボール盤

図２－7.23 にNC ボール盤を示す。ドリル加工やタップ加工が主で，簡単なフライス加工もできる。タレット式の主軸頭に数本の工具を収容し，最大加工径はϕ20 程度である。

立て形と横形とがあり，高速，高精度，高剛性であり，価格がマシニングセンタに比べて安いため，軽合金の高速仕上げ加工など，小物作業を中心に利用されている。

(a) 立 て 形

(b) 横　　形

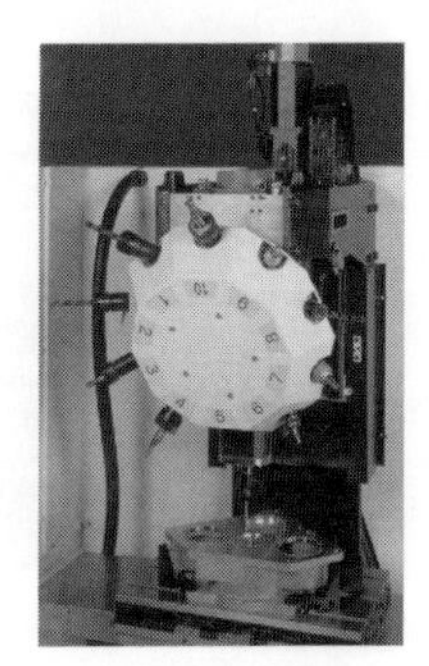

(c) 立て形主軸

図２－7.23　NCボール盤

（6） NC 研削盤

図２－7.24 に NC 平面研削盤，図２－7.25 に NC 円筒研削盤，図２－7.26 に NC 輪郭研削盤（NC プロファイルグラインダともいう）を示す。

NC 研削盤は，その使用目的が工作物の最終仕上げ加工であることから，高精度加工が要求されるが，構造や機能といった面での信頼性に不安があり，ほかの NC 工作機械に比較して普及が遅れていた。

しかし，といしの送り機構，といしの自動定寸装置，といしの自動修正機能，研削パターンの固定サイクル化など，構造や機能ともに改善されるにつれ，NC 研削盤は急速に普及している。

図２－7.27 に NC 円筒研削盤の研削固定サイクル，図２－7.28 にといしの自動定寸装置，図２－7.29 にといしの自動修正機能を示す。

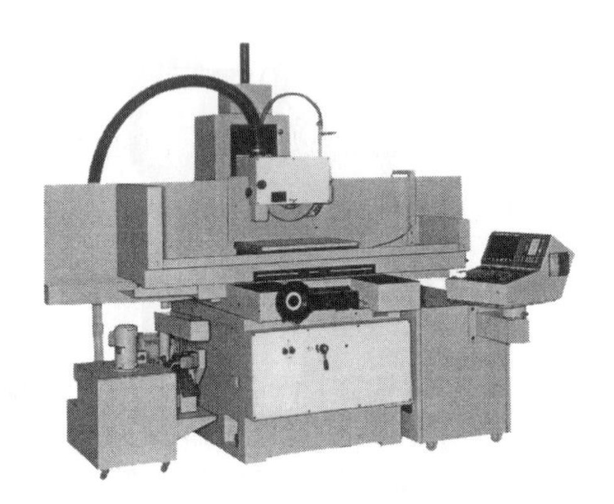

図２－7.24　NC平面研削盤

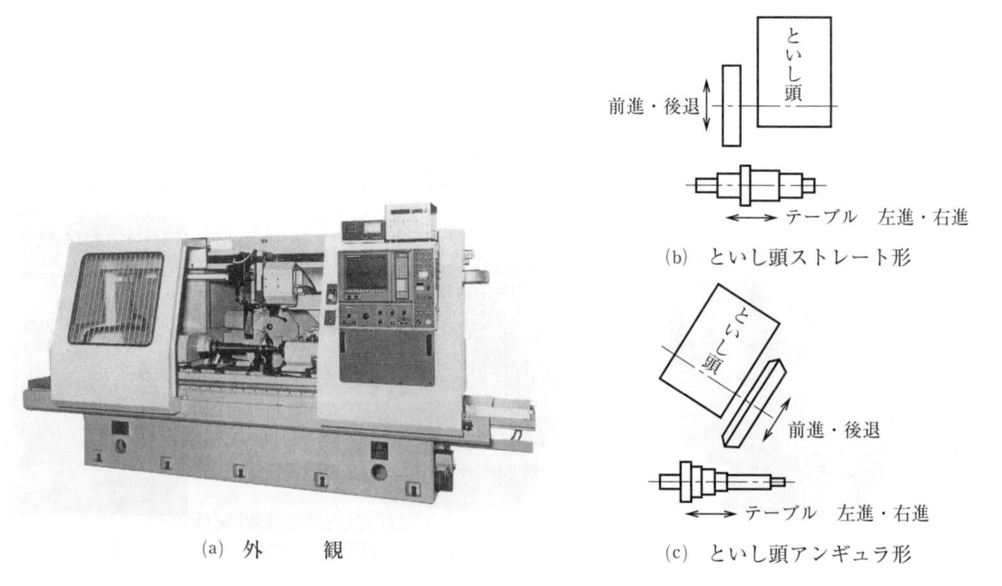

(a) 外　　観

(b) といし頭ストレート形

(c) といし頭アンギュラ形

図２－7.25　NC円筒研削盤

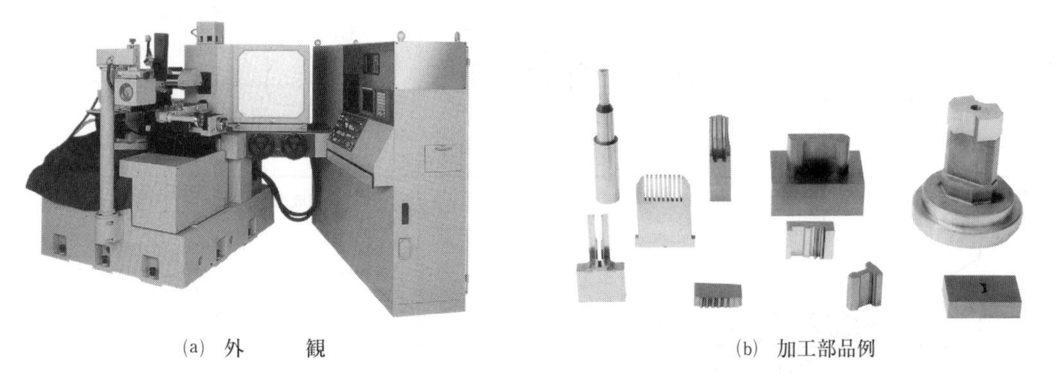
(a) 外　　観　　(b) 加工部品例

図２－7.26　NC輪郭研削盤

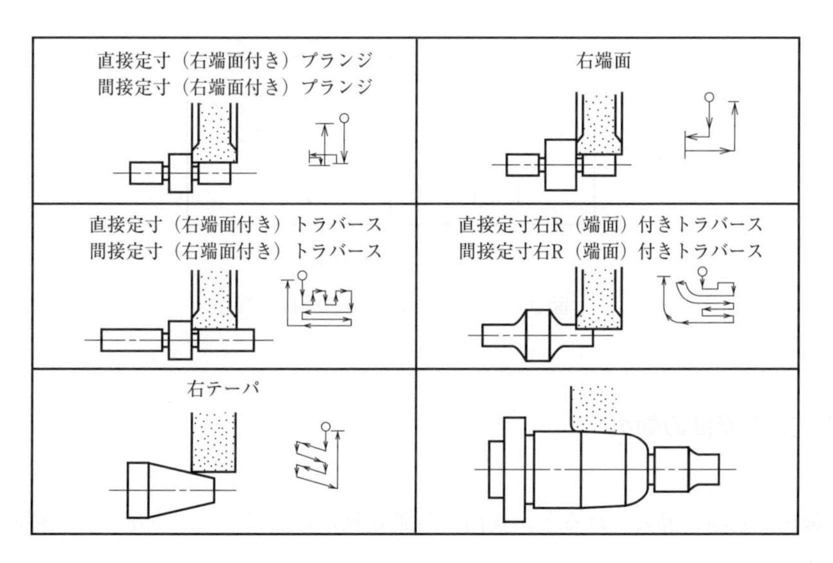

図２－7.27　NC円筒研削盤の研削固定サイクル

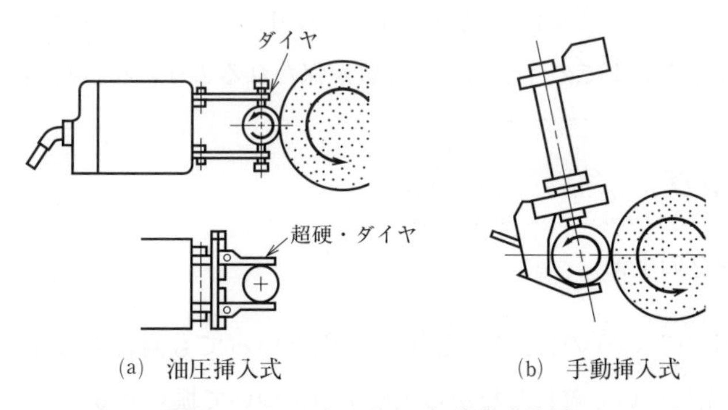

(a) 油圧挿入式　　(b) 手動挿入式

図２－7.28　といしの自動定寸装置

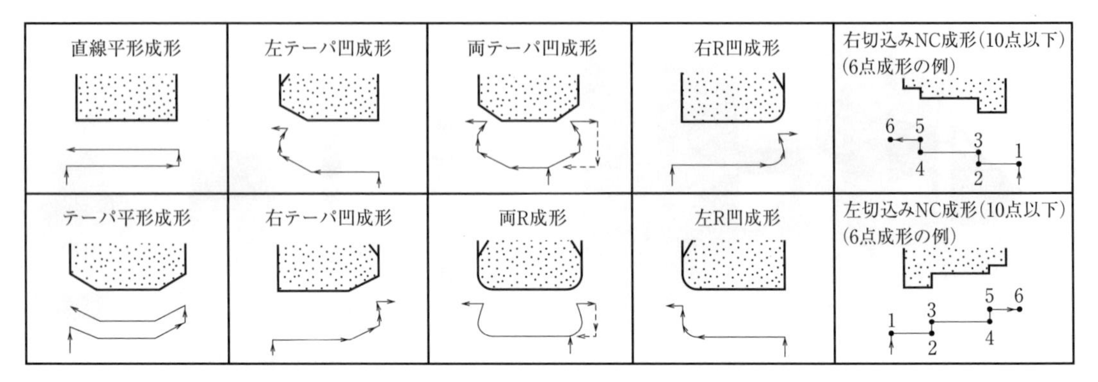

(a)　といしの修正パターン

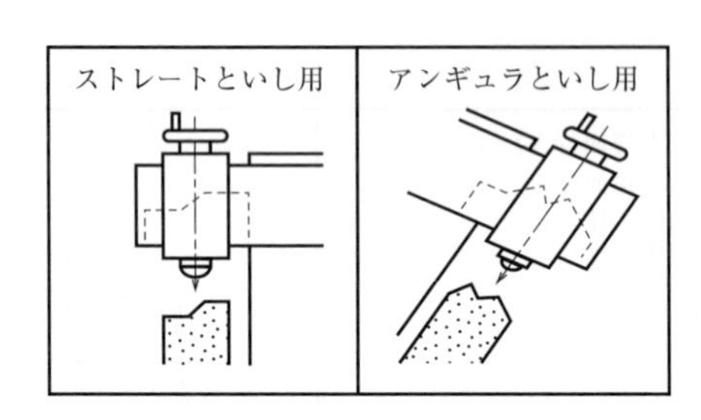

(b)　といしの成形

図2－7.29　といしの自動修正機能

7.7　NC工作機械の効果

NC工作機械が現場に導入されると，夜間の自動運転が可能になり，生産性は飛躍的（3～10倍）に伸び，自動化の契機となる。

NC化によって，X軸，Y軸，Z軸という3次元の輪郭（コンタリング）制御を行うために，各軸専用のモータが分散され，高精度な位置決めが可能になり，どこの工場でも，短時間精度±数μm，長時間精度±十数μmぐらいまでの寸法精度と品質が保たれるようになった。

7.8　プログラミング

（1）　プログラミングの小史

プログラミングの歴史というのは，NC加工の歴史といっても過言ではないだろう。ここでは，NCプログラミング技術について着目しながら主要事項について振り返る。

前述したとおり，1948年に米国，ミシガン州トラバース市のパーソンズ社はヘリコプタの羽根の型板を輪郭加工する新しい工作機械の構想研究で米国空軍と契約した。1949年に米国ボストンのMITのサーボ機構研究所はその契約に加わり，1951年に成果をあげた。そして，1951年に3次元フライス盤のNCが公表された。1955年にAIA（Aerospace Industries Association）が1台50万ドルで 13.5m の輪郭制御スキンミラーの NC フライス盤 100 台近くを導入した。同年に，A．シーゲル（MIT のコンピュータ研究所）が同時３制御 NC フライス盤を用いて複雑な形状を加工するための工具軌跡を，真空管式のコンピュータを使って計算するための NC プログラミングシステムを発表した。

1956 年６月に APT（Automatically Programmed Tools：アプトと称す）プロジェクトが MIT の D．T．ロスを中心として立ち上げられた。1961 年にイリノイ工科大学研究施設（IITRI）に APT の ALRP（Long-Range-Program）が設けられ，自動設計と５軸 NC 工作機械のプログラミングまで拡張した研究が始まる。APT が実際の生産に使われたのは，1959 年のことである。

APT は NC プログラミングの問題設定（Problem Oriented Language）の一つで，APT 言語には，点によるプログラム用の APT－Ⅰ，曲線に沿うカッタプログラム用の APT－Ⅱ，曲面に沿うカッタプログラム用の APT－Ⅲがある。1964 年にＩ社は APT－Ⅰに対応した AUTOSPOT，APT－Ⅱに対応した ADAPT（Adaptation of APT）を発表した。同年にヨーロッパでは EXAPT（Extend subset of APT，西ドイツが開発した数値制御工作機械用自動プログラミングシステム）が，そして我が国では 1968 年にＡ社とＢ社が APT 総合システムを発表した。その後，米国が UNIAPT，西ドイツが EXAPT－Ⅱ，イギリスが２CL，オランダが MITUR，フランスが IFAPT を開発した。我が国では FAPT，HAPT，MEDIAPT などが市販された。APT の特徴は開発当初から複雑形状の加工を対象としていたため，球面，ねじれ面，自由曲面加工などの工具位置計算において，その汎用性，機能の豊富さで優れたシステムであった。もちろん，これらの技術は 1971 年の CAM－Ｉ（Computer Aided Manufacturing International）協会に引き継がれ，現在の CAM 技術という形になっている。

工作物の図面が与えられ，工作機械にその図面どおりに工作物を切削させるためには，加工に必要な情報を一定の約束に従ってデータ入力しなければならない。この作業（数値情報化）をプログラミングという。

プログラミングによって NC 工作機械の仕事の内容が決まってしまい，工作物の精度，加工時間などが大きく影響されるので，NC 工作機械作業では，プログラミングが大変重要な作業になってくる。プログラミングの順序としては図２－7.30 に示すように，図面から，加工順序，加工基準の取り方，工具の選定，工具の移動経路，移動距離，切削条件などを定めてプロセスシートを作成し，これに従ってデータ入力するマニュアルプログラミングと，自動プログラミング装置や，CAD・CAM システムなどのコンピュータを利用して行うプログラミング方式がある。

次に NC 工作機械に工作物，工具を取り付け，NC 装置にデータを入力し，操作盤によって工具を最初の出発点に合わせ，始動ボタンを押すことにより加工を行う。データの媒体を必要としない直接制御 NC（DNC）などの方式もある。

プログラミングするときは，工具又は工作物の移動方向を明確にする必要がある。プログラミングでは，全て標準座標系（右手直交座標系）を用い，図２－7.31 に示すように座標軸の記号は X，Y 及び Z を使用し，矢印の向きを正としている。また，主軸の方向を Z 軸に取るのが一般的である。

図２－7.32 に，NC 旋盤と NC フライス盤などの座標軸を示す。

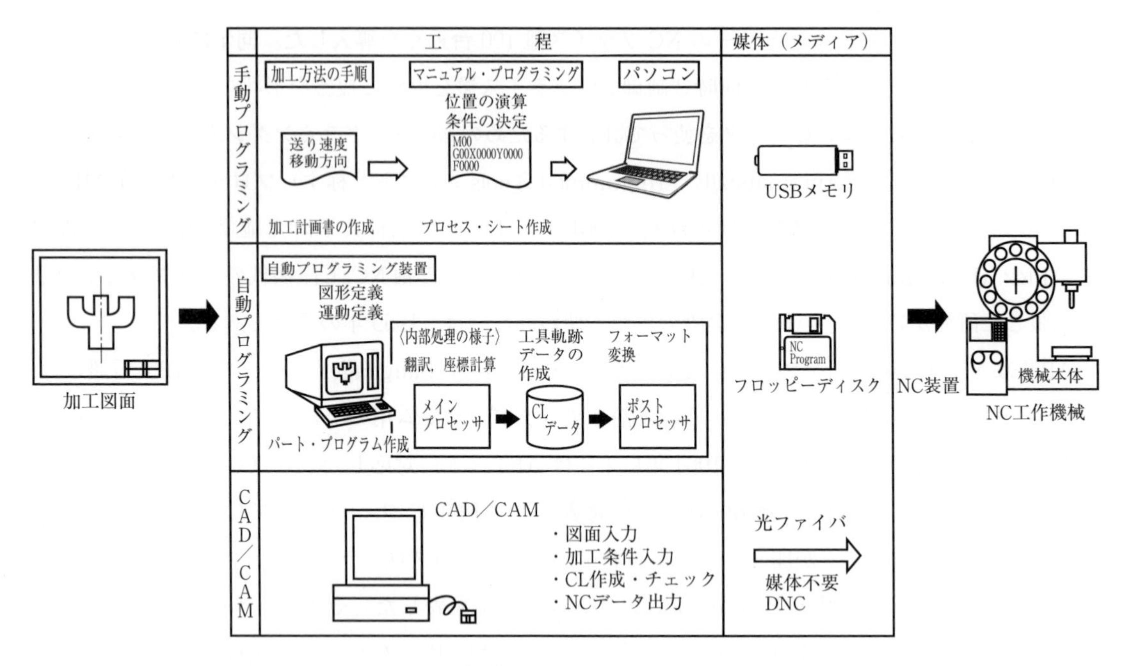

図 2-7.30　各種プログラミングの入力の比較

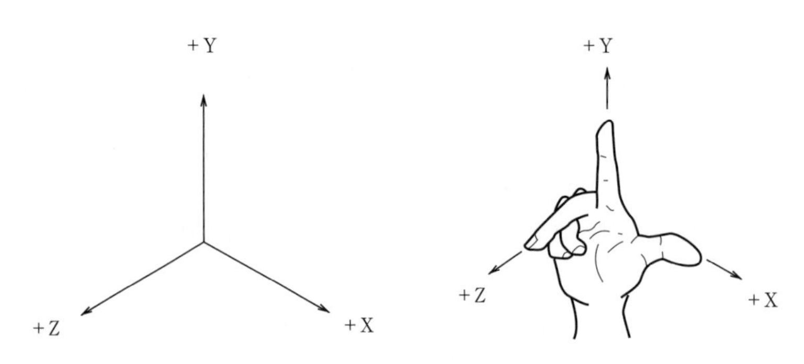

図2－7.31　NCの座標系

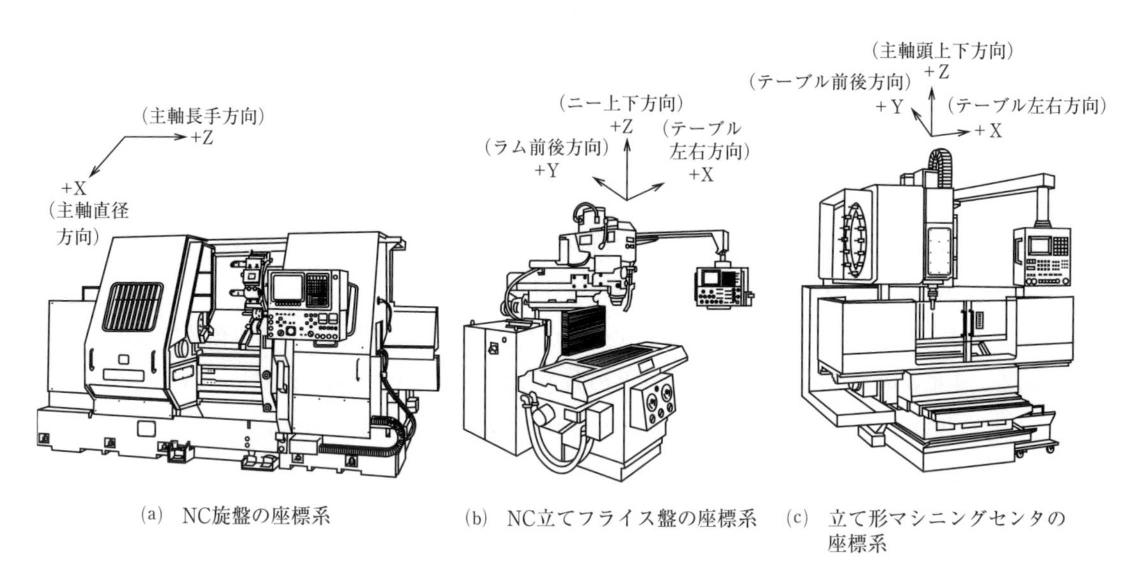

(a)　NC旋盤の座標系　(b)　NC立てフライス盤の座標系　(c)　立て形マシニングセンタの座標系

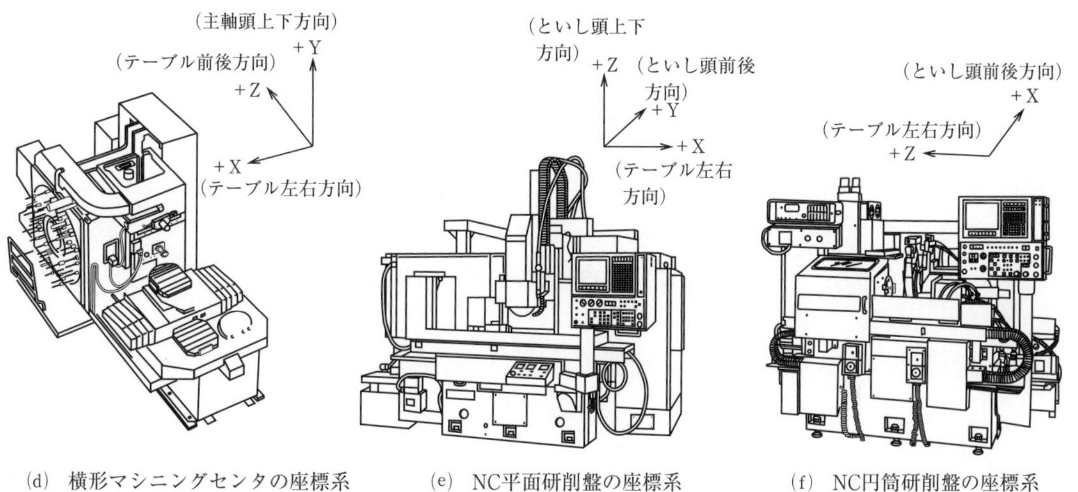

(d)　横形マシニングセンタの座標系　(e)　NC平面研削盤の座標系　(f)　NC円筒研削盤の座標系

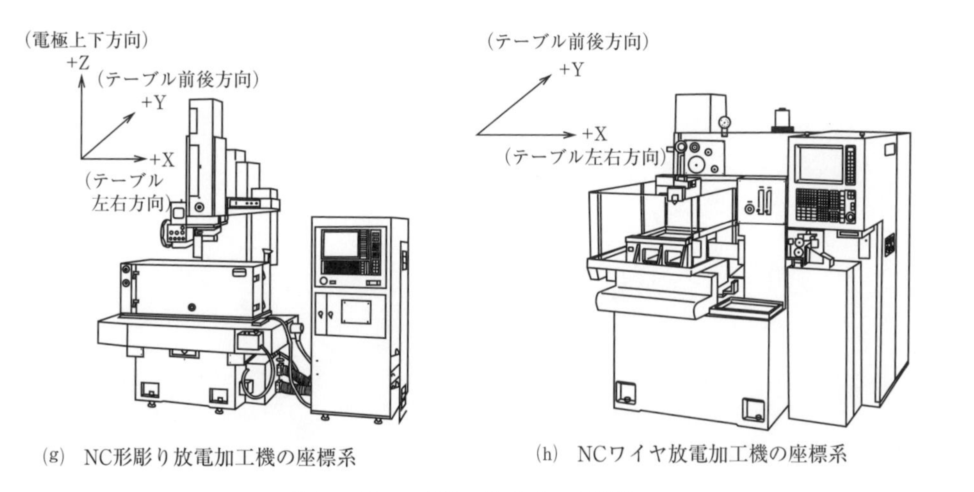

(g)　NC形彫り放電加工機の座標系　(h)　NCワイヤ放電加工機の座標系

図２－7.32　各種工作機械の座標軸

（2）　座標系の指令方式

工具の位置は，座標系で表される。その工具の座標，すなわち個々の点の位置情報の表し方には，増分値方式（インクリメンタル方式）と絶対値方式（アブソリュート方式）とがある。

増分値方式は，図2－7.33(a)のように各点の情報をその前の点からの増分量で表す方式で，機械の動きを示すために，「＋」又は「－」を数値の前に付ける。

絶対値方式は，同図(b)のように工具の移動すべき点が，固定された原点からの座標値で与えられる方式である。座標系の原点に対し，正負いずれの向きも取ることができる。ただし，いずれの場合も「＋」の符号は省略することができ，プログラムの中ではインクリメンタル方式，アブソリュート方式のどちらを使用してもよい。

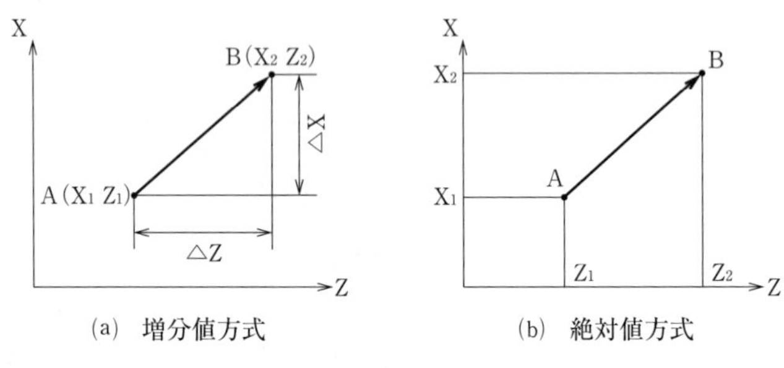

(a)　増分値方式　　(b)　絶対値方式

図2－7.33　A点→B点への移動

第８節　その他の切削加工作業

8.1　ブローチ盤作業

図２－8.1，図２－8.2 に示すように，大きさと形状が順次異なる多数の刃を長手方向に並べた細長い切削工具を**ブローチ**という。このブローチあるいは工作物を長手方向に移動させて，それぞれの刃で工作物の表面や穴の内面を削って，ブローチと同じ輪郭形状，寸法に仕上げる作業を**ブローチ削り**という。ブローチ盤（broaching machine）は，ブローチを工具として工作物の表面や穴の内面を加工する機械である。

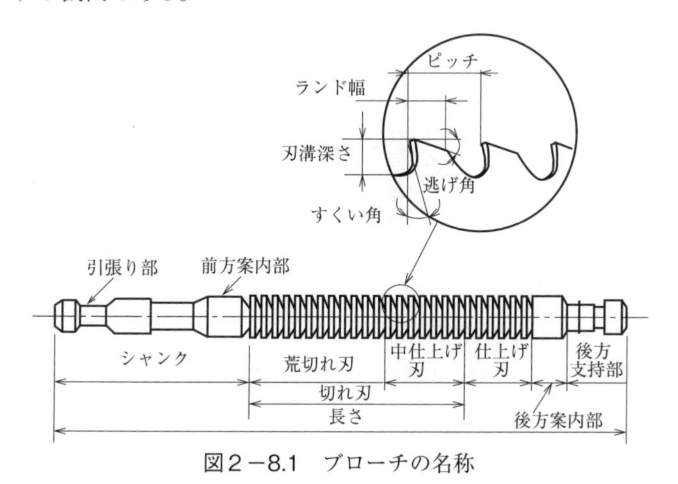

図２－8.1　ブローチの名称

図２－8.2　各種のブローチ

図２－8.3 はブローチ削りをした加工形状の事例を示す。このような形状の工作物をブローチ削り以外の工作法で加工する場合，高い精度の均一な製品をつくることは難しい。しかし，ブローチ削りでは，複雑な寸法形状で精度の高い工作物を，１工程で 10～20 秒の短時間で，均一に，しかも能率的に加工することができる。ただしブローチは，工作物の形状，寸法や材質によって仕様が異なるため，汎用性のない工具で，それぞれの製品に応じて用意しなければならない。また，ブローチは高精度で複雑形状であるため，製作にはコストと時間がかかり，少量生産の場合にはさほど有利でない。

さて，ブローチ盤は，様々なものがあり，駆動方式，構造・形態，加工形態，切削形態で区別される。加工形態によって，図２－8.4 に示すように内面ブローチ盤と表面ブローチ盤に区別される。

内面ブローチ盤は，内面ブローチ工具によって工作物の内面を削る。これには，同図(a)(b)に示すように，ブローチを引っ張って削る引抜き削りと，押し出して削る押抜き削りとがある。引抜き削りは，ブローチを工作物の下穴に入れて引き抜き，押抜き削りは，ブローチを押し込むので操作が簡便である。しかし，細長いブローチの場合は，ブローチが曲がるおそれがある。

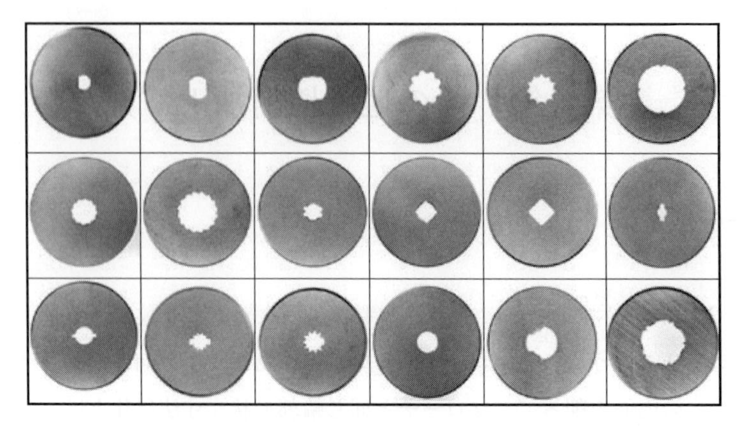

図2－8.3　内面ブローチ削りをした加工形状例

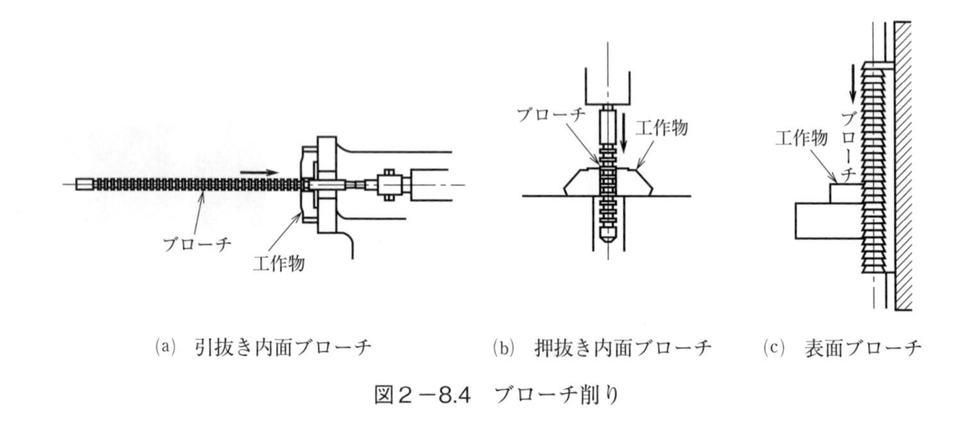

(a)　引抜き内面ブローチ　　(b)　押抜き内面ブローチ　　(c)　表面ブローチ

図2－8.4　ブローチ削り

表面ブローチは，図2－8.5に示すように，歯車，スプロケットなどの機械部品の外形を高速に高効率に加工する。

また，ブローチ盤は，ブローチの運動方向によって横形と立て形に区別される。立て形は，図2－8.6に示すように据付け面積が小さく，ブローチの自重によるたわみがないなどの長所があるが，ブローチの取扱いは横形のほうが容易である。製品はロータリコンプレッサの部品と内スプロケットを示す。図2－8.7は横形ブローチ盤を示す。この場合，ブローチの切削速度は1～5m/min程度，戻り速度は5～18m/min程度である。

図2－8.8に，各種ブローチ盤によって加工された製品例を示す。歯車，スプロケット，そしてコンロッドの軸内面なども加工される。

(a) 外　　観

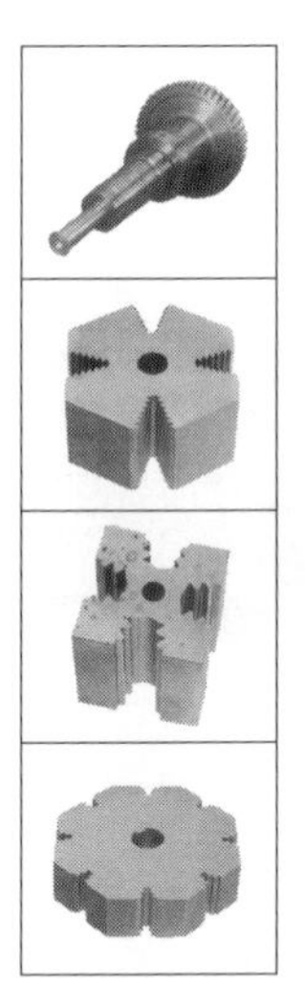

(b) 製 品 例

図２－8.5　メカニカル表面ブローチ盤

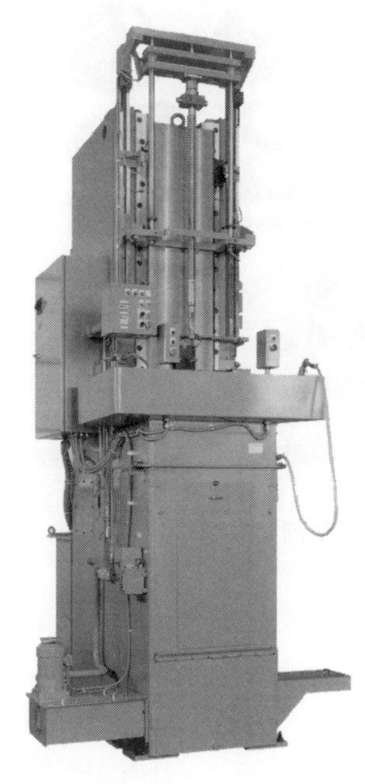

(a) 外　　観

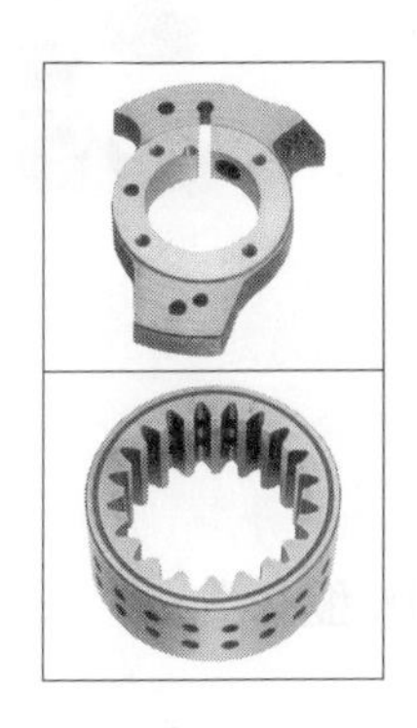

(b) 製 品 例

図２－8.6　立て形内面ブローチ盤

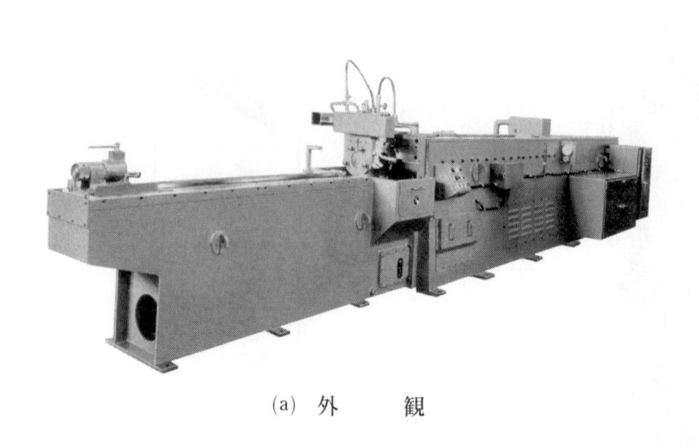

(a) 外　　観

(b) 製 品 例

引抜き力［KN］	300
最大行程［mm］	1 800
切削速度［m/min,60Hz］	1～5
戻り速度［m/min,60Hz］	5～18
被削物の最大外形［mm］	800
主電動機［kw］	30
機械の高さ［mm］	1200
所要床面積［mm×mm］	5700×1500
機械質量［kg］	9500

(c) 仕　　様

図２－8.7　横形内面ブローチ盤

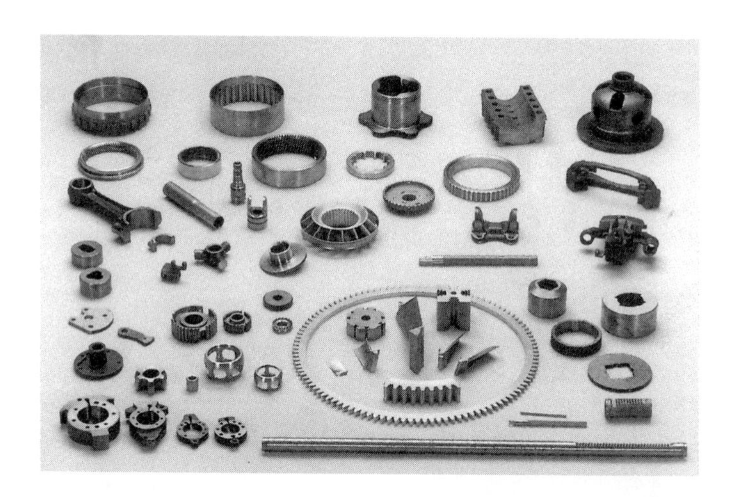

図２－8.8　各種ブローチ切削製品例

8.2　歯切り盤作業

歯車の歯を削り出すことを歯切り（gear cutting）という。歯切り盤は，歯切り専用の工具を使って歯切り加工をする工作機械である。歯切り盤には，加工する歯車の種類や歯切りの方法によって，次のような種類がある。

①　ホブ盤（gear hobbing machine）

②　歯車形削り盤（gear shapping machine）

③　歯割り盤（gear milling machine）

④　ラック歯切り盤（rack cutting machine）

⑤　すぐばかさ歯車歯切り盤（straight bevel gear generator）

⑥　まがりばかさ歯車歯切り盤（spiral bevel gear generator）

⑦　ウォームホイールホブ盤（worm wheel gear hobbing machine）

歯車の製作方法には，上記の歯切り盤を使う方法以外に鋳造や鍛造・転造などの塑性加工による方法もある。

また，上記の歯切り盤でつくられた歯車を，さらに高い精度の歯車にする場合，さらに歯車仕上げ用工作機械で仕上げる。主な工作機械を次に挙げる。

①　歯車シェービング盤（gear shaving machine）

②　歯車研削盤（gear grinding machine）

③　歯車面取り盤（gear tooth chamfering machine）

④　平歯車ラップ盤（spur gear lapping machine）

⑤　かさ歯車ラップ盤（bevel gear lapping machine）

⑥　歯車ホーニング盤（gear horning machine）

（１）　歯切りの形式と原理

歯切り法には，図２－8.9 に示すように，歯溝と同じ形の工具で歯車の歯を１枚ずつ削り出す**成形法**と，図２－8.10 に示すように，歯切りをしようとする歯車にちょうどかみ合うような歯車（ラックカッタ，ピニオンカッタ，ホブカッタ）状の工具と歯車素材との間に，かみ合っている状態と同じ運動を与えながら歯を削り出していく**創成法**とがある。

成形法は，平歯車，はすば歯車用のインボリュートフライス工具（JIS B 4232）を用い，割出台を取り付けた横フライス盤などで，１ピッチずつ送って，フライス削りする方法である。次に述べるホブなどに比べ，非能率で精度も劣ることから，一般にはさほど用いられない。

これに対して，**創成**とは，工作物と工具との相対運動によって曲線を創り出すことをいう。創成法

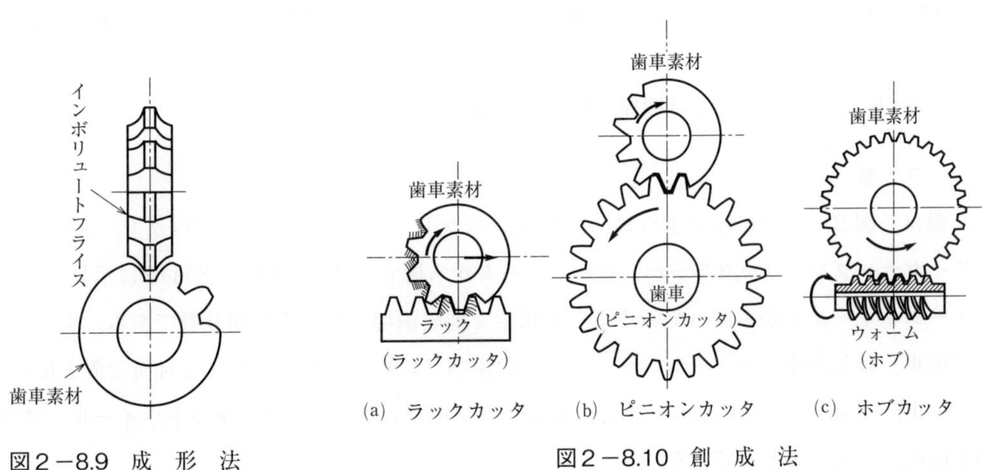

図２－8.9　成　形　法

図２－8.10　創　成　法

は成形法に比べて歯形が合理的に歯切りされ，また能率的で精度も確保できることから，歯切り盤の多くは，創成法によって歯切りされる。

さて，図2－8.11に示すように1対のウォームとウォームホイールがかみ合うとき，ウォームのねじ山の断面がラック形であると，これに連続して接触するウォームとウォームホイールの歯の断面は，図2－8.12に示すようにインボリュート曲線となる。このウォームのねじ山に直角に数本の溝を入れると，ラック形の切れ刃をもつ工具となり，これが歯車用ホブである。ウォームホイールの位置に工具を置くと，ホブによってインボリュート歯形の歯車が削られる。

この原理によって，ホブのリードに合わせて工作物を回転させ，ホブに回転を与えると，図2－8.11に示すように，円筒歯車を削ることができる。

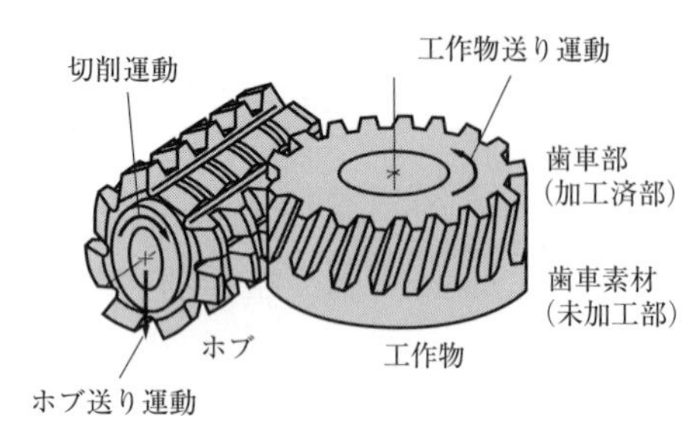

(a)　ホブによる歯切り

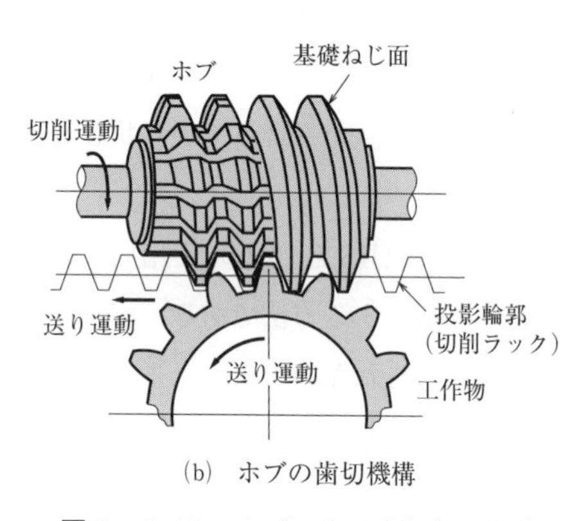

(b)　ホブの歯切機構

図2－8.11　ホブによる歯切りの運動

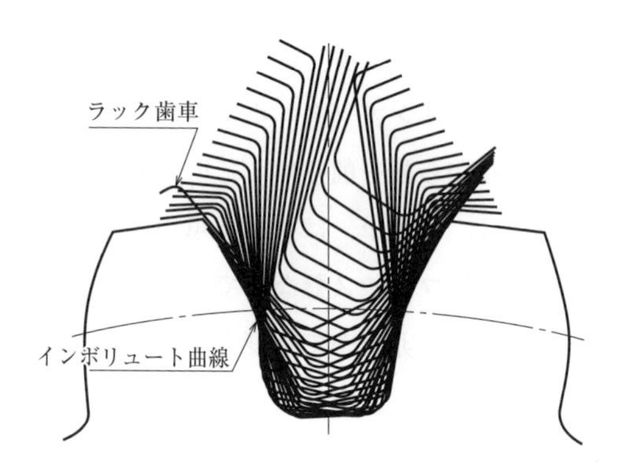

図2－8.12　インボリュート曲線の創成

(2)　歯切り盤及び歯車仕上げ機械の種類と特徴

a　ホ　ブ　盤

ホブ盤は，図2－8.13に示すように，コラム，ベッド，ホブサドル，ホブヘッド，テーブルサドル，ワークテーブル，ワークアーバ，オーバアームから構成される。図2－8.11(b)に示したウォームとウォームホイールがかみ合っているような状態で創成歯切りを行う歯切り盤である。主に平歯車，はすば歯車，ねじ歯車，ウォームホイールなどの歯切りに用いられる。特殊な付属装置を用いると，やまば歯車，内歯車などの歯切り，また，特殊なホブを用いると，スプロケットホイール，スプライン軸を創成法で削ることもできる。

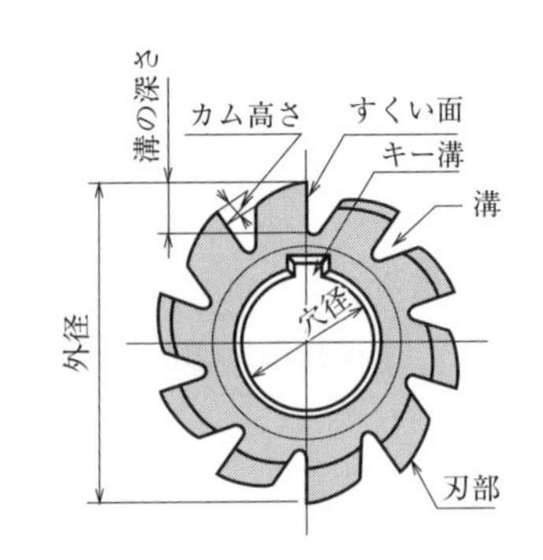

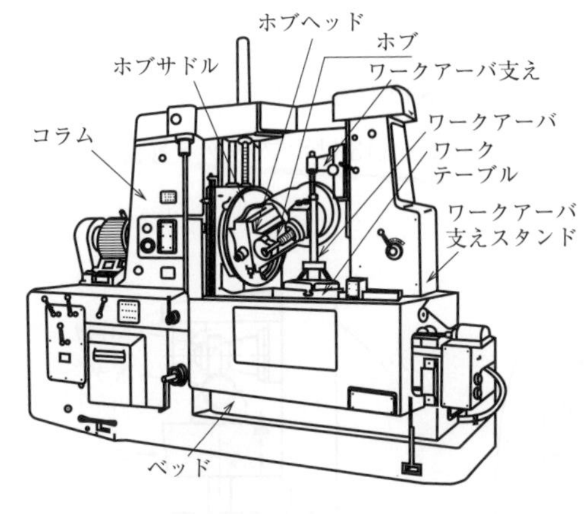

図2－8.13　ホ　ブ　盤

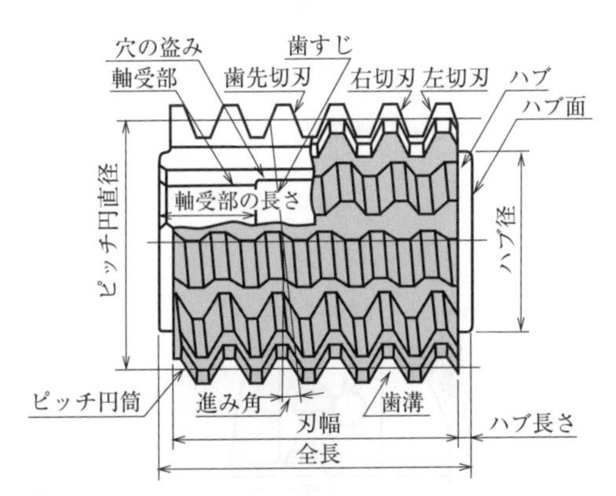

図2－8.14　ホブの各部名称

図２－8.14にホブの各部の名称を示す。ホブは，ラックが円筒面上に等間隔に，位相を軸方向に少しずつずらして取り付けた工具である。ホブの歯形は使用目的により形状が異なる。

図２－8.15にホブ盤に使われる各種ホブ工具を示す。同図(a)は通常の歯車用のホブ，(b)はローラチェーンスプロケット用，(c)は角形スプライン用，(d)は組立ホブで，あらかじめラック形と切れ刃を別々に製作し，これらが本体に組み込まれている。(e)は小径多溝ホブ，(f)はウォームホイールの刃切り用のホブである。

(a)　歯車用ホブ

(b)　ローラチェーンスプロケットホブ

(c)　角形スプラインホブ

(d)　組立ホブ

(e)　小径多溝ホブ

(f)　ウォームホブ

図2－8.15　ホブの各種類

ホブ盤で歯切りされた歯車は，連続的に歯数の割出し運動を行っているため，比較的均一なピッチが得られやすい。また，各歯の同一部分は，同一の刃で削られるため歯形の均一性もよい。ただし，ホブによる歯切りは一種のフライス削りであることから，歯車形削り盤で削られた歯車に比べて，やや仕上げ面が劣る。

ホブ盤には，工作物中心線の方向によって，立て形，横形がある，前掲の図2－8.13は立て形である。

また，工作物に切込みを与える方式によって，図2－8.16に示すように，テーブル移動形，コラム移動形，ホブヘッド昇降形がある。

さらに，工作物との間に送りを与える方式によって，図2－8.17に示すように，ホブヘッド昇降形，ワークヘッド昇降形，ホブヘッド移動形がある。前出の図2－8.13はホブヘッド昇降形テーブル移動形である。

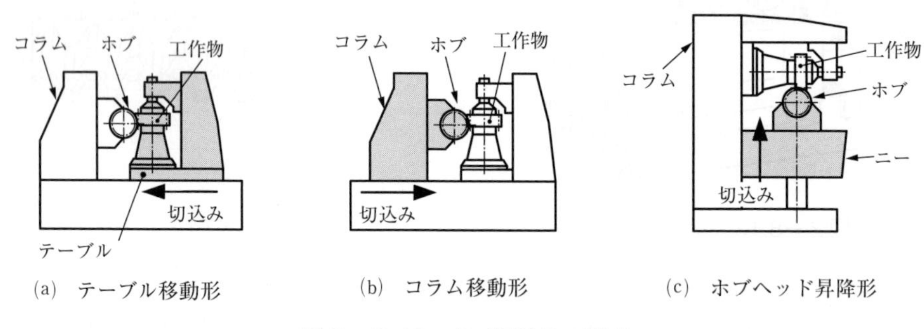

(a)　テーブル移動形　　(b)　コラム移動形　　(c)　ホブヘッド昇降形

図2－8.16　ホブ切込みの形式

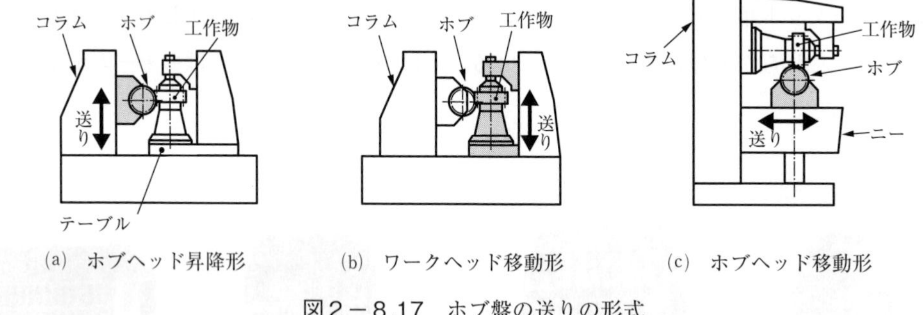

(a)　ホブヘッド昇降形　　(b)　ワークヘッド移動形　　(c)　ホブヘッド移動形

図2－8.17　ホブ盤の送りの形式

b　歯車形削り盤（ギアシェーパ）

歯車形削り盤は，形削り盤や立て削り盤のように，カッタに往復主（切削）運動を与えながら，前掲の図2－8.10(a)，(b)に示すように，二つの歯車又はラックと歯車がかみ合っているような運動を行わせて創成歯切りをする歯切り盤である。平歯車，はすば歯車，内歯車，ラックなどを加工できる。

歯車形削り盤は，使用する工具の種類によってピニオンカッタ形，ラックカッタ形がある。

(a)　ピニオンカッタ形歯車形削り盤

図２－8.18に，先述したコラム移動形のホブヘッド上昇形の機械で，ピニオンカッタを用いて歯切りする歯車形削り盤を示す。インボリュート歯形をもつカッタを図２－8.19に示すように往復運動させ，これとかみ合う歯車の代わりに工作物を置いて，カッタと工作物の歯がかみ合うような回転送りを与えると，カッタの端面によって歯が削り出され，工作物が１回転すると，歯切りは完了する。

ピニオンカッタ形歯切り盤には，カッタが往復運動する方向によって，立て形，横形がある。立て形が一般的である。ピニオンカッタ形歯車形削り盤の主な構成は，カッタヘッド，クロスレール，ワークテーブルなどからなる。

図２－8.20に，ピニオンカッタ形歯車形削り盤に用いられるカッタの各部の名称を示す。また，図２－8.21には，ピニオンカッタの種類を示す。カッタスピンドルに取り付ける仕組みによって，主にディスク形，ベル形，シャンク形，ハブ形がある。

図２－8.22は，各種ピニオンカッタによる歯車形削り加工事例を示す。図２－8.23は，実際のディスク形ピニオンカッタによる歯車形削り加工事例を示す。平歯車の歯切りの場合は，通常のピニオンカッタを用いる。はすば歯車の歯切りの場合は，図２－8.24に示すはすば歯車用のピニオンカッタを用い，ヘリカルガイドによってカッタにねじれ運動を与える。

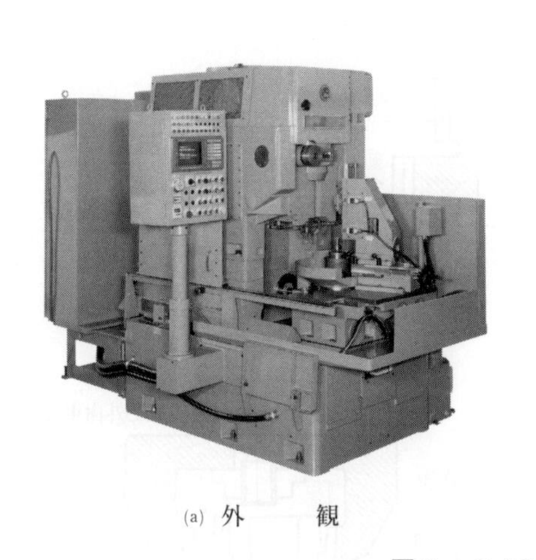

(a) 外　　観

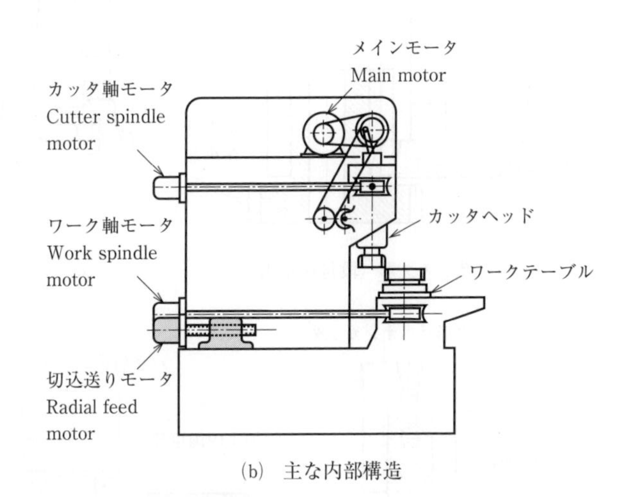

(b)　主な内部構造

図２－８.18　ピニオンカッタ形歯車形削り盤

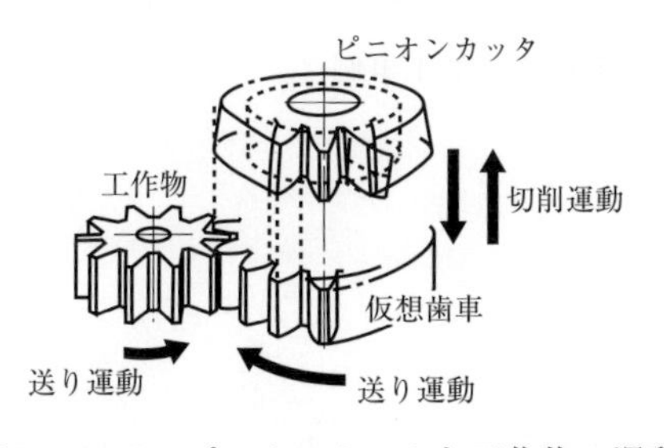

図２－8.19　ピニオンカッタと工作物の運動

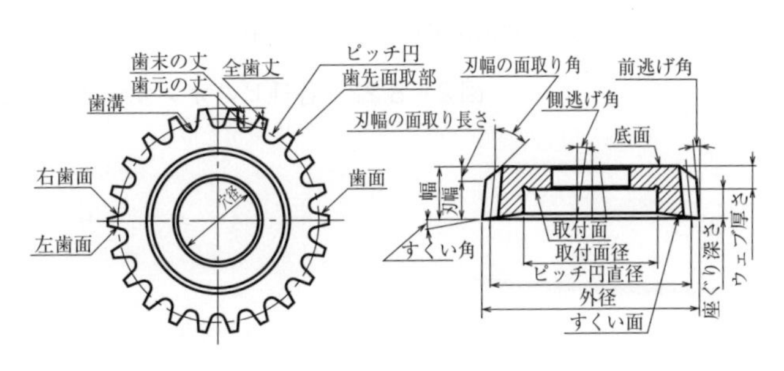

図２－8.20　ピニオンカッタの各部の名称

(a)　ピニオンカッタディスク形

(b)　ピニオンカッタベル形

(c)　ピニオンカッタシャンク形

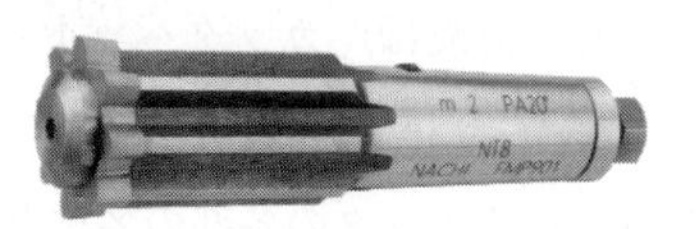

(d)　メカニカルクランプ式シャンク形ピニオンカッタ

(e)　ホットピニオンカッタ

図2－8.21　ピニオンカッタの種類

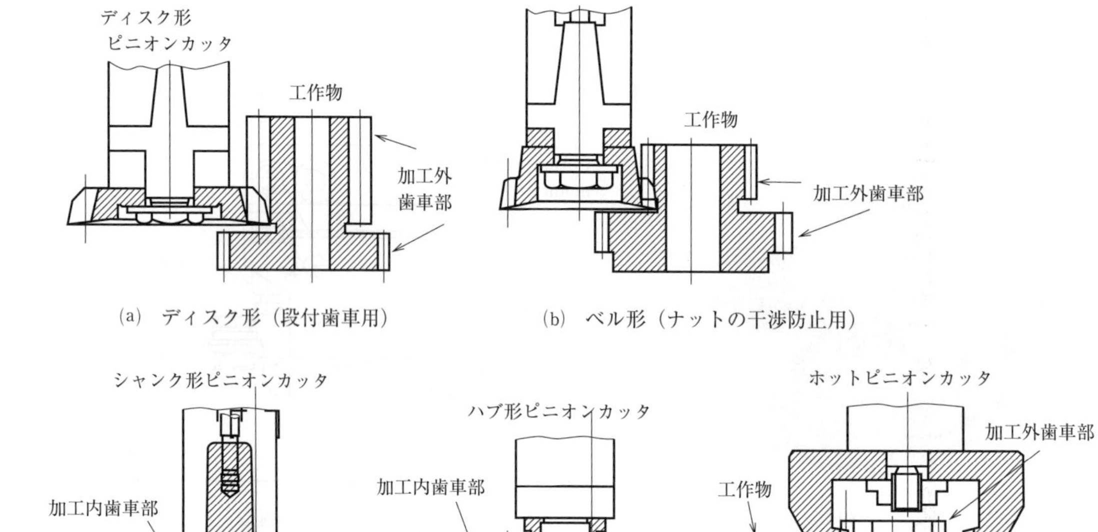

(a)　ディスク形（段付歯車用）　(b)　ベル形（ナットの干渉防止用）

(c)　シャンク形（小径内歯用）　(d)　ハ　ブ　形　(e)　ホットピニオンカッタ（内歯式）

図2－8.22　各種ピニオンカッタによる歯車形削りの加工事例

図２－8.23　ディスク形ピニオンカッタによる歯車形削りの加工事例

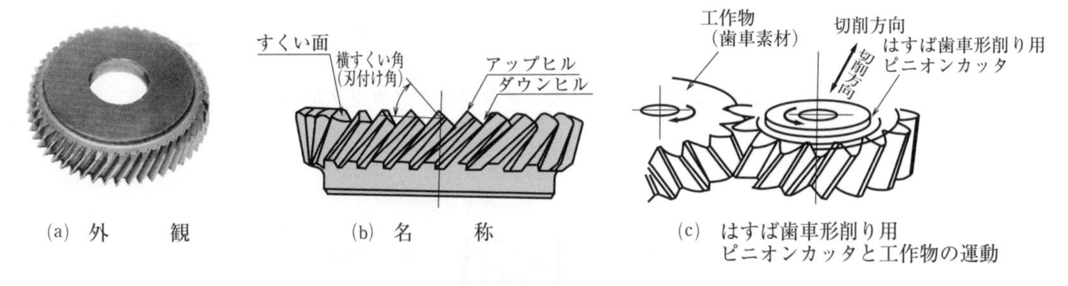

(a) 外　　観　　(b) 名　　称　　(c) はすば歯車形削り用ピニオンカッタと工作物の運動

図２－8.24　はすば歯車形削り用ピニオンカッタ

ピニオンカッタ形歯切り盤は，図２－8.25 に示した段付き歯車や内歯車の歯切りができる長所があるが，ピニオンカッタによる歯切りでは，カッタの誤差が製品に転写されるため，歯形の均一性についてはホブで歯切りされたものに比べて，やや劣ると考えられる。

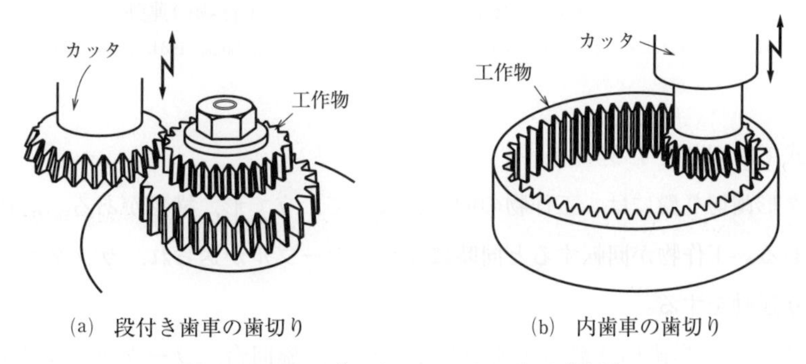

(a) 段付き歯車の歯切り　　(b) 内歯車の歯切り

図２－8.25　ピニオンカッタによる歯切り

(b) ラックカッタ形歯車形削り盤

図２－8.26 は，ラックカッタを用いて創成歯切りをする歯切り盤を示す。この歯切り盤は，図２－8.27 に示すように，ラック形をしたカッタが一定の位置で上下の往復主（切削）運動を行って歯切りをする。往復運動するカッタの歯に対して，加工される歯車がラックにかみ合うように工作物が回転し，同時にカッタのピッチ線に添って，カッタか工作物が移動する。１枚あるいは複数枚の歯が削り終わると，工作物は回転せずに，カッタに対して始めの位置に戻り，割出しが行われ，再び次の歯を

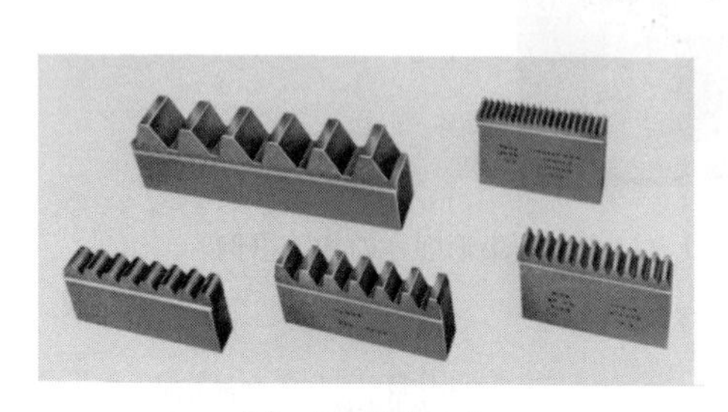

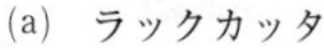

(a)　ラックカッタ

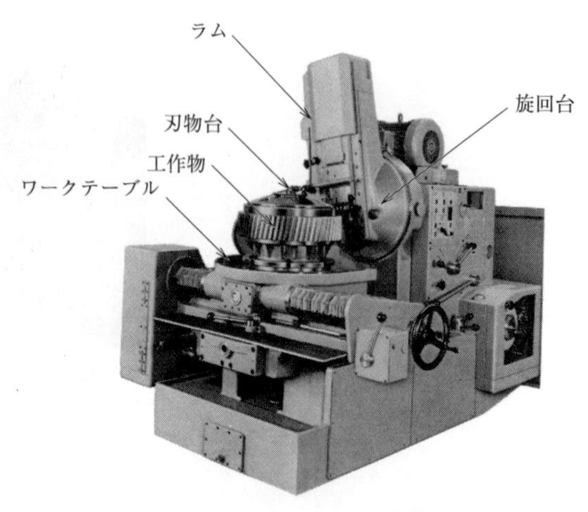

(b)　ラックカッタ形歯切り盤

図2－8.26　ラックカッタ及びラックカッタ形歯切り盤

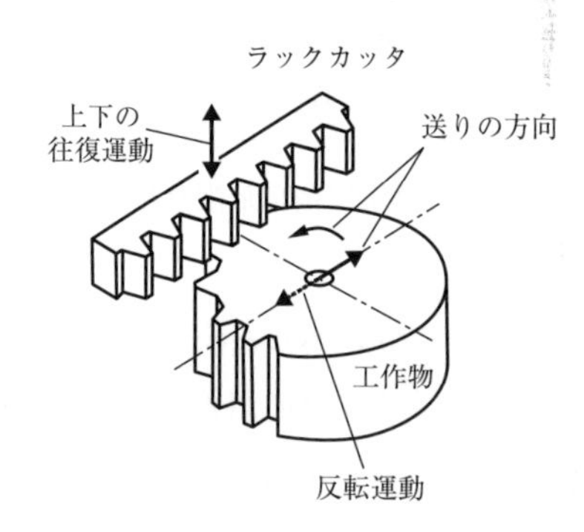

図2－8.27　ラックカッタと工作物の運動

出所：M.Weck「Handbook of Machine Tools Volume 1」John Wiley and Sons, 1984, p158, 図9.4（一部追記）

削るような方式で歯切りをする。

ラックカッタ形歯切り盤には，工作物の向きによって，立て形，横形がある。前述の図2－8.26(b)は，立て形である。工作物が回転すると同時にワークテーブルが送られ，ラックカッタの歯に対して工作物が転がり運動をする。

立て形ラックカッタ形歯切り盤の主要構造は，ラム，旋回台，ワークテーブルからなる。また，カッタは刃物台に取り付けられる。刃物台を備えて往復運動する部分がラムである。平歯車を削るときは，ラムは垂直に運動する。はすば歯車を削るときは，同図(b)に示すように，ラムを歯車のねじれ角に合わせて傾ける。旋回台はラムを傾斜して，案内する台である。ラックカッタは，よい精度につくりやすい利点がある。ラックカッタには歯の大きさや切込み量，工作物の材質によって適当なすくい角，逃げ角を付ける。

ラックカッタ形歯切り盤は，比較的高い精度で製作しやすいラックカッタを用いることが特徴であるが，割出しが連続的に行われないため，つくられた歯車のピッチの均一さが劣る可能性がある。

ラックカッタを用いる歯切り盤には，このほか，歯車素材が回転し，ラックカッタが移動して創成運動をするサンダランド式歯車形削り盤がある。

c　かさ歯車歯切り盤

かさ歯車歯切り盤には，すぐばかさ歯車歯切り盤と，まがりばかさ歯車歯切り盤とがある。

(a)　すぐばかさ歯車歯切り盤

すぐばかさ歯車歯切り盤には，主に次のような加工方法がある。

①　グリーンソン式（往復運動する二つの工具創成法）による方法

②　インボリュート総形フライス成形法による方法

③　回転ブローチ（リバサイクル形）創成法による方法

それぞれについて簡単に説明する。

①　グリーンソン式（往復運動する二つの工具創成法）による方法

グリーンソン式（往復運動する二つの工具創成法）によるかさ歯車を創成歯切りする原理の一例を図２－8.28 に示す。工具ははすばかさ歯車（工作物）を削るため，円すいの頂点に向かって，交互に往復すると共に，この歯車とかみ合う冠歯車（クラウンギヤ）が回転するときの歯の移動と同期して移動する。工作物は，工具の移動に合わせて創成回転すると１枚の歯が削られる。工作物は後退しながら次の歯を削るための割出しを行い，工具は元の位置に戻る。このような動作を繰り返し，全歯を切り終わると機械は停止する。

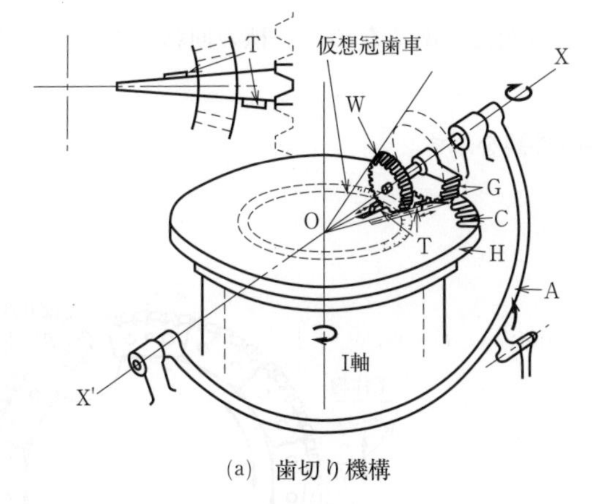

T：工具　　W：工作物
O：歯車素材のピッチ円すいの頂点　　G：かさ歯車セグメント
C：冠歯車セグメント
A：クレードル　　H：カッタヘッド

(a)　歯切り機構

(b)　かさ歯車歯切り用工具

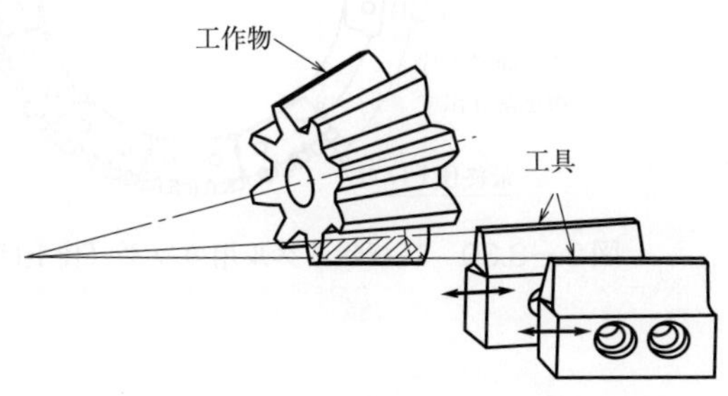

(c)　工作物と工具の往復運動

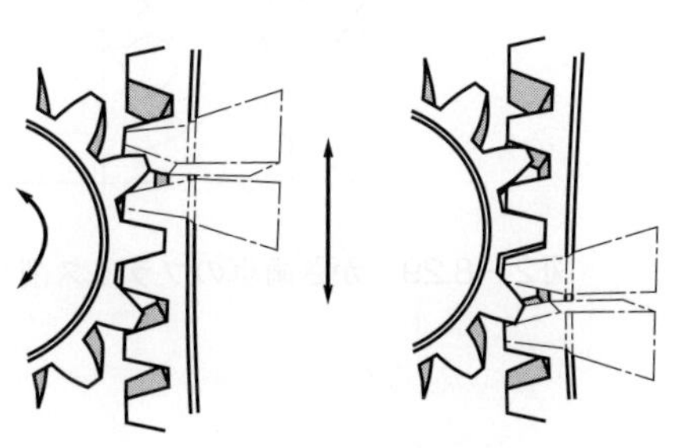

(d)　工具と工作物の運動関係

図２－8.28　グリーンソン式すぐばかさ歯車歯切り盤の創成原理

荒削りを行うときは，工具を往復運動だけさせて，工具と工作物の間に創成運動を行わせず，工作物を半径方向に送り込む方法がとられる。また，仕上げ削りでは，工具が上から下に移動するときに中仕上げを行い，ここで最終仕上げしろ分だけ工作物を送り，カッタが下から上へ戻るとき（クレードルが逆転するとき）に仕上げを行うようにしている。

工具は上部刃物台と下部刃物台に取り付けられ，それぞれ上部刃物滑り台と下部刃物滑り台とで案内される。工具を上下に移動（冠歯車の回転に相当）させるには，刃物滑り台を備えて旋回するクレードルによる運動が行われる。工作物はワークヘッドに取り付けられ，ワークヘッドはワークサドルに載っている。ワークサドルは，加工する歯車の歯底円すい角に合わせて旋回する。

②　インボリュート総形フライス成形法による方法

図２－8.29 に，割出し装置を用いたインボリュート総形フライス成形法による方法を示す。歯切りに際して，一歯ごとに切込みと割出しを行うため能率的ではなく，さらにその都度の切込み誤差や割出し誤差が発生しやすいため，精度はさほど期待できない。この成形法の適用は試作や特注の場合に限られる。

③　回転ブローチ（リバサイクル形）創成法による方法

図２－8.30 に示すように，１枚の円板の周囲に刃を植え付けた工具リバサイクルが１回転する間に１本の歯溝を削る方法である。工作物が上下に１往復する間に荒削り，中仕上げ，仕上げが行われ，あるいは荒削りしてある歯車素材が中仕上げ，仕上げされる。溝加工の中間で，ばり取り作業も行われ，カッタに刃の植えていない部分で工作物の割出しが行われる。

このカッタは，刃の形や位置を連続的に少しずつ変えてあるため，一種の回転ブローチと考えられ，総形削りと創成削りができる。

図２－8.31 は，CNC すぐばかさ歯車歯切り盤の外観を示す。

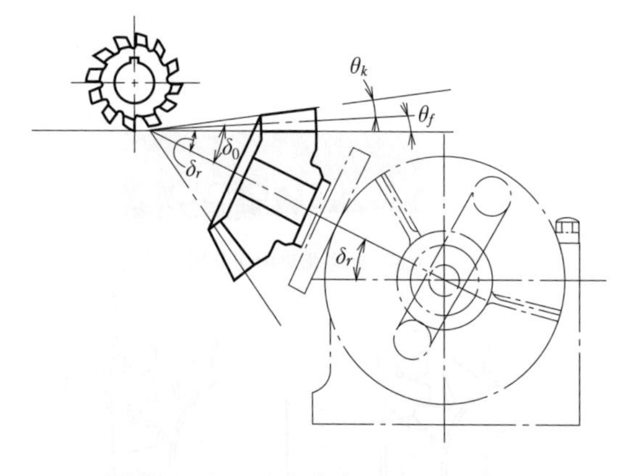

図２－8.29　かさ歯車のフライス削り

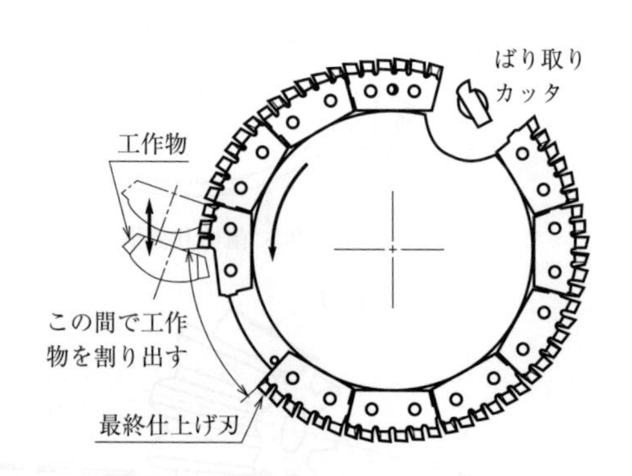

図２－8.30　リバサイクル用カッタ（仕上げ用）

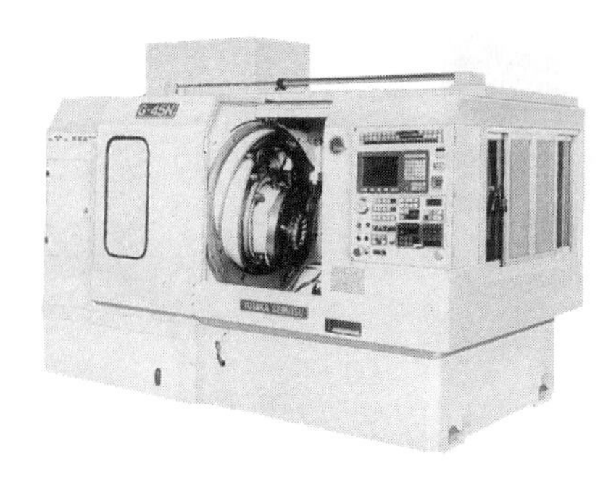

図２－8.31　CNCすぐばかさ歯車歯切り盤

(b)　まがりばかさ歯車歯切り盤

まがりばかさ歯車（ハイポイドギア，ゼロールベベルギアを含む）を加工するために，いくつかの原理により，それぞれの機械がつくられている。

まがりばかさ歯車歯切り盤は，円板に刃を植えた工具により，こう配歯をもつまがりばかさ歯車を創成歯切りする機械である。図２－8.32(a)にまがりばかさ歯車歯切り盤の外観を，同図(b)に実際に歯車を加工しているときの工具と工作物の配置の様子を示す。工具は自転しながら仮想冠歯車の中心で公転し，工作物もこれとかみ合うように創成回転する。

図２－8.33に，回転工具による創成の様子を示す。歯車の歯を１歯ずつ削り，全歯が削り終わると，械械は自動的に停止する。荒削りでは創成運動を行わずに，一定位置で回転している工具に工作物を送り込む。このほか，グリーソン形工具によく似た創成法で，刃を渦巻き状に配列し，工具と工作物を連続的に回転させた状態で全歯の加工を行う機械がある。これは，ホブと工作物との関係によく似ている。インボリュート曲線の歯すじをもつかさ歯車の加工には，円すい状ホブが使用される。

図２－8.34は，まがりばかさ歯車歯切り盤による加工事例を示す。

(a)　外　　観

(b)　ハイポイドギア加工の様子

図２－8.32　まがりばかさ歯車歯切り盤（CNCハイポイドギア加工機）

図２－8.33　回転工具によるまがりばかさ歯車歯切り創成の様子

図２－8.34　まがりばかさ歯車歯切り盤による加工事例

d　歯車シェービング盤

歯車のシェービング加工とは，図２－8.35 に示すように，はすば歯車に多くの切れ刃を設けたような歯車シェービングカッタと，既に歯切りされた歯車とをかみ合わせて回転させ，歯車の歯とカッタの歯との間に生じる歯すじ方向の滑り作用を利用して，歯面をカッタの切れ刃で軽く仕上げ削りをすることである。ほとんどカッタの誤差以外の誤差が生じないため，高い精度に短時間で仕上げることができる。

ここで，歯車シェービング，特に円筒歯車用精密仕上げプロセスについて述べる。ロータリシェービングにおいては，カッタ軸とワークが交差した状態で，シェービングカッタが非焼入れワークギアとかみ合って回転する。その結果，ワーク歯面上でセレーション歯の横送り運動により微細切粉がピボット点（ワークとカッタ軸の交差点）において除去される。ワークの歯面全体を加工するためには，ワークとカッタ間に別の相対運動が必要となる。この相対運動はシェービング方法によって異なるが，ワーク軸に対し平行方向（パラレル），ワーク軸に対し斜め方向（ダイアゴナル）又はタンジェンシャル（アンダーパス）方向運動のいずれかである。もう一つ別な方法として，軸方向のみに運動するプランジシェービングがある。Gleason-HURTH で開発されたプランジシェービング法は歯面全体に均一にシェービング加工を行うため，プランジシェービングカッタは歯すじ方向に若干ホロー形状に研磨され，それと共にディファレンシャルセレーションになっている。最適なシェービングカッタを選定するには，次の主要諸元を明示する必要がある。

①　モジュール又は DP

②　歯数

③　圧力角

④　またぎ歯厚シェービング前後のオーバーボール径

⑤　外径

⑥　チャンファー量（幅，径）

⑦　TIF 径・プロチュバランス又はアンダーカット径

⑧　基礎円径 B.C.D.

⑨　プロファイル修正とリード補正量

⑩　材質

⑪　シェービング前後の熱処理基準

⑫　前加工時のホブプロファイル

⑬　シェービング方法

図２－8.35 に，これに用いられるシェービングカッタの各部の名称を示す。

また，図２－8.36 に歯車シェービング法におけるシェービングカッタと工作物（歯車）との運動と位置関係を示す。さらに，表２－8.1 に各種シェービング法における送りの動きをまとめて示す。

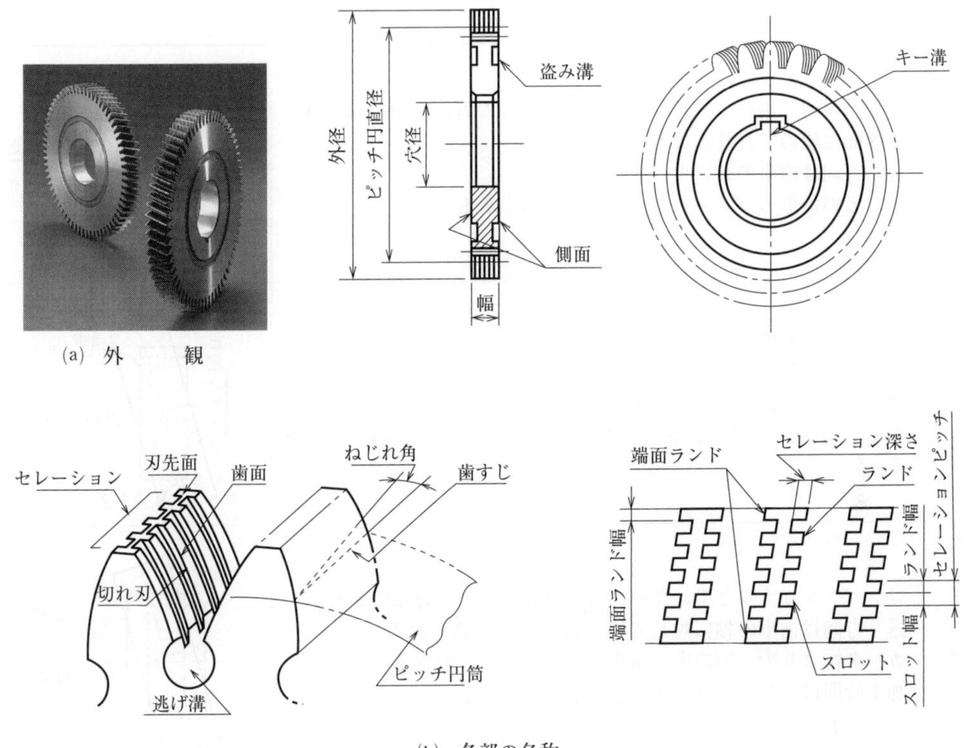

図２－8.35　シェービングカッタ

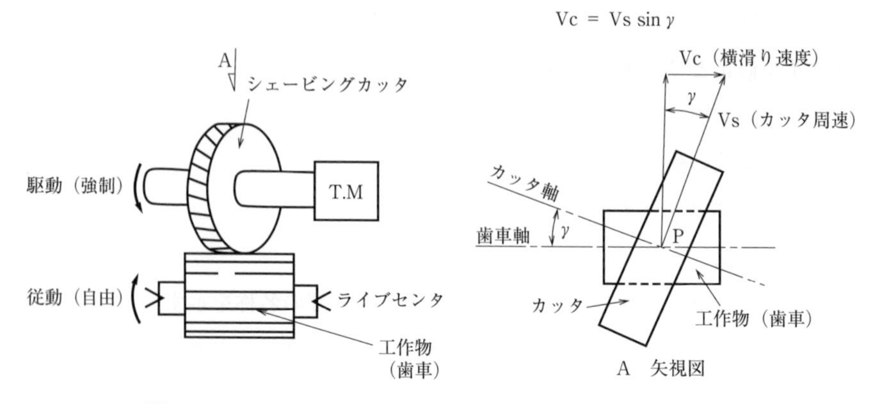

図２－8.36　シェービングカッタと工作物の運動と位置関係

表２－8.1　シェービング法の各種

コンベンショナル	最も一般的に用いられている方法で，四つの方法の中では，仕上げ面は極めて良好になる。 送り方向は歯車の軸に平行に送られる。 幅の広い歯車のシェービング加工に最適である。	
アンダーパス	主に，段付歯車の加工に用いられる。 送り方向は歯車の軸に直角に送られ，カッタの歯すじにホローを与えることにより，歯車歯すじにクラウニングを付けることができる。ディファレンシャルセレーションにする必要がある。	
ダイアゴナル	コンベンショナルとアンダーパスの中間に属する方法である。 送り方向は歯車の軸に対して15～35°の角度で送られる。 カッタ幅より少し幅の広い歯車をシェービングできる。 加工時間はコンベンショナルよりも短縮できる。	
プランジカット	四つの方法の中で，加工時間が最も短く，良好な歯形と仕上げ面が得られるため，量産歯車の加工に最適である。 送りは歯車の半径方向に送られる。カッタはプランジカット用として特殊設計がなされ，ディファレンシャルセレーションにする必要がある。 独特の歯研技術も必要とされる。	

e　歯車研削盤

歯車研削盤は，歯切りされた歯車を高い精度に仕上げるために，歯面をといしで研削する機械である。主に次の種類がある。

① 平歯車研削盤
② はすば歯車研削盤
③ かさ歯車研削盤
④ まがりかさ歯車研削盤
⑤ 内歯車研削盤

歯車研削にもいろいろな方式がある。図２－8.37は，代表的なマーグ式歯車研削盤の創成原理を示しており，２枚のさら形といしでラック歯面をつくり，ピッチ円の半径のピッチブロックとこれに張られた鋼帯によって，歯車が創成運動を行いながら歯すじの方向に往復運動を行って歯面を研削する。また，このほか，大径のウォーム状のといしを用いて，ホブ盤と同じ創成原理で歯面を研削する歯車研削盤としては，ライスハウァー式などもある。

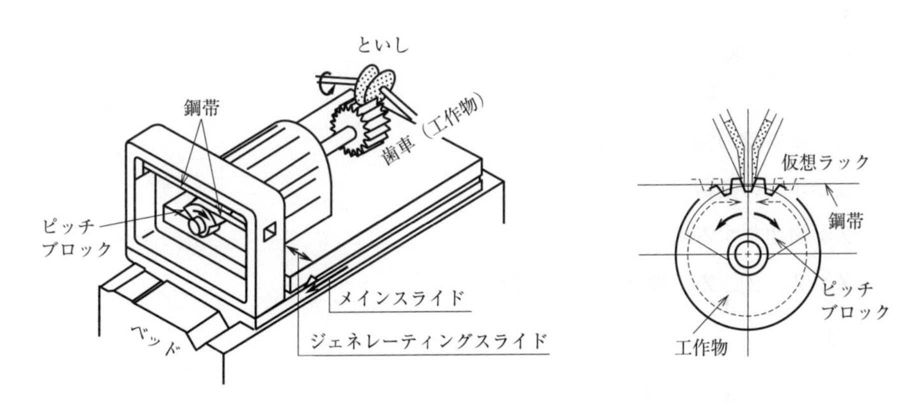

図２－8.37　マーグ式歯車研削盤の創成原理

(３)　ホブ盤による歯切り作業

歯切り作業の代表例として，ホブ盤による平歯車の歯切り作業について述べる。

a　ホブの取付け

ホブは，ホブ主軸のテーパ穴にはめ込まれホブアーバに取り付けられる。ホブの歯すじは，垂直にならなければならないため，ホブの端面に刻まれているホブのねじれ角だけ，図２－8.38に示すように，ホブ台の旋回台を曲げる。

b　歯車素材の取付け

歯車素材は，一般に，図２－8.39(a)に示すように，テーブルの中心に立てられたワークアーバにはめ込んで取り付けられるが，径の大きい歯車の場合は，同図(b)に示すように受け台で支えられる。歯車素材の取付けの際は，偏心のないように十分注意しなければならない。

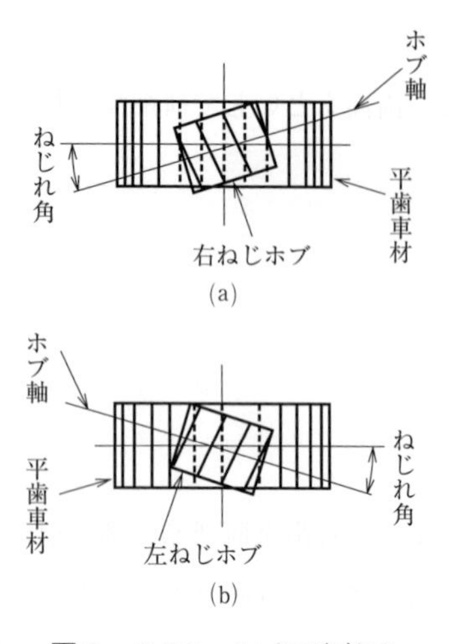

図２－8.38　ホブの取付け

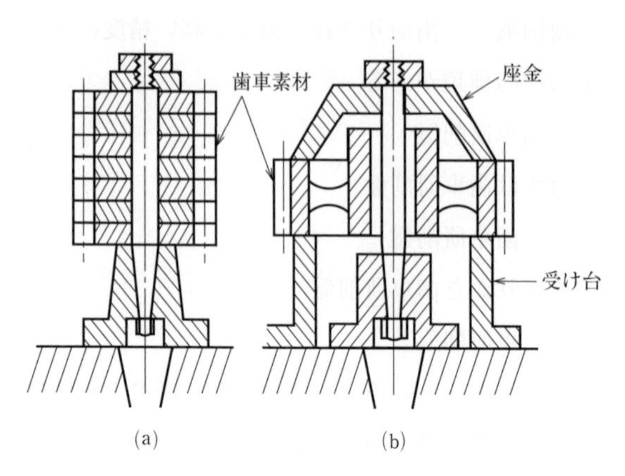

図２－8.39　歯車素材の取付け

c　歯車の割出し

図２－8.40 にホブ盤の駆動系統図を示す。歯数の割出しは，歯数割出し換え歯車によって行われ，次の式によって計算される。

$$\frac{(Z_a \times Z_c)}{(Z_b \times Z_d)} = \frac{K \times n}{Z} \quad \cdots\cdots (2 \cdot 10)$$

K：ホブ盤の割出し定数

n：ホブの条数

Z：歯切りする歯車の歯数

Z_a，Z_b，Z_c，Z_d：換え歯車の歯数

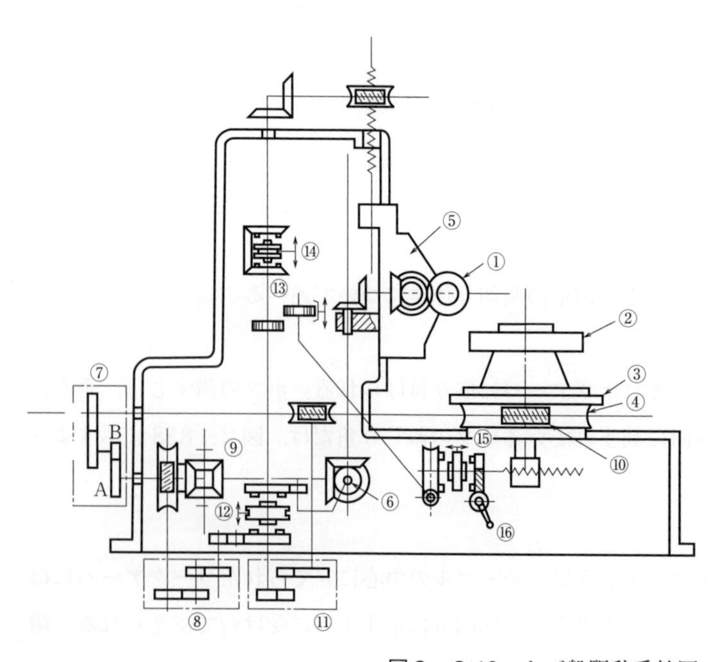

①ホブ　②歯車素材　③テーブル
④親ウォーム歯車　⑤ホブベッド
⑥原動軸　⑦割出し換え歯車
⑧差動換え歯車　⑨差動歯車装置
⑩親ウォーム　⑪送り換え歯車
⑫切削送りと早送りの変換クラッチ
⑬テーブル自動送り掛外し歯車
⑭ホブ台の送り方向変換クラッチ
⑮テーブル送りの自動と手動掛替えクラッチ
⑯手動ハンドル

図２－8.40　ホブ盤駆動系統図

歯数割出し定数Ｋは，

$$\frac{(Z_a \times Z_c)}{(Z_b \times Z_d)} = 1$$

のときに，テーブルが１回転する間にホブが回転する数で，各ホブ盤によって異なるが，一般に，20，24，30，32のように計算が容易な数である。

〔例〕

歯数割出し定数30のホブ盤で，１条のホブを用いて60枚の平歯車を歯切りするときの歯数割出し換え歯車は，

$$\frac{Z_a \times Z_c}{Z_b \times Z_d} = \frac{30 \times 1}{60} = \frac{30}{60} = \frac{1}{2}$$

２段掛けにして，

$$\frac{Z_a}{Z_d} = \frac{1}{2}$$

になるような歯車を選べばよい。

一般に，ホブ盤には換え歯車表が備えられているので，一般の場合はそれにしたがって歯車の組合せを選択すればよい。

d　ホブの回転速度，送り，切込み

ホブの回転速度は，ホブの外周の切削速度より，次の式によって求められる。

$$n = \frac{1000 \cdot V}{\pi \cdot D} \quad \cdots\cdots\cdots\cdots \quad (2 \cdot 11)$$

n：ホブの回転速度［min^{-1}］

V：ホブの切削速度［m/min］

D：ホブの径［mm］

送りは，歯車素材が１回転する間にホブが移動する量で，荒削りで２～４mm，仕上げ削りで0.25～1.5mmぐらいが適当である。

切込みは，歯のたけと同じ量であるが，モジュール2.5以下の一般の歯車は１回で切り削り，高い精度のものやモジュールの大きい歯車は，２～３回で切削する。

8.3　金切りのこ盤作業

金切りのこ盤は，金属材料を所定の寸法に切断するために用いられる機械である。

（１）　金切りのこ盤の種類と構造

金切りのこ盤には次のような種類がある。

① 金切り弓のこ盤（hack sawing machine）
② 金切り帯のこ盤（band sawing machine, contour sawing machine）
③ 金切り丸のこ盤（circular sawing machine）
④ 高速切断機（friction sawing machine, abrasive sawing machine）

a　金切り弓のこ盤

金切り弓のこ盤は，図2－8.41に示すように，ハクソー（のこ刃）は弓形のフレームに取り付けられ，一般には，クランク機構により，往復運動をして工作物の切断を行う。この場合，この刃の前進のときに切断が行われ，後退のとき，切断は行われない。また，非切削行程では，のこ刃の刃先の摩耗を避けるために，フレームを上方に上げて，のこ刃を逃がすようになっている。これらの装置や送りは，油圧機構によって行われる機械が多い。

図2－8.41　金切り弓のこ盤

b　金切り帯のこ盤

図2－8.42に横形金切り帯のこ盤を示す。帯のこ刃は，フレームについた左右のホイールによって張られ，モータによって回転する。また，フレームが油圧機構により下降することによって工作物を切断する。フレームは，切断が終わると自動的に上昇する構造になっている。帯のこ盤は，弓のこ盤のような非切断行程がないため能率的である。

図2－8.43は，立て形金切り帯のこ盤である。幅が狭い帯のこ刃を使って，複雑な形状の成形や特定の形状を切り抜く場合などに用いられる。このため，帯のこ刃を任意に切断して，工作物にあけた穴に入れ，再び溶接してから加工する。立て形帯のこ盤には，切断した帯のこ刃の突合せ溶接装置と，溶接部の研削仕上げ装置とが設けてある。

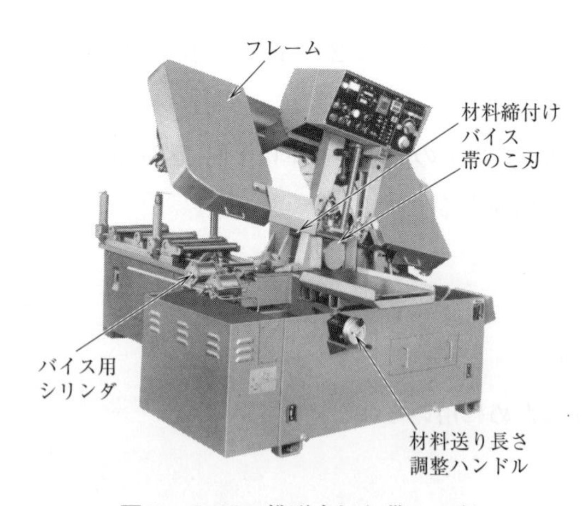

図2－8.42　横形金切り帯のこ盤

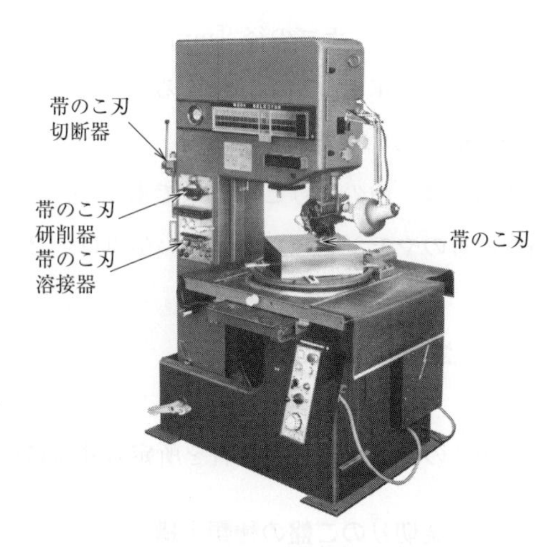

図2－8.43　立て形金切り帯のこ盤

c　金切り丸のこ盤

図２－8.44は金切り丸のこ盤で，円板の外周に切れ刃を付けた丸のこ刃を，高速度で回転させて切断を行う機械である。小径材，管などの切断に適し，材料の自動送り装置などを付ければ，作業能率を高めることができる。

d　高速切断機

高速切断機には，切断といしを使用する機種と，摩擦板を使用する機種がある。一般的には前者が多く用いられる。図２－8.45は高床台タイプの大形切断機を示す。レバーを下降させて，クランプした工作物を切断する。

このほかに，管や形鋼を能率よく切断する機械として，大径の薄いといしを用いたといし切断機も多く用いられている。

図２－8.44　金切り丸のこ盤

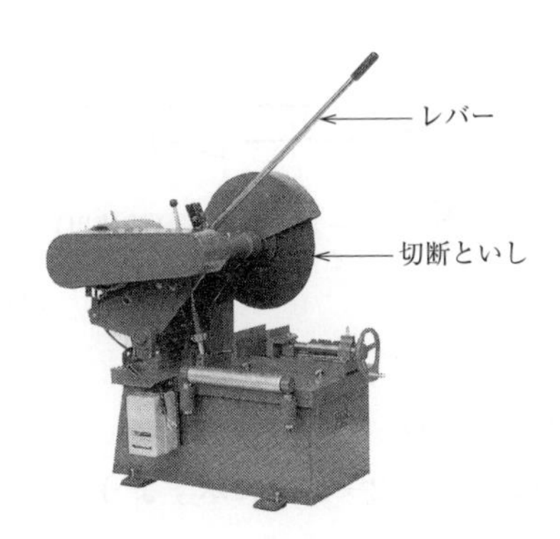

図２－8.45　大形切断機

（２）　のこ刃の種類と用途

a　メタルバンドソー

メタルバンドソーは図２－8.46に示すように，金切り帯のこ盤に使用されるのこ刃で，横形帯のこ盤に使用されるのこ刃をカットオフマシン用バンドソーという。また，図２－8.47に示すように，立て形帯のこ盤に使用されるのこ刃をコンタマシン用バンドソーといって区別している。

図２－8.46　カットオフマシン用バンドソー

図２－8.47　コンタマシン用バンドソー

b　マシンハクソー

マシンハクソーは図2－8.48に示すように，金切り弓のこ盤に取り付けて使用するのこ刃で，取付け穴の中心間距離［l］×幅［w］×厚さ［t］で表す。1インチにつき3，4，6，8，9，10，12，14山があり，詳細についてはJIS B 4751－2：1999を参照されたい。

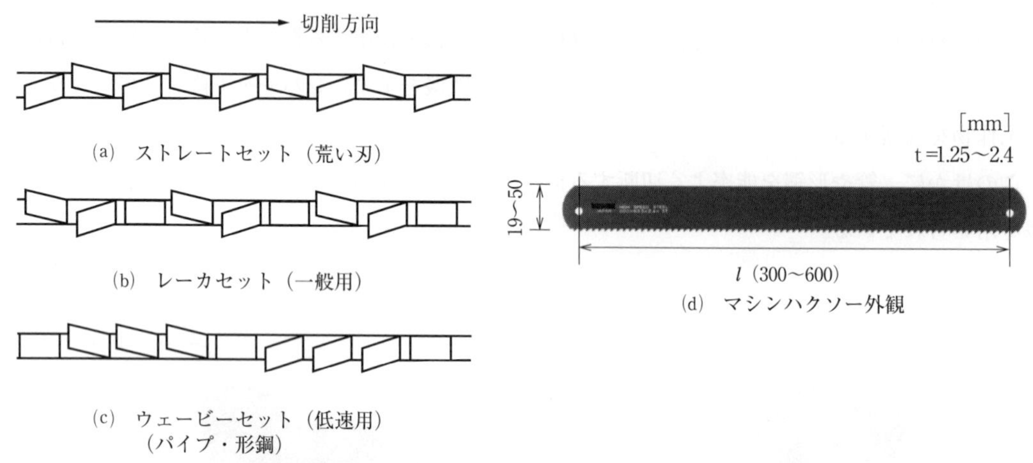

図2－8.48　マシンハクソー

c　丸のこ刃

丸のこ刃は図2－8.49に示すように，丸のこ盤に取り付けて使用するのこ刃である。刃が切れなくなると，目立てをして使用できる。

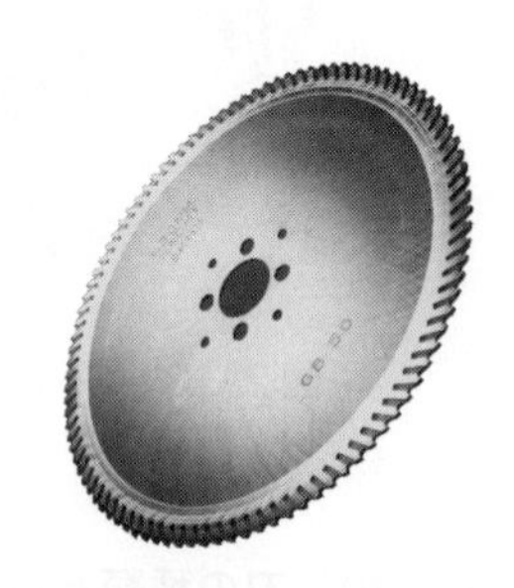

図2－8.49　丸のこ刃

8.4　立て削り盤作業

刃物が上下に直線主（切削）運動をして，工作物に直線送り運動又は回転送り運動を間欠的に与えて削ることを立て削りという。立て削り盤は，図2－8.50に示すように，工作物の外形や穴の内面などを立て削りによって加工する機械である。

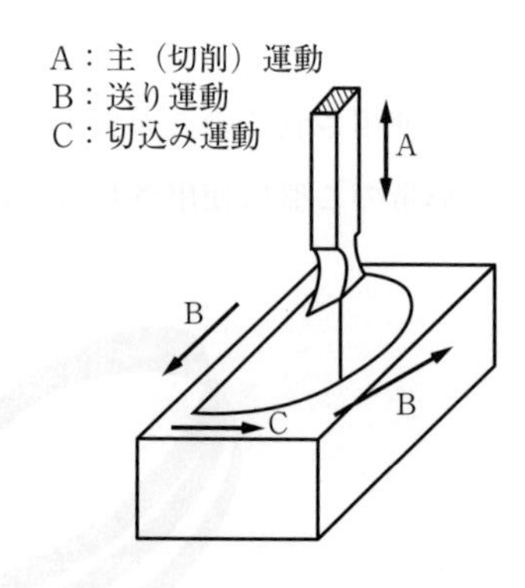

図2－8.50　立て削り

（1）　立て削り盤とその作業

立て削り盤（slotting machine）は，図2－8.51に示すように，主にラム，コラム，円テーブル，ベースなどからなる。

同図(b)に示すように，ラムはコラムの上部滑り面上を上下往復運動する。ラム下端に刃物台があり，刃物台に取り付けたバイトで，円テーブル上の工作物を切削する。ラム駆動機構は，形削り盤のラム駆動機構と同様である。立て削り盤は，ちょうど形削り盤本体を垂直に設置したものと考えてよい。

立て削り盤は，形削り盤では製作が困難な内歯車，内面の溝，曲面，スプライン穴，キー溝などの内面の切削加工に用いられる。また，切削の状態やけがき線を上から視認できるという作業性の利点がある。また，円テーブルを回転させて，外周部の切削加工もできる。図２－8.52にスプラインの溝加工を示す。

最近は，ブローチ削りが発達したため，高い精度の加工が難しく能率的でない立て削り盤の作業が少なくなっているが，多種少量の部品の内面削りには便利である。

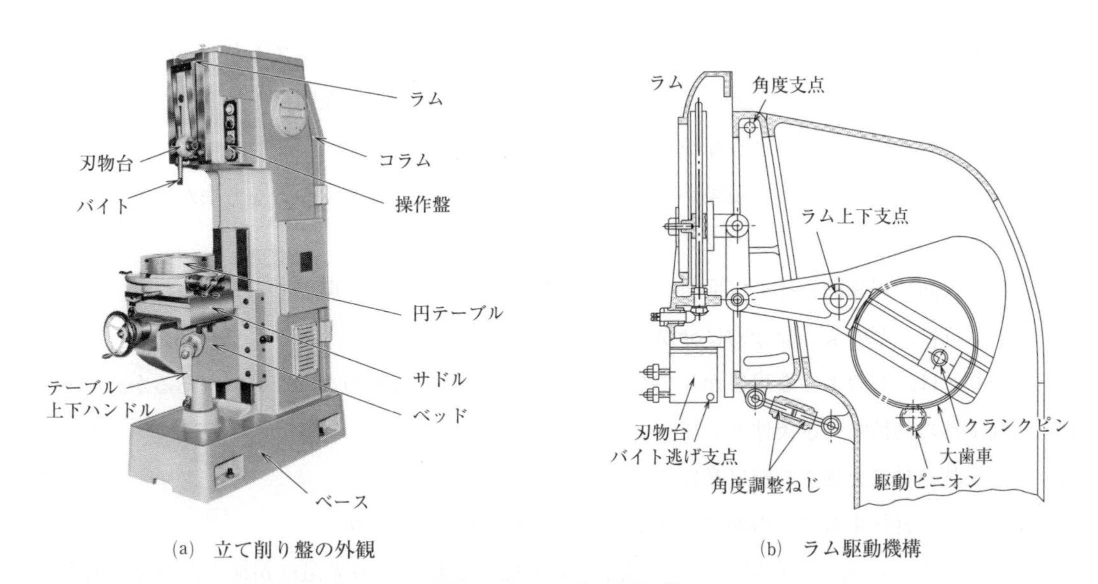

(a)　立て削り盤の外観　　(b)　ラム駆動機構

図２－8.51　立て削り盤

図２－8.52　立て削り盤作業事例（スプラインの溝加工）

〔第２章のまとめ〕

第２章で学んだ切削加工法に関する次のことについて，各自整理しておこう。

⑴　切削加工とは，どのように加工する方法か。
⑵　切削様式は，どのように大別されるか。
⑶　金属の切削加工では，切りくずが生成されるまでにどのようなメカニズムが働くのか。
⑷　金属の切削加工では，せん断角と切りくず厚さの間にはどのような関係があるか。
⑸　切りくずの形には，どのような種類があるか。
⑹　構成刃先とは，どのような現象か。また，原因とその対策にはどのような方法があるか。
⑺　切削条件には，どのようなパラメータがあるか。
⑻　工作物表面の理論的な仕上げ面粗さは，工具のどのような箇所と関係するのか。
⑼　切削抵抗は，どのような分力に分かれているか。
⑽　びびりとは，どのような現象か。また，原因とその対策にはどのような方法があるか。
⑾　切削工具の具備すべき条件として，どのような項目があるか。
⑿　切削工具の材料を硬さの順に挙げていくと，どのように並ぶか。
⒀　切削工具の材料をねばさの順に挙げていくと，どのように並ぶか。
⒁　炭素工具鋼，高速度工具鋼の硬さが低下するのは，それぞれ刃先温度が何℃位を超えたところか。
⒂　切削工具材料の中で，超硬質工具材料とはどのような材料か。
⒃　超硬質工具材料を被削材で区分すると，どのように分けられるか。
⒄　刃先形状において，すくい角は切れ味とどう関係するか。
⒅　切削工具の摩耗は，工具のどの箇所に起きるか。
⒆　鋼，鋳鋼や鋳鉄，非鉄金属材料の被削性を改善するため，それぞれの工具や材料にはどのような対応が施されているか。
⒇　切削油剤はどのような目的で用いられるか。また，どのような種類があるか。
(21)　旋盤とは，どのような工作機械か。
(22)　旋削加工には，どのような種類があるか。
(23)　旋盤は，どのような主要構造で構成されているか。また，各部はどのような機能を持っているか。
(24)　旋盤の主軸端の形状には，どのような形式があるか。
(25)　旋盤作業を工作物の支持方法によって分けると，どのように大別されるか。また，それぞれの作業で扱う工作物はどのような特徴の形状であるか。
(26)　ねじ切りバイトの切込み方法には，どのような種類があるか。

(27) バイトの刃先形状は，どのような要素で構成されているか。また，それらはどのような役割をもっているか。

(28) バイトの構造による分類は，どのようになされているか。

(29) フライス盤とは，どのような工作機械か。

(30) 立てフライス盤と横フライス盤でできる加工には，それぞれどのような種類があるか。

(31) フライスは，どのような主要構造で構成されているか。また，各部はどのような機能を持っているか。

(32) 通常のフライス盤作業で用いられる工具には，どのような種類があるか。それらの工具はどのような加工で用いるか。

(33) エンドミルの刃先形状は，どのような要素で構成されているか。

(34) 正面フライス工具の刃先形状は，どのような要素で構成されているか。また，それらはどのような機能をもっているか。

(35) フライス切削の上向き削りと下向き削りは，それぞれどのような長所・短所があるか。

(36) フライス削りの仕上げ面粗さは，切削条件とどのような関係があるか。

(37) フライス盤の主軸穴は，どのような形状になっているか。また，主軸に正面フライスやエンドミル，ドリル，タップを取り付ける場合，それぞれどのような取付け用具を用いるか。

(38) フライス盤作業における工作物のテーブルへの取付け方には，どのような種類があるか。また，それらはどのような場合に用いるか。

(39) ボール盤とは，どのような工作機械か。

(40) ボール盤作業には，どのような種類の加工があるか。

(41) ドリルの刃先の先端形状は，どのような要素で構成されているか。また，それらはどのような機能をもっているか。

(42) シンニングとはどのような作業か。また，どのような効果が現れるか。

(43) 中ぐり盤とは，どのような工作機械か。

(44) 中ぐり盤作業には，どのような種類の加工があるか。

(45) 形削り盤とは，どのような工作機械か。また，形削り盤作業はどのような特徴があるか。

(46) 平削り盤と形削り盤の違いはどのようなところか。

(47) 日本産業規格（JIS B 0181）では，NCをどのように定義しているか。

(48) NC工作機械は，どのような主要構造で構成されているか。また，各部はどのような機能を持っているか。

(49) NC工作機械の制御方式は，どのように大別できるか。また，使い分けはどのようにするのか。

(50) NC工作機械の制御において，補間にはどのような方式があるか。

(51) NC工作機械の制御において，サーボ機構にはどのような種類があるか。また，それらの特徴はどのようなものか。

(52) 日本において，各種汎用工作機械のNC化率が50％に達したのはいつごろか。

⒇ NC工作機械には，主にどのような特徴があるか。

(54) ターニングセンタとは，どのようなNC工作機械か。

(55) マシニングセンタとは，どのようなNC工作機械か。

(56) NC工作機械が現場に導入されると，品質や生産性にどのような影響が現れるか。

(57) NCプログラミングをするときの座標系はどのように取っているか。また，座標系の指定方式にはどのような種類があるか。

(58) ブローチ削りとは，どのような加工作業か。

(59) 歯切り法には，どのような形式があるか。また，それぞれの加工にはどのような特徴があるか。

(60) 金切りのこ盤にはどのような種類があるか。また，それらにはどのようなのこ刃を用いるか。

第３章
研削加工法

研削加工は，切削工具で加工することが困難な材料を加工する場合や切削加工より高い寸法精度，よりよい仕上げ面を求める場合に，といしを利用して加工する方法である。

研削機械やといしには様々な種類があると共に，研削作業においては，といしのぜい弱性もあり危険性が大きいことから，十分な知識と経験が必要となる。

本章では，その概略について述べる。

第１節　研削の基本

1.1　研削とその作用

研削工具の一構成要素である研磨剤をと（砥）粒という。と粒加工は，といし（grinding wheel）のように，と粒を固定して使う研削加工と，ラップ仕上げのように，と粒を遊離状態で使う方法に分けられる。

研削加工の特徴は，次のとおりである。

① 微小な切れ刃が３次元的にランダムに配置された多刃工具であるため，精度のよい加工ができる。

② と粒は硬くてもろいため，研削中に破砕して，切れ刃が再生される。それを自生作用，又は自生発刃という。硬くて鋭い切れ刃がさらに自生作用を起こすことによって，硬い材料でも連続して研削することができる。

③ と粒１個当たりの切込み深さは１μm程度，又はそれ以下である（といしの切込み深さと，と粒１個当たりの切込み深さとでは定義が異なる）。

④ といしの周速度は，1200m/min 以上で，一般には 1800m/min 程度であり，切削と比べて切削速度が速い。と粒は，切削工具に比べて，熱の影響を受けない。

前記のような特徴から，研削加工は，焼きの入った鉄鋼を精度よく加工できるため，精密加工の要である。

最近では，超硬合金やセラミックス材料の高精度加工のためにダイヤモンドホイールが使われ，また鉄鋼類の高能率加工やハイスなどの高硬度鉄鋼類の研削加工に cBN ホイールが使われている。これらは，従来といしに比べて，大きな耐摩耗性をもっているために，超と粒ホイールと呼ばれる。

といしは，高(こう)ぜい材料であると粒と，と粒を結び付けている結合剤（材），切りくずのはけだまり（チップポケット）の役割をする気孔の３要素から成り立っている。これらのといしの３要素と研削条件が適切であれば，正しい研削ができる。適切な研削状態とは，粒内破砕が適度に起きて自生作用が持続し，切れ味が長い間持続することである。研削作業を続けていくと「といしが硬く作用したり」，又はその反対に「といしが軟らかく作用したり」することがある。目つぶれ，目詰まりは，硬く作用していることを表し，切れ味は最も悪い。逆に，目こぼれは，といしが軟らかく作用していて，切れ味はよいが，といしの摩耗量が多く，工作物粗さは悪くなる。

（1） 目つぶれ

目つぶれ（glazing）は，切れ刃であると粒の刃先が自生作用をしないために，と粒先端のみがすり減り摩耗した状態で，といしの結合度が硬すぎたり，といしの切込み深さが小さすぎたりすると起きる。

（2）　目詰まり

気孔に切りくずが詰まったままの状態になることを目詰まり（loading）という。アルミニウム合金のような軟質材料を研削するときなどに目詰まりが生じやすい。気孔がふさがっていると，排出される切りくずの行きどころがなくなるため，切れ味が見かけ上悪くなり，目詰まり状態では研削を持続できない。

（3）　目こぼれ

目こぼれ（shedding）はと粒がといしから活発に脱落している状態である。目こぼれも自生作用の一形態であるため，といしの切れ味はすこぶるよいが，工作物の表面粗さはかなり悪くなる。また，と粒の脱落はといし外周で均一には起きないために，目こぼれが継続すると，通常はといしの真円が維持できない弊害を伴う。目こぼれ状態の切れ味はよいため，粗研削条件として目こぼれを積極的に用いる場合がある。

1.2　研削盤とは

研削とは，**研削といし**を回転させて工作物を加工することである。表３－３で後述するように，研削といしは固定と粒を結合剤で固められている。**研削盤**（grinding machine）は，研削といしを回転させて工作物を加工する工作機械で，フライス盤などで切削加工された工作物の寸法精度や表面品位などをさらに精密に仕上げる機械である（表３－２参照）。その種類もたくさんあり，各部の運動の様式にもいろいろある。図３－１に，その代表的なものを示す。主（切削）運動は研削といしを回転させる運動で，直線送り運動は工作機械のテーブル送り運動である。

円筒研削盤は同図(a)のように，といしに回転主運動を，工作物に回転送り運動と直線送り運動を与えて研削する。内面研削盤は，同図(b)のように，といしに回転主運動と送り運動を，工作物に回転運動を与えて研削する。平面研削盤は，フライス盤と同様に，といしに回転する主（切削）運動を，工作物に直線送り運動を与える（同図(c)(d)）。

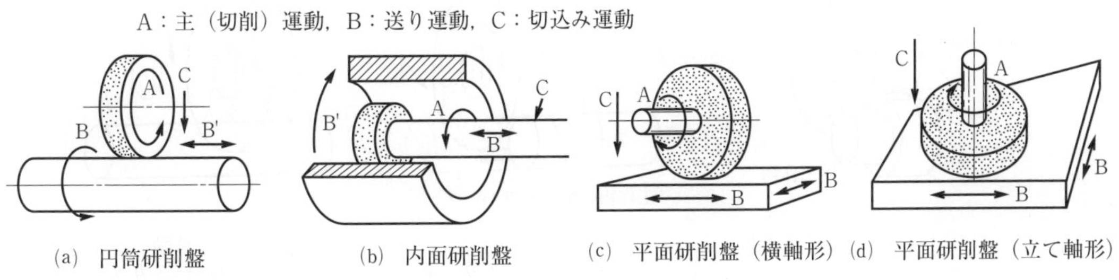

A：主（切削）運動，B：送り運動，C：切込み運動

(a)　円筒研削盤　(b)　内面研削盤　(c)　平面研削盤（横軸形）(d)　平面研削盤（立て軸形）

図３－１　研削盤の様式

1.3　研削盤の種類と構造

研削盤には，機械の構造，研削方法などによっていろいろな種類がある。また，研削加工を必要とする工作物にはいろいろな形状のものがあるため，研削盤は，それぞれの作業に適した種類のものを用いる。次に主な種類を挙げる。

① 円筒研削盤	② 万能研削盤	③ 内面研削盤	④ 平面研削盤
⑤ 心なし研削盤	⑥ 成形研削盤	⑦ 万能工具研削盤	⑧ 工具研削盤
⑨ ジグ研削盤	⑩ ねじ研削盤	⑪ ウォーム研削盤	⑫ 歯車研削盤
⑬ クランク軸研削盤	⑭ クランク・ピン研削盤	⑮ カム研削盤	⑯ スプライン研削盤
⑰ ロール研削盤	⑱ 軸受溝研削盤	⑲ 卓上研削盤	⑳ 数値制御研削盤

以下，主要なものについてみていく。

（１）　円筒研削盤

円筒研削盤（external cylindrical grinding machine）は，円筒形の工作物の外周を研削する機械である。ちょうど，旋盤のセンタ作業のように，工作物を両センタで支えて，円筒やテーパなどの外周を研削する。

円筒研削の方式には図３－２に示すように，**プランジカット**と，**トラバースカット**とがある。プランジカットはといし台の切込み運動だけで研削する。トラバースカットは，といし固定で工作物が移動する場合と，工作物固定でといし台が移動する場合がある。

円筒研削のほか，図３－３に示すように，円筒トラバース研削，直線ピール研削，直線プランジ研削などの作業ができる。また，付属装置を用いるアンギュラスライド研削，複数枚のといしを用いたマルチホイール研削がある。

図３－４は，最も多く用いられているトラバースカットで研削するテーブル移動形の円筒研削盤である。

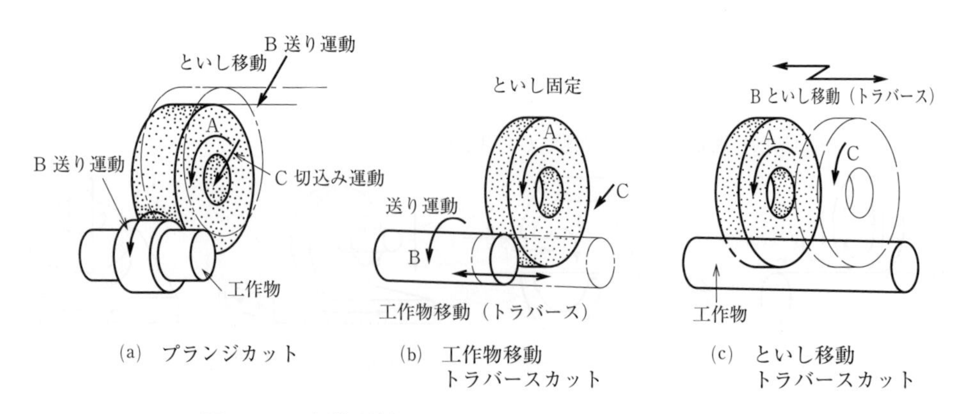

図３－２　円筒研削のプランジカットとトラバースカット

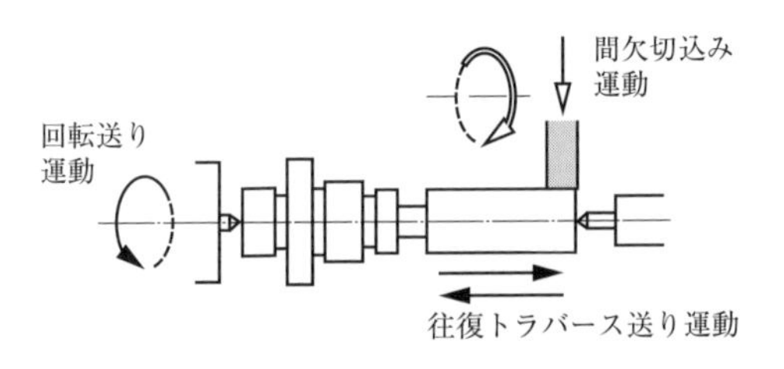

(a)　円筒トラバース研削

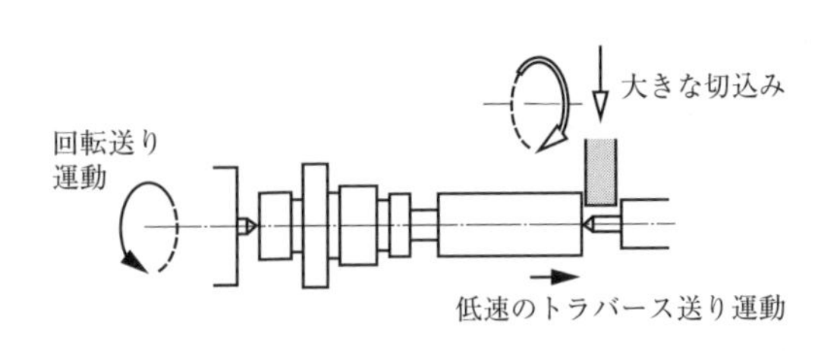

(b)　直線ピール研削

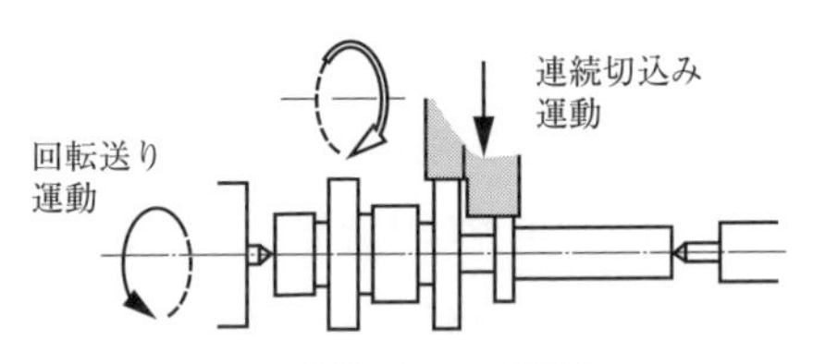

(c)　直線プランジ研削

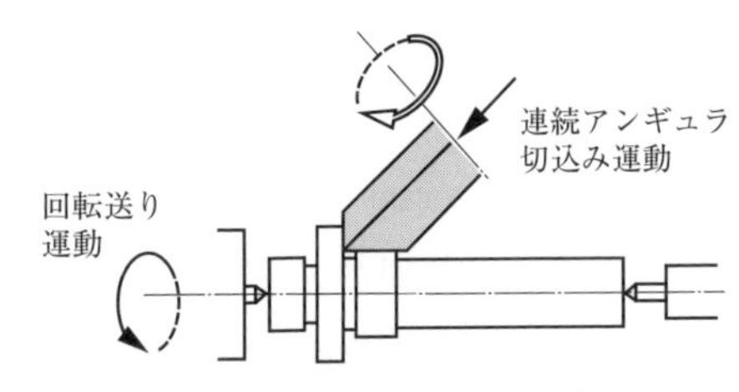

(d)　アンギュラスライド研削

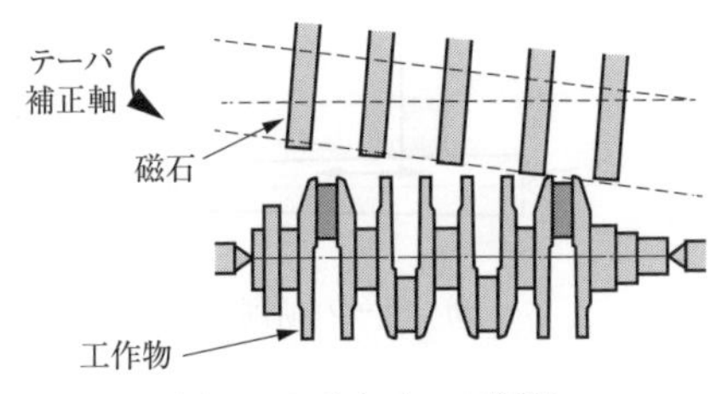

(e)　マルチホイール研削

図３－３　円筒研削盤作業

(a)〜(d)出所：M. Weck「Handbook of Machine Tools Volume 1」John Wiley and Sons, 1984, p119，図8.3（一部追記）
(e)出所：沢木典一ほか『JTEKT Engineering Journal No. 1004』2007，p115，図4

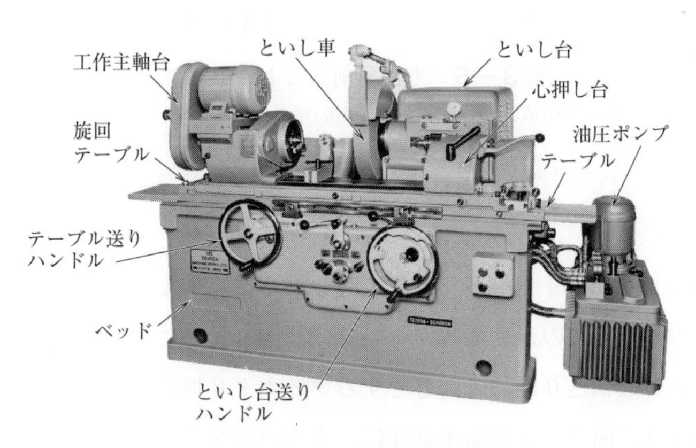

図３－４　円筒研削盤

円筒研削盤は，主に工作主軸台，心押し台，テーブル，といし台，ベッドからなっている。

工作主軸台は，テーブル上に取り付けられ，工作物の一端を支持して，回転を与える駆動装置を備えた台である。心押し台は，テーブル上に取り付けられ，工作主軸台の反対側にあり，工作物の一端を支える台である。テーブルは，工作主軸台と心押し台を載せ，ベッド上を左右に移動する台である。テーブルは油圧送りで左右に運動する。

といし台は，といしを回転させるといし軸を備え，工作物に切込みを与える台である。といし台は，手送りで移動できるほか，油圧送りなどによって早送り，早戻りができる。ベッドは機械本体を支える台で，テーブル，といし台を案内する滑り面をもち，テーブル送り装置を備えている。

（2）　万能研削盤

万能研削盤（universal grinding machine）は，円筒研削盤とほとんど構造が同じであるが，工作主軸台とといし台に旋回台が設けられている点が特徴である。円筒研削盤は生産性に重点が置かれているが，万能研削盤は多機能性，汎用性に重点が置かれている。図３－５に示すように，万能研削盤ではといし台旋回あるいは主軸台旋回によるテーパ研削などが可能であり，作業範囲が広い。

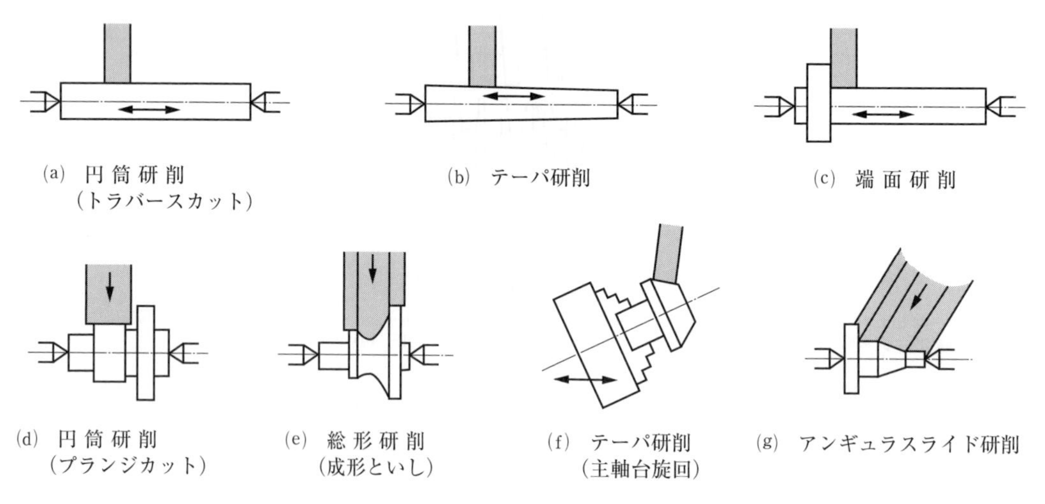

図３－５　万能研削盤による作業例

出所：小野浩二「理論切削工学」現代工学社，1995，p229，図4・57

（3）　内面研削盤

内面研削盤（internal grinding machine）は，図３－６に示すように，工作物の円筒内面を研削する機械である。工作物といしの運動方式については，図３－７に示すように，通常の工作物回転形と，といしが回転運動と回転送り運動の両方をするプラネタリ形とがある。

内面研削による作業は，図３－８に示すように，トラバースカット，プランジカット，端面研削がある。トラバースカットの場合，工作主軸台が移動する形式の機械とといし台が移動する形式のものがある。工作物は，スクロールチャック，コレット，ダイヤフラムチャック，クランプチャック，油圧チャックなどで取り付けられる。

内面研削盤のといし軸は他の研削盤よりも高速回転するため，精度のよい軸受とつり合いのよくとれた主軸，伝動軸やプーリが必要である。

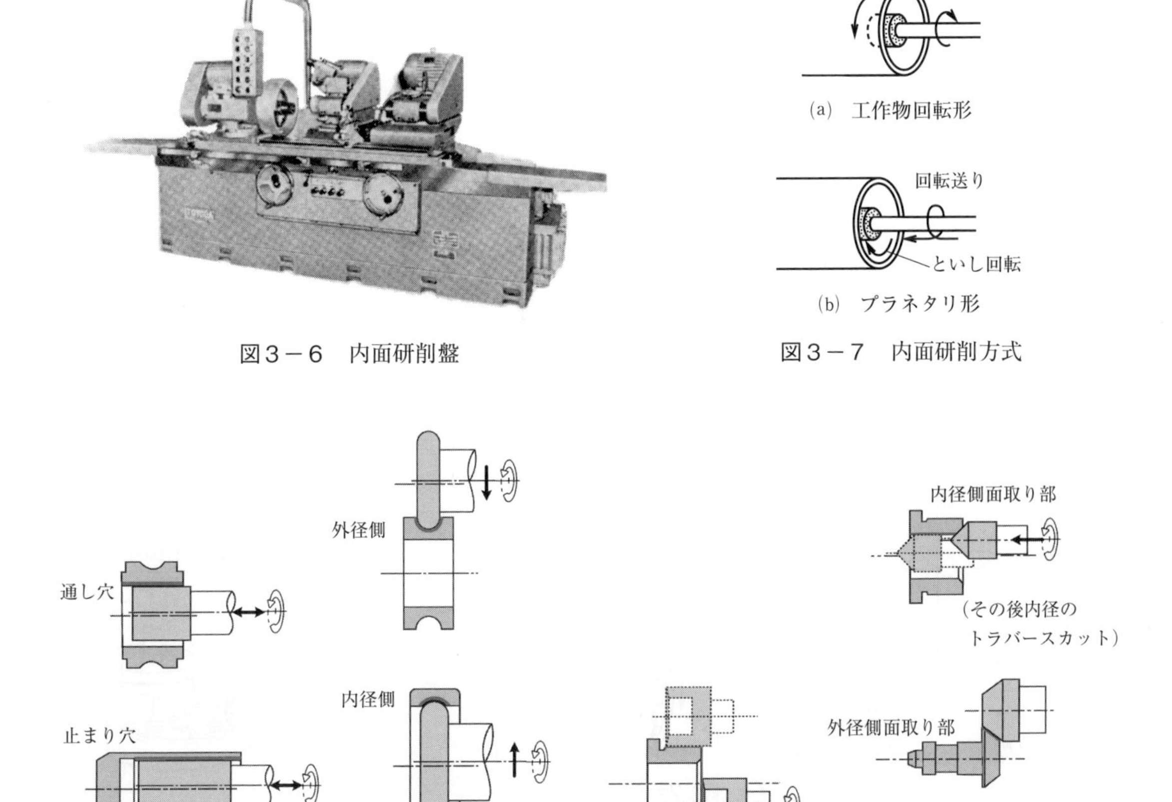

図３－６　内面研削盤

図３－７　内面研削方式

(a)　トラバースカット　(b)　プランジカット　(c)　端 面 研 削（その後外径のプランジカット）　(d)　面取り部仕上げ（プランジカット）

図３－８　内面研削盤による研削

出所：セイコーインスツル（株）「研削盤製品総合カタログ（1410－1500－CDG－KP)」p1，p3（一部追記）

（４）　平面研削盤

平面研削盤（surface grinding machine）は，工作物の平面を研削する機械である。

表３－１に示すように，といしと工作物との当て方によって，平面研削の方法にはいくつかの種類がある。また，工作物を取り付けるテーブルの形とその運動形態から，角テーブル往復形，円テーブル回転形がある。

図３－９は，それぞれ横軸の円テーブル形と角テーブル形の平面研削盤である。

平面研削作業では，工作物の取付けには，着脱が迅速な電磁チャックや永久磁石チャックが多く用いられている。図３－10は，角テーブル形の平面研削盤用電磁チャックである。

表３－１　平面研削の様式

といし軸の向き		横軸（水平）		立て軸（垂直）	
といし作業面の位置		といしの外周	といしの側面／端面	といしの外周	といしの側面／端面
工作物取付けテーブルの運動方法	直進運動又は直進往復運動	といし 工作物 テーブル 横軸角テーブル形	といし 工作物 テーブル 横軸角テーブル形	複合研削盤やグラインディングセンタの範疇である場合が多い	カップ形といし 工作物 テーブル 立て軸角テーブル形
			といし 工作物 ワークガイド 横軸両頭形		といし 工作物 テーブル 立て軸両頭形
	回転運動	といし 工作物 テーブル 横軸回転テーブル形	工作物 といし ワークホルダ 横軸両頭回転テーブル形		カップ形といし 工作物 テーブル 立て軸回転テーブル形

出所：清水伸二ほか「トコトンやさしい工作機械の本」日刊工業新聞社，2011，p71，図１

(a)　横軸円テーブル形

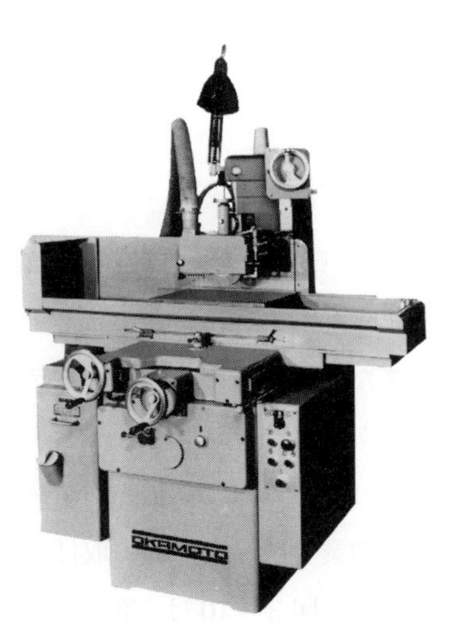

(b)　横軸角テーブル形

図３－９　平面研削盤

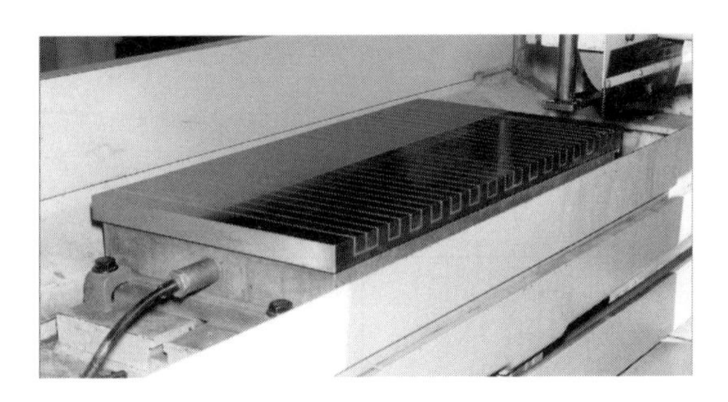

図3－10　電磁チャック

（5）　心なし研削盤

心なし研削盤（centerless grinding machine）は，工作物をチャックで保持したり，センタで支えたりしないで研削する機械である。図3－11に示すように，といし車，調整車，支持刃で工作物を支える。工作物は，回転する調整車との摩擦で回転する。調整車はゴム主体の結合剤を用いたといしの一種であるが，研削作用はない。工作物はといしにより通常の高速回転速度で研削される。

図3－12に，心なし研削盤を示す。研削方式には，図3－13に示すように，主に通し送り方式（through feed grinding），送り込み方式（in feed grinding），接線送り方式（tangential feed grinding）の三つの方式がある。

a　通し送り方式

この方式は，といし車と調整車の間隔を一定にして，工作物をといし車の一方の端から他端に送る間に研削する。

b　送り込み方式

送り込み方式は，工作物を調整車と支持刃で支え，といし車が切込み送りをして研削する。

c　接線送り方式

これは，工作物をといし車の接線方向に送り込む方式である。

図3－13(b)，(c)は，工作物に段やテーパがある場合に適している。

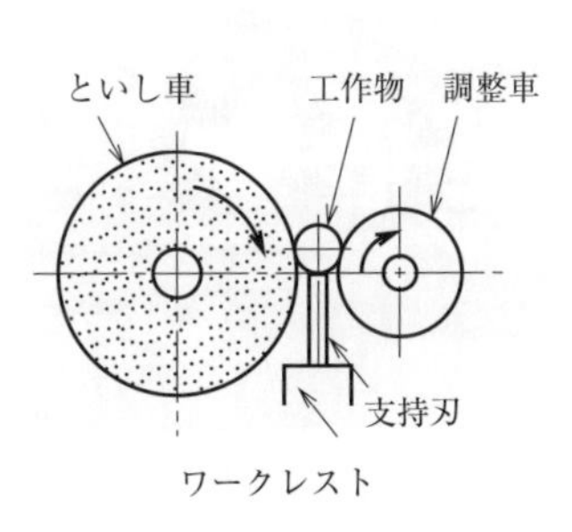

図3－11　心なし研削

図3－12　心なし研削盤

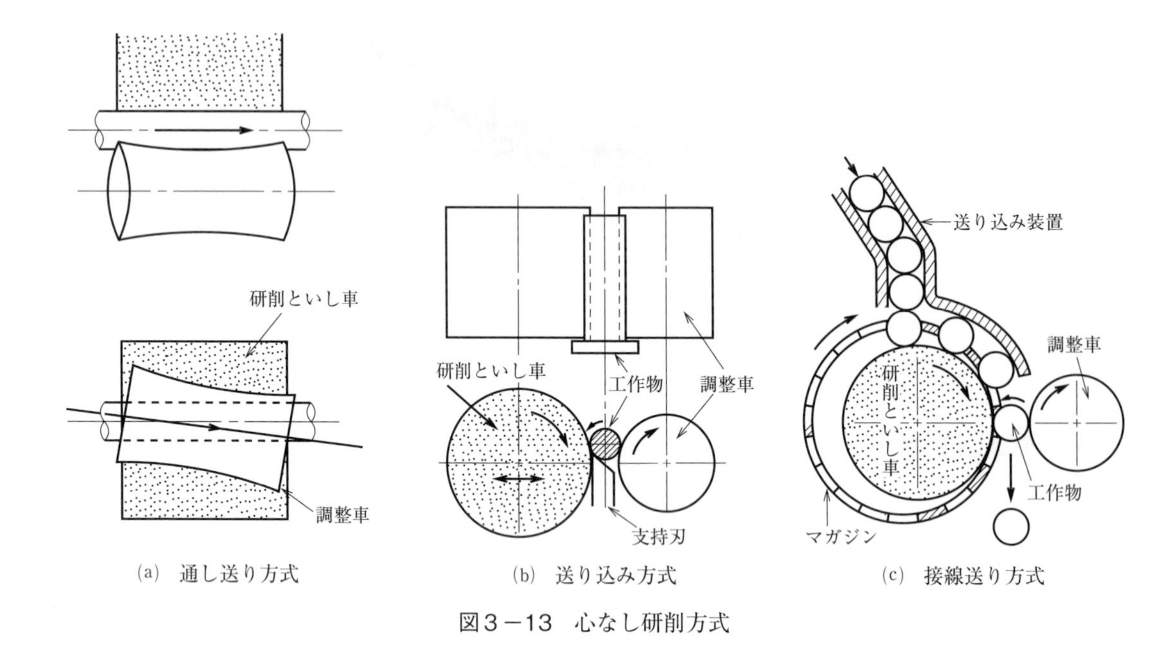

(a)　通し送り方式　(b)　送り込み方式　(c)　接線送り方式

図3－13　心なし研削方式

(6)　万能工具研削盤

万能工具研削盤（universal tool grinding machine）はドリル，フライス，ホブなどの工具類の研削に用いられる研削盤である。図3－14に，万能工具研削盤とこれによる作業の例を示す。

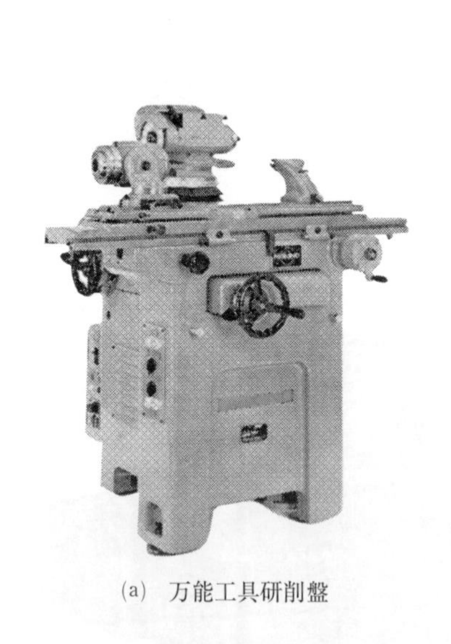

(a)　万能工具研削盤

(b)　正面フライスの工具研削作業

(c)　リーマの工具研削作業

図3－14　万能工具研削盤とその作業

以上のほか，ねじ，クランク軸，ロールなどの専用研削盤などの研削盤がある。

1.4　研削盤作業の種類と特徴

研削加工は，切削工具での加工が困難な焼入鋼や特殊合金，非金属材料などを加工することができる。また，一般に研削加工は，表３－２に示すように切削加工よりもよい仕上げ面が得られ，さらに精度がよいため，切削加工後の高精度で精密な仕上げ加工として利用されることが多い。しかしこの反面，研削加工に用いるといしは，後述するように，切削工具とは異なり構造的にぜい弱である。しかも，といしの研削速度（周速度）が大きいため，その作業上危険性が大きいので，安全には十分配慮する必要がある。

表３－２　加工方法による表面粗さの違い

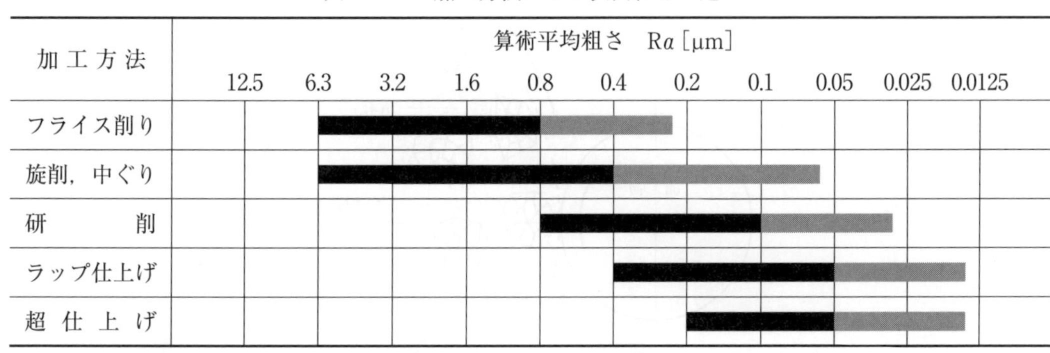

■：一般に得られる範囲　　■：注意を払って得られる範囲

出所：塚田忠夫ほか「機械設計法 第３版」森北出版，2015，p57，表3.8

1.5　研削といしの種類と用途

といしは，工作物の材質，仕上げ程度，作業法などにより，適当なものを選択する。といしの性能は，表３－３に示すように，３要素と５因子によって決定される。これらの組合せにより，非常に多くの異なったといしがつくられる。したがって，この要素と因子を理解することが，適正なといしの選択と研削作業の基礎となる。

図３－15にといしの構成と研削の原理を示す。といしの３要素はと粒，結合剤，気孔である。と粒は切れ刃として働き，結合剤はと粒を保持し，気孔は主に切りくず排除のためのポケットの役割をする。５因子は，と粒，粒度，組織，結合度，結合剤である。図３－16は５因子と形状，寸法，結合剤などを含む研削といしの表示方法を示す。以下，５因子をみていく。

表３－３　研削といしの３要素と５因子

３　要　素		５　因　子	
要　素　名	作　　用	因　子　名	内　　容
と　　粒	切　れ　刃	①と　　粒 ②粒　　度 ③組　　織	と粒の種類 と粒の大きさ と　粒　率
結　合　剤	と粒の支持	④結　合　度 ⑤結　合　剤	と粒支持力の強さ と粒支持体の種類
気　　孔	切りくずの排除	④結　合　度 ③組　　織	と粒支持力の強さ（結合剤量） と　粒　率

出所：新マシニング・ツール事典編集委員会「新マシニング・ツール事典」産業調査会，1991，p691，
表 10.1.3（一部追記）

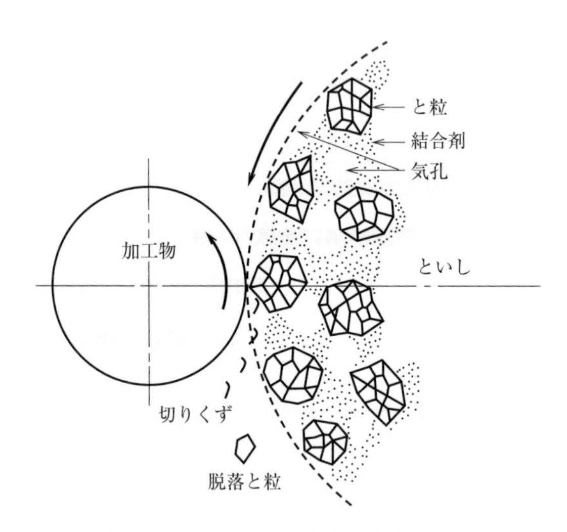

図３－15　といしの構成と研削の原理

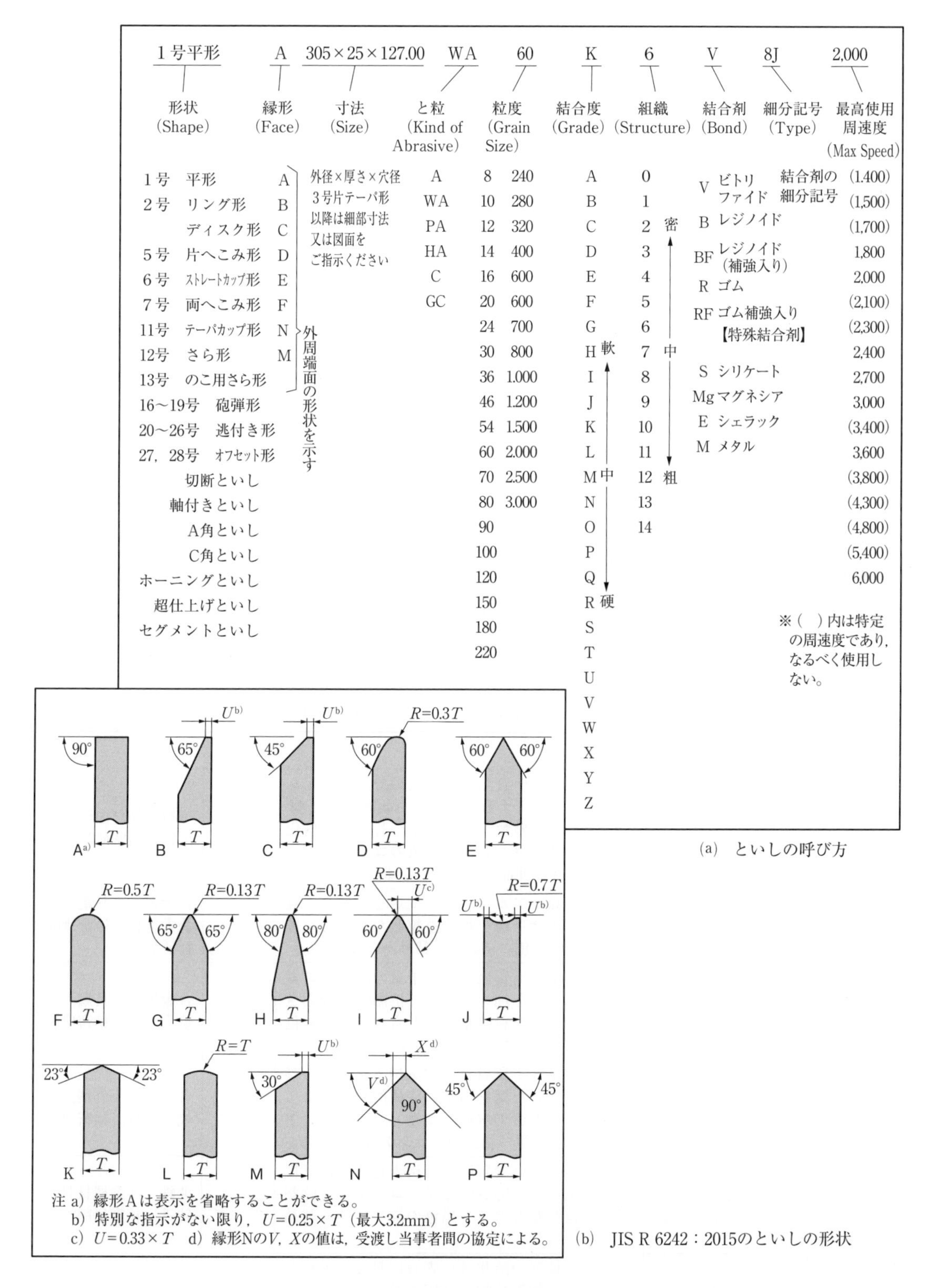

(a)　といしの呼び方

(b)　JIS R 6242：2015のといしの形状

図３－16　研削といしの表示方法

(a)出所：海野邦明「絵とき 研削の実務―作業の勘どころとトラブル対策―」日刊工業新聞社，2007，p14，図1.11

(1) と　　粒

と粒（abrasive grain）は，研磨剤の粒子のことで，天然のものと人造のものがある。現在のといしは，ほとんどが人造研磨剤である。

と粒の主な要件は，①工作物より硬いこと，②耐摩耗性，じん性があること，③適度に破砕すること，である。ここで，②と③は矛盾するようにみえるが，研削加工では，まず，ドレッシングでと粒先端を破砕して適当な切れ刃で研削する。ドレッシングとは，と粒を破砕して切れ刃をつくる，目立てのことである。

加工経過と共にと粒先端が摩耗し，加工に寄与しなくなり，研削抵抗によって適当に破砕して切れ刃が自生する作用が現れるが，これを切れ刃の自生という。自生作用のもとでは良好な研削加工状態を保てるのである。

表３－４は，主なと粒の特徴と用途を示す。と粒の中で，WA系とGC系が最も広く用いられている。一般にAと粒は一般鉄鋼材料の研削に，WAと粒は焼入鋼などの硬い鋼材の研削に，PAと粒は工具などの精密研削に適している。Cと粒は鋳鉄，黄銅，軽合金などのように引張り強さが小さい金属材料の研削に，GCと粒は硬くてもろいガラスや超硬合金などの研削に適している。このほかのと粒として，焼結アルミナ質，アルミナ・ジルコニア質，cBN，ダイヤモンドなどがある。焼結アルミナ系は，と粒形状を制御できる特徴があり，重研削に利用される。cBNと粒はアルミナ系や炭化

表３－４　と粒の特徴とその用途（JIS R 6111：2005参考）

区　分	種　類	記号	性　状	色　調	用　途
アルミナ質研削材	褐色アルミナ研削材	A	アルミナ質鉱石を電気炉で溶融還元してアルミナ分を高くし，凝固させた塊を粉砕整粒したもので，若干量の酸化チタニウムを含む褐色のコランダム結晶及び非晶質部分からなる。	褐　色	一般鋼材自由研削 生鋼材精密研削
	白色アルミナ研削材	WA	高純度アルミナを電気炉で溶融し，凝固させた塊を粉砕整粒したもので，純粋な白色コランダム結晶からなる。	白　色	合金鋼，工具鋼， 焼入鋼材，精密研削， 軽研削
	淡紅色アルミナ研削材	PA	アルミナ質原料に若干量の酸化クロムその他を加え電気炉で溶融し，凝固させた塊を粉砕整粒したもので，淡紅色のコランダム結晶からなる。	桃　色	合金鋼，工具鋼， 焼入鋼材，精密研削
	解砕形アルミナ研削材	HA	アルミナ質原料を電気炉で溶融し，凝固させた塊を通常の機械的粉砕によらない方法で解砕し整粒したもので，主として単一結晶のコランダムからなる。	灰白色	合金鋼，工具鋼， 焼入鋼材，精密研削
炭化けい素質研削材	黒色炭化けい素研削材	C	酸化けい素質原料と炭素材とを電気抵抗炉で反応させたインゴットを粉砕整粒したもので，黒色の炭化けい素結晶からなる。	黒　色	非鉄，非金属材料， 鋳鉄，精密研削
	緑色炭化けい素研削材	GC	高純度の酸化けい素質原料と炭素材とを電気抵抗炉で反応させたインゴットを粉砕整粒したもので，緑色の炭化けい素結晶からなる。	緑　色	超硬合金の研削

けい素系より耐摩耗性があり，ダイヤモンドより耐熱性があることから，鉄鋼類や耐熱合金の研削に適している。ダイヤモンドは，超硬合金，ガラス，セラミックスなど硬い材料の研削に適している。

(2) 粒　　度

と粒の大きさを粒度（grain size）といい，JISで細かく規定されているが，おおむね，最大のと粒がやっと通過する網目のふるいの番号#で表される。すなわち，30番といえば，25.4mm（1インチ）の間に30の網目のあるふるいを通過する粒のことである。表3－5～表3－7は，粒度の種類を示す。

といしの粒度の選定は，工作物の仕上げ面粗さと研削量が基本となる。研削作業に対する粒度の適合範囲を図3－17に示す。表3－8に，粒度と研削条件の関係を示す。

そのほか，粒度の選択には，次のことを考慮する。

① 荒研削のときには低い粒度の（粗い）といしを使用し，仕上げ研削や工具研削，ねじ研削などの精密研削のときには高い粒度の（細かい）といしを用いる。

② 軟らかくて延性のある材料には低い粒度の（粗い）といしを，硬くてもろい材料には高い粒度の（細かい）といしを用いる。

③ といしの工作物の接触面が大きい研削では低い粒度の（粗い）といしを，小さい場合には高い粒度の（細かい）といしを用いる。

表3－5　粗粒の種類（JIS R 6001－1：2017）

区　分	粒度の種類								
粗　粒	F 4	F 5	F 6	F 7	F 8	F 10	F 12	F 14	F 16
	F 20	F 22	F 24	F 30	F 36	F 40	F 46	F 54	F 60
	F 70	F 80	F 90	F100	F 120	F 150	F 180	F 220	

備考　粒度の呼び方は，エフ○○と呼ぶ。

表3－6　一般研磨用微粉の種類（JIS R 6001－2：2017）

区　分	粒度の種類						
微　粉	F 230	F 240	F 280	F 320	F 360	F 400	
	F 500	F 600	F 800	F 1000	F 1200	F 1500	F 2000

備考　粒度の呼び方は，エフ○○と呼ぶ。

表3－7　精密研磨用微粉の種類（JIS R 6001－2：2017）

区　分	粒度の種類							
微　粉	# 240	# 280	# 320	# 360	# 400	# 500	# 600	# 700
	# 800	# 1000	# 1200	# 1500	# 2000	# 2500	# 3000	# 4000
	# 6000	# 8000						

備考　粒度の呼び方は，数値の後に番を付けて呼ぶ。

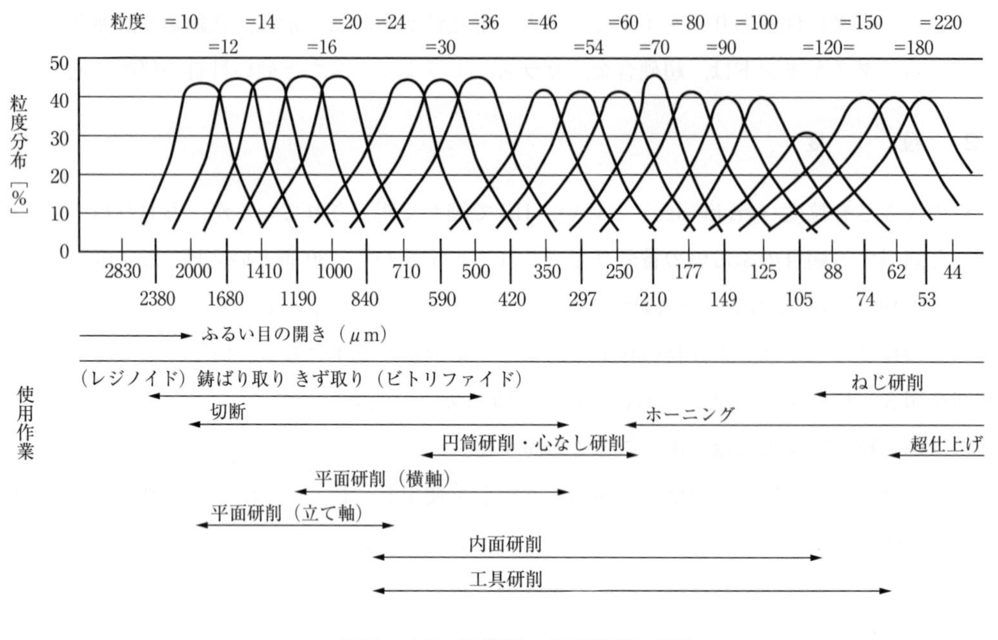

図3－17　作業別の粒度選択の目安

出所：（表3－3に同じ）p694，図10.1.3（一部追記）

表3－8　粒度と研削条件

低	←	粒　度	→	高
大	←	取しろ	→	小
荒仕上げ	←	仕上げ程度	→	精密
粘質 軟質	←	工作物材質	→	ぜい質 硬質
広い	←	接触面積	→	狭い
大	←	といしの大きさ	→	小
粘質	←	結合剤	→	ぜい質

出所：（図3－16(a)に同じ）p19，表1.2

（3） 結　合　度

といしの結合度（grade）は，と粒とと粒を結合している結合剤の強さの度合いを表し，といしの硬さともいわれる。結合度が低いと，小さな研削抵抗でもと粒がといしから脱落して目こぼれを起こし，といしの消耗が早くなる。逆に，結合度が高いと，目つぶれや目詰まりを生じ，研削抵抗が大きくなると共に，仕上げ面が悪くなり，最悪の場合はといしにひび割れが発生する。

結合度はアルファベット記号で表され，A に近いほうが結合度が低く，Z のほうに近づくほど高くなる。表3－9は，結合度とといしの硬さの関係を示す。

結合度については，切込み量，工作物の硬さ，といしと工作物との接触面積を基本として選定する。一般に M 以上の硬い結合度のといしを用いるが，切込み量が小さい仕上げの円筒研削では J～N

のといし，調質鋼など軟質材料の研削にはＭのといしを用い，焼入鋼などの硬質材料には結合度Ｋのといしが選定の目安となる。

研削作業に対する結合度の適合範囲を表３－10に示す。表３－11は，研削条件と結合度との関係を示している。

表３－９　結　合　度（JIS R 6242：2015）

結合度記号				備　　考
A	B	C	D	極端に軟らかい
E	F	G	－	大変軟らかい
H	I	J	K	軟らかい
L	M	N	O	中間
P	Q	R	S	硬い
T	U	V	W	大変硬い
X	Y	Z	－	極端に硬い

注記　“A”が最も軟らかく，“Z”が最も硬いことを意味している。

表３－10　研削作業と結合度の範囲

研削作業		結合度													
		極軟				軟				中				硬	極硬
		B	E	F	G	H	I	J	K	L	M	N	O	P～S	T～Z
平面研削	汎　用					■	■	■							
	軟質，粘質材							■	■	■					
	高硬度材				■	■	■								
	薄物研削			■	■	■									
	断続研削							■	■	■					
	といし接触面大					■	■								
	細溝，角出し							■	■						
	クリープフィード		■	■	■	■									
円筒研削	汎　用							■	■	■					
	軟質，粘質材								■	■	■				
	高硬度材						■	■							
	端面研削							■	■						
	断続研削								■	■					
	工作物外径大						■	■	■						
	工作物外径小							■	■	■					
その他	ねじ研削								■	■	■				
	自由研削									■	■	■			
	切　断									■	■	■	■	■	

出所：（図３－16(a)に同じ）p22，図1.20

表3－11　研削条件による結合度の変化

低	← 結合度 →	高
硬質 ぜい質	← 工作物材質 →	軟質 粘質
広い	← 接触面積 →	狭い
高い	← といし周速度 →	低い
低	← 工作物速度 →	高
高	← 機械精度 →	低
熟練	← 作業者 →	未熟

出所：（図3－16(a)に同じ）p22，表1.3

(4) 組　　織

といし全容積に対すると粒の容積率（%）をと粒率という。

といしの組織（structure）は図3－18に示すように，粗なものは気孔の部分が多くて切れ刃が少なく，密なものは切れ刃が多くて，気孔が少ない。JISでは，これを表3－12のように分類している。

工作物が軟質で延性に富む場合には粗なといしを，硬くてもろい工作物には密なといしを選び，また荒研削には粗なといしを，精密研削には密なといしを用いる。

研削作業に対する組織の適合範囲を表3－13に示す。表3－14は，研削条件と組織との関係を示している。

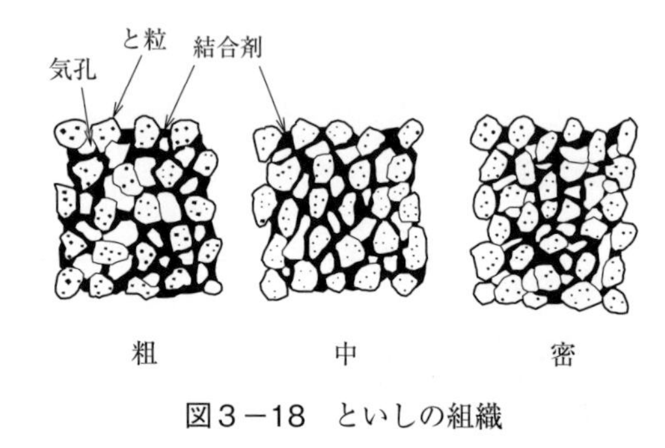

図3－18　といしの組織

表3－12　組織番号とと粒率の関係
（JIS R 6242：2015）

組織番号	と粒率［%］	組織番号	と粒率［%］
0	62	13	36
1	60	14	34
2	58	15	32
3	56	16	30
4	54	17	28
5	52	18	26
6	50	19	24
7	48	20	22
8	46	21	20
9	44	22	18
10	42	23	16
11	40	24	14
12	38	25	12

注）と粒率の許容差は±1.5%

表３－13　研削作業の種類と組織

研削作業		組織														
		密				中			粗			多孔性				
		0	1	2	3	4	5	6	7	8	9	10	11	12	13	14
と粒率［%］		62	60	58	56	54	52	50	48	46	44	42	40	38	36	34
平面研削	汎用（粗～仕上）								■	■						
	軟質，粘質材										■	■				
	高硬度材								■	■						
	薄物研削										■	■				
	断続研削							■	■							
	といし接触面大									■	■					
	細溝，角出し						■	■	■							
	クリープフィード										■	■	■	■	■	■
円筒研削	汎用（粗～仕上）							■	■							
	軟質，粘質材								■	■						
	高硬度材							■	■							
	端面研削								■	■						
	断続研削						■	■								
	工作物外径大							■	■							
	工作物外径小						■	■								
その他	ねじ研削						■	■								
	自由研削						■	■								

出所：（図３－16(a)に同じ）p24，図1.22

表３－14　研削条件と組織の関係

組織	粗	⟷	密
仕上げ程度	荒仕上げ	⟷	精密仕上げ
接触面積	広い	⟷	狭い
被研削材	軟質，粘質	⟷	硬質，ぜい質

（5）結合剤

結合剤（bond）は，と粒とと粒を結合させる材料である。研削作業の目的と使用するといし周速度を基本として結合剤を選定する。一般に，ビトリファイド結合剤とレジノイド結合剤が主体で，そのほかの結合剤（例えば，ゴム，マグネシア，シリケート，シェラック，樹脂など）は，特定の用途に限定される。結合剤の特性をよく理解して，作業目的に適したといしの選定をすることが必要である。表３－15は，各種結合剤の特徴を示す。

表3－15　各種結合剤の特徴

項目＼種類	記号	主要成分	特　　徴	用　　途
ビトリファイド	V	長石，可溶性粘土	最も一般的結合度・組織の調整容易。化学的に安定。	機械研削，自由研削（周速度2000m/min以下），超仕上げ，ホーニング
レジノイド	B	フェノール樹脂，その他人造樹脂	比較的弾性あり。高速回転に耐える。	粗研削，自由研削，切断，機械研削，ラップ仕上げ用
レジノイド補強	BF	フェノール樹脂，その他人造樹脂，ガラス繊維など補強材	高速・衝撃・側圧に耐える。	自由研削，切断

結合剤の種類によって，といしの性質も異なる。次に主な種類を挙げる。

a　ビトリファイドといし

ビトリファイドといし（vitrified grinding stone）は，と粒と粘土，長石などを混ぜて成形し，乾燥，高温加熱して焼き固められている。といしの結合度を幅広く変えたり，組織を比較的均質にしたりできるため，一般研削用といしの結合剤として最もよく用いられる。ただし，比較的弾性に乏しくもろいため，といしが破壊する危険性があり，比較的大径のといしや薄いといしはつくれない。記号はVで表される。

b　レジノイドといし

レジノイドといし（resinoid grinding stone）は，フェノール樹脂などの熱硬化性樹脂を主体とした結合剤を用いるといしである。レジノイド粉末とと粒とをよく混合し，金型に流し込んで加圧成形した後，均一に加熱，加圧してといしを硬化成形する。レジノイドといしは強靱で，弾性に富み，薄いといしや大形のといしをつくることができる。レジノイドといしによる研削加工では，よい仕上げ面が得られるため，このといしはカム，ロール，ねじなどの研削のほか，切断用，自由研削用などのといしとしても使われる。また，繊維や金属網を入れて強度を増し，携帯用グラインダのといしに用いられる。記号はBで表す。

c　ゴムといし

ゴムといし（rubber grinding stone）は，天然又は人造ゴムに硫黄を添加し，これにと粒を加えて練り合わせ，ロールで延ばして板状にしたものを打ち抜いて円板とし，加熱してつくったといしである。ゴムといしは，レジノイドといしより弾性に富んでおり，薄いといしを製作できるため，切断用といしとして用いられる。心なし研削盤の調整といしにも使われる。記号はRで表す。

d　メタルボンドといし

メタルボンドはcBNと粒やダイヤモンドと粒の場合のみ使われる。メタルボンドといし（metal bond stone）は，銅，ニッケル，鉄などの粉末とと粒を混合し，粉末焼結によってつくる。切れ刃の寿命が長く，と粒の保持がよく，といしが形くずれしにくい。このといしはガラス，セラミックス，フェライトなどの研削に用いられる。メタルボンドといしは工作物の形状精度を保つことが要求される場合や超硬工具を研削するときに使われる。また，電解研削用のといしには，特殊なメタルボンドが結合剤として用いられる。記号はＭで表す。

（６） といしの形状

といしの形状については，既に図３－16で若干触れたが，JIS R 6211－1～6211－16「といし－寸法－」で規定されている。

基本的な形状は，図３－19に示すように，一般の円筒研削などに用いる平形といし，歯車研削に用いる皿形といし，のこ目立て用ののこ皿形といし，平面研削及び工具研削用のカップ形といし，立軸平面研削用のリングといし，重研削用のセグメントといし，円すい又は棒状軸付きといしなどがある。といしの寸法は，できるだけ直径が大きく，厚さ（といしの幅）が厚いものを用いるほうが強度が高く，と粒１個当たりの研削量が少なく，加工能率がよい。

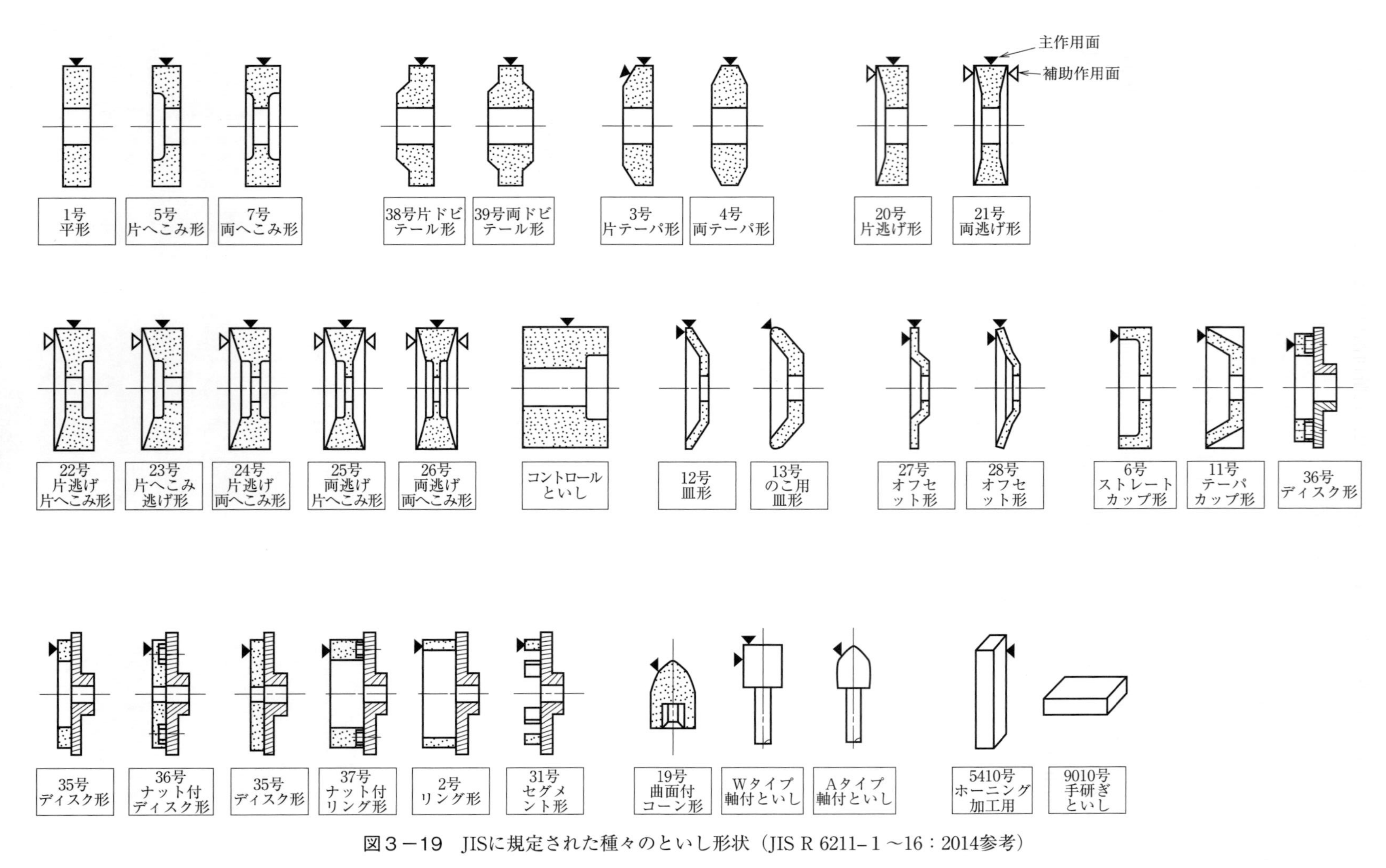

図３－19　JISに規定された種々のといし形状（JIS R 6211-1～16：2014参考）

（7）　といしの表示法

JISでは，図３－20に示すように，といしに次のことを表示しなければならない，と定めている。

①形状及び縁形，②寸法（外径D×厚さT×孔径H），③と粒の材質，④粒度，⑤結合度，⑥組織，⑦結合剤及び細分記号，⑧最高使用周速度，⑨製造業者名又はその略号，⑩製造番号，⑪製造年月，ただし，縁形Aは省略することができる。

表示例　形　状：１号平形
縁　形：A
寸　法：外径205mm，厚さ16mm，孔径19.05mm
と粒の材質：A
粒　度：F36
結合度：K
組　織：７
結合剤：V○○
最高使用周速度：2 000m/min
製造業者名：○○○○KK
製造番号：第○○○号
製造年月：平成○○年○○月

上記の内容の研削といしであれば，次のように表示する。

１号，A，205×16×19.05
A，36，K，７，V○○，2 000m/s
○○○○KK，第○○○号（平○○○○）

図３－20　といしの表示の一例

（8）　といしの選択基準

実際の研削作業ではいろいろな条件が重なり合うため，工作物の材質と研削方式だけで，最適なといしを選択することはできないが，表３－16に円筒研削盤作業におけるといしの選択基準を示す。

表３－16　円筒研削盤作業におけるといしの選択基準（JIS B 4051：2014）

被削材				研削といし外径［mm］							
				円筒研削			内面研削				
材質			硬さ	355 以下	355 を超え 610 以下	610 を超え 915 以下	16 以下	16 を超え 32 以下	32 を超え 50 以下	50 を超え 75 以下	75 を超え 125 以下
鋼	普通炭素鋼	一般構造用圧延鋼材（SS） 機械構造用炭素鋼鋼材（S－C，S－CK） 一般構造用炭素鋼鋼管（STK） 機械構造用炭素鋼鋼管（STKM） 炭素鋼鍛鋼品（SF） 炭素鋼鋳鋼品（SC）	HRC45以下	WA60L A/WA60M	A/WA60M	A/WA60K	A/WA80M	A/WA60M	A/WA60L	A/WA60K	A/WA60J
			HRC45を超えるもの	WA60L PA60L	WA60K PA60K	WA60J	WA80L WA80M	WA60L WA80L	WA60K WA80K	WA60K WA80J	WA60J WA80I
	合金鋼	機械構造用合金鋼鋼材 （SMn，SMnC，SCr，SCM，SNC，SNCM，SACM） 高炭素クロム軸受鋼鋼材（SUJ） 構造用高張力炭素鋼及び低合金鋼鋳鋼品 （SCC，SCMn，SCSiMn，SCMnCr，SCMnM，SCCrM，SCMnCrM，SCNCrM） 炭素工具鋼鋼材（SK）	HRC55以下	WA60L HA60L	WA54L PA60K	WA46K WA60J	WA80L PA80L	WA80K PA80L	WA80J PA80K	WA60J PA80J	WA60I PA80I
			HRC55を超えるもの	WA80K PA80K HA80K	WA80J PA80J HA80J	WA80I PA80I HA80I	WA100L PA100L HA100	PA100K HA100K	PA100J HA100J	PA80J HA80J	PA80I HA80I
	工具鋼	高速度工具鋼鋼材（SKH） 合金工具鋼鋼材（SKS，SKD，SKT）	HRC60以下	WA60K HA80K	HA60K HA80J	HA60I	WA80L	WA80K	WA80K	WA80J	WA80I
			HRC60を超えるもの	HA80J		HA80I	HA100K	HA100J	HA80J	HA80I	HA80H
	ステンレス鋼	ステンレス鋼棒（SUSマルテンサイト系） 耐熱鋼棒及び線材（SUS，SUHマルテンサイト系）	HRC55以下	WA60K	WA60K	WA46J WA60J	WA80L	WA60K	WA60J	WA46J	WA46I
			HRC55を超えるもの	HA80J		HA80I	HA100K	HA80J	HA80J	HA80I	HA80H
		ステンレス鋼棒（SUSオーステナイト系） 耐熱鋼棒及び線材（SUS，SUHオーステナイト系）	－	WA60K，GC60K		WA46J GC46J	WA60K，GC60K			WA60J GC60J	
鋳鉄	普通鋳鉄	ねずみ鋳鉄品（FC）	－	WA60K GC60J	WA60K	WA46I	WA80K GC80K	WA80K GC80K	WA60K GC60K	WA60J GC60J	WA60I GC60I
	球状黒鉛鋳鉄品（FCD）										
	可鍛鋳鉄	白心可鍛鋳鉄品（FCMW） 黒心可鍛鋳鉄品（FCMB） パーライト可鍛鋳鉄品（FCMP）	－	WA60L PA60K	WA60L	WA60J	WA80M	WA60L	WA60K	WA46K	WA46J
非鉄金属	黄銅（C26－，C27－，C28－）		－	GC46J，GC60J			GC60I				
	青銅鋳物（CAC4－）		－	GC60J，WA60J			WA60J，GC60J				
	アルミニウム合金（A－）		－	GC46J，GC60J			－				
	永久磁石材料（R1－，R2－）		－	WA46J，WA46K			－				
	超硬合金（HW）		－	GC80I，GC60I，GC80F			－				

（注）(1) 硬さは，研削といしの使用現状を考慮して，普通炭素鋼でHRC45，合金鋼でHRC55，工具鋼でHRC60及びステンレス鋼マルテンサイト系でHRC55に区分した。
(2) 工具鋼のうち炭素工具鋼は，研削といしの使用状況を考慮して合金鋼の分類に入れてある。
(3) A/WAはAとWAとの混合研削材，Aは褐色アルミナ研削材，WAは白色アルミナ研削材，PAは淡紅色アルミナ研削材，HAは解砕形アルミナ研削材，GCは緑色炭化けい素研削材，Cは黒色炭化けい素研削材の記号を表わす。

第２節　研削盤作業

2.1　といしの取扱い方

といしの強度は，他の材料に比べて著しく低いため，その取扱いには十分注意する。

また，といしの回転速度は非常に高いため，といしが損傷していると，回転中に飛び散り，大変危険で，大きな事故の原因になる。といしの取扱いに際しては，次のような点に注意する。

① 研削盤使用開始前には必ずといしを点検し，きずなどのチェックを行い，といしに異常のないことを確認することが大切である。

② 研削といしのきずや，き裂の有無の診断方法には，目視検査のほか，打診検査がある。打診検査は，木ハンマなどでといし側面を一様に軽くたたいて，その打音で異常部を判定する診断法である。正常なといしは澄んだ金属音がするが，きずやき裂のあるといしはにぶい音がする。このようなといしの診断は，といしをフランジに取り付ける前と，といしを取り付けたフランジをといし軸に取り付けた後の両方の状態で行う。

③ といしのバランスを取るために，といしバランス台を用い，といし質量の不つりあいを検査して取り除く。バランス台には，図３－21 に示すように，転がり形バランス台，天秤形バランス台がある。実際のつりあいを取るには，図３－22 に示すようにフランジ上の二つのバランスウエイトの位置を調整する。

④ といしをといし軸端に取り付ける場合，フランジの直径は必ずといしの直径の$\frac{1}{3}$以上となるようにし，両側のフランジは同じ直径のものを用いる。図３－23 に示すように，必ず吸取紙や薄いゴムなどのパッキンをといしとフランジの間に挟み，あまり過度にならない程度にしっかりとフランジを締め付ける。フランジを締め付ける力は均等になるようにする。また，フランジボルトの場合，ボルトを締め付ける順番は図３－24 に示すように，対角線方向のボルトを順に締め付ける。

⑤ 研削盤での主軸電源を ON にするときに，主軸電源の ON/OFF を繰り返し（寸動させ），といしの正常な回転状況を確認し，正常な運転を確認できたところで，主軸電源を正式に ON にする。このとき，といしの回転面内に立つと，破砕したといしに当たる危険性があるので，研削作業中は絶対に回転面内には立たない。

⑥ 万が一の場合に備えて，といしの破片が飛んできても安全を保てるようにカバーなどを取り付ける。なお，フランジやといしカバーの形状，寸法は労働安全衛生規則で定められている。

⑦ 最初のバランス取りができたら，といしをといし軸に取り付け，ツルーイング（といし軸に対してといしの外周を同心にすること）を兼ねて，ドレッシング作業を行う。図３－25 に示すように，チャック面にドレッサ保持具を固定した場合のドレッシングの主な手順は，次のようになる。

(a)　転がり形バランス台　　(b)　天秤形バランス台

図3－21　といしバランス台

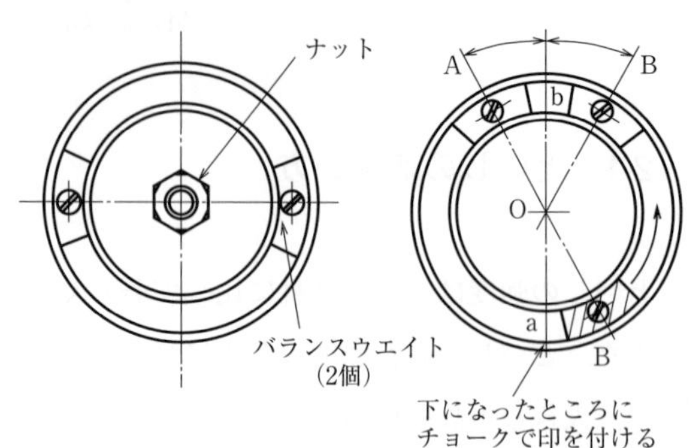

図3－22　バランスウエイト調整法

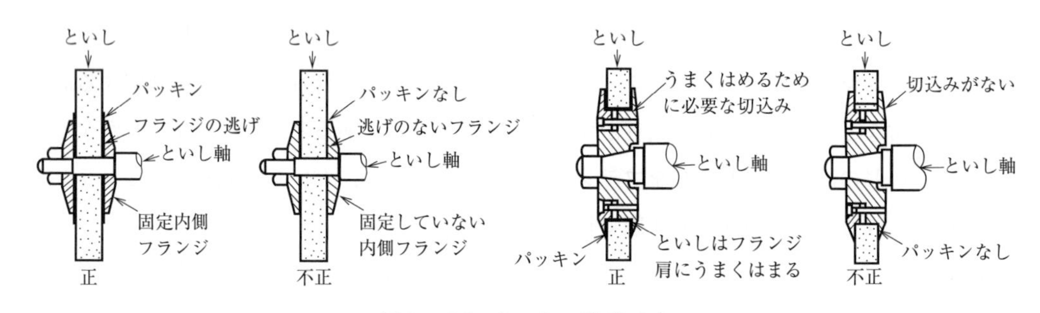

図3－23　といしの取付け方

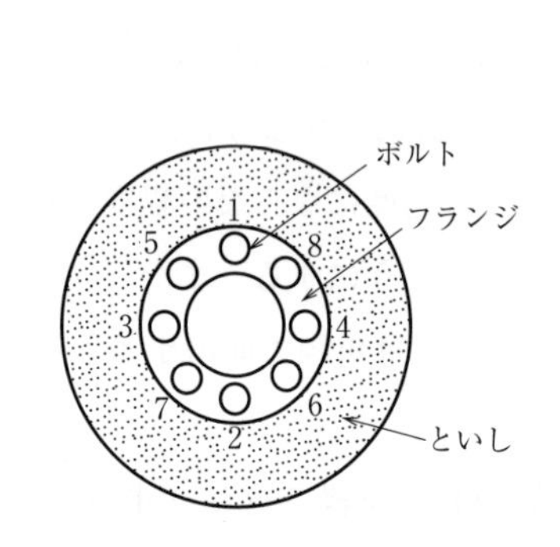

図3－24　フランジボルトの締付け順序

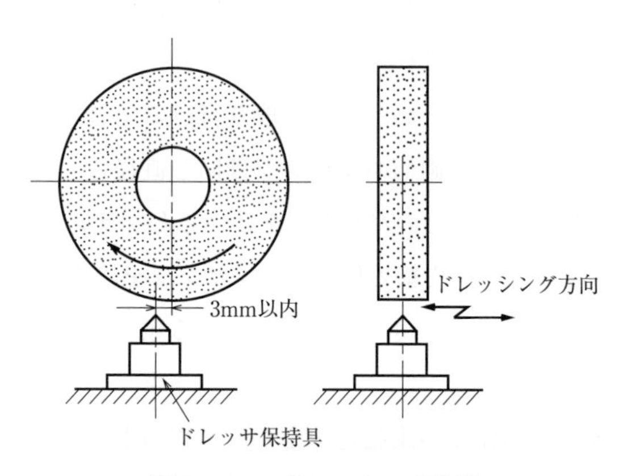

図3－25　ドレッシング作業

(1)　ドレッサ保持具といしの位置を図3－25に示すようにして，といし車の外周に触れるように調整する。ドレッサが外れても，といしから逃げるように少しずらしてドレッサを取り付ける点がポイントである。

(2)　といし軸と冷却水モータを起動し，ドレッサ先端がといし外周とかすかに触れるまで，といしを下げる。といし外周にドレッサが当たった目盛をゼロに合わせる。

(3)　コックを開いて，冷却水を出し，一度，ドレッサを逃がし，といしを下げて切込みを与える。１回の切込みは，仕上げの0.015mm～荒加工の0.025mmほどである。サドルを均等な速さで前後に送って，ドレッシングを行う。サドルを送る速さは荒加工が250～500m/min程度，仕上げ加工が100～200m/min程度である。ドレッシング作業だけでも，一人前になるには３年はかかるといわれる。

(4)　といしのかどを取る。

(5)　といしをドレッサから逃がし，機械を停止して，ドレッサをチャック面から取り外す。

さて，研削作業によって形状のくずれたといしの表面を削り取って直すことを**形直し**といい，目詰まりや目つぶれを生じた場合も表面部のと粒を削り取って直すが，これを**目立て**という。形直しや目立てには，図３－26に示すような各種のドレッサが用いられる。ドレッサには，ダイヤモンドドレッサ，メカニカルドレッサ，といし形ドレッサがある。ダイヤモンドドレッサは，図３－25に示すように，一般の研削，精密研削に用いられる。メカニカルドレッサは，荒研削，重研削として用いられる。

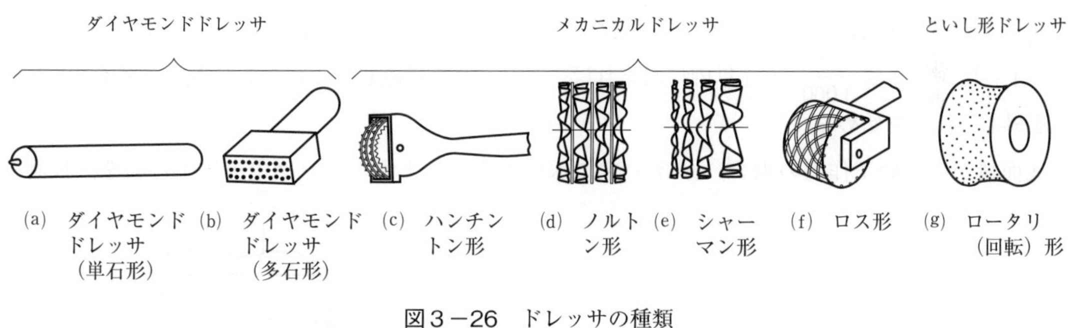

図３－26　ドレッサの種類

出所：福田力也「工作機械入門」理工学社，1990，p148，8・86図（一部追記）

2.2　といしの回転速度

といしの回転速度は，周速度により次の式によって求められる。

$$N=\frac{1000\cdot V}{\pi\cdot D} \quad \cdots\cdots (3\cdot 1)$$

N：回転速度［min^{-1}］

V：周速度［m/min］

D：といしの直径［mm］

周速度はといしの結合剤の種類によって異なり，表３－17は，最も広く用いられているビトリファイド研削といしの普通研削の場合の標準値である。

表３－17　ビトリファイド研削といしの周速度標準値

研削	周速度
円筒研削	1700～2200m/min
平面研削	1200～1800m/min
内面研削	600～1800m/min
工具研削	1400～1800m/min
超硬合金研削	900～1400m/min

2.3　工作物の取付け

工作物の取付けは，円筒研削や内面研削の場合は，旋盤のセンタ作業の場合と同様に，両センタで支えたり，チャックでつかんだりする。

平面研削の場合は，図3－27に示すようにテーブル上に取り付けられた電磁チャックや永久磁石チャック（マグネットブロックなど）の上面に磁力で固定する。直方体の工作物の場合，作業効率や機械剛性などから工作物はチャック中心部に配置する。その後，励磁スイッチを入れ，工作物を吸着し，手で動かしてみて，工作物が確実に吸着されていることを確認する。

段付きの工作物の場合，図3－28に示すように，まずチャック中央に工作物を，目測でチャックと平行に置く。次に，いったんチャックを励磁して工作物を吸着し，励磁スイッチを切る。さらに，ダイヤルゲージの測定子を工作物上の基準面に当て，手動でテーブルを左右に移動して工作物の取付け状態を調べ，平行が出ていないときは銅ハンマで工作物を軽くたたきながら平行出しする。そして，平行度が例えば$\frac{2}{1000}$ mm以内に収まれば，チャックを励磁して工作物を吸着し，ダイヤルゲージを外し，加工を始める。

底面積が小さい工作物の場合，図3－29に示すように，まずチャック中央に工作物を，目測で

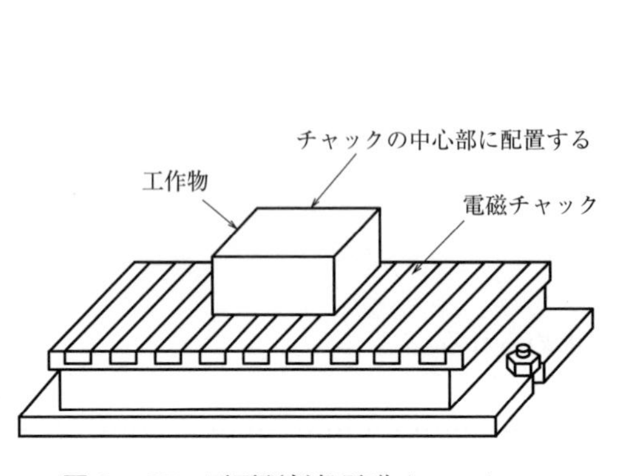

図3－27　平面研削盤電磁チャックへの工作物の取付け

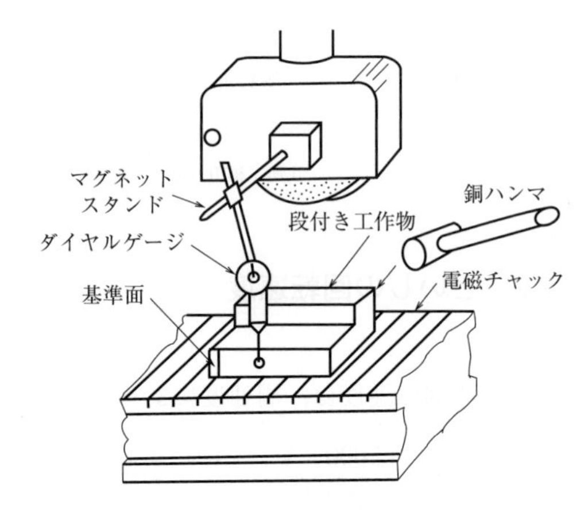

図3－28　段付き工作物の取付け

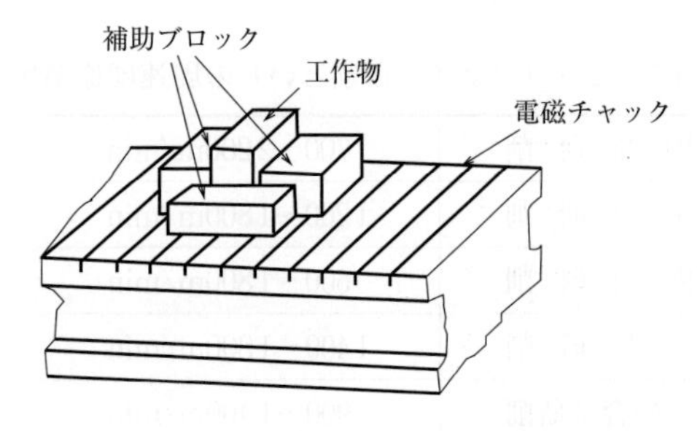

図3－29　底面積の小さい工作物の取付け

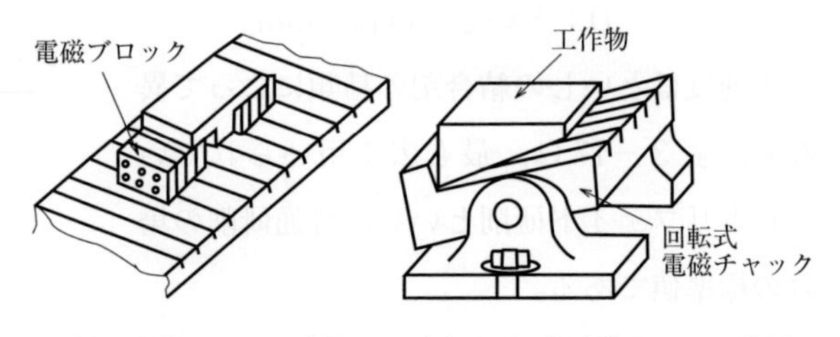

(a)　電磁ブロック使用　(b)　回転式電磁チャック使用

図3－30　複雑な形状の工作物の取付け

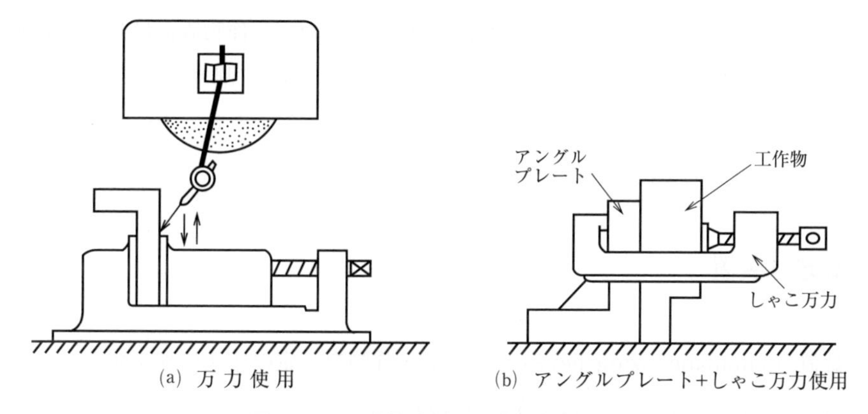

(a) 万力使用　　(b) アングルプレート+しゃこ万力使用

図３－31　非鉄金属の工作物の取付け

チャックと平行に置く。次に，３個以上の補助ブロックやスコヤなどを工作物に添わせて置く。そして，チャックを励磁して工作物を吸着し，加工を始める。

複雑な工作物形状の場合は，図３－30に示すように，別の電磁ブロックや回転式の電磁チャックを用いる。

そして，図３－31は，非鉄金属材料の場合に機械万力などを用いた取付け例を示す。

2.4　周速度，送り

工作物の周速度は円筒，内面研削では工作物の外周又は内周の周速度で，平面研削の場合は，テーブルの速度である。表３－18は円筒研削と内面研削の標準値を示す。送りは，一般に，円筒研削の場合，工作物１回転につき，荒研削でといしの幅の$\frac{2}{3}$～$\frac{3}{4}$，仕上げ研削で$\frac{1}{4}$～$\frac{1}{2}$，精密研削で$\frac{1}{8}$～$\frac{1}{5}$程度である。

表３－18　工作物の周速度標準値

[m/min]

材　　料	円筒研削		内面研削
	荒研削	仕上げ	
焼入鋼	12	15～18	24～33
鋼	9～12	12～15	18～21
鋳鉄	15～18	15～18	36

2.5　研削温度と研削液

研削作業では，研削中に発生する熱は，局所的瞬間温度が1000～1600℃に達すると考えられている。切削とは異なり，その発熱量の80％程度が工作物に，10％がといしに，数％が切りくずへ流れるとされている。

工作物への熱流入によって，工作物は過熱され，表面が瞬間的に酸化して黄色，かっ色，紫，青色と変色したり，変質したりする。これを研削焼けという。また，工作物表面は瞬時に過熱・冷却されることから熱応力が発生し，微細なき裂を生ずる。これを研削割れという。研削液（grinding lubricant 又は grinding fluid）の要件は冷却性に優れていることであり，次いで，切りくずを洗い流してといしの目詰まりを防ぐ洗浄性能が良好なことである。

2.6　自動定寸装置

自動定寸装置（automatic sizing device）を使い工作物を一定の寸法に加工する方法は，古くから研削盤作業の分野で最も発達し，次のような方式がある。

（1）　計　測　式

図３－32に計測式自動定寸装置の一例として，電気マイクロメータを用いた装置を示す。工作物の寸法を測定する測定器といし台の切込み装置を連絡し，測定器が目標の寸法になったことを検出すると，切込み制御機構に信号が送られてといし台を後退させる。

測定方法には，電気マイクロメータのほか，空気マイクロメータ，ミニメータなどを用いた方法がある。

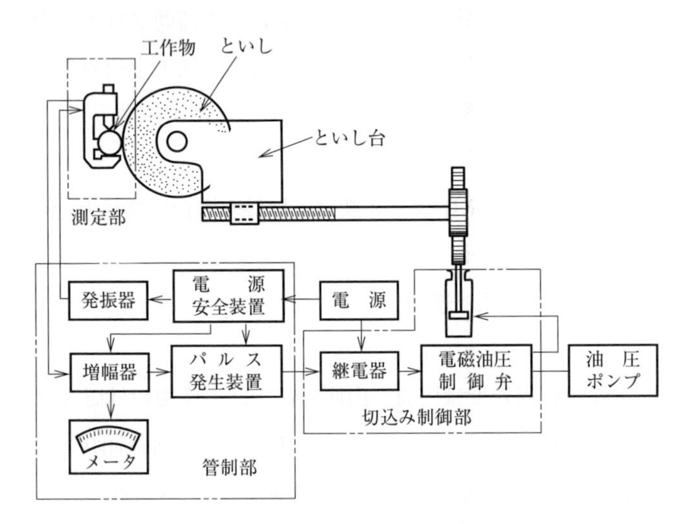

図３－32　計測式自動定寸装置

（2）　定位置式

定位置式は，荒研削のあと，一定の位置に置いたダイヤモンドツールでといしの形直しを行い，次に，といし台に一定量の切込みを与えて仕上げ研削を行って一定寸法にする方式である。

（3）　定　規　式

定規式とは，といしにほんの少しずつ切込みを与えながら研削を続け，一方でゲージが常に工作物の寸法を監視し，工作物の寸法がゲージと同じになったときに研削を停止する方式である。

（4）　フィードバック制御式

フィードバック制御式は，連続加工の場合，加工された工作物の寸法を測定し，といしの摩耗などによって生じる寸法誤差を検出すると，といし台の切込み制御機構に信号を送って，制御する方式である。

〔第３章のまとめ〕

第３章で学んだ研削加工に関する次の点について，各自整理しておこう。

⑴　自生作用又は，自生発刃とはどのような作用か。

⑵　良好な研削状態が得られない状態とはどのような状態か。

⑶　各種の研削加工に用いる研削盤にはどのような特徴があるか。

⑷　といしの３要素と５因子は工作物にどのような影響を与えるか。

⑸　といしの取扱いを十分に把握しているか。特にといしの回転速度と周速度の間には，どのような関係があるか。

第4章 研磨加工法

研磨加工は，主にしゅう動部の精密なはめ合いの仕上げや，表面の粗さや寸法精度の高い製品などの仕上げ加工に用いられている。

研削加工等よりもさらに精密な表面の粗さや平面度等の仕上げが必要とされるゲージ類やレンズなどの製作，また，シリンダ内面のような高い真円度が求められるような製品を仕上げる際に研磨加工が用いられる。

本章では，研磨作業の主な種類とその機械について述べる。

第１節　ラップ盤作業

切削や研削された工作物と板状のラップ（主として鋳鉄が使われる）との間にラップ剤（酸化アルミニウム，炭化けい素など）やラップ液（軽油，スピンドル油など）を加え，互いにすり合わせて，工作物の表面を微少量ずつ削り取り，表面粗さや寸法精度，形状精度を向上させる仕上げ法をラッピングという。ラップ盤（lapping machine）はラップ仕上げをする工作機械であり，平面，円筒内外面，球面，歯車などの精密部品やゲージ類，あるいは半導体ウエハなどの仕上げに用いられる。

ラップは，と粒を工作物に押し付ける工具の一種で，工作物の材質などによって，鋳鉄，銅，黄銅，すずなどでつくられる。

1.1　ラッピング

ラッピング（lapping）とは，遊離と粒を用いた表面仕上げ方法である。と粒をラップ剤，押し付ける板状のものをラップ（ラップ工具，ラップ板，ラップ棒）という。ラッピングは，工作物，ラップ剤及びラップの三者の相対的な運動によって加工が行われるが，最も重要なことは，これら三者の硬さの序列及びそれらの差異の組合せである。硬さの差異で，工作物が梨地になったり，鏡面になったりする。機械的な除去作業であるラッピングでは，最も硬いものはラップ剤であり，その次に工作物，最も軟らかいのはラップである。これらの関係は，いろいろ経験をして，最適な関係を把握することが必要である。

ラッピングを厳密に分類すると，ラッピングとポリッシングに分けられる（図４－１）。高精度の平面を得るために，除去作用が主体となる工程をラッピング又は粗ラッピングという。ラッピングでは，と粒が転動作用のために，工作物は梨地になる。次のポリッシングの前工程に位置付けられる。

鏡面を得るための工程をポリッシング又は仕上げラッピングという。ポリッシングでは，と粒がラップに半ば埋め込まれて半固定化し，工作部表面を磨く作用をする。

ラッピングとポリッシングの作業条件や作業状態の差異を一つの傾向として説明すると，図４－２のようになる。ラッピングには，ラップ盤による機械的な方法と，手で工作物やラップをしゅう動させるハンドラッピングとがある。

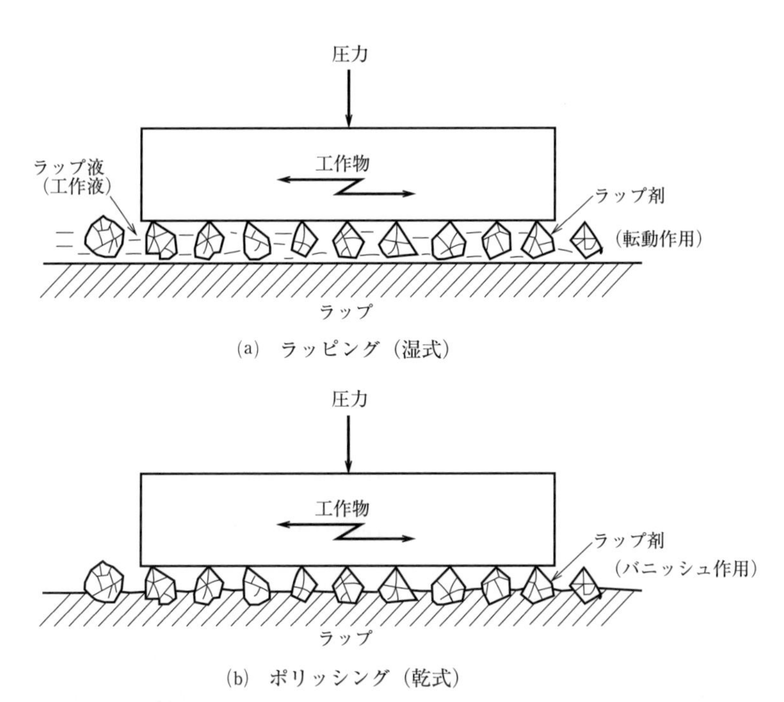

図4－1　ラッピングとポリッシング

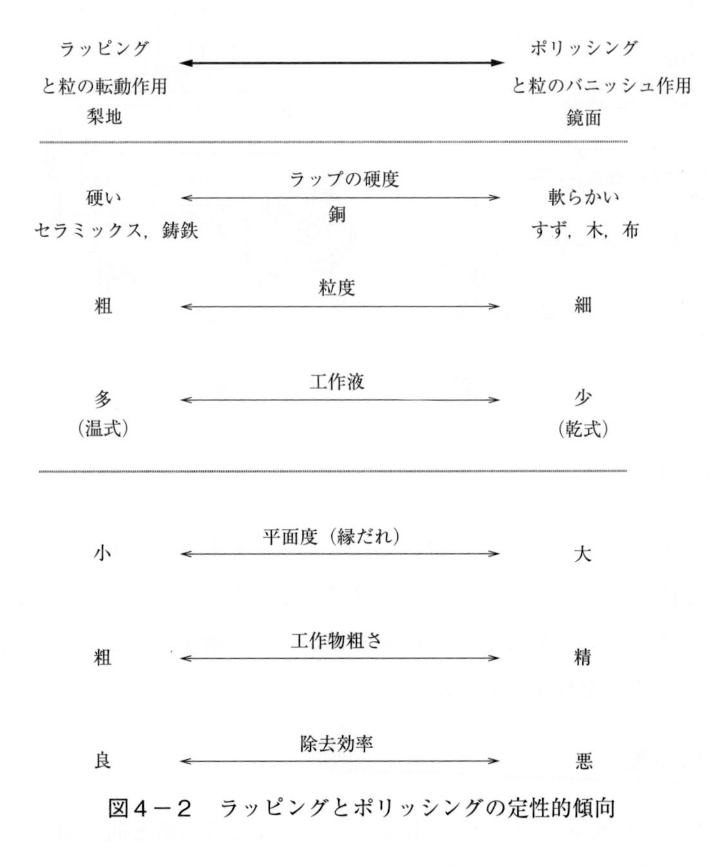

図4－2　ラッピングとポリッシングの定性的傾向

1.2　ラップ盤の種類と構造

ラップ盤を構造，用途などによって分けると，主に次のような種類がある。

（１）　立て形ラップ盤

立て形ラップ盤（virtical lapping machine）は，平面をラップ仕上げするラップ盤で，図４－３に示すように，水平な円板状のラップを有し，工作物はワークホルダに入れて，上部ラップ板と下部ラップ板の間に挟まれる。

ラップ盤の加工方式には，上下の面を同時に仕上げる２面ラップ盤と，修正リングの中に工作物を入れて，回転するラップ板を押し付けながら工作物の１面を仕上げる１面ラップ盤とがある。

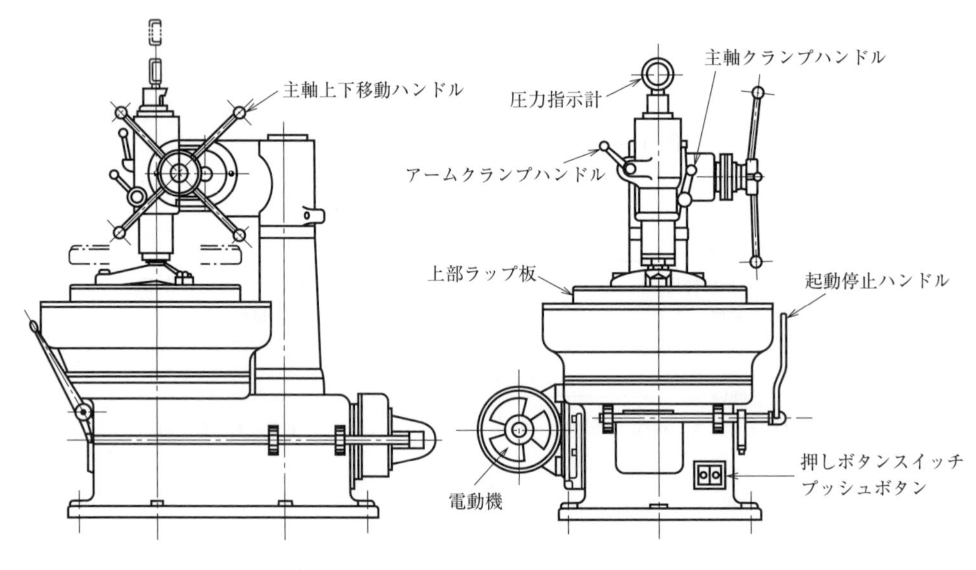

図４－３　立て形ラップ盤

（２）　鋼球ラップ盤

鋼球ラップ盤は鋼球の仕上げ用の工作機械である。最も一般に用いられている加工方法を，図４－４に示す。ラップ円盤に同心円のＶ形の溝を設けて，その中に鋼球を入れ，上から平面のラップ板で押さえて円盤を回転させる。鋼球がＶ溝の中を転がって，鋼球表面とラップの間に滑り運動を生じることで，ラップ仕上げを行う方法である。

（３）　心なしラップ盤

心なしラップ盤（centerless lapping machine）は，心なし研削盤と同じ加工方法で円筒外面の精密仕上げを行う工作機械で，ラップといしを使う方式と，ラップ剤を鋳鉄ローラに付着させて行う方

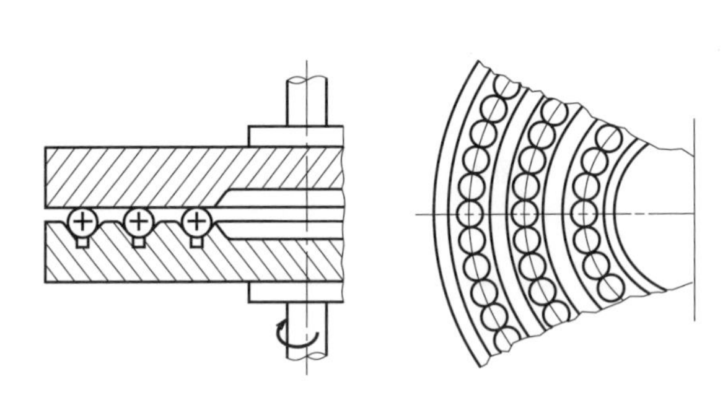

図4－4　鋼球のラップ仕上げ

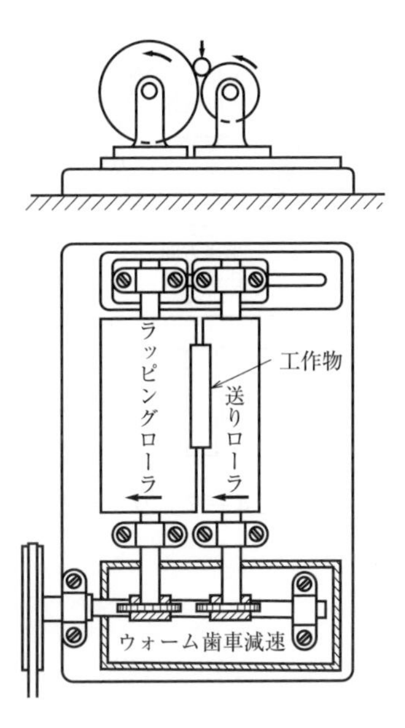

図4－5　ローラ形心なしラップ盤

式との二つがある。

図4－5は，この二つの形のうちローラ形心なしラップ盤の構造を示す。

(4)　歯車ラップ盤

歯車ラップ盤（gear lapping machine）によるラップ仕上げには，1～3個のラップ歯車を用いる方式と，ラップ歯車を用いずに，互いにかみ合う二つの歯車をそのまま1組としてラップ仕上げを行う方式とがある。

最近では，歯車の研削，シェービング仕上げで正確な歯形が得られるようになったため，さほど用いられない。

図4－6～図4－8に，ラップ歯車を用いたラップ仕上げの方式を示す。

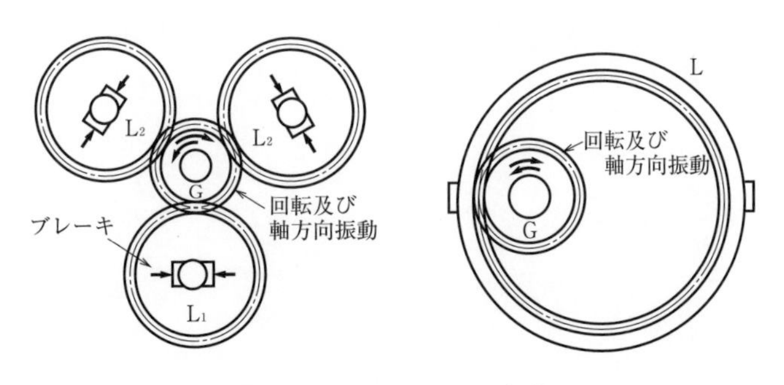

図4－6　フェロース方式

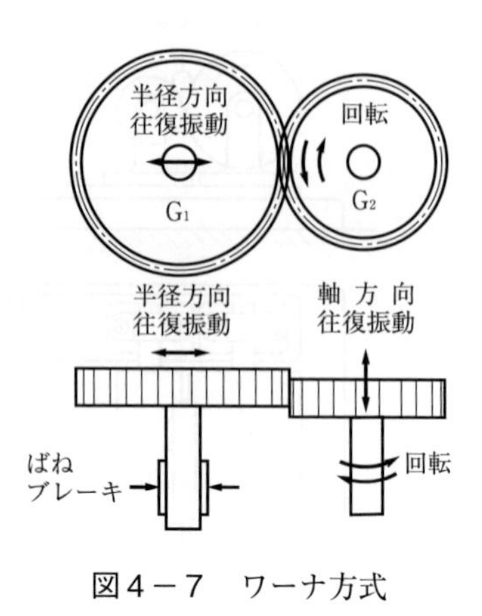

図４－７　ワーナ方式

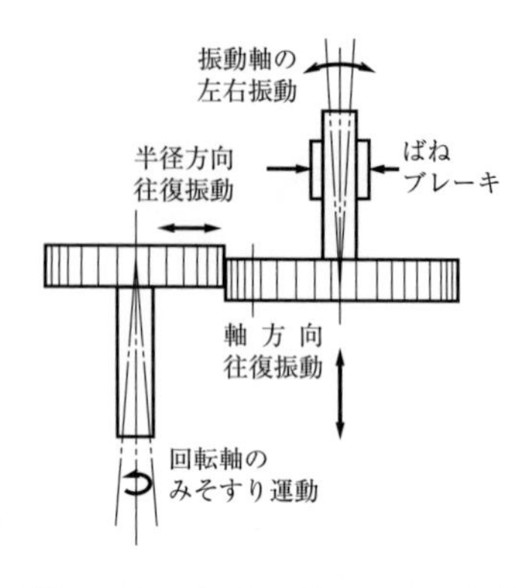

図４－８　クリンゲンベルグ方式

第２節　ホーニング盤作業

2.1　ホーニング

ホーニングは，微粒でできた棒状のといしを往復回転運動をさせて工作物の内面を仕上げる加工方法で，工作物表面は交差条痕をもった面になる。図４－９に示すように，棒状のといしは，ばねや油圧で工作物表面に押し付けられるため，ホーニングは圧力加工方法に分類され，自動車エンジンのシリンダの内面仕上げに欠くことができない加工方法である。ホーニングは，平面や円筒外面にも適用することは可能であるが，元来，円筒内面の真円度，真直度及び表面粗さを迅速に向上させる目的で発達した。

といしの運動は，図４－10に示すように交差するため，工作物表面は鏡面に近い面粗さになりつつも，その表面はわずかに交差条痕をもつようになる。仕上げ面の金属は塑性流動を起こしているため耐摩耗性が向上しており，かつ交差条痕は潤滑油を保持する機能をもつことから，シリンダ内面など，接触しゅう動面として非常に望ましい表面性状となっている。

荒仕上げには，F80からF220程度で軟らかめのといしが選択される。荒仕上げでは，と粒は脱落して，自生作用が活発になるため，といしの切れ味は良好である。精密仕上げでは，400番から800番程度の硬めのといしが選択される。精密仕上げでは，といしは硬く作用して，目つぶれ気味の作業面になっているため，工作物表面は鏡面に近い面になる。

ホーニングでは，交差角は一つの重要な加工条件である。すなわち，荒仕上げでは回転速度を遅くして，交差角が大きくなるようにする（40～60°）。精密仕上げでは回転速度を速くして，交差角が小

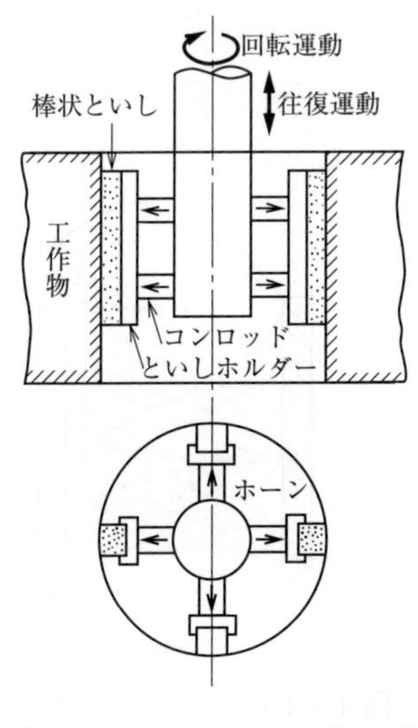

図４－９　ホーニング仕上げ

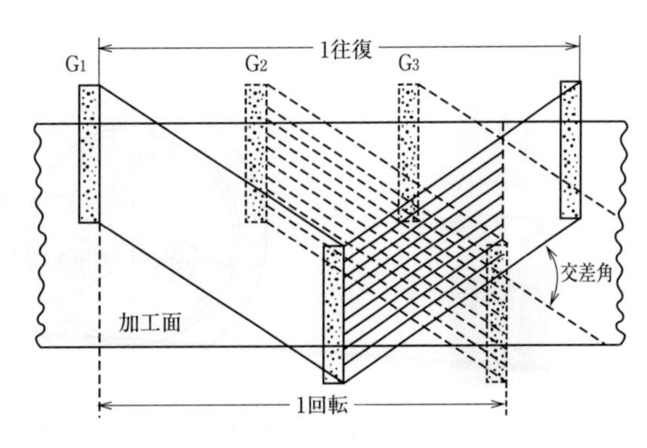

図４－10　交差条痕

さくなるようにする（15～25°）。交差角が大きいと，といしは軟らかく作用し，一方，交差角が小さいと，といしは硬く作用する。

2.2　ホーニング盤

ホーニング盤は，旋盤，リーマ仕上げ，中ぐり盤，研削盤などで加工された穴の内面をさらに精密に仕上げるために，図4－11に示すホーンというといし工具を用いてホーニング仕上げを行う機械である。

ホーニングは，図4－12に示すようなばねで加圧された奇数個のといしを円周上に等間隔に並べて取り付けたホーンをゆっくり回転させながら，穴の中で上下に往復運動させることによって，高精度な仕上げ面を得る加工法である。その運動軌跡は図4－13に示すようになり，仕上げ面は図4－14に示すようなあや目模様になる。このあや目模様はクロスハッチと呼ばれ，その交差（クロスハッチ）角は20～60°程度になる。

ホーニング盤には，小物部品から大形内燃機関のシリンダ用まで，様々な大きさの機械があり，形式としては，大別して**立て形**と**横形**とがある。図4－15に立て形ホーニング盤を示す。

ホーンに取り付けたといし（ホーニングといし）は，ばね，油圧などの力で穴の内面に押し付けられ，前加工の精度不良を修正したり，加工変質層を除去したり，仕上げ面を平滑にし，寸法・形状精度を良好にする。

ホーニングの適用例としては，油圧シリンダ，エンジンのシリンダ，顕微鏡の接眼鏡筒，その他高精度な機械部品の穴の仕上げ加工などがある。図4－16は，エンジンのシリンダを加工している様子である。図4－17はそのエンジンシリンダ用立て形ホーニング盤を示す。

ホーニング盤での仕上げしろは，一般に0.025～0.05mmであり，また，研削液は灯油や軽油などにラード（豚脂）や硫黄含有物などを混ぜた油剤が一般に用いられる。

ホーニングで得られる寸法精度は，0.005～0.01mm，表面粗さはRz 1～4μm程度である。特に精度を要する穴に対しては，二段加工（工程を二つに分けて，初めに荒ホーニングで，穴そのものの前

図4－11　ホーン工具外観

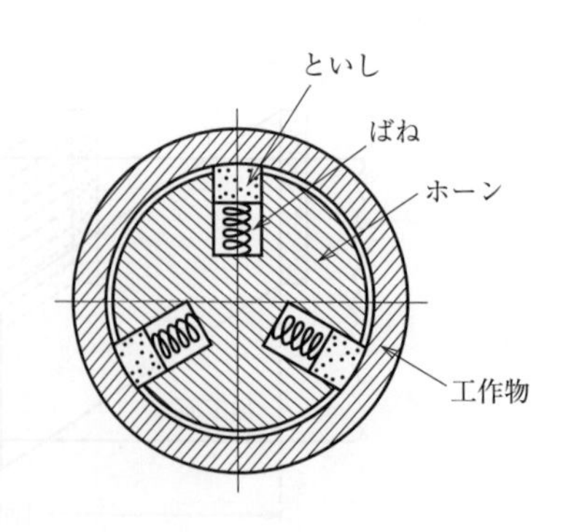

図4－12　ホーン仕上げの原理

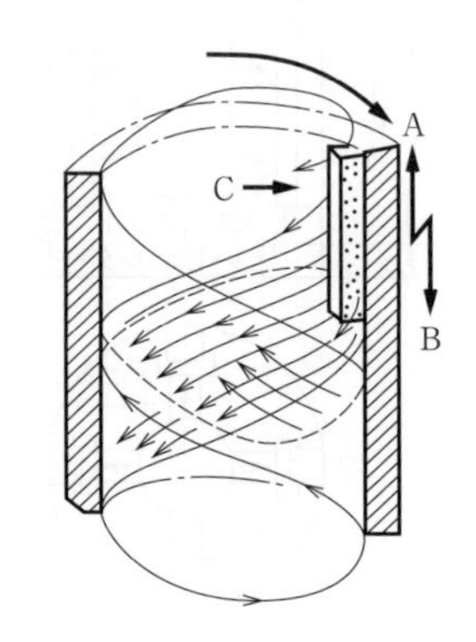

図4－13　ホーニングといしの運動軌跡

加工によって生じたテーパやうねりを矯正して，真円度や円筒度の修正を行い，さらに次の工程で仕上げのホーニングを行う方法）を行えば，表面粗さを，Rz 0.2〜0.4 μm 程度に仕上げることができる。

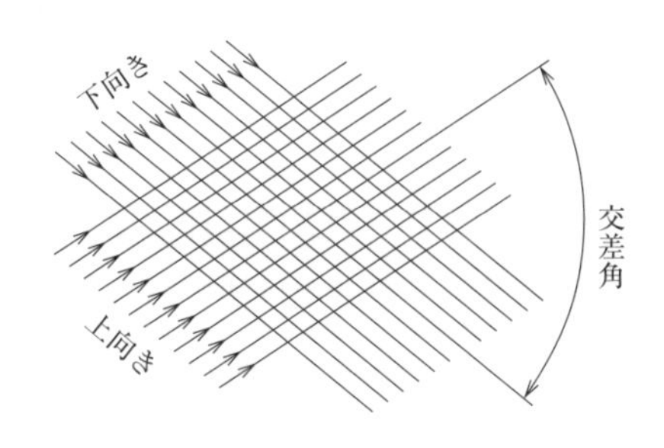

(a)　ホーン仕上げ面

(b)　ホーン仕上げによるあや目模様
(エンジンシリンダ内部)

図４－14　ホーン仕上げ面

図４－15　立て形ホーニング盤の外観

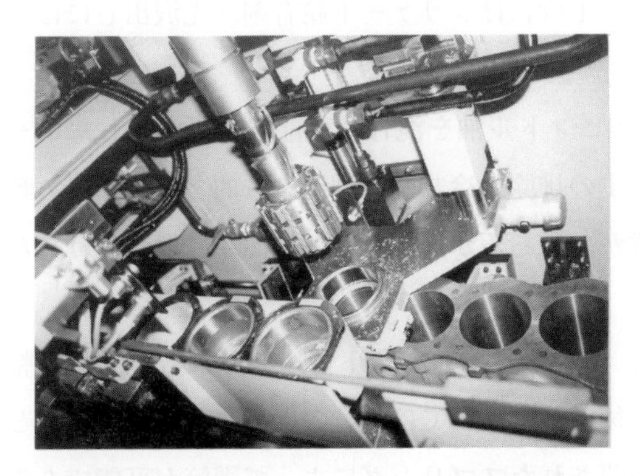

図４－16　エンジンシリンダ内部の
ホーニング加工の様子

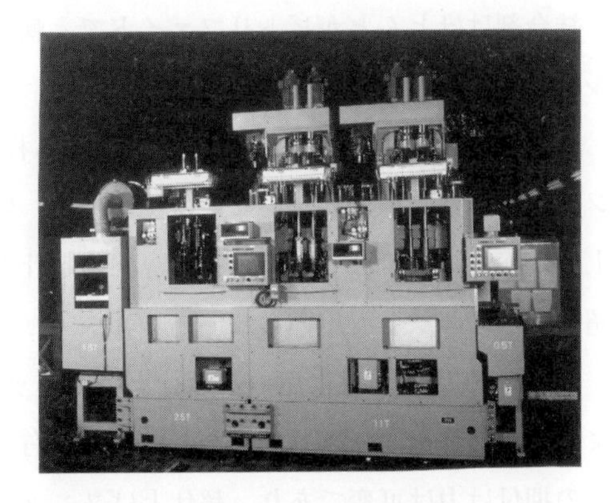

図４－17　エンジンシリンダ用立て形
ホーニング盤の外観

第３節　その他の研磨加工作業

3.1　超仕上げ（スーパーフィニッシュ）

超仕上げは，粒度の細かい比較的軟らかいといしを，低い圧力で工作物の表面に押し付け，回転運動と共に，といしに細かい振動を与えて，工作物の表面を平滑にする精密仕上げ法である。ホーニングは主に円筒内面の仕上げに使われるが，超仕上げは，円筒外面及び内面，平面の仕上げに用いられ，特殊な曲面に対しても応用できる。図４－18に円筒外面を超仕上げする場合の，工作物といしの関係を示す。

超仕上げはホーニングと同じように，といしによって，寸法精度の高い鏡面を得る方法である。しかし，といしに，工作物の軸方向に小さい振幅で高い周波数の振動を与えることがホーニングと異なる点である。超仕上げはホーニングよりも加工熱が発生しやすく，工作物表面の塑性流動が活発に行われるため，能率的に鏡面を得ることができる。したがって，耐摩耗性が高く，さびにくい強い面が得られる。玉軸受におけるボールの軌道面が超仕上げで仕上げられているのはそのためである。強靱な摩擦面を得る方法として，超仕上げは欠くことができない加工方法である。

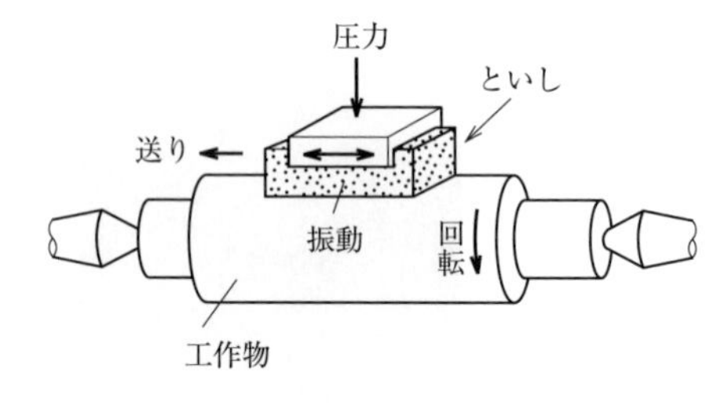

図４－18　超 仕 上 げ

といしの選択として，一般に，鋼類に対してはWAといしを，アルミニウム合金や黄銅類などの非鉄金属にはGCといしを用いる。400～1200番の粒度を使用し，比較的に軟らかい結合度を用いる。

結合剤はほとんどがビトリファイドで，軟金属の仕上げにはシリケート結合剤，光沢出しにはビニル結合剤などを用いる。

工作液には軽油を主成分として10～30％程度のスピンドル油を混合した油剤が用いられ，ホーニングの場合と同様に，といし面の洗浄作用，切りくずの排除，冷却及び潤滑を目的としている。超仕上げは応用範囲も広く，それぞれ専門の超仕上げ盤が多数あるが，旋盤などに簡単に取り付けられる超仕上げユニットも用いられている。

図４－19は，旋盤に用いる超仕上げユニットで，旋盤のツールポストに設置される。旋盤主軸によって工作物を回転させ，またといしの左右及び前後送りについては旋盤の機構が利用される。といしの押付け力は可変であり，超仕上げユニットに内蔵されたスプリングによって調節が可能である。

荒加工は，寸法出しが主目的であるため，といしの振動数を大きくして，と粒が脱落するようにさせ，自生発刃による研削作用が活発になるような条件加工を選択する。

仕上げは，鏡面出しが主目的であるため，工作物の回転速度を速くして，といしが目詰まりするような研削条件を選ぶ。それによる熱の発生と塑性流動によって，工作物表面に非晶質化した強靱な鏡

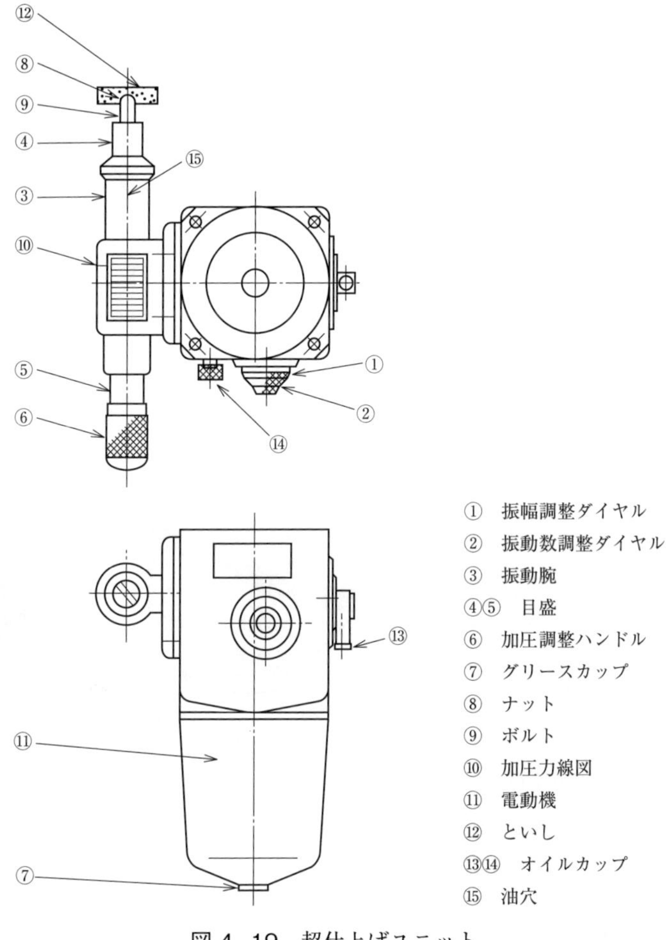

図４－19　超仕上げユニット

面層が得られる。

3.2　押付け加工

表面がよく仕上げられた鋼球や所定の形状をした工具，ローラ工具などを大きい圧力で加工面に押し付けつつ移動させ，塑性変形させて仕上げる方法を押付け加工という。この方法による仕上げ面は，滑らかでつやがあり，しかも加工硬化されて耐摩耗性が増す。

押付け加工にはバニシ仕上げとローラ仕上げとがある。図４－20は穴あけ又はリーマ通しを行った穴に鋼球を圧入して，さらに滑らかに仕上げるボール通し作業で，一種のバニシ仕上げである。鋼球の代わりに，図４－21のようにそろばん玉工具を用いることもあり，この方法はブローチ加工に応用されている。仕上げブローチの最後の２～３枚の刃は，切削作用のないそろばん玉になっており，バニシ作用をする。この方法は，異形穴の仕上げには好都合な方法である。

ローラ仕上げは，工作物の外面の円筒仕上げに用いる。図４－22は車軸の外周のローラ仕上げであり，旋盤を利用している。バイトの代わりに刃物台にローラ工具を取り付けて，回転する工作物に

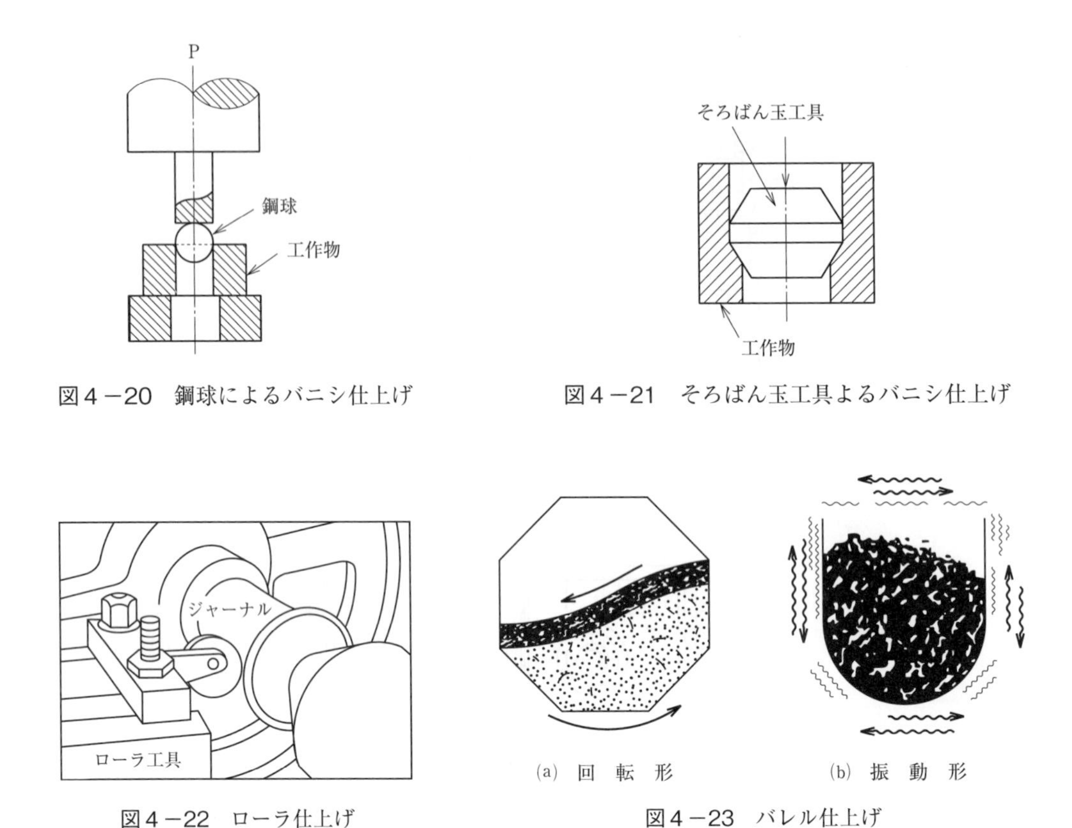

図4－20　鋼球によるバニシ仕上げ

図4－21　そろばん玉工具よるバニシ仕上げ

図4－22　ローラ仕上げ

図4－23　バレル仕上げ

大きな圧力で押し付けながら送り運動を与えて仕上げる。

3.3　バレル仕上げ

バレル仕上げは，通称がら回しとも呼ばれる。バレル（コンクリートミキサのような容器）内に，プレス加工で抜いた部品などをメディア（研磨石及びつや出し用の皮，おがくずなど）と呼ばれる一種のと粒及び化学薬品（コンパウンド）と共に入れて回転させて加工する（図4－23)。

バレル内の工作物と工作物，あるいは工作物とメディアとの間に相対運動が生じて工作物表面の凹凸を取り除き，滑らかな光沢のある仕上げ面が得られる。バレル仕上げは，機械加工と化学加工の複合加工による代表的な仕上げ法である。小物のプレス加工部品は，単に仕上げ面を滑らかにするだけではなく，かえり取りも要求されるため，ほとんどこのバレル仕上げで仕上げられている。バレル加工の長所として，一時に大量の部品仕上げができること，バフ研磨に比べ品物の全面を仕上げられること，衛生的であること，及び部品の機械的性質を向上できることなどが挙げられる。

3.4　電 解 研 磨

電解研磨の加工原理は，図4－24に示すように，電気めっきの逆の操作であって，工作物を電極として適当な電解液中で電流を通じ，電極の溶出作用を利用して磨き作業を行う。電解研磨によれば，機械的な方法では磨くことができないような複雑な形状の部品でも，ごく簡単な操作で光沢のある平滑な面に仕上げられる。

電解液は工作物の材質によって異なる。一般に鉄や鋼にはりん酸，硫酸，硝酸などを用い，銅及び銅合金には正りん酸（オルトリン酸）などを用いる。アルミニウムやその合金には過塩素酸やりん酸などを用いる。

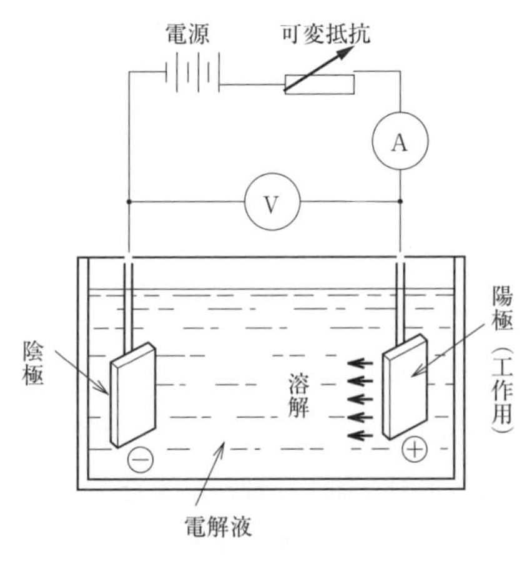

図4－24　電解研磨

3.5　化学研磨

金属を化学薬品中に浸し，化学反応を促進することによって，光沢ある滑らかな面にする方法を化学研磨という。化学研磨は，表面に光沢をもたせ平滑にするという点以外は酸洗いに似ている（酸洗いは金属表面の酸化膜の除去に限定される）。

化学研磨に用いる研磨用溶液は，電解研磨に用いる電解液とほぼ同じである。ただし，電解研磨と違う点は，溶液に通電しないことと，品物を単に浸せきして化学反応を誘起するだけであるため，強力な溶解促進剤を用いなければならないことである。

銅合金の化学研磨では，昔からキリンス仕上げと呼ばれている研磨法がある。硫酸・硝酸・塩酸の混合液に，主として黄銅部品を浸せきし，表面を磨いて平滑にする。

なお，化学研磨は電解研磨に比べて，操作が簡単で熟練を必要とせず，かつ，処理時間が短く一度に多量の品物が処理できるが，しばしば有毒なガスを発生するので換気に十分注意することが大切である。

〔第４章のまとめ〕

第４章で学んだ研磨加工法に関する次のことについて，各自整理しておこう。

⑴　研磨加工法にはどのような種類があるか。

⑵　ラッピングとはどのような加工法か。

⑶　ラッピングとポリッシングは，どのような基本的な加工原理か。また，どのような特徴があるか。

⑷　主なラップ盤にはどのような機械があるか。

⑸　ホーニングとはどのような加工法か。

⑹　主なホーニング盤にはどのような機械があるか。

⑺　超仕上げは，どのような基本的な加工原理か。また，どのような特徴があるか。

⑻　押付け加工は，どのような基本的な加工原理か。また，どのような特徴があるか。

⑼　バレル仕上げは，どのような基本的な加工原理か。また，どのような特徴があるか。

⑽　電解研磨は，どのような基本的な加工原理か。また，どのような特徴があるか。

⑾　化学研磨は，どのような基本的な加工原理か。また，どのような特徴があるか。

第5章
特殊エネルギ加工法

加工に使用される主なエネルギには，「機械エネルギ」，「熱エネルギ」，「電気・化学エネルギ」の三つがある。除去加工法の中で「機械エネルギ」を使用する加工を狭義の意味で機械加工といい，その他のエネルギを使用する加工を総称して特殊エネルギ加工（又は特殊加工）という。

本章では，代表的な特殊エネルギ加工法として，放電加工（形彫り放電加工，ワイヤカット放電加工），レーザ加工，電解加工の概略について述べる。

第１節　放電加工作業

1.1　放 電 加 工

放電加工は，ソビエト連邦のB. R. ＆N. I. ラザレンコ夫妻が1943年ごろに，電源スイッチのスパーク現象をヒントにして開発した電気加工法である。夫妻は，導電性材料間に誘電性の高い液体を介在させ，その中に放電を反復して発生させることで導電性材料を加工するという考えを提案した。夫妻の開発した放電発生回路は，ラザレンコ回路と呼ばれている。

一般に，広い意味での放電加工には，図５－１のように各種の加工法が存在している。いずれの加工法も，工具となる電極と工作物を対向させ，供給した電気エネルギ（電圧と電流）による放電現象に伴い，熱的作用（溶融，気化）と力学的作用（気化時の衝撃圧力による飛散と除去）を利用する電気加工法である。これらの放電加工の中で，機械工作法で多用されているのは形彫り放電加工とワイヤ放電加工であり，これらの加工原理に基づく工作機械を狭い意味で放電加工機と呼ぶ。形彫り放電加工機とワイヤカット放電加工機では，電極の構成様式が異なっているが，加工点における加工原理は全く同一である。

放電加工機は，切削では困難な高硬度材や難削材の加工に適している。また，ガラス，セラミックス，ダイヤモンド，ルビーなどの非導電性材料の加工にも利用できる。高精度で微細加工が可能なため，加工精度が求められる精密機器や金型，半導体，自動車部品などの分野で用いられている。

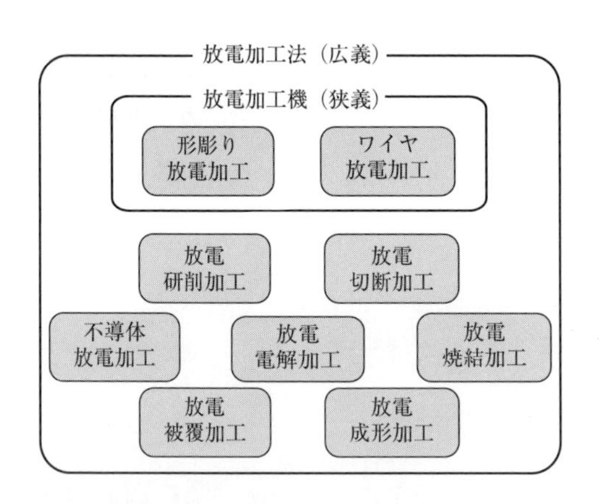

図５－１　放電加工の種類

1.2　放電加工の原理と加工特性

放電加工はレーザ加工と共に熱的除去加工法に分類される。その加工原理は図５－２のように，加

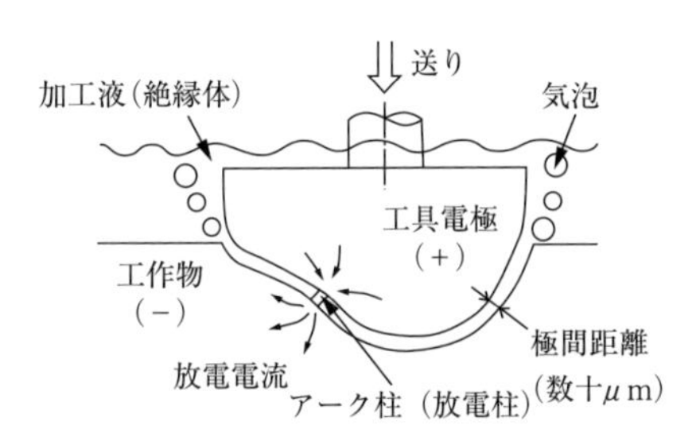

図5－2　放電加工のモデル図

出所：安永暢男ほか「精密機械加工の原理」日刊工業新聞社，2011，p266，図6.49

工液中で電極と工作物間にアーク放電を起こし，工作物表面の溶融と気化によって微細な除去を繰り返し行い電極の形状が転写される。

アーク放電といえば，これを利用する加工法としてアーク溶接法があるが，アーク溶接は，電流密度の変化のない定常的なアーク放電（定常アーク放電）を大気中で持続させながら工作物の接合を行う接合加工法である。一方の放電加工は，放電初期の電流密度の変化が大きいアーク放電（過渡アーク放電）を利用して，絶縁性をもつ液中で工作物の一部を除去する除去加工法である。ゆえに，アーク放電を利用しているにもかかわらず，アーク放電の特性が大きく異なる。

図5－3に，放電加工における1サイクルの材料除去メカニズムを詳細に示す。絶縁性を有する加

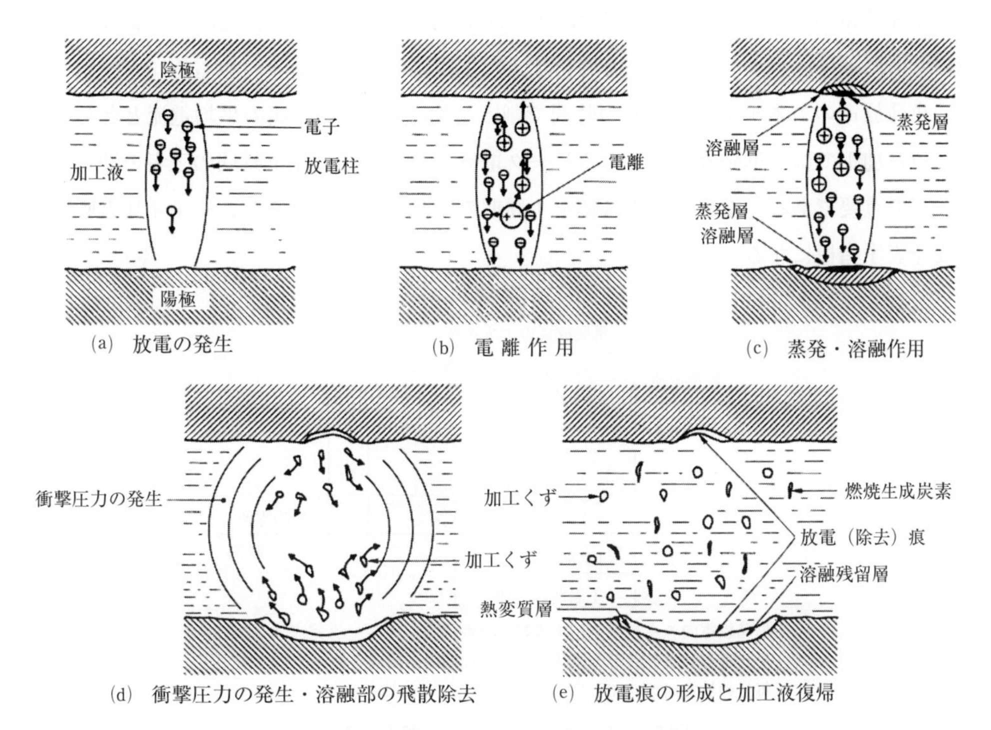

図5－3　放電加工における1サイクルの材料除去メカニズム

出所：向山芳世監修「テクニカブックス37　形彫・ワイヤ放電加工マニュアル」大河出版，1989，p10，図6

工液中で，陰極と陽極間にパルス状電圧（数十～数百Ｖ）を繰り返し印加すると，同図(a)のように放電による絶縁破壊が生じ，陰極から電子が飛び出し放電電流が集中して放電柱が形成される。この電子が陽極に近づくと，同図(b)のように電離作用により急激に電子数を増す**電子なだれ**という現象が起こる。このとき，放電柱の定常温度は7000K～8000K程度に達するとみられ，両極の表面は電子又は陽イオンの衝突によって10^5W/cm^{2}程度のパワー密度にさらされるため，表面には同図(c)のような蒸発・溶融現象が起こる。同時に，加工液も急激に気化・膨張するため，局所的な放電柱の周囲において，数十～数百気圧の高い衝撃圧力が同図(d)のように発生し，溶融部は加工くずとして飛散・除去される。飛散しなかった溶融層は，同図(e)のように再凝固して，放電痕（こん）としてクレータ状に表面に残留する。単発の放電終了後は，加工液が放電痕領域に周囲から流入して冷却が進行し，絶縁状態が回復する。

このメカニズムから分かるように，表面がクレータ状に除去された分だけ，陰極と陽極の距離が離れてしまうため，次のアーク放電は全く別の箇所で発生することになる。さらに，図のサイクルを繰り返しながら材料を継続的に除去するためには，放電加工エネルギの供給を断続的に行う必要がある。同図(a)から(e)の過程を単発放電と呼び，この過程は50万分の１秒～1000分の１秒（2μs～1ms）という極めて短い時間で行われる。したがって，アーク放電による除去加工を繰り返し，規則正しく行う（連続放電する）ために，各種の電気エネルギ供給方式が考案されている。

次に，放電加工における放電加工エネルギと加工条件の基本的な関係について説明する。

図５－４は，理想的な状態での単発放電が繰り返し行われ，連続放電している状態を模式的に示している。単発放電のエネルギは，パルス幅（放電時間），ピーク電流，放電電圧によって定まり，連続放電の時間間隔は，パルス幅と休止時間を加えた１周期の時間となる。放電電圧が一定であると考えれば，単発放電のエネルギを１周期の時間で割った値は，１周期の間の平均電流ととらえることができる。放電加工では，単発放電に要するピーク電流，パルス幅，休止時間の三者の関係が加工特性に関わるので重要である。なお，パルス幅を１周期の時間で割った比をデューティ比と呼び，放電時間の目安を表す指標になる。

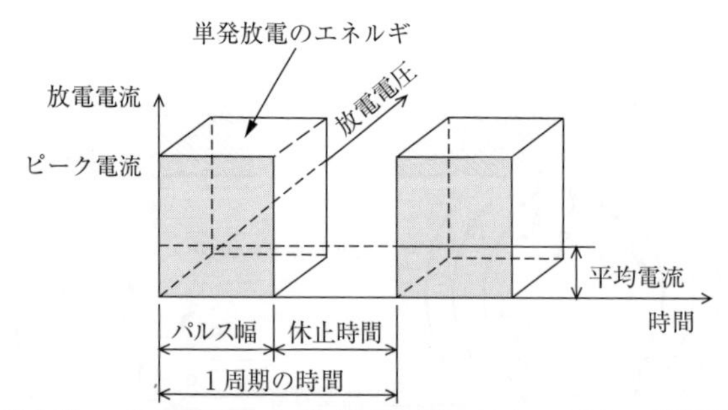

単発放電のエネルギ＝パルス幅（放電時間）× ピーク電流 × 放電電圧
平均電流＝単発放電のエネルギ ÷１周期の時間
毎分の放電回数＝60÷１周期の時間

図５－４　放電加工エネルギのとらえ方

表５－１　単発放電エネルギと加工特性の関係

単発放電エネルギ		大きくする	小さくする
加工状態のイメージ		加工面粗さ　クリアランス　電極（工具）　単発放電による除去量　クリアランス　表面粗さ　工作物	加工面粗さ　クリアランス　電極（工具）　単発放電による除去量　クリアランス　表面粗さ　工作物
加工特性	表面粗さ	より大きくなる	より小さくなる
	クリアランス	より広がる	より狭まる
	加工速度	より速くなる	より遅くなる

単発放電エネルギの大小によって，加工特性は表５－１のように変化する。すなわち，エネルギが大きいと，加工速度が速く加工能率は高いが，放電痕が大きくなるため加工面粗さは悪くなり，かつ電極の消耗が激しいためクリアランス（電極と工作物とのすき間）が増える。エネルギが小さい場合は良好な加工面粗さが得られるが，加工能率が悪くなる。

単発放電エネルギの大小を左右しているのは，ピーク電流とパルス幅（放電時間）であり，図５－５のような関係になる。したがって，放電加工では，エネルギの与え方を選択することで，荒加工や仕上げ加工などの加工目的に合った加工条件を設定することがポイントになる。表５－２に，ピーク電流とパルス幅の設定パターンと，加工特性の関係をイメージ的に示す。

一方，単発放電エネルギを選定したとしても，次の放電までの時間（休止時間）をどのように設定するかによって，加工能率が大きく変わってくる。表５－３は，単発放電エネルギを同一にしたとき

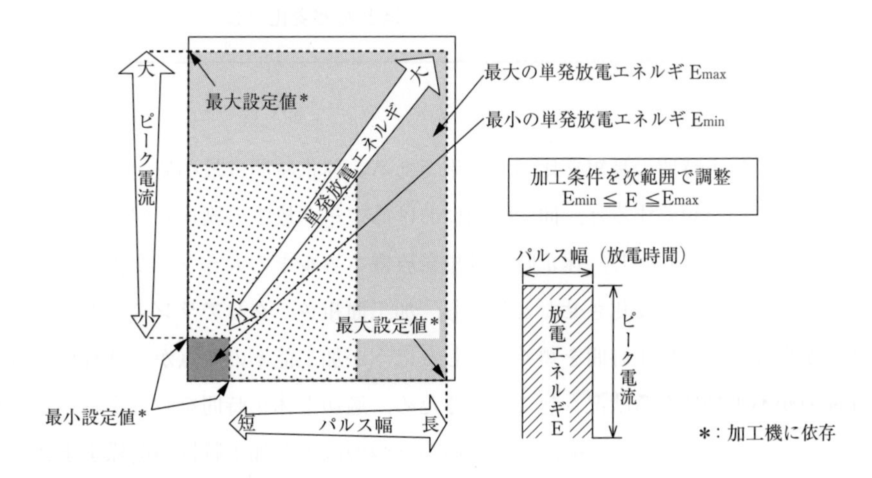

図５－５　ピーク電流とパルス幅が単発放電エネルギに及ぼす影響

表５－２　ピーク電流とパルス幅の設定パターンと加工特性の関係

		設定パターンＡ	設定パターンＢ	設定パターンＣ
放電パターン		ピーク電流 パルス幅	ピーク電流 パルス幅	ピーク電流 パルス幅
設定条件	ピーク電流	より大きい	パターンＡとＣの中間	より小さい
	パルス幅	より短い		より長い
加工特性	加工速度	より速い		より遅い
	電極消耗	より多い		より少ない

表５－３　休止時間と加工速度の関係

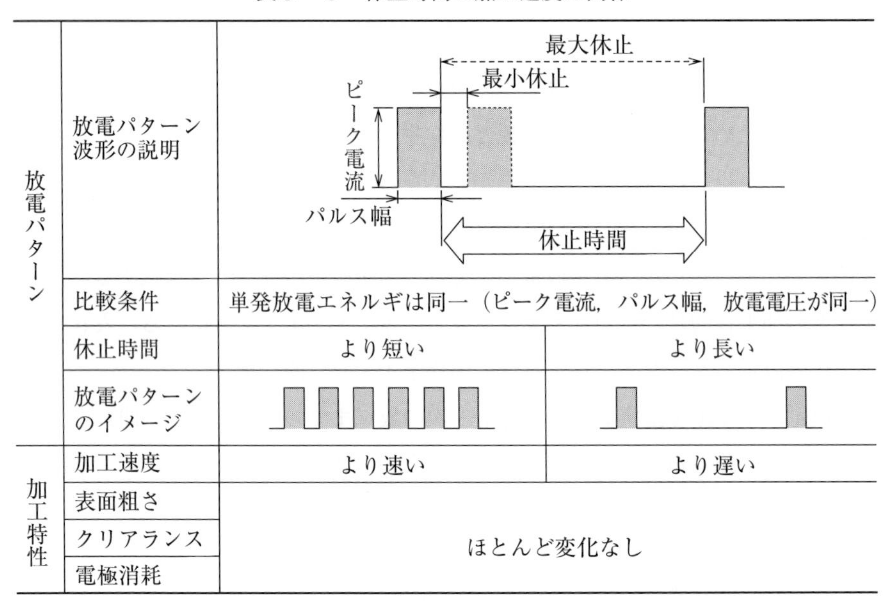

放電パターン	放電パターン波形の説明	最大休止 最小休止 ピーク電流 パルス幅 休止時間	
	比較条件	単発放電エネルギは同一（ピーク電流，パルス幅，放電電圧が同一）	
	休止時間	より短い	より長い
	放電パターンのイメージ		
加工特性	加工速度	より速い	より遅い
	表面粗さ	ほとんど変化なし	
	クリアランス		
	電極消耗		

の加工条件の下で，休止時間の長短を比べた結果である。休止時間は最小値から最大値の範囲で設定変更できる。休止時間を短くすると，同一時間におけるアーク放電の繰返し回数が増えるため，結果的に除去速度が速くなる。しかし，休止時間は単発放電エネルギの大きさを変化させることには関与していないため，休止時間を変化させたとしても，加工面粗さ，クリアランス，電極消耗についてはほとんど変化が現れない。休止時間を短く設定したほうが加工能率の観点からは有利であるが，加工くずの排除能力が不十分になる状況も起こり得るため，適切な休止時間を設定する必要がある。

以上に述べたピーク電流，パルス幅，休止時間の三つの因子と加工特性の関係をまとめると，図５－６のようになる。

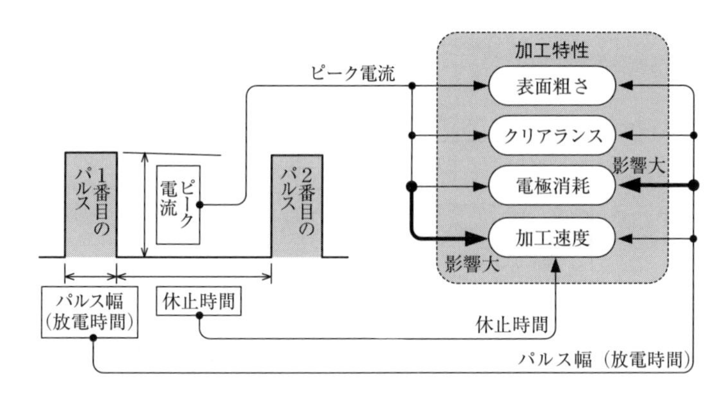

図5－6　ピーク電流，パルス幅，休止時間と加工特性の関係

電極消耗は，ピーク電流を加えている時間に関わるため，主としてパルス時間（放電時間）の影響を受ける。加工速度は，ピーク電流と休止時間の両方の影響を受けるが，除去能率に関わるのは主として放電エネルギのほうであるから，主としてピーク電流の大きさが加工速度を支配している。これらの関係から，加工条件の一般的な設定指針を示すと次のようになる。

① 同一加工面粗さを得たい場合，電極消耗がさほど問題とならないときは，ピーク電流を大きくし，パルス幅を短くし，加工速度を高めて高能率化を図るとよい。

② 同一加工面粗さを得たい場合，電極消耗を抑制したいときには，加工速度は犠牲になるものの，ピーク電流を小さくし，パルス幅を長く設定する。

③ 加工面粗さを問題としない荒加工では，ピーク電流を大きく，パルス幅を長く設定すると共に，加工くずの排除に問題のない，なるべく短い休止時間に設定するとよい。

以上に示した放電加工特性は，ピーク電流，放電時間（パルス幅），休止時間についての理論的な説明である。実際の放電加工においては，電極材料や工作物材料の組合せにより加工条件の設定や加工特性が変わってくる。また，条件設定に関わる他の要因として，工作物の形状（貫通穴や止まり穴）や求められる表面性状（荒加工時や仕上げ加工時）などがある。

1.3　形彫り放電加工機

形彫り放電加工機の特徴は，あらかじめ成形された電極の形状を工作物側に転写するように加工することである。形彫り放電加工機は，図5－7に示すように，放電加工エネルギを供給するための放電加工電源，電極，クリアランス制御のためのサーボ機構，加工液の供給装置，加工槽などから構成される。電極材料には，銅，タングステン，グラファイト（黒鉛）などの熱物性値に優れた導電性材料が使われる。形彫り放電加工機では，熱的除去によって加工中にも工具電極と工作物表面間の距離が時々刻々と変わるため，サーボ機構により電極間距離を一定に保つ制御が行われる。また，加工くずは，何もしなければ工作物表面と電極間に堆積してしまい，新たな放電の妨げになる。このため，

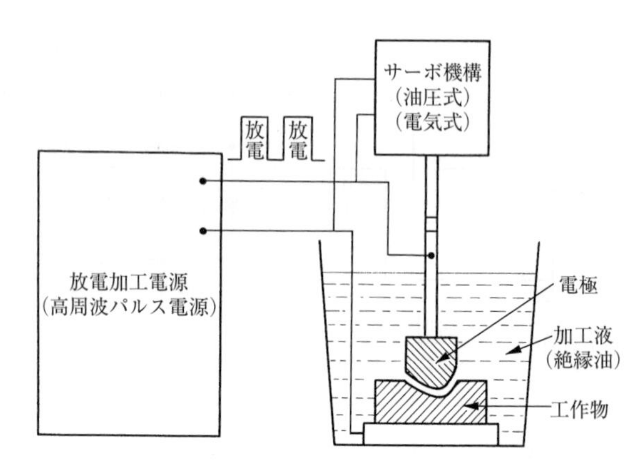

図５－７　形彫り放電加工機の基本構成

出所：職業能力開発総合大学校 基盤整備センター編「NC 工作概論」雇用問題研究会，2016，p29，図２－23

加工機では加工中に電極の急速な上下動を行い，そのポンピング作用によって加工くずを強制的に排出することが行われる。このとき，加工点では±１気圧以上の圧力変化が起こり，発生圧に起因する力が加工点に作用する。この力は工作物と電極の両方に作用して機械構造に弾性変形を起こし，電極間距離に影響を与える。この現象は加工能率や加工精度の低下につながるため，形彫り放電加工機では，弾性変形を回避する目的で機械剛性を高める工夫がなされている。

形彫り放電加工機の各部名称を図５－８に示す。JIS B 0105：2012 の定義によれば，形彫り放電加工機の機械の大きさは，加工可能な工作物の最大寸法，各軸の移動量及び工作物の許容質量により表される。

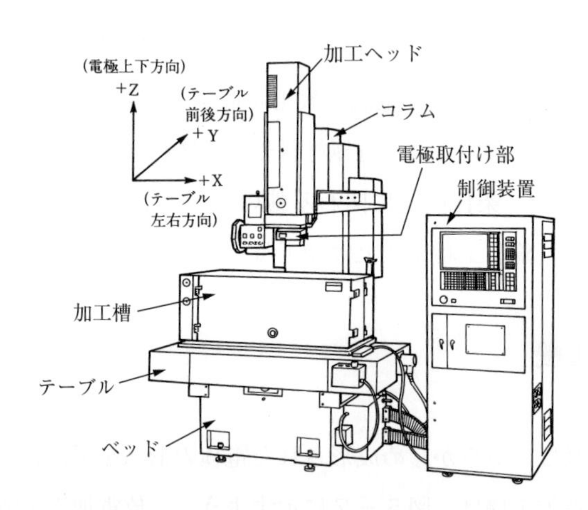

図５－８　形彫り放電加工機の各部名称

出所：（図５－７に同じ）p54，図３－９（一部追記）

形彫り放電加工機の用途は広く，表５－４に示す各種分野での利用が盛んである。図５－９(a)はシリンダヘッド加工用のグラファイト電極の例を，同図(b)はモンキレンチの鍛造型製作のための電極と加工例を示している。

表5－4　形彫り放電加工機の用途例

a.　金型の加工	c.　鉄鋼製造ロール加工
プレス打抜き型 曲げ，成形金型 絞り金型 プレス連続加工金型 鍛造金型 押出し型（アルミサッシ型など） プラスチックモールド金型 ダイカスト金型 鋳造用金型 粉末冶金型 ゴム型 ガラス金型 窯業用金型 ダイス（線引，ヘッダ）	プリケットロール加工 ダル加工 ロールフォーミング加工 スリッタ加工 **d.　治工具類の加工** 切削工具ホルダの加工 切削工具の形状加工 各種取付けジグの加工 **e.　試験材料の加工** 金属単結品の加工 ストレインゲージの加工 特殊導電性材料の加工
b.　量産部品加工	f.　その他
内燃機関用燃料噴射ノズル穴 〃　　気化器細穴加工 油圧バルブの細穴加工 光学機器の細穴加工 耐熱合金の加工	タップ折れ除去 ドリル折れ除去 ワイヤカット用下穴加工 ECM用電極スリットの加工

注）ECM：電解加工機（Electrochemical machine）

出所：（図5－7に同じ）p30，表2－1（一部追記）

(a)　グラファイト電極の例

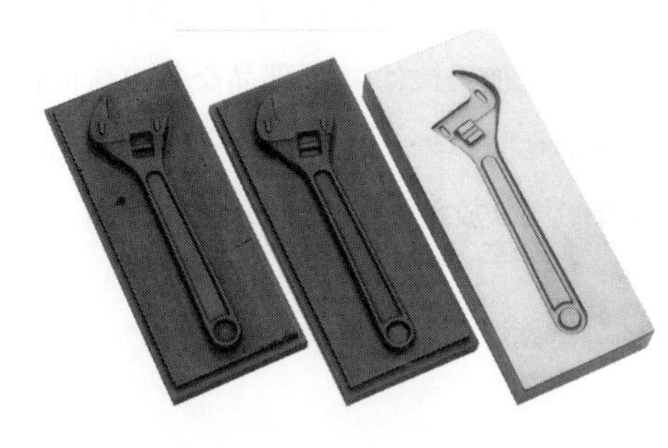

(b)　モンキレンチの電極と型加工例

図5－9　形彫り放電加工機の電極と加工例

出所：（図5－7に同じ）p30，図2－24～2－25

1.4　ワイヤカット放電加工機

ワイヤカット放電加工機は，図5－10の原理図のように，加工液中で放電しながら連続的に送られるワイヤで糸鋸式に工作物を切断する。加工液として，水道水からイオンを除去した脱イオン水を用いる。黄銅やタングステンなどの細いワイヤ（0.02～0.33mm程度）が電極になり，基本的には微細な複雑形状加工や，均一なクリアランスをもった金型（パンチ・ダイ）の加工に適している。しか

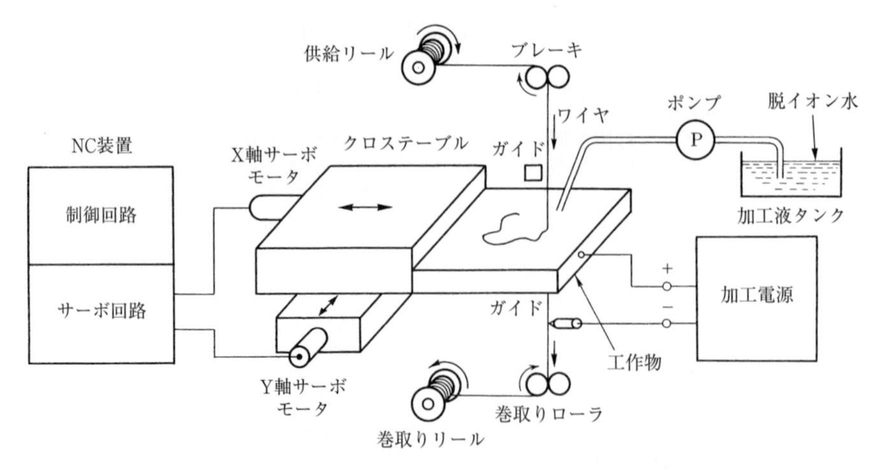

図5－10　ワイヤカット放電加工機の基本構成

出所：（図5－7に同じ）p31，図2－31

し，単純な2次元加工だけでなく，図5－11のように上下のワイヤガイドを駆動制御することで，テーパや自由曲面などの複雑形状部品を加工できる。電極のワイヤは循環使用せずに使い切りである。加工機の基本構成要素は，NC装置，放電加工電源，ワイヤ供給装置，ワイヤガイド，X－Yテーブルなどである。

ワイヤカット放電加工機の各部名称を図5－12に示す。JIS B 0105の定義によれば，ワイヤカット放電加工機の機械の大きさは，形彫り放電加工機と全く同様に，加工可能な工作物の最大寸法，各軸の移動量及び工作物の許容質量により表される。

ワイヤカット放電加工機は，IC部品などの高精密プレス抜き型，精密順送り金型，微細なデザインを伴う射出成形金型，タービンブレードの製作などに活用されている。スピーカグリル形状のように複雑で微細な形彫り放電加工機用の電極もワイヤカット放電加工機で加工している。用途例を体系

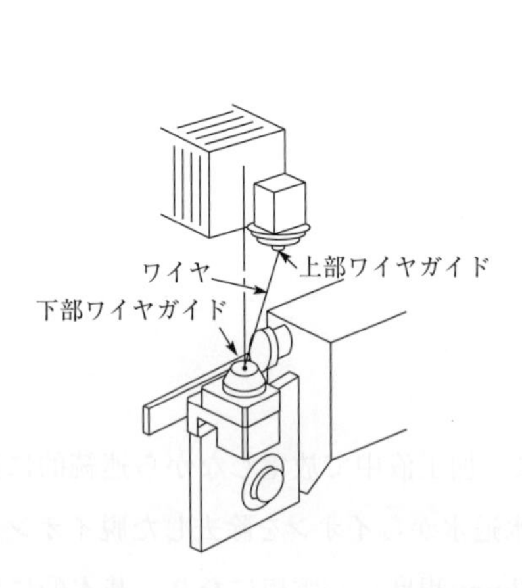

図5－11　ワイヤガイドによる傾斜駆動制御

出所：（図5－7に同じ）p33，図2－37

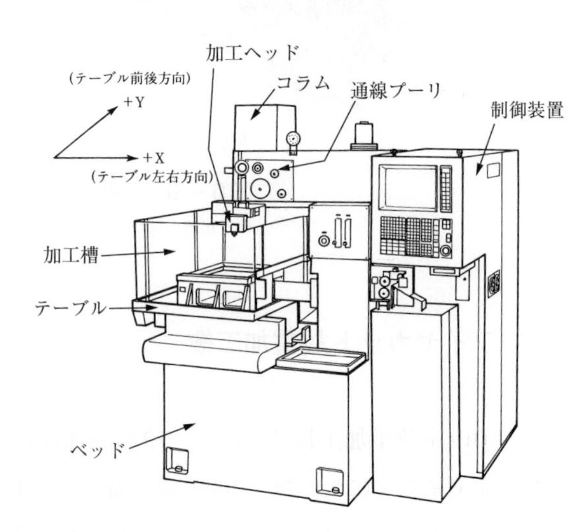

図5－12　ワイヤカット放電加工機の各部名称

出所：（図5－7に同じ）p54，図3－10（一部追記）

的にまとめた結果を図5－13に示す。また，実際の加工例を図5－14に示す。

加工条件のうち，電気的条件は「1．2」項に述べた基本原理とほぼ同じであるが，ワイヤカット放電加工機ではワイヤ条件が必要になる。ワイヤ条件には，使用するワイヤの材質，径，張力，送り速度，支点間距離などがある。

ワイヤカット放電加工機では特に，工作物の把持方法が加工上のポイントであり，各種のジグやアタッチメントを駆使した加工が行われる。また，工作物切断後の落下によってワイヤが切断されないよう，ワイヤパスや工作物のテーピングなどを事前に配慮しておくことも必要になる。

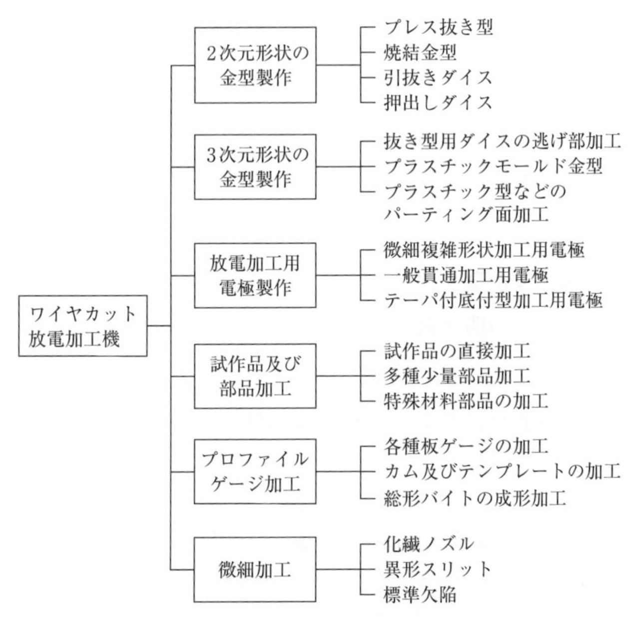

図5－13　ワイヤカット放電加工機の用途例

出所：（図5－7に同じ）p32，図2－32（一部変更）

(a)　ICリードフレームの加工

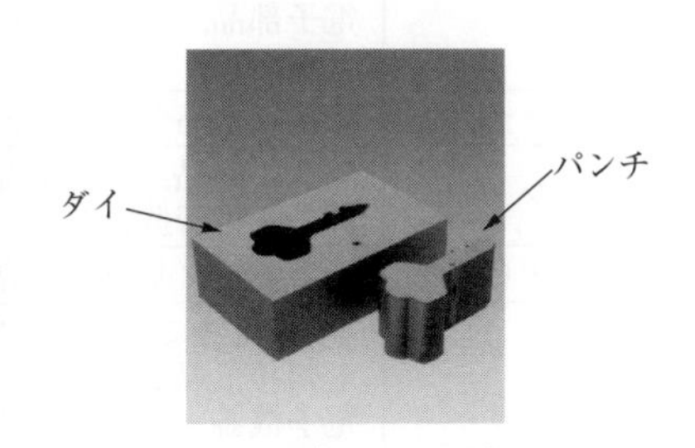

(b)　パンチ加工・ダイ加工

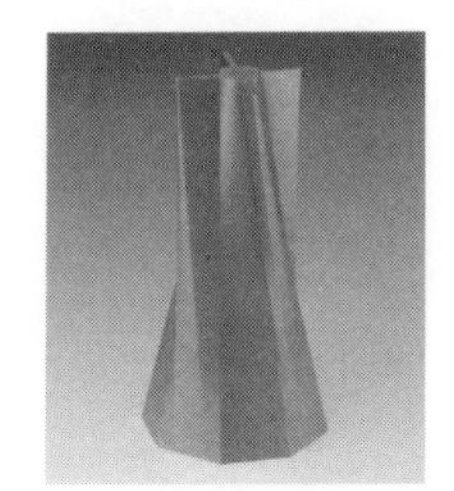

(c)　上下任意形状の加工

図5－14　ワイヤカット放電加工機の加工例

出所：（図5－7に同じ）p32，図2－33～2－35

第2節　その他の特殊エネルギ加工

2.1　レーザ加工

レーザ加工（laser machining）は，レンズとミラーを介して非常に小さなスポットに絞ったレーザ光を利用する加工法で，高密度エネルギによる溶融や加熱などを活用した熱加工である。

（1）レーザ加工の特徴

レーザ加工の特徴は，次のとおりである。

① 工作物に力を加えることはないため，変形しやすい薄板やゴムの精密切断ができる。

② 金型をつくる必要がなく，汎用性が高い。

③ ワイヤ放電加工に比べてかなり速い加工速度が得られる。

④ 供給エネルギ量やビームの開き角の調節が容易なことから，表5－5のように広い加工分野に利用されている。

⑤ 工作物が厚くなるほど表裏にエネルギ密度の差が生じ，裏面の切断溝幅が広がり，仕上げ面粗さが大きくなる。

表5－5　レーザ加工の利用・応用分野

加工の種類	適　用　例
穴あけ	精密機械部品，電子部品，ルビー（時計の軸受け），セラミックス，ダイヤモンド，皮革 etc
切断	電子部品，金属板，超硬合金，木材，ダンボール，布 etc
トリミング	抵抗，水晶発振子 etc
マーキング	銘板，食品，装飾製品，各種部品，電子部品，精密機械部品，機械・工具類 etc
スクライビング	セラミック基板，半導体，ガラス etc
溶接	金属，セラミックス，電極リードのスポット溶接，精密機械部品のスポット溶接，電子機器・精密機械部品 etc
焼入れ	薄肉歯車，ピストンリング etc
焼なまし	半導体，金属 etc
反応	重合，分解（高分子），新素材開発 etc
その他	PVD，CVD，蒸着エッチング，半導体ドーピング，リソグラフィ，合金化，めっき，コーティング etc

出所：新マシニング・ツール事典編集委員会「新マシニング・ツール事典」産業調査会，1991，p781，表12.3.1

（2）レーザの種類

レーザは，図5－15に示すように発振物質の種類によって分類され，固体レーザ，気体レーザ，液体レーザ，半導体レーザ，自由電子レーザ，X線レーザが開発され，いずれも実用化されている。これらのうち，特に加工に多く用いられるレーザは，固体レーザと気体レーザである。

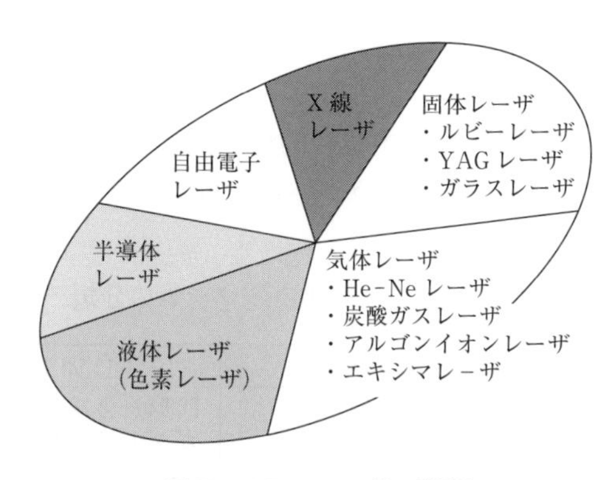

図5－15　レーザの種類

出所：谷腰欣司「図解レーザのはなし」日本実業出版社，2000，p160，図1

（3）レーザ加工機システム

レーザ加工機は，基本的にレーザ発振装置，機械駆動系，制御系，周辺装置で構成されている。図5－16に固体レーザ加工機であるYAGレーザ加工機と，図5－17に気体レーザ加工機であるCO_2レーザ加工機のシステム構成を例に示す。両図を見ると，レーザの発振物質の相違によりレーザ発振装置に違いがあるものの，加工機としての基本的な機能は全く同一であることが分かる。

また，レーザ加工機をロボットシステムとNC加工機システムに分類して示すと，表5－6のようになる。表中の形式欄はシステムの構造形式を表し，伝送欄はレーザ発振装置から加工点までの光路の伝送方式を表している。

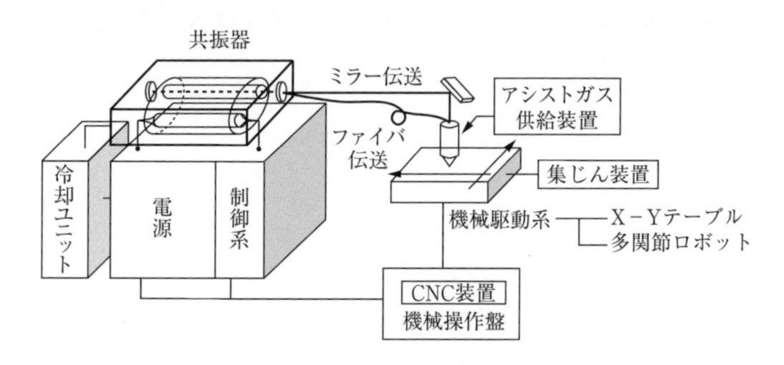

図5－16　YAGレーザ加工機のシステム構成

出所：新井武二「高出力レーザプロセス技術」マシニスト出版，2004，p53，図3.5

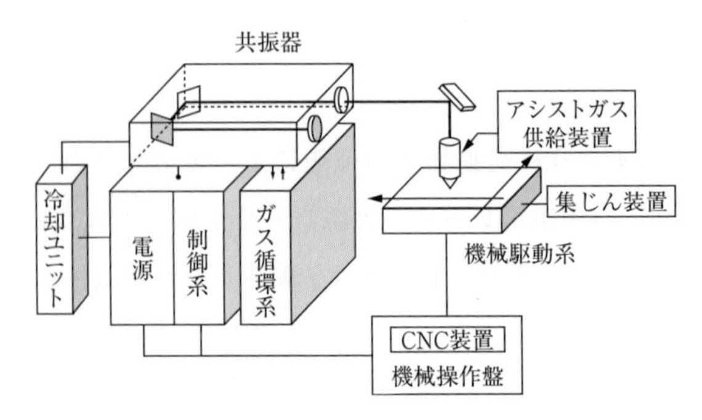

図５－17　CO_2レーザ加工機のシステム構成

出所：（図５－16に同じ）p47，図3.2

表５－６　レーザ加工システムの分類

種	類	ロボットシステム	NC加工機システム
CO_2 レーザ	形式	極座標形 直交座標形	門形（２次元，３次元） ガントリー形
	伝送	ミラー伝送方式 中空導波路伝送（低出力）	ミラー伝送方式
YAG レーザ	形式	多関節形 直交座標形	門形（２次元，３次元） カンチレバー形 直交駆動形（発振器搭載形）
	伝送	ファイバー伝送方式	ファイバー伝送方式 ファイバー＋ミラー伝送方式

出所：（図５－16に同じ）p56，表3.3

2.2　電解加工

電解液中で，加工電極と工作物の間に電圧を加えて，電気化学的に工作物の不要部分を溶かして加工する機械が電解加工機である。ちょうど，電気めっきと逆の作用で，工作物から溶け出した金属が加工電極に付着しようとするが，これに高圧の電解液を噴出させて洗い流してしまう。電極をそれに応じて送り出すことにより加工が進行する。切削加工が困難な焼入鋼や超硬合金などの硬い金属の加工ができることが大きな特徴である。

〔第５章のまとめ〕

第５章で学んだ特殊エネルギ加工（特殊加工）に関する次のことについて，各自整理しておこう。

⑴　特殊エネルギ加工とはどのような加工法か。

⑵　代表的な特殊エネルギ加工にはどのような種類があるか。

⑶　放電加工は，どのような基本的な加工原理か。また，どのような特徴があるか。

⑷　形彫り放電加工とはどのような加工法か。また，どのような用途があるか。

⑸　ワイヤカット放電加工とはどのような加工法か。また，どのような用途があるか。

⑹　レーザ加工とはどのような加工法か。また，どのような用途があるか。

⑺　電解加工は，どのような基本的な加工原理か。また，どのような特徴があるか。

第6章
仕上げ法，組立て法

仕上げと組立て作業は，機械工作法の中で，最も基本となる作業である。しかしながら，これらの作業に従事する熟練者が少なくなっているため，技能の伝承をきちんと行っていかなければならない分野である。この章では，詳細にわたって仕上げ作業を記述している。

第1節　けがき法

けがきとは，工作物に削りしろや穴あけ位置，切断の位置などの加工の目印となる線を描くことで，手仕上げや機械加工の準備として必要な作業である。しかし，今日では，加工方法の進歩向上に伴い，主に個別少数品の加工や，鋳物，鍛造品などの検査などで用いられている。

正しいけがきを迅速に行うには，けがき用具やその利用法をよく理解していなければならない。

1.1　けがき用具

けがき作業に使用する工具は，一般加工に用いられるスケール（直尺），コンパス，直角定規などのほか，けがき作業専用の工具もあるが，大部分の工具は手仕上げ，組立て作業などと兼ねて用いられる。

（1）　けがき定盤

けがき定盤は，けがき作業のときに基準平面となる台で，一般に図6－1のような鋳鉄製の定盤が多く用いられているが，最近では石製の定盤が多く使われるようになっている。

定盤の上に工作物を載せて，周囲にけがき用のいろいろな工具を置いて作業するため，工作物より大きい面（表面）が必要となる。

定盤には大小様々なものがあり，大きさはその面の辺寸法で表す（例えば，600 × 900mm の定盤，というように表す）。

定盤の表面は，けがきのときに基準となる面であることから，きずを付けないように常に大切にし，使用しないときには，油を塗ってさびを防ぐようにしなければならない。

（2）　平行台（パラレルブロック）

図6－2に示す平行台は2個を1組とし，相対する面が平行で，直角も正確な台である。

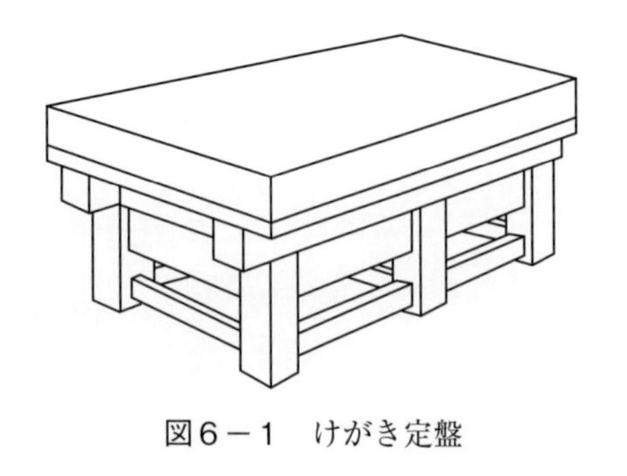
図6－1　けがき定盤

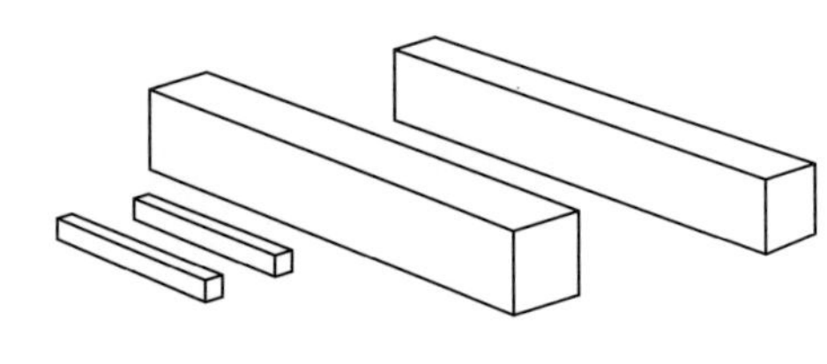
図6－2　平　行　台

平行台は，加工された面を基準としてけがくときや，工作物の検査をするときなどに用いられる。図６－３は，平行台を用いて旋盤の心押し台のけがきをしている図である。

（3）　Ｖブロック（やげん台）

Ｖブロックには鋳鉄製や，高炭素鋼の焼入れをした材質などがある。

Ｖ形の溝は，一般には90°であるが，特殊な角度の溝もある。Ｖブロックの形状は，図６－４のように各種あり，平行台と同様に２個で１組となっており，円筒状のけがき，心出し，丸棒の穴あけをするときなどの台として用いられる。

図６－３　平行台によるけがき

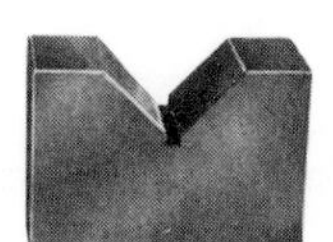

図６－４　Ｖブロック

（4）　アングルプレート（イケール）

アングルプレートは鋳鉄製で，図６－５のように，外側が直角に仕上げられている。また，各面には工作物を取り付けやすいように長穴があいている。

工作物を垂直面に取り付けてけがくときにアングルプレートを用いる。

（5）　ます形ブロック（金ます）

ます形ブロックは鋳鉄製で，各面は精密に仕上げられ，直角を形成している。また，一面には図６－６のようにＶ溝と押え金具が付いている。

図６－５　アングルプレート

図６－６　ます形ブロック

図6－7　ます形ブロックによるけがき

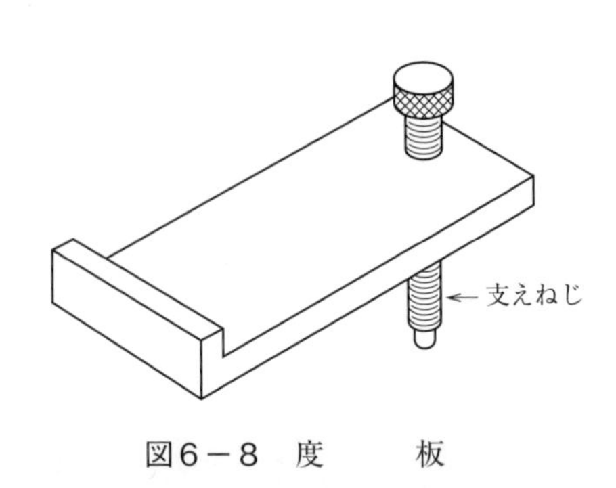

図6－8　度　　板

図6－7に示すように，定盤上でます形ブロックに工作物を取り付けた状態で，その接地面を変えることで工作物の姿勢を変え，水平，垂直の直交線をけがくことができる。

（6）　度板（角度万能定盤）

度板は図6－8のような形状で，定盤に対して所定の角度に傾斜させる支えねじが付いている。工作物をこの板の上に載せて，しゃこ万力で固定し，角度調整ねじで所定の角度に傾斜させてけがく。また，ます形ブロックやアングルプレートに工作物を取り付け，その状態で度板に載せてけがくこともできる。角度は，底面と定盤とのなす角を分度器で測りながら，支えねじを調節して任意の角度を出す。

（7）　しゃこ万力

しゃこ万力は，図6－9のように炭素鋼製又は可鍛鋳鉄製フレームにねじ棒がはめてあり，ハンドルにより工作物を締め付ける一種の万力である。しゃこ万力は，薄板を重ねて同時に加工するときや，アングルプレートに工作物を取り付けたり，固定のときの仮締めを行ったりするときに用いる。

（8）　豆ジャッキ

図6－10に示す豆ジャッキは，鋳造品や鍛造品などの複雑な形状の工作物をけがくときに用いる。定盤上に3個の豆ジャッキを置き，その上に工作物を載せて豆ジャッキのねじを調節すれば，工作物を定盤の上に任意の状態に置くことができる。

（9）　け が き 針

図6－11に示すけがき針は，けがき線を引くときに用いるペン代わりの工具で，材質に工具鋼を用い，先端に焼入れがしてある針や，超硬合金が先端にろう付けされた針がある。

(10)　トースカン（サーフェスゲージ）

トースカンは，図6－12(a)に示すように台，柱，針からなっている。トースカンは定盤上で工作物に平行線をけがいたり，工作物の平行度合いや軸心などを調べるために用いられる。針の両端は焼入れされており，一端は平行を調べられるように曲げられている。

同図(b)は，心出しに便利な，ユニバーサル・サーフェスゲージといわれる種類で，針先が微調整できるようになっている。

また，トースカンは，機械作業での心出し作業や，取付け作業などにも用いられる。

(11)　直角定規（スコヤ）

直角定規は，図6－13に示すように各種あり，基準面から直角の線をけがいたり，既にけがいてある線と直角定規の直角の面とを合わせて，水平線をけがくときに用いる。直角定規は直角や平面度を調べるときにも用いられる。

なお，任意の角度を測る工具として，後掲の図6－28(b)に示すプロトラクタがある。

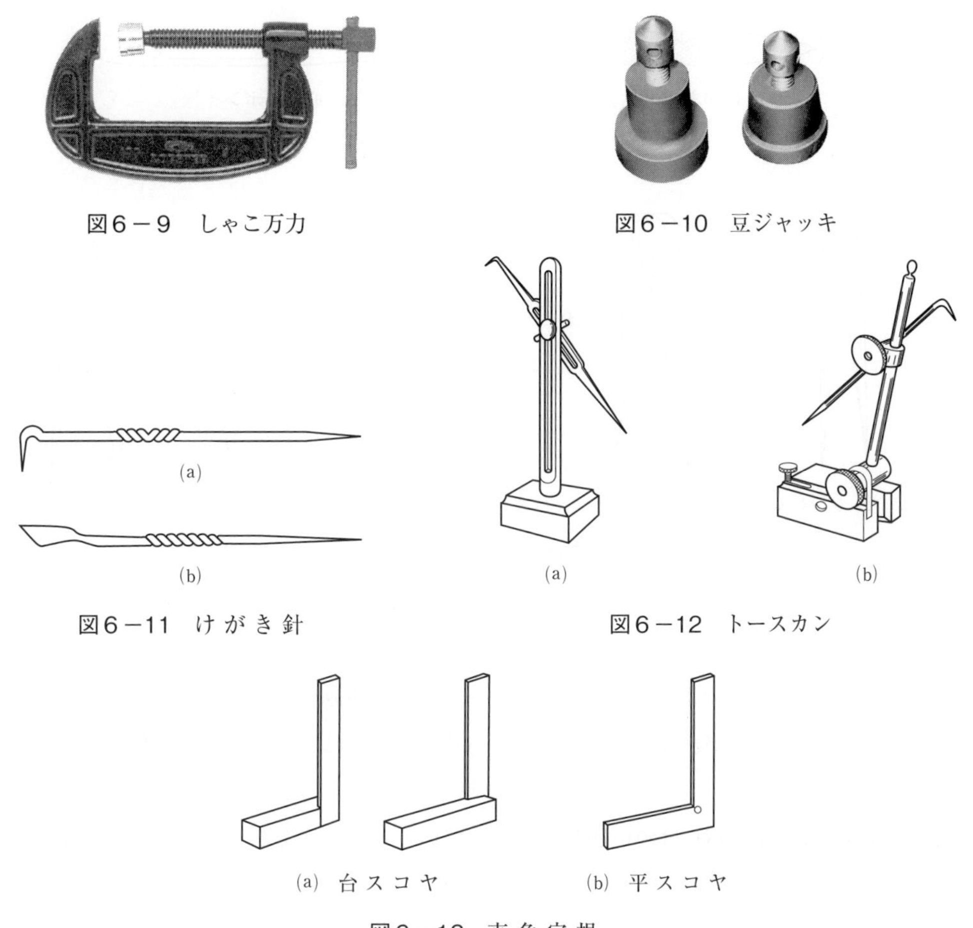

図6－9　しゃこ万力

図6－10　豆ジャッキ

(a)

(b)

図6－11　けがき針

(a)　(b)

図6－12　トースカン

(a) 台スコヤ　(b) 平スコヤ

図6－13　直角定規

(12)　ポ　ン　チ

ポンチは，けがき線上や中心点にポンチマークを付けて，けがき線を明示するときなどに用いる。

ポンチは鋼製で，先端は60～90°の円すい形であって，この先端部分は焼入れされている。

一般に，けがき用ポンチには，図6－14(a)のような先端角が60°のポンチを用いるが，大きい直径のドリルの穴あけの場合は，ポンチを深く広くするために，同図(b)のような先端角が大きいポンチを用いる。穴あけの中心に打つポンチを心立てポンチ（センタポンチ）という。

(13)　コンパス

コンパスは，スケールから寸法を写すときや，円を描いたり，線を分割したりするときに使用する工具で，鋼製で先端部は焼入れされている。図6－15のように各種ある。同図(c)のビームコンパスは，半径の大きい円を描くときに用いる。

同図(d)の片パスは，棒や穴の中心を求めたり，面に対して平行線をけがくときに用いる。一方の曲がり脚を工作物の端に当て，他方のとがった脚先でけがく。

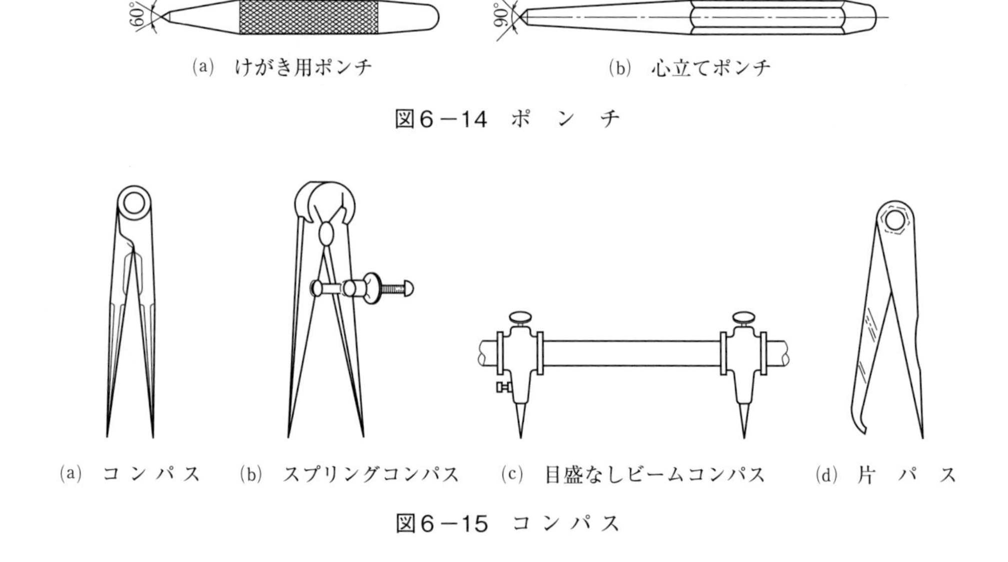

図6－14　ポ　ン　チ

図6－15　コンパス

(14)　ハイトゲージ

ハイトゲージは図6－16のように，ノギスとトースカンを組み合わせたような工具で，高さの測定を主目的としているが，けがきにも用いられる。ハイトゲージは，特に精密にけがく場合に使用される。

また，先端部（スクライバ）は鋭い切れ刃になっているため，作業終了後に下部に下げておくことを心がける。

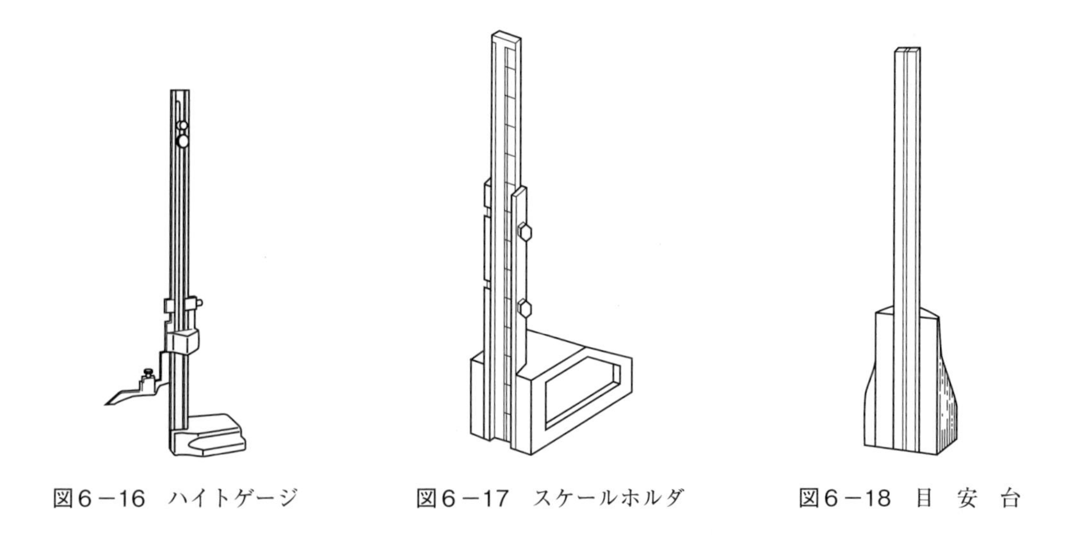

図6－16　ハイトゲージ　　図6－17　スケールホルダ　　図6－18　目　安　台

(15)　スケールホルダ（スケール台，さし立て）

図6－17に示すスケールホルダは，スケールを定盤上に垂直に立てて支持する工具で，トースカンの針先の高さを測るときなどに用いる。

(16)　目　安　台

工作物の数量がやや多い場合，図6－18に示す目安台を用いる。あらかじめ目安台に必要な寸法をけがいておき，時々トースカンの針の高さを点検したり，また，針の高さを動かした場合に，直接目安台から寸法を写したりすることで，間違いや時間のむだをなくすことができる。

(17)　その他の工具

これまで述べた工具のほかに，丸棒の端面に中心を求めるときに使用する図6－19(a)の心出し定規，中空円筒の中心を求めるときに使用する同図(b)のセンタブリッジなどが，けがき用工具として用いられる。

(a)　心出し定規　　(b)　センタブリッジ

図6－19　心出し定規とセンタブリッジ

(18)　けがき用塗料

けがき線を明瞭にするためには，けがき用塗料を用いる。一般に使われる塗料は，ご（胡）粉と青竹であるが，これらの代用として，簡便で手近なマジックインキも小さい工作物のけがきに使われる。

a　ご　　粉

けがく面が黒皮の場合は，一般にご粉が使われる。ご粉は白色の粉で，水２に対して１の割合で溶かして使うが，そのままでは塗布後にはがれやすいため，溶液を沸かして，アラビアゴム，又はにかわを0.2の割合で混ぜて使うとよい。

ご粉溶液を厚く塗ったり，濃い溶液を使ったりするとはがれやすく，また，けがき線が太くなるため，むしろ薄めの溶液のほうがよい。

b　青　　竹

仕上げられた面にご粉を塗ると，さびが生じやすくなるため，仕上げ面には青竹を用いる。

青竹は濃緑色の結晶で，青竹１に対して，アルコール10の割合で溶かし，さらに，そのままでははがれやすいためセラック３の割合で混ぜて用いるとよい。セラックを多く入れすぎると，乾燥時間が長くなり，また，はがれやすくなる。

1.2　けがき作業

けがき作業は図面の上の加工線を見て，工作物の上に間違いなく，適切にけがくことであるため，図面を正しく読み取ること，そして，完全に理解する知識が必要である。その上で基準線をどこに取るか，また肉取りについてもよく考え，はたして，与えられた工作物が実際に使えるかどうかも調べなければならない。

なお，けがき作業を大別すると，板ものにけがく平面けがきと，鋳造・鍛造品にけがく立体けがきとがある。どのような場合でも，けがき線を引いたら，必ずスケールを当てて寸法を確認しなければならない。

（1）　け が き 線

a　一番けがきと二番けがき

簡単な形状の工作物は１回のけがきで済むが，少し複雑な工作物になると，加工の順序によって，何回も加工とけがきの工程を繰り返さなければならない。一番けがきとは，黒皮で何の加工も施していない状態で最初にけがくことをいい，二番けがきとは，加工した面を基準として，次の加工のためにけがくことをいう。

b　捨てけがき（捨て線）

加工用けがき線が見にくかったり，切削のため消えてしまっても，目安にする線が残るように，図６－20のように加工線から少し離して，補助けがきをする。これを捨てけがきといい，これが円の場合は捨てコンパスという。

この捨てけがきと加工用けがきとを区別するために，加工用けがき線にポンチを打つ。

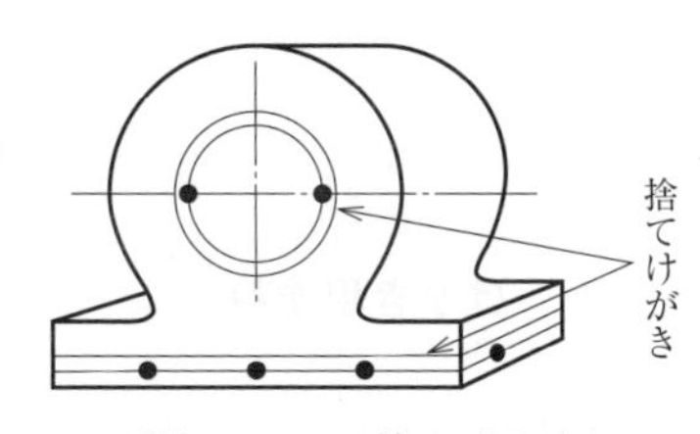

図６－20　捨てけがき

（2） ポンチの打ち方

ポンチの先端を，けがき線の交点に合わせて垂直に立て，最初は軽く打って正しい位置に打たれているかを見極め，もし位置が悪ければ直して，その後強く打つ。精密な位置を要する場合は，ポンチを回しながら打つとよい。

なお，位置の確認には拡大鏡を用いると見やすい。

また，ポンチの打ち方は，ポンチ跡を残してはいけないときは図6－21(a)のように打ち，跡を残したいときは同図(b)のように打つ。通常は同図(c)のようにポンチ跡が半円で残るように打つ。

（3） けがき針とトースカンの使い方

a けがき針の使い方

細くはっきりとしたよいけがき線を得るためには，けがき針の先端をいつも鋭い円すい形にとがらせておく。けがきでは，図6－22のように針先を定規に沿うように当て，線を引く方向へけがき針を少し傾け，針先を定規から離さないようにして，確実に，しかも1回で終わるようにけがく。

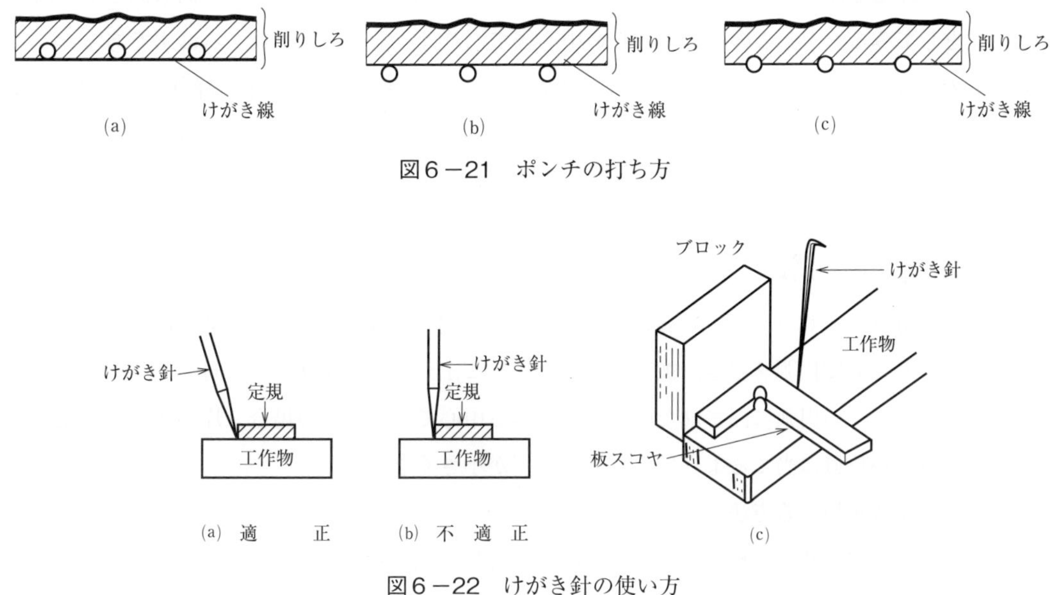

図6－21　ポンチの打ち方

図6－22　けがき針の使い方

b トースカンの使い方

トースカンの針先をスケールの目盛に合わせるには，図6－23(a)のようにハンマを用いて，針先を目盛の近くに合わせて仮締めし，次に，目盛に正確に合わせて，同図(b)のようにちょうねじを強く締め付けるとよい。

なお，数の多い複雑な工作物をけがく場合は，トースカンが一つしかないと，その都度，寸法を変えなければならないため，大小いくつかのトースカンをそろえておき，それぞれ所定の寸法に固定して使うようにする。また，けがき作業の終了後には，安全のためトースカンの針先を下に向けておく。

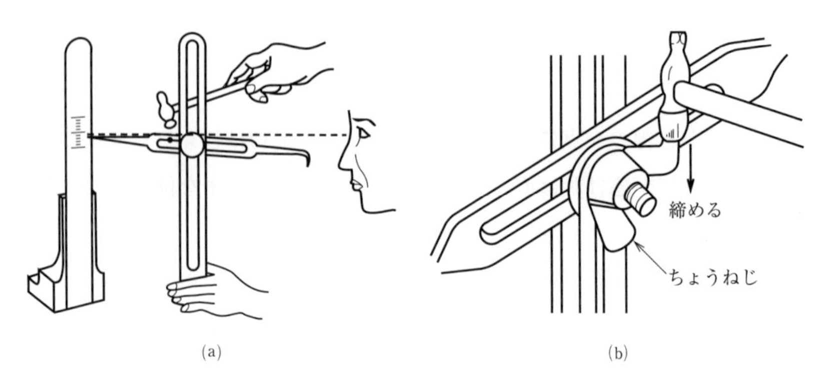

図6－23　トースカンの使い方

（4）　けがき方法

a　丸棒の中心の求め方

(a)　Ｖブロックとトースカンを用いる方法

定盤の上にＶブロックを置き，その上に中心を求める丸棒を載せ，目安でそのほぼ中心の高さにトースカンの針先を合わせて，図6－24(a)のように印をする。さらに180°回して同じ高さで同図(b)のように印をしてみる。もしこの場合に正しい中心線であれば，前の印と一致するはずである。

同図(b)のように一致しないときは，二つの印の中間をねらい，一致するまで繰り返して求めれば，同図(c)のように正しい中心線が求められる。これをさらに90°回転させ，同図(d)のように直角定規に先に求めた中心線を合わせて，前のトースカンの高さで中心線を引けば，その交点が，正しい求める中心である。

(b)　片パスを用いる方法

図6－25に示すように曲がっているほうの脚を丸棒の端面の縁に当て，片パスの開きをできるだけ棒の半径に等しくして円弧を描き，90°又は120°ごとに3～4回繰り返すと，同図(a)～(c)のような形の印が得られる。この円弧に囲まれた中心が，求める中心である。この場合，片パスの脚を絶えずけがき面に最も近い位置に当てるようにすれば，誤差が小さくなる。

(c)　心出し定規を用いる方法

図6－26のように定規を丸棒に当て，けがき針で線を引き，90°回して，さらに線をけがけば，二つの線の交点が，求める中心である。

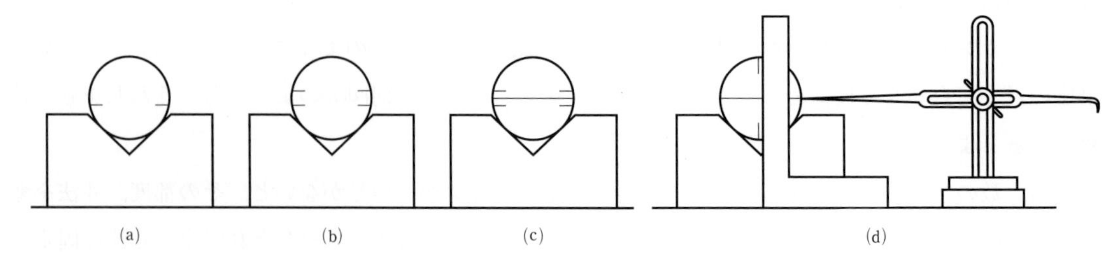

図6－24　Ｖブロックとトースカンによる中心の求め方

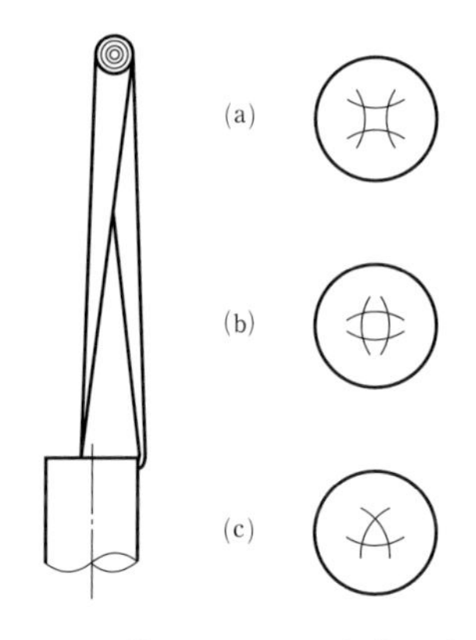

図6－25　片パスによる中心の求め方

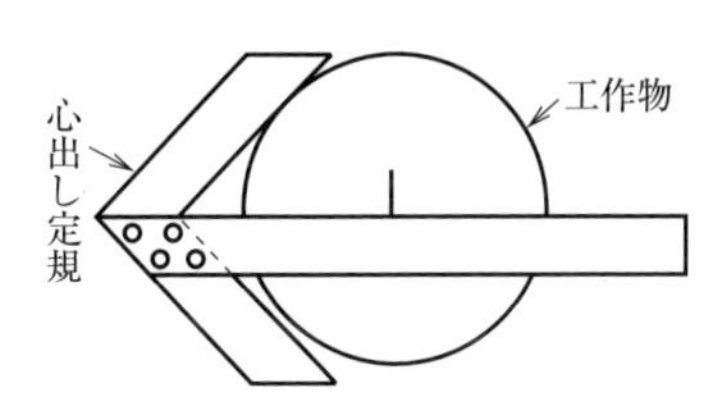

図6－26　心出し定規による中心の求め方

b　穴の中心の求め方

図6－27に示すように，心金をけがき面と同一面になるように固定し，片パスの曲がり脚を中空部品の内側の縁に当てて開き，左手の人さし指で支え，円弧を描いて中心を出す。

c　角度の求め方

(a)　度板を用いる方法

前掲の図6－8の度板を用いて，任意の角度を容易に合わせることができる。

(b)　ます形ブロック，Vブロックなどを用いる方法

図6－28(a)に，ます形ブロックとVブロックを使って，45°をけがく要領を示す。同図(b)は，ます形ブロックと豆ジャッキによる，任意の角度のけがき方を示しているが，プロトラクタに合わせてます形ブロックを傾け，トースカンでけがく。

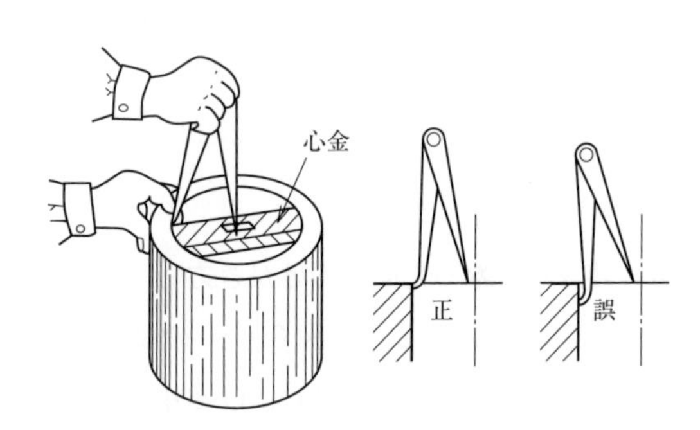

図6－27　穴の中心の求め方

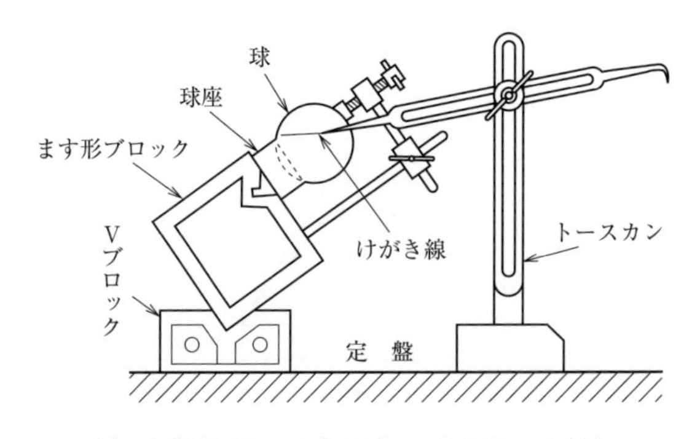

(a)　ます形ブロックとVブロックを用いる方法

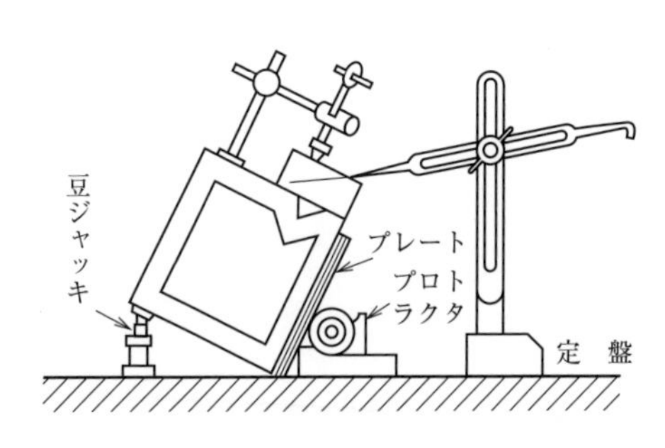

(b)　ます形ブロックと豆ジャッキを用いる方法

図6－28　角度の求め方

d　直交線の求め方

水平，垂直の直交線のけがきには，ます形ブロックを使えば大変便利で，手早く，正確にけがくことができる。

図6－29(a)，(c)のように，ます形ブロックに工作物を取り付けて水平線を引き，次に同図(b)，(d)のようにます形ブロックを倒して，前の線と直交する線を引けばよい。

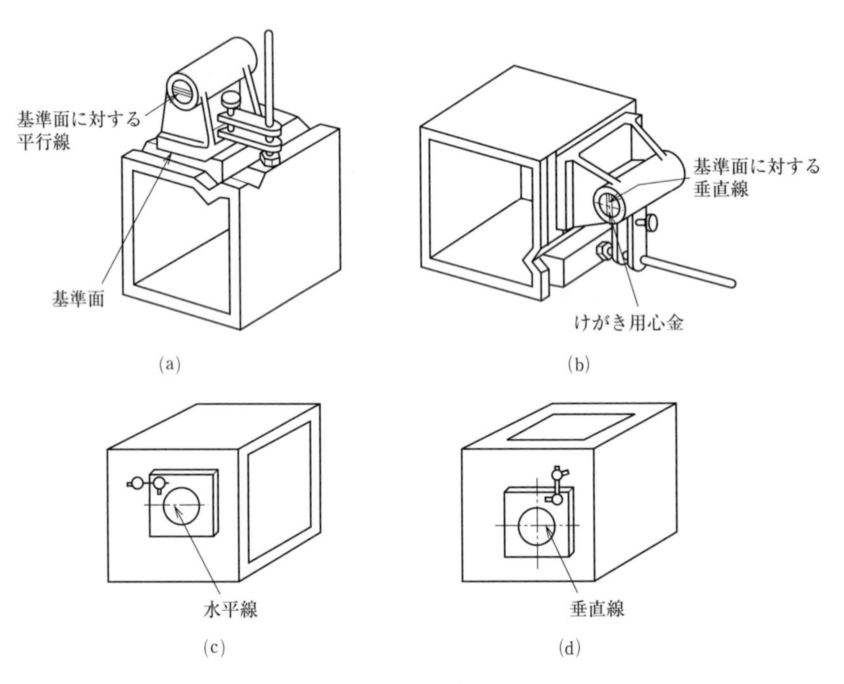

図6－29　直交線の求め方

e　高さの異なった面へのけがき方

コンパスを使用して，図6－30のような工作物に4個の穴位置をけがく場合は，Oを中心として，コンパスに与える寸法は図面寸法bではなくcとしなければならない。

c寸法は，ピタゴラスの定理から$c=\sqrt{a^2+b^2}$で求められる。

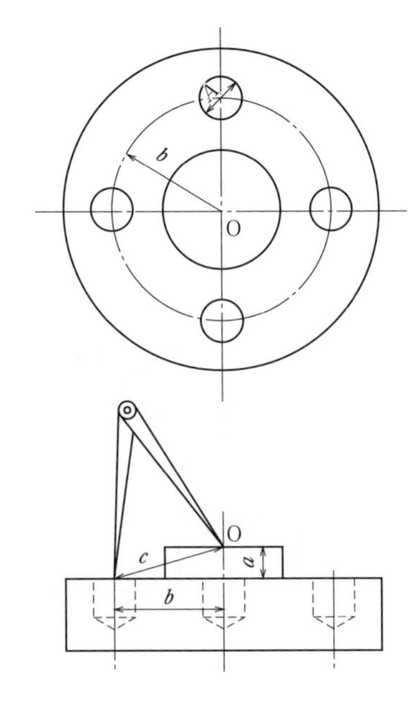

図6－30　高さの異なった面へのけがき方

第2節　仕 上 げ 法

手仕上げは，機械の力に頼らず，たがね，やすり，きさげなどの簡単な手工具を用いて切削をしたり，手回しタップやダイスなどでねじを立てたりして，機械部品を製作する工作法の一つである。しかし，高度の熟練を要することと能率的でないことから，機械加工法が発達してきた最近では，その分野がどんどん狭められ，これをなくすことが，機械技術の目的の一つにさえなっている。しかし，どんなに機械加工法が進歩しても，手作業をなくすことはできない。しかも，設備，時間，数量などの関係から，手仕上げのほうが都合のよい場合が少なくない。

このため，今でも，精密な手仕上げ作業は依然として求められている。さらに，組立て，分解修理，調整作業も手仕上げといわれており，手仕上げといわれる作業の幅は，大変広い。

手仕上げ作業を修得することは，次の点で重要である。

① 仕上げ作業は，自分の手をコントロールして道具を動かさなければならないため，加工のメカニズムを実感することができる。

② 組立てやメンテナンスの際には，手仕上げによる作業が多くある。

③ 機械加工に伴う熱変形や応力変形を修正することができるため，より精度の高い製品に仕上げることができる。

④ 研究開発に伴う製品の試作や小ロット製作の場合には，人間が直接に関与する機会が多くある。

⑤ 複雑な形状の穴の内面や隅部のように，機械加工ができない部分では，最終的に手仕上げが必要である。

⑥ 精密な金型の最終的な仕上げは，手仕上げによっている。

また，きさげ作業は，機械加工に置き換えることができない作業方法であることも見逃せない。

2.1　手仕上げ用工具

手仕上げ作業には種々の手工具が用いられるが，ここでは，一般手仕上げ用工具である万力，ハンマ，スパナ，ねじ回し，直定規，水準器，研磨布などについて述べる。

（1）　万力（バイス）

万力は工作物を固定する道具で，その大きさは，口幅で表す。また，使用目的によって適したいろいろな形式の万力があるが，一般的に使われているものは，立万力と横万力（箱万力），取付け万力などである。

図6－31(a)は立万力で，構造が簡単で丈夫なので，はつり作業や鍛造作業などの強力な作業に適している。また，同図(b)は横万力で，あごの動きが常に平行で工作物の締付けが正確であるため，や

すり作業をはじめ一般の手仕上げ作業に広く使用されている。同図(c)は取付け万力で，小形部品の工作などに用いられる。

このほか，手では持ちにくい小さい工作物をつかむための図6－32(a)の手万力や，同図(b)の微小径工具を把持するためのピンバイスなどがある。

万力に工作物をくわえるときは，工作物をあごの面に直角にして口金のほぼ中央部で挟み，仕上げ面のけがき線をなるべく接近させてくわえる。

また，万力の口金は，工作物が滑らないように，内側に浅い網目の溝が付けてある。これで工作物の仕上げられた面を強くつかむと，きずを付けるおそれがあるため，アルミニウム板や銅板などの軟質材で，図6－33のように口金カバーをつくって使用する。

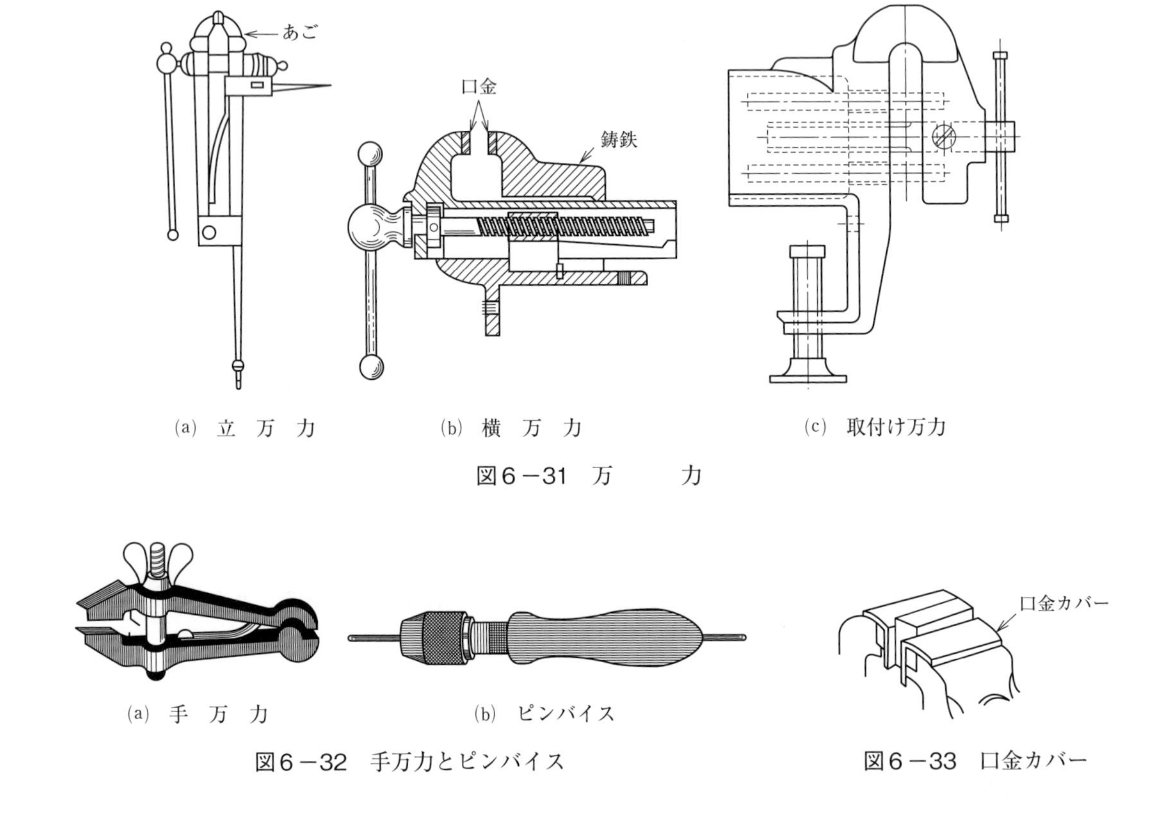

(a) 立　万　力　　(b) 横　万　力　　(c) 取付け万力

図6－31　万　　力

(a) 手　万　力　　(b) ピンバイス

図6－32　手万力とピンバイス

図6－33　口金カバー

(2) ハ　ン　マ

ハンマには，図6－34に示すようにいろいろな種類がある。大きい頭部や小さい頭部（大きさによる種類），丸い頭部や四角の頭部（頭の形による種類），木でできた頭部や鋼・銅あるいは合成樹脂製の頭部（材質による種類）などがあり，これらのハンマをたたく目的や用途によって使い分ける。

例えば，強い打撃を必要とするなら頭部の大きいハンマを，狭いところを打つときは頭の先が平たく細いハンマを，きずが付いてはいけない工作物には頭部材質が木か合成樹脂製のハンマを選ぶなどと使い分けて用いる。図6－34(a)の片手ハンマは代表的なハンマで，焼入れ，焼戻しを施した炭素鋼が用いられている。平頭のほうには丸みが付けてあって打撃面に使い，丸頭のほうは，かしめ作業などに使う。

また，ハンマの大きさは，頭部金具の重さで表す。呼び番号が1，1/2，1/4などのハンマは，ポンド（1ポンド：0.453kg）という重さの単位で表されている。一般に，片手ハンマと呼ばれているものは，重さは1ポンドである。

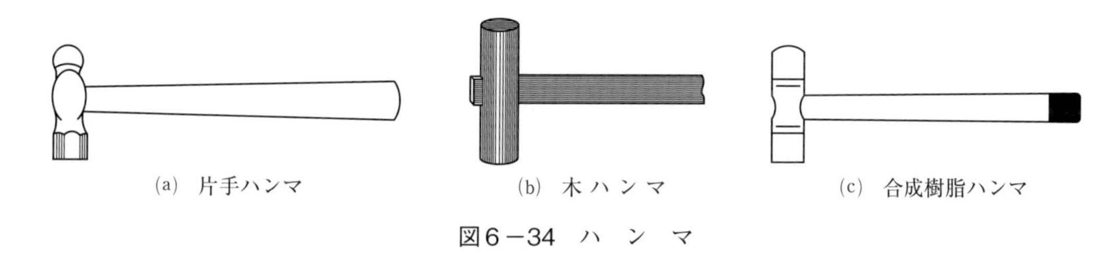

(a)　片手ハンマ　(b)　木ハンマ　(c)　合成樹脂ハンマ

図6－34　ハンマ

(3)　スパナ

ボルトやナットを締めたり緩めたりするときに用いる工具には，図6－35～図6－38に示すようにスパナやレンチと呼ばれる多くの種類がある。これを大別すると，口幅の調節ができる工具と，固定寸法の工具に区分される。図6－39は口幅を自由に調節できるレンチである。また，材料は炭素鋼やクロムモリブデン鋼などでつくられ，呼び寸法は口幅の寸法又は全長で表す。

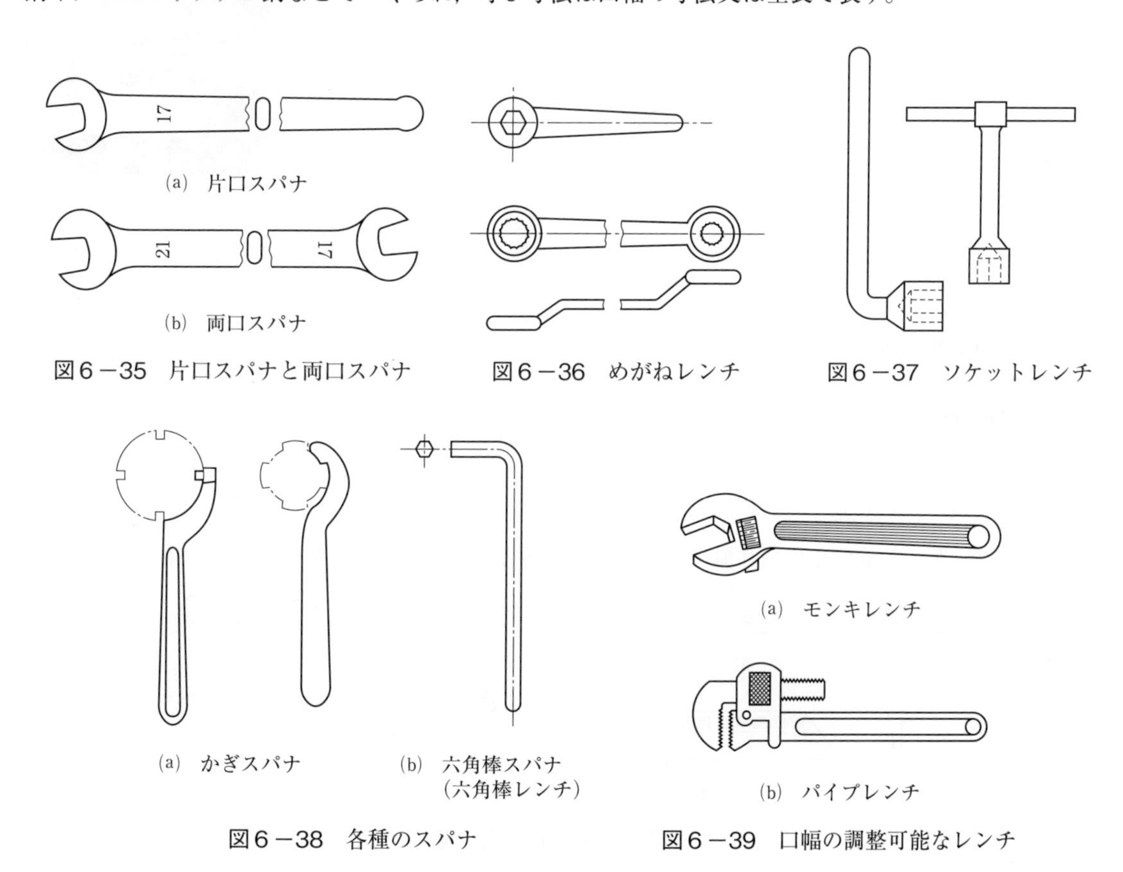

(a)　片口スパナ　(b)　両口スパナ

図6－35　片口スパナと両口スパナ

図6－36　めがねレンチ

図6－37　ソケットレンチ

(a)　かぎスパナ　(b)　六角棒スパナ（六角棒レンチ）

図6－38　各種のスパナ

(a)　モンキレンチ　(b)　パイプレンチ

図6－39　口幅の調整可能なレンチ

（4）　ねじ回し（ドライバ）

ねじ回しは，ねじの頭の形（すり割り，十字穴）に応じて，図6－40(a)の一般用ねじ回しと，同図(b)の十字ねじ回しの二つに分けられる。

一般に，同図(a)をマイナス（－）ドライバ，同図(b)をプラス（＋）ドライバと呼んでいる。プラスドライバは，プラスねじに差し込めば，自然にねじの中心とドライバの中心とが一致し，締め，緩めが楽にできる利点がある。ただし，特にプラスドライバは，ねじのサイズよりも小さいドライバを使うと，中心にのみ力がかかり，ねじをつぶしてしまうため注意が必要である。

また，同図(c)はセットドライバで，１組になって箱に入っている小形のねじ回しである。

図6－41(a)は電気ドライバ，同図(b)はエアドライバで，どちらも動力によって駆動され，非常に能率的であり，多量生産工場で多く使用されている。

なお，先端のビット（ねじに差し込む先端部分）を自由に交換ができるようになっている。

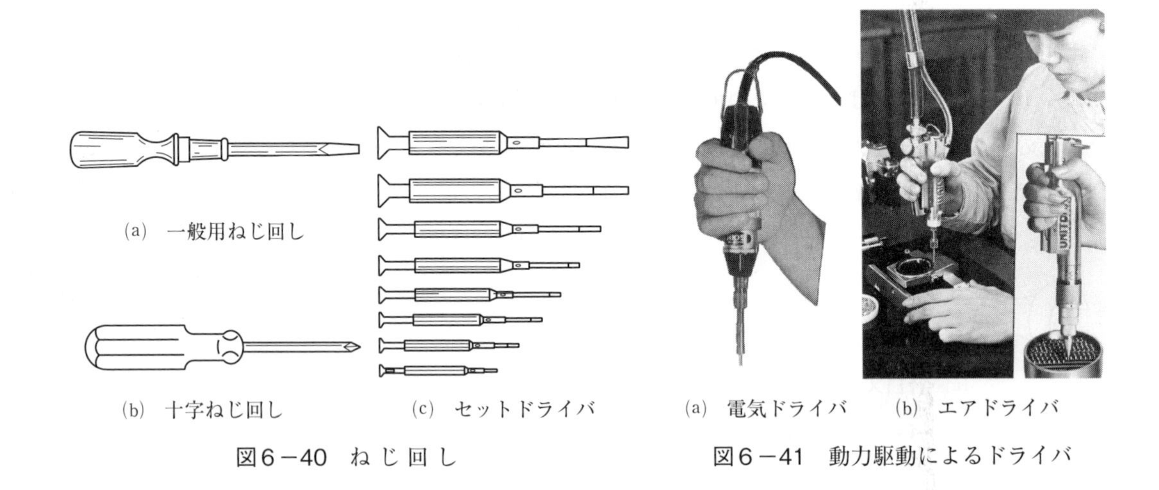

(a)　一般用ねじ回し　(b)　十字ねじ回し　(c)　セットドライバ

図6－40　ねじ回し

(a)　電気ドライバ　(b)　エアドライバ

図6－41　動力駆動によるドライバ

（5）　直定規（ストレートエッジ）

これは直線をけがくときや平面の検査をするときに使用され，測定面には精密な仕上げが施されている。

図6－42(a)～(c)の板形，三角形，ナイフエッジ形は，一般的に鋼製で焼入れが施されている。また，同図(d)は鋳鉄製で，旋盤や平削り盤のベッドなどの検査及びすり合せの基準面として用いられる。

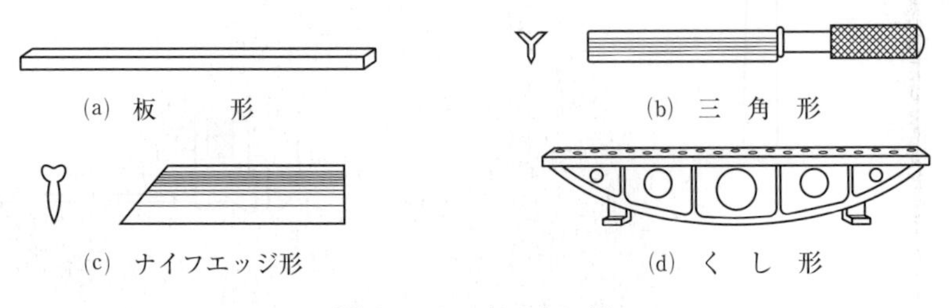

(a)　板　形　(b)　三　角　形　(c)　ナイフエッジ形　(d)　く　し　形

図6－42　直　定　規

（6）　水準器（水平器）

水準器はレベルとも呼ばれ，水平を調べる測定器で，けがき，据付け，組立て，測定などに使用される。

図６－43(a)は一般の水準器，同図(b)は合致プリズム装置を用いて気泡を観測する方式の高性能水準器で，水準器が傾いた場合に，気泡の動きが２倍になって観測される。

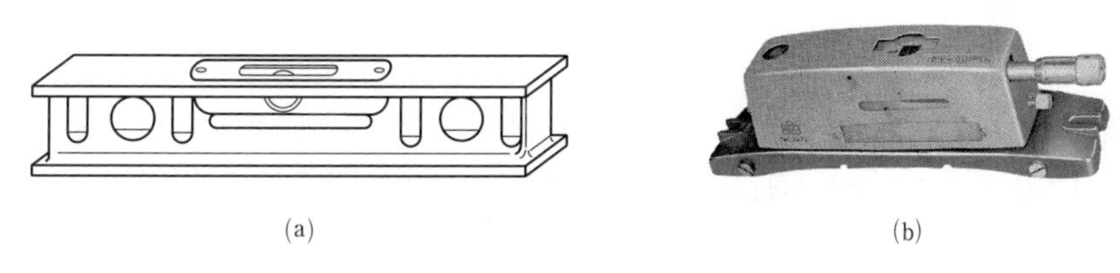

(a)　　(b)

図６－43　水　準　器

（7）　研磨布（布やすり）（JIS R 6251：2006）

研磨布では，強い布（基材）の表面に溶融アルミナ，炭化けい素，エメリー，ガーネットなどを塗装によって結合させている。この塗装に使用される接着剤は，にかわ，ゼラチン，又は合成樹脂接着剤である。

また，基材は布を用いるほか，紙（クラフト紙）を用いた研磨紙（紙やすり），耐水処理を施したクラフト紙を用いた耐水研磨紙（耐水ペーパ）などがある。

研磨布，研磨紙の粗さは，張り付けられた研磨材の粒度で表され，その種類はJISで規定されている。例えば，研磨布のシートではP24からP30，P36，P40，P50，P60，P80，P100，P120，P150，P180，P220，P240，P280，P320，P360，P400，P500，P600，P800，P1000まで，研磨紙（JIS R 6252：2006）はP2500まで，耐水研磨紙は（JIS R 6253：2006）についてはP2500まで規定されている。

やすり仕上げによって仕上げられる面の粗さは，Rz 3～6μmが限度であり，さらによい面を得るには，研磨布か研磨紙が必要とされる。ただし，面の精度を要する場合には，だれが出るため一般には使わない。

また，研磨布や研磨紙は，さび落とし，つや出し，目通しなどにも使用されるが，一般に金属，木材の研削，研磨加工などに用いられ，耐水研磨紙は塗装面などの仕上げ研磨加工や，一般金属のみがき・つや出し・目通し仕上げに使用される。

研磨布や研磨紙の使い方は，平面みがきには，一般にやすりの幅に切断し，一端を折り曲げ，やすりの面に添えて用いるが，場合によっては，定盤上に，１枚の大きさ（幅230mm×長さ280mm）の状態で固定し，工作物を回しながら磨いたり，添え木に当てて目通しをしたりする方法もある。また，丸棒のような工作物は，図６－44のように往復運動を行って磨くとよい。

工作物を磨いた後はさびが発生しないように，防せい剤を塗ることが望ましい。

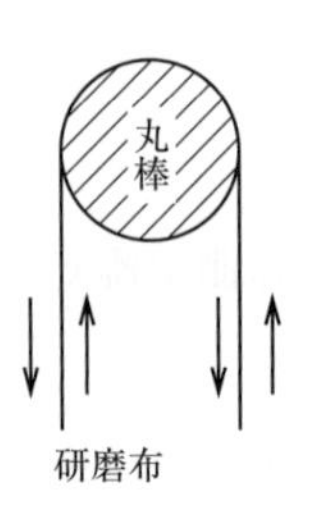

図6－44　丸棒の磨き方

2.2　はつり作業

はつり作業とは，片手ハンマでたがねの頭を強く打撃して金属を削り取る作業である。

作業中は，目の位置は絶えずたがねの刃先（工作面）を注視し，よく仕上がっているかを見ながらハンマを振りおろし，正確にたがねの頭に当てる。非常に熟練を要す作業であり，初心者は誤って手を打つ結果になる。したがって，はつり作業は，理屈より体で覚えることが多い作業である。

なお，このはつり作業に使用される片手ハンマは，一般に450g（1ポンド）程度のものが用いられている。

（1）た が ね

たがねで最も大切なことは，強い打撃に耐えられる上に，刃こぼれがなく，よく切れることである。そのため，炭素量が0.8～1.0％程度の粘り強い鋼（SK 3，4）が用いられ，刃先の部分だけに，金属が削れるような適度な硬さの焼入れ，焼戻しが施されている。

表6－1は刃先の角度を示し，表6－2は，たがねの種類とその用途を示す。また，たがねを研ぐときは次の点を注意しなければならない。

① 必ずといし車の外周面で刃先を研ぎ，側面は使用しないこと。

② といしに強く押し付けると刃先の焼きが戻るおそれがあるため，冷却水を用意し，刃先を度々冷却して過熱を防ぐこと。

③ 刃先は表6－1及び図6－45のように注意して研ぐが，平たがねは，中央が0.5mm程度ふくらんでいたほうが，きれいなはつりができ，刃の切れ味もよく，長持ちする。

表6－1　刃先の角度

工作物の材料	刃先の角度
銅・鉛・ホワイトメタル	25～30°
黄　銅・青　銅	40～60°
軟　鋼	50°
鋳　鉄	60°
硬　鋼	60～70°

表6－2　刃先形状による種類と用途

種　類	形　状	用　途
平たがね		平面をはつるときや，薄い材料を切断するときなどに用いる。
えぼしたがね		荒はつりをするときや，溝・穴をはつるときなどに用いる。
溝たがね（丸たがね）		油溝や角のすみ，又はへこんだ面をはつるときなどに用いる。
ダイヤモンドたがね		V形の溝を掘るときに用いる。
大丸たがね		大きな凹面削りに用いる。

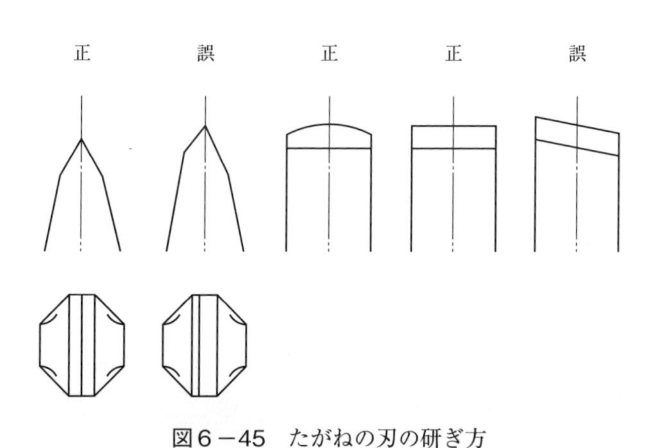

図6－45　たがねの刃の研ぎ方

（2）仕上げ法

a　はつりしろ（代）の多いとき

図6－46のように，えぼしたがねで溝削りをしてから，平たがねで平面はつりをする。

この場合，反対側が大きく欠けることがあるため，たがねかやすりで工作物の面取りをしておくか，両側からはつる。

b　薄板の切り方

たがねの刃先を万力の口金に密着させて，図6－47(a)のように，たがねを傾けて薄板を切り始める。同図(b)のように板に直角に当てて薄板を切ると，たがねがはね返りやすく，また，はつり面にかえりができる。

c　たがねの進め方

図6－48(a)のように，刃の片面がはつり面に密着するようにする。刃を立てるとはつり面は同図(b)のようになる。また，刃を寝かしすぎるとはつり面は同図(c)のようになる。

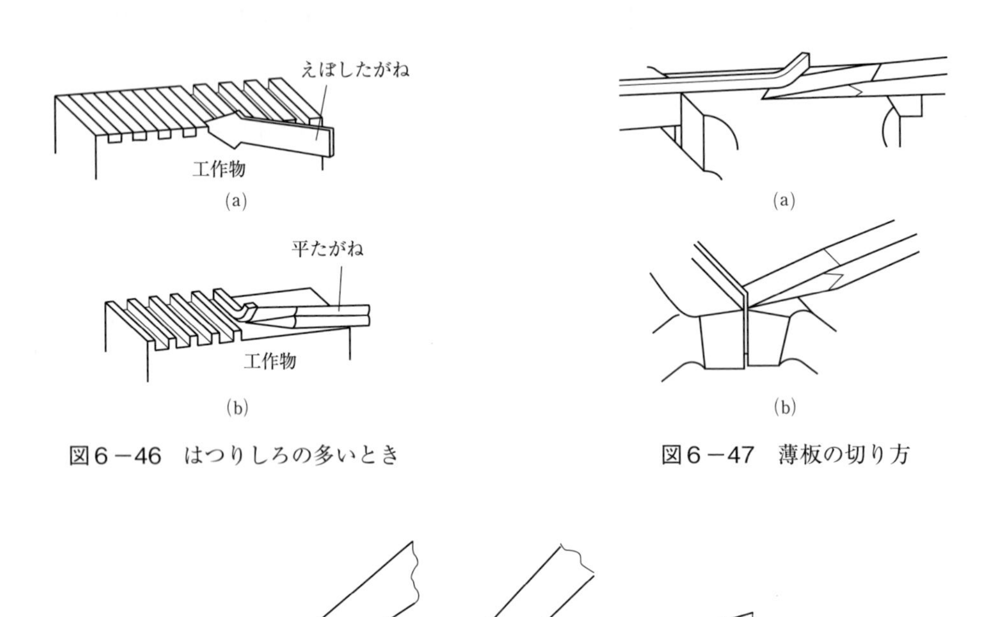

図6－46　はつりしろの多いとき

図6－47　薄板の切り方

図6－48　たがねの進め方

2.3　やすり作業

(1)　や　す　り

やすり作業は，手仕上げの基本作業中で最も重要な作業である。これに使用するやすりは材料として一般に炭素工具鋼（炭素量1.0～1.3%）を用いてつくられる。表面に多数の小さな切れ刃が付けられ（俗に，目を刻むという），硬い焼入れが施されている。

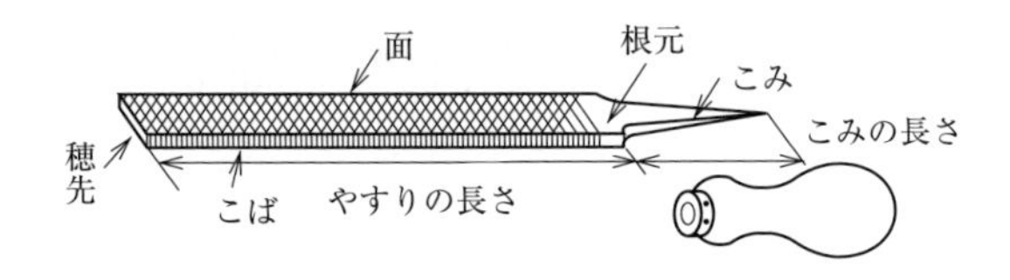

図6－49　鉄工やすりの各部の名称

図6－49に一般に使われる鉄工やすりの各部の名称を示す。

a　やすりの区分

やすりを用途別に区分すると，一般に，工場で金属を手仕上げするときに使用される鉄工やすり，同じく小さい部分を手仕上げするときに使用する組やすり，手引きのこの目立てに用いる刃やすり，製材のこの目立てに用いる製材のこやすり（目立てやすり），及びその他特殊やすりに区分される。

また，やすりをいい表すには，目の種類，目の大きさ，やすりの長さ，断面の形状，輪郭の五つの要素で区分する。

(a)　目の種類

①　単目やすり：図６－50(a)のように一方向だけに目を切ったやすりのことで，目の角度は65～85°である。このやすりはアルミニウム合金，鉛，すず，亜鉛などの軟金属や，プラスチックなどの欠けやすい材料の加工に用いられる。

②　複目やすり：同図(b)のように，単目に交わるような角度に，さらに目を切ったやすりのことで，初めに切る目を下目，２度目に切る目を上目という。通常，下目の角度は45°，上目の角度は70～80°である。一般に，やすりといえばこの複目やすりを指し，一般鉄工用やその他に広く使われている。

③　鬼目（わさび目）やすり：同図(c)のように，鋭い三角形のたがねで１目ずつ目を彫り起こした荒い目のやすりのことで，木，皮革，鉛など軟らかい材質の工作物を削るときに用いられる。

④　波目やすり：同図(d)のように目を円弧状に深く刻んだやすりで，鉛やアルミニウム合金などの軟金属のやすりがけに向いており，特に切れ味がよく，目の耐久性も優れている。

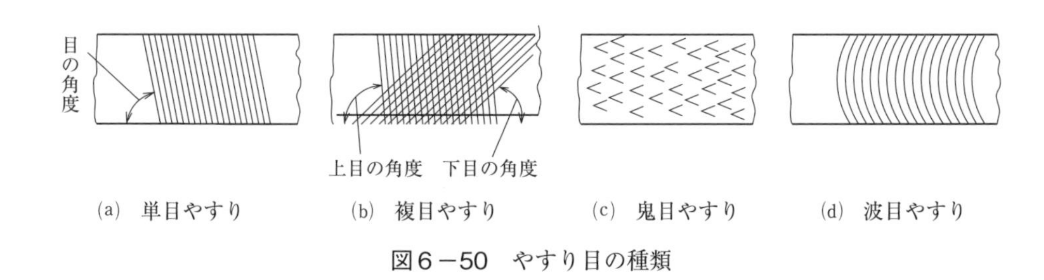

(a)　単目やすり　(b)　複目やすり　(c)　鬼目やすり　(d)　波目やすり

図６－50　やすり目の種類

(b)　目の大きさ

目の刻み方の細かさによって，目の大きさは荒目，中目，細目，油目の４種類に分けられる。図６－51(a)は150mmのやすりの目の大きさである。また，この目の大きさは同じ呼び寸法のやすりに対しての比較であって，図６－51(b)のように同じ荒目でも，やすりの長さ寸法の異なるやすりではその粗さが違い，長くなればなるほど粗くなる。

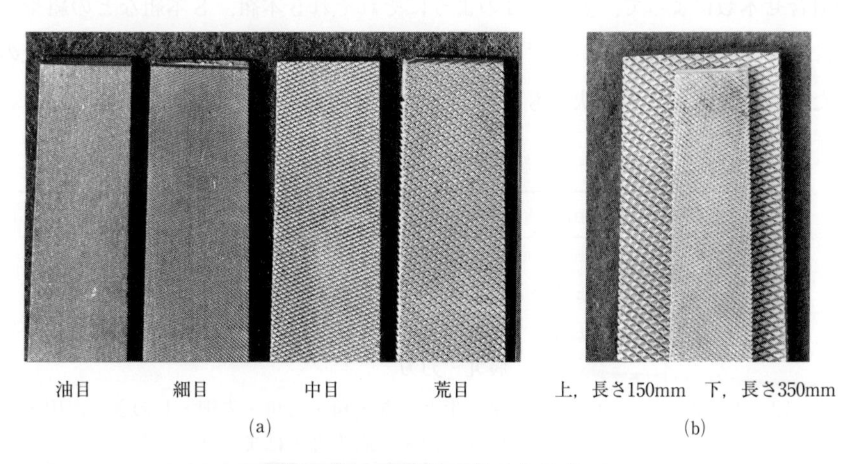

(a)　(b)

図６－51　やすりの目の大きさ

(c)　やすりの長さ

やすりの長さは，こみを除いた部分の長さで表す。JISで規定されている標準長さは100，150，200，250，300，350，400mmで，一般によく使用されるのは150～350mm程度である（JIS B 4703：1966）。

(d)　断面の形状

やすりの横断面形状は，図6－52に示すように用途により様々な種類がつくられている。これらのうち最も多く使われる断面形状は平で，次に半丸（甲丸），丸，角，三角の順で，工作物の形や加工条件によりこれらの断面形状を使い分ける。

(e)　輪　　郭

① 直やすり（平行やすり）：直やすりは，図6－53(a)のように縦方向の断面の幅寸法が根元から穂先までほぼ同じで，平やすりに多い。

② 先細やすり：先細やすりは，同図(b)のように縦方向の断面の幅寸法が穂先にいくに従って細くなっており，断面形状が丸，角，半丸，三角などのやすりに多い。

なお，やすりの厚みは，根元から中央部までは同じ厚さになっており，中央部から先端部に向かって徐々に薄くなっている。

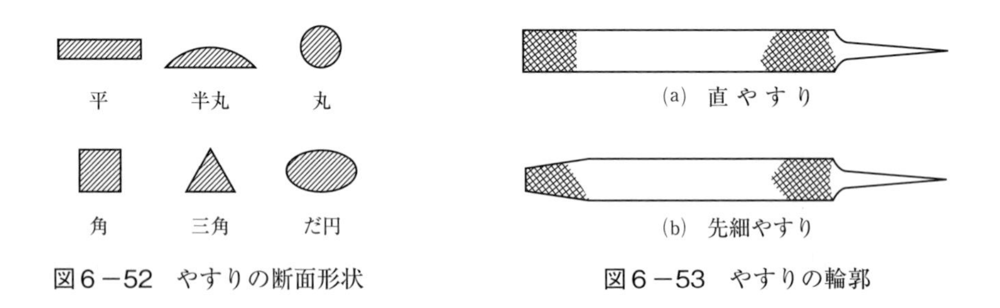

図6－52　やすりの断面形状　　図6－53　やすりの輪郭

(f)　組やすり

組やすりは，主に小さい部分のやすり作業に用いられる。各々異なった形状のやすりを組み合わせるが，その組合せ本数によって，表6－3のようにそれぞれ5本組，8本組などの組やすりと呼んでいる。また，組やすりは呼称本数が増すにつれて，やすりの全長は短くなり，断面形状の種類は増してくる。また，目の大きさは各形状とも荒目はなく，中目，細目，油目の3種類である。

表6－3　組やすり（JIS B 4704：1964 参考）

種　別	全長［mm］	標準品の形状
5 本 組	215 ± 3	平・半丸・丸・角・三角
8 本 組	200 ± 3	平・半丸・丸・角・三角・先細・しのぎ・だ円
10 本 組	185 ± 3	平・半丸・丸・角・三角・先細・しのぎ・だ円・腹丸・刀刃
12 本 組	170 ± 3	平・半丸・丸・角・三角・先細・しのぎ・だ円・腹丸・刀刃・両半丸・はまぐり

(g)　ワイヤブラシ（やすりブラシ）

軟らかく，粘り強い材料の加工には，やすりの目詰まりは避けられない。目に切りくずが詰まると切れ味が鈍り，また仕上げ面に深いきずあとが入るため，図6－54に示すワイヤブラシをやすり目に沿ってかけて，鋼材などの目詰まりを除く。しかし，銅やアルミニウムのように軟らかい材質の目詰まりの場合は，ワイヤブラシでは切りくずを取れないことがある。このようなときには軟鋼片の角でやすりの目の方向にこすると，切りくずがよく取れる。

また，やすり面に白墨を塗ると目詰まりを防ぐ効果がある。

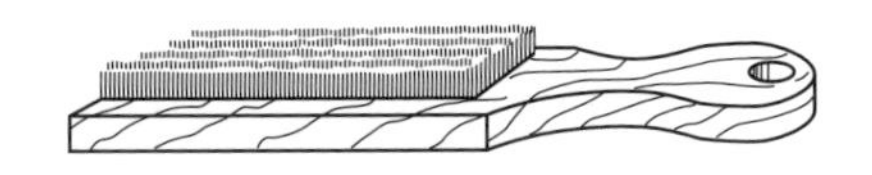

図6－54　ワイヤブラシ

（2）　仕上げ法

a　やすりの選び方

やすりは，工作物の材質に適したものを選ぶことはもちろんであるが（例えばアルミニウム合金，鉛などは単目，波目を使用する），使用に際しては，まず目測で形の狂い（曲がりなど）を調べる必要がある。また，わずかに中高になっている平やすりを選ぶと，やすりは使用時にたわんで真直になるため，平面の仕上げが容易になる。

また，新しいやすりを使用する場合は，まず，アルミニウム合金，黄銅などの軟金属の切削に使用し，順次，硬い鋳鉄，鋼などの材料の切削に用いると，やすり目が長持ちして経済的である。この方法は，やすりの使い方の定石といわれている。

b　平面やすりかけの基本

平面仕上げは，やすりかけ作業の基本である。

やすりの持ち方は図6－55のように，右手は親指を上にして，他の4本の指で包むように持ち，左手は，中指と薬指をやすりの先端に当てて，手のひらを軽くやすりの上部に当てるようにする。組やすりの場合は，図6－56のように手のひらの中にやすりを入れ，人さし指を上から当て，親指でやすりの側面を挟むように持つことが基本的な持ち方である。

また，足の構え方は図6－57のような構えで，むりのない姿勢で体重をかけ，前方へ体を進ませると同時に左足を少し折り，右手も体といっしょに押し出す。この場合，やすりは目の切ってある全長を使用する。

平面を仕上げる場合のやすりのかけ方には，直進法と斜進法がある。直進法は図6－58(a)のように，やすりを長手方向に動かし，斜進法は同図(b)のように，こみ側から見て右前方へ斜めに動かす方法である。

また，図6－59のように，時々やすりの方向を変えてかけたほうが平面を出しやすい。この方法は一般に綾がけと呼ばれている。

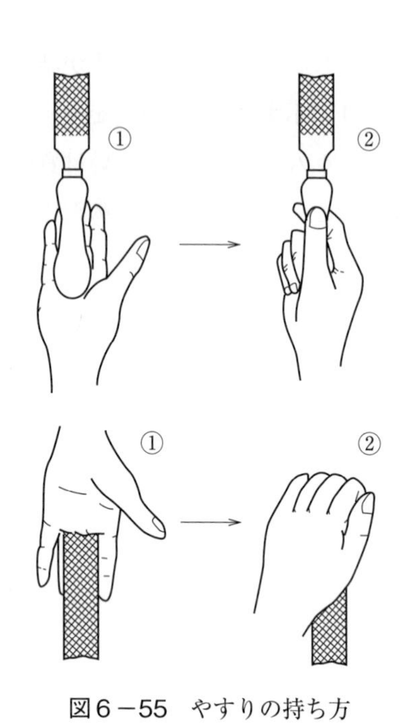

図6－55　やすりの持ち方

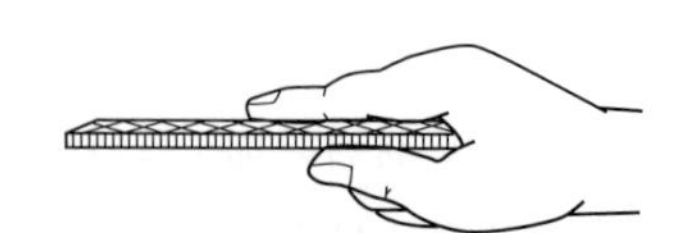

図6－56　組やすりの持ち方

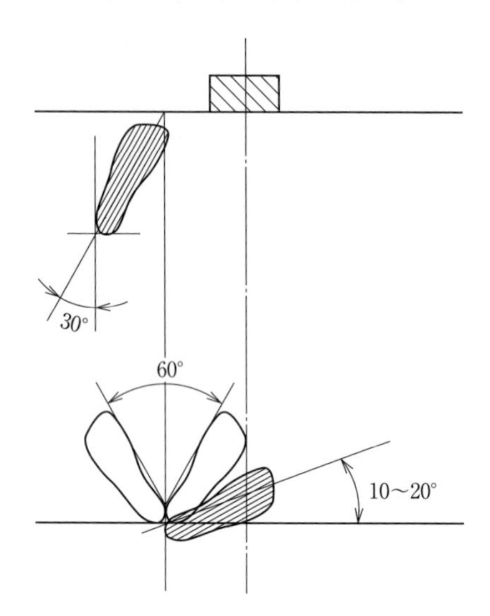

図6－57　足の構え方

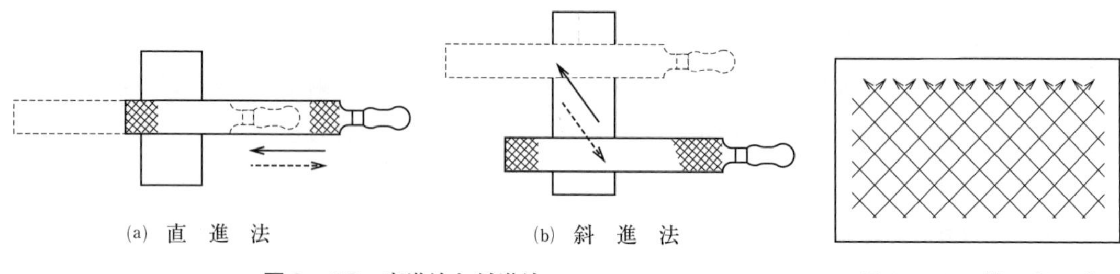

(a) 直　進　法　　(b) 斜　進　法

図6－58　直進法と斜進法

図6－59　綾　が　け

c　やすりかけ作業の種類

(a)　仕上げしろが多い場合

仕上げしろが多く，かつ，切削面積が大きい場合は，一度に全面を削るよりも図6－60のように，切削面積を小部分に分けて削ると速く仕上げることができる。

(b)　仕上げ面が細長いとき

図6－61のように仕上げ面が細長いときには，長手方向に対してやすりを横に動かして仕上げ面の目通しを行う。筋目仕上げや横みがきなどと呼ばれている。

(c)　すみの仕上げ

図6－62(a)のように，仕上げられた面と直角をなす面を仕上げるときは，目の切っていないこばを直角な面に当てて仕上げる。また，すみをできるだけ角にする場合は，同図(b)のように半丸やすりか三角やすりで削るとよい。

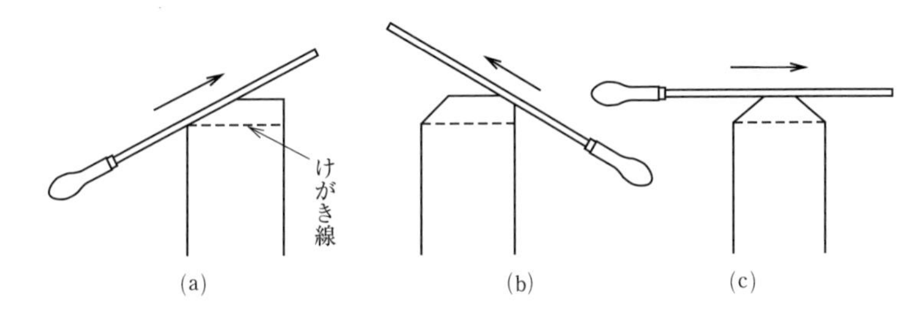

図６－60　仕上げしろが多い面のやすりかけ

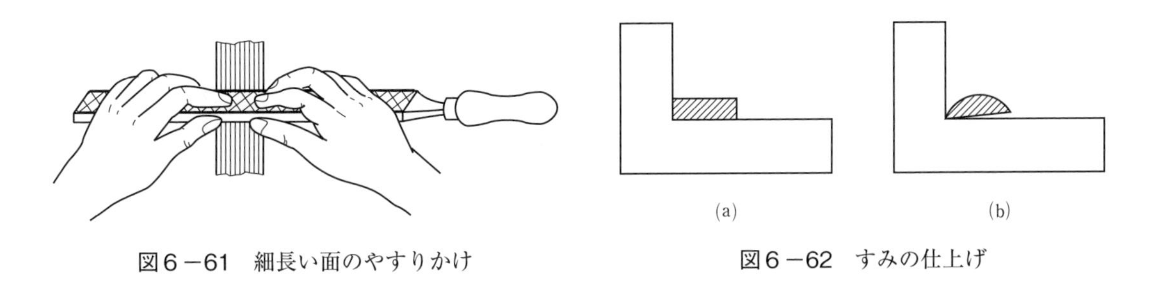

図６－61　細長い面のやすりかけ

図６－62　すみの仕上げ

(d)　丸棒の仕上げ

丸い工作物を仕上げるには，図６－63(a)のようにやすりの往復運動の間に手元（柄）を上下に動かしながら丸めるか，又は同図(b)のように万力の口を丸棒径の$\frac{1}{3}$ぐらい開いてその上に載せ，左手で工作物を手前に回しながらやすりを進ませて削る。また，この方法で小さい精密なものを仕上げるには，万力の代わりに同図(c)のようなすりつけ台（すり板）と呼ばれる板（かしの木，ほうの木）に工作物を押し当て，前と同じ要領で仕上げる。

どの方法でも仕上げしろが多いときは，その側面にけがきを入れて，けがき線に接するように四角，八角，十六角と徐々に角を落として円形に近付けてから丸め仕上げをする。

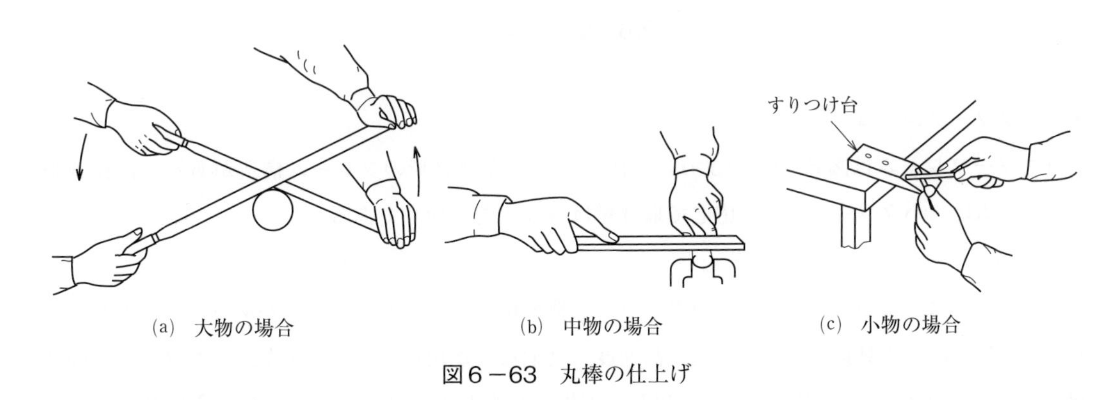

図６－63　丸棒の仕上げ

(e)　丸穴の仕上げ

丸穴や凹面を仕上げるには，図６－64のようにできるだけ工作物の円弧に近い丸又は半丸やすりを使用する。小さい円弧のやすりを使用すると，穴形状が波形の凸凹になり，きれいな円弧の仕上げ面にはならない。

また，やすりはまっすぐに使わず，図6－65のように，ねじるように回転しながら前方に送ると，きれいな円弧の仕上げ面になる。

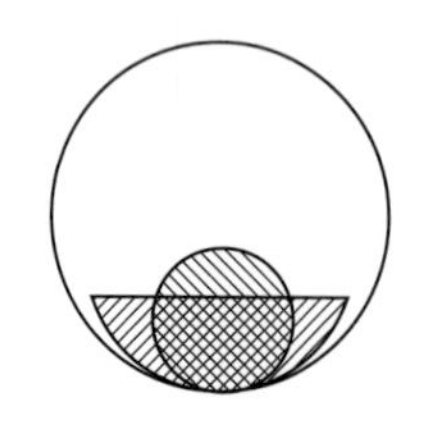
図6－64　丸穴の仕上げ

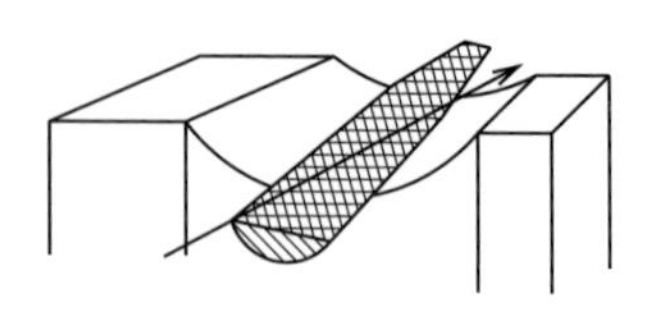
図6－65　凹面の仕上げ

2.4　金切りのこ作業

金切りのこ作業とは，人力によって，主として，金属の材料を所定の寸法，形状に切断する作業である。

（1）　金切りのこの構成

金切りのこは，図6－66のようにハクソーフレーム（弓）とハクソー（のこ刃）からなり，ハクソーをハクソーフレームで張って使用する。

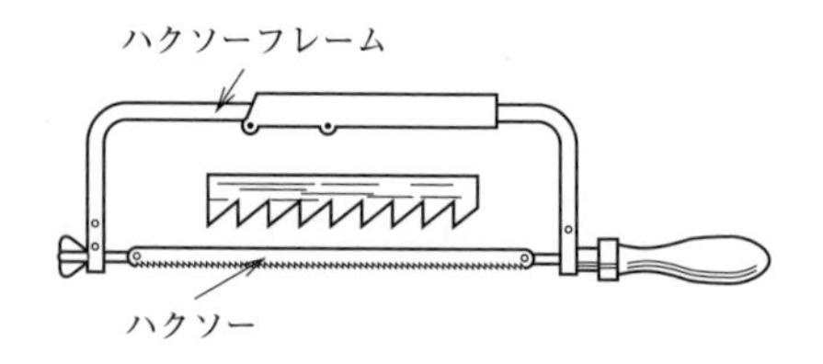

図6－66　金切りのこ

a　ハクソーフレーム

ハクソーフレームは図6－67のように，固定形と自在調整形のフレーム構造がある。自在調整形のフレームは，ハクソーの長さに応じて取り付けられるため便利である。

b　ハクソー

ハクソーには，手びき用（ハンドハクソー）と機械用（マシンハクソー）がある。ハンドハクソーの材質には，炭素工具鋼，合金工具鋼，高速度工具鋼などが用いられる。また，ハクソーには図6－68(a)のように1枚ごとに交互にあさり出し（刃振り）をした形状と，同図(b)のように2枚ずつ同方向に交互にあさり出しをした形状などがある。

なお，全体が均一に焼入れされたハクソー（オールハードハクソー）と刃部のみ焼入れされたハクソー（フレキシブルハクソー）とがある。

ハクソーの長さは両端にある取付け穴の中心距離で表し，一般には200，250，300mmの長さのものが使われる（機械用は一般に300mm以上のもの）。また，ハクソーの幅は手びき用で12mm，厚さは0.64mmのものが一般的である。

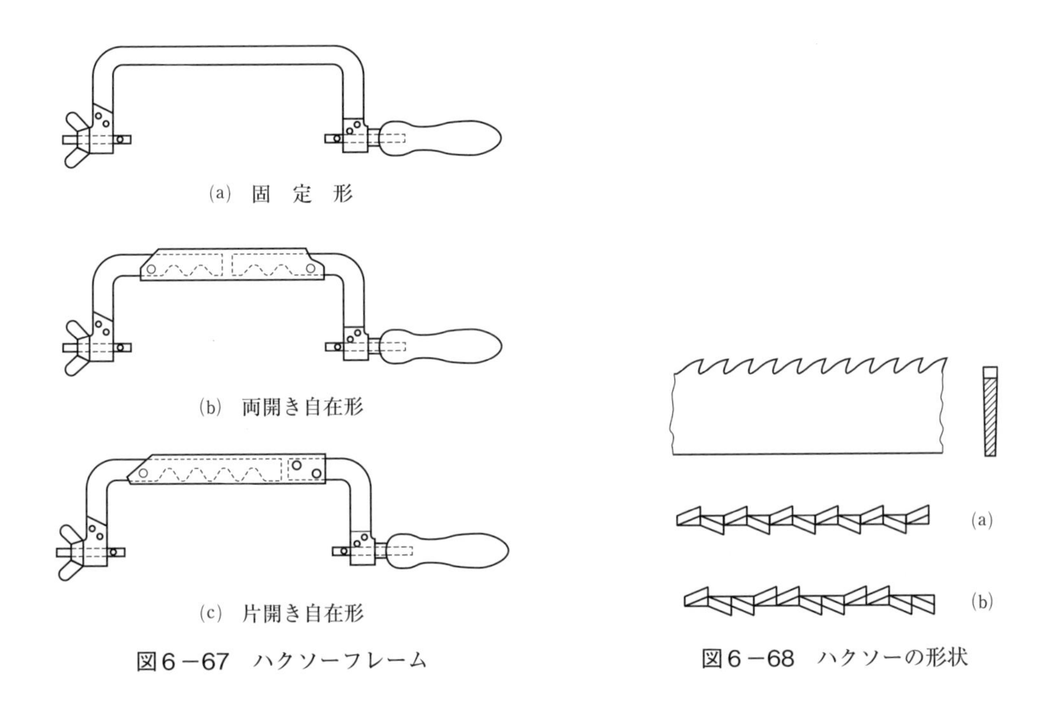

図6－67　ハクソーフレーム

図6－68　ハクソーの形状

（2）　金切りのこ作業

a　ハクソーの選定

丸棒の切断にはオールハードハクソーを，薄板や管などの切断にはフレキシブルハクソーを選ぶとよい。また，刃のピッチは，加工する材質や形状によって異なるが，表6－4に標準条件を示す。

表6－4　刃数と被削材（JIS B 4751－1：1999）

刃　　数		被　削　物	
25.4mmにつき	刃のピッチ［mm］	品名又は材料	厚さ又は直径［mm］
10	2.5	スレート	—
14	1.8	炭素鋼（軟鋼）	25を超えるもの
		鋳鉄，合金鋼，軽合金	25を超えるもの
		鉄道用レール	—
18	1.4	炭素鋼（軟鋼，硬鋼）	6を超え25以下
		鋳鋼，合金鋼	6を超え25以下
24	1	鋼管	厚さ4を超えるもの
		合金鋼	6を超え25以下
		軽量形鋼	—
32	0.8	薄鉄板，薄鉄管	—
		小径合金鋼	6以下

b　ハクソーの取付け方

ハクソーをハクソーフレームに取り付けるには，刃を前方に向けて引っかけ，ちょうナットを締めて適度（手でハクソーを横にねじって，ぐらぐら動かない程度）に張る。

c　作 業 方 法

図6－69のように右手で握り柄を，親指を上にして持ち，左手でハクソーフレームの前方を握り，なるべくひじを張ってまっすぐに往復運動させる。この場合，やすり作業と同じように刃の全長を使い，手前に引くときは力を抜くようにする。

角のある角材や板材のひき始めは，あまり角を大きくすると歯がこぼれやすいため，図6－70(a)のように，なるべく大きな面に歯を当てて，角を避けるようにする。また，薄板をひくときは，木片と一緒に薄板を万力などにくわえて共に切断するとよい。

また，丸棒は図6－71のような順にひいていく。これは切断面を小さくすることにより，切削抵抗を少なくし，切断を容易にするためである。

管をひく場合は，図6－72(a)のように切り込むにつれて，切断面が小さくなり歯こぼれが生じやすいため，同図(b)のように切断方向を変えながらひくようにする。また，どんな場合でも切り終わりには力を抜くようにする。

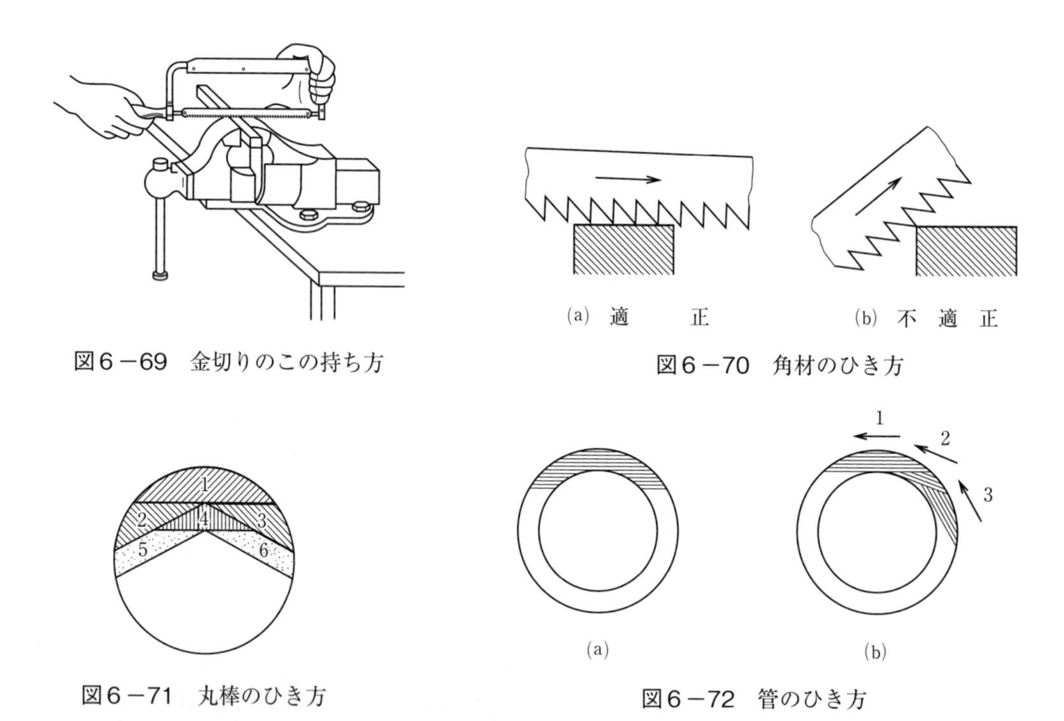

図6－69　金切りのこの持ち方

図6－70　角材のひき方

図6－71　丸棒のひき方

図6－72　管のひき方

2.5　タップによるねじ立て作業

タップによるねじ立て作業とは，ドリルで穴をあけ，タップという工具を使って，工作物にめねじを立てる作業である。

（1）タップ

タップは工作物の穴にめねじを切る工具で，合金工具鋼，高速度工具鋼などでつくられているが，最近では難削材用として，超硬合金やコーティング処理したタップも市販されている。

図６－73 にタップ各部の名称を示す。タップには用途によって，多くの種類がある。

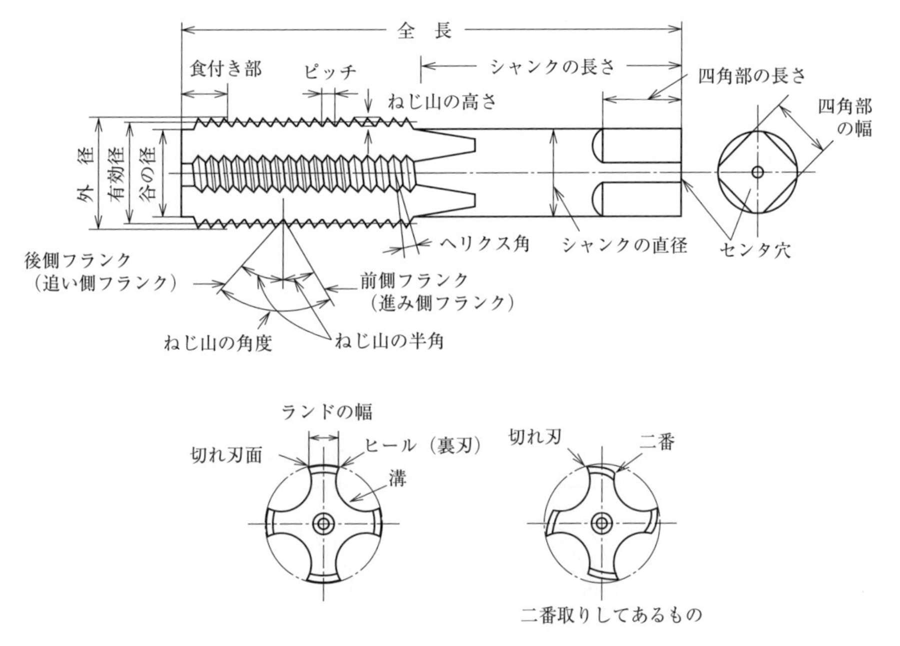

図６－73　タップ各部の名称

a　等径手回しタップ（ハンドタップ）

このタップは一般にハンドタップと呼ばれ，最も広く使用されているタップである。ハンドタップは，手作業用であるが，機械に取り付けても使用できる。ハンドタップは図６－74 のように，先タップ，中タップ，上げタップの３本で１組になっているが，ねじ径は３本とも同一にできており，先，中，上げの区別は，先端の食付き部の長さ（テーパ刃の数）によって決まり，先タップは９山，中タップ５山，上げタップ 1.5 山が標準となっている。

b　機械タップ

機械タップは旋盤，ボール盤などを使ってねじ切りをするときに用いるタップで，柄が長く，刃部も長く，先端はテーパになっていて１本だけでねじを仕上げられるようになっている。図６－75 はタッパタップで，主にナットのねじ切りに用いられる機械タップの一種である。

c　溝なしタップ

溝なしタップは塑性流動によってねじ山を盛り上げてめねじをつくるタップである。したがって，切りくずをためる溝はなく，切れ刃もないため，展延性に富んだ金属に使用すると好結果が得られる。図６－76 に各種の溝なしタップを，図６－77 には溝なしタップと溝タップの比較を示す。

溝なしタップの断面形状には，だ円形，円形，おむすび形などがある。このタップの特徴は，ねじ

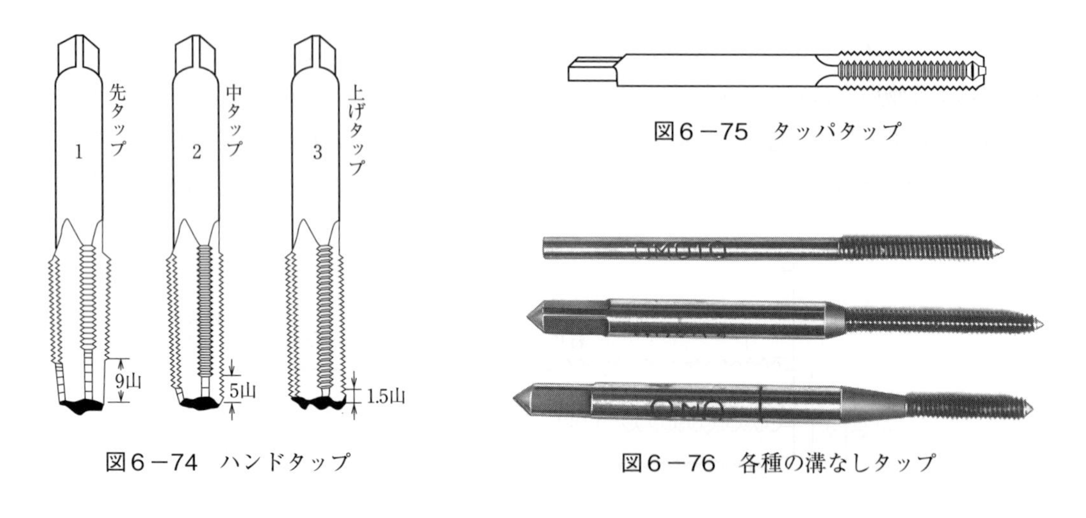

図6－74　ハンドタップ

図6－75　タッパタップ

図6－76　各種の溝なしタップ

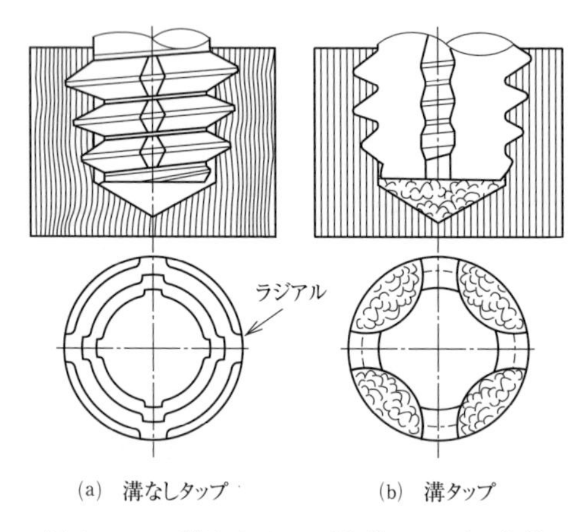

(a)　溝なしタップ　　(b)　溝タップ

図6－77　溝なしタップと溝タップの比較

山を盛り上げてめねじをつくるため切りくずが出ず，止まり穴などには特に有効である。また，めねじの強度が強くなり，めねじもタップ寸法とほぼ等しくなることから，寸法のばらつきが小さく，ねじの拡大しろはほとんどない（切削タップの場合は拡大しろが30～40μmといわれている）。また，溝なしタップはタップの折損も少なく寿命も長いことなどで，最近多く使用されている。

d　その他のタップ

タップには，その使用目的などにより，多くの種類がある。

通し穴加工で切りくずが前方に出るポイントタップ（ガンタップ），切りくずがコイル状となって連続して出るスパイラルタップ，配管用継手のねじ切りに使用する管用タップ，ねじ切りダイスの製作に使用する各種タップ，ねじの穴あけとねじ切りが一度にできるドリルタップ，自動ねじ切り盤で，ナットにねじ切りするときに使用する，柄がL字状に曲がったベンドタップなどがある。

(2)　タップによるねじ立て

図6－78に示すようなタップ回し（タップハンドル）を使用して，手作業でねじを立てる方法と，図6－79に示すようなタッピングアタッチメントを用い，ボール盤などでねじを立てる方法とがあるが，ここでは，手作業によるねじ立てについて説明する。

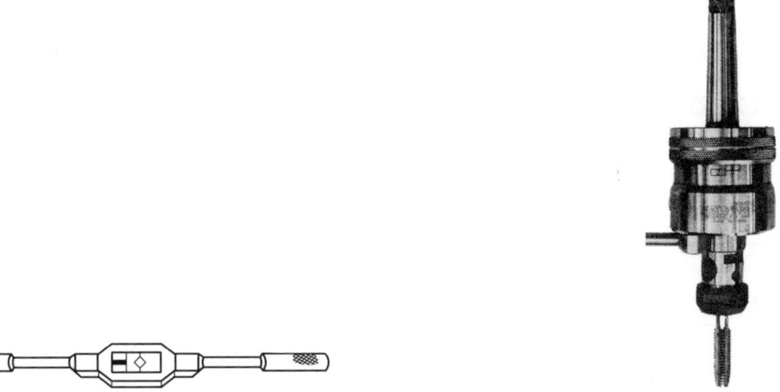

図6－78　タップ回し　　図6－79　タッピングアタッチメント

a　タップの下穴

タップでねじを立てる前に，ねじ径に応じた大きさの穴をあけておく。この穴をねじ下穴という。この穴がタップに対して大きすぎるとねじ山が低くなって，おねじ山とのかみ合いが少なくなり，ねじの強度が弱くなる。また，ねじ下穴が小さすぎると，ねじを立てるときに切削抵抗が大きくなり，タップが折れやすくなる。おねじとめねじの山がかみ合う度合いを，ひっかかり率［%］といい，次の式で表される。

$$\text{ひっかかり率}=\frac{\text{（おねじの外径）}-\text{（下穴の直径）}}{\text{（おねじの山の基準高さ）}\times 2}\times 100\ [\%] \quad \cdots\cdots\cdots\cdots (6\cdot 1)$$

（注）　下穴の直径＝めねじ内径

下穴径の求め方（メートルねじ）

$$\text{下穴径}= d-2\times(0.541266\,P)\times\frac{\text{ひっかかり率}}{100} \quad \cdots\cdots\cdots\cdots (6\cdot 2)$$

P：ピッチ

d：おねじの外径

表6－5にメートル並目ねじのねじ下穴径を示す。

b　ねじ立て

① タップハンドルは，タップの大きさに適合した呼びサイズを使う。

② タップハンドルは，両手で回す。

③　初めはやや力を入れて，しっかりとタップのねじ部が食い付くまで，ハンドルを押し込みながら回す。

④　タップが食い付いたら，図6－80のようにスコヤを使って必ずタップの傾きを調べる。

⑤　タップは，むりに回そうとせず，ゆっくりと回す。

⑥　タップは続けて回さず，$\frac{1}{2}$～$\frac{1}{4}$回転ごとに少し逆転させ，再び進めるようにする。

⑦　切削材料に応じた切削油を十分に供給する。

⑧　タップの下穴の入り口は，ドリルで軽く面取りをしておくとよい。

図6－81にタップによるねじ切りを示す。

表6－5　ねじ下穴径（メートル並目ねじ）（JIS B 1004：2009）

［mm］

ねじ		下穴径				参考	
ねじの呼び径	ピッチ	系列				めねじ内径	
d	*P*	100	95	90	85	最小許容寸法	最大許容寸法
1	0.25	0.73	0.74	0.76	0.77	0.729	0.774
1.1	0.25	0.83	0.84	0.86	0.87	0.829	0.874
1.2	0.25	0.93	0.94	0.96	0.97	0.929	0.974
1.4	0.3	1.08	1.09	1.11	1.12	1.075	1.128
1.6	0.35	1.22	1.24	1.26	1.28	1.221	1.301
1.8	0.35	1.42	1.44	1.46	1.48	1.421	1.501
2	0.4	1.57	1.59	1.61	1.63	1.567	1.657
2.2	0.45	1.71	1.74	1.76	1.79	1.713	1.813
2.5	0.45	2.01	2.04	2.06	2.09	2.013	2.113
3	0.5	2.46	2.49	2.51	2.54	2.459	2.571
3.5	0.6	2.85	2.88	2.92	2.95	2.850	2.975
4	0.7	3.24	3.28	3.32	3.36	3.242	3.382
4.5	0.75	3.69	3.73	3.77	3.81	3.688	3.838
5	0.8	4.13	4.18	4.22	4.26	4.134	4.294
6	1	4.92	4.97	5.03	5.08	4.917	5.107
7	1	5.92	5.97	6.03	6.08	5.917	6.107
8	1.25	6.65	6.71	6.78	6.85	6.647	6.859
9	1.25	7.65	7.71	7.78	7.85	7.647	7.859
10	1.5	8.38	8.46	8.54	8.62	8.376	8.612
11	1.5	9.38	9.46	9.54	9.62	9.376	9.612
12	1.75	10.1	10.2	10.3	10.4	10.106	10.371
14	2	11.8	11.9	12.1	12.2	11.835	12.135
16	2	13.8	13.9	14.1	14.2	13.835	14.135
18	2.5	15.3	15.4	15.6	15.7	15.294	15.649
20	2.5	17.3	17.4	17.6	17.7	17.294	17.649
22	2.5	19.3	19.4	19.6	19.7	19.294	19.649
24	3	20.8	20.9	21.1	21.2	20.752	21.152

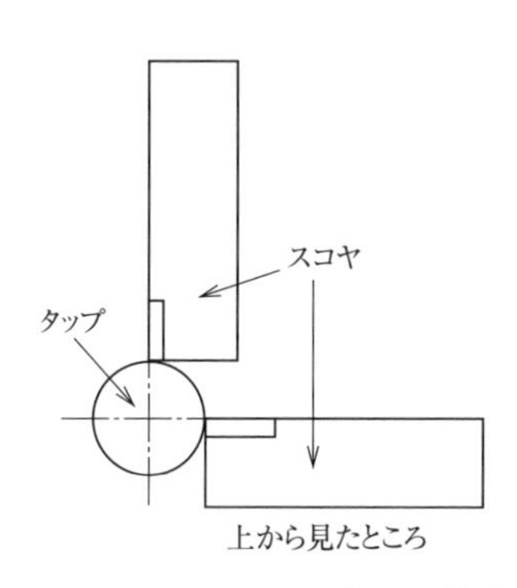

図6－80　タップの曲がり検査

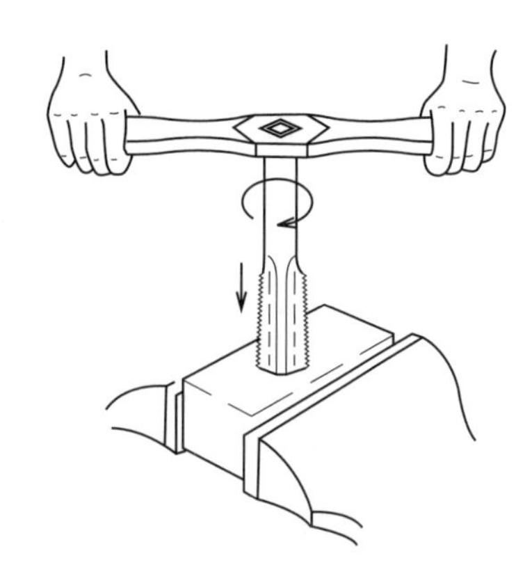

図6－81　タップによるねじ切り

2.6　ダイスによるねじ切り作業

タップがめねじを立てるのに対して，反対におねじを切るのがダイスという工具である。

一般に手仕上げでは，万力などに工作物をくわえて，ダイスでおねじを切るが，旋盤などの機械に取り付けておねじを切るときにもダイスが用いられる。

（1）ダ イ ス

ダイスに用いられる材料には，合金工具鋼又は使用上これと同等以上の材料が使われる。また，手仕上げ用として使用されるダイスには，むくダイス，割りダイス，換え刃ダイスなどがある。

図6－82はむくダイスで，角形と丸形があるが，径の調節はできない。図6－83は丸割りダイスで，割りによるばね作用を利用してねじ径の調節ができるため，最もよく使われている。ダイスの食付き部は，2～3山のテーパ刃になっている。また，図6－84の換え刃ダイスは，管の外周にねじを切るときに用いる。このダイスは水道工事やガス管の工事などに使われる。

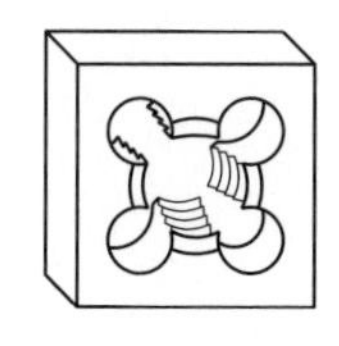

図6－82　むくダイス

図6－83　丸割りダイス

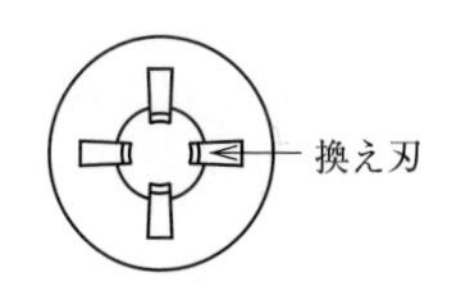

図6－84　換え刃ダイス

（2）ダイスによるねじ切り

図6－85に示すようなダイス回し（ダイスハンドル）を用いてねじを切る。ダイスハンドルを回す要領は，タップハンドルを回す場合と同じである。

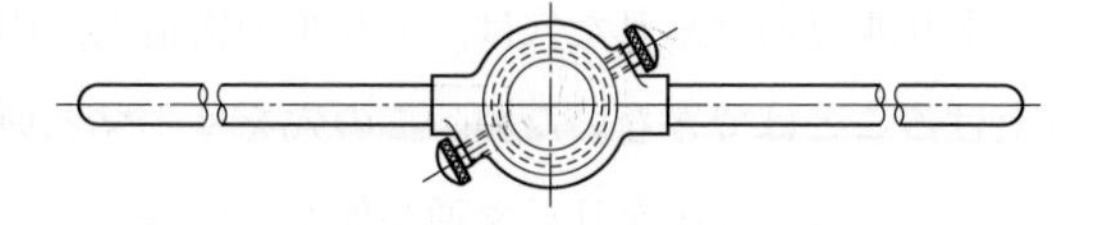

図6－85　ダイス回し

①　ねじを切る工作物の面は，必ず仕上げられて

いること。鋼材の黒皮の状態で切ると，ダイスの刃を傷める。

② 工作物の食付き部は，面を取っておく。

③ 最初は，口径を開いて切削量を少なくし，順次口径を小さくする。

④ 図6－86に示すダイスの表側を下にして丸棒の先に当て，傾かないように両手の力を平均にかけて，下方に押さえながらダイスハンドルを回してねじ山を食い込ませる。

⑤ タップと同じように，前進後退を繰り返しながら切っていく。

⑥ 調節式ダイスを使用するときは，ねじリングゲージで寸法を検査する。

⑦ 切削油は必ず用いる。

図6－87にダイスによるねじ切りを示す。

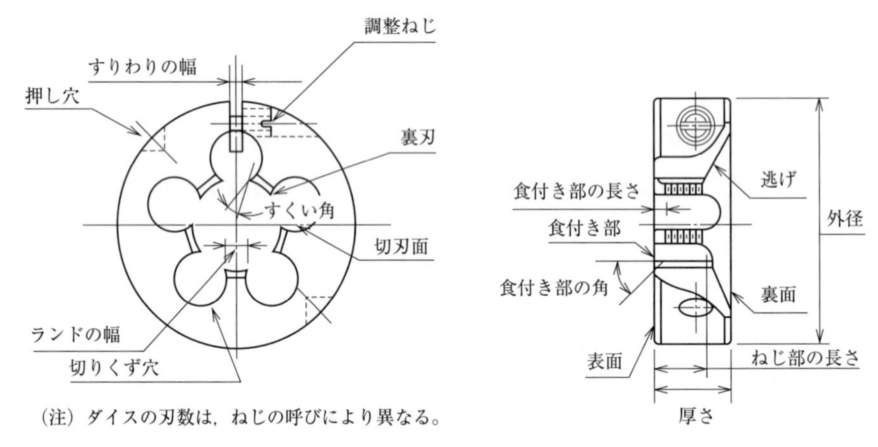

図6－86　ダイスの各部の名称

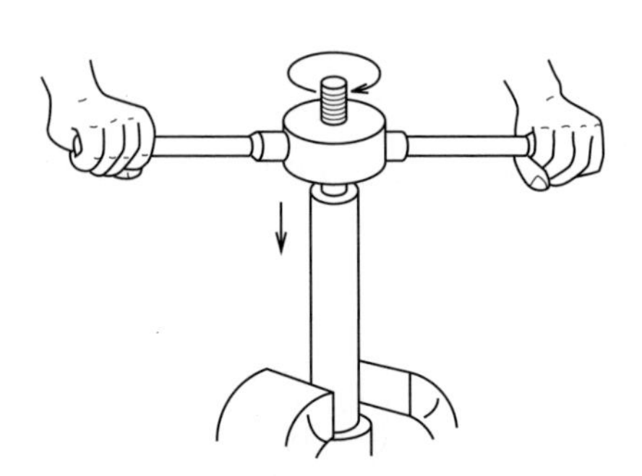

図6－87　ダイスによるねじ切り

2.7 リーマ通し作業

ドリルであけられた穴は，ドリルの構造上，内面を滑らかに，また，真円で正しい一定の寸法に仕上げることはできないため，この穴をリーマという工具を用いて，滑らかに，しかも正しい寸法に仕上げる。この作業をリーマ通し作業という。

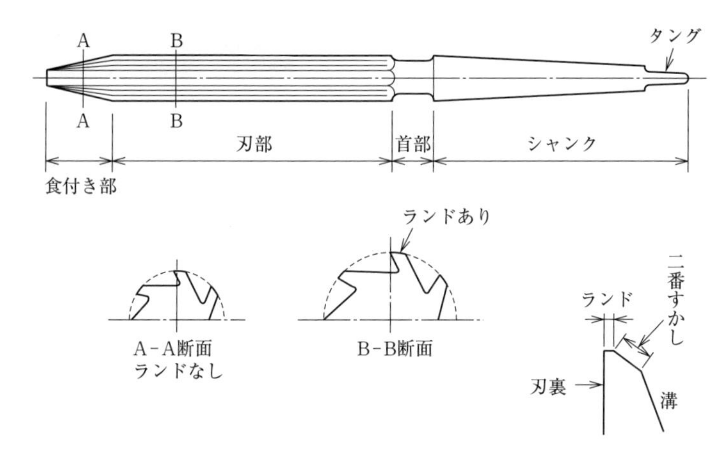

図6－88　リーマの各部の名称

(1)　リ　ー　マ

リーマは，高炭素鋼，合金工具鋼，高速度工具鋼又は超硬合金でつくられ，図6－88のような構造になっている。

(2)　リーマの種類

a　シャンクの形状による分類

シャンクには，テーパとストレートがある。テーパシャンクは機械用で，後掲の図6－90のようなジョバース，チャッキング，ブリッジなどがある。

b　溝の形状による分類

溝の形状には直溝（ストレート）とねじれ溝（スパイラル）とがある。ねじれ溝は，左ねじれの右旋回が多い。これは切りくずを下方に排出しやすいため，及びびびりの防止のために付けられている。

c　使い方による分類

リーマはマシンリーマ（機械リーマ）と，ハンドリーマ（手回しリーマ）に分けられる。

(a)　ハンドリーマ

ハンドリーマは手回しのため，図6－89のようにシャンクはストレートで，端部はハンドル操作ができるように四角になっている。シャンクの径は0.02～0.05mmほど小さくつくられている。また食付き部にはわずかのテーパが付けられている。

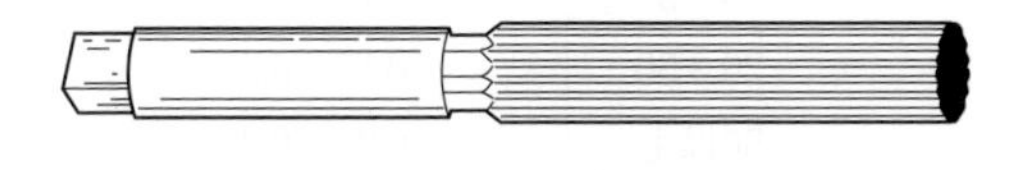

図6－89　ハンドリーマ

(b)　マシンリーマ

マシンリーマのシャンクは機械に取り付けられるように，図6－90(a)，(b)のようなテーパになっている。その先端には回転力のかかるタングがある。

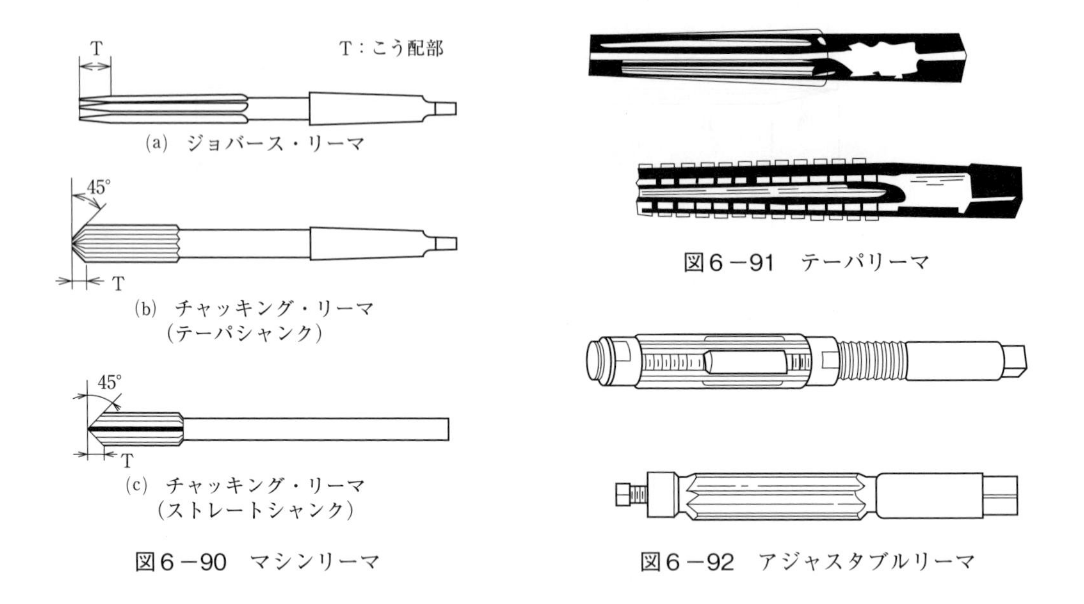

図6－90　マシンリーマ

図6－91　テーパリーマ

図6－92　アジャスタブルリーマ

(c)　その他のリーマ

図6－91に示すテーパリーマは，テーパ穴を仕上げるリーマで，モールステーパ，ブラウンシャープテーパ，テーパピンリーマなどがある。加減リーマは調整リーマ又はアジャスタブルリーマとも呼ばれ，図6－92のように調整ねじで直径寸法の微調節ができる。

(3)　リーマの使用法

リーマは，進退とも切削方向に回転させ，逆転してはならない。逆転させると，穴の内壁と刃との間に切りくずが詰まり，仕上げ面をきず付けると同時に切れ刃を損傷する。また，リーマの下穴径は，削りしろが多すぎると切削抵抗が大きくなり，切りくずが溝に詰まり，早く切れ味が悪くなり，仕上げ面も悪くなる。表6－6に，一般的なリーマの削りしろを示す。また，テーパリーマの下穴は，図6－93のように段付け穴にしてリーマを通すとよい。

表6－6　削りしろ　[mm]

リーマ直径	取りしろ（直径について）
5以下	0.05～0.1
5～20	0.1　～0.15
20～50	0.15～0.2
50以上	0.2　～0.3

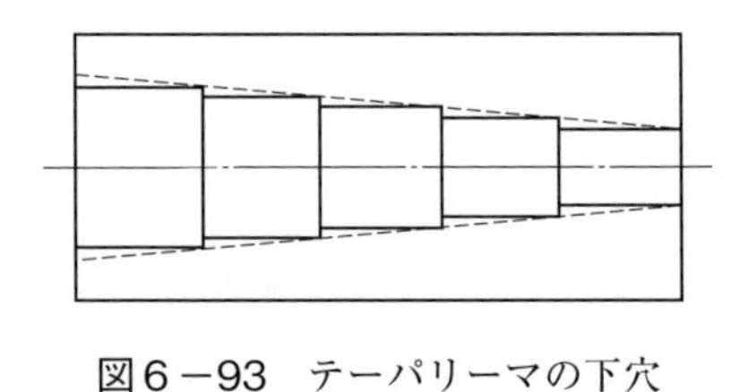

図6－93　テーパリーマの下穴

2.8　きさげ作業

機械で削った面，又はやすりで仕上げた面は，平面度において全く正確な面となっているとはいえない。このわずかに出っ張った部分を削り取って，精度の高い正確な平面，又は曲面をつくるときに用いる工具をきさげといい，この手仕上げ作業をきさげ作業という。

きさげ作業は，一般に，別途用意した基準面に工作物をすり合わせて，その凸部分を削り取っていくため，すり合せとも呼ばれ，工作機械など精密機械のしゅう動面や，軸受などに施される。また，きさげ作業により極めて美しい模様の仕上がり面をつくることができる。

（1） き　さ　げ

きさげには使用目的によって，平きさげ，ささばきさげ（三日月きさげ），半丸きさげ，かぎきさげ，斜め刃きさげ，三角板きさげ，その他いろいろな種類と形状がある。

主に使用されるきさげは，平きさげとささばきさげである。また，きさげの材質には一般に，合金工具鋼，高速度工具鋼，超硬合金が用いられている。

a　平きさげ

平きさげは最も広く使われているきさげで，その形状には図６－94(a)のように平やすり状のまっすぐな腕きさげ（直きさげ）と，同図(b)のように山形に曲がった腰きさげ（ばねきさげ）とがあるが，主として腰きさげが多く用いられている。また，同図(c)は，超硬のチップを先端に機械的に締め付けた超硬きさげであるが，チップはろう付けして使われることもある。

また，きさげは図６－95のように柄を付けて使用する。刃先の幅は荒仕上げ用で20mm前後とし，仕上げ用はいくぶん狭いほうがよい。

刃先の厚さは３mm内外とし，図６－96の刃先角θの標準は次のとおりである。

鋳鉄及び軟鋼の荒仕上げ……70～80°
本仕上げ……90～120°
青銅及び黄銅の荒仕上げ……60～75°
本仕上げ……75～80°
アルミニウム合金・ホワイトメタル
鉛などの軟金属の荒仕上げ……60°
本仕上げ……85～90°

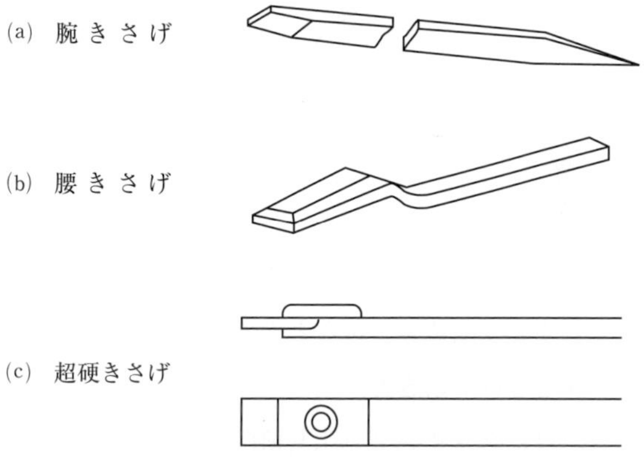

(a)　腕きさげ
(b)　腰きさげ
(c)　超硬きさげ

図６－94　平きさげの種類

b　ささばきさげ

ささばきさげは切れ刃の部分が笹の葉に似ているため，その名がついている。また，単に笹っ葉，軸受きさげとも呼ばれている。このきさげは，図６－97(a)のように笹形の外周が切れ刃で，この刃先角は60°前後である。

また，ささばきさげの裏面には中央に大きく逃げ溝を入れて研ぎやすくしてある。ささばきさげは図６－97(b)のように，軸受メタルなどのような曲面（凹面）の仕上げに使用するほか，円弧部分の面取りやかえりを削り取るときなどにも用いられる。

c　その他のきさげ

きさげには一定の形はなく，使用目的によって都合のよいようにつくるため，図６－98のように，

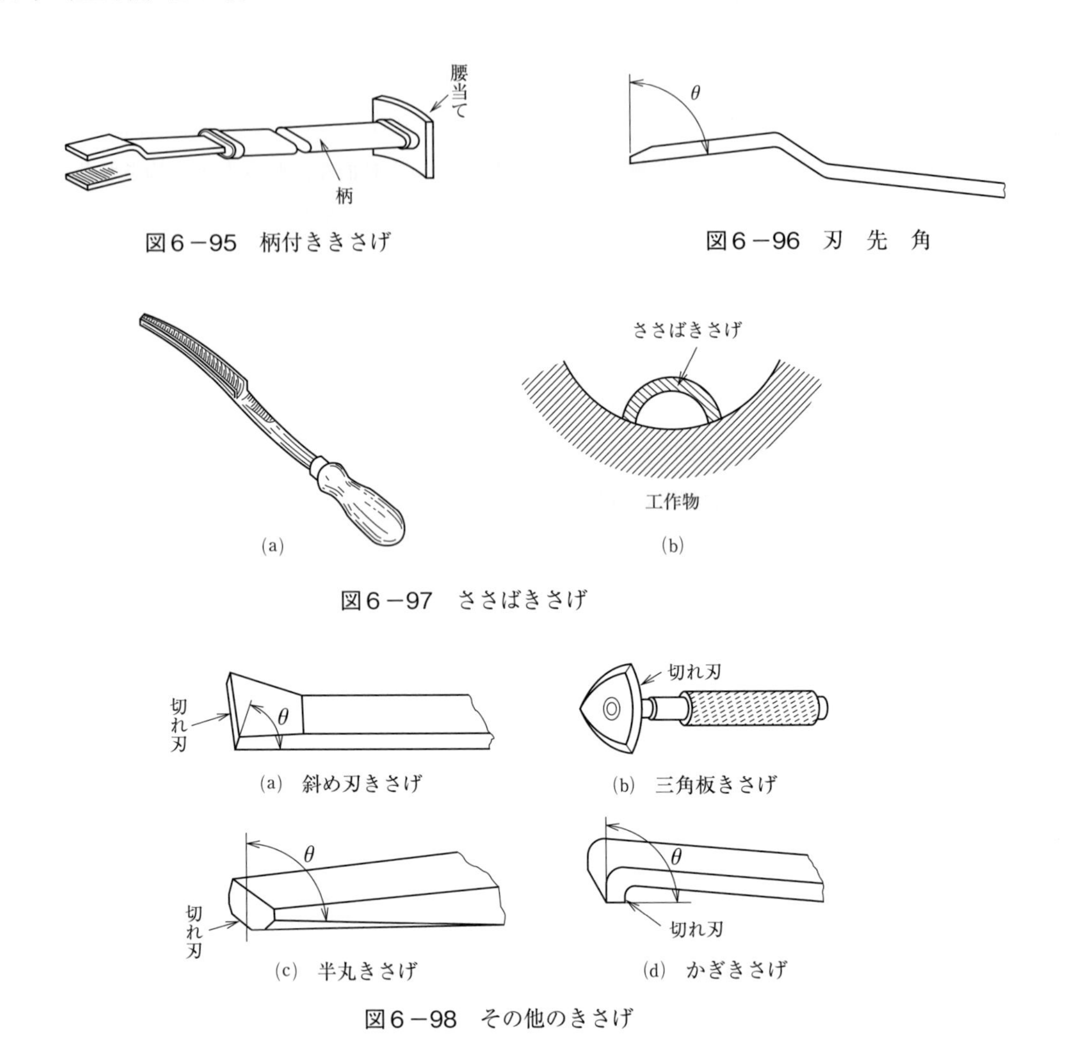

図6－95　柄付ききさげ

図6－96　刃　先　角

図6－97　ささばきさげ

図6－98　その他のきさげ

いろいろな形状のきさげがある。したがって，押して削るきさげ，手前に引いて削るきさげ，左右方向に動かして削るきさげなどがある。

d　平きさげの研ぎ方

きさげはグラインダ（工具研削盤）で荒刃を付けた後，油といしで切れ刃を付ける。

荒刃を付けるには，まず図6－99(a)に示す要領で，といしの外周に切れ刃を当てて矢印の方向へきさげを動かす。

次に同図(b)のように左右にきさげを動かして，刃先を平らに，かつ，きさげの中心線と直角になるように研ぐ。さらにこれをといしの側面で裏面を平らに仕上げた後，同図(c)のように刃先を30°ぐらい取り，刃先の厚み t が1 mm程度になるようにする。これは油といしで切れ刃を研ぎ上げやすくするためである。

きさげを油といしで研ぐには，図6－100のように，といしの長手の方向に対して45°程度傾け，刃先を必要角度に保ち，前方に押し出すときは力を入れ，戻しには力を抜いて研ぐ。次に刃裏を，といしに平らに当てて動かし刃先のかえりを研ぎ落とす。

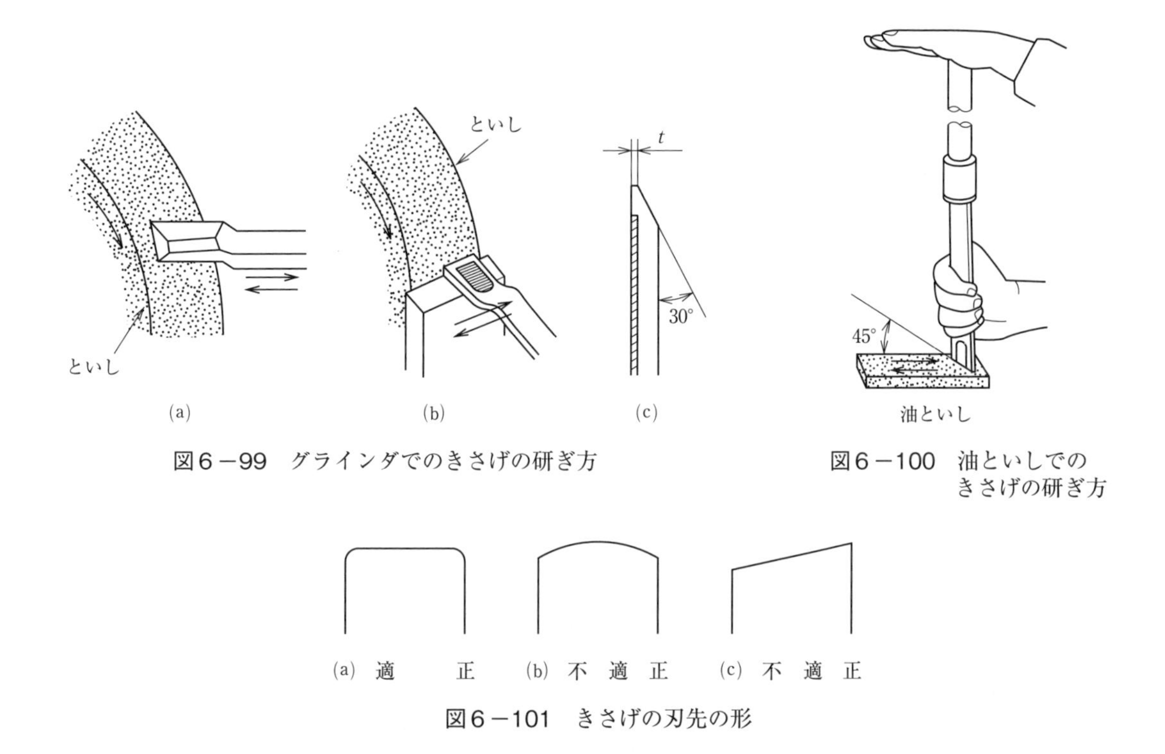

(a)　(b)　(c)

図6－99　グラインダでのきさげの研ぎ方

図6－100　油といしでのきさげの研ぎ方

(a) 適　正　(b) 不適正　(c) 不適正

図6－101　きさげの刃先の形

また，きさげの刃先の形は，図6－101(a)のようになるべくまっすぐ直角に研ぎ，しかもその両すみをわずかだけ研ぎ落として，両すみでの食込みきずの発生を防止する。

(2)　油といし（オイルストーン）

a　Aと粒といし（通称赤といし）

油といしには，溶融アルミナ質研削材を結合した褐色のAと粒といしがある。これは人造品でも品質がよいことから，きさげの荒研ぎ用のほか，一般的な用途に多く用いられている。

赤といしの粒度は400～600番程度で，図6－102(a)のように断面は長方形であるが，特殊な用途のために同図(b)のように四角や三角などの断面をした赤といしもつくられている。

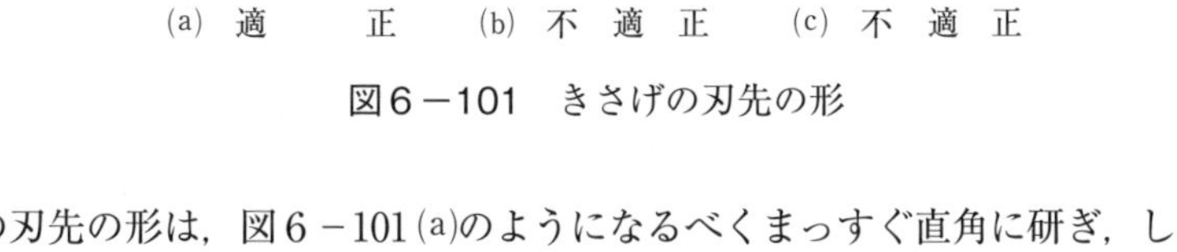

(a)　(b)

図6－102　Aと粒といし

b　アルカンサスといし（通称白といし）

白といしは，天然産の白色で非常にきめの細かい油といしで，天然石が米国アルカンサス州で産出するため，アルカンサスといしと呼ばれている。白といしはきさげなどの仕上げ研ぎに使われる。また，この種の人造品も市販されているが，天然のものに比べ研削性能が劣っている。

c　超硬合金用ハンドストーン

超硬合金の仕上げ研ぎに，ハンドストーン（ハンドラッパ）がある。と粒には炭化ほう素かダイヤモンドが用いられる。

d　使用上の注意とその修正法

油といしはその名称から分かるように，使うときには適当な研削油を注いで使う。

といしの表面は端から端まで全面にわたって使い，局部的に使用して凹ませてはならない。

凹みのできたといしを修正するには，平らな鉄板の上に荒いAと粒をまき，といしに軽油を注いでその上で修正対象のといしをこする。

（3）　すり合せ定盤

すり合せ定盤は平面の基準となることから，内部応力を除く目的で十分に枯らした鋳鉄製定盤が用いられる。また，すり合せ定盤の裏には多数のリブが配置されて，たわみが発生しないようにしてあり，かつ，支持の安定を保つため3本脚が採用されている。

すり合せ定盤の表面は高い精度に仕上げられているため，きずを付けないように大切に取り扱うことが必要である。

（4）　光明丹（通称赤ペン）

すり合せをするとき，工作面の高低をはっきり知るために光明丹を使用する。以前は酸化鉛の粉末成分を使用していたが，現在は無鉛の粉末を使用している。

光明丹の加工面への塗り方は，厚みが一様になるように伸ばして塗り，荒仕上げのときはやや厚く，仕上げ精度が高くなるにしたがって薄く塗る。塗薄の厚みは一般に1～15μmが適当である。

（5）　仕 上 げ 法

きさげ作業（すり合せ）は，機械加工でできない平面又は曲面を得ることを主目的として行う。そのほか油だまり，油くさびをつくって，しゅう動面の潤滑効果をよくして，しゅう動に適した精密な面を得ると共に，しゅう動面の摩耗状況の目安ともする。

また，図6－103のような型置きにより，いろいろな美しい模様の面をつくり，外観の見栄えをよくすることができる。

a　平きさげによる平面の仕上げ

きさげをかけるときは，図6－104の矢印aの方向へきさげをまっすぐに押し出す。きさげをbやcの方向に斜めにずらすと，きさげの角の部分が工作物表面に食い込んで工作物にきずを付ける。また，きさげとすり合せ面とのなす角度θは，材質によって加減するが，鋳鉄で30°を標準とし，軟金属になるほど小さくする。

また，きさげを同一方向からかけると，初めの小さなびびりが次第に大きくなるため，図6－105のように方向を変えてきさげをかける。

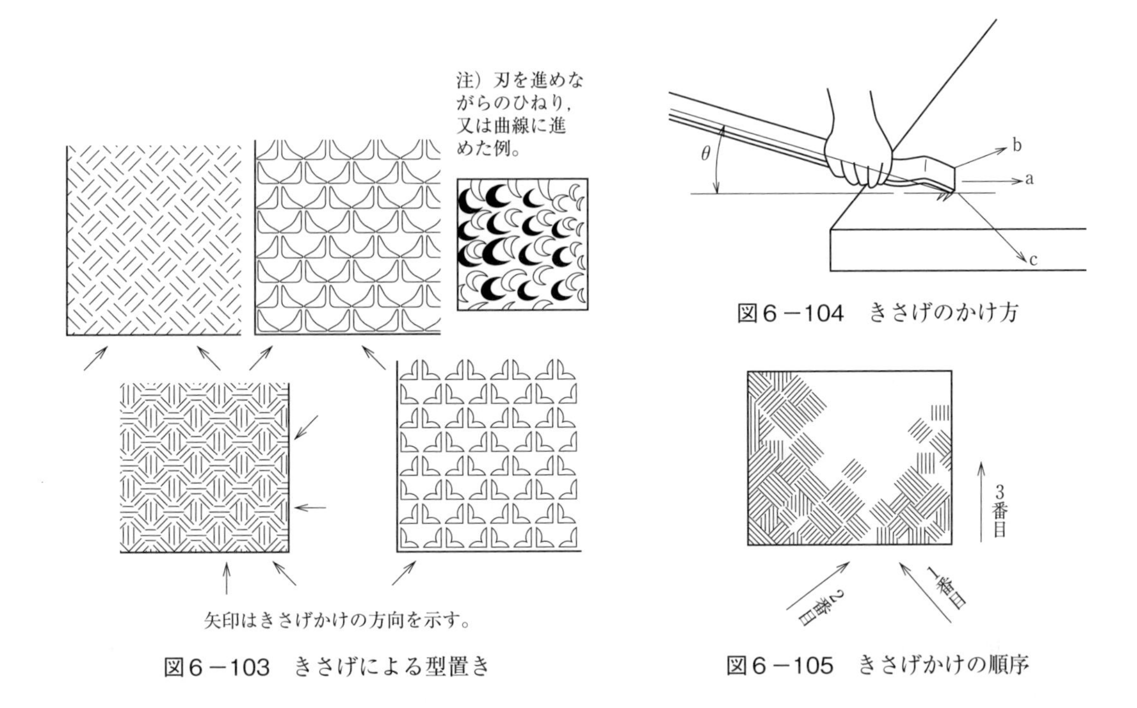

図6－103　きさげによる型置き

図6－104　きさげのかけ方

図6－105　きさげかけの順序

きさげの持ち方は，図6－106のように柄の端を右足の付け根に当て，刃先に平らに力を加え，前方にまっすぐに押し進めるが，小物や精密な工作物には，右手で柄を握り，左手できさげの先の方向を押さえながら削る。

また，荒仕上げの削り量は相当多いため，力を入れて大きく削るが，すり合せが進み精密仕上げに移るに従って，幅の狭いきさげで細かく方向を変えながら，当たりを取っていくと，自然に模様を入れたようになる。

すり合せ定盤に，光明丹を塗って加工面をすり合わせて，加工面に光明丹を付着させた赤い当たりを赤当たりといい，この部分をだんだん削り取って仕上げ削りに移る。仕上げ削りの場合は定盤の光明丹をふき取って，加工面に光明丹を薄く塗ってすり合わせると，加工面の高い点の光明丹が落ちて，黒光りする地肌が出てくる。これを黒当たりといい，この黒当たりの数が，つぼ（坪；1インチ平方＝25.4mm^2）にいくつあるかによって，すり合せ面の精度が決められる。一般に，これをつぼ当たりと呼んでいる。

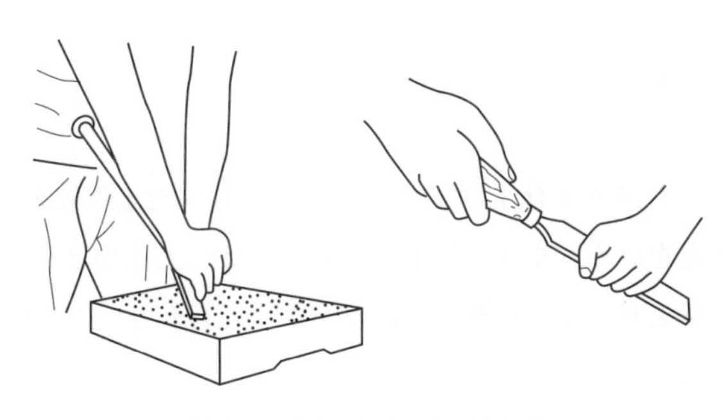

図6－106　きさげの持ち方

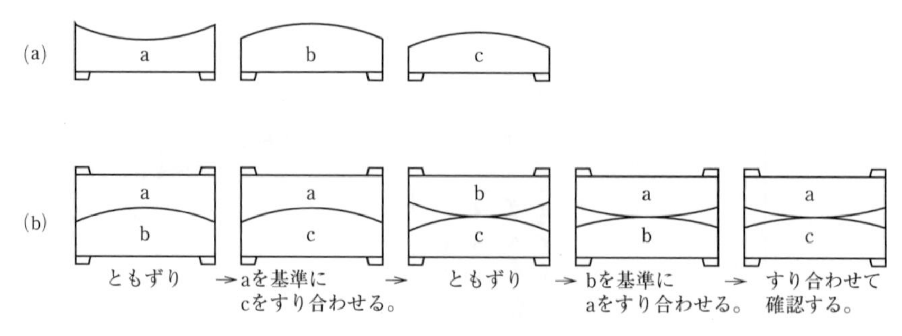

図6－107　3枚すり合せ法

また，基準となる定盤がなくても，きさげをかける面が3面あれば平面を仕上げることができる。この方法を3枚すり合せ法といい，発明者の名を取ってウイットウォース法とも呼ぶ。

この方法は，図6－107(a)のように，a，b，cそれぞれ仕上がっていない三つの面がある場合，それを同図(b)のように，交互にすり合せを行う。これを繰り返すと，凸と凸が，また，凹と凹が互いに相殺し合い，凹凸が次第に修正され，ついには3枚とも完全な平面となる。

b　ささばきさげによる曲面の仕上げ

一般に凹面のすり合せをするときは，それにしゅう動する軸を基準とし，これに光明丹を塗って，すり合せによって当たりを見いだし，その当たりを取りながら，だんだん小さい当たりが出るようにする。

この作業には，ささばきさげを使い，一方の切れ刃を少しずつ回して工作物を斜めに削る。次にこれと直交するように削る。

図6－108のように，ささばきさげを持って，真横に回して削るよりも，斜め前方に回しながら削るほうがよい。

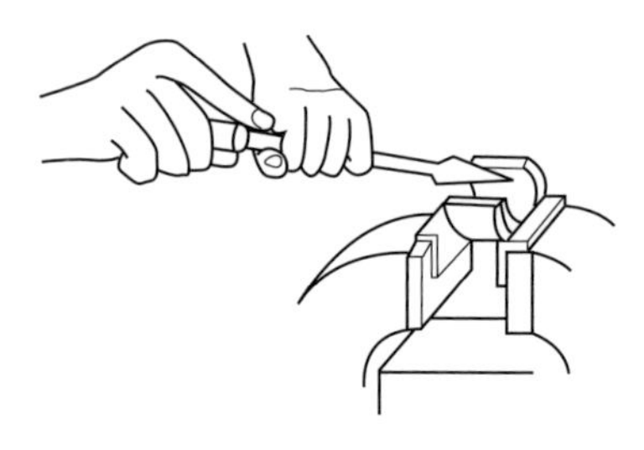

図6－108　ささばきさげの使い方

2.9　ラップ仕上げ作業

ラップ仕上げ作業とは，機械や手仕上げによって仕上げられた工作物の表面の小さな凹凸を取り，平滑な面に磨き上げる作業をいう。ラップ仕上げをするには，工作物とそれに適合した形のラップとの間にラップ剤（と粒）を入れ，互いに押し付けながらすり合わせ，工作物の表面をと粒の切れ刃で少量ずつ削り取って仕上げる。

図6－109に示すように，ラップ仕上げには，手で行うラップ仕上げ（ハンドラップ仕上げ）と，機

械によるラップ仕上げ（マシンラップ仕上げ）の二つの方法があり，さらに，ラップ液を使用する湿式法と，使用しない乾式法に分類される。

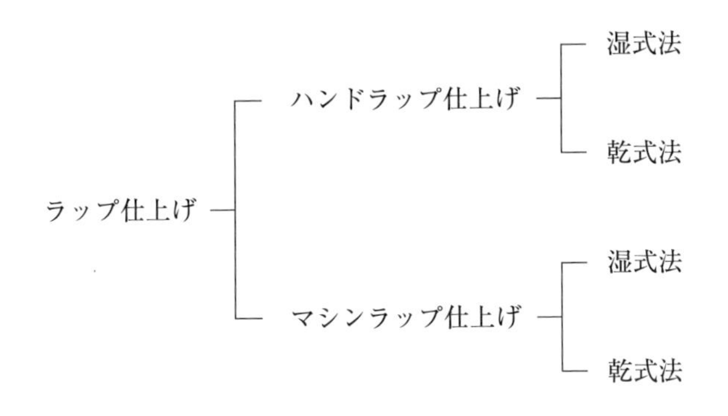

図６－109　ラップ仕上げの分類

（1）　ハンドラップ仕上げ

ハンドラップ仕上げは主に手作業で行われるが，旋盤やボール盤などを利用することもある。これは生産量の少ない部品や，ラップ盤では難しい部品の仕上げ，又は高精度部品の最終仕上げなどに適している。

図６－110は平面ラップ仕上げにラップとして用いるラップ定盤で，湿式法を行うときのラップ面は，図６－111のように溝を入れる（乾式法には不要）。これは，ラップ剤とラップ液が適度に溝より出入りして工作物の面を有効にラップ仕上げをするためである。

図６－112は円筒外径のラップ仕上げに用いられるラップである。工作物を旋盤に取り付けて回転させ，ラップを通してこれを手で握り，工作物の軸方向に往復運動を与えて仕上げを行う。図６－113は

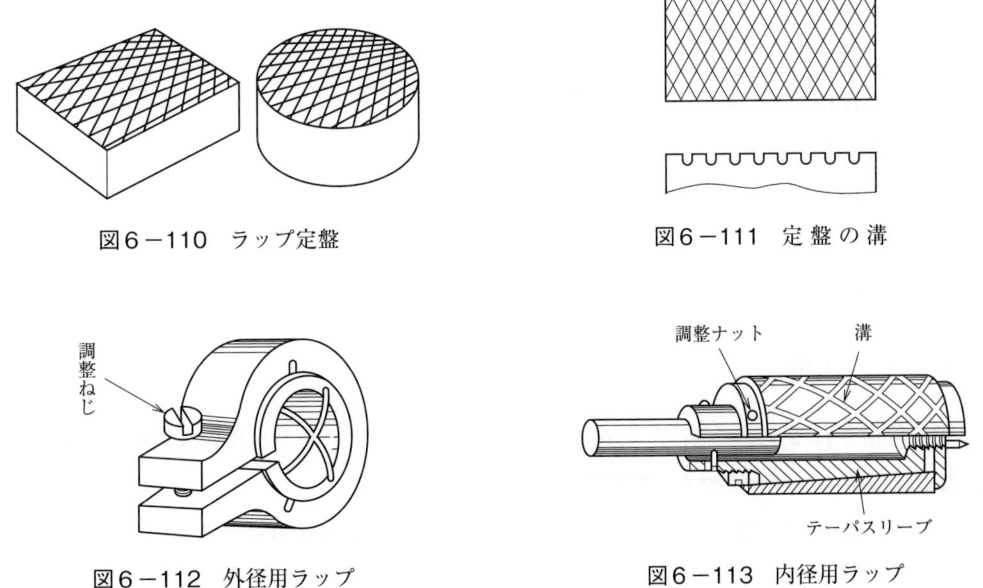

図６－110　ラップ定盤

図６－111　定 盤 の 溝

図６－112　外径用ラップ

図６－113　内径用ラップ

内径をラップ仕上げするときに用いるラップで，これを旋盤に取り付けて回転させ，工作物を握り軸方向に往復運動させて仕上げを行う。

(2)　湿　式　法

湿式法ではラップ剤はラップ液によって包まれ，図６－114(a)に示すように，工作物とラップとの間のと粒は，転がりと横滑りの混ざった運動をしながら，その鋭い切れ刃によって工作物表面を研削して，なし地状のにぶい光沢をもった面に仕上げる。一般に荒仕上げに用いられる。

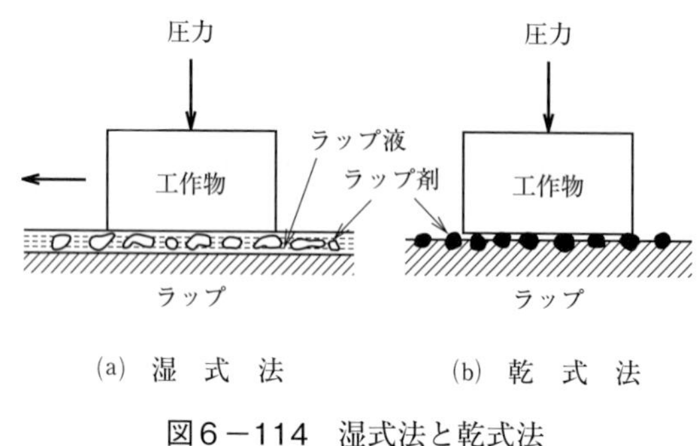

図６－114　湿式法と乾式法

(3)　乾　式　法

乾式法は，図６－114(b)のようにラップ剤をラップ表面に均等に埋め込ませ，余分なラップ剤を拭き取った上でラップ仕上げをする方法である。そのため仕上げ量は極度に小さく，光沢のあるいわゆる鏡面仕上げが得られるため，一般に精密仕上げに用いられる。

(4)　ラ　ッ　プ

ラップ仕上げにおいて，ラップの重要な作用として次の二つが挙げられる。

①　と粒を保持すること。

②　正確な形状を保持し，その形状を工作物に転写すること。

①に対しては，ラップの材料として軟らかいほうがよく，②の要件を満足するためには強固な材料であることが必要である。以上のような要件を満足する材料として，鋳鉄が最もよく用いられる。また，一般に工作物より硬さの低い材料を用いることも要件とされている。

(5)　ラップ剤

一般に使用されるラップ剤は，表６－７に示すように酸化アルミニウム，炭化けい素，炭化ほう素，酸化セリウム，酸化クロム，酸化鉄などである。

また，工作物の材質に適したラップ剤を選ばなければ，よい仕上げはできない。

表6－7　材質に適したラップ剤

材　質　名	ラ ッ プ 剤
鋼・鋳鉄	酸化アルミニウム，炭化けい素（荒仕上げ用），酸化クロム（仕上げ用）
銅・銅合金	炭化けい素（カーボランダム）
硬質金属	微粉ダイヤモンド
軟質金属	天然といし粉，木炭粉
ガラス類	酸化アルミニウム（アランダム），エメリー，酸化鉄（仕上げ用） 炭化けい素（荒仕上げ用），酸化セリウム（仕上げ用）

（6）　ラップ液（油）

湿式法ではラップ剤はラップ液と混合して用いられるが，ラップ液として一般に用いられる油剤は，石油，種油，オリーブ油，マシン油，スピンドル油，パラフィン油，グリース，ラード（豚油）などである。また，ガラス，水晶などの仕上げにはラップ液として水が用いられる。

2.10　電動工具

電動工具の大部分は家庭用電源と同じ100Vの単相交流電源を利用する。最近では，バッテリの性能の向上と相まって，充電式の電動工具が主流になりつつある。直流電動機は出力トルクが大きいことや，電流を制御しているために正転と逆転，回転速度や出力トルク制御を簡単にできること，及びコードレスで作業性がよいことなどがその理由になっている。

電動工具の取扱いは簡単ではあるが，手に持って作業をすることから，危害が直接的に作業者に及ぶため，安全には十分注意して使う。作業では電動工具を移動して使うことが多いため，コードがある電動工具については断線させたり，ショートさせてしまったりすることもあり，コードと接続部は日常的に点検する。

（1）　電気ドリル

電気ドリルは穴をあけるための工具で，手に持って使用する。図6－115に各種の電気ドリルを示す。電気ドリルの使用に当たっては，各種のドリルの研ぎ方，板材の穴のあけ方，ドリルの入り際や抜け

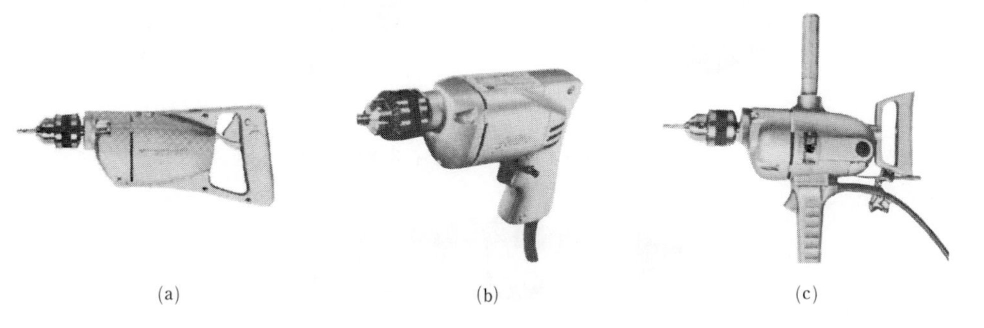

(a)　(b)　(c)

図6－115　電気ドリル

際の力の配分について習得することが大切である。

（2） 電気タッパ

図6－116に示す電気タッパは，電気ドリルとほぼ同じ形をしているが，小径のめねじ切りのために使用する。スイッチを入れると左回転をするが，タップの先端を下穴に入れて力を加えると右回転に変わってタップが推進しねじを切る。力を抜くと左回転に戻ってタップは抜けていく。

（3） 電気スクリュードライバ

電気スクリュードライバを使えば，ボルトとナットの締付けと緩め作業を能率よく行える。締付け力はねじの呼び径に応じて調節できる。図6－117に電気スクリュードライバを示す。

（4） 電気ディスクサンダ

電気ディスクサンダは，一般にサンダとも呼ばれ，工作物表面の研削用として用いる。といしは，オフセット形のといしを使用する。図6－118に電気ディスクサンダを示す。

（5） ハンドグラインダ

ハンドグラインダは狭い箇所の研削などに用いられる。といしは軸付きで，用途によって各種の形状のものがある。図6－119に示すハンドグラインダには，軸付きといしが取り付けられている。

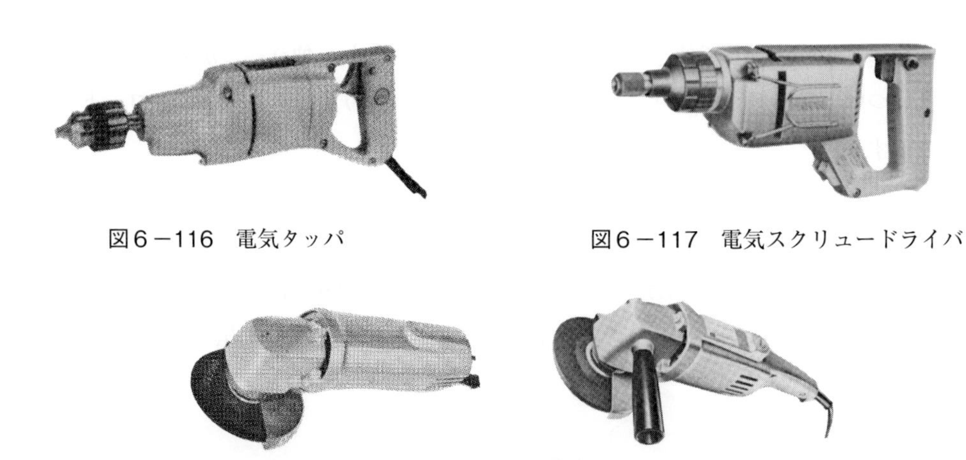

図6－116　電気タッパ

図6－117　電気スクリュードライバ

(a)　(b)

図6－118　電気ディスクサンダ

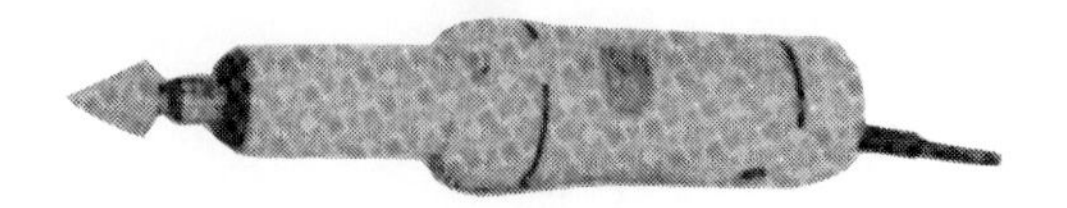

図6－119　ハンドグラインダ

第3節　組 立 て 法

組立て作業とは，設計図に基づいて加工された部品類を組立図に従って取り付けたり，又は組み合わせたり，調整したりする作業である。また，組立て方法や組立て順序は，製品の種類や精度，量産の程度によって異なるが，一般には製品仕様書に基づいた検査実施要領によって組立て品質精度が示され，これに合格し得る組立て作業標準を作成し，これによって組立て作業を進めることが望ましい。

しかし，個別生産，少数生産の組立てにおいては，各製品の個々についての作業標準が確立していることは少ないため，組立て方法や順序を理解し，又はどのように準備し，段取りし，実施すればよいかを理解して進めることが大切である。

3.1　組立て作業の準備

（1）　製品仕様書，検査実施要領，組立図の理解

組立て作業にかかる前に，出来上がる製品の品質や機能などを知るために製品仕様書を理解し，さらにその仕様を満足させるためにどのような検査方法を実施したらよいかを検討し，それに必要な検査工具や測定器具を準備しておかなければならない。また，組立図をよく見て，製品の構造や形状，作動などをよく理解しておくことも大切である。

（2）　組立ての順序と方式の決定

前記（1）及び部品図などによって得た知識により，どのような順序と方法で組み立てたらよいかを決定するが，作業指導票などがある場合には，それに従って作業を進めればよい。

（3）　設備と組立て用具，器具の準備

作業方法が決定したら，組立てに必要な設備，用具，器具，副資材（消耗品）などを準備する。

（4）　部品の点検

組立てに必要な部品の形状，寸法，材質，数量などを点検し，不足の部品や不完全な部品があれば，組立て作業に支障がないように手配しておく。

3.2　組立て作業

（1）　組立ての進め方

組立てには，その製品の部品点数の多少により，ごく簡単に組み立てることができる場合と，非常に複雑な機構で組立てにかなりの時間を必要とする場合があるため，その進め方にもいろいろな方法がある。

a　部品組立てと総組立て

少数部品で構成される製品は，一般にその主体となる部品に最初から他の部品を組み込んで完成させる方法が取られる。しかし，部品点数が多い量産の製品は，部分ごとに組み立てて，それを最も主要となる部分（本体）に組み込む方法が取られる。部分ごとに組み立てることを部分組立てといい，全体の組立てを総組立てという。

b　仮組立てと本組立て

試作品や個別生産品の組立てでは，設計上の誤りや部品の加工の誤りがないかを調べるために，問題となりそうな部分の組立てを行って確認することがある。このような組立てを仮組立てという。仮組立てを行って不備な点がなければ，正式に組立てを行う。これを本組立てという。

c　塗装前組立てと塗装後組立て

各部品を塗装してから組み立てる方法と，仮組立ての場合のように，いったん塗装前に仮組みをし，それを分解して合番打ちをして，塗装後に本組立てを行う方法がある。一般に量産品の場合は，部品のうちに塗装を行う。また，工作機械などは部品で塗るのは下地程度で，大部分は組立て後に塗装を行う。

（2）　締結部の組立て

a　ボルト，小ねじ，ナットによる固定

機械部品の取付けは，ボルト，小ねじ，ナットによって締め付けることが多い。

ボルトや小ねじを締め付けるときは，適正なスパナやねじ回しを使い，片締めにならないように締め付ける。

また締付け順序は図6－120のように対称形に順次締め，2～3回にわたって徐々に締め付ける。また，緩み止めの目的で封着剤をねじ部に付けて締め付けるか，又は適度に締め付けた後に封着剤かラッカなどをその頭部に付けておくとよい。

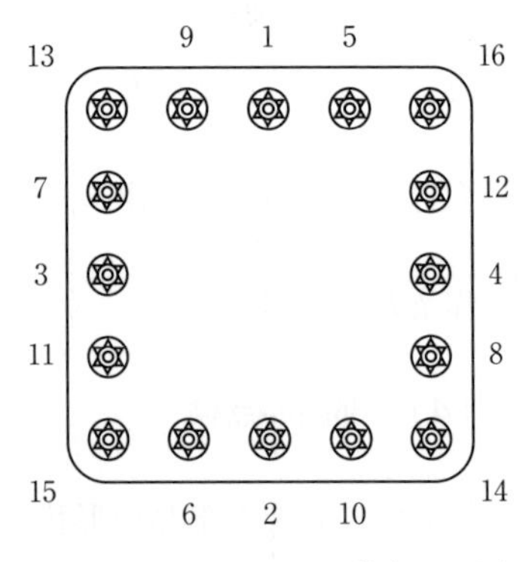

図6－120　ボルトの締付け順序

b　キーによる固定

キーは軸に歯車やプーリなどを固定する方法に用いられる。キー合せとは，あらかじめ加工された軸のキー溝と，歯車内径などのキー溝にキーを正しく合わせてはめ込む作業で，合せ方法は，最初に軸や穴のキー溝のかえりを組やすりなどで取り除いておき，キーの四隅の面取りを行ったのち，組や

すりで，キーを溝幅に合わせながら仕上げる。仕上げたキーを軸のキー溝に軽く打ち込み，これに穴のキー溝の両側面を組やすりで削りながら合わせる。

c　ピンによる固定

組み立てた部品の位置の狂いを防ぐためや，修理などのとき，分解後再び取り付けるときの位置決めに，ボルトや小ねじで締めるほかにピンを打ち込むことがある。

ピンには平行ピンとテーパピンがあるが，平行ピンの打込みは，ボルトなどで固定してからピンを入れる穴あけ加工をして打ち込むが，テーパピンの場合はテーパピンリーマで加工してから打ち込む。

d　リベットによるかしめ

リベットによって部品を固定するには，かしめられる部品にあらかじめ穴をあけ，ばりを取り除いておく。リベット材は軟らかくて伸びもよく，適度な強度のある材質を使用する。

かしめ方法には，リベッティングマシンによる方法と，手作業による方法とがある。

e　接着剤による固定

各種のよい接着剤が市販されているが，その使用目的に応じた性能の製品を選ぶ。接着剤は銘板の取付けや，小物部品の結合・固定などに広く用いられている。

（3）　回転部の組立て

回転部の組立てとしては軸と軸受の結合で，軸受には滑り軸受と転がり軸受がある。

a　滑り軸受のすり合せ

滑り軸受の材質には，一般に鋳鉄，青銅，ホワイトメタルなどが用いられる。

軸受と軸との接触面積を大きくして精度を高めるために，すり合せを行う。すり合せには，軸又は軸と同じ直径の丸棒を用意し，これに光明丹を付け，すり合せによって当たりを見いだし，当たりが次第に小さく出るように削っていく。この作業には，ささばきさげを用い，一方の切れ刃を少しずつ回して斜めに削る。次にこれと直交するように削り，当たりが片寄らないように注意する。

b　転がり軸受の組立て

転がり軸受はボール，ローラなどを介して回転部を支持する機械要素で，滑り軸受より高速回転部に使われることが多い。

転がり軸受には軸が回転してハウジングが停止する使用法と，自動車の前輪のように軸が静止してハウジングが回転する使用法とがある。前者の場合が一般的で，内輪を軸に圧入し，外輪をハウジングに軽く圧入して使用する。後者の場合は外輪をハウジングに圧入し，内輪を軸に軽く圧入する。

転がり軸受を圧入するには，外輪や保持器をハンマで打たないようにし，図6－121のような適当な形の工具を使って，油圧その他の圧力による方法で静かに均等に圧入する。大形の転がり軸受は軸受を70～80℃に加熱してはめ込むと容易に圧入できる。

転がり軸受の組立てで最も注意しなければならないのは，ごみが回転部に入ることである。したがって，転がり軸受は組み立てる直前まで包装を解かないほうがよい。もしごみが入ったときは，洗

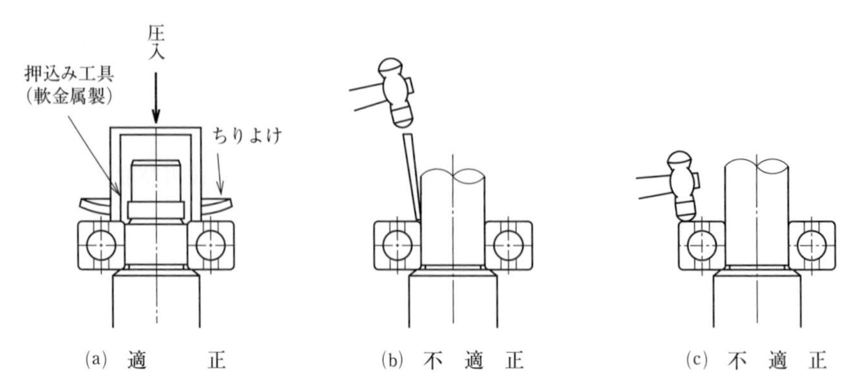

図6－121　転がり軸受の圧入法

浄油で軸受を洗い，直ちにグリスを塗っておく。

軸受を組み立てた後，軸を手で静かに回してみて，滑らかに回転せず，ごつごつとした感じがしたり，不規則な音が出るようであれば，軸受のどこかに異常があることが考えられるため，分解してその原因を確かめなければならない。

（4） しゅう動部の組立て

直線運動をするしゅう動部は，主としてV溝，山形，あり溝，角，円筒などで案内される。

a　V溝及び山形

旋盤や研削盤のベッドとサドル，テーブルなどのしゅう動面には，V溝や山形の案内を用いている。

V溝，山形しゅう動面の組立てには，V溝，山形の測定具や直定規，水準器，オートコリメータなどを用いて精度を測定しながら，すり合せ加工によって仕上げる。

b　あ り 溝

旋盤の刃物台の滑り面やフライス盤のテーブルの滑り面などに使われている案内は，あり溝が多い。あり溝の角度は一般に60°が多く用いられ，主としてすり合せをして仕上げる。

V溝や山形の案内面は，滑り面が多少摩耗しても加工精度に大きな影響を及ぼさないが，あり溝の場合は，円滑な運動が望めないため，図6－122に示すような方式のギブ（くさび）を設けて調整するようになっている。

ギブは一般的に10mmぐらい長くつくっておいて，すり合せを終えてから両端を切断し，調整ボルトを取り付けるようにする。ギブの公配は$\frac{1}{100}$～$\frac{1}{60}$程度である。

c　円　　筒

旋盤の心押し台のように丸い案内面はきさげがかけられないため，図6－123のような鋳鉄製のラップをつくって，ラップ仕上げを行って組み合わせる。

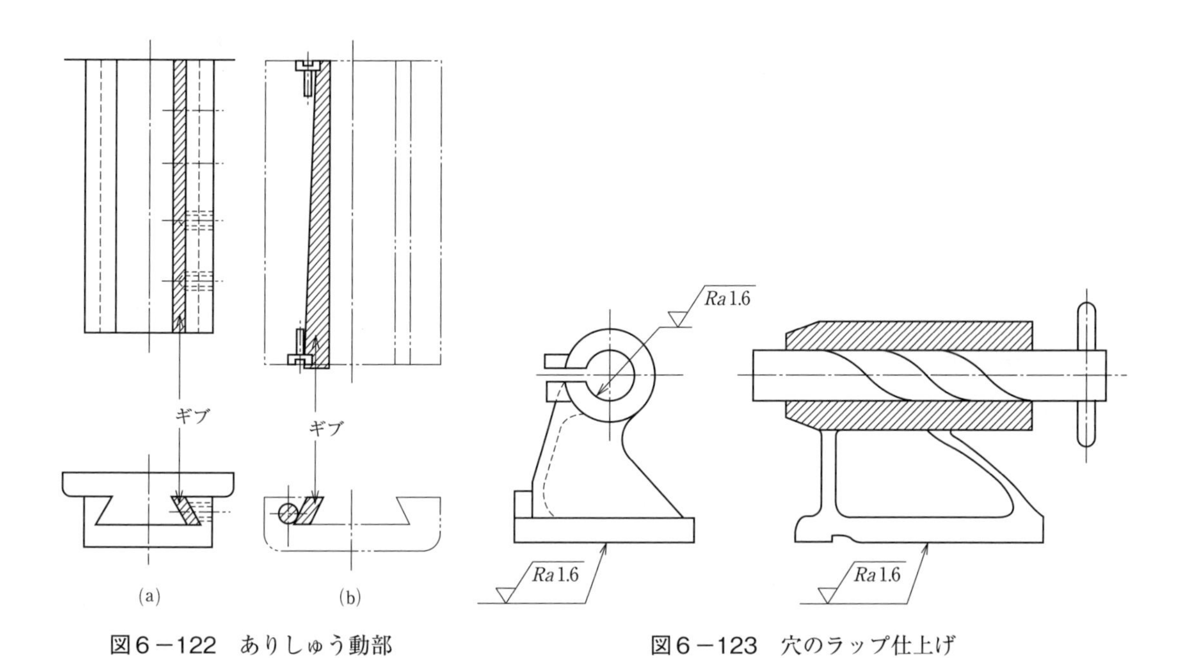

図６－122　ありしゅう動部

図６－123　穴のラップ仕上げ

〔第６章のまとめ〕

第６章で学んだ仕上げ法，組立て法に関する次のことについて，各自整理しておこう。

⑴　けがき用工具にはどのような種類があるか。

⑵　けがき線にはどのような種類と用途があるか。

⑶　けがき針やトースカンはどのように使用するか。

⑷　丸棒へのけがきはどのように行うか。

⑸　手仕上げ用工具にはどのような種類があるか。

⑹　電動工具にはどのような種類があるか。

⑺　やすりにはどのような種類があるか。

⑻　やすりのかけ方はどのように行うか。

⑼　金切りのこはどのように使用するか。

⑽　タップにはどのような種類があるか。

⑾　タップによるねじ立て作業はどのように行うか。

⑿　ダイスによるねじ切り作業はどのように行うか。

⒀　きさげにはどのような種類があるか。また，きさげ作業はどのように行うか。

⒁　組立て作業にはどのような準備が必要か。

⒂　組立て作業の進め方はどのように行うか。

⒃　締結部の組立てはどのように行うか。

⒄　回転部やしゅう動部の組立てはどのように行うか。

第7章
鋳造法

鋳造とは，耐火物，金属などでつくられた所定の空間（鋳型(いがた)）に，キュポラや誘導炉などで溶解した金属（溶湯）を流し込み（鋳込(いこ)み），凝固させることで形を得る加工方法である。

このような，製造された鋳物の最大の特徴は，複雑な形状の品物を一体で成形できることであり，例えばシリンダブロックなどの自動車部品に使用されている。

本章では鋳造法の基本的事項について述べる。

第１節　鋳　造　法

1.1　鋳物（いもの）と原型

（1）　鋳物の概要

溶解した金属（湯という）を，原型を基にしてつくった鋳型（いがた）に流し込むと，時間が経つに従って温度が下がり，ついには凝固して原型どおりの形状の製品ができる。これを鋳物といい，鋳物をつくる作業を鋳造という。

鋳物の用途は極めて広く，エンジンのシリンダ，工作機械のベッドやテーブルも鋳物でできている。滑り軸受やバルブは青銅鋳物である。このように鋳物が多く使われる理由は，次のような利点があるからである。

①　複雑な形状や大形の素材を比較的簡単につくることができる。

②　製造原価が安い。

③　いろいろな金属での製造が可能である。

④　肌が美しく，仕上げが比較的容易である。

鋳造は，原型の製作に始まり，鋳型の製作，金属の溶解，鋳込みが重点になり，後処理で終わる。これらの技術は，最近新しい設備や機械が普及して著しく進歩し，鋳物の量産化が図られている。

（2）　鋳物と原型

鋳物をつくるには，初めにつくろうとする製品とほぼ同じ形をした原型を木材や金属などでつくる。その原型を砂の中に埋めて，砂を突き固めてから抜き取ると，原型と同じ形の空洞が砂の中にできる。この砂型を鋳型という。鋳型は，一般にこのように砂型が使われているが，金型を用いることもある。

原型の材料としては，木材，金属，石こう，ろう，合成樹脂などが使われ，一般に木材を用いることが多いが，多量生産には金型が適している。

原型は，それに使用する材料によって，木型，金型，石こう型，ろう型，合成樹脂型などに分類される。

（3）　原型の種類

原型を代表するものに木型がある。これは加工しやすく，軽くて取扱いが容易であり，しかも安価であるなど多くの特徴をもっているが，狂いやすく，耐久性に乏しい欠点がある。

金型は狂いが少なく，強度と耐久性に優れているが高価であるため，主として造型機用として多量生産用に用いられる。

原型は鋳物の外側の形をつくる主型と，主として内部の中空部をつくる中子取りに分類される。

a　主　　型

(a)　込　め　型

込め型は鋳物と同形かほとんどそれに近い形をしている型で，つくり方によって単体型，割り型，重ね型などの種類がある（図７－１～図７－３）。

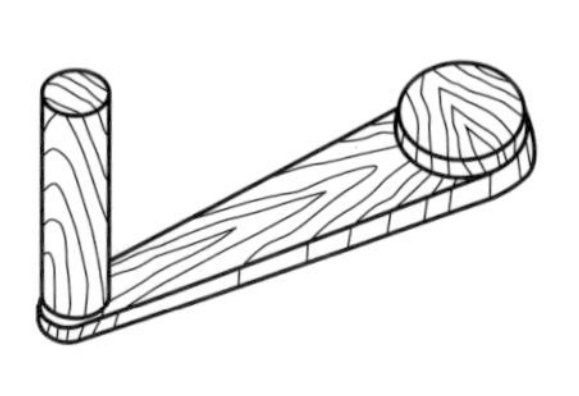

図7－1　単　体　型

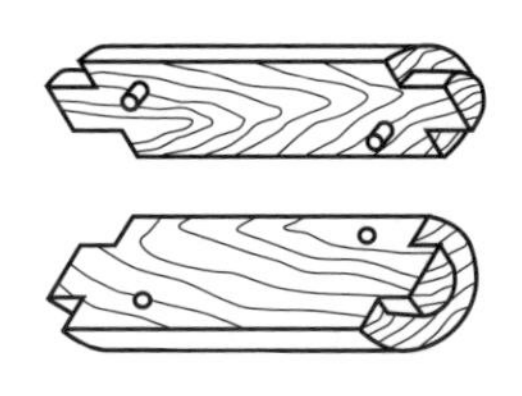

図7－2　割　り　型

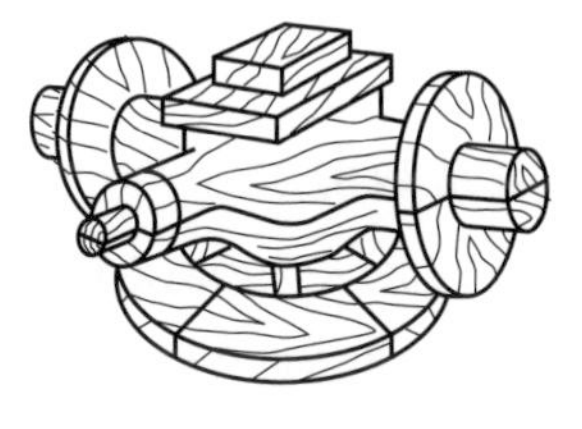

図7－3　重　ね　型

(b)　部　分　型

大型歯車のような鋳物をつくる場合，図７－４のように，その一部だけの模型（部分型）をつくり，この模型を順次移動して，鋳型全体をつくる。

(c)　骨　組　型

鋳造個数が少なく，大型の鋳物をつくる場合，図７－５のようにその外形の骨組だけの模型（骨組型）をつくり，その空間は鋳型製作のときに補うようにする。

(d)　ひ　き　型

ひき型は車輪やベルト車のように，製品の横断面が円形の場合に用いる。図７－６のように縦断面の半分に相当する形の木型（ひき板）を回転しながら鋳型をつくる。

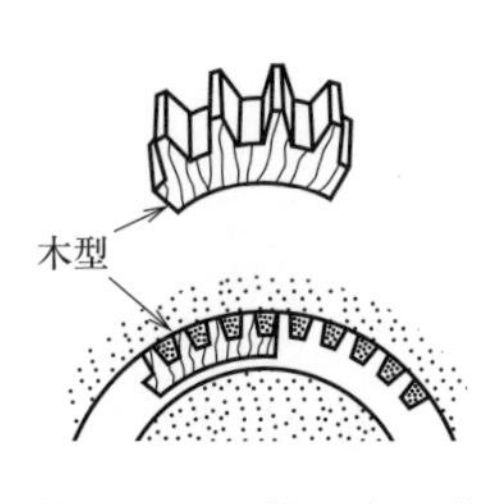

図7－4　部　分　型

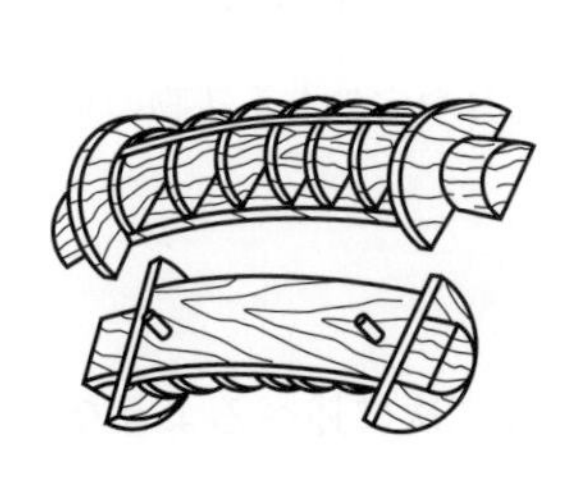

図7－5　骨　組　型

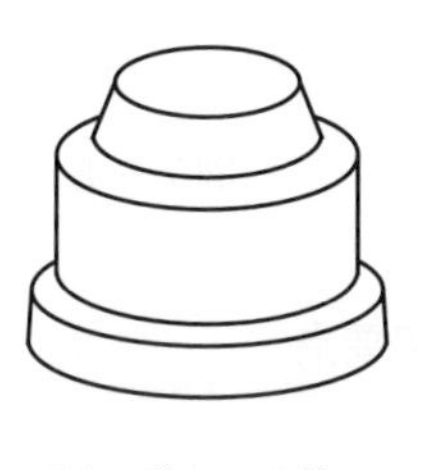

(a)　鋳　　物

(b)　ひき型板

図7－6　ひ　き　型

(e)　か　き　型

断面が一様で細長い製品をつくる場合に，図７－７のように断面形状をしたかき板を案内板に沿って動かして，砂をかき取って鋳型をつくる。

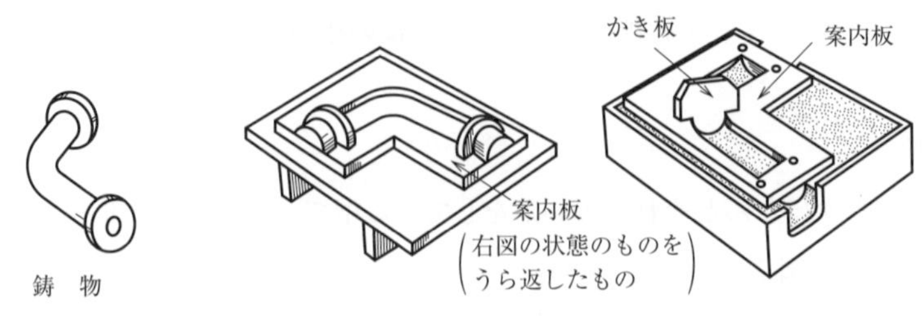

図7－7　か　き　型

b　中子取り

中空な部分や穴のある鋳物をつくる方法を図7－8に示す。同図(a)のように，中空な部分や穴のある鋳物をつくる場合には，同図(c)のような中子を使用する。中子とは，鋳型の中にはめ込む砂型で，中空部又は穴に相当する部分に溶解した金属が流れ込まないようにするために使用する。

この中子をつくるための型を中子取りといい，その外観を同図(d)に示す。中子を鋳型の所定位置に組み込むためには，同図(e)のように，中子を支持する位置にくぼみを設け，この鋳型をつくるための主型には，同図(b)のように，くぼみに相当する突起を付けておく。この部分を幅木（はばき）という。

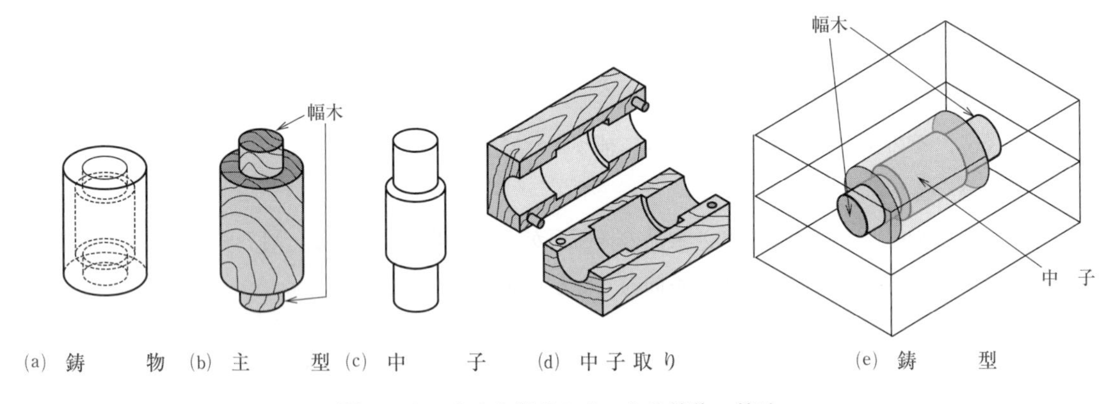

図7－8　中空な部分や穴のある鋳物の鋳造

(4)　木型製作上の要点

木型は木工用機械及び工具を用いて製作するが，次に述べるような事項に注意しなければならない。

a　縮みしろ

溶解した金属は冷却，凝固して鋳物になるまでに収縮するため，木型はそれを見込んであらかじめ寸法を大きくつくる。この寸法差のことを縮みしろという。表7－1に示すように，縮みしろは金属によって異なる。木型の製作や検査の場合，延び尺（鋳物尺）といって，この縮みしろだけ大きくつくったものさしを用いる。

表7－1　縮みしろ

鋳物の種類	縮みしろ［1/1000mm］
普通鋳鉄	8
強じん鋳鉄	10
アルミニウム合金・青銅・黄銅	12～14
鋳　鋼	16～20

b　仕上げしろ

鋳物の表面を機械加工して仕上げる部分には仕上げしろを付ける。仕上げしろは，加工方法，仕上げ程度，材質，大小によって異なるが，一般に小形の鋳物で0.8～1.6mm，大形の鋳物で３～25mm程度にする。

c　抜きこう配（抜きしろ）

木型を鋳型から抜き取りやすくするために，木型を抜き取る方向に，こう配を付ける。これを抜きこう配といい，一般に10～25/1000mm程度にする。

d　木型の補強

その他，木型に面取りをしたり，図７－９のような捨てざん，図７－10のような消しざんなどの補強をして，鋳物の変形を防いだり，木型が曲がったりしないようにする。

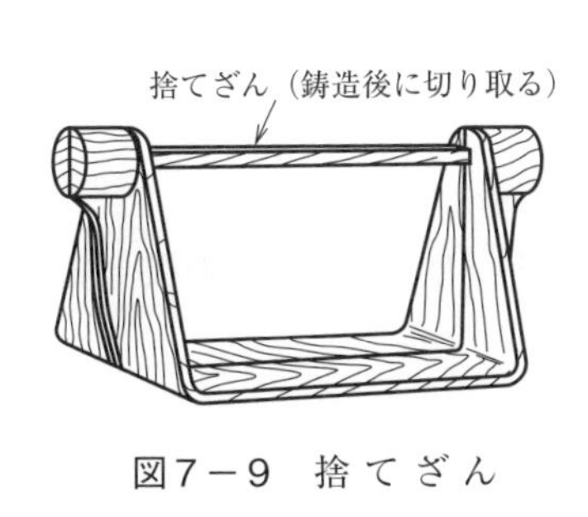

図７－９　捨てざん

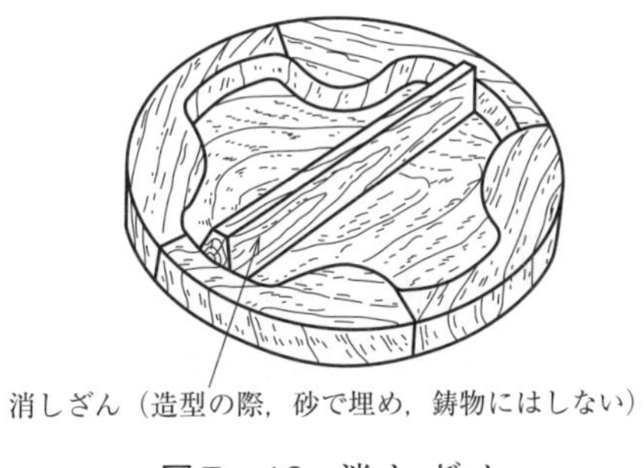

図７－10　消しざん

（５）金　　型

木型は繰り返し使用すると，破損，変形，摩耗するため，多量生産の場合には，金属で原型をつくることがある。金型は製作が面倒で，型抜きも難しいため，形が簡単で小形な製品にだけ使われる。

模型を加熱してその周囲に合成樹脂を配合した砂を振りかけ，これを固まらせて鋳型をつくるシェル型法などの場合にも金型が用いられる。

1.2　鋳　　型

（１）鋳型の種類

a　金　　型

金型は軽合金や白色合金の多量生産に多く用いる。

b　砂　　型

砂型はガス抜けがよく，製作も容易であるため，一般鋳物用として最も広範囲に用いられる。砂型には，５～６％の水分を含む生砂で鋳物をつくる生型と，水分を含んだ砂で鋳型をつくり，炉中で乾燥させる乾燥型とがある。

（2） 鋳型材料

a　鋳物砂の性質

鋳型には砂型が最も多く用いられている。鋳型をつくる砂を鋳物砂といい，成分，粒度，粒の形状が適切であって，型がつくりやすく（成形性），耐熱性に富み，ガス抜け（通気性）がよく，粘り気があり，繰り返して使用できる砂がよい。

b　鋳物砂の配合

鋳物砂の配合については，鋳物の種類によって異なった条件が必要である。天然の鋳物砂で適した砂がない場合には，人工的にいろいろな素材を配合して用いる。砂の粘結剤としては，粘土，油，樹脂，でんぷん，ゴム，合成樹脂などを混入する。また，砂の性質改善のため，クッション剤として繊維質（木粉），炭素質（石炭粉，黒鉛）などの添加物を加えることによって，砂の熱的性質を改善し，鋳肌を美しくすることができる。

（3） 造型法（型込め法）

造型法には，突き棒，スタンプなどを用いて手作業を行う場合と，型込め機（造形機＝モルディングマシン）を用いて行う場合とがある。

a　枠込め法

枠込め法は，図7－11のように二つ又は三つの木枠や金枠を組み合わせて，枠の中に鋳型をつくる最も一般的な方法である。鋳型の持ち運びが便利で，注湯時の圧力の影響に対しても，しっかりしており壊れにくい。

b　床込め法（土間込め法）

床込め法は図7－12のように，下枠を用いず，鋳物場の土間を利用して下型をつくり，その上に枠込めの上型を用いる。下型の込め付けが比較的簡単な型や，ひき型に用いる。

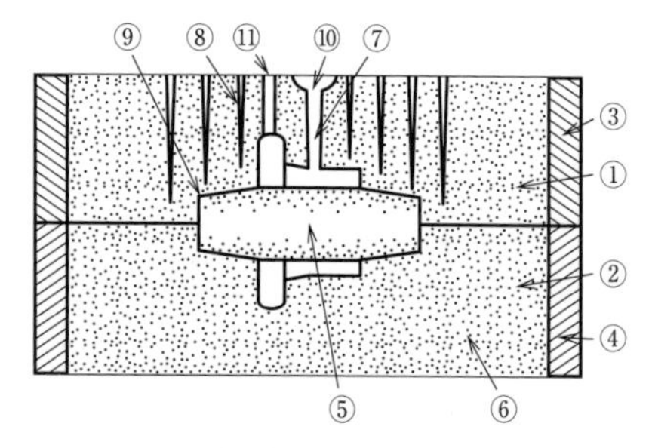

①上　型　⑦湯口（湯を注ぎ込む入り口）
②下　型　⑧ガス抜き（鋳型内のガスを逃がす）
③上　枠　⑨幅木（中子を支える）
④下　枠　⑩湯だまり（湯が急激に型内に流入するのを防ぐ）
⑤中　子　⑪上がり（注湯の際，鋳型内の空気やガスを逃がし，
⑥型　砂　　湯がすみずみまで行き渡ったかを見る。さらに湯に圧力を加え巣の発生を防ぐ）

図7－11　枠込め法

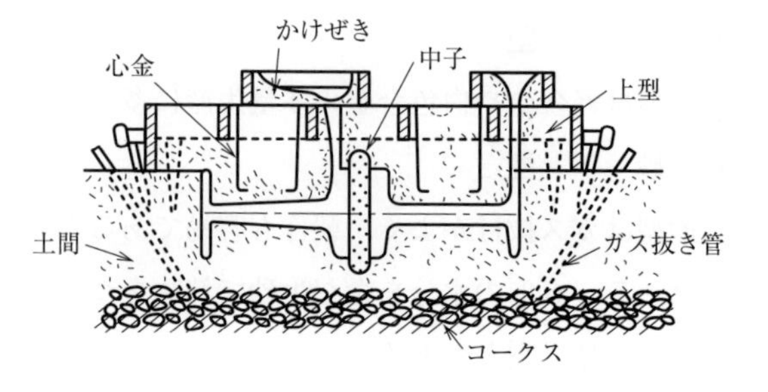

図7－12　床込め法

c　流し吹き法（開放型）

この方法では，図７－13のように床砂にじかに木型を押し込んだり，埋め込んだりして造型し，上型を用いないため，湯の表面が大気にさらされ粗雑な鋳物しかできない。流し吹き法は金枠，心金などの製作に用いられる。

d　遠心鋳造法

高速度で回転する円筒形の鋳型内に，一定量の湯を注ぐと，湯は遠心力によって円筒の内面に押し付けられて凝固する。この方法を遠心鋳造法といい，中子を必要とせずに中空円筒の鋳物ができる。また，ち密な鋳物ができるため，ピストンリング，シリンダライナ，鋳鉄管，ロールなどの鋳造に応用される。図７－14に遠心鋳造機を示す。

遠心鋳造機には横形と立て形とがあり，立て形の鋳造機は遠心力により押しが効くことから，湯まわりの悪い細い鋳物の製造に適し，指輪などの細工物に利用される。

e　ダイカスト鋳造法

ダイカスト鋳造法は精密に仕上げた金型内に溶湯を圧入して鋳物をつくる方法である。この方法は寸法精度が高く，10mmについて±0.02mm程度にでき，鋳肌は機械仕上げしたものとほとんど変わらない。肉薄物の製造に適し，一つの金型で繰り返し10万回程度使用でき，鋳造速度も速く，１回につき１分前後である。しかし，どのような金属でもダイカスト鋳造法を適用できるわけではなく，溶解温度が1000℃以下であるすず合金，亜鉛合金，アルミニウム合金，黄銅，マグネシウム合金などに限られている。美術品，カメラ，ミシンなどダイカスト鋳造法の用途は広いが，大きい製品はできず，また鉄合金の製造ができないことが欠点である。

ダイカスト機には，自動式と手動式の機械がある。いずれも地金の加熱装置，湯の圧入装置，湯口切断装置，製品取出し装置などを備えている。

一般に用いられている機械は自動式で，駆動方式によって圧縮空気式，油圧式，水圧式に分けられ，それぞれ熱加圧式（ホットチャンバ式）と冷加圧式（コールドチャンバ式）とがある。

熱加圧式は，加圧シリンダが溶解ポットの中に浸されている。冷加圧式では，溶解炉が別にあって，それから溶湯を一定量ずつ加圧室に送り込み，プランジャで金型に圧入するようになっている。図７－15に，冷加圧式ダイカスト機の作動順序を示す。

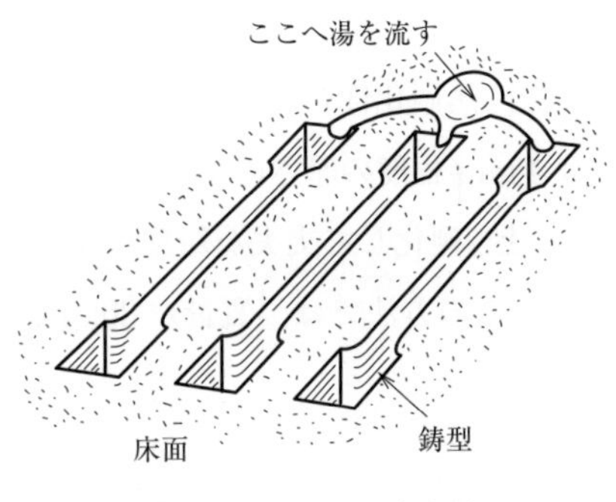

図７－13　流し吹き法

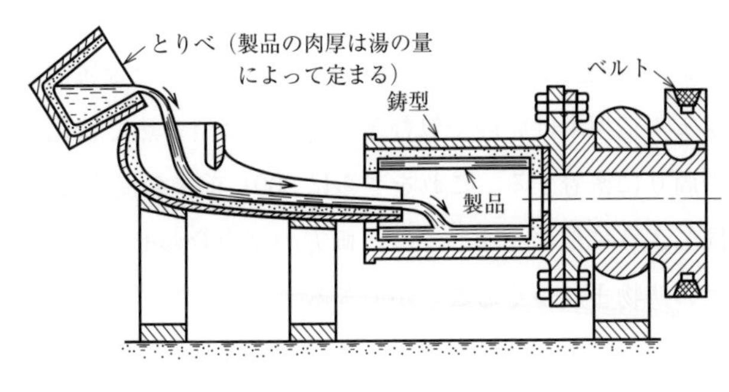

図７－14　遠心鋳造機

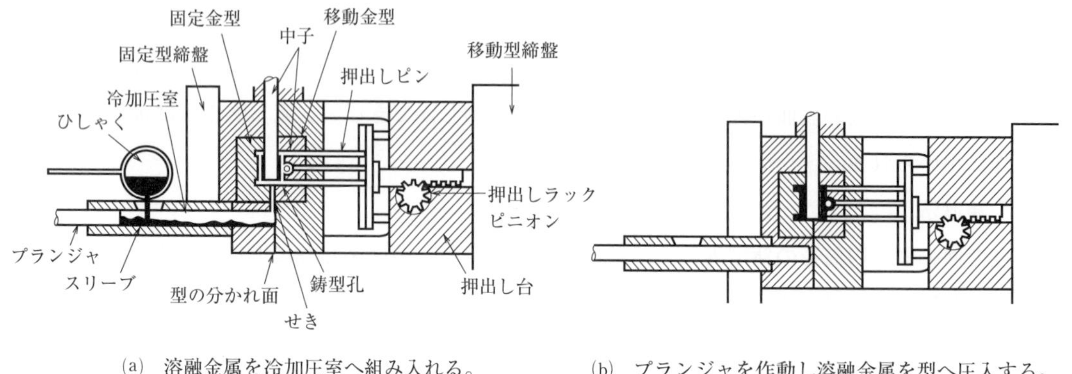

(a)　溶融金属を冷加圧室へ組み入れる。　　(b)　プランジャを作動し溶融金属を型へ圧入する。

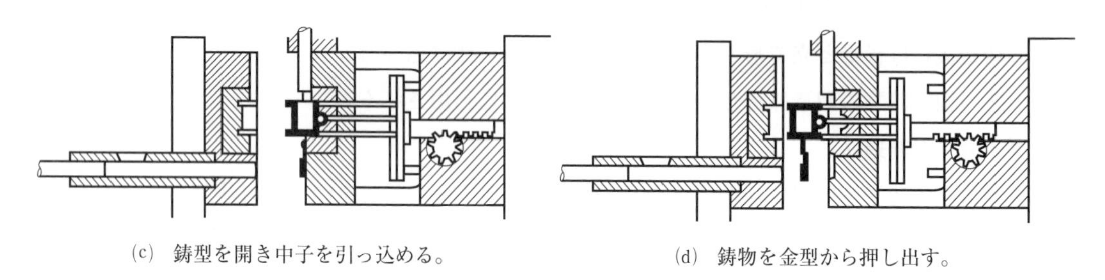

(c)　鋳型を開き中子を引っ込める。　　(d)　鋳物を金型から押し出す。

図７－15　ダイカスト機の作動順序

f　低圧鋳造法

低圧鋳造法は金型に溶湯を圧入して鋳造する点ではダイカスト鋳造法と同じであるが，低圧鋳造法では，圧縮空気を密閉した炉に送り，低圧力（１気圧以下）を湯面に働かせ，溶湯を押し上げて金型に注入する点が異なる。

この鋳造法は，アルミニウム合金の鋳造に多く用いられている。

g　インベストメント法

インベストメント法はロストワックス法ともいわれる。ろうで原型をつくり，その周りに厚さ１mm程度の耐火性膜を塗り付ける。さらにその周りにインベストメントと称する流動状の鋳型材を流し込んで包み，それを常温で乾燥したのち，さらに100～110℃に熱してろうを溶かして流出させ，次いで約1000℃に赤熱して鋳型を完成する。この鋳造法は３～４kg以下の小物に適し，非常に精密な鋳物が得られる。

h　シェル型法

シェル型法では，図７－16のように加熱した金属製の原型の周囲を，熱硬化性合成樹脂を配合したシェル造型用けい砂で包むと，樹脂が金型の熱で軟化して鋳型材は４mm程度の厚さの層として原型の周りに密着する。これをさらに300℃前後の温度で２～３分間焼くと，硬化して丈夫な鋳型になる。同じように他の型をつくり，両方の型を合わせると鋳型は完成する。この方法では，質量が30kg程度の鋳物までつくることができる。

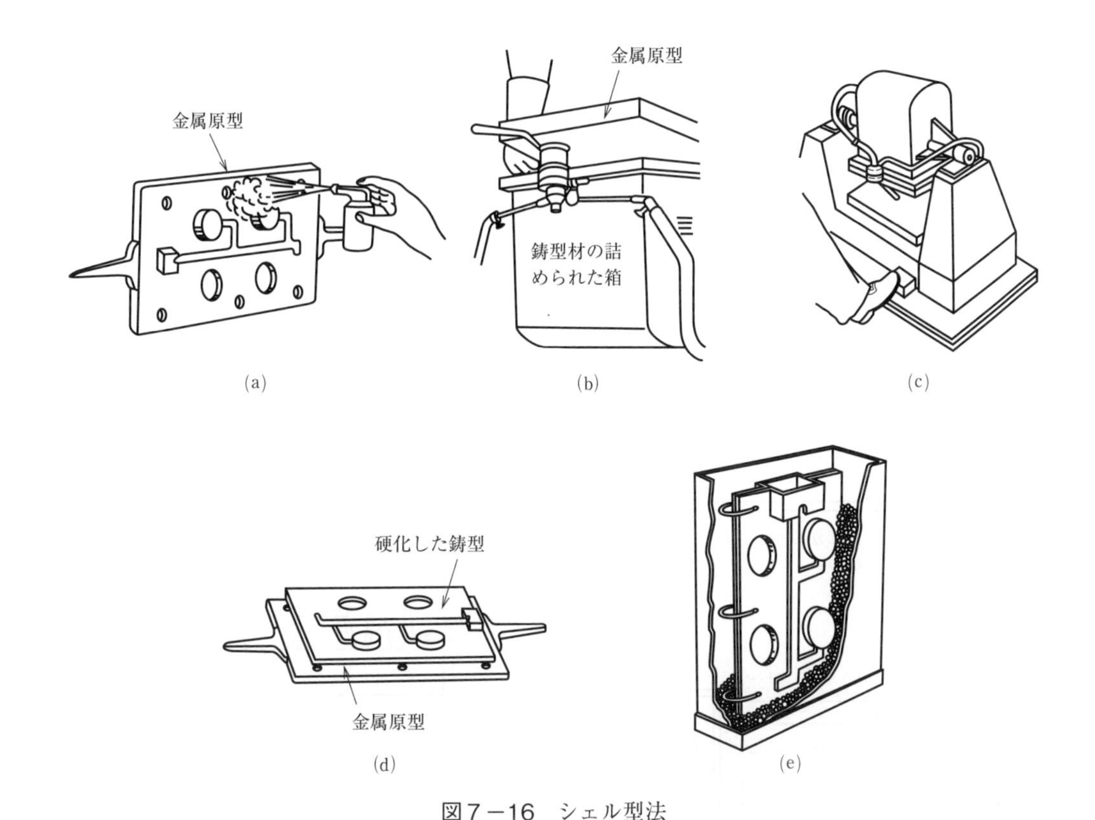

図7－16　シェル型法

i　ガス型法

ガス型法は，けい砂に水ガラスを数パーセント練り混ぜた砂で造型し，二酸化炭素（炭酸ガス）を吹き込んで硬化させ，乾燥しなくとも丈夫な鋳型をつくり，鋳造する方法である。

j　自硬性型法

自硬性型法は，粘結剤として，水ガラス，セメント，合成樹脂などを用い，鋳型を硬化させて鋳造する方法である。

k　フルモールド法

フルモールドは，原型を発泡ポリスチロールでつくり，型込め後，原型を入れたまま注湯する。このとき原型は気化して消失するため，造型作業が簡単にでき，見切り面がないため，ばりを生じない利点がある。

l　V・プロセス

V・プロセスは，粘結剤を含まない，さらさらしたけい砂を用い，鋳型内部を減圧し，真空力で鋳物砂を固定させる方法で，注湯後に鋳型内を大気圧に戻すと，製品と砂を簡単に分離することができる。

その鋳造方法を図7－17に示す。

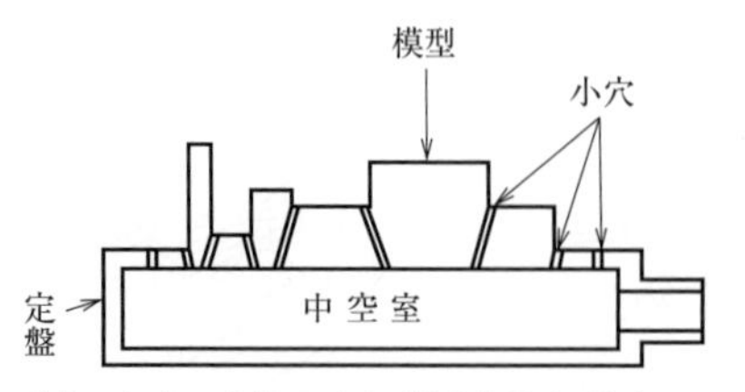

(a)　中空の定盤の上に模型を取り付け，模型には多数のフィルム吸着用の小さい穴をあけておく。

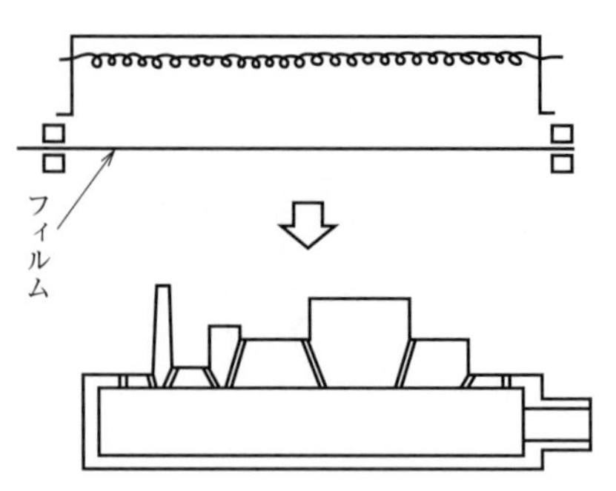

(b)　プラスチックの薄いフィルムをヒータで加熱する。

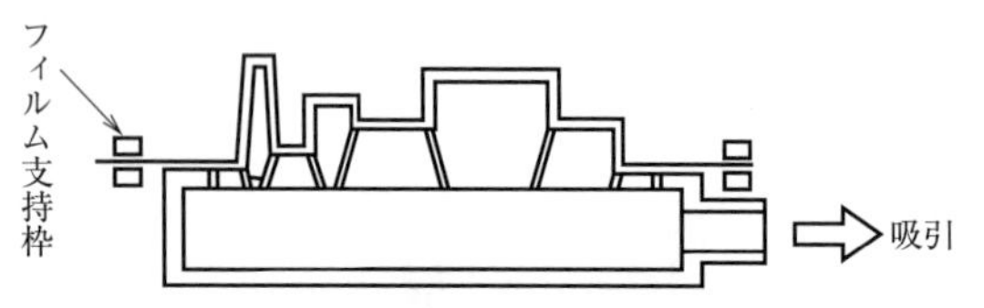

(c)　フィルムを模型の上にかぶせ，中空室を減圧して，模型表面に吸着させる。

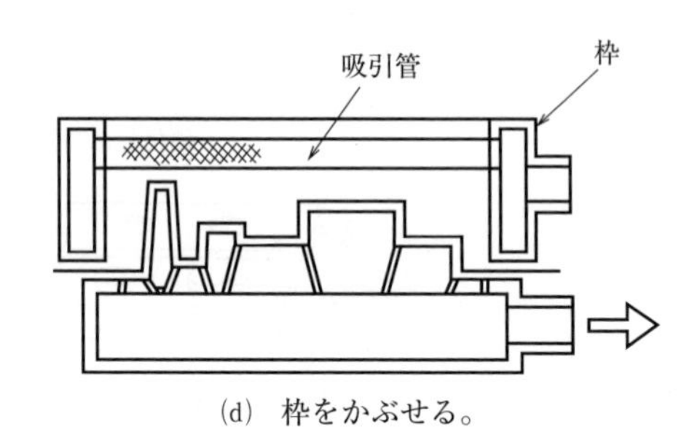

(d)　枠をかぶせる。

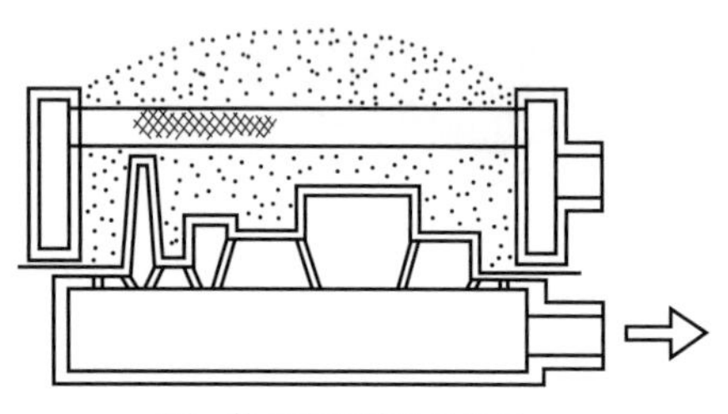

(e)　枠の中に砂を入れる。

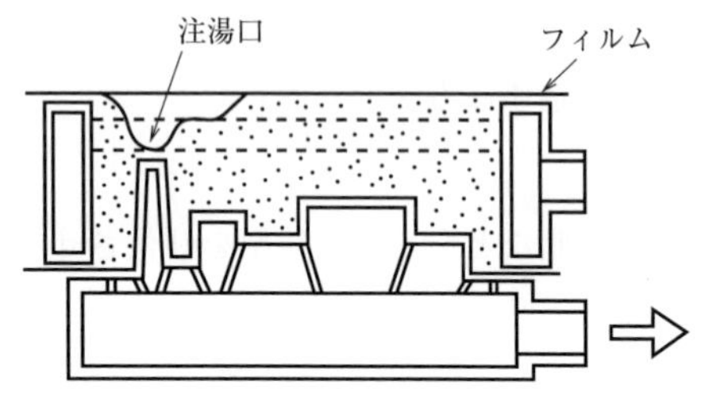

(f)　上面の砂を平らにし，注湯口をつくって，上面にフィルムをかぶせる。

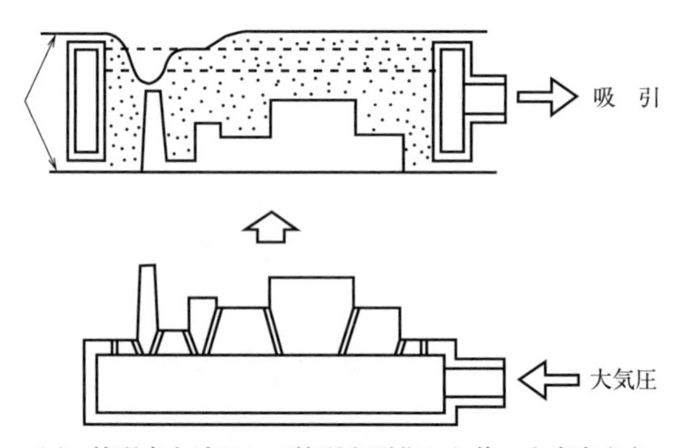

(g)　鋳型内を減圧して鋳型を硬化した後，中空室中を大気圧にして，鋳型をはがす。

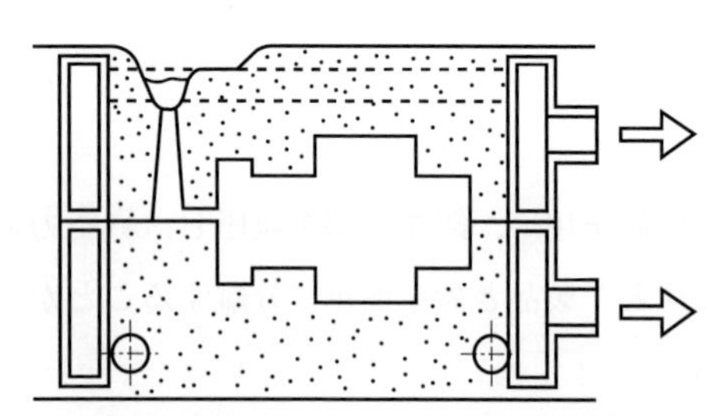

(h)　下型も同様につくり，型合せして，鋳型内を減圧した状態で注湯する。

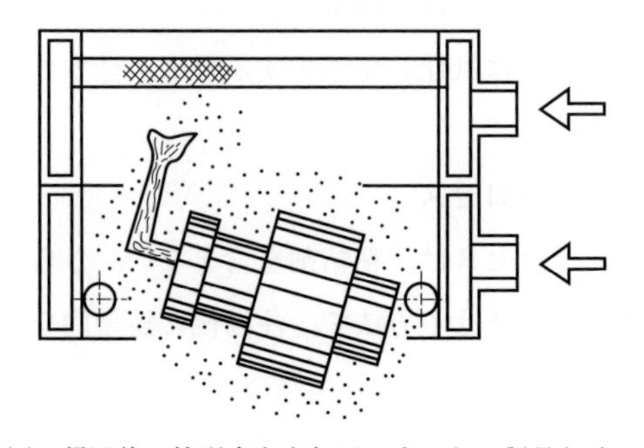

(i)　凝固後，鋳型内を大気圧にすると，製品と砂は分離する。

図７－17　V・プロセス

1.3　鋳物の種類と鋳造材料

(1)　鋳物の種類

金属を溶解して鋳型に流し込むと鋳物ができるが，どのような金属でも鋳造できるというわけではない。溶解温度が低いことが望ましく，溶解した金属の流動性がよくて収縮が少なく，溶解のときガスの吸収が少ないことなどが重要な条件になる。

鋳物はこのほか，強さや粘り気，あるいは価格などを考えてつくるが，現在多く用いられている鋳物を分類すると次のようになる。

a　鋳鉄鋳物

①　ねずみ鋳鉄　②　球状黒鉛鋳鉄　③　合金鋳鉄
④　可鍛鋳鉄　⑤　チルド鋳鉄

b　鋳鋼鋳物

①　普通鋳鋼　②　特殊鋳鋼

c　非鉄金属鋳物

①　黄銅鋳物　②　青銅鋳物　③　アルミニウム合金鋳物
④　亜鉛合金鋳物　⑤　マグネシウム合金鋳物　⑥　ホワイトメタル

(2)　鋳造材料

つくる鋳物の種類によって地金が異なるが，主な鋳造材料を挙げると，次のとおりである。

a　銑　鉄，鋼

①　銑　鉄……ねずみ銑鉄，白銑鉄
②　鋼くず……軟鋼くず，古鋼材
③　古鋳鉄……不良鋳物，湯口，押し湯など

b　合　金　鉄

フェロシリコン，フェロマンガン，フェロクロム，フェロニッケルなど

c　非鉄金属

各種金属地金，金属くず

1.4　金属の溶解と鋳込み

(1)　溶　解　炉

鋳鉄の溶解用としては，キュポラが主に用いられるが，最近は電気炉も多く使用されている。銅合金用としては，るつぼ炉が主として用いられ，軽合金用としては，るつぼ炉や反射炉が用いられている。

a　キュポラ

キュポラは鋳鉄の溶解用として最も広く用いられており，その特徴を次に示す。

① 熱効率がよい。

② 設備費が安い。

③ 鋳鉄の材質に適合している。

キュポラの構造を図7－18に，その外観を図7－19に示す。キュポラのうち，小形で3～5段に分解可能なものをこしきと呼んでいる。

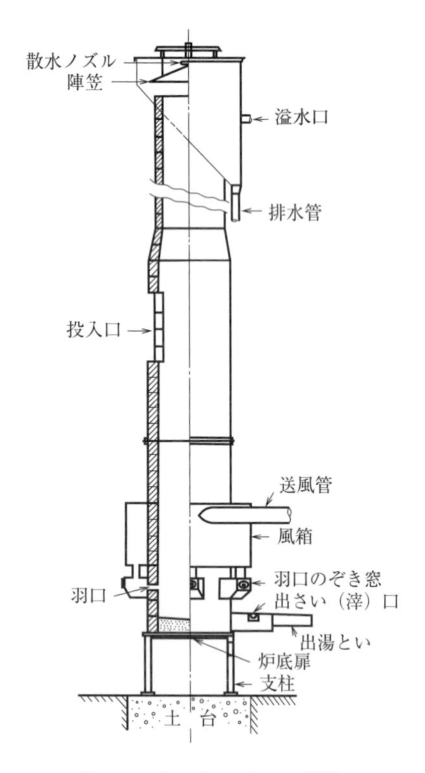

図7－18　キュポラの構造

図7－19　キュポラの外観

b　るつぼ炉

るつぼを炉中に入れて，外部から加熱して溶解する炉で，黒鉛るつぼが主として使用される。るつぼの大きさは番号で表し，その1番は銅合金1kgを溶かす大きさに決められている。るつぼ炉の燃料には，コークス，ガス，重油を用いる。図7－20にるつぼ炉を，図7－21にるつぼの形状を示す。

c　電気炉

電気炉には，アーク炉，誘導炉があり，これを分類すると次のようになる。

① アーク炉
- ジロー式電気炉
- エルー式電気炉（図7－22）

② 誘導炉
- 低周波誘導炉（図7－23）
- 高周波誘導炉（図7－24）

電気炉の特徴は，溶湯の温度調節が簡単で，成分の配合調整も簡単で正確にできることである。しかし，設備費が高く，電力消費量も多く，途中で溶湯を抜き取れないことが欠点である。

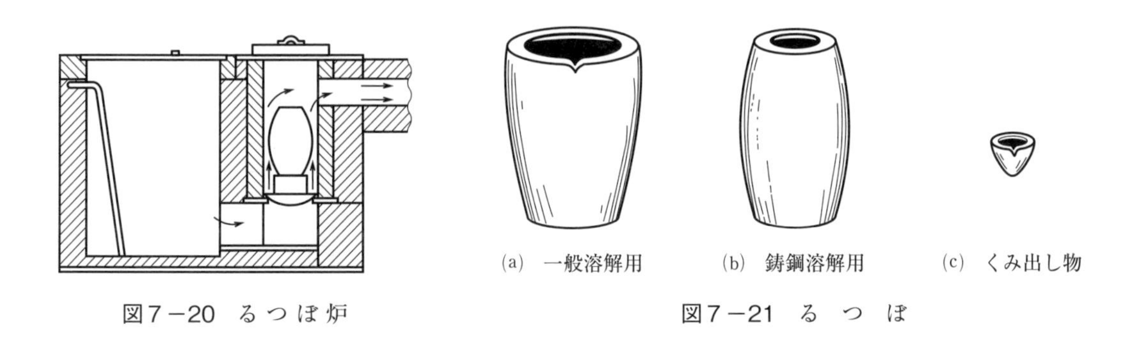

図7－20　るつぼ炉　　図7－21　る　つ　ぼ

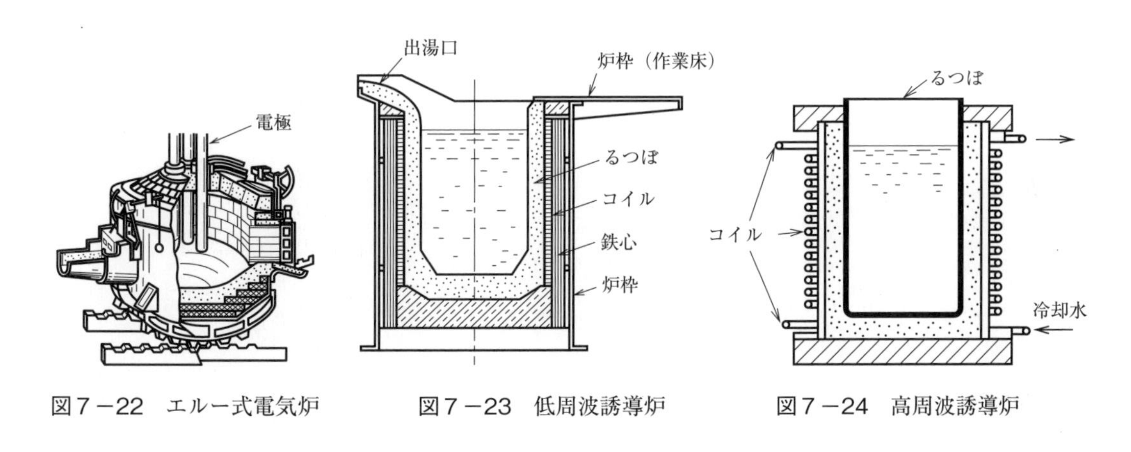

図7－22　エルー式電気炉　　図7－23　低周波誘導炉　　図7－24　高周波誘導炉

(2)　鋳込みとその後の処理

a　鋳　込　み

溶湯を運び，鋳型に注入するには，とりべを用いる。とりべには1人で取り扱える10kg程度の小さい容量から，クレーンで運ぶ大形の容量まである。

鋳込み温度は，金属の種類，成分，鋳物の形状，大きさ，肉厚などを考えて適当な鋳込み温度を決める。

b　後処理と検査

鋳物の大小，材質などによりこの作業に差はあるが，注湯後は鋳型のまま放置し，冷却後に鋳型から取り出し，湯口・押し湯の除去，ばり取り，鋳肌清浄，鋳仕上げなどを行って検査する。

検査項目としては，外観と鋳肌の状態，形状，寸法，質量，欠陥の有無，化学分析や引張試験，組織検査などがある。

〔第７章のまとめ〕

第７章で学んだ鋳造に関する次のことについて，各自整理しておこう。

⑴　鋳物にはどのような特徴及び利点があるか。

⑵　原型にはどのような種類と用途があるか。

⑶　鋳型にはどのような種類と材料があるか。

⑷　造形法にはどのような種類と用途があるか。

⑸　鋳物にはどのような種類と鋳造材料があるか。

⑹　金属の溶解と鋳込みはどのように行うか。

第8章
塑性加工法

材料に力を作用させて変形させ，所定の形状に成形する加工法を塑性加工という。塑性加工では材料に変形を与えると同時に，材質の改善も可能である。切削加工のように素材の不要な部分を切りくずとして捨てることがないため，材料のむだが少ない。また，塑性加工の多くが，金型形状を素材に転写する技術であることから，極めて生産能率の高い加工法である。

本章では鍛造法と板金加工法について，基本的事項を述べる。

第1節　鍛　造　法

1.1　鍛造とその材料

（1）　鍛　　造

金属素材を常温もしくは適当な温度に加熱して，作業用工具又は金型によって力を与え，所要の形状・寸法に成形すると共に，組織や機械的性質を改善する作業を鍛造（forging）という。鍛造は，不要な部分を削り取ることによって所定の形状にする切削加工に比べ，材料の節約ができる。また鍛造品は図８－１(a)のように，組織が繊維状に連続しているため強い。反対に切削加工だけでつくられた製品は，同図(b)のように繊維が切断されているため，鍛造品に比べて強度が劣る。

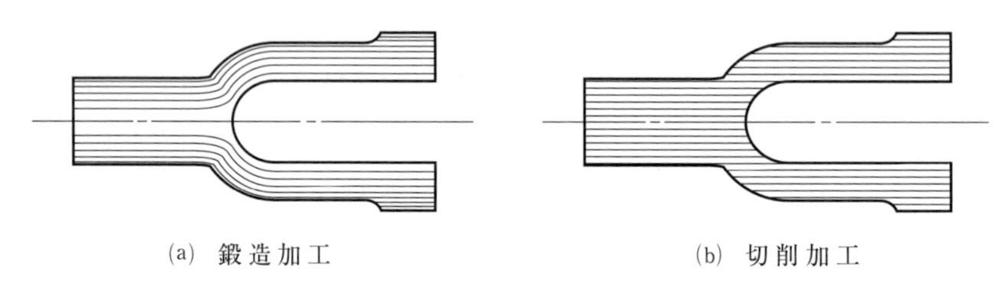

図８－１　組織の流れ

鍛造品は鋳物製品と比較しても，組織や機械的性質が優れ，信頼性があるため，機械の重要部品に多く用いられている。

鍛造は金属素材の加工温度により，熱間鍛造と冷間鍛造に分けられ，また，金属素材に力を与える工具の形式により，自由鍛造と型鍛造に分けられる。

自由鍛造は，単純な曲面をした汎用工具を用い，素材に局所的な変形を繰り返し与えて成形していく鍛造である。変形を与える方向以外に素材はなんら拘束されないため自由鍛造と呼ばれる。

型鍛造は，成形すべき鍛造品の表面形状に合わせた金型によって，素材表面の大部分を同時に加圧，あるいは拘束して成形する鍛造である。

（2）　鍛造材料

鍛造に用いられる金属は，大きな変形を与えても割れが生じにくく，変形に要する力が少ない材料が望ましい。鉄鋼材料は鍛造材料として最も多く用いられており，その種類は炭素鋼，合金鋼，肌焼鋼，ステンレス鋼など多種に及ぶ。中でも炭素量0.1～0.2％の低炭素鋼は可鍛性がよい。非鉄金属材料としてはアルミニウム，銅，マグネシウムとそれらの合金，亜鉛，すずなどが用いられている。

1.2　熱間鍛造と冷間鍛造

熱間鍛造（hot forging）は加工する金属材料の再結晶温度よりも高い温度範囲で行う鍛造法であり，冷間鍛造（cold forging）は材料の再結晶温度よりも低い温度範囲で行う鍛造法である。鉄鋼材料の再結晶温度は600～700℃であるが，鉛の再結晶温度は室温以下（－３℃）である。したがって鉛を室温で鍛造しても，それは熱間鍛造となる。

熱間鍛造では金属材料の結晶粒が機械的に微細化され，さらに再結晶によって均一化されることから機械的性質は著しく改善される。また加工力の低減，延性の増大といった利点もある。しかし表面酸化膜の残存，熱収縮による寸法精度の低下といった問題点もある。

一方，冷間鍛造では高精度，加工硬化による強度の向上，良好な表面仕上がり，加熱の必要がないため高生産性といった利点をもつ。反面，加工に要する力が大きく，金型への負荷が大きくなること，材料の延性が少ないといった欠点がある。

1.3　自由鍛造の設備と工具

自由鍛造の設備としては，材料を鍛造温度まで加熱する炉と，加熱した材料を加工する鍛造工具と鍛造機械などが必要である。

（1）　加 熱 設 備

加熱する材料の大きさ，形状，肉厚，加熱温度及び加熱目的によって，使用する炉の形式が異なる。

a　ほど（火床）

ほど（furnace）は，小物の鍛造のとき材料を加熱する炉である。一般に，れんが積みで，送風機で風を送って燃料（コークス，粉炭）を燃やす。図８－２に，ほどの構造を示す。

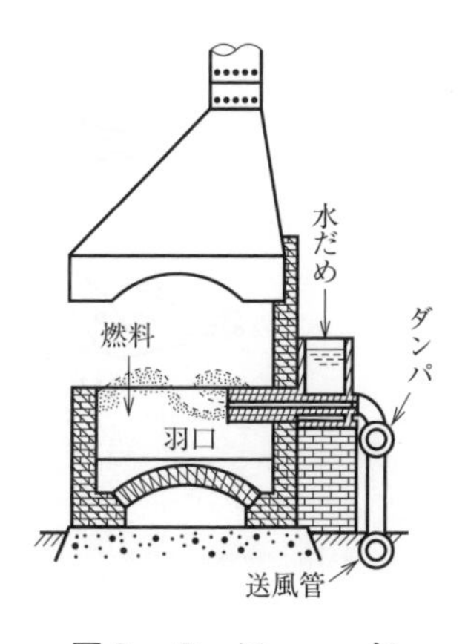

図８－２　ほ　　　ど

b　加　熱　炉

加熱炉は，大物や厚物の材料を均一に加熱するために用いる炉である。密閉式の炉が多い。燃料には石炭，コークス，重油，ガスなどが用いられる。重油炉とガス炉は温度の自動制御が容易である。図８－３に加熱炉の一種である反射炉を示す。

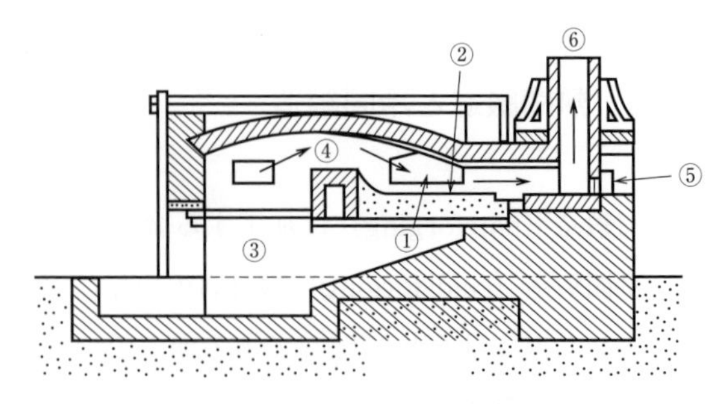

図８－３　反　射　炉

（2）　鍛 造 工 具

a　材料のつち打ちに用いる台

①　金敷（アンビル）（図８－４）

②　定盤

③　はちの巣（図８－５）

b　工作物をつかむ工具

火ばし（やっとこ）（図８－６）

c　つち打ちをする工具

大ハンマ，小ハンマ（図８－７）

d　切断する工具

①　たがね（図８－８）

②　おとし

e　成 形 工 具

①　へし（図８－９）

②　タップ（図８－10）

f　穴をあける工具

①　ポンチ

②　打ち込み矢

g　測　定　器

①　スケール

②　コンパス

③　外（内）パス

④　直角定規（スコヤ）

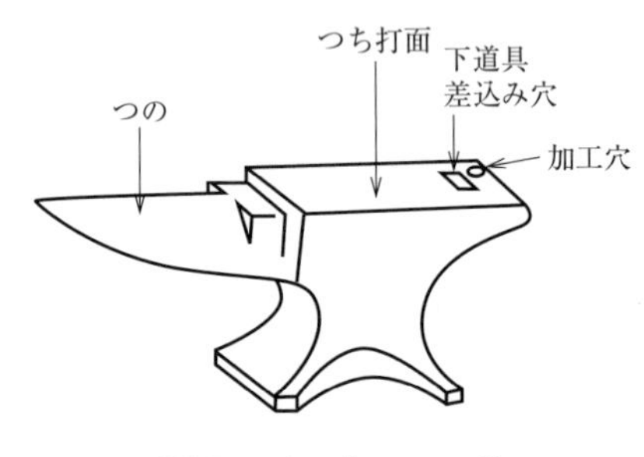

図８－４　金　　敷

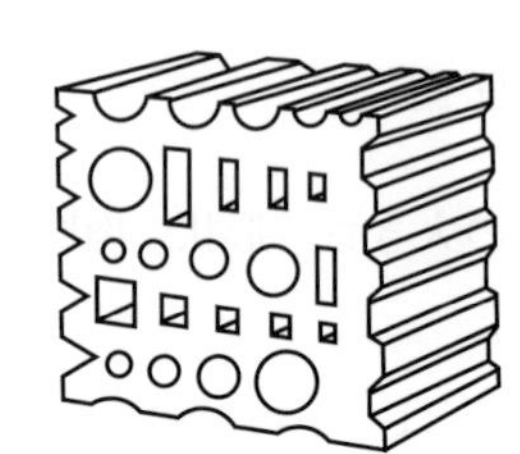

図８－５　はちの巣

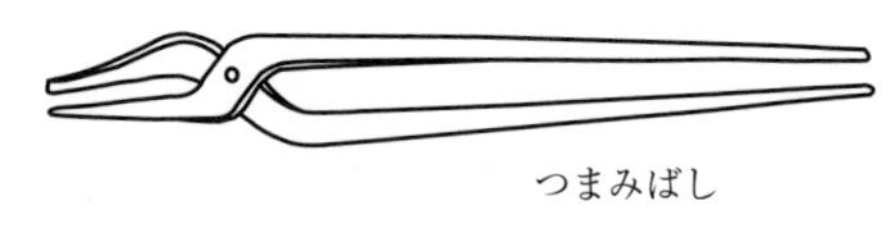

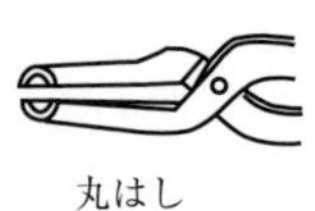

図８－６　火　ば　し

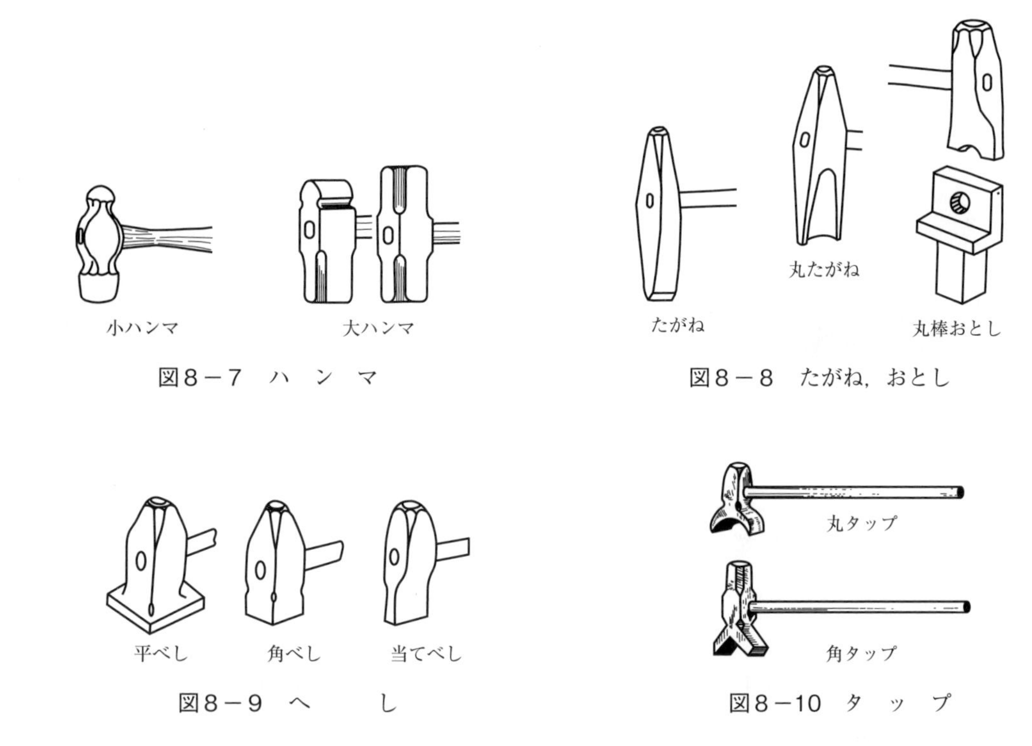

図８－７　ハ　ン　マ

図８－８　たがね，おとし

図８－９　へ　　し

図８－10　タ　ッ　プ

（３） 鍛造機械

a　機械ハンマ

機械ハンマには次のような種類があり，その大きさは，つち頭及びこれと共に落下する部分の総重量で表す。

(a)　ばねハンマ

ばねハンマ（spring hammer）は図８－11に示すように，ハンマを持ち上げる機構に，クランクとばねを利用した機械で，使い方は簡単である。能力は$\frac{1}{4}$ｔ以下が一般的である。

(b)　空気ハンマ

空気ハンマ（air hammer）は図８－12に示すように，機械の一部に空気圧縮装置があり，圧縮空気を自給する形式の機械が一般に使用されている。大きさは$\frac{1}{10}$～２ｔ程度の機種が多く用いられている。

(c)　ドロップハンマ

ドロップハンマ（drop hammer）は図８－13に示すとおり，主として型鍛造に用いられ，板ドロップハンマ，ベルトドロップハンマなどがある。つち頭を一定の高さまで引き上げ，これを落下させて打撃を加えて成形する。

b　鍛造プレス

鍛造プレスは，水圧又は油圧を利用して大きい圧縮力を緩やかに加えて加工するため，騒音，振動が少なく，力を工作物に均一に加えることができる。

図８－11　ばねハンマ
出所：（有）寺澤鉄工所

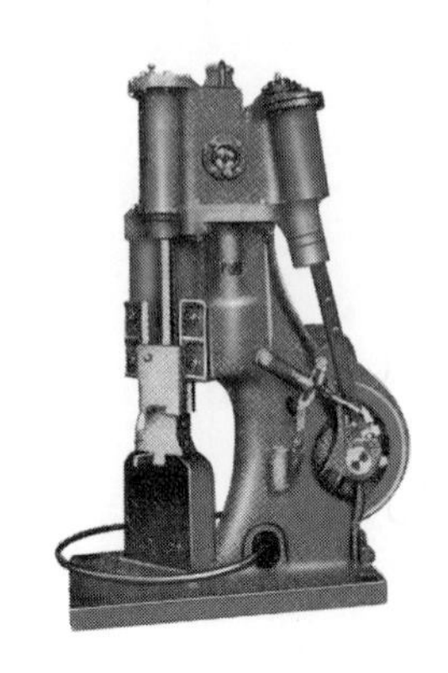

図８－12　空気ハンマ

図８－13　ドロップハンマ
出所：（株）エヌエスシー

1.4　自由鍛造の基本作業

（1）　地 金 取 り

鍛造に当たり，所要材料を丸，角などの棒材から切り取ることを地金取りという。

地金は，加熱して鍛造すると，表面が酸化して減少する。これを焼減りと呼んでいる。焼減りは加熱温度や加熱回数によって変化するが，一般に製品質量の５～10％程度である。鍛造後に切削加工を必要とする場合には，仕上げしろを付けておく。仕上げしろは形状からみた成形の難易度，仕上げの程度などによって異なるが２～５mm 程度である。

また鍛造作業中，材料を保持するためのつかみしろを付けたり，鍛造後切削加工する際の機械への取付け作業を便利にするための取付けしろを付けたりすることがある。

したがって，正味製品重量，鍛造中の減り，仕上げしろ，つかみしろなどに相当する重量の合計が地金の重量となる。

（2）　基 本 作 業

自由鍛造には手作業による場合と，鍛造機械を使用する場合の２種類がある。手作業は，一般に２人が１組になって，金敷を挟んで向かい合って作業を行う。主動的な立場で進める人を横座といい，その指示によって大ハンマを振ってつち打ちをする人を先手という。

自由鍛造の基本作業を，次に述べる。

a　切　　断

切断（cut-off）は図８－14 に示すように，材料を二つに切断する作業である。

b　伸　ば　し

伸ばし（drawing，swaging）とは，図８－15 に示すように，材料を細く長くしたり，厚さを薄くし，幅や長さを大きくしたりする作業である。

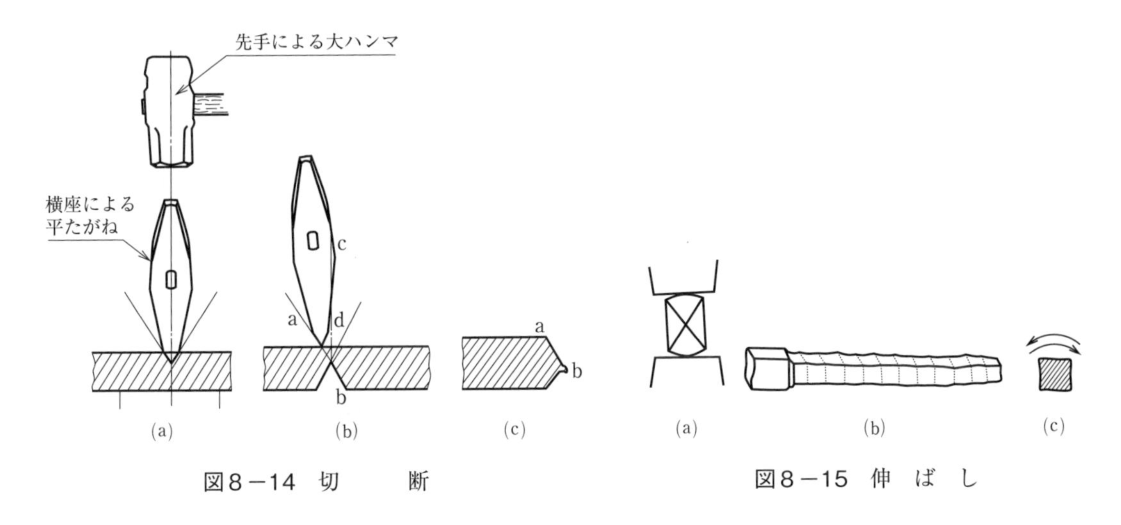

図8－14　切　　断　　　図8－15　伸　ば　し

c　す　え　込　み

すえ込み（upsetting，upset forging）はすくめともいい，図８－16に示すように，材料を長手方向に圧縮して太く短くする作業である。

d　曲　　　げ

曲げ（bending）とは，図８－17に示すように，材料を曲げる作業である。角をシャープに曲げるときには，あらかじめ曲げる部分をすえ込んでおいた上で曲げなければならない。

e　せ　ぎ　り

せぎり（setting down）は，図８－18に示すとおり，材料に切込みを入れ，この部分を境として一方だけを伸ばす作業である。

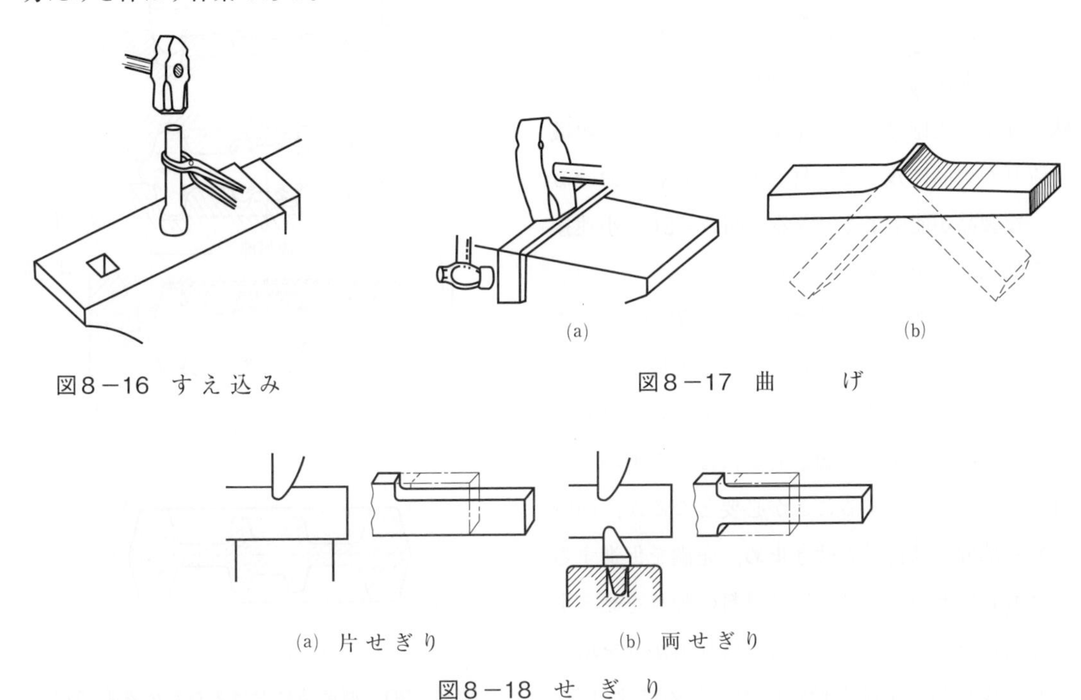

図8－16　す え 込 み

図8－17　曲　　　げ

(a)　片 せ ぎ り　　(b)　両 せ ぎ り

図8－18　せ　ぎ　り

f　穴　あ　け

穴あけ（punching）は，図８－19に示すとおり，ポンチで穴あけをする作業である。

g　鍛　　　接

鍛接は，わかし付けともいい，高温に加熱した二つの材料を接触させ，これをつち打ちするか又は圧力を加えて接合する作業である。

鍛接温度は一般の鍛造温度より高く，鋼材の場合は1200～1300℃程度である。

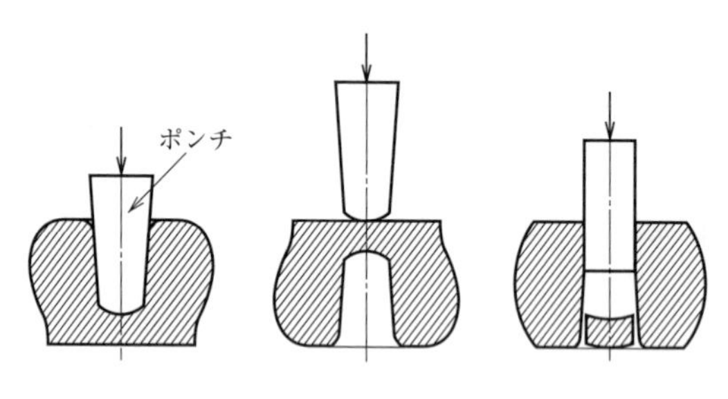

図８－19　穴　あ　け

1.5　型　鍛　造

図８－20のように，加工素材を，上下１組の鍛造型の間に挟んで加圧すると，材料は型のくぼみどおりの形状になる。

また，次第に製品に近くなるような数組の型をつくり，順次これによって型打ちしていけば，形状，寸法が正確で余分な重量が少なく，鍛造組織の流れが製品に残って，材質的にも信頼のおける均一な製品が能率よくできる。図８－21に小連接棒の加工順序を示す。

図８－20(a)のＤに示したように，鍛造型は，成形すべき鍛造品の表面形状に合わせた成形部のほかに，ばり道，ばり溜りからなっている。材料を成形部の隅々にまで充満させるには，金型内での材料の動きをよくすることが必要となるが，同時にある部分では材料をせき止め，充満を促進することも必要となる。ばり道は材料の動きをせき止める役目をする部分で，材料の盛り上がりを増大させ，成形品を正確な形状にするために設ける。

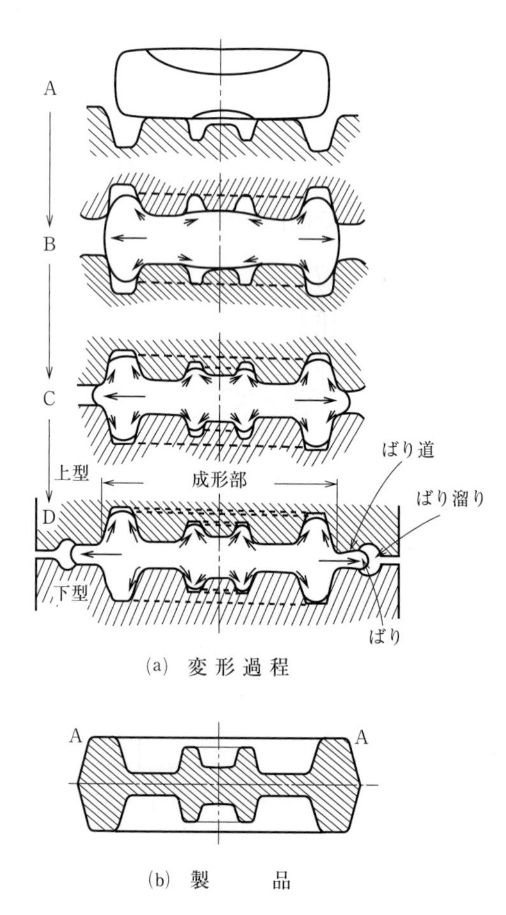

(a)　変形過程

(b)　製　　品

図８－20　型鍛造における材料の変形過程

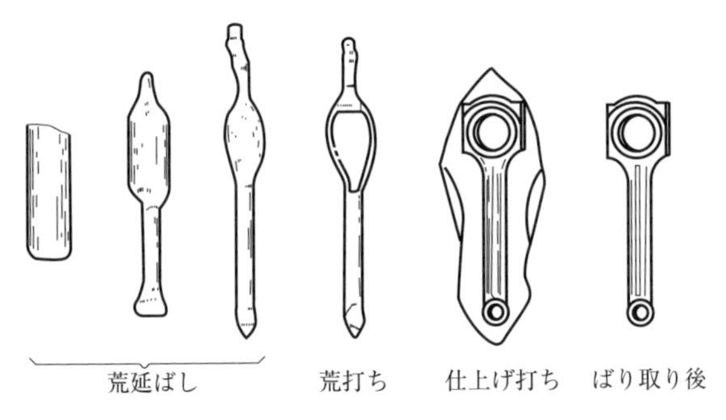

図８－21　小連接棒の加工順序

ばり溜りは，はみ出してきたばりを逃がす部分である。

鍛造型の材料としては，クロム鋼，ニッケルクロムモリブデン鋼，クロムモリブデン鋼などの合金鋼，工具鋼が使われる。生産量が比較的少ない場合は炭素工具鋼を用いることもある。

鍛造された製品は，そのまま使用することはなく，加工による内部ひずみを除き，組織を標準状態に戻すために，一般に焼なましを行う。また，工具やばねなどの場合は，焼入れ，焼戻しなどの作業を行う。熱間鍛造品表面の酸化鉄は，ショットピーニングや酸洗いにより除去する。

1.6　熱 処 理 法

硬鋼は，刃物の形につくっても，そのままでは軟らかくて切れずに刃先は丸まってしまう。そこで，刃先を赤熱状態に加熱して冷却剤で急冷すると，硬くなって刃物として使えるようになる。また板金など冷間加工したために硬化した工作物や，鍛造によって残留応力を生じたり，内部にひずみを生じたりした工作物も，高温度に加熱してゆっくり冷却すると，加工前の正常な状態に戻る。

このように，一般に金属は，適当な温度に加熱して適当な速さで冷却すると，加熱前とは非常に違った性質になる。このように，使用目的に従って金属の性質や結晶組織を変える操作を熱処理（heat treatment）という。

熱処理には，目的や方法の相違によって，焼入れ，焼戻し，焼なまし，焼ならし，表面硬化などの種類がある。熱処理を行う場合には，炭素量を考えて変態点を知り，目的に沿うように，加熱温度，冷却速度を加減しなければならない。

熱処理と関係の深い鋼の変態は図８－22に示すA_1線，A_3線，A_{cm}線で発生する。A_3線は，冷却時にオーステナイトからフェライトが析出される変態を生じることを表しており，純鉄では912℃でA_3変態が起こる。変態の発生する温度のことを変態点ということから，A_3変態の起こる温度をA_3点と呼ぶ。A_{cm}線はオーステナイトからセメンタイトが析出される変態の生じることを表している。A_3線，A_{cm}線よりさらに冷却していき，A_1線（727℃）に達すると，残りのオーステナイトからフェライトとセメンタイトが同時に析出する。A_1線で生じる変態をA_1変態，共析変態又はパーライト変態と呼ぶ。A_3線とA_{cm}線の交点に当たる炭素鋼は，炭素量0.77％の共析鋼と呼ばれ，炭素量が0.77％以下の炭素鋼を亜共析鋼，0.77％以上の炭素鋼を過共析鋼という。

熱処理の加熱に際しては，脱炭や加炭がないように注意し，また，材料を必要な温度に均一に加熱するように注意する。冷却速度が大気中の放冷より速いかどうかによって，急冷と徐冷とに分けられる。

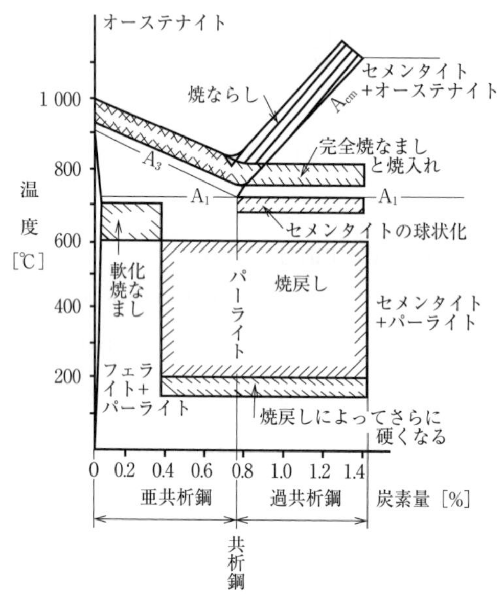

図8−22　炭素鋼の熱処理加熱温度

(1)　焼　入　れ

高温（材料の変態点以上の温度）に加熱した材料を，水，油あるいは空気中で冷却して硬化させる方法を焼入れ（quenching）という。鋼の場合についていえば，オーステナイトから徐冷すればパーライトに変態する。しかし，急冷することによってこれを阻止し，針状の結晶で非常に硬いマルテンサイトに変化させることができる。

炭素鋼の焼入れ温度は，亜共析鋼ではA_3点以上30〜50℃，過共析鋼ではA_1点以上30〜50℃が適当である。また，一般の強じん鋼は亜共析鋼と同じ程度の温度で，炭素工具鋼又は低合金工具鋼は過共析鋼と同じ程度の温度で焼入れする。

加熱は徐々に温度を上昇して，工作物の各部が均一に焼入れ温度になるようにする。焼入れ温度に適当な時間を保ったら，迅速に取り出して急冷する。大きな工作物は，まず，水で焼入れして400〜500℃に下がったころに取り出して油中に入れる。硬鋼や肌焼鋼などは，水焼入れすると，焼割れを生じることがあるから，油又は熱浴を用いて弱く焼入れをし，次に，水で第二次の焼入れをする。

(2)　焼　戻　し

焼入れした鋼は，硬くなるが同時にもろくなるため，これに必要な粘りをもたせるために，A_1点以下の温度に再加熱する操作を焼戻し（tempering）という。

鋼をオーステナイト状態から徐々に冷却すると，常温でパーライトの組織になる。しかしこの変化は，オーステナイト→αマルテンサイト→βマルテンサイト→微細パーライト→パーライトと段階的変化を経過する。

焼入鋼の組織は，焼戻しによって，微細パーライトなどに変化する。微細パーライトは，マルテンサイトより安定で，粘り気があって軟らかい。図８－23は，0.9％炭素鋼の焼戻しによる硬さの変化を示す。

硬くて粘り強い組織を得るには，焼入れ・焼戻しの２段操作によっている。しかし，冷却に熱浴を用いると，１回の加熱でほぼ目的を達せられる。図８－24に示すように高温度から溶塩又は融解金属中に焼入れする。高温度範囲は熱浴によって急冷し，かつ，その温度で変態が完了した後，熱浴から引き上げて空冷する。この方法をオーステンパという。

工具やばねなどを多量に焼戻しするには，油中に工作物を浸して適当な温度に加熱する。このようにすると，均一に適切な焼戻しができる。

また，種々の鉄，非鉄の時効硬化性合金の中には，焼戻し後，時間が経過すると硬くなるものがある。このような処理を人工時効，焼戻し時効処理という。ジュラルミンはその例である。

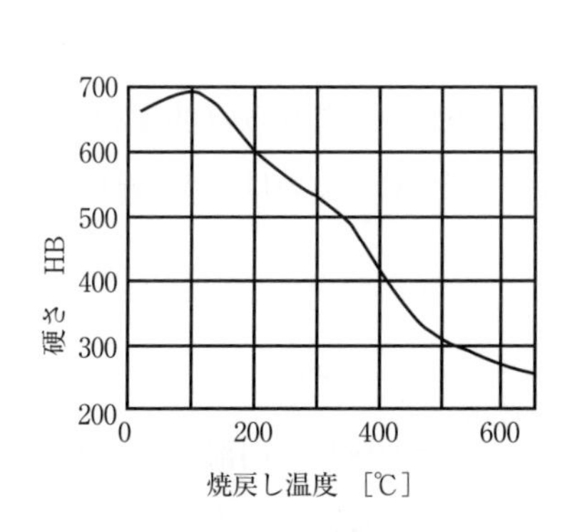

図８－23　0.9%炭素鋼の焼戻し硬さ

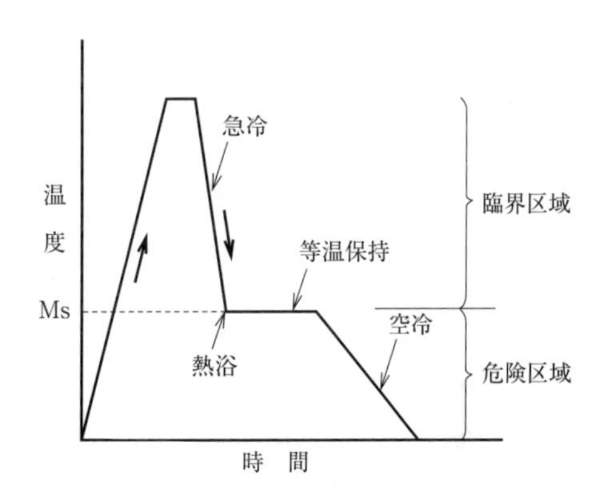

図８－24　熱浴焼入れにおける冷却曲線

（3）　焼なまし

焼なまし（annealing）は，材料の軟化，残留応力の除去，結晶粒の正常化などの種々の目的で行う熱処理で，材料を適当な温度に徐々に加熱した後，冷却も徐々に行う操作である。

a　完全焼なまし

鋳造品は，偏析があったり，組織も不均一になっている。また，鋳造品は，部分加工や抑圧によって応力が不均一に生じており，結晶粒も粗大化していることが多い。そこで，亜共析鋼ではA_3点以上の温度に，過共析鋼ではA_1点以上の温度に必要時間加熱して，再結晶により微粒のオーステナイト組織に変えた後，炉中又は石灰，わら灰の中に埋めて徐冷して標準組織にすることが広く行われる。これを完全焼なまし（full annealing）という。

b　低温焼なまし（軟化焼なまし）

常温加工によって硬化した材料を軟化し，又は内部ひずみや残留応力を除くために，材料を再結晶温度以下に加熱してから徐冷する。これを低温焼なまし（low temperature annealing, softening annealing）という。鋼の場合は600℃前後に，銅，黄銅などでは300～400℃（実際作業では600℃程度に），アルミニウム及びその合金は350～400℃程度に加熱し，炉中に置いたまま熱源を絶ち，ゆっくりと温度の降下を待つ。

溶接部品も，溶接部に残る残留応力除去のために，この焼なましを行うことがある。

c　球状化焼なまし

工具鋼などの過共析鋼では，切削性又は粘り強さを増し，あるいは焼入れのときの焼割れを防止する目的で，鋼中の網状になっているセメンタイトを球状化する処理を，球状化焼なまし（spheroidizing）という。その方法は，以下のように行う。

①　A_1点の少し下の温度で材料を長時間加熱した後，徐々に冷却する。

②　A_1点の上下20～30℃の間で材料に加熱冷却を繰り返した後，徐々に冷却する。

（4）　焼 な ら し

加熱した材料，例えば，鍛錬終了温度の高い鍛造品，厚肉鋳造品などの結晶粒は，大きなオーステナイト粒から変態した組織であるから，非常に粗くて機械的性質が悪い。これらの組織を標準状態にし，性質をよくする熱処理を焼ならし（normalizing）という。鋼をA_3あるいは，A_{cm}線以上約30～50℃に均一に加熱し，静かな空気中に放冷する。

（5）　表面硬化法

歯車，クラッチなどの機械部品では，表層が硬くて摩耗に耐えると同時に，内部が粘り強くて衝撃にもよく耐える必要がある。このような部品は粘り強い材料で成形した後，その表面だけを硬化させる。この表面硬化法（surface hardening）には，化学熱処理により鋼の表面層に炭素や窒素を拡散させる浸炭法や窒化法，高周波電流や火炎により表層のみを急速に加熱し急冷する高周波焼入れや炎焼入れ法などがある。

a　浸　炭　法

浸炭法（carburizing）は，鋼の表面から炭素を侵入拡散させ，外層だけ炭素の多い高炭素組織を得る化学処理である。これには低炭素鋼（C0.2％以下）が用いられている。浸炭法には木炭，コークス，骨炭などの固体浸炭剤を用いる固体浸炭法，一酸化炭素，メタン，エタン，プロパンなどの気体浸炭剤を用いる気体浸炭法，塩浴中に青化ソーダ，青化カリを添加した液体浸炭剤を使った液体浸炭法がある。

浸炭の深さは温度，時間，浸炭剤の種類によって異なるが，最大２～３mmの浸炭層が得られる。浸炭した鋼を焼入れすると，内部には焼きが入らず，浸炭した表層部のみ硬化する。この操作を肌焼きという。浸炭と肌焼きは，ともにA_3点以上の温度で行う。

b　窒 化 法

鋼の表面に窒素を接触させて鉄との窒化物をつくり，内部に拡散させて硬化する方法を窒化法（nitriding）という。

処理できる鋼は，アルミニウムやクロム，バナジウムなどを含んだ窒化鋼である。この方法にはアンモニアガス中で550℃で50～100時間加熱する気体窒化法と，青化カリ，青化ソーダを溶融塩浴に加えて用いる軟窒化法とがある。この後者の処理は液体浸炭法と類似しているが，処理温度が520～570℃の低温で行われ，タフトライド法と呼ばれている。しかし，青化物が猛毒であることから，液体浸炭法と共に，最近はさほど行われない。

一般に窒化は他の熱処理と違って，A_1点以下の温度で行い，焼入れをする必要がない。しかも著しく高い硬さが得られ，高温硬さも安定であるが，処理に長時間を要する。硬化層の深さも0.3mm程度までで，浸炭法に比べれば浅い。

第2節　板金加工法

2.1　手板金と機械板金

金属薄板を素材とし，金属の塑性を利用して，切削によらない変形加工を板金作業（sheet metal working, thin plate working）といい，手工具による手板金と機械による機械板金とがある。

手板金は，試作や修理のように数量の少ない場合や，形状が複雑で機械や金型を用いては製作が困難な場合などに行われる。

機械板金は中，大量生産に適し，プレス機械などの板金加工機械を用いて加工することが多い。一般に，材料は常温で加工され，寸法，形状が正確で，表面が滑らかな製品が得られる。

近年，機械板金が急速に進歩発展して，従来は鋳造，鍛造によってつくられていた製品が，板金によってつくられるようになった。

金型を製作する経費と時間はかなりかかるが，同一製品を大量につくる場合は，製品1個当たりの費用はごくわずかになる。さらに，作業者の熟練をさほど必要としないため，大量生産のときは，機械板金加工はその特徴を十分に発揮し，近代工業に欠くことのできない加工法となっている。

2.2　板金材料

板金製品は自動車，航空機，鉄道車両，電気器具から事務用器，家庭用品など，非常に広い範囲にわたっているが，一般に使用される材料は，主として鋼板，銅板，亜鉛鉄板，ぶりき板，黄銅板，アルミニウム板などで，このほか，線，管類も加工の対象となることがある。

（1）　鉄鋼系材料

a　鋼　　板

鋼板（steel sheet）の中でも，板金加工に最も広く用いられる材料は軟鋼板である。熱間で圧延したものを熱間圧延軟鋼板といい，ある程度の厚さまで熱間で圧延した後，冷間で圧延仕上げしたものを冷間圧延鋼板という。

熱間圧延軟鋼板は表面に酸化鉄の膜があり，板厚1 mm以上で，加工性がさほど良好でないため構造用として使用することが多い。冷間圧延鋼板は表面がきれいで，厚さは均一であり，成形性の優れた軟らかい鋼板や硬い鋼板など用途によって選択できる。

b　ぶりき板

ぶりき板（tinplate）は冷間圧延薄鋼板にすずめっきした鋼板で，耐酸性があり，缶詰め用缶や各種の食品用缶などに用いられる。

c　亜鉛鉄板

亜鉛めっきを施した薄鋼板を亜鉛鉄板（Hot-dip zinc-coated steel sheets）という。トタン板とも呼ばれ，酸には弱いが空気中や水中における耐食性が大きいことから，建築用や家庭金物などに多く用いられている。

d　ステンレス鋼板

クロムを約12%以上合金した鋼をステンレス鋼（stainless steel）と呼び，空気中ではほとんどさびない。クロムのほかにニッケル元素を含むステンレス鋼もある。一般に，クロムやニッケルの含有量が多くなるほど耐食性は向上する。ステンレス鋼はその金属組織により，フェライト系（SUS430, 16〜18% Cr），マルテンサイト系（SUS410, 12〜13% Cr，焼入性良好），オーステナイト系（SUS304, 18% Cr-8%Ni）に大別される。

（2）非鉄金属系材料

a　銅　　板

銅板（copper sheet）は展延性に富み，電気，熱伝導性が良好であるため，電気部品，建築材料，化学機器などに広く利用される。それぞれの目的によって，精錬の方法が異なるタフピッチ銅板，りん脱酸銅板，無酸素銅板などの別がある。

b　黄　銅　板

黄銅（brass）は銅と亜鉛との合金で真ちゅうとも呼ばれ，亜鉛の含有量によって，七三黄銅（銅70%，亜鉛30%）や六四黄銅（銅60%，亜鉛40%）とも呼ばれる。前者は軟らかいことから絞りなどの成形用によく使われ，後者は硬く，丈夫なため平板の状態で使うか，又は簡単な曲げ加工用として使われる。

黄銅板は，常温で強く加工したり時間が経過したりすると自然に割れることがある。これを黄銅の時期割れ，又は自然割れという。深絞りなどの加工を行った黄銅板製品は自然割れを防ぐために200〜250℃で焼なましを行う。

c　アルミニウム板及びその合金板

アルミニウム板（aluminum sheet），耐食アルミニウム合金板，高力アルミニウム合金板，高力アルミニウム合金合せ板などがある。高力アルミニウム合金は焼入れにより軟鋼に匹敵する強さが得られる。

2.3　板金工具と板金機械

（1）板 金 工 具

手板金に使用する主な工具を図8－25に示す。

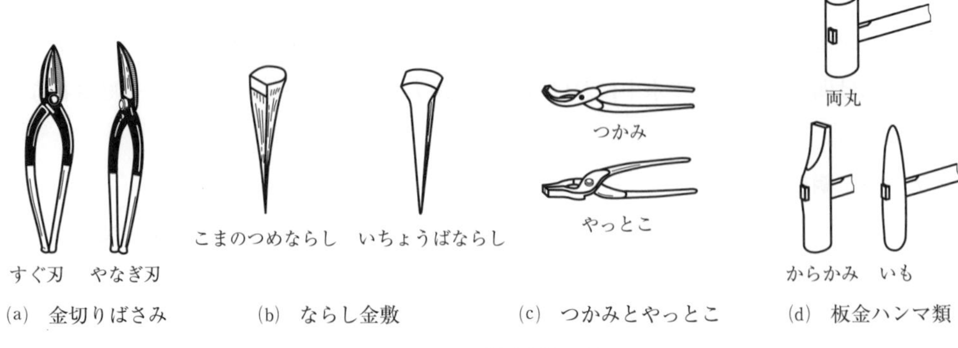

図８－25　手板金用工具

（２）　せん断機械

a　シャーリングマシン（直刃せん断機械）

シャーリングマシン（shear，shearing machine，guillotine shear）を図８－26に示す。水平に固定した下刃に対して，傾斜して取り付けられた上刃が下降して板金材料を直線状にせん断する。

b　ロータリーシャー（丸刃せん断機械）

ロータリーシャー（rotary shear）は，図８－27に示すように，互いに相接して回転する円形の上刃と下刃の間に板金材料を入れて，直線又は円形，曲線状にせん断する。

図８－26　シャーリングマシン
出所：㈱アマダ

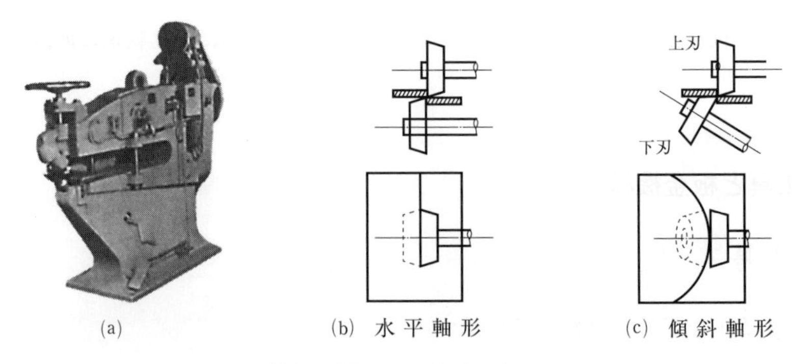

図８－27　ロータリーシャー
出所：職業能力開発総合大学校　能力開発研究センター編「板金工作法及びプレス加工法」2006，p33，図１－25～１－26

(3) 曲 げ 機 械

a　プレスブレーキ

プレスブレーキ（press brake）は，図8－28に示すように，サッシ，スチール家具のような長尺板材を曲げるための専用機である。最も多く行われる曲げ加工はV曲げで，V字形状のパンチとV溝形状のダイをそれぞれ上型，下型としてプレスブレーキに取り付けて加工が行われる。プレスブレーキの駆動動力の方式として，油圧式と機械式があるが，油圧式が多く用いられている。

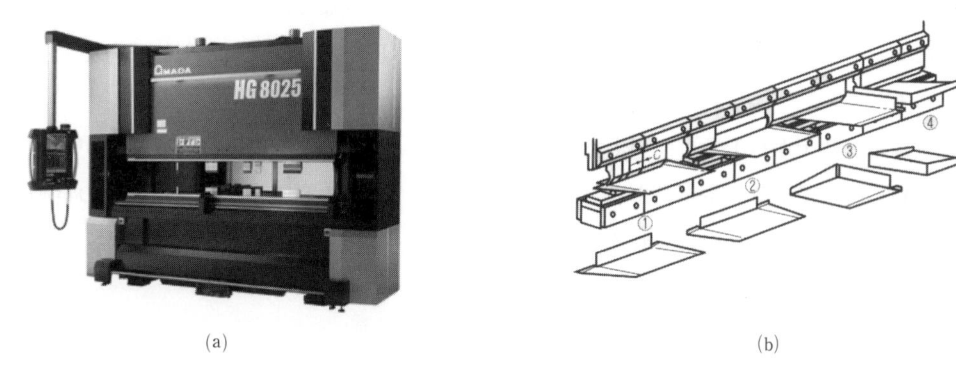

(a)　　(b)

図8－28　プレスブレーキ

(a)出所：（図8－26に同じ）
(b)出所：（図8－27に同じ）p49，図1－67

b　曲げロール

曲げロール（bending roll machine，bending roll）は板金材料を円筒状に曲げる機械である。図8－29のように，3本ロールからなり，上の調整ロールを曲げ半径に応じて上下し，その間に板金材料を通して円筒形に曲げる。

3本ロールの基本的な配置形式には，同図(b)に示すピラミッドタイプと同図(c)に示すピンチタイプがある。

ピラミッドタイプは厚板用で，同図(b)のCロールを左右に移動させて曲げ半径を調整する。ピンチ

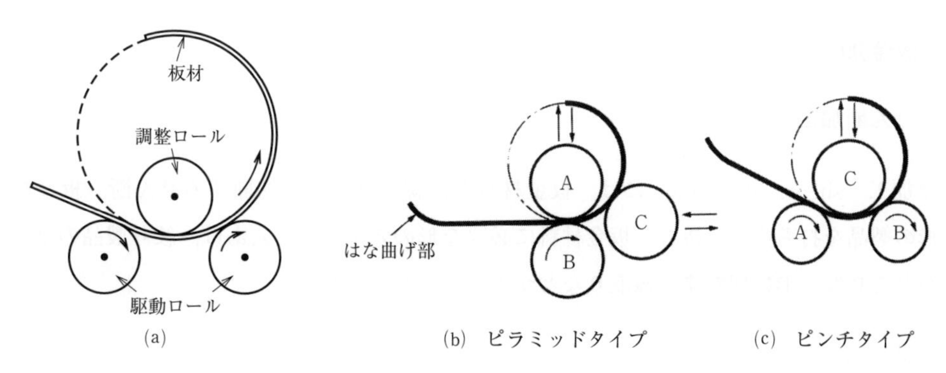

(a)　　(b)　ピラミッドタイプ　　(c)　ピンチタイプ

図8－29　曲げロール

(b)(c)出所：（図8－27に同じ）p54，図1－75

タイプは薄板用に多く使用され，同図(c)のA・Bロールで板金材を挟み，Cロールを上下（又は左右）方向に移動させることにより，曲げ半径を調整する。

（4）　プレス機械

プレス機械（press）は板金材料をパンチ及びダイの間に挟んで，打抜き，曲げ，絞り，圧印などの加工を行うために用いられる。加圧力の発生方式によって，機械式と液圧式に大別される。

機械式としては，図8－30に示すクランク機構を利用したクランクプレス，図8－31のナックル機構を利用したナックルプレス，ねじの回転を利用したねじプレスなどがあり，最近ではリニアモータを利用したプレスもある。一方液圧式は，油圧シリンダや水圧シリンダによって加圧力を発生させるプレスである。

プレス機械は毎分数十から千数百回の上下往復運動を行い，一往復ごとに一つの成形品ができる非常に生産性の高い機械である。生産性をさらに高めるために，材料の自動供給装置，製品の自動取出し装置などの周辺機器と併せて用いられることが多い。

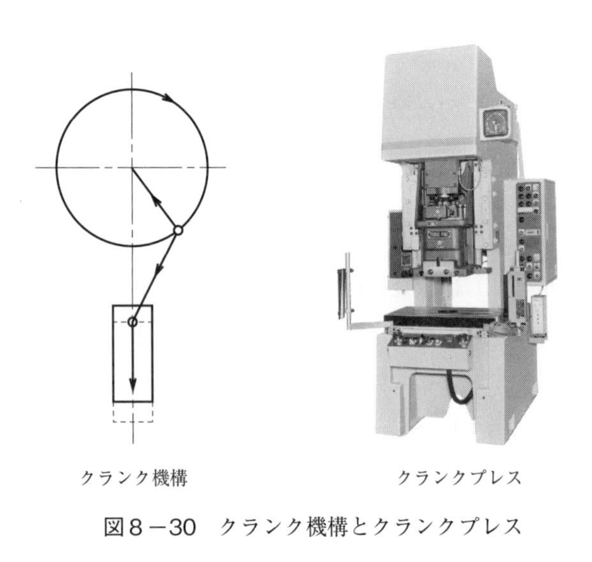

図8－30　クランク機構とクランクプレス

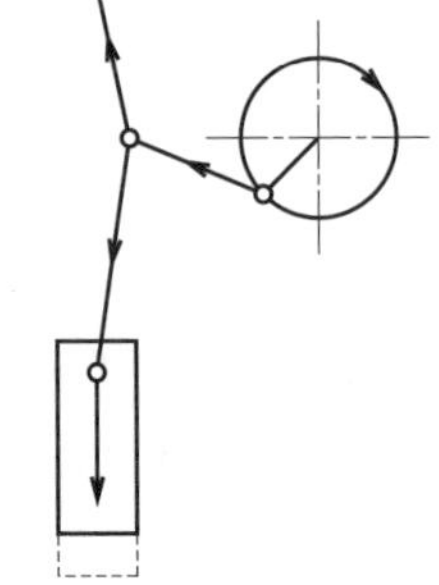

図8－31　ナックル機構

2.4　板金加工法

（1）　せん断加工

せん断加工（shear，shearing）には，板金材料を直線又は曲線に切断するせん断，板金材料から必要な形の製品を打ち抜く打抜き，板金材料に必要な形の穴をあける穴あけ，絞り製品のフランジ部の輪郭などを必要な形に切断する縁取りなどがある。

（2）　曲げ加工

曲げ加工（bending）には，図8－32に示すように，板金材料を機械で曲げる方法には折りたたみ，突き曲げ，送り曲げなどがある。

この三つの曲げ方式にはそれぞれの曲げ専用機械があるが，突き曲げのような工程の少ない比較的簡単な曲げ加工は，プレス機械に曲げ型を取り付けて行われる。

（3） 絞り加工

板金材料から，継目のない底付き容器状の製品を成形する加工を絞り加工（deep drawing）という。手作業による打出し法，スピニング加工法（ろくろ細工）による方法などがあるが，プレス機械に1組の型を取り付けて行う型絞り法が最も一般的である。

図8－33に型絞り法による円筒容器の絞り型を示す。

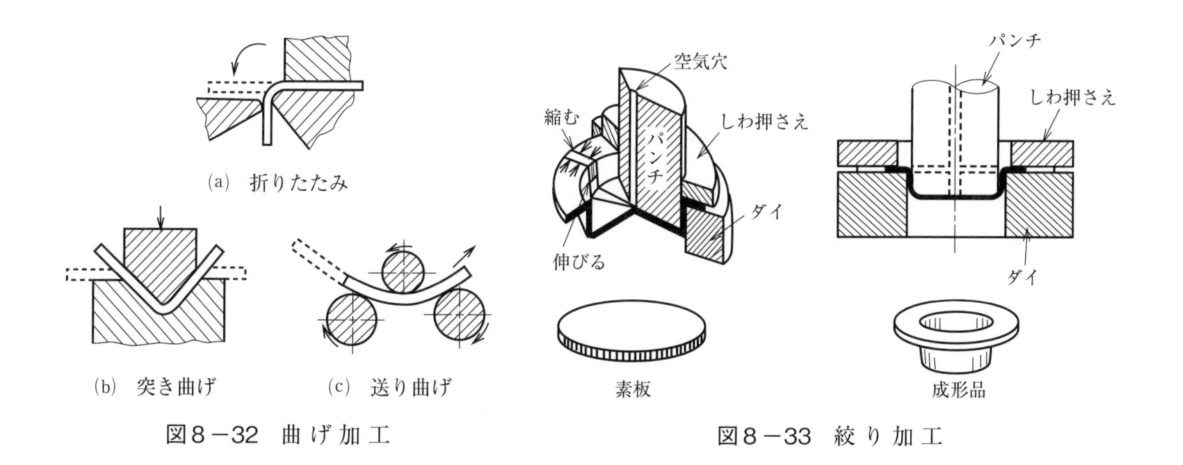

図8－32　曲げ加工　　図8－33　絞り加工

2.5 塑性加工

（1） 塑性と塑性加工

物体に外力を与えて弾性限度以上の変形をさせると，外力を取り除いても元の形状に戻らない。このように，外力を除いても変形したまま元に戻らない変形を塑性変形という。また，このような変形を生じる性質を塑性（plasticity）という。金属の塑性は材質，成分，温度などによって違うが，一般の金属は高温度のときに塑性変形が大きくなる。この金属の塑性を利用して加工変形する作業を塑性加工（forming, metal forming, plastic working）という。

（2） 塑性加工の種類

塑性加工は板材，管材，形材，棒材などの素形材を製造する一次塑性加工と，製造された素形材を機械部品，自動車外板などに成形する二次塑性加工とに大別される。

一次塑性加工には圧延，引抜き，押出しなどの加工法があり，生産される全金属材料の約90％が一次塑性加工を経ている。二次塑性加工には，板金プレス加工，鍛造，転造など非常に多くの加工法がある。二次塑性加工によって製造される製品は，ねじなどの各種部品をはじめ，自動車車体，航空機などおよそ金属工業製品全般に及ぶ。

(3)　圧延，引抜き，押出し，転造及び特殊成形

a　圧　　延

図8－34に示すように，圧延（rolling）は，高温あるいは常温の材料を回転する二つのロールの間に通し，材料の塑性を利用して形材，板材，管材などを能率よくつくる方法である。冷間圧延は寸法の正確さと材質改善ができることから，最終工程の圧延として行われる。

b　引 抜 き

引抜き（drawing）とは，図8－35に示すように，円すいの穴をもったダイに，穴よりもやや太い棒又は管状の材料を通して，穴の径まで絞り，線や管をつくる加工法である。

c　押 出 し

円筒形のコンテナの中に素材を入れ，大きな力を加えて材料に流れを起こさせ，ダイの穴やすき間から押し出す直接押出し法，流体で素材の全体を包み込み，圧力を加えて材料に流れを起こさせ，ダイの穴やすき間から押し出す静水圧押出し法がある。直接押出し法と静水圧押出し法の略図を，図8－36に示す。

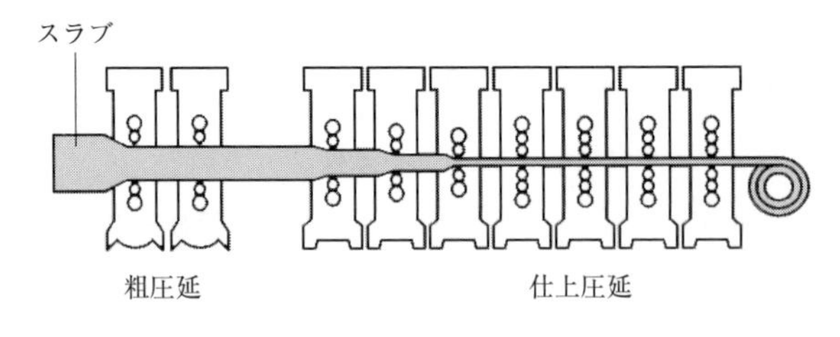

図8－34　圧　　延

出所：日新製鋼（株）

p：導入部　q：絞り部　r：整形部
s：逃げ　α：絞り角　β：導入角　γ：逃げ角

図8－35　引抜きダイ

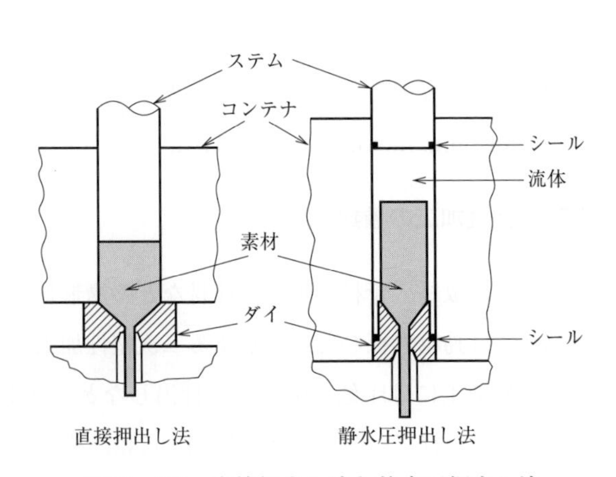

図8－36　直接押出し法と静水圧押出し法

直接押出し法では，素材が圧縮されて半径方向に広がり，コンテナ壁に対してきつくしまってしまい，素材が潤滑されていても，大きな摩擦力が生じることがある。特に高温，高圧などの条件のもとでは著しい。静水圧押出し法では，流動体が素材を完全に包み込んでおり，変形部より上の素材はコンテナの内径いっぱいにふくれることがないため，押出し圧力が低く，複雑な形状の製品が押し出せるなどの利点がある。

d　転　　造

丸い素材を一対のダイで挟み，一方のダイを他方のダイに対して平行に移動させ，素材の外周を工具の形と同じにする加工法を転造（form rolling）という。転造品は繊維組織が連続しているため機械的に強く，加工時間も短く，加工精度もよいなどの利点がある。ねじや歯車などはこの方法によって，秒単位の極めて短時間に製作することができる。図8－37にねじ転造の例を示す。

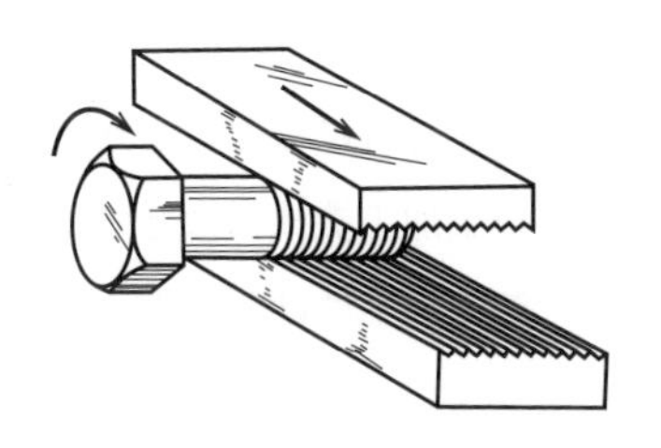

図8－37　ねじ転造

e　特殊成形法

(a)　爆発成形

爆発成形（explosive forming）とは図8－38に示すように，爆薬の爆発力を利用する方法で，水槽内に素材を取り付けた型を沈め，型と素材の間を真空にして水槽内で爆薬を爆発させ，そのとき発生した強い水圧で素材を型に押し付ける。大形部品の成形に適している。

(b)　液中放電成形

図8－39に示すように，爆薬を用いる代わりに水中において放電を行い，そのときの大きな衝撃によって素材を型に押し付ける方法が液中放電成形（electrohydraulic forming）である。爆発成形に比べて危険性の少ないことが特徴である。

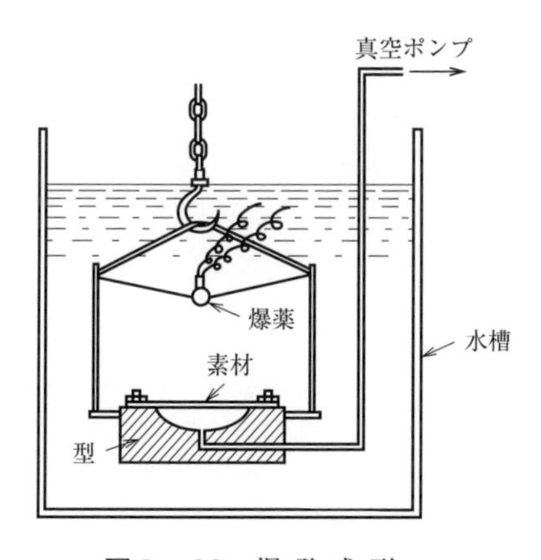

図8－38　爆発成形

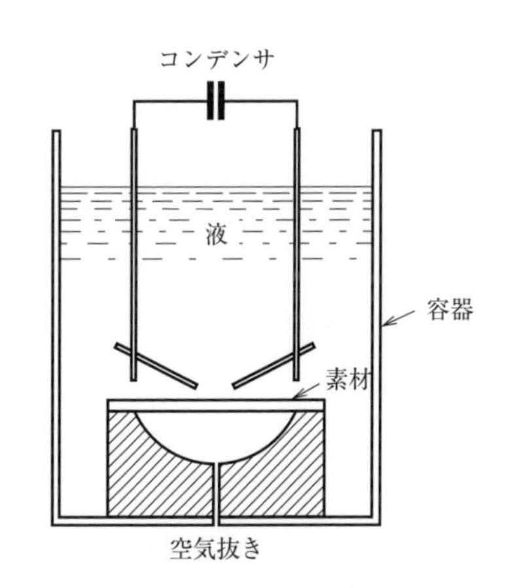

図8－39　液中放電成形

〔第8章のまとめ〕

第8章で学んだ塑性加工に関する次のことについて，各自整理しておこう。

(1) 熱間鍛造と冷間鍛造，自由鍛造と型鍛造を比較するとどのような相違があるか。

(2) 熱処理を行う目的は何か。また，どのような熱処理方法があるか。

(3) 板金材料にはどのような種類と特徴があるか。

(4) 板金加工機械にはどのような種類と用途があるか。

(5) 塑性加工にはどのような特徴があるか。

第9章
その他の加工法

プラスチック材料の発展と共に，プラスチック材料自体の加工方法も進化してきており，金属材料に代わってプラスチック材料が機械要素にも用いられるようになってきている。

積層造形法を用いたラピッドプロトタイピングシステムは，造形機や焼結機，3D プリンタなどと呼ばれ，近年様々な分野，用途で活用されている。

本章では，以上に述べた加工法について述べる。

第１節　プラスチック成形法

プラスチックには，熱可塑性プラスチックと，熱硬化性プラスチックとがあるが，その成形は，熱可塑性，熱硬化性を問わず，溶かす（可塑化），流す，固める（固化）の３段階の過程を経る。熱可塑性プラスチックは，熱を加えると柔らかくなって溶けて可塑化し，また冷却すると固化する。熱劣化はするものの，可塑化と固化を繰り返すことができる性質をもっている。熱硬化性プラスチックは，熱を加えることで縮重合や重合という化学的変化を伴い，固化する。一度固化すると柔らかくすることができない性質をもっている。

プラスチックは，古くから樹脂や合成樹脂とも呼ばれていた。JIS ではプラスチックに統一されているが，今でも現場ではプラスチックと樹脂とが併用されている。

1.1　プラスチック成形の種類

熱可塑性プラスチックと熱硬化性プラスチックの主な成形法を大別すると，表９－１のとおりである。また，プラスチックの主な成形法には表９－２のような方法がある。

表９－１　プラスチック材料による成形法の分類

熱可塑性プラスチック	熱硬化性プラスチック
射出成形法	圧縮成形法
押出し成形法	トランスファ成形法
ブロー成形法	射出成形法
熱 成 形 法	積層成形法

製品別では，一般に機械や電機の部品をつくるには射出成形法，シートやチューブをつくるには押出成形法，容器などをつくるにはブロー成形法が用いられている。

しかし，プラスチックの種類や製品の形状などにより，最適な成形加工方法を選択することが必要となる。

表９－２　プラスチック成形法

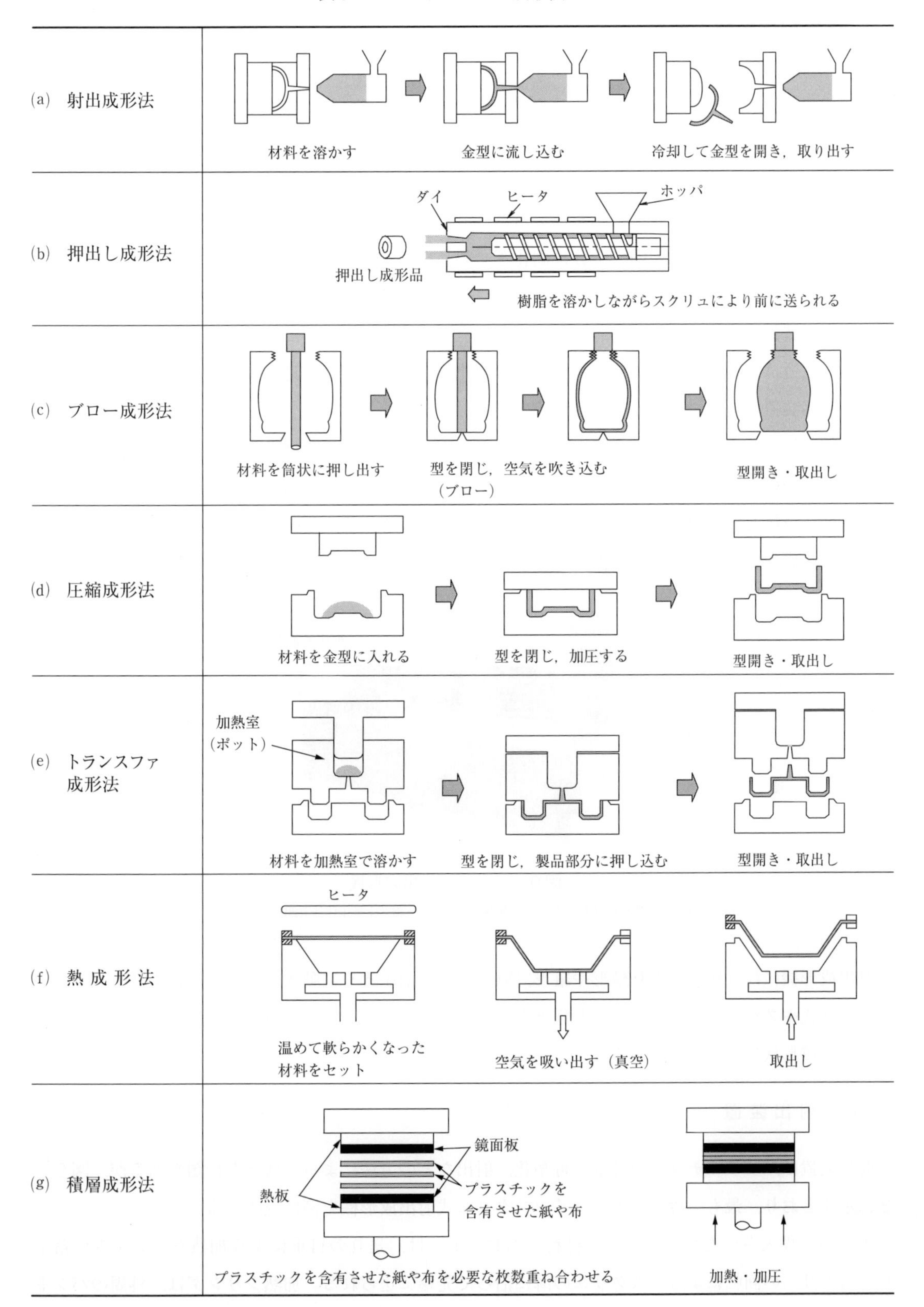

(a)　射出成形法	材料を溶かす → 金型に流し込む → 冷却して金型を開き，取り出す
(b)　押出し成形法	ダイ　ヒータ　ホッパ　押出し成形品　樹脂を溶かしながらスクリュにより前に送られる
(c)　ブロー成形法	材料を筒状に押し出す → 型を閉じ，空気を吹き込む（ブロー） → 型開き・取出し
(d)　圧縮成形法	材料を金型に入れる → 型を閉じ，加圧する → 型開き・取出し
(e)　トランスファ成形法	加熱室（ポット）　材料を加熱室で溶かす → 型を閉じ，製品部分に押し込む → 型開き・取出し
(f)　熱成形法	ヒータ　温めて軟らかくなった材料をセット → 空気を吸い出す（真空） → 取出し
(g)　積層成形法	鏡面板　熱板　プラスチックを含有させた紙や布　プラスチックを含有させた紙や布を必要な枚数重ね合わせる → 加熱・加圧

1.2　射出成形機の概要

射出成形法は，プラスチック成形法の中でも代表的な方法であり，熱可塑性プラスチックのほとんどは射出成形法によって加工されている。また，この成形法は熱硬化性プラスチックやゴムの一部にも使用されている。

射出成形法は，プラスチックに熱を加えることで可塑化させ，あらかじめ固く締め付けられた金型内に高速高圧で射出し，金型内で十分に固化させ製品をつくる方法である。

射出成形機は，図９－１に示すように，一般に次の二つの装置から構成されている。

①　射出装置

射出装置は，供給されたプラスチックを可塑化し，金型内に流し込む装置である。

②　型締装置

型締装置は，金型の開閉と金型の締付け及び，固化した製品を金型より取り出す動作を行う装置である。この型締装置は単に金型の開閉のみではなく，金型内に射出された溶融プラスチックの高い圧力に対抗して，金型が開かないように締付けを行っている。この金型を締め付ける力を型締力といい，成形機の能力を表す指標の一つである。

図９－１　横形射出成形機

出所：職業能力開発開発総合大学校　基盤整備センター編「金型工作法」2017，p120，図４－９

射出成形機には，構造により横形や縦形，動力により油圧式や電動式，射出装置によりインラインスクリュ式やスクリュプリプラ式など様々な種類があるが，ここでは一般的な横形の熱可塑性プラスチックの成形機について説明する。

（1）　射 出 装 置

射出装置は，プラスチックの計量，可塑化，射出などの方法によって様々な種類があるが，図９－２に示すとおり，最も一般的なインラインスクリュ式射出成形機を例に説明する。

ホッパに投入されたプラスチック材料（ペレット）は，送りの自重により加熱シリンダ内に落下し，スクリュの回転によってスクリュの溝に沿って先端に送られる。加熱シリンダは，外周のバンド

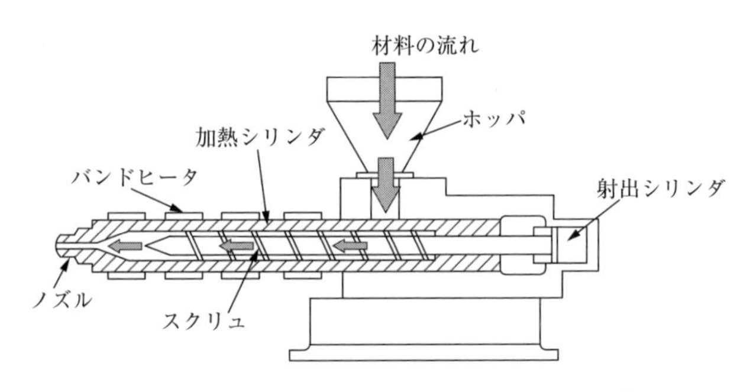

図9－2　インラインスクリュ式射出成形機

ヒータによって温度コントロールされているため，シリンダ内の材料は送りの過程において加熱混練されながら可塑化される。スクリュ先端に送られた材料の圧力によってスクリュが押し戻され，1ショット分の材料を計量し，前方に溜めることができる。

計量された材料は，スクリュ背部にある射出シリンダによりスクリュを前進させ，先端のノズルから金型内に射出するようになっている。

(2)　型締装置

型締装置も，機構的に様々な種類があるが，主に直圧式とトグル式の2種類が用いられている。

直圧式は，図9－3に示すとおり，直接油圧シリンダのピストン部に可動盤を直結し，作用する油圧によって金型の開閉や締付けを直接行う。

トグル式は，図9－4に示すように，油圧シリンダや電動機などの動力により発生された力をトグルリンク機構により大きな力を発生させ，金型の開閉や締付けを行う。

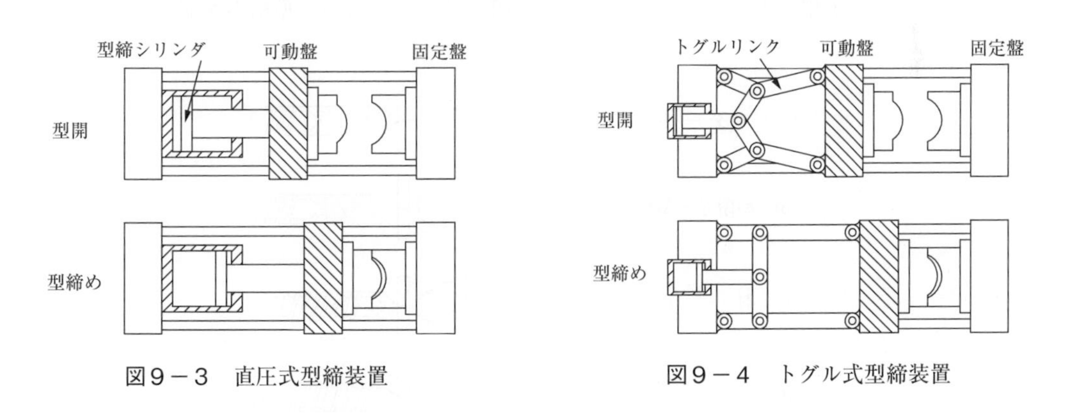

図9－3　直圧式型締装置　　図9－4　トグル式型締装置

1.3　射出成形用金型

射出成形の金型には，大きく分類すると，構成する主要な板（プレート）が2枚の金型（2プレート金型）と3枚の金型（3プレート金型）とがある。それぞれに特徴があるが，ここでは射出成形用金型として，標準的な構造であり，最も一般的に使用されている2プレート金型について図9－5に示す。

２プレート金型は一般に，キャビティがある金型の固定側（射出成形機の固定盤側），コアがある可動側（射出成形機の可動側）の２枚の型板で構成されている。この分割面をPL面（パーティングライン）という。

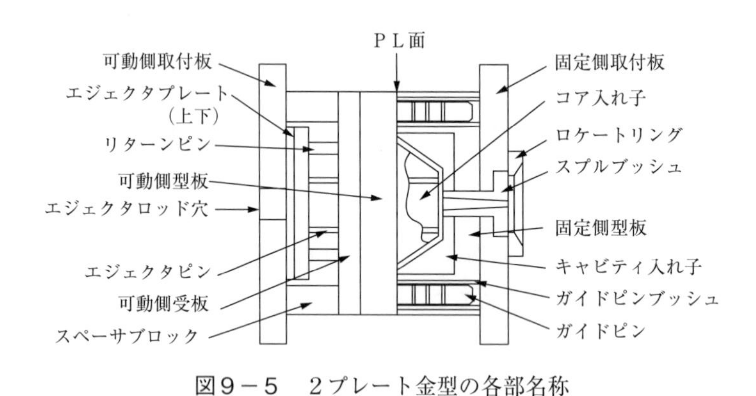

図９－５　２プレート金型の各部名称

1.4　射出成形の工程

射出成形の動作を簡単に示すと，図９－６のようになる。

（1）　型閉じ・型締め

金型を閉じる工程と大きな力で金型を締める型締めの工程である。金型に溶融プラスチックを流し込むときに，圧力で金型を押し開こうとする力が作用してしまうため，型締力が弱いと，金型が押し

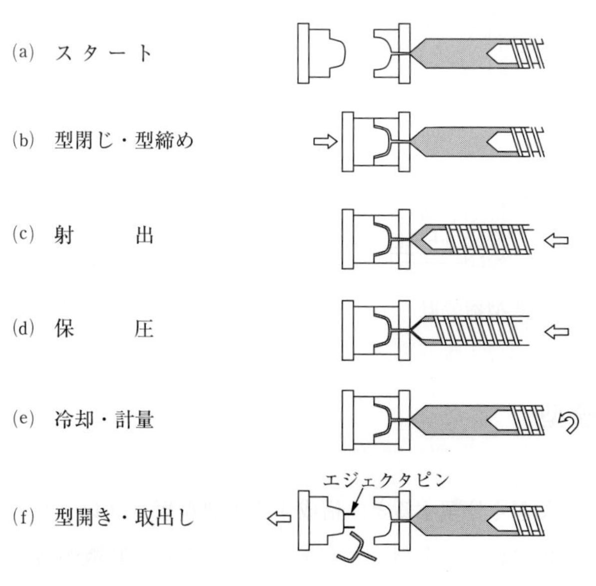

図９－６　射出成形の工程

開かれ樹脂がはみ出し，ばりを発生してしまう。そのためばりが発生しないように，金型内にかかる圧力以上の力で締め付けておかなければならない。

（2）　射出・保圧

射出工程は，金型内に溶融プラスチックを一様に充填する工程であり，保圧工程は，充填した材料が冷却によって収縮するため，それを補充する工程である。射出工程から保圧工程に移行することを速度・圧力（V － P）切換えといい，このタイミングが遅れると成形品にばりやひずみを残し，そりや変形だけでなく金型の破損にもつながる。また，早すぎると金型内全体に樹脂が行き届かず，充填不足で成形品の一部が欠けるショートショットという不良が起きてしまう。

複雑な金型などでは，射出工程や保圧工程で速度や圧力を何段階かに分けて制御するプログラム成形が行われている。

（3）　冷却・計量（可塑化）

冷却工程とは，保圧が終わり，製品の形を安定させ取り出せる温度まで金型の中で冷やす工程である。射出・保圧工程中にも溶融プラスチックの冷却は進んでいる。取出し時に力が加わることによる製品の変形や過剰な収縮により，凸側の型「コア」に固着し離れなくなることを避けるためにも，金型内での冷却時間を適切に設定する必要がある。

計量工程とは，次の製品のための溶融プラスチックを準備する工程である。次のショットのための溶融プラスチックの量を計って準備することから，計量工程と呼ばれたり，次の材料を可塑化し準備することから，可塑化工程とも呼ばれる。通常は冷却工程の間に計量を終了する。

（4）　型開き・成形品取出し

型開き工程とは，金型内の成形品の冷却固化が完了し，金型を開くことである。金型を開き，金型のコア側についている成形品をエジェクタピンやストリッパープレートなどでコアから離す。金型を開く量は，ゲートも含めた製品に対して余裕を持って取り出せる位置になるが，リンクを使用している3プレート金型などでは，開きすぎるとリンクを壊してしまうため，適切な位置にすることが必要である。

また，最近では取出しロボットを使用することも多いが，自由落下や人間の手による取出しもある。取出しが終わる前に次のショットの型閉じが始まってしまうと，金型に成形品を挟んで金型にきずが付いてしまうため，取出しが完了するための十分な時間を設定することが必要である。

以上が射出工程の1サイクルになる。成形のサイクルタイムにばらつきがあると，金型や成形品の温度が不安定になり，成形不良の原因となる。安定した時間で繰り返すことが，安定した品質の成形品を多量に迅速に生産できることにつながる。

第2節　積層造形法

2.1　ラピッドプロトタイピングと3Dプリンタ

商品開発において，製品の外観や性能の評価を行うために試作品を製作することが多い。従来は，粘土（クレイモデル）や木（モックアップ）で試作品を製作していたが，手作業の工程が多くかつ製作に時間を要するため，試作のコストが高かった。そこで，試作の迅速化を目的として，ラピッドプロトタイピング（RP：Rapid Prototyping）という手法が，1980年代後半から活用されるようになった。また，米国で1990年代に端を発したアジル（アジャイル）マニュファクチャリング（アジル生産，短期迅速生産）の潮流にかなう生産手法として，ラピッドプロトタイピングはその黎明期から支持されてきている。

ラピッドプロトタイピングとは，前述のとおり迅速に試作をする手法のことで，代表的な方法として，積層造形法と呼ばれる製造手法が用いられている。積層造形法とは，図9－7のように3次元CADや3DCGなどの製品データを基に，製品の立体形状を輪切りにした造形データを作成し，樹脂や金属粉末などの層を細かく逐次積層させて，立体モデルを製作する方法である。積層造形法の出現

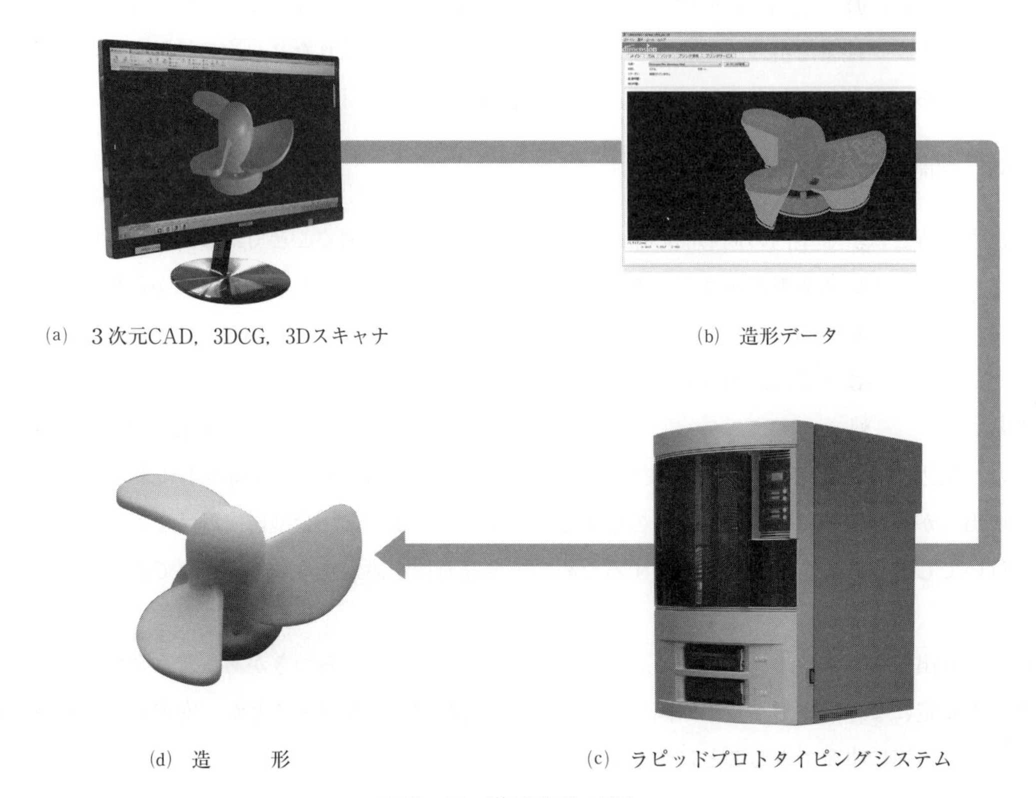

(a)　3次元CAD，3DCG，3Dスキャナ
(b)　造形データ
(c)　ラピッドプロトタイピングシステム
(d)　造　　形

図9－7　積層造形の流れ

により，開発製品の設計機能や外観デザインの確認が容易に行えるようになった。

ラピッドプロトタイピングシステムには，光造形機や粉末焼結機などの大形３次元造形機や，小形で安価な3Dプリンタなどがある。大形の造形機は，機械本体に加えて付帯設備が必要となり，設置場所にも制限がある。また，大形造形機は非常に高価であるため，一部の企業等でしか使用されていなかった。しかし近年，小形で安価な3Dプリンタが登場し，様々な製造分野において急速に普及している。3Dプリンタは，狭義では熱溶解積層法やインクジェット法を中心とした小形で安価なシステムだけを指すが，広義では光造形機や粉末焼結機なども含め，全てのラピッドプロトタイピングシステムを指す。

2010年以降は，従来の用途である試作の迅速化だけではなく，型や治具の製作や最終製品の直接製造（DDM：Direct Digital Manufacturing）にラピッドプロトタイピングが活用されることも多い。

以下に，ラピッドプロトタイピングの効果を示す。

①　開発期間の短縮

自社内で迅速に開発製品の試作品をつくることが可能になり，試作を外注する場合と比較して，商品開発期間を大幅に短縮できる。

②　開発・製造コストの削減

設計者は，商品開発の初期段階から実際の造形物（製品の実寸モデル）を手に取ることができるため，コンピュータの画面上では分からなかった問題点を早期に発見することができる。また，事前に製品の構造や組立性を繰り返し検証することで，製造のリードタイムを短縮することができ，コスト削減につながる。

③　プレゼンテーション，デザインレビューでの活用

設計者の頭の中のアイデアを，３次元CADなどでデータ化すれば，開発の初期段階から実物に近い形のものを実際に手にすることができる。そのため，造形物をプレゼンテーションやデザインレビューなどにおいて活用でき，また，カタログや動画では伝わりにくい製品の詳細についても，第三者へ説明しやすくなる。さらには，製品（商品）が大きくて持ち運べない場合や，小さすぎて細部を伝えにくい場合にも，縮小又は拡大したモデル（造形物）を使うことで，説明が容易になる。

④　設計品質の向上

造形物のコンセプトモデルとしての活用から，耐熱・耐久性などの機能テスト，さらには組付けやはめ合い，干渉の確認までを行うことができる。

⑤　簡易型，部品，医療機器，玩具，芸術作品等の作成

ラピッドプロトタイピング手法は，本格的な量産用の金型をつくる前に簡易型を製作したり，少量生産の治工具を製作したりすることにも向いている。また，ラピッドプロトタイピング手法は，切削などでは加工が難しい複雑な形状やアンダーカットがある製品の製作，個人ニーズに合わせた医療機器，フィギュア・芸術作品のように複雑な製品の一品生産や小ロット生産などにも活用される。

2.2　積層造形法の種類と特徴

積層造形法には様々な方式があり，それぞれ材料，材料の形態，固着方法が違う。表９－３に主な造形法の種類について示す。

表９－３　主な積層造形法の種類

造　形　法	材　　料	材料形態	固着方法
光造形法（SLA 法）	紫外線硬化樹脂	液　　体	紫外線レーザの照射による光硬化
粉末焼結法（SLS 法）	樹脂粉末，金属粉末	粉　　末	レーザ焼結
熱溶解積層法（FDM 法）	熱可塑性樹脂	ワ　イ　ヤ	溶融樹脂の冷却
シート積層法	紙，樹脂，金属	シ　ー　ト	接　　着
インクジェット法	紫外線硬化樹脂	液　　体	紫外線ライトの照射による光硬化
インクジェット粉末積層法（粉末固着式積層法）	でんぷん，石膏，セラミックス	粉　　末	接　　着

次に，各造形法の原理と特徴について示す。

（１）　光造形法（SLA 法）

光造形法（SLA 法：Stereolithography apparatus）はラピッドプロトタイピングの原点であり，1987 年に米国の 3D Systems 社が実用化した造形法である。光造形の造形手法は，主にエポキシ系の紫外線硬化樹脂に紫外線レーザを照射して任意の形状に硬化させ，逐次積層する方式である。図９－８に造形原理，図９－９に光造形機の一例を示す。造形機の内部には，図９－９(b)のように，液状の樹脂で満たされた造形槽があり，その中に造形台がある。

まず，図９－８(a)のようにレーザを使って液状樹脂の表面に部品の断面を描き，樹脂を硬化させる。その後，同図(b)のように造形台が１層（積層ピッチ）分だけ下に降ろされることにより，硬化した樹脂層の上に１層分の新しい液状樹脂が充満され，同じ工程が繰り返される。新たに硬化した樹脂層は，すぐ下にある硬化済みの樹脂層に接着し，それを何層も積み上げることで造形を逐次行う。ただし，図９－８は，造形台を徐々に沈めながら積層していく仕組みであるが，メーカによっては，レーザを下から照射しながら造形槽から徐々に引き上げていく吊り下げ方式を採用し，下方に向けて積層していく光造形機（3D プリンタ）もある。

この光造形法は，液体内に硬化した樹脂製の造形物が造られていくため，造形する形状によっては，硬化した樹脂層が下に落ちないように下から支えるためのサポート部（硬化した樹脂製）が自動で作成される。したがって，造形終了後には，このサポートの除去作業が必要であり，洗浄などを含めて造形物の後処理に手間がかかる。

光造形は，高精細な製品モデルを製作することができ，造形物の表面は比較的滑らかであるが，造形物自体が紫外線硬化性の樹脂であるため，太陽光に当たるとさらに硬化が進み，壊れやすくなる。一方，図9－10のように，造形物は透明又は半透明色で，可視化が必要な試験を行う場合に効果的である。

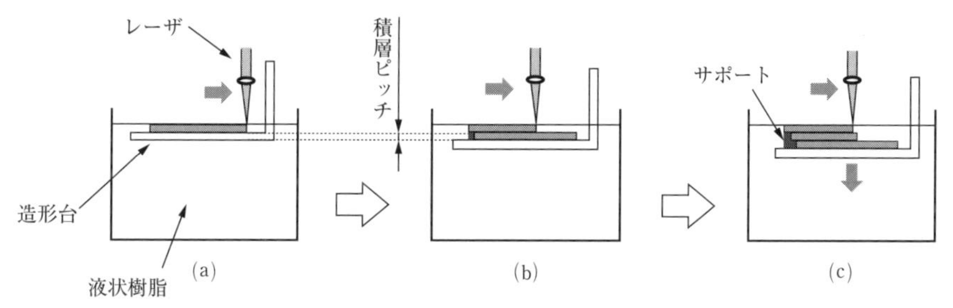

図9－8　光造形法の仕組み

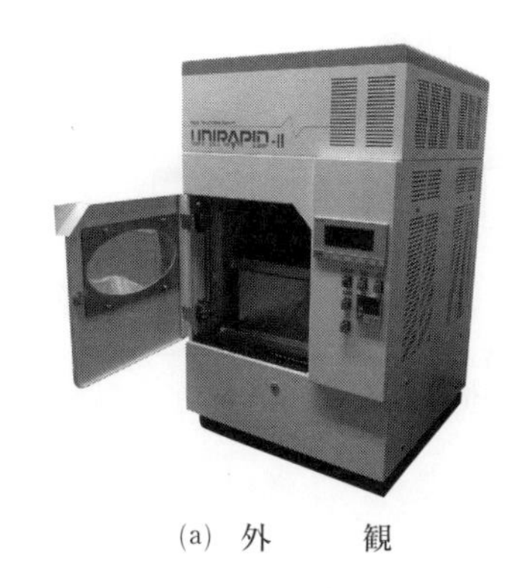

(a) 外　　観

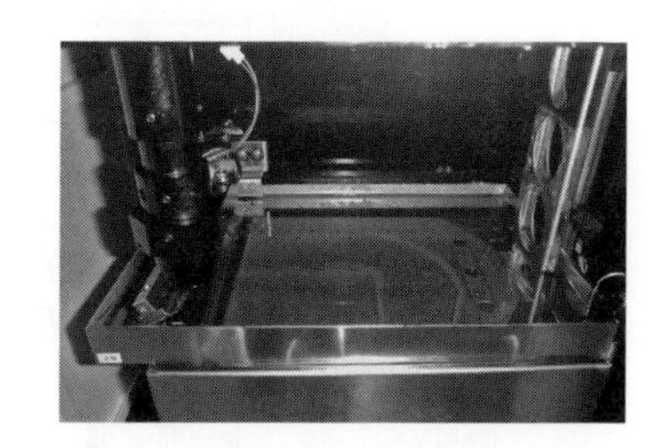

(b) 造　形　槽

図9－9　光造形機

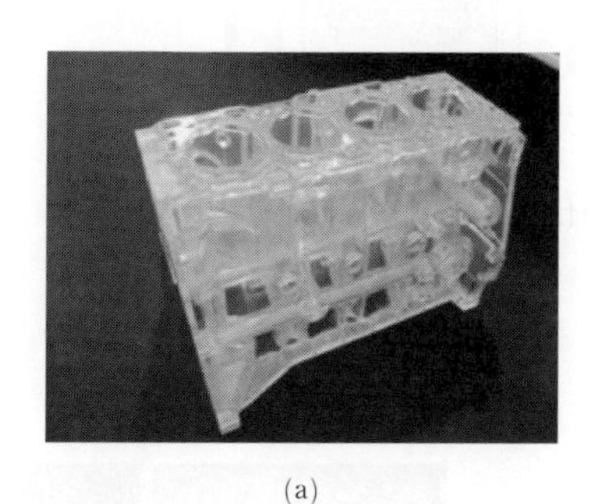

(a)

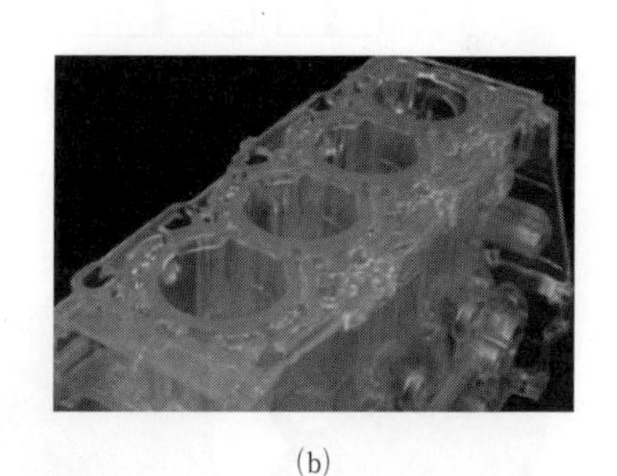

(b)

図9－10　光造形法による造形例

出所：シーメット（株）

（2）粉末焼結法（SLS 法）

粉末焼結法（SLS 法：Selective Laser Sintering）は，ナイロン系の樹脂粉末や，銅，青銅，チタン，ニッケル，ステンレス，アルミニウム合金などの金属粉末に対してレーザを照射し，焼結させ造形する方式である。図9－11に造形の原理を示す。焼結機の内部には，図9－12(b)のように造形層と粉末槽とがある。

図９－11(a)のように１層を造形したのち，同図(b)のように造形槽を１層分下げると同時に粉末槽を１層分昇降させ，粉末槽上の余分な粉末をリコータ（ローラ又はブレード）で造形槽に敷き詰める。そして，粉末材料の中の，３次元物体の断面形状になる表層部分にレーザを照射し，材料を融解させる。この工程が繰返し行われることで，同図(d)のように上下（Ｚ）方向に昇降する造形槽の上に，製品の断面形状が何層にも積み重なっていく。

図９－13に焼結機による造形例を示す。造形物の表面は粗くざらついた質感がある。焼結行程中の造形物の周囲は常に粉末で満たされており，樹脂粉末の場合は，それらが造形物を支える役割を果たすため，サポート部がつくられることはない。造形後は，粉末の中に埋まっている造形物を造形槽

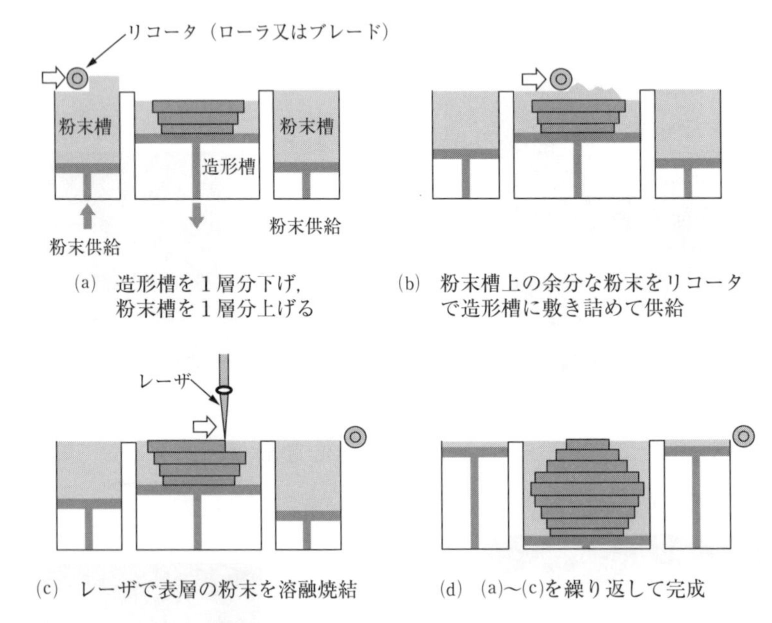

図９－11　粉末焼結法の仕組み

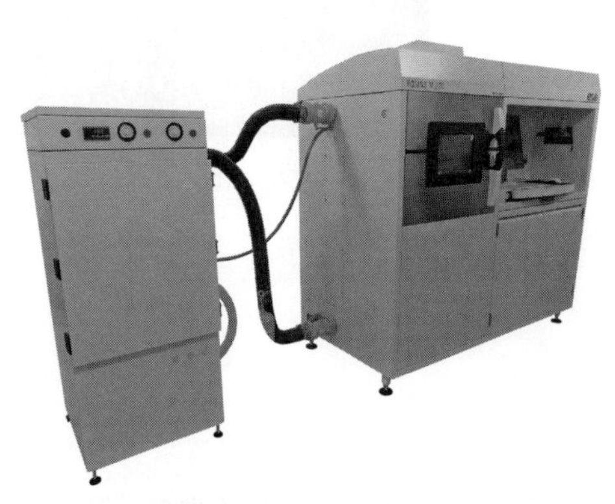

(a)　外観（焼結形3Dプリンタ）

(b)　造形槽と粉末槽

図９－12　粉末焼結機

出所：（株）NTTデータエンジニアリングシステムズ　AMデザインラボ

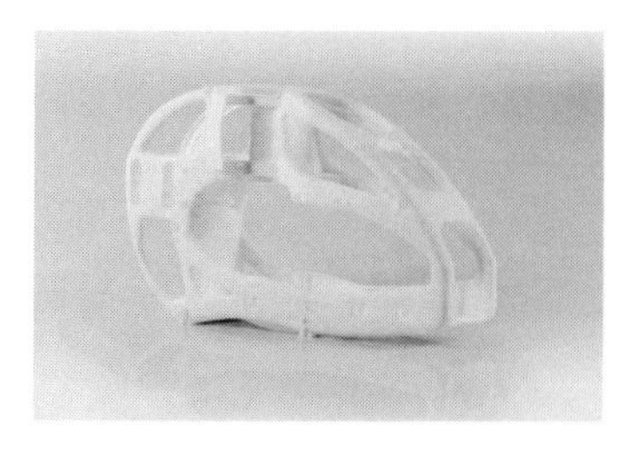

(a)　樹脂粉末（ナイロン12）による造形

(b)　金属粉末（アルミニウム合金）による造形

図9－13　粉末焼結法による造形例

(a)出所：EOS GmbH，Mikado Model Helicopters

(b)出所：EOS GmbH，Rennteam Uni Stuttgart

から取り出し，造形物の周囲に付着した粉末を，高圧のエアで吹き飛ばして除去する。

一方，金属粉末の場合は，サポート部がつくられるため，造形後にワイヤカット放電加工や機械加工等によってサポート部を除去する作業が必要となる。また，粉末焼結機は，図9－12(a)のように装置，付帯設備などが大きく，設置環境に制限があり，運用コストが高価な機種が多いが，2014年にこの方式の特許権が存続期間満了になったため，焼結形3Dプリンタの低価格化が期待されている。

（3）熱溶解積層法（FDM法）

図9－14に熱溶解積層法（FDM法：Fused deposition Modeling）の造形原理を示す。この積層法は，ABS樹脂やポリカーボネート等の熱可塑性樹脂をヒータの熱で溶融し，極細ヘッド（ノズル）から射出し，それを何層にも積み上げることで製品の造形を行う方式である。樹脂の溶融部分と射出される造形エリア内には温度差があるため，溶融樹脂は射出した瞬間に固着するようになっている。

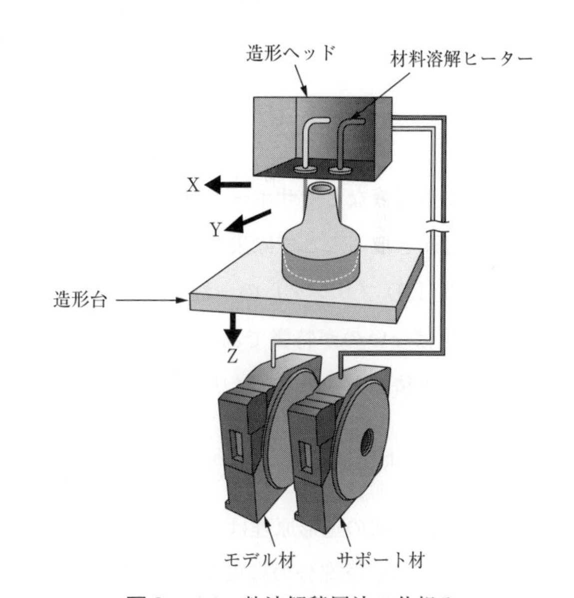

図9－14　熱溶解積層法の仕組み

次に，図9－15に熱溶解積層法の造形例を示す。積層ピッチが比較的粗いため造形精度は低く，細かい製品形状の造形は難しい。また，造形物の表面は粗くなり積層樹脂の段差や波状模様が目立つ。扱える材料の色の種類は多いが，一度に複数の色を使って造形することはできない。造形物は，ABS樹脂を使用しているため強度があり，造形後にドリル加工やタップ立て，研磨などの追加工がしやすい。

造形に際しては，サポート部が作成されるが，モデル材とサポート材が別の造形機もあれば，ヘッドが一つしかなくモデル材とサポート材が同じ造形機もある。造形後のサポートの除去は，前者の場

(a)

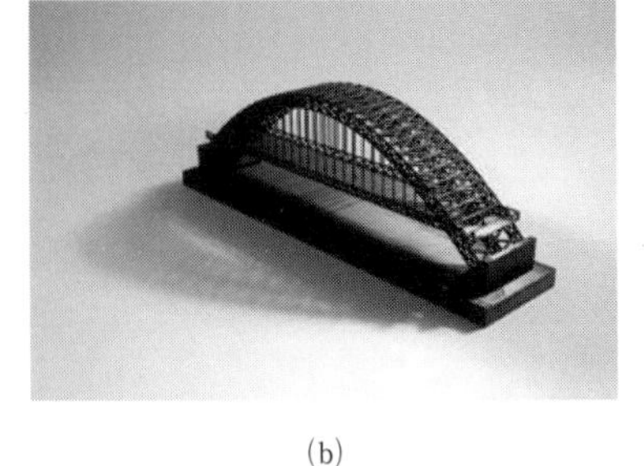

(b)

図９－15　熱溶解積層法による造形例
出所：stratasys Ltd.

(a)　装 置 外 観

(b)　造形スペース

図９－16　熱溶解積層法の3Dプリンタ

合は水や溶解液などでサポート材を溶かして除去し，後者の場合は手や簡単な工具でサポート部を折る，又は剥ぎ取ることで除去する。

造形機（3D プリンタ）の一例を図９－16 に示す。比較的小形の機種が多く，取扱いが容易で設置場所を選ばないのが特徴である。また，2009 年に FDM 法の特許権が存続期間満了になったことにより，この積層方式の 3D プリンタは低価格化が進み，普及が進んでいる。

（４）シート積層法

シート積層法の造形原理は，まず，紙や樹脂，金属など，シート状の材料１枚を１層として造形台に設置し，必要な部分の輪郭をレーザやカッタで切断する。次に，造形台上の層に接着剤を塗布し，一つ上の層になるシート材を上から重ね，ローラで上から圧着して二つの層を接着する。こうして積層された次の層の輪郭をカッタで再び切断し，また接着剤を塗布する。このように，この工程を何度も繰返し行うことで製品を造形していく。造形後には不要部分を取除く必要がある。レーザを用いた場合の造形原理を図９－17 に示す。

図９－18 にシート積層法による 3D プリンタの一例を示す。この方式の 3D プリンタは比較的安価であり，かつ高精度に大きな造形物も製作することができるため，木型の代替として用いられること

もある。

扱えるシート材には，機種によって専用シートや普通紙，透明シートがある。また，事前にインクジェットプリンタで各層にカラー印刷したシート材を使用することで，フルカラーの立体造形ができる機種もある。図9－19にシート積層法の造形例を示す。

造形工程では，不要な部分も同時に積み重ねられ，それらが造形物を支える役割を果たすため，シート積層法は，特にサポート部をつくる必要がない点で粉末焼結法と同じである。

造形に必要な高さ分のシート材料は切断することにより必ず消費してしまい，除去した不要部分は再利用できないため，造形物によっては大量の廃棄物が出ることになる。また，材料として紙を使用した場合は，吸湿による造形物の寸法変化や変形などが問題となる。

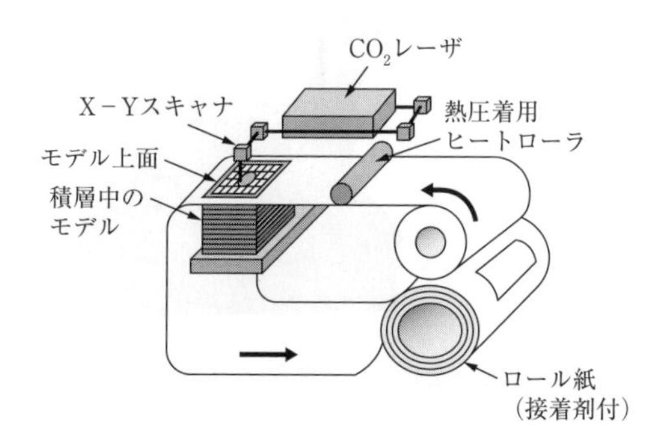

図9－17　シート積層法の仕組み

図9－18　シート積層法の3Dプリンタ

出所：Mcor Technologies Ltd.

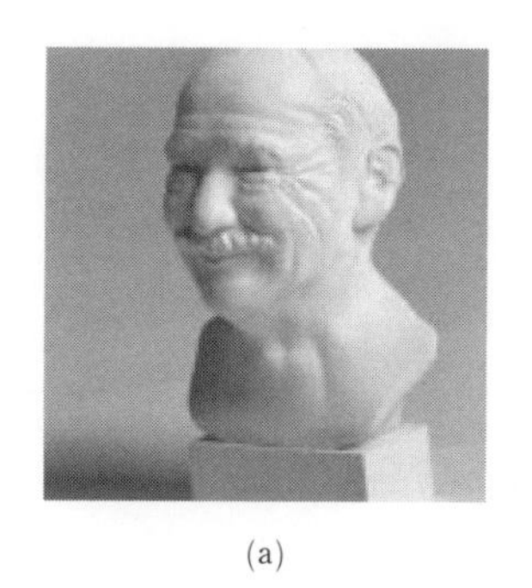

(a)

(b)

(c)

図9－19　シート積層法による造形例

出所：（図9－18に同じ）

（5）インクジェット法

インクジェット法は，図9－20のように，左右前後（XY）方向に動くインクジェットヘッドから，液状のアクリル系紫外線硬化樹脂を噴射した直後に，樹脂に紫外線を照射し，硬化させて造形する方式である。この積層法は，紙を印刷するインクジェットプリンタの原理を応用した造形方式であり，造形速度が速い。インクジェット法による3Dプリンタの一例を図9－21に示す。比較的小形で，設置場所を選ばない機種が多い。

次に，図9－22に造形例を示す。インクジェット法は積層ピッチが薄いため高精細なモデルを製作でき，造形物の表面は滑らかに仕上がる。造形機は透明な樹脂材料を使用することができ，複数の材料を混合して使用することもできる。また，造形機はヘッドを複数備えているため，樹脂を噴射するヘッドを切り換えながら，複数の樹脂による造形を行うことができる。

インクジェット法では，造形によりサポート部がつくられるため，造形後に造形物からサポート部を除去する必要がある。その方法には，ウォータージェット（研磨剤入りもある）による除去やスチームの熱による除去，水溶性のサポート材を使用している場合にはサポート部を水に溶かして除去する方法がある。

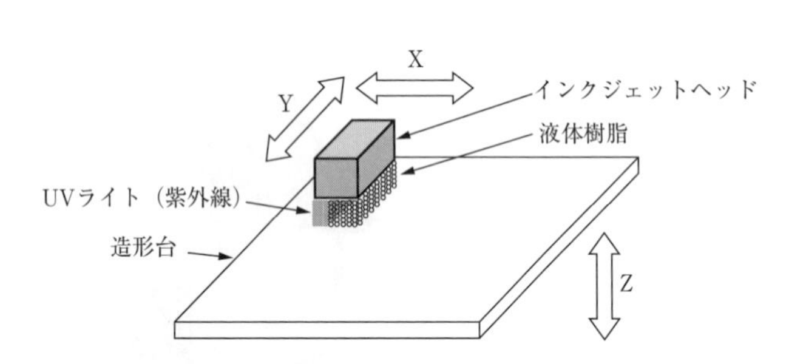

図9－20　インクジェット法の仕組み

図9－21　インクジェット法の3Dプリンタ

(a)

(b)

(c)

図9－22　インクジェット法による造形例

(a)(b)出所：（図9－15に同じ）

(6) インクジェット粉末積層法（粉末固着式積層法）

インクジェット粉末積層法は，インクジェット方式でバインダを添加して固め，造形を行う方式で，造形速度が速い。粉末材料にはでんぷん，石膏などを使用する。粉末の供給方法は，図9－23に示すとおり粉末焼結法と同様であり，造形槽の中で積層が行われる。図9－24に示す機械の中に造形槽があり，この造形槽に1層分の厚さの粉末をリコータ（ローラ）でならして敷き詰め，インクジェットヘッドから接着剤とカラーインクを噴射し，粉末を固めて造形する。1層分の造形ができると，造形槽が1層分だけ下降し，1層目の上に次の層が造形される。このように何層も積み重ねる工程を経て，造形物を完成させる。

インクジェット粉末積層法では，製品が粉末に満たされた造形槽の中で造形されるため，製品の周りにある粉末が造形物を支える役割を果たすことから，サポート部は作られないが，粉末焼結法と同様に，製品の造形後には造形槽の中から粉末に埋もれた造形物を取り出し，造形物に付着した粉末を高圧のエアを用いて除去する必要がある。

図９－25に造形直後の造形槽の様子，図９－26に造形物の取出し状況，図９－27に粉末の洗浄装置の一例を示す。

また，インクジェット粉末積層法はフルカラーの造形ができるため，図９－28のようにフィギュア等の製作に活用されることも多い。しかし，粉末を接着剤で固着する方式であるため，造形物の強度はさほど高くない。

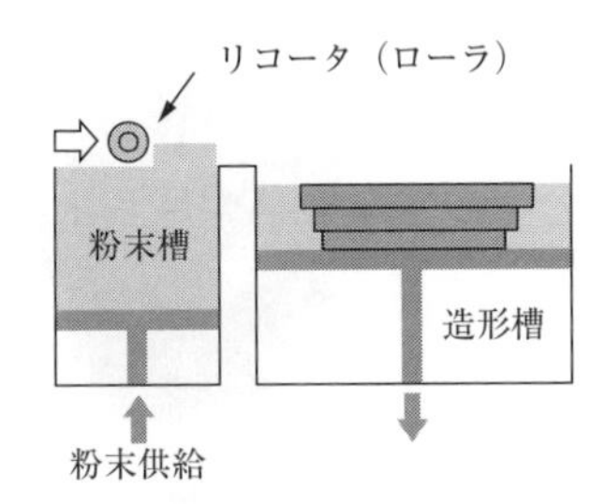

(a)　造形槽を１層分下げ，粉末槽を１層分上げる

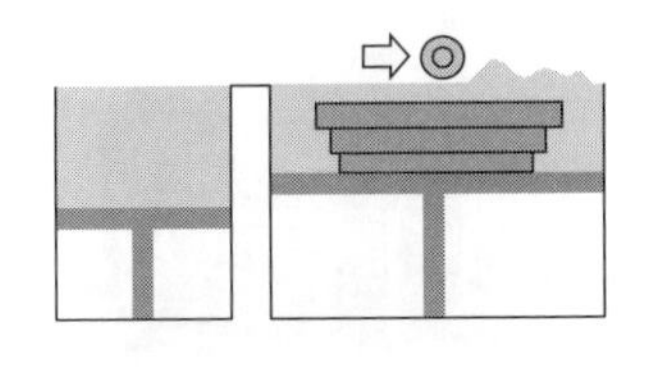

(b)　粉末槽上の余分な粉末をリコータで造形槽に敷き詰めて供給

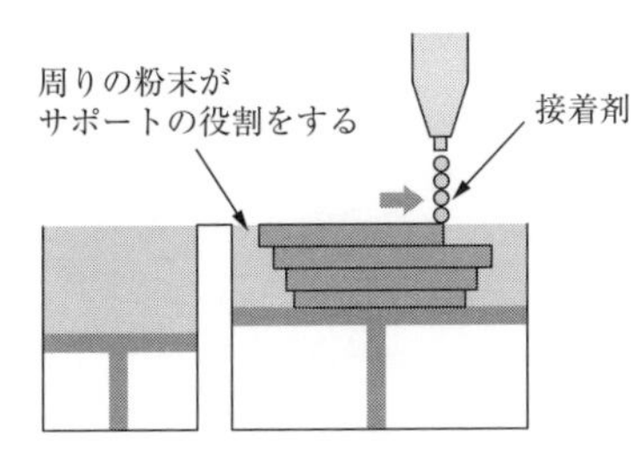

(c)　接着剤とインクを噴射して粉末を固める

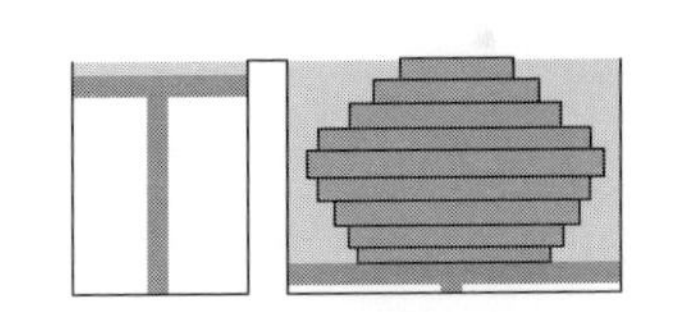

(d)　(a)～(c)を繰り返して完成

図９－23　インクジェット粉末積層法の仕組み

図９－24　インクジェット粉末積層法の3Dプリンタ

図９－25　造形直後の造形槽

図９－26　造形物の取出し

図９－27　粉末洗浄装置

(a)

(b)

図９－28　インクジェット粉末積層法による造形例

出所：3D Systems Ltd.

〔第９章のまとめ〕

第９章で学んだその他の加工法に関する次のことについて，各自整理しておこう。

⑴　プラスチックの成形法にはどのような種類があるか。
⑵　射出成形機はどのような基本構成か。
⑶　射出成形機の射出装置はどのような構成と機能であるか。
⑷　射出成形機の型締装置はどのような構成と機能であるか。
⑸　射出成形金型はどのような名称の部品で構成されているか。
⑹　射出工程はどのような順序で行われるか。
⑺　ラピッドプロトタイピングにはどのような利点があるか。
⑻　3D プリンタ（光造形機，粉末焼結機含む）の概要はどのようであるか。
⑼　主な積層造形法にはどのような種類があるか。
⑽　各種積層造形法にはどのような造形原理と特徴があるか。

第10章
接合法，切断法

溶接技術は，現在も，材料の種類や構造に応じた多種多様な溶接法の開発や，溶接ロボットを用いた自動化が進められるなど，品質の安定化や高能率化を目指した新しい技術の開発が進められている。

第１節では，金属の接合法としての溶接について，その利点・欠点などの基本的な特徴から産業界で広く用いられている主な溶接法について学ぶ。

第２節では，金属材料の切断法としての熱切断技術について学ぶ。

第３節では，溶接された結果について，その良否を検査する方法としての破壊検査及び非破壊検査について学ぶ。

第1節　金属の接合方法

1.1　金属の接合方法の種類

金属と金属を接合する方法を，その機構によって分類すると，

①　ボルト，リベット，折込み，キー，焼ばめなどのように，機械的に結合する**機械的接合法**，

②　材料を溶かし合わせて，金属の原子同士が引き合う力で接合する**冶金的接合法**

がある。

②の冶金的接合法のことを，広い意味で**溶接**と呼び，冶金的接合法はさらに，融接，圧接，ろう接などに分けられる。図10－1に溶接の形態による分類，図10－2に融接，圧接，ろう接の簡単なイメージ図を示す。

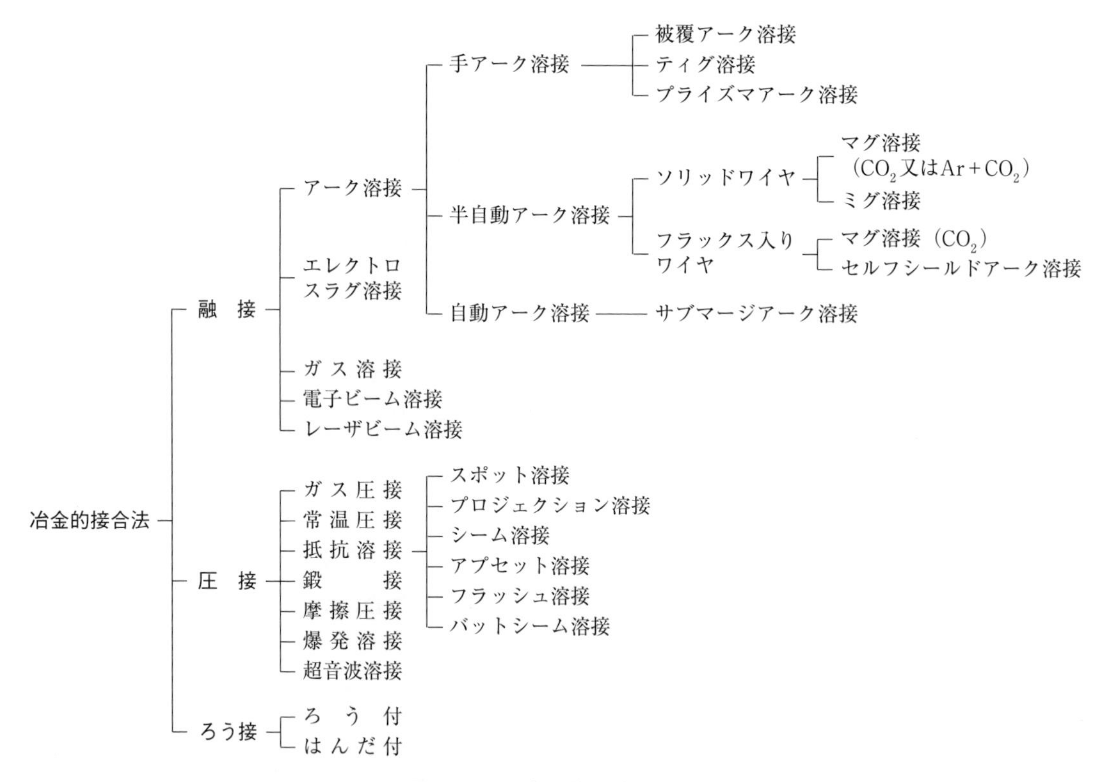

図10－1　金属接合法の分類

出所：日本溶接協会出版委員会編「新版　JIS半自動溶接受験の手引」産報出版，2005，p15，表1.1（一部変更）

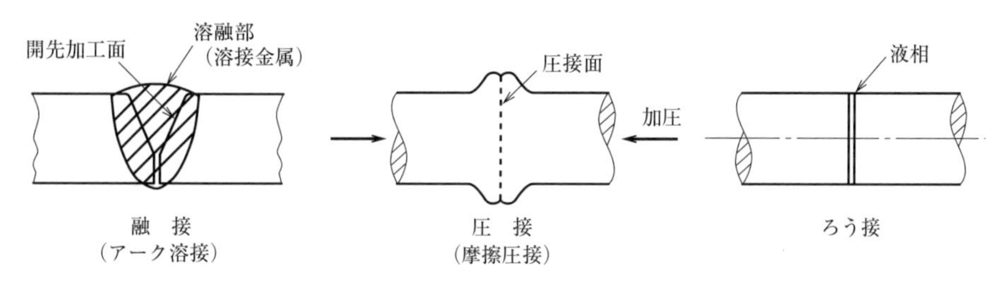

図10－2　接合法によるイメージ図

このように，溶接法にはたくさんの種類があるが，それぞれ，①どのような熱源（エネルギ）を用いて材料を加熱・溶融させるか，またその際，②大気中の酸素（O_2）や窒素（N_2）が溶接部に入り込まないようにするためにどのような手段を用いているか，さらに，③接合するために圧力が必要か，などによって名称が決められている。

（1）　溶接の定義

溶接は，「2個以上の母材を，接合される母材間に連続性があるように，熱，圧力又はその両方によって一体にする操作」と定義されている（JIS Z 3001－1：2018）。すなわち，溶接の一般的な意味合いは，アークやガス炎などの各種の熱源を利用して，接合部を局部的に溶かし合わせ，これが凝固する過程で，原子間の強く引き合う力によって接合する方法であるといえる。

（2）　溶接の利点と欠点

金属の接合法としての溶接は，ボルトやリベットなどの機械的接合法と比べると，次のような利点をもつ。

①　鋳物，リベット接合などの工法に比べて強度が大きい。
②　継手部の形状が簡単で，様々な形の構造物を自由につくりやすい。
③　材料の節約と共に，構造物の重さを軽くできる。
④　各種の液体や気体を入れるためのタンクや，高い真空度が必要となる容器の製作などにおいて，水密性や気密性の面で優れる。
⑤　材料の厚さに関しては，ほとんど制限がなく溶接できる。
⑥　作業における騒音が少ない。

図10－3に溶接とリベット接合の違い，図10－4に溶接部の断面を示す。このように，溶接は金属

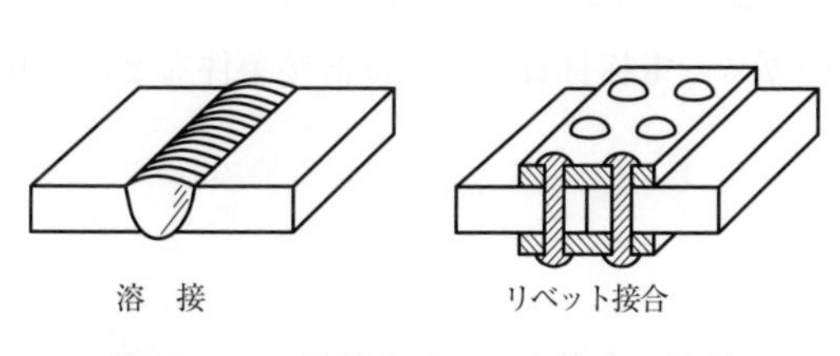

図10－3　溶接とリベット接合の比較

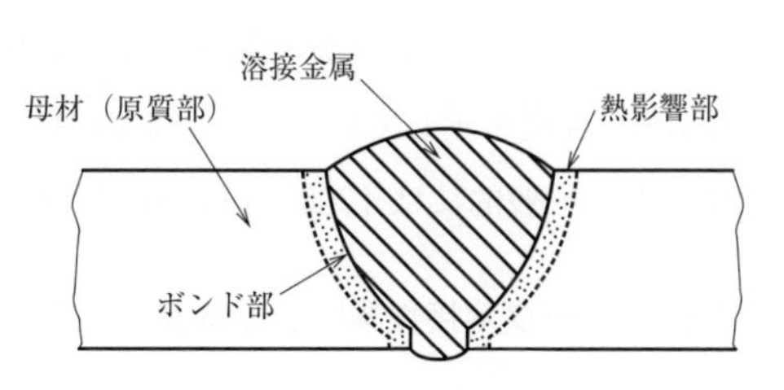

図10－4　溶接部の断面

の接合法として，非常に優れた特徴をもっているが，溶接の多くは，アークのような高温の熱源を用いて，短時間で「加熱→溶融→凝固→冷却」という一連の過程をたどる。このため，溶接では，溶融・凝固の過程を経た**溶接金属**や，完全に溶けることはしなかったものの溶接の熱の影響を受けた部分（熱影響部）は，元の母材の金属組織とは異なった組織に変質すると共に，溶接熱による急熱・急冷により，次のような溶接特有の欠点が発生しやすい。

① 溶接熱による膨張や収縮により，溶接された材料には変形やひずみが発生しやすい。

② 材料の元の性質が変化し，材料が局部的に硬くなったり，もろくなったりすることがある。

③ 完全に一体となることから，溶接部から破壊すると構造物全体が破壊することがある。

④ 溶接の品質を完全に検査することが難しい。

⑤ 材料の内部に残留応力が発生する。

このように，溶接は各種の利点を有すると共に欠点もある。そこで，溶接において発生しやすい欠点を十分に理解して，溶接の利点を生かした活用を進めると共に，健全な溶接継手を得るために様々な工夫や改善が必要となる。

1.2 アーク溶接

（1） アーク溶接の原理

現代では，多くの溶接法が適材適所により用いられているが，中でも，アークを熱源とする，被覆アーク溶接法，ティグ溶接法，炭酸ガス（マグ）溶接法などが最も身近で一般的な溶接法といえる。

アーク（arc）は，蛍光灯などのグロー放電，稲妻のコロナ放電と同様に，気体中（空間）を電流が流れる放電現象である。電車のトロリ線とパンタグラフの間で時々火花を発生することがあるが，この火花もアーク放電の一種である。アーク放電の特性は，図10－5に示すように，電圧が低くて，しかも大きな電流が流れることが特徴で，これを連続的に利用できるようにした機械が，アーク溶接機である。

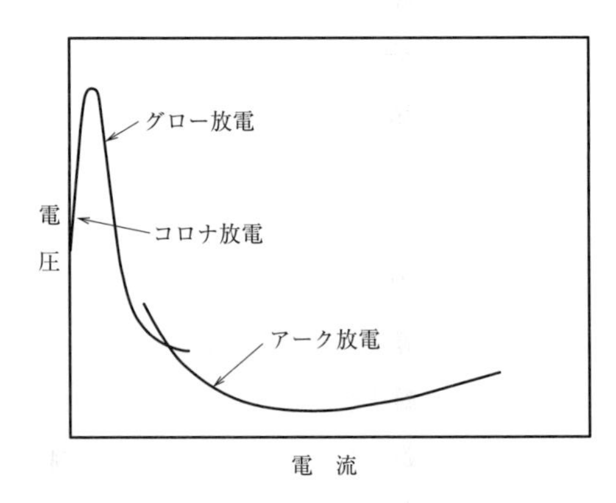

図10－5　気体中の各種放電現象の電圧－電流特性

図10－6に，アーク内部の温度分布の状態をモデル化した図を示す。温度は，図中の条件で9700～15700℃程度を示している。アークの温度は，周囲ガスや電極材質あるいは溶接条件などにより変化するが，一般的には4700～49700℃といわれている。

（2） アーク溶接作業における安全上の注意

アークは，その温度が高温であり，しかも非常に強烈な可視光線や有害な光線（紫外線や赤外線）

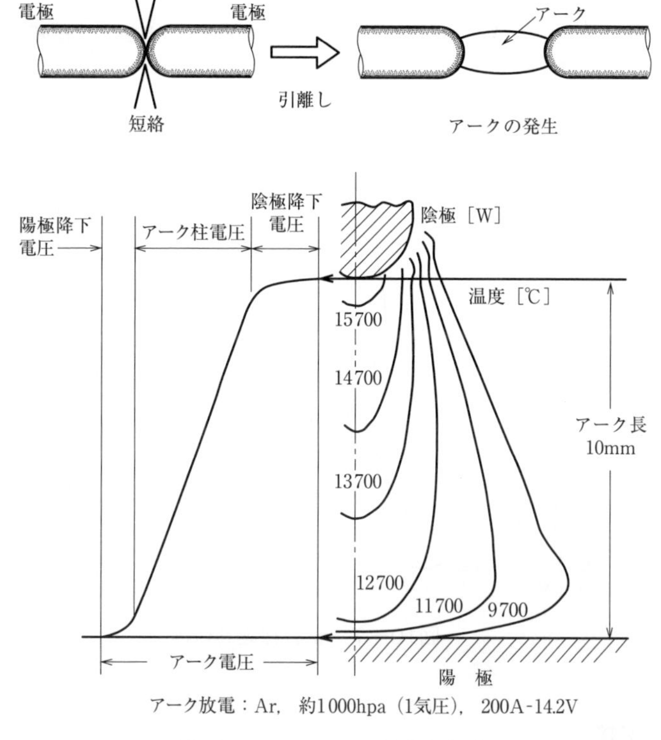

図10－6　アークの発生と構造

が発生したり，スパッタと呼ばれる火花と共に高温で蒸発した金属やフラックス成分が大気中で冷却して，鉱物性粉じんとなった**ヒューム**が発生する。また，溶接機は通常，入力（一次）側の電圧は200［V］，出力（二次）側の電圧は85～95［V］〔電撃防止装置（構造規格では，二次側電圧を30V以下に低下させる装置）の設けられていない一般的な交流アーク溶接機の場合〕であり，誤った取扱いをすると重大な感電事故を起こす危険性がある。また，ガスシールドアーク溶接では，シールドガスによる酸素欠乏や中毒が起こることがある。

そこで，アーク溶接作業では，以下のような点に注意して慎重に作業する。

① 必ず，日本産業規格（JIS T 8141：2003）に適合した遮光ガラスと溶接面を用いる。

② 保護めがねを着用する。

③ 素肌が露出しないような作業服（難燃性）を着用する。

④ ゴム底の安全靴を履く。

⑤ 防じんマスク，送気マスクや換気装置を正しく用いる。

⑥ 溶接用保護具を正しく着用する。

図10－7に溶接作業に用いられる保護具の例を示す。

その他，作業場の周辺にも気を配り，溶接の熱や火花により，可燃物などに引火して，火災や爆発事故などを起こさないように注意する。

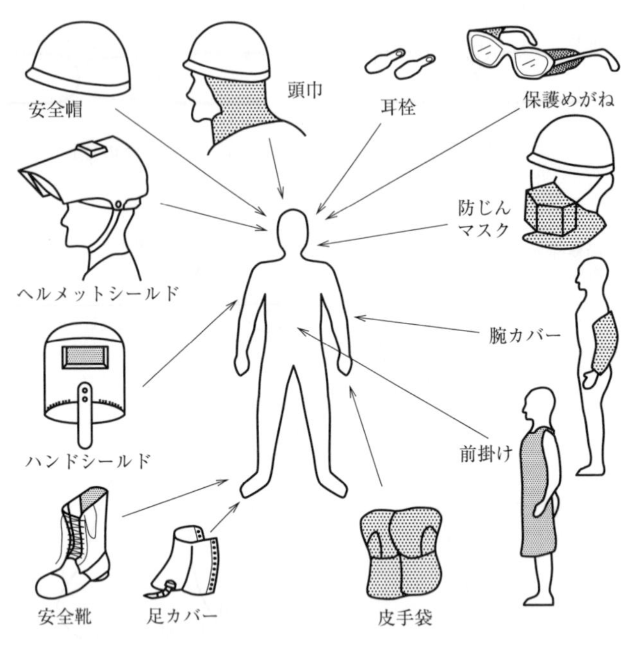

図10－7　溶接保護具の例

（3）　被覆アーク溶接

被覆アーク溶接（covered arc welding）は，金属心線に被覆剤（フラックス）を塗装した被覆アーク溶接棒と母材（被溶接材）の間に，交流又は直流のアークを発生させて，溶接棒と母材を同時に溶かしながら溶接する方法である。

図10－8(a)に被覆アーク溶接法，同図(b)にその溶接装置の概要を示す。

この方法は，手溶接とも呼ばれ，溶接機自体も比較的小形で機動性が高く，被覆アーク溶接棒の種類を変えることで，様々な金属材料の溶接に適用できるなどから，古くからアーク溶接の中心的溶接法であった。しかしながら，今日では，能率などの面から炭酸ガス（マグ）溶接法などの半自動溶接法に急速に置き換わりつつある。

また，交流アーク溶接機については，労働安全衛生規則で，危険場所で使用する場合は，自動電撃防止装置を付して使用しなければならない，と規定されている。

a　被覆アーク溶接用溶接機

被覆アーク溶接で使用する溶接機には，交流溶接機と直流溶接機がある。交流アーク溶接機は一種の変圧器であり，その一次（入力）側と二次（出力）側の巻き線の数を調整して，安定なアークが得られるように工夫されている。直流アーク溶接機には，交流電源（三相）を整流して直流に変換する機種と，エンジン駆動で直流発電する機種がある。

我が国では，伝統的に交流アーク溶接機が広く用いられてきており，直流アーク溶接機は，特にアークの安定性が必要となる場合に用いられている。一方，欧米では直流アーク溶接機の比率が高い。表10－1に交流アーク溶接機と直流アーク溶接機の特徴について比較を示す。

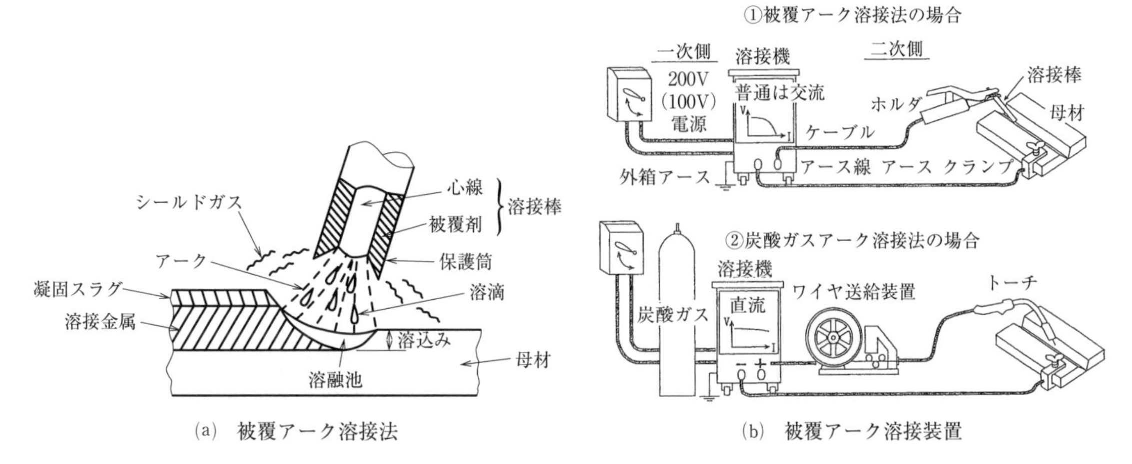

(a)　被覆アーク溶接法

(b)　被覆アーク溶接装置

図10－８　被覆アーク溶接法の概略

(b)出所：（社）日本溶接協会監修「新版　アーク溶接技能者教本」産報出版，1995，p25，図2.1

表10－１　交流アーク溶接機と直流アーク溶接機の比較

項目	交流アーク溶接機	直流アーク溶接機
電撃の危険性	高い	低い
アークの安定性	やや劣る	良好
極性の選択	困難	容易
磁気吹き現象	起こらない	起こりやすい
構造	簡単	複雑
保守	簡単	やや面倒
価格	安価	高価

b　被覆アーク溶接棒

被覆アーク溶接棒はホルダに挟み，溶接棒先端と母材との間でアークを発生させて溶接を行う。この方法では，溶接棒自体もアーク熱で溶融し，溶着金属として溶接部を形成する。また，被覆剤（フラックス）も重要な役割を担っており，その主な役割は次のとおりである。

①　アークの発生を容易にし，その安定性と集中性を保つ。

②　溶接部周辺にガス雰囲気（中性，還元性）をつくり，溶融金属が大気中の酸素，窒素などと反応することを防止する。

③　溶融金属の脱酸精錬作用をする。

④　溶接金属に必要な合金元素を添加する。

⑤　スラグを形成して，溶接部を覆うことで，大気から溶接部を保護すると共に，ビード形状を整えたり，急冷を防いだりする作用がある。

表10－２に軟鋼用の溶接棒の種類，表10－３にその被覆剤の主な原料とその主要な作用を示す。

表10－2　軟鋼用被覆アーク溶接棒の種類（JIS Z 3211：2008）

記号	被覆剤の系統	溶接姿勢[a)]	電流の種類[b)]
E4303	ライムチタニヤ系	全姿勢[c)]	AC及び／又はDC（±）
E4310	高セルロース系	全姿勢	DC（＋）
E4311	高セルロース系	全姿勢	AC及び／又はDC（＋）
E4312	高酸化チタン系	全姿勢[c)]	AC及び／又はDC（－）
E4313	高酸化チタン系	全姿勢[c)]	AC及び／又はDC（±）
E4314	鉄粉酸化チタン系	全姿勢[c)]	AC及び／又はDC（±）
E4315	低水素系	全姿勢[c)]	DC（＋）
E4316	低水素系	全姿勢[c)]	AC及び／又はDC（＋）
E4318	鉄粉低水素系	全姿勢[c)]	AC及び／又はDC（＋）
E4319	イルミナイト系	全姿勢[c)]	AC及び／又はDC（±）
E4320	酸化鉄系	PA及びPB	AC及び／又はDC（－）
E4324	鉄粉酸化チタン系	PA及びPB	AC及び／又はDC（±）
E4327	鉄粉酸化鉄系	PA及びPB	AC及び／又はDC（－）
E4328	鉄粉低水素系	PA，PB及びPC	AC及び／又はDC（＋）
E4340	特殊系（規定なし）	製造業者の推奨	
E4348	低水素系	全姿勢[d)]	AC及び／又はDC（＋）

注a）溶接姿勢は，JIS Z 3011による。PA下向，PB水平すみ肉，PC横向
b）電流の種類に用いている記号の意味は，次による。
AC：交流，DC（＋）：棒プラス，DC（－）：棒マイナス，DC（±）：棒プラス及び棒マイナス
c）立向姿勢は，PF（立向上進）が適用できるものとする。
d）立向姿勢は，PG（立向下進）が適用できるものとする。

表10－3　被覆剤原料とその作用

原料＼作用	アーク安定	スラグ形成	還元（脱酸）	酸化	ガス発生	合金元素添加	被覆の強化	被覆の固着
セルロース			○		◎		○	
陶土		◎						
タルク		◎						
酸化チタン	◎	◎						
イルミナイト	○	◎						
酸化鉄	○	◎		◎				
炭酸カルシウム	○	○		○	◎			
フェロマンガン		○	◎			◎		
二酸化マンガン		◎		○				
けい砂		◎						
でんぷん					○			◎
けい酸カリ	◎	◎						◎
けい酸ソーダ	◎	◎						◎

備考　◎：主な作用　　○：二義的作用

（4）　ガスシールドアーク溶接

ガスシールドアーク溶接法（gas shield arc welding）は，溶接中のアーク及び溶融金属を大気から保護するために，アルゴンや炭酸ガスなどのシールドガスを流しながら行う溶接法の総称である。シールドガスとして用いられるガスの種類としては，

① 不活性ガス（Ar：アルゴン，He：ヘリウムなど）

② 活性ガス（CO_2：炭酸ガス，アルゴン（80%）＋炭酸ガス（20%）など）

ガスシールドアーク溶接には，コイル状に巻かれた針金のような溶接ワイヤを電極に用いる溶極式（消耗電極式）と電極にタングステンを用いて電極がほとんど溶融しない非溶極式（非消耗電極式）がある。

溶極式には不活性ガスを用いる**ミグ溶接法**，炭酸ガスあるいは炭酸ガスとアルゴンの混合ガスを用いる**マグ溶接法**があり，非溶極式には**ティグ溶接法**や**プラズマアーク溶接法**がある。

a　炭酸ガス（マグ）溶接及びミグ溶接

炭酸ガス（マグ）溶接（MAG arc welding）とミグ溶接（MIG arc welding）の違いは，使用するシールドガスが異なることにあり，炭酸ガス（マグ）溶接は，CO_2やCO_2（80%）+Ar（20%）などがシールドガスに用いられて一般的な鋼の溶接に主に使用される。また，ミグ溶接は，シールドガスにArやHeが用いられて，ステンレス鋼やアルミニウム合金の溶接などに使用される。溶接装置は共用する場合もある。

図10－9に消耗電極式ガスシールドアーク溶接の原理図，図10－10にその溶接装置の概要を示す。

溶極式のガスシールドアーク溶接では，溶接用ワイヤは送給ローラにより定速度で送られ，コンタクトチップ内を通過する際に通電されてワイヤの先端と母材間でアークを発生する。ワイヤと母材の一部が溶融して溶融池を形成し，その後，冷却，凝固して溶接金属となる。炭酸ガス（マグ）溶接及びミグ溶接の主な特徴は次のとおりである。

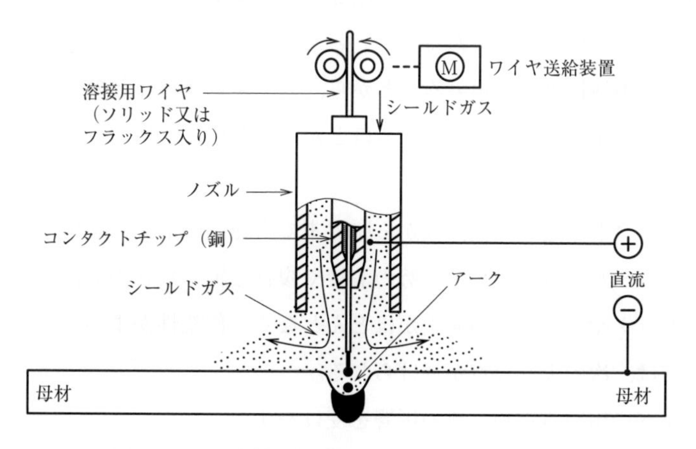

図10－9　消耗電極式ガスシールドアーク溶接

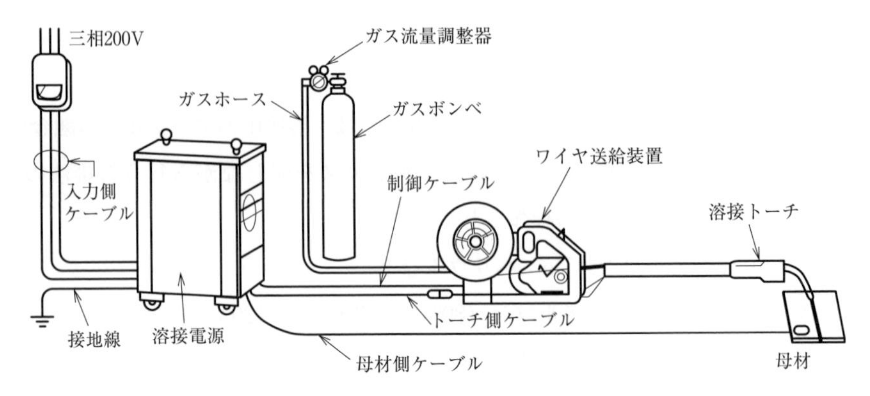

図10－10　ガスシールドアーク溶接装置

① 被覆アーク溶接に比べて電流密度が高いことから，ワイヤの溶着量が多く溶接能率が高い。

② ワイヤが連続して送給されるため，連続溶接が可能で能率的であり，ロボットのような自動溶接にも適している。

③ 溶接条件を正しく設定することで，全溶接姿勢に適用できる。

④ ガスをシールドに用いるため，風の影響を受けやすい。

b　ティグ溶接

ティグ溶接（TIG：tungsten inert gas arc welding）は，シールドガスとしてアルゴンやヘリウムなどの不活性ガスを用い，電極にはタングステンを用いる非溶極式の溶接法である。他のアーク溶接法に比べて，溶接部の品質が高く，炭素鋼，ステンレス鋼はもとより，ニッケル合金，銅合金のほか，アルミニウム合金，チタン合金，マグネシウム合金，ジルコニウム合金などの溶接に幅広く適用されている。

(a) ティグ溶接法の特徴

ティグ溶接は，図10－11に示すように，タングステン電極と母材間にアークを発生させて行う。この方法では，タングステン電極はアークを発生，維持する働きをするのみであることから，溶着金属が必要な場合は，溶加棒を必要に応じて別に添加する必要がある。

ティグ溶接法の利点は次のとおりである。

① シールドガスに不活性ガスを用いることから，ステンレス鋼などの合金鋼からアルミニウムなどの非鉄金属まで工業的に使用されているほとんどの金属に使用できる。

② 高品質の溶接結果が得られる。

③ 小電流でもアークが安定し，極薄板から厚板まで広範囲の溶接に適用できる。

④ 入熱のコントロールが容易で，全姿勢の溶接や複雑な継手形状の溶接にも適用できる。

⑤ 溶接中にスパッタやヒュームの発生がほとんどなく，作業性がよい。

一方，欠点としては，次のような点が挙げられる。

① ガスをシールドに用いるため，風の影響を受けやすい。

② 一般に溶接速度は遅く，能率の面ではやや劣る。

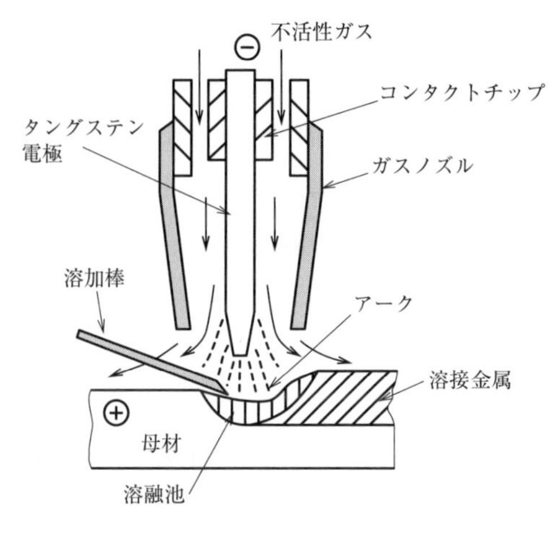

図10－11　ティグ溶接法

③　シールドガスが高価なため，溶接コストが高くなりやすい。

(b)　ティグ溶接における極性の選択

ティグ溶接用の電源は，１台で直流と交流の溶接が可能となる交直両用電源が一般に用いられるようになってきている。そこで，電流の種類の選択や，出力端子の接続方法により，図10－12に示すような，３通りの極性を選択できる可能性がある。

それぞれの極性の主な特徴は，以下のようである。

(1)　直流棒マイナス（DCEN）

タングステン電極の消耗や溶融変形がほとんどなく，アークの安定性が高く，溶込みも比較的深いことから，炭素鋼やステンレス鋼などの溶接に広く用いられている。

(2)　直流棒プラス（DCEP）

電極の溶融消耗が激しく，アークも不安定であるが，アルミニウム合金やマグネシウム合金などの母材表面の酸化被膜を除去するクリーニング作用がある。ただし，一般的にはほとんど使用されない。

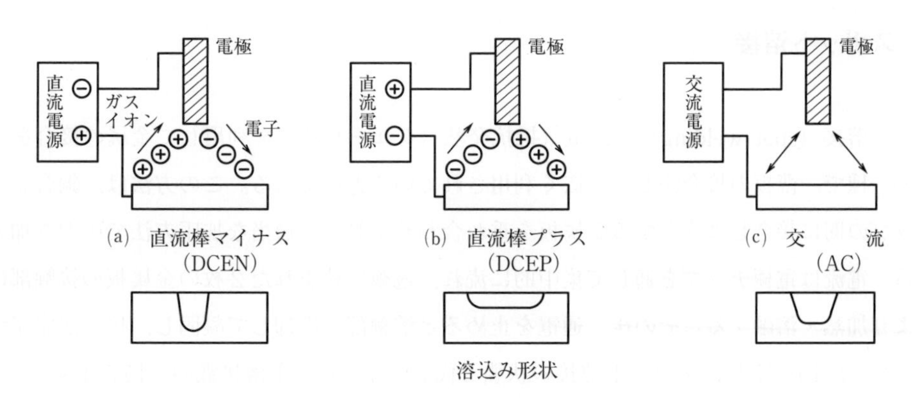

図10－12　ティグ溶接における極性の影響

⑶　交流（AC）

棒マイナスと棒プラスの状態が交流の半波ごとに繰り返すことから，アークの状態や溶込みなどは，棒マイナスと棒プラスの両者のほぼ中間的な状態が得られる。電極先端は多少溶融変形するが，棒プラスとなる半波でクリーニング作用が得られることから，この交流で行う交流ティグ溶接法がアルミニウム合金やマグネシウム合金の溶接に広く用いられている。

1.3　ガス溶接

ガス溶接（gas welding）は，ガス炎を熱源に用いて金属を溶融して接合する方法である。溶接に適した高温のガス炎を得るために**アセチレン**と**酸素**の混合ガスが一般に用いられ，**酸素アセチレン溶接**とも呼ばれる。

ガス溶接装置は，図10－13に示すような簡単な構成であることから，運搬も容易であり，電源設備のないところでの溶接作業が可能である。ただし，溶接能率の面では，その他のアーク溶接法などに比べて劣ることから，今日では，溶接に用いられることは少なく，エネルギ密度が低いといったガス炎の特徴を生かした，トーチろう付け用の熱源あるいは材料の加熱用熱源として主に用いられている。

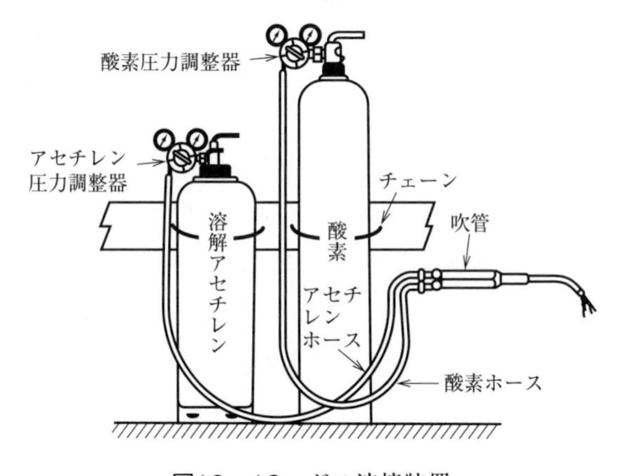

図10－13　ガス溶接装置

1.4　スポット溶接

スポット溶接（spot welding）は，電気抵抗発熱（ジュール熱）を利用して金属の接合を行う抵抗溶接法の一種で，薄板の接合法として広く利用されている方法である。この方法は，銅合金でできた電極チップの間に接合しようとする金属板を重ね合わせておき，適当な加圧方法で圧力を加えながら通電する。電流は電極チップを通して集中的に流れ，電極に挟まれた２枚の金属板の接触部はジュール熱により加熱・溶融する。その後，通電を止めると溶融部は冷却して凝固し，接合が完了する。

図10－14，図10－15に，スポット溶接の状態と代表的なスポット溶接機の一例を示す。

スポット溶接は，薄板の接合を能率よくできることから，薄板のプレス加工製品の組立てなどに広く用いられている。さらに，ロボットに搭載したスポット溶接機で，自動車の外板の接合を高能率に行う自動化の例が代表的である。

スポット溶接に代表される抵抗溶接の利点は，次のとおりである。

① 溶接電流を流す時間はサイクル単位であり，溶接が素早く完了する。

② 発熱が局部的であるため，母材の熱影響部が小さく，ひずみによる変形が少ない。

③ 溶接時に加圧力を用いるため，継手部の精度の許容度が高い。

④ 適切な溶接条件を選定すれば，あとは自動的に同一条件で溶接することが可能であり，溶接結果が作業者の技量に左右されない。

⑤ 自動化が容易であり，大量生産が可能である。

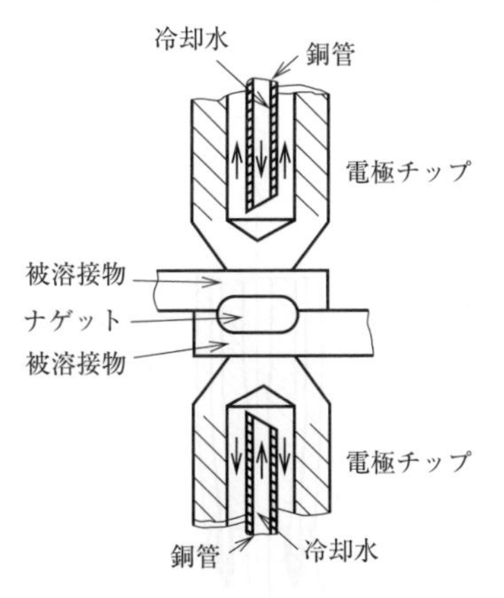

図10－14　スポット溶接

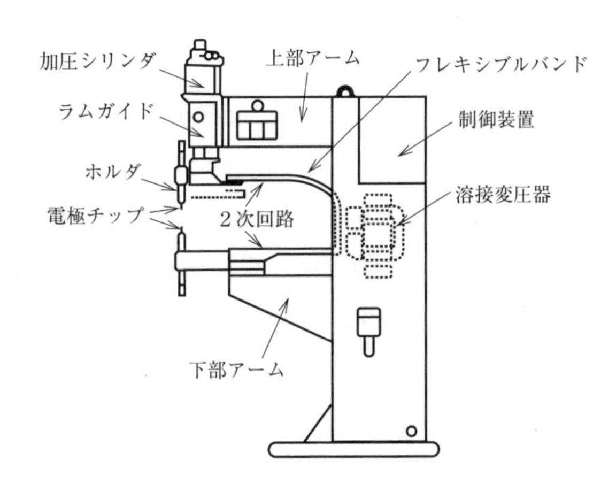

図10－15　スポット溶接機

1.5　ろう付け

ろう付け（brazing）は，通常の溶接とは異なり，接合しようとする材料，すなわち，母材をできるだけ溶かさないで，接合部のすき間に溶融したろうを流入させ，冷却・凝固させてぬれ現象で接合を行う方法である。ろうには，接合する母材よりも融点が低く，母材となじみのよい合金又は純金属を用いる。

ろう付けは，使用するろうの融点が450℃又はそれ以上の場合を**ろう付け**（硬ろう付け），450℃以下の場合を**はんだ付け**（軟ろう付け）と呼んでいる。

ろう付けの利点は，母材を溶融させないで接合できることから，母材への熱影響が少なく，母材の材質の劣化やひずみの発生が少ない。したがって，小物や複雑な形状の材料を精密に接合できると共に，ろうの種類を選択することで異種材料や特殊な材料の接合ができる。さらに，場合によっては，ろう付け部を再加熱して接合を外すことも可能であるなどの特徴がある。

第2節　金属の切断方法

溶接構造物の製作は，まず，大きな板材などから，目的の形状の部材を切り出すことから始まり，その切断工程では直線だけでなく曲線の切断も自由にできることが必要となる。そこで，こうした目的に合った切断方法として，**ガス切断**や，**プラズマ切断**，**レーザ切断**などの**熱切断**が広く用いられている。

2.1　ガス切断

ガス切断（gas cutting）は，鉄と酸素との化学反応熱を利用した，鋼の高能率な切断方法である。その切断は，図10－16に示すように，切断を開始する部分を予熱炎で900～950℃程度（発火温度）以上に加熱したところで，高圧の切断酸素気流を吹き付ける。すると，鉄は酸素と急激に反応（燃焼）して酸化鉄となり，この酸化鉄となった部分は周辺部に比べて融点が下がり，この酸化鉄となった部分のみが溶融して高圧の酸素気流によって吹き飛ばされる。

こうした切断のメカニズムを利用するガス切断は，板厚が数mm程度の薄板から4m程度の超厚板までの鋼の切断が可能となっており，鋼材の切断法として広く用いられている。

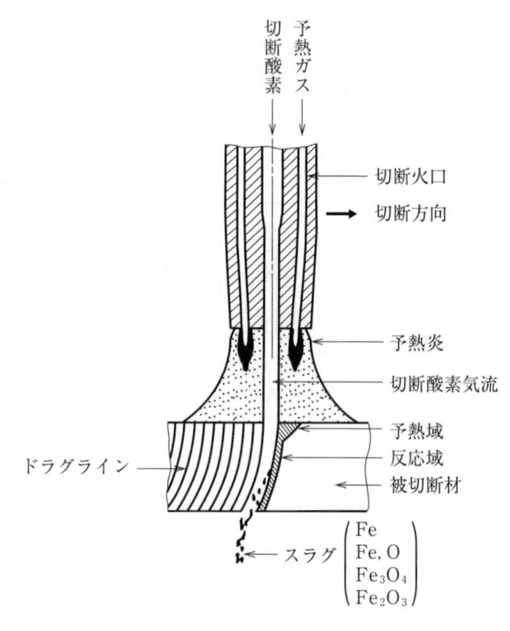

図10－16　ガス切断の原理

2.2　プラズマ切断

プラズマ切断（plasm arc cutting）は，アークを小さな穴のあいた金属製ノズル（チップ）を通過させ，さらにそのアークの周囲に高流速のガス（作動ガス）を流し，より細く絞った高温，高流速のアーク（プラズマアーク）で，母材（被切断材）を溶融させると共に，これを吹き飛ばすことで切断する方法である。

プラズマ切断法は，ガス切断法では切断が不可能であるステンレス鋼やアルミニウムの切断ができるなど，切断する金属の材質を選ばない。また，高能率で熱変形が少ない切断が可能であることから，一般的な鋼材の切断においても高速切断方法として広く用いられるようになっている。さらに，作動ガスとして空気を用いるエアプラズマ切断法が実用化され，手動用のプラズマ切断法として広く普及してきている。ただし，プラズマ切断における実用的な切断板厚は，数mmから30mm程度であり，板厚が100mm以上の材料の切断は困難である。図10－17にプラズマ切断機の原理を示す。

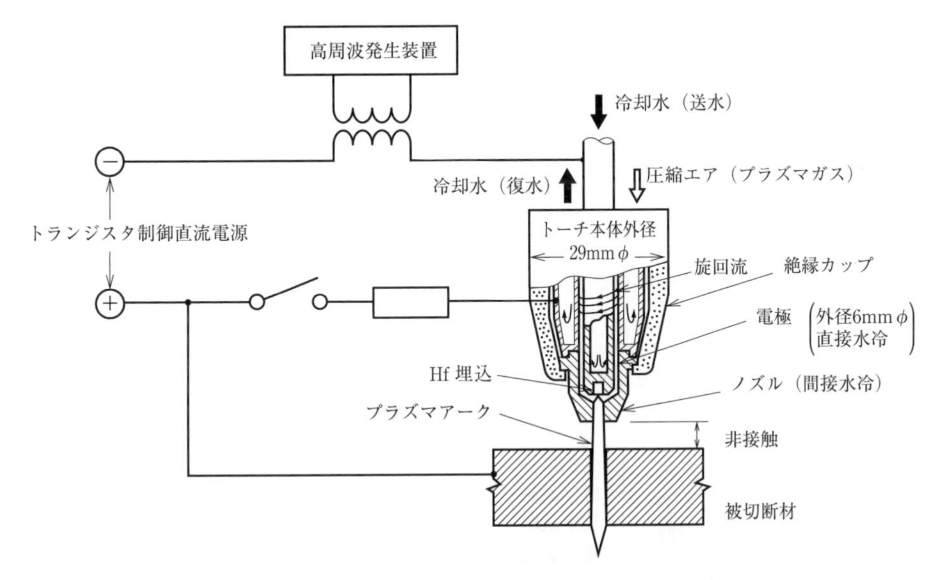

図10－17　エアプラズマ切断機の原理

2.3　レーザビーム切断

レーザビーム（laser beam）切断は，レーザ光線を細く絞った高いパワー密度のレーザビームで材料の切断を行う方法で，金属材料のみならず，木材，セラミックスなどの高精度切断が可能である。金属の切断では，その多くは数mm以下の材料の精密切断に主に用いられており，厚板の切断では，20mm程度の板厚の切断が可能になっている。

切断加工に用いられる代表的なレーザとして，炭酸ガスレーザとYAGレーザがある。図10－18に炭酸ガスレーザ加工の原理を示す。

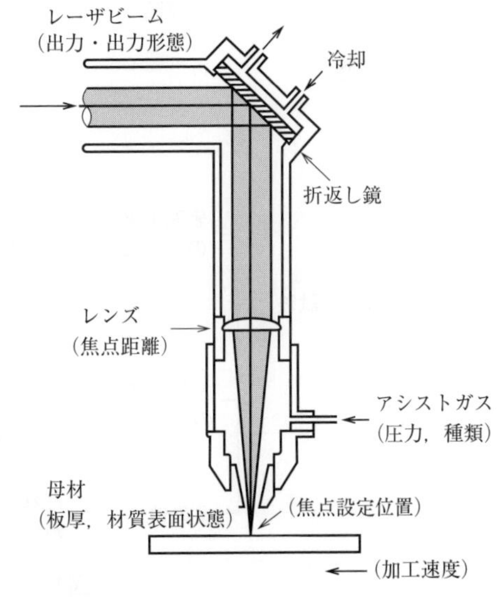

図10－18　炭酸ガスレーザの加工の原理

第3節　溶接部の試験と検査

溶接を行った製品や溶接構造物が，設計段階におけるねらいどおりの性能を備えているかどうかを確認するために，溶接部の試験や検査が行われる。

溶接部の品質を確認する方法には，接合部の一部からテストピースを切り出して行う**破壊試験**（destructive testing）と，製品の形や機能を損なわずに試験する**非破壊試験**（non-destructive testing）とがある。

これらの試験や検査は，単に製品の最終品質を判定するだけでなく，得られた検査情報を設計・資材・工作などの関係部門にフィードバックして，生産管理面に生かすことが大切である。

図10－19に，溶接継手の試験方法の分類を示す。

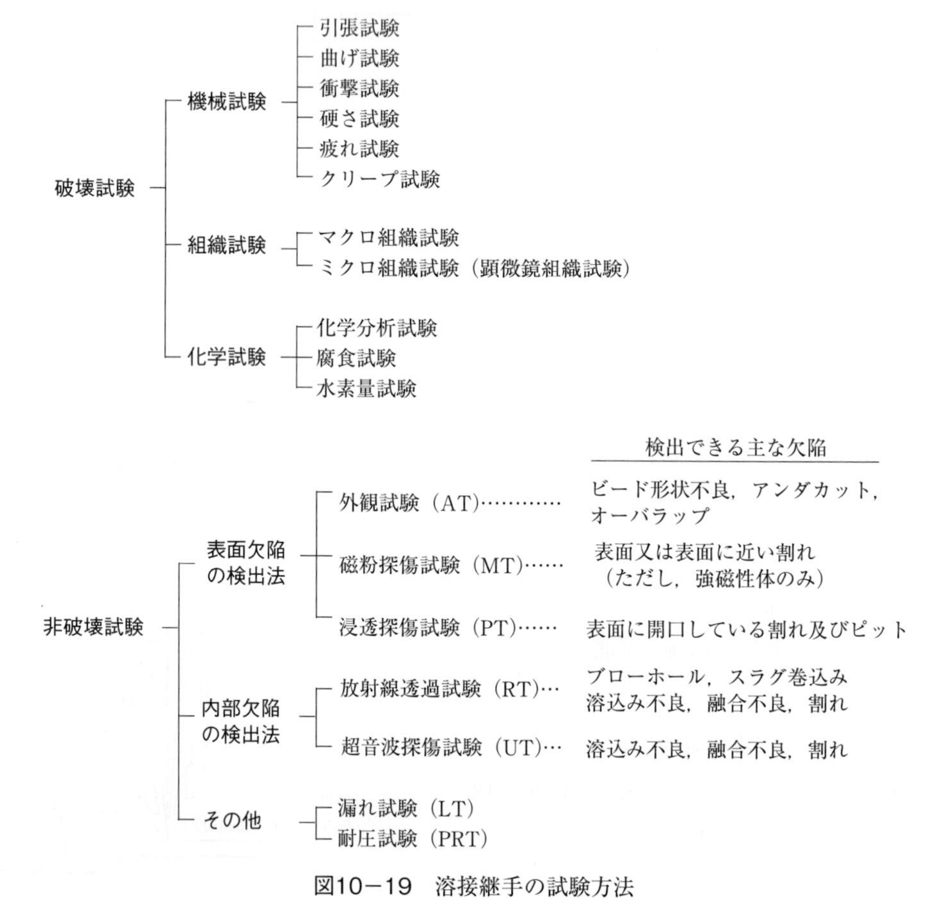

図10－19　溶接継手の試験方法

3.1　破壊検査

（1）　引張試験

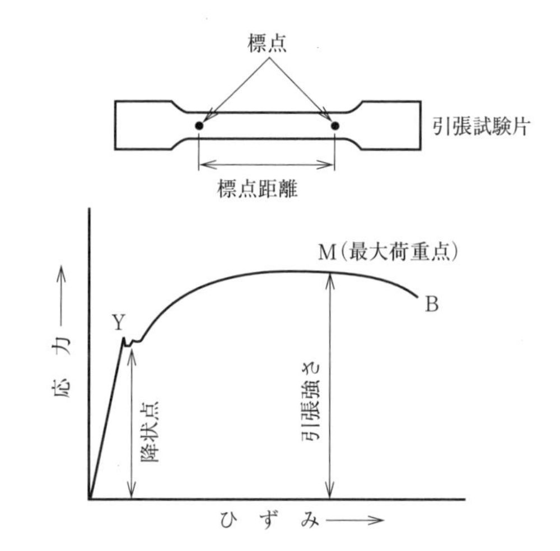

図10－20　引張試験及び軟鋼の応力－ひずみ曲線

引張試験（tension test）は，材料の機械的性質を知るための最も基本的な試験であり，板状，丸棒状，管状などの細長い試験片を引張試験機（万能試験機）で徐々に引張って破断させ，材料の強度や延性などの機械的性質を調べる試験である。図10－20に引張試験片と軟鋼の応力－ひずみ曲線の例を示す。

引張試験方法は，JIS Z 2241：2011「金属材料引張試験方法」に規定されている。

引張試験において測定される代表的な項目は，以下のとおりである。

①　引張強さ

②　降伏点（又は0.2%耐力）

③　伸び

④　絞り

引張試験により得られる**引張強さ**や**降伏点**（又は0.2%耐力）は，構造物又は，機械要素などの設計上の基礎となる重要な値となっている。

なお，溶接に関する引張試験には，溶接継手の引張り性能を調べる「突合せ溶接継手の引張試験方法」（JIS Z 3121：2013）などがあり，溶接継手の引張試験では，試験片が溶接金属，熱影響部，母材部などの性質の異なる部分から構成されているため，通常は引張強さのみを測定する。

突合せ溶接継手の引張試験片を，図10－21に示す。

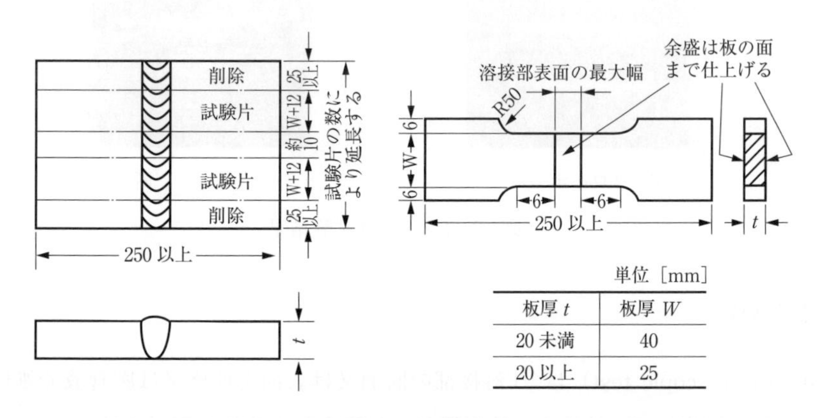

単位［mm］

板厚 t	板厚 W
20未満	40
20以上	25

図10－21　突合せ溶接継手の引張試験片（JIS Z 3121参考）

出所：日本溶接協会出版委員会編「新版　JIS半自動溶接受験の手引」産報出版，2005，p163，図6.3

（2） 曲げ試験

溶接部の曲げ試験（bending test）は，溶接した部分を曲げ伸ばしてみることで，その材料と溶接の方法の組合せに問題がないか，あるいは溶接技能者の技量が十分かどうかなどを判断するために，実際の構造物を製作する前の確認試験として行われる。また，溶接技術検定試験の技量判定のための試験としても用いられている。図10－22に曲げ試験結果の例を示す。

JIS溶接技術検定試験（JIS Z 3801：1997「手溶接技術検定における試験方法及び判定基準」）における曲げ試験の判定基準は以下のとおりである。

曲げ試験において，曲げられた試験片の外面に次の①～④の欠陥が認められる場合は不合格となる。ただし，アンダーカット内部の割れは対象とするが，熱影響部の割れは対象としない。また，ブローホールと割れが連続している場合は，ブローホールを含めて連続した割れとみなされる。

① 3.0mmを超える割れがある場合

② 3.0mm以下の割れの合計長さが，7.0mmを超える場合

③ ブローホール及び割れの合計数が，10個を超える場合

④ アンダーカット，溶込み不良，スラグ巻込みなどが著しい場合

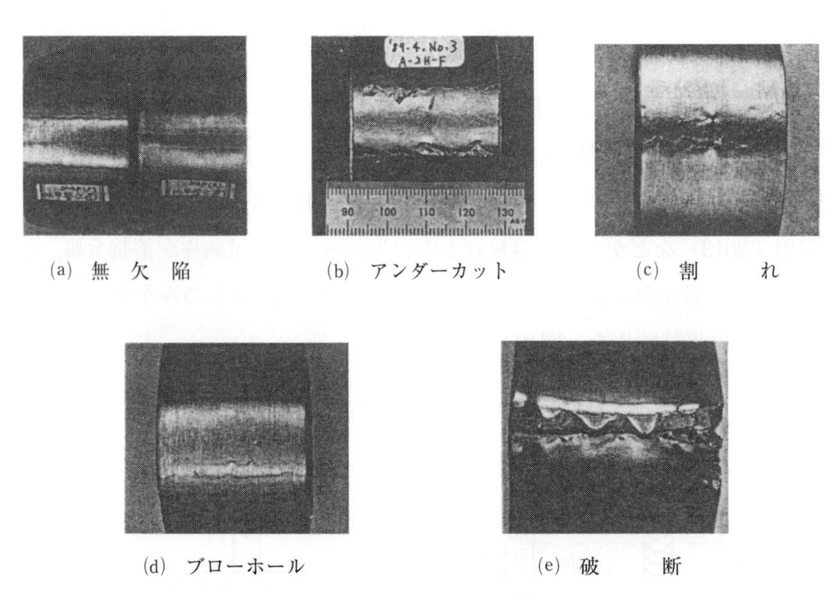

(a) 無　欠　陥　　(b) アンダーカット　　(c) 割　　れ

(d) ブローホール　　(e) 破　　断

図10－22　曲げ試験結果

（3） マクロ試験

マクロ試験（macroscopic test）は，「溶接部の断面又は表面を研磨又は腐食液で処理し，肉眼又は低倍率の拡大鏡で観察して，溶込み，熱影響部，欠陥などの状態を調べる試験」（JIS Z 3001－1：2018）と定義されており，溶接部のマクロ試験においては以下のような検査ができる。また，図10－23にマクロ試験の一例を示す。

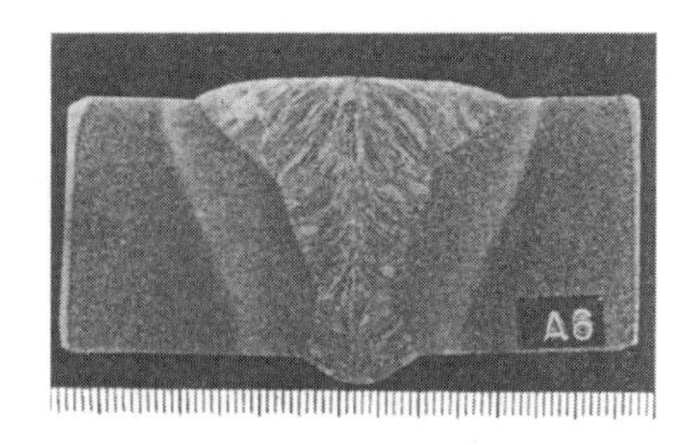

図10－23　片面溶接部マクロの例

① 溶接部の溶込み形状や溶込み深さ
② 融合不良の有無
③ ブローホールや割れなどの有無
④ スラグや不純物の巻込みの有無
⑤ 溶接による熱影響部の状態

（４）　顕微鏡組織試験

顕微鏡組織試験（ミクロ試験）（microscopic test）は，溶接部の断面を鏡面状に研磨した後，腐食液で処理して，金属顕微鏡によって金属組織の状態などを調べる試験である。図10－24にミクロ試験の一例を示す。

溶接におけるミクロ試験では，マクロ試験では観察できないような小さな欠陥の検査や，溶接金属や熱影響部の組織の状態，結晶粒の大きさなどを調べ，溶接継手の良否の判断や溶接方法の改善などに関する調査を行う場合に用いられる。

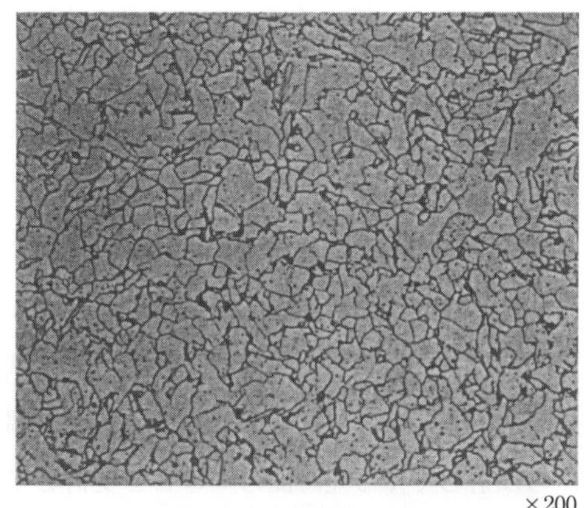
×200
E4319（0.08C－0.08Si－0.6Mn）
図10－24　溶接金属のミクロ組織例

3.2　非破壊検査

（１）　放射線透過試験

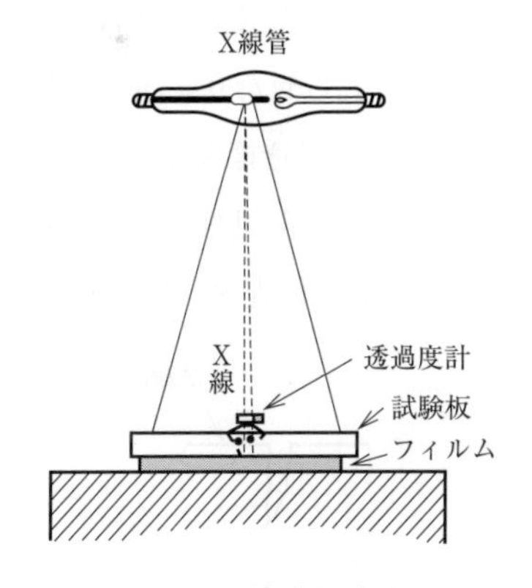

図10－25　X線透過試験の原理

X線やγ（ガンマ）線などの放射線は，物質を透過する性質があり，その透過の程度は物質の種類や厚さなどにより異なる。そこで，溶接部の放射線透過試験（radiographic testing radiography）はこの性質を利用して，製品自体を破壊しないで溶接部内部の割れ，溶込み不良，融合不良，スラグの巻込み，ブローホールなどの欠陥の有無を調べる目的で行われる。図10－25にX線透過試験の原理を示す。

X線透過試験の結果をX線フィルムに撮影できることで，記録や保存性に優れており，溶接部の健全性の保証手段としても用いられている。

（２）　超音波探傷試験

超音波は，物体の中を一定の速さで自動車のヘッドライトのように，輪郭のはっきりした音の束（超音波ビーム）となって直進し，途中に欠陥などの障害物があると反射される性質をもっている。超音波探傷試験（ultrasonic testing）は超音波のこのような性質を利用して，製品内部の欠陥の有無

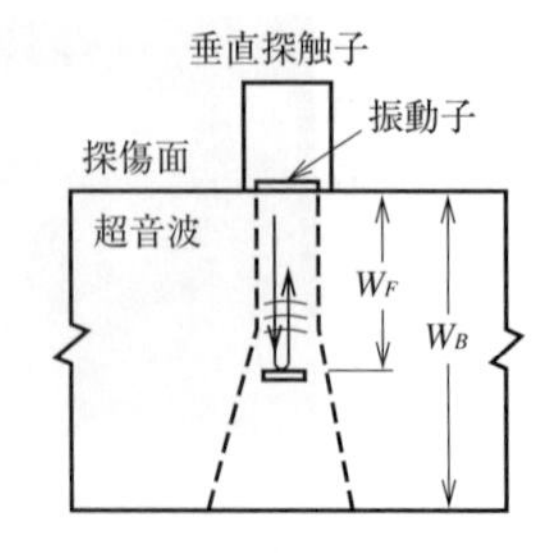

(a)　欠陥での超音波パルスの反射

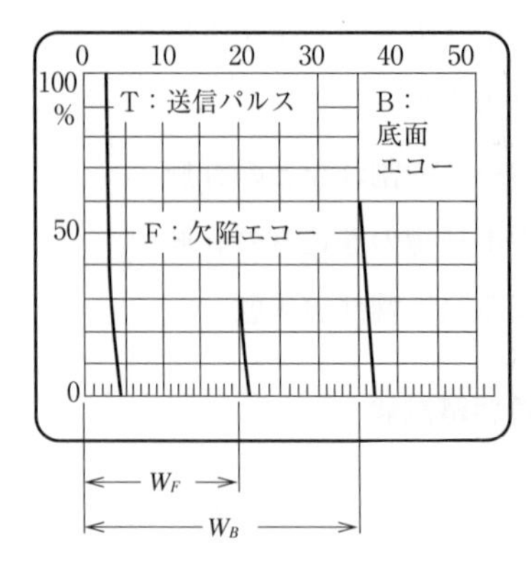

(b)　ブラウン管上の探傷図形の例

図10－26　超音波探傷試験（垂直探傷法）の概要

を調べる試験である。

通常，溶接部の超音波探傷試験にはパルス反射法と呼ばれる方法が用いられる。これは図10－26(a)のように，探触子から出る超音波パルスを試験体中に伝ぱさせ，材料裏面から反射してくるエコーを受信するまでの時間を測定してその厚さを調べたり，同図(b)のように内部に欠陥がある場合は，欠陥から反射してくる短時間のエコーを受信して，その大きさや深さ方向の位置を測定したりできる。

（3）　浸透探傷試験

浸透探傷試験（liquid penetrant testing）とは，溶接ビードの表面に発生する微細な割れなど材料の表面に開口している欠陥を，蛍光性の液体（蛍光浸透液）や赤色染料を加えた溶液（染色浸透液）を用いて光らせたり，赤く色着けしたりするなどして判別を容易にし，その有無を調べる方法である。図10－27に浸透探傷試験の手順，図10－28に溶接部の浸透探傷試験結果の一例を示す。

洗浄などの前処理から，染色，除去，現像とそれぞれの溶剤の多くはエアゾール缶スプレー方式であり，簡易な検査法として広く用いられている。ただし，表面に開口している欠陥以外は検出できない。

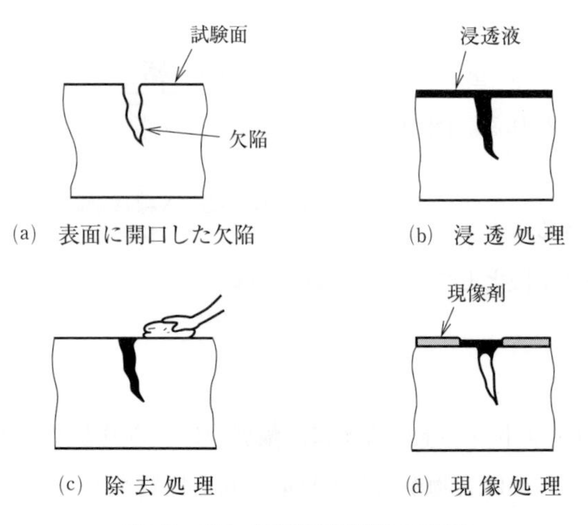

(a)　表面に開口した欠陥　(b)　浸 透 処 理

(c)　除 去 処 理　(d)　現 像 処 理

図10－27　浸透探傷試験の手順

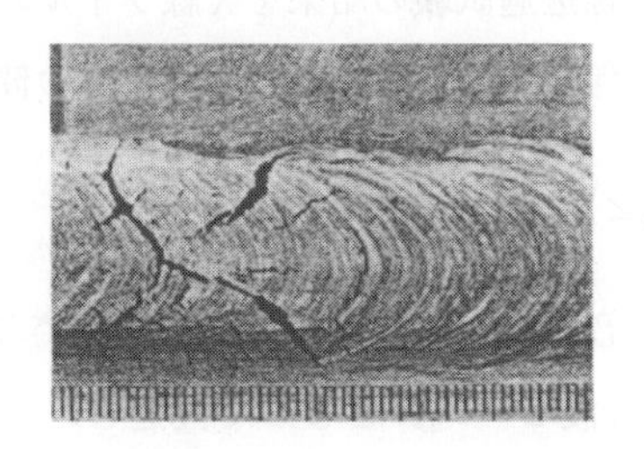

図10－28　溶接部の浸透探傷試験結果

〔第10章のまとめ〕

第10章で学んだ溶接に関する次のことについて，各自整理しておこう。

(1) 溶接にはどのような利点と欠点があるか。

(2) 溶接作業において，安全上どのような点に注意すべきか。

(3) 被覆アーク溶接とはどのような溶接法か。

(4) 炭酸ガス（マグ）溶接とはどのような溶接法か。

(5) ティグ溶接とはどのような溶接法か。

(6) ガス溶接，スポット溶接，ろう付けにはどのような主な特徴があるか。

(7) ガス切断，プラズマ切断，レーザ切断の各種熱切断法を比較すると，どのような相違があるか。

(8) 主な破壊検査法にはどのような方法があるか。

(9) 主な非破壊検査法にはどのような方法があるか。

第11章
機械加工の周辺技術

生産の能率を高めるため，これまで述べてきた機械加工に加え，特定の製品をつくるための専用機や，作業を行う上で効率を上げられる様々なジグなどが用いられている。また，不良率を下げ，常に安定した製品をつくるためには，機械の据付けや普段からの定期検査などを行うことも重要な技術である。

そして，機械加工を行う上で，最も大事なことは安全作業である。作業に合った正しい服装や，整理・整頓・清潔・清掃の４S を基本とし，加工法ごとに様々な危険があることを理解し，必ず安全に気を付けて作業をしてほしい。

本章では，これら機械加工の周辺技術と安全作業について述べる。

第1節　専用機と専用機ユニット

専用機とは，特定の工作物を最も能率的に加工するために，特別につくられた工作機械で，モータや自動車の部品などのような多量生産の場合に用いられる。これには切削速度や送り速度及び工具や工作物の運動範囲などが一定で，全く融通性のない機械と，多少，工作物の形状や寸法が変化した場合でも，一部の部品の取替えや調整で使用できる機械がある。

図11－1は，一般に広く用いられているパワーユニット式専用機の例で，工作物の加工部分に合わせて，図11－2のようなパワーユニットと呼ばれているドリル，フライス，中ぐり棒などの工具を取り付ける主軸や，これを回転させる装置及び送り運動の機構，これらの動力源であるモータや油圧装置などの工作機械としての機能をもつ構造要素を配置した機械である。

図11－1(a)は，工作物を取り付けて機械を運転すると同時に，左右・上下のパワーユニットが運動して工作物を削る形式で，同図(b)は，1カ所で加工が終わると，次の工程まで自動的にテーブルが旋回して，次のパワーユニットで削る形式である。工作物の取付け，取外しは，他の工作物を切削しているときに行われるため，連続的に作業が行われる。パワーユニットにはいろいろな種類があり，市販されているため，専用機をつくる場合，この部分は設計・製作する必要がないことから，比較的短時間で製作することができる。また，その製品の製作が中止された場合には，パワーユニットは別の専用機に使うことができるなどの特徴がある。

図11－3に示すトランスファーマシンは，専用機を直線的に配置し，各専用機間を搬送装置によって工作物を移動させ，加工，移動を繰り返して，多工程の加工を行う機械である。一般に，各加工工程の間に検査工程も組み込まれ，どこかの工程で不良加工が行われた場合には全停止するようになっている。

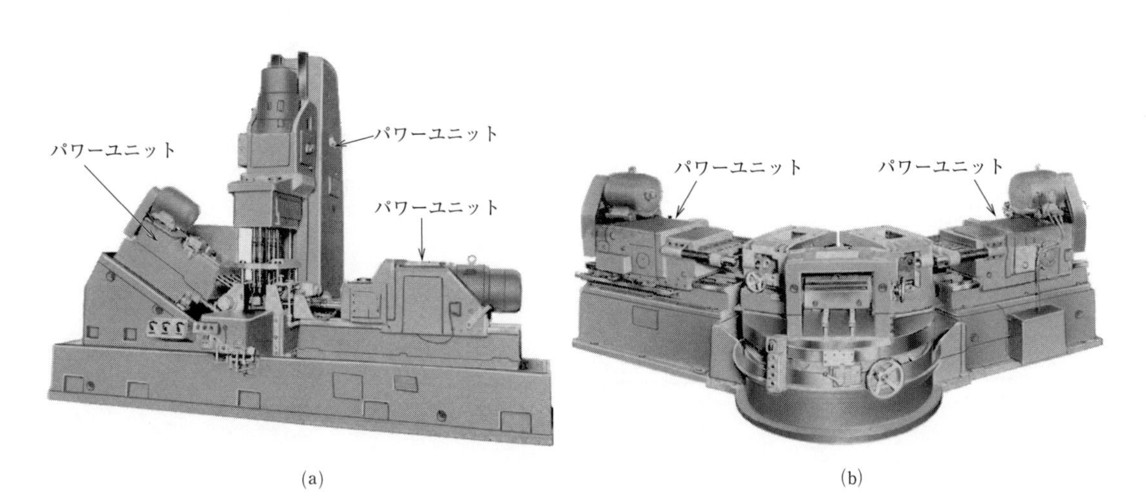

図11－1　パワーユニット式専用機

図11－２　パワーユニット

図11－３　トランスファーマシン

第2節　ジグ・取付具

ジグ・取付具（jig and fixture）は，工作物を工作機械で加工したり組み立てたりする場合，正確な位置に固定するのに必要な道具のことである。特定の工作物を取り付ける場合，その作業をむり，むらなく迅速に，正確に行うことができ，効率性に優れている。

2.1　ジグ・取付具の目的

機械加工では，図面に示されたとおりの製品を能率的に，しかも経済的につくることが必要である。ジグ・取付具は，これらの目的を達成する手段としての道具といってもよい。

例えば，図11－4はフランジ継手のボルト穴の穴あけをする場合である。数量が少ないときは，一般に，トースカンやコンパスなどのけがき道具を使って穴の中心をけがきして，穴あけを行う。しかし，ある程度の数量がある場合は，この方法では能率が悪く，穴あけ精度も低く，製品のばらつきも多くなる。製品であるフランジAとBの穴の位置を正確に一致させるためには，作業の熟練を必要とする。この場合，同図に示したように，このフランジに専用のキー溝を位置決め基準としたけがき用ジグを使用すると，このジグ作製の手間と経費は要するが，従来のけがきだけの場合に比較すると，けがき時間は非常に短縮され，けがき精度も向上し，けがきのミスと穴位置のずれ（製品不良）はほとんどなくなる。

さらに，工夫して，図11－5に示すような正確に加工されたドリル穴案内面をもったジグを作製し，これをキー溝基準で工作物に固定し，ドリルを案内穴に沿って送ると，けがき作業は不要になり，製品の信頼性は向上する。また，未熟練者が行っても，その取扱い方法を誤らない限り，ほとんど不良

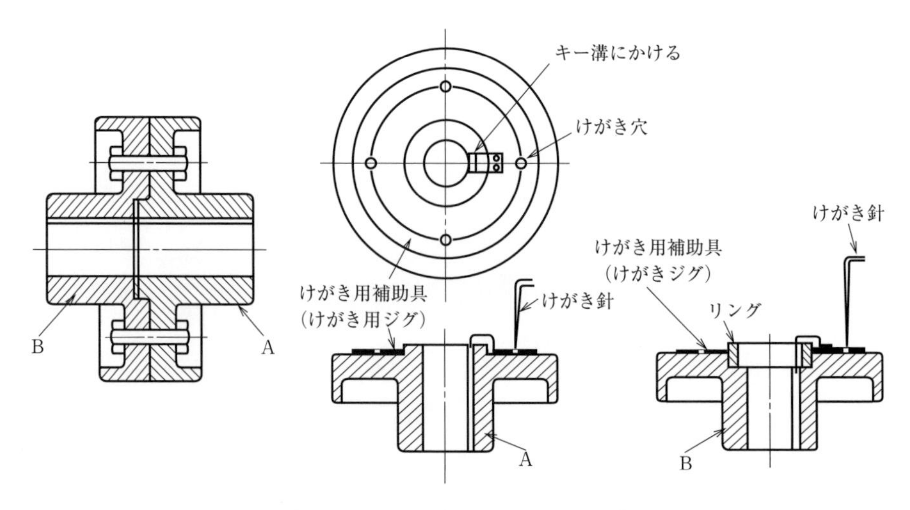

図11－4　けがきジグによるけがき

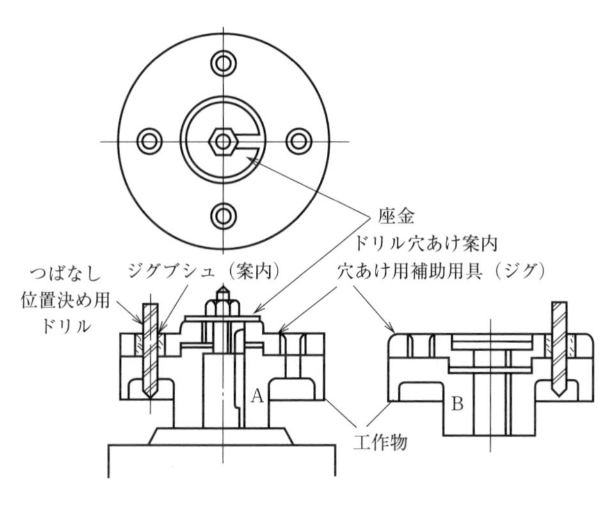

図11－５　ジグによる穴あけ

品はなくなり，作業もかなり能率的になる。

このように，ジグ・取付具は作業能率，生産能率を向上させ，加工に要する経費を軽減し，ひいては製品コストを低減できる。以下，その利点を挙げる。

① 製品精度が向上する。

② 段取り時間が削減され，実加工時間が増える。

③ 加工方法の見直し，改善ができる。

④ 加工不良を低減できる。

⑤ 工程が削減される。

⑥ 未熟練者でも加工できる。

2.2　ジグ・取付具の設計思案

工作物の材質，形状，加工方法，要求精度，生産数量，工作機械の性能，能力などの条件を考慮して，ジグの設計を行う。その留意事項を次に挙げる。

① ジグ・取付具は製作費及び日数が，予定を越えないこと。

② ジグ・取付具の取付け方法，固定箇所，固定数などをあらかじめ決め，作業者に指示書を作成する。

③ ジグ・取付具の設計・製作に当たっては，工作物の合理的な取付け方法や支持方法を考慮する。

④ 市販の標準品を活用する。

2.3　ジグ・取付具の種類と用途

ジグ・取付具は，加工，組立て，検査などの使用目的や使用する機械の種類，工作物の形状などによって，いろいろな種類や形式のものが用いられている。

（1）　穴あけジグ

穴あけジグはボール盤で穴あけをするときに用いられる最も代表的なジグで，これは通常，本体，位置決め及び支え，締付け，案内の四つの要素からなり，板形ジグ，平形ジグ，箱形ジグなどが多く用いられている。

a　板形ジグ（板ジグ）

板形ジグは平面上にある穴の穴あけに用いられるジグである。図11－6に，最も簡単な一例を示すが，板ジグを工作物に合わせて取り付けて穴あけをする。ドリルの案内になる部分は摩耗するため，一般には，焼入鋼のジグブシュを圧入する。

なお，穴あけの後にリーマ仕上げをする場合には，図11－7に示すように，ジグ本体に固定ブシュを圧入し，さらに，差込みブシュを用いる形式にして，穴あけのときとリーマ仕上げのときに，それぞれ別のブシュを差し込んで作業する。

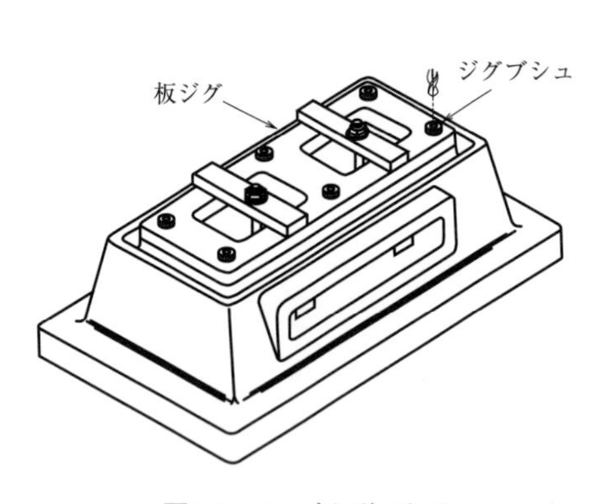

図11－6　板 形 ジ グ

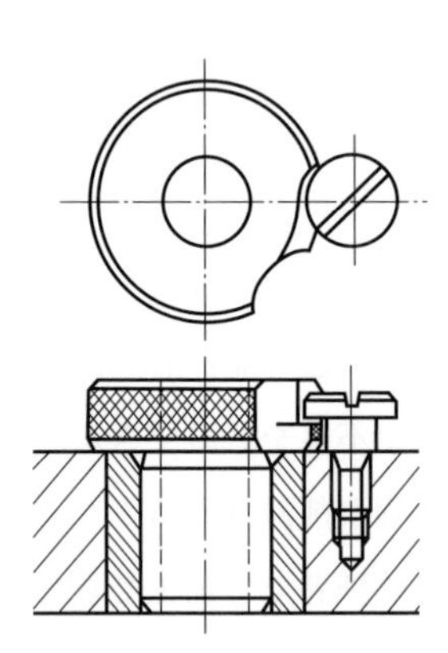

図11－7　ジグブシュ

b　平形ジグと箱形ジグ

やや複雑な形状の工作物の加工をする場合や上下から穴をあける場合には，図11－8のような平形ジグを用い，また，異なった方向から穴あけする場合には図11－9のような箱形ジグを用いる。

工作物の面を基準にするジグでは，工作物とジグが互いに広い面で接触するような位置決め方法を用いると，掃除に時間を要し，また，ごみやきずなどを見落とすことがあるため，図11－10に示すようになるべく３点で位置決めを行うようにする。位置決めには，図11－11のような様々な形状のピンやＶブロックなどが用いられる。

既にあいている２カ所の穴を基準にする場合は，図11－12に示すように，一方の穴には丸形ピンを用い，他方の穴にはひし形ピン（ダイヤピン）を使うと，工作物の着脱が容易である。

締付けは，切削力によって動くことなく，位置決め部に密着するように，しっかりと締め付けられなければならないが，工作物やジグにたわみやきずを生じるような状態は不適切である。図11－13に，これらの例を示す。

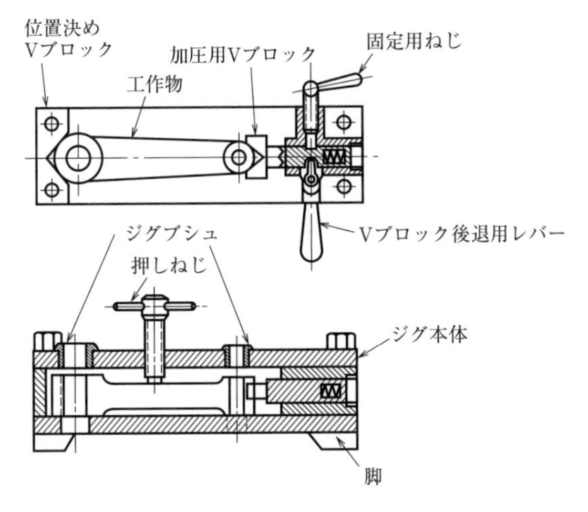

図11－8　平形ジグ

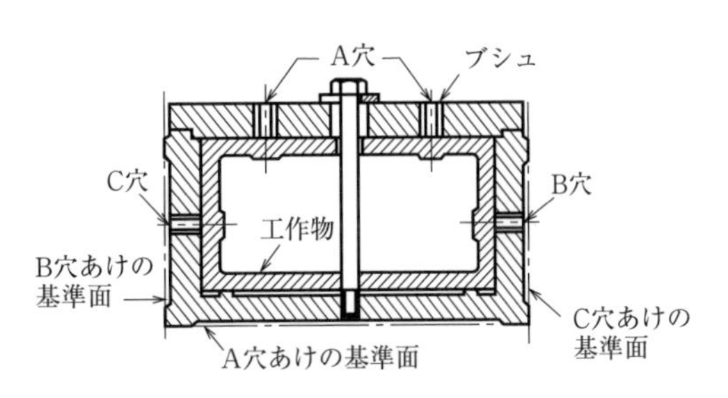

図11－9　箱形ジグ

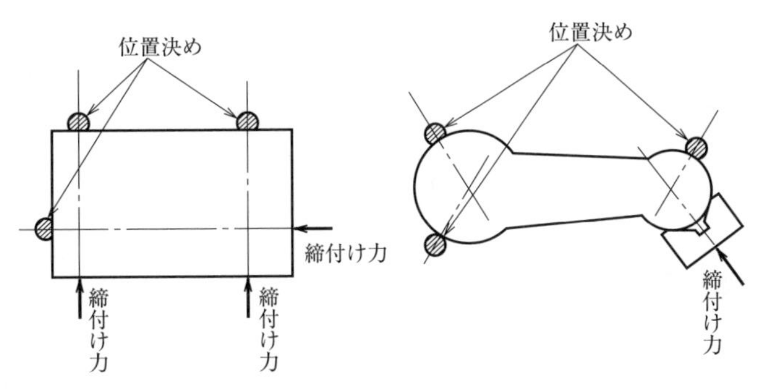

図11－10　位置決め箇所

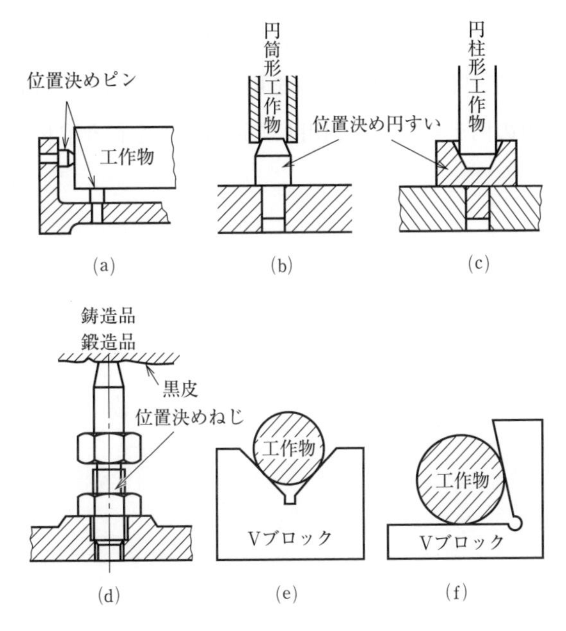

図11－11　各種の位置決め方法

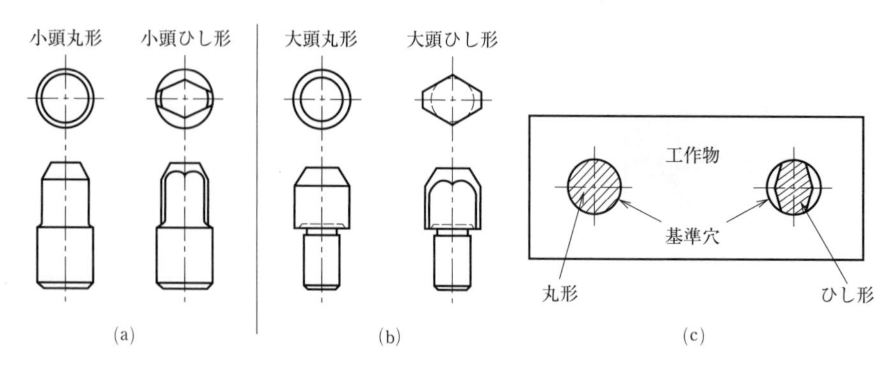

図11－12　穴基準ジグの位置決めピン

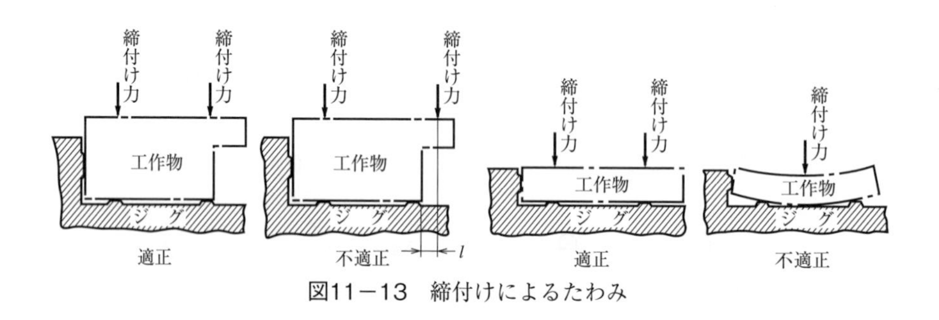

図11－13　締付けによるたわみ

（2）　いろいろな取付具

図11－14(b)は，同図(a)に示す歯車ポンプの②の部分を加工するための旋盤用取付具で，①の部分の加工後，①の軸の中心線に対して②の軸の中心線を同心に削らなければならないが，このような取付具を使わないと，心出しが非常に困難である。また，同図(c)は，脚の部分③の加工をするための取付具で，形削り盤，又は立てフライス盤に取り付けて用いる。

なお，同図に示すような工具位置決めゲージを用いれば，常に同一寸法の製品ができる。

図 11－15 はフライス盤の円テーブルを利用して連続加工を行う取付具で，能率的に作業を行うことができる。

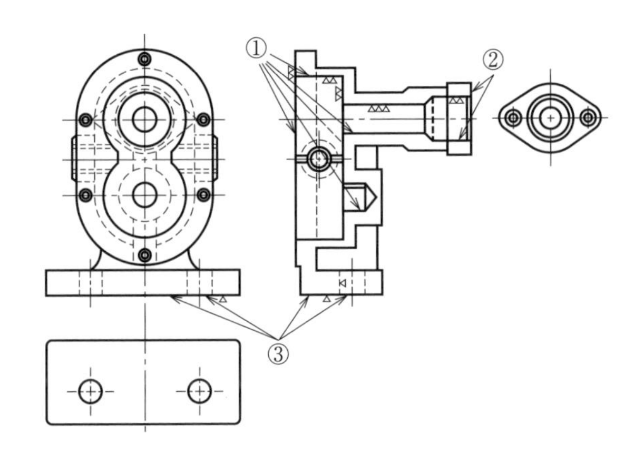

(a)

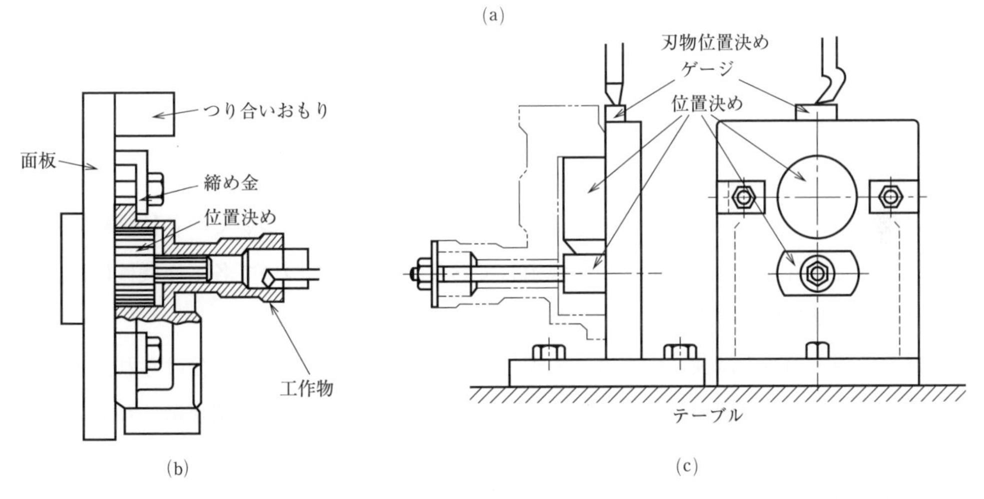

(b)　　(c)

図11－14　取付具による加工

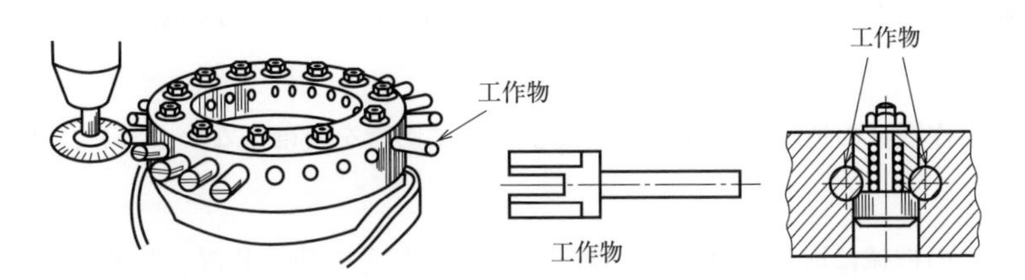

図11－15　連続フライス削りの取付具

第3節　工作機械の試験・検査

3.1　工作機械の試験・検査と規格

工作機械の試験・検査には，使用中の機械性能調査のために行われる定期試験・検査とがある。ここでいう試験とは，定められた項目を定められた方法で測定することをいい，検査とは，測定値を判定基準となる許容値と比べて，合否や級別などを決めることをいう。工作機械の試験・検査は，いずれの場合も，一般に，次の規格のように行われ，受取り試験・検査のときは，さらに，主要寸法，数値，構造，付属品などを明記した仕様書が加えられる。

① JIS 工作機械の試験方法通則（JIS B 6201：1993）

② JIS 機種別の試験方法及び検査

これらの規格のうち，工作機械の試験方法通則は，工作機械全般についての各種試験方法や，これに用いられる測定器具及びその精度などを規定しており，これに基づいて各工作機械には，それぞれ機種別の試験方法及び検査の規格が定められている。

工作機械の性能を調べる試験・検査は，大別して，運転試験と精度検査に分けられ，また，精度検査は幾何精度検査と工作精度検査に分けられ，各機種別に，それぞれ許容値が示されている。

3.2　工作機械の試験方法通則

工作機械を試験するときには，JIS に定められた基本的な規定に従う必要があり，その主な事項を次に挙げる。

① 試験は，工作機械の運転に必要な性能及び精度に影響を及ぼさないように，据付け調整をした後に行う。

② 試験は，その機械に取り付けるモータ・電装品及びその他の装置を装備し，潤滑油，作動油，切削油剤などを適切に満たした状態で行う。

③ 試験は原則として，工作機械を各部にわたって運転し，温度，潤滑などの状態がほぼ安定した後に行う。

3.3　運 転 試 験

運転試験は，機能試験，無負荷運転試験，負荷運転試験，バックラッシ試験の 4 項目からなっており，JIS B 6201：1993 に定められている。

（1）　機 能 試 験

機能試験は，数値制御によらない機能と，数値制御による機能について行う。

数値制御によらない機能試験は，手動によって各部を操作し，作動の円滑さ及び機能の確実さを試験する。また，数値制御による機能試験は，数値制御プログラム（旧来はテープ）及びその他の数値制御指令によって各部を作動させ，機能の確実さ及び作動の円滑さを試験する。

旋盤では，主軸の始動停止や運転操作などの15の試験事項や試験方法が定められている。

（2）　無負荷運転試験

無負荷状態で運転して，速度や行程数，長さなどの表示との差や，振動・騒音・潤滑・油密などの運転状態，所要電力・温度変化などを調べる試験である。

旋盤では，主軸の最低速度から始め，各段階に対して運転し，引き続き最高速度で30～60分間運転して，図11－16の記録様式の各項目を測定することになっている。

<table>
<tr><th rowspan="3">番　号</th><th rowspan="3">測定時刻
（時・分）</th><th colspan="2">主軸速度
（min⁻¹/min）</th><th colspan="3">温度（℃）</th><th colspan="3">所 要 電 力
（電源周波数Hz）</th><th rowspan="3">記　事</th></tr>
<tr><th rowspan="2">表示</th><th rowspan="2">実測</th><th colspan="2">主軸受</th><th rowspan="2">室温</th><th rowspan="2">電力
［V］</th><th rowspan="2">電流
［A］</th><th rowspan="2">入力
［kW］</th></tr>
<tr><th>前</th><th>後</th></tr>
<tr><td></td><td></td><td></td><td></td><td></td><td></td><td></td><td></td><td></td><td></td><td></td></tr>
<tr><td></td><td></td><td></td><td></td><td></td><td></td><td></td><td></td><td></td><td></td><td></td></tr>
<tr><td></td><td></td><td></td><td></td><td></td><td></td><td></td><td></td><td></td><td></td><td></td></tr>
</table>

図11－16　無負荷運転試験の記録様式

（3）　負荷運転試験

負荷運動試験は，所定の負荷状態で運転し，速度や行程数，長さなどの表示との差や，振動，騒音，潤滑，油密などの運転状態及び加工能力を調べる試験である。

旋盤では，工具，工作物の材質，形状（直径と長さ），切削速度，切込み，送りなどの切削条件を定めて，次のことを行って所要電力を測定し，また振動，騒音及び表面の仕上げ状態を観察する。

①　所定の電力に耐えられることを調べる切削動力試験。

②　所定のトルクに耐えられることを調べる切削トルク試験。

③　切削の安定性を調べるびびり試験。

（4）　バックラッシ試験

バックラッシ試験は，操作又は工作精度に著しい影響を及ぼす部分だけについて実施すればよいことになっている。旋盤のバックラッシ試験では，主軸駆動系の総合バックラッシと，工具台の送りねじバックラッシの試験が規定されている。

3.4　幾何精度試験

（1）　幾何精度試験の目的及び項目

幾何精度試験は，JIS B 6190－1：2016で規定されている。工作機械を構成する重要部分の形状や運動及び組立て精度のうち，工作精度に影響を及ぼす対象についてだけ，真直度，平行度，平面度，直角度，回転軸の振れ，回転中の軸方向の動き，同心度，割出し精度，ねじの進み精度，交差度などの中から行うことになっている。

旋盤は，JIS B 6202：1998で規定されており，ベッド滑り面の真直度，水平面内における往復台の運動の真直度，心押台運動と往復台運動との平行度，主軸軸方向の動き，主軸フランジ端面の振れ，主軸端外面の振れ，主軸中心線の振れ，主軸中心線と往復台の長手方向運動との平行度，主軸センタの振れ，心押軸円筒面と往復台運動との平行度，心押軸テーパ穴中心線と往復台の長手方向運動との平行度，主軸台センタと心押台センタとの高さの差，工具送り台の長手方向運動と主軸中心線との平行度，横送り台の運動と主軸中心線との直角度，親ねじの軸方向の動き，親ねじの累積ピッチ誤差などの項目について，測定方法図とその許容値が示されている。

このほか，工作精度検査（真円度，加工直径の一様性，加工面の平面度，ねじの累積誤差），ベッド滑り面の真直度に関する補足（静的精度，検査事項　G1），附属書（参考）普通旋盤－運転試験及び剛性試験，解説付表（JISと対応する国際規格［ISO 230－1］との対比表）などが示されている。

（2）　精度試験用測定器具の種類と用途

a　テストバー

テストバーは図11－17に示すように，主軸中心線と往復台の縦方向の運動との平行度や主軸台と心押し台との両心の高さの差などを測定するときに用いられ，精度は次の許容値以内でなければならない。

①　テストバーの真直度及び円筒度の許容値＝$(0.001+\frac{L}{200000})$mmとする。
　ただし，Lは円筒部の有効長さ［mm］を表す。

②　テストバーの円筒部とテーパ部との振れの許容値は0.004mm以内とする。

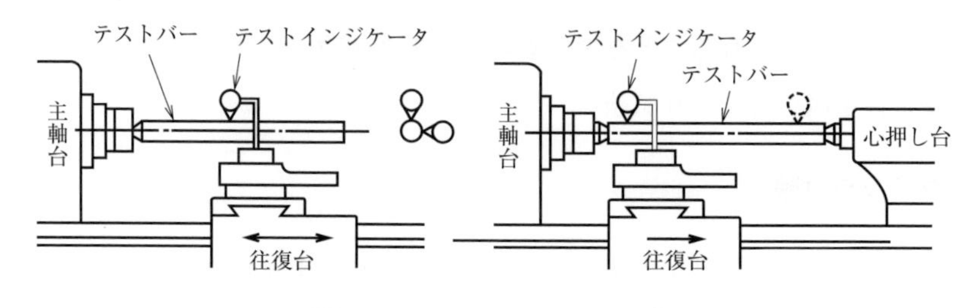

図11－17　テストバーの用途

③　テストバーのセンタ穴と円筒部との振れの許容値は 0.004mm 以内とする。

④　テストバーは，自重によるたわみが測定値に影響を及ぼさないようなものを選ばなければならない。

b　精密水準器

精密水準器は，工作機械を据え付ける場合の水平調整やベッド滑り面の真直度の測定に用いられ，感度は，0.02mm/1m 又は 0.05mm/1m のものを使用する。

c　その他の測定器具

①　テストインジケータは，指示の精度が使用範囲で 0.003mm 以下でなければならない。

②　端度器の寸法の精度は，ブロックゲージのＢ級（長さ 300mm で誤差 ± 0.0024mm）に準じることになっている。

③　直定規及び直角定盤の真直度の許容値は（$0.001 + \frac{L}{500000}$ mm）とする。
ただし，L は有効長さ［mm］を表す。

④　直角定規及び直角定盤の直角度の許容値は，頂点より距離 L mm にある辺上の位置で（$\pm 0.002 + \frac{L}{200000}$）mm とする。

⑤　図11－18 に示すように，真直度の測定に使用する鋼線は，その直径が 0.16mm 以下とし，引っ張った鋼線の真直度は直定規に準じ，そのとき使う測微顕微鏡の読みの精度は ± 0.002mm でなければならない。

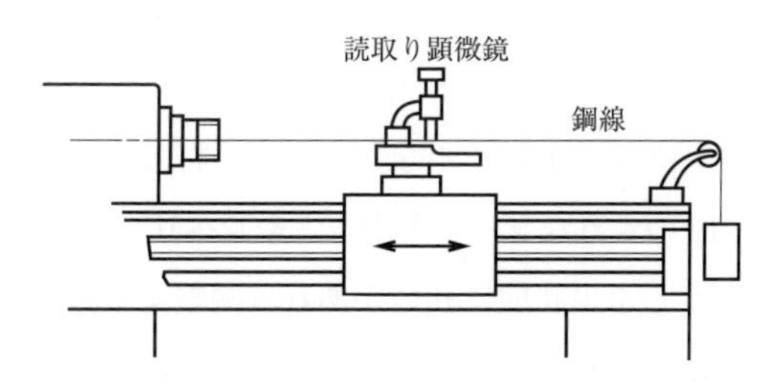

図11－18　鋼線による真直度測定

3.5　工作精度試験

工作精度試験は，実際に工作物を定められた寸法・形状に削って，真直度，平面度，段差，真円度，円筒度，平行度，直角度，同軸度，位置決め加工精度，割出し加工精度及び相互差の 11 項目から，その機械の使用目的に必要な精度項目を測定・評価し，工作機械の仕上げ加工性能を試験する。

なお，試験目的が同じであるとき，幾何精度試験の結果と工作精度試験の結果が異なる場合には，工作精度試験の結果を重視することになっている。

第4節　工作機械の据付け

工作機械は，水平な状態で目的の精度になるようにつくられているため，使用する場合には，水平な状態に据え付けなければならない。しかし据え付ける場所が軟らかいと，局部的に沈下してベッドに曲がりやねじれを生じるため，通常，丈夫なコンクリートの基礎の上に据え付けられる。

基礎には，工作機械1台ずつにそれぞれ異なった基礎を設ける独立基礎と，一つの基礎の上に多くの機械を据え付ける共通基礎とがある。機械の精度を保持し，振動の伝達を防ぐ上からは，独立基礎のほうが望ましいが，生産管理の都合などで機械の配置替えをしなければならないときのことを考えると，共通基礎のほうが便利である。特に振動を防止しなればならないような精密機械や，振動を発生しやすい往復運動を行う機械及び剛性の不足しやすい大形機械には独立基礎を用い，その他の機械には共通基礎を用いる場合が多い。

基礎のひずみは工作機械の精度に影響を及ぼすため，基礎の剛性は大きくなければならない。表11−1は機械の重量に対するコンクリートブロック厚さの寸法の標準で，厚さが1500mm以上の場合は，鉄筋又は鉄筋コンクリートにすることが望ましい。

機械を支える基礎は，また，地盤によって支持されるため，地盤も機械や基礎の重さに十分に耐える固さでなくてはならない。

一般に，地耐力（地盤の支持する力）は5 t/m^2 ぐらいであるが，埋立地や畑地などの軟弱な地盤のところには，まつ丸太やコンクリートパイルなどで，くい打ちをして補強する。

据付けのときには，図11−19のようなジャッキボルトやレベリングブロックを用いて水平調整をし，一定期間ごとに検査をして，もし水平状態に狂いがあれば調整する。

一般に，工作機械は，基礎ボルトによって基礎に固定しないほうがよいが，直立ボール盤のように重心が高く，支持面積の小さいものは固定しなければならない。また，平削り盤や形削り盤のように往復運動をする機械は機械全体が動くおそれがあるため，図11−20のような動き止めを設けなければならない。

表11−1　コンクリートブロックの厚さ

機械重量	単位面積重量	コンクリートブロックの厚み
3000kg以下	1000kg /m^2 以下	300mm以下
5000	1000	500
10000	1500	750
25000	2000	1000
50000	2000	1500

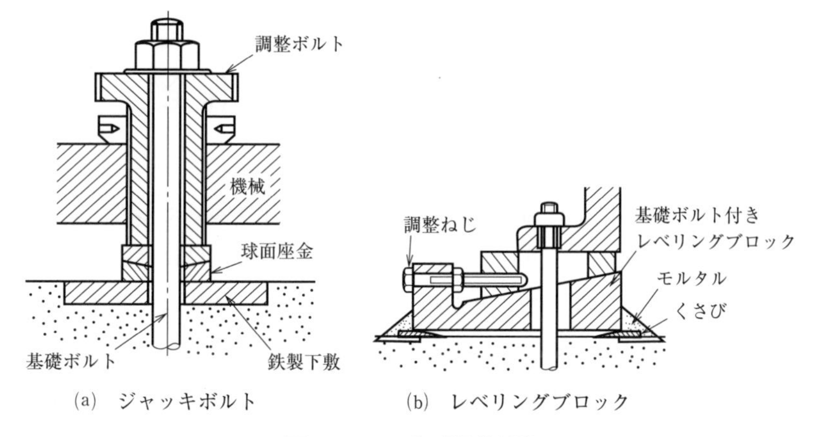

(a)　ジャッキボルト　　(b)　レベリングブロック

図11－19　水平調整用具

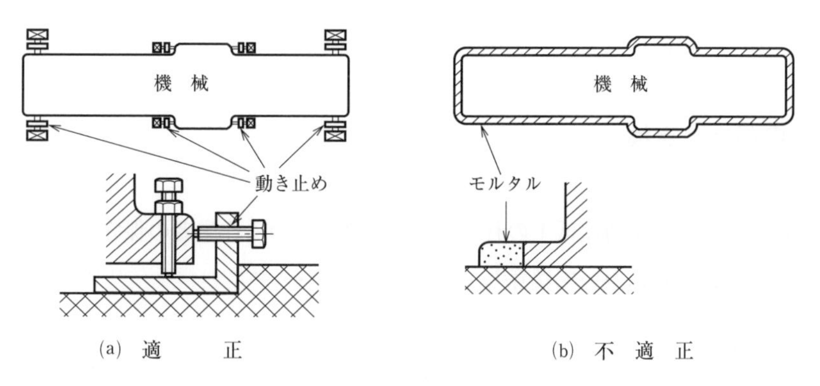

(a)　適　　正　　(b)　不　適　正

図11－20　動き止め

第5節　工作機械の保全

工作機械は，使用すれば，当然各部が摩耗して精度が低下する。そして，これをそのまま使用すれば，工作物の精度が低下したり，また，生産数量に影響したり，時には故障を起こして生産活動が停止したりする。そこで，このようなことが起こらないようにするには，摩耗をなるべく少なくするように使用し，きずを付けたり，むりな作業をしたりしないように心がけると共に，万一，故障の原因になると考えられるようなことが起こった場合には，直ちに点検して，完全な処置を取ることが大切である。次に，摩耗の進行状況を正確につかみ，計画的に調整や修理を行って，生産活動に支障が起こらないようにしなければならない。

このようなことを，予防保全又は生産保全という。

5.1　日常の保守と点検

工作機械の故障の発生率や精度低下の程度は，日常使っている作業者の保守のしかたによって大きく異なるため，特に次の点について留意して行うとよい。

（1）潤　　滑

摩耗を防ぎ，機械各部を正常に運転させるには，機械の各部に，それぞれに適した潤滑剤を適当量供給することが大切で，これには，図11－21のような潤滑供給図に従って行うと誤りがなく，また，1カ月ごと，半年ごとというように長期間の間に一度の供給や交換を必要とする部分に対しては，日を定めておくようにすると共に，記録をしておくことも大切である。

（2）清　　掃

工作機械は切りくずを発生する。これが滑り面や軸受部に入らないように，機械自体にも防ぐ装置があるが，切りくずやごみなどが詰まって，しばしばその機能が十分に働かなくなることがあるため，よく注意して掃除するようにする。また，切削油剤や，流れ出た潤滑油なども，そのまま放置しておくと，悪い影響を及ぼすため，作業後は丁寧に掃除しなければならない。

工具や工作物を機械に取り付けるときも，その取付け面をよく清掃しないと，加工精度が悪くなると共に機械にもきずを付けることがある。

（3）工作精度の点検

工作機械の精度を保持する目的は，よい精度の工作物をつくることであるから，常に工作物の精度を点検して，機械の状態変化に留意することも作業者の大切な心がけの一つである。

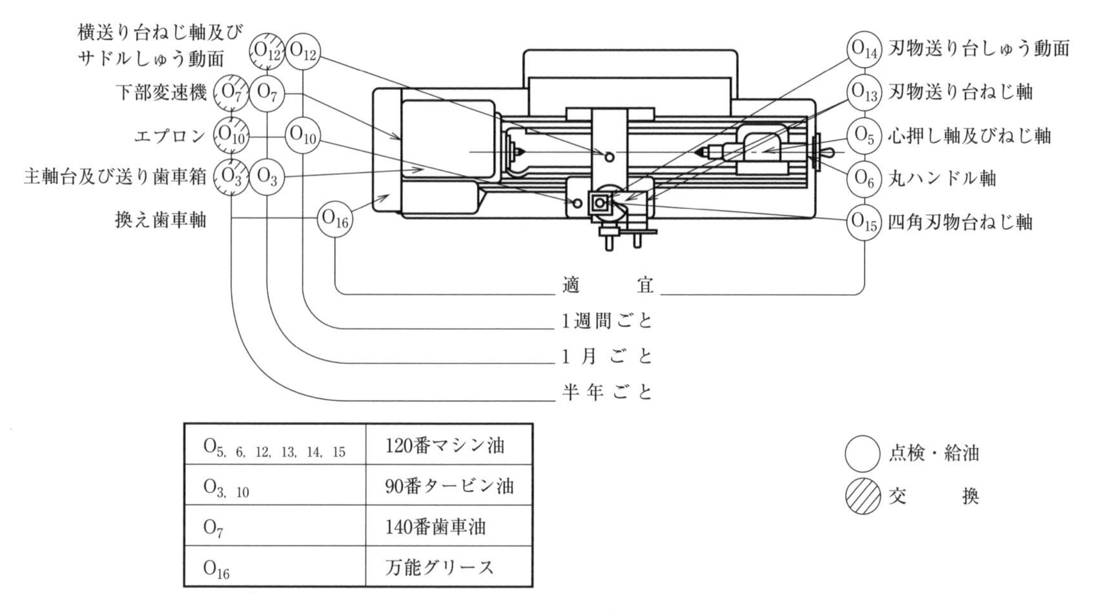

$O_{5,\ 6,\ 12,\ 13,\ 14,\ 15}$	120番マシン油
$O_{3,\ 10}$	90番タービン油
O_7	140番歯車油
O_{16}	万能グリース

図11－21　潤滑給油図の例

（4）　不具合の早期発見

作業者は，常に機械の運転状態を観察し，異常な振動や騒音を発するようであったら，その原因を確かめ，早期に発見して，大きな事故の発生を防ぐようにする。

5.2　定 期 検 査

定期検査は，１カ月もしくは半年ごとに，据付け精度，静的精度，工作精度，運転試験などを行うと同時に，摩耗部の調整や不良品の取替えなどを行い，突発事故を防止し，精度を常に必要な水準に保つために行う。機能回復のための修理の時期を予知するために，結果を記録しておくとよい。

5.3　点検，検査後の対策と修理

日常点検や定期検査の結果は記録整理して，故障の発生率の高いところや摩耗の著しい部分の部品は常に用意すると共に，その原因や対策を考え，また，更生修理を計画的に行うための資料にしなければならない。

第6節　安全衛生

6.1　機械作業の安全心得

（1）　服装について

図11－22に示すように，作業時における乱れた服装は「失敗」や「けが」の原因ともなることから，清潔で正しい作業服を着用する。

①　機械に巻き込まれないように，正しく清潔な衣服を着用する。

②　作業には，安全靴を使用する。

③　作業の内容によっては，安全靴，作業帽及びヘルメットの着用，マスクや保護めがね等の保護具の使用を徹底する。

④　機械作業では，巻込まれ等の危険があるため手袋を使用しない。

図11－22　安全の第一歩は服装から

（2）　整理・整頓・清潔・清掃の徹底

図11－23に示すように，整理・整頓・清掃は安全の第一歩であり，作業に取り組む「人」の基本的習慣とする必要がある。

①　散らかさない，散らかしたら片付ける。そして定められた場所に所定の物を置く。

②　整然とした物の置き方，積み方をして，少しの接触や振動でも荷崩れしないようにする。

③　安全通路を必ず確保する。

④　大きな物は下に，小さな物は上に，また重い物は下に，軽い物は上に積む。

⑤　図11－24に示すように，常に清掃・清潔に努める。

⑥　その他，始業前の点検，定期的に安全衛生点検を行うなど，安全を確保するために必要な環境の改善に努める。

整理整頓は
1　不必要なものは処分すること
2　必要なものだけ手近に
3　どんな品物にも一つひとつの置き場所を
4　いつも定まった置き場所に
5　辺や壁と平行又は直角に置く

図11－23　仕事上手は整理整頓上手

掃除も仕事のうちである！！

図11－24　掃除ができる人は仕事もできる

（3）　切りくずについて

切りくずの取扱いは安易に考えられがちであるが，切りくずによる災害は少なくない。切りくずの処理方法について徹底しておくことが大切である。

① 切粉や切りくずは，刃物のように鋭利であるため，素手ではなく，はけやくず取り棒等により処理する。

② 切りくずが長くなると，工作物に巻き付きやすくなり，加工面をきず付けたり，作業者にも危険を及ぼしたりするため，短いうちに処理する。

③ 床の上に散乱した切粉や切りくずは，靴の裏に刺さり，図11－25に示すように，つまずきや滑りの原因となるため，作業の区切りごとに掃除する。

④ 切粉が飛散して服に入りやすい作業（研削，グラインダ作業）では，適切なカバーを取り付けると共に，保護めがねや防じんマスクを着用する。

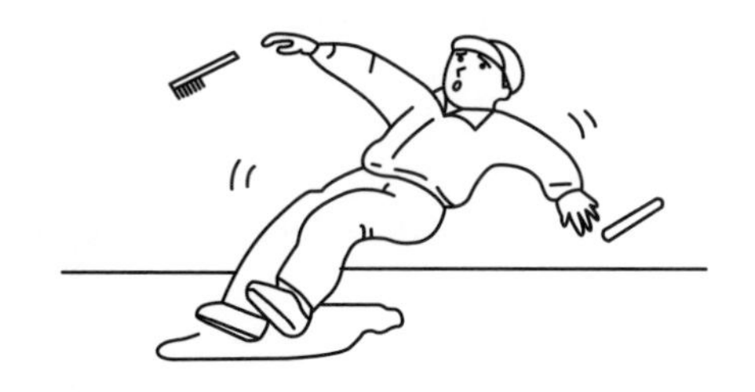

図11－25　靴底に刺さった切りくずで転ばないように

（4）　正しい作業手順

災害や失敗は作業の「慣れ」により起きやすく，「うっかりミス（ポカミス）」によるものが多いため，安全な作業手順を守るようにする。

① 作業内容を正しく理解するように努め，分かりにくい点については，図11－26に示すように，

質問等によりその内容をよく理解するようにする。

② 作業中は，作業手順の確認を行う。チェックリストを用い項目をチェックすると確実である。

(5) 工作物の取付け・取外し

機械への工作物や工具の取付けを確実に行う。

① 工作機械への工作物の取付け・取外し作業においては，手や指を挟んだり，刃物に接触したりしてけがをしやすいため，十分に注意する。

② 重い工作物の機械への取付け・取外し作業は，むりに１人で行わず，複数の人で行うか，リフトやクレーンを利用する。ただし，取扱資格をもつ作業者が行う。

(6) 機械の運転

機械の性能・特性及び状態をよく知り，正しい取扱い手順に基づいて操作する。

① 運転する機械周辺の不必要な工具類を取り除き，足場を安全にして作業を行う。

② 作業を始める前に，機械の予備運転をし，工具類の取付けなどの安全確認を行う。

③ 機械運転中は作業に専念し，機械周辺から離れない。

④ 機械を運転するときは，まず電源スイッチを入れた後，手元スイッチを入れる。また停止するときは，手元スイッチを切ってから，電源スイッチを切る。

⑤ 機械の音や振動及び熱等に注意し，異常があった場合は直ちに機械を停止し，必要な措置を取る。

⑥ 複数で共同作業をする場合は，図11－27のようにならないよう，声をかけ合い，お互いの安全を確認しながら行う。

⑦ 機械の点検や修理・掃除をするときは，手元スイッチを切った後，他の作業者に分かるように，表示札等をかけてから行う。

⑧ その他，機械のそれぞれに必要な安全心得があるため，それらの指示に従い，正しい作業を行う習慣を身に付ける。

図11－26　作業手順は十分な打合せを

図11－27　共同作業ではお互いに声を掛け合うこと

6.2　工作機械の取扱い安全心得

（1）　旋盤作業について

① 機械に巻き込まれないように，決められた正しい作業服を着用する。

② 切りくずや切粉の飛散する工作物の場合は，図11－28に示すようなことにならないよう，必ず保護めがねを着用する。

③ チャックやフラットの取付け・取外しの場合には，万が一それらを落としてもけがや機械の損傷がないよう，あらかじめベッド上に板等を敷いておく。

④ 止むを得ずチャックのつめを張り出して作業する場合は，手でスピンドルを回し，ベッドや刃物台につめが干渉しないことを確認してから運転を行う。

⑤ 心押し台のスピンドルを，必要以上に長く突き出さないようにする。

⑥ チャックやフラットに，ハンドルや締付け具を放置せず，使用後は必ず取り外す。

⑦ 工具・工作物の取付け・取外し作業や工作物の測定作業は，機械を停止してから行う。

⑧ 回転中の機械や工作物を手で触ったり，布等で拭いたりしない。特に表面の粗い工作物は，布を巻き込んだり，指先を切ったりする危険がある。

⑨ 刃物や工作物に切りくずが巻き付いた場合は，機械を停止し，くず取り棒やはけ等の適当な道具を用いて処理する。絶対に素手で処理しない。

⑩ ベッドの上には，工具類や素材などの物を置かないように心掛ける。

⑪ バイトの突出しをできるだけ短くして，刃物台に確実に取り付ける。

⑫ 細くて長い素材の加工に際しては，切削条件の選定と共に，振止め等の特別な配慮が必要である。

⑬ 切りくずや切粉が飛散し，周りの作業者への危害が予測される場合は，安全囲いや柵を設ける。

図11－28　保護めがねを着用しない作業は危険

（2）　フライス盤作業について

① 工作物の取付け・取外し作業や工作物の測定作業は，機械を停止してから行う。

② 刃物が回転している間は，図11－29に示すように，ウエスや手で工作物面を拭いたり，切りくずを払ったりしてはいけない。

③ 刃物の回転方向を考え，危険のない作業位置を取る。

④ 刃物の特性を考え，むりのない加工を心がける。

⑤ 横フライス盤作業で長いアーバを用いる場合，必ずサポートを取り付けて作業する。止むを得ずサポートなしで作業する場合は，低速回転で行う。

⑥ 主軸や送りの変速を行うときは，回転や送りを止めて確実に行う。

⑦ 工作物をバイスに挟むときは，口金のほぼ中央で締め付ける。

⑧ テーブルやサドルの送りねじにバックラッシがあるものは，ダウンカットの切込み深さに注意する。

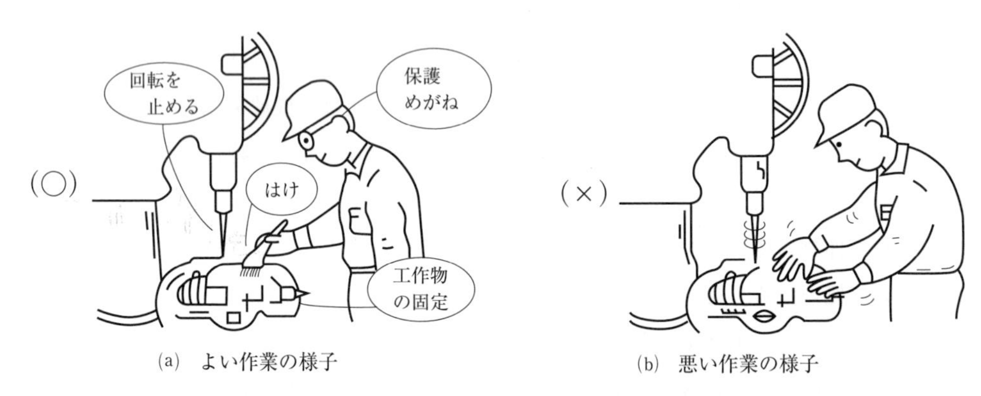

(a) よい作業の様子　　(b) 悪い作業の様子

図11－29　フライス盤作業における安全作業の徹底

(3) ボール盤作業について

① 工作物が振り回されないように，固定したテーブルに工作物を確実に取り付ける。特に薄い板などの材料では注意し，回り止めを使用したり，しゃこ万力などで工作物を固定する。

② 工作物が振り回される危険が高いのは，穴が貫通するとき，ドリルを戻すとき，又は深穴加工において切りくずが詰まったとき，切れ味の悪いドリルを使用したときなどである。

③ 工作物が振り回された場合はむりに手で押さえたりせず，直ちに機械を止めて，適切な処置を取る。

図11－30　手袋の使用は危険

④ 図11－30に示すように，巻込みの原因となるため，作業時には手袋を使用しない。

⑤ 貫通するような作業では木材などを下に敷き，工作物を確実に取り付けて作業を行う。

⑥　ドリル作業では切りくずの飛散があるため，周囲の状況により危険を及ぼすおそれがある場合は，防護用の囲いや柵を置き，周囲の掃除をよくする。

（4）　研削盤作業について

①　といし回転のスイッチを入れる場合は，といしの円周方向には立たない。
②　といし回転のスイッチを入れた後，１～２分間は空運転し，といしの安全等を確認する。
③　小物や背の高いもの等，不安定な工作物の場合，電磁チャックへの取付け作業を，ブロックやバイス，イケール等を使って，確実に行う。
④　適切な研削条件を設定し，決してむりな研削をしない。
⑤　必ず保護めがねや防じんマスクを着用する。
⑥　といしから十分に離れた機械上の安全な場所で工作物の取付け，取外し及び測定作業を行う。
⑦　使用後は，といしに吸収された研削液を完全に切るために，５分間程度，空運転させる。
⑧　作業終了後は作業面をよく清掃し，テーブル面など必要箇所には適切な防せい処置をする。
⑨　といしの取替え業務を行う場合は，必ず特別教育を修了する必要がある。

（5）　卓上用グラインダ作業について

①　といしは高速回転することから，遠心破壊を防止するため，バランスの狂いやといし表面の変形を必ず補正する。
②　始動後１～２分間は空運転を行い，安全を確認する。また，破壊の危険性があるため，といしの正面には立たない。
③　といしの側面を使った作業はしない。
④　といしとワークレスト間の距離は，３mm 以内とする。
⑤　工作物をむりに押し付けるなど，過激な研削をしない。
⑥　小さな工作物をプライヤやペンチに挟んで加工する場合があるが，そのときは工作物が飛ばないように十分に注意する。
⑦　巻込まれ等の危険があるため，工作物に布を巻いたり，手袋をして作業をしない。
⑧　作業に当たっては，図11－31 のようにならないよう，といしカバーを使用するか，保護めがねを必ずかける。

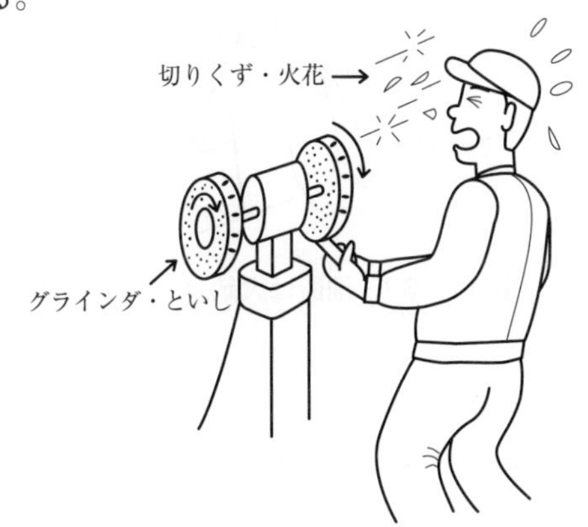

図11－31　といしカバーか保護めがねを使用する

（6）　のこ盤作業について

①　不安定な工作物の取付けは危険なことから，バイスに挟むときは，遊びのないよう，確実に取

り付ける。

② 多くの工作物をまとめたり，重ねたりする切断は不安定となるため，できる限り行わない。

③ 作業には，工作物の形状や材質に適したのこ歯を用いる。

④ 歯の張り具合が強すぎると折れやすく，弱いと切断面が曲がりやすくなるため，その調整を正しく行う。

⑤ 切削油の飛散や漏れに注意し，のこ歯の加工点に適量の油をかけると共に，周辺を汚さないように注意する。

6.3　NC 旋盤の安全作業

（1）　非常停止ボタンの確認

油断して図11－32 のようにならないよう，回転時に機内に手を入れない。

機械操作に専念し，他のことに気を取られて，図11－33 のように，機械に巻き込まれないようにする。

図11－34 のように，非常停止ボタンの位置を確認し，非常の際にいつでも押せるようにする。

電源投入時，非常停止の機能が有効であることを確認する。

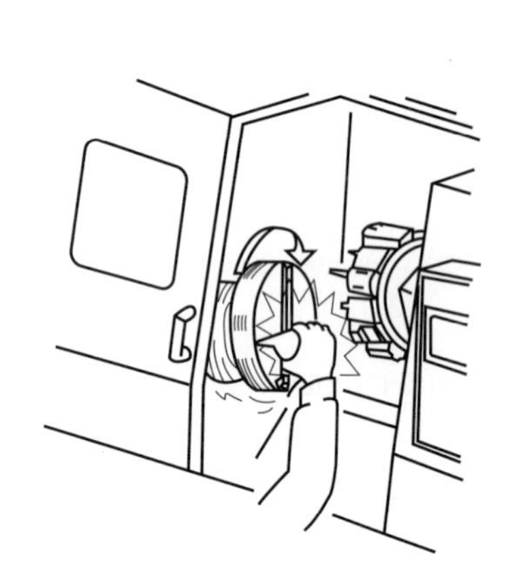

図11－32　油断は大敵

図11－33　作業に専念すること

図11－34　非常停止ボタンは
いつでも押せる態勢で

（2）　ドア閉じの励行

制御盤・強電盤・操作盤ドア及び前ドアを開けたまま機械運転を行わない。

図11－35 のように，特に前ドアを開けたままの加工は切りくず等が飛散し，危険である。

（3）　水溶性切削油剤の使用

切削油剤（クーラント）は，なるべく水溶性のものを使用し，悪臭やかぶれなど人体に悪影響を及ぼす成分を含んでいないことを確認する。

油性切削油剤を使用する場合は，火災が発生しないように切削条件及び加工状態に注意する。

万が一の火災発生に備え，消火器を機械のそばに設置する。

（4）　不安定な工作物の保持禁止

加工時，切削力や遠心力が工作物に働くため，図11－36に示すように工作物が飛び出す危険性はいつも存在している。

切削条件（送り，切込み，主軸回転速度）や工作物の把握（保持）方法等を十分検討し，安全作業を行う。

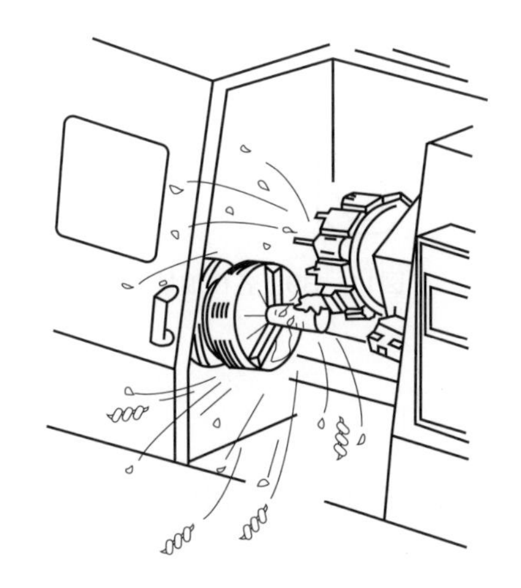

図11－35　ドアをしっかり閉めて作業する

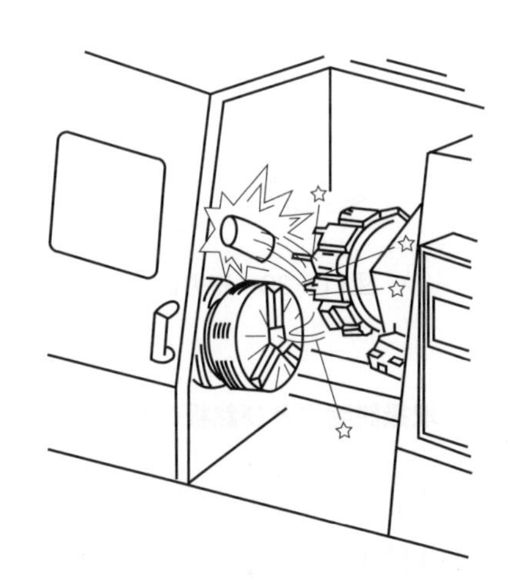

図11－36　不安定な工作物はいつ外へ飛び出すか分からない

（5）　エアブローによる清掃の禁止

図11－37に示すように，エアブローによる機械内の清掃を行わない。細かい切りくずが精密部分に侵入すると機械に悪影響を与える。

×

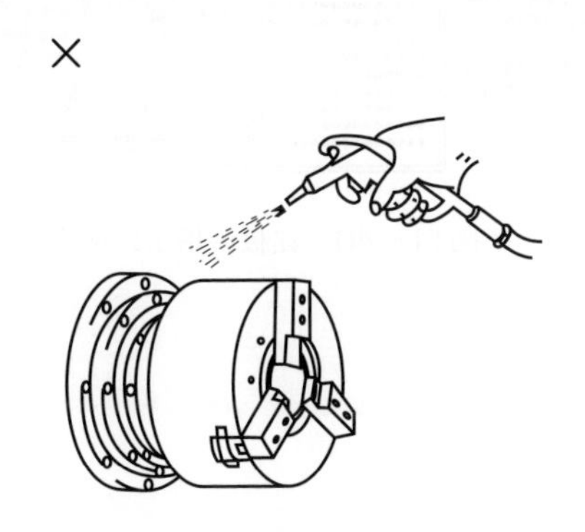

図11－37　不要なエアブローはやめる

（6）　日常点検や保守の励行

図11－38に示すように，油圧，潤滑油，空圧などの圧力が正常か圧力計で確認する。

図11－39に示すように，油圧作動油，潤滑油，切削油の量が十分かどうか，液量計で確認する。

その他機械周辺を確認し，油漏れ，外部電線の被覆の確認をする。

日常点検及び定期的な点検・保守作業を怠らないようにし，機械を常に安全な状態で使用するように心がける。

図11－38　圧力計の確認

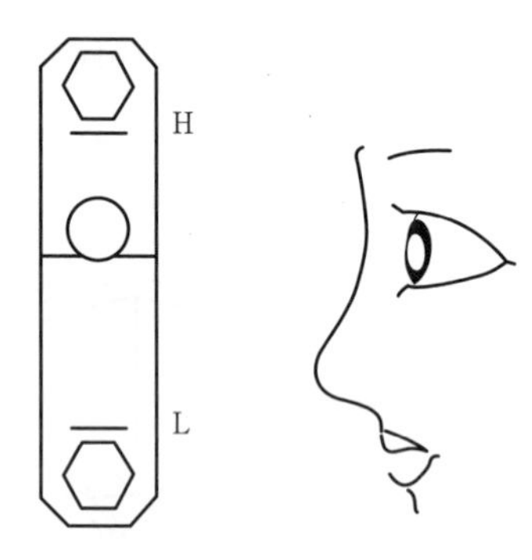

図11－39　各種油量の適正化

（7）　取扱説明書及び銘板の指示事項の励行

機械を使用する前には，必ず取扱説明書を熟読してその指示に従う。また，図11－40に示すように，機械に貼り付けられた銘板の指示に従う。

図11－40　銘板の指示に従う

〔第 11 章のまとめ〕

第 11 章で学んだ機械加工の周辺技術に関する次のことについて，各自整理しておこう。

(1) 専用機にはどのような機能と特徴があるか。

(2) ジグ・取付具の使用目的は何か。また，それらにはどのような利点があるか。

(3) 工作機械の主な試験・検査にはどのような方法があるか。

(4) 工作機械の主な日常の保守と点検にはどのような方法があるか。

(5) 機械作業の安全について，どのような心得があるか。

(6) 各種工作機械の作業において，安全上どのような点に注意すべきか。

(7) NC 旋盤の作業において，安全上どのような点に注意すべきか。

（　）内は本教科書の該当ページ

○使用規格一覧

1. JIS B 0105：2012「工作機械－名称に関する用語」（23，56，156）（発行元　一般財団法人日本規格協会（以下同））
2. JIS B 0170：1993「切削工具用語（基本）」（86，90）
3. JIS B 0172：1993「フライス用語」（101）
4. JIS B 0173：2002「リーマ用語」（130）
5. JIS B 0181：1998「産業オートメーションシステム－機械の数値制御－用語」（147）
6. JIS B 1004：2009「ねじ下穴径」（288）
7. JIS B 4051：2014「研削といしの選択指針」（218）
8. JIS B 4053：2013「切削用超硬質工具材料の使用分類及び呼び記号の付け方」（45，46）
9. JIS B 4751－1：1999「ハクソー」（283）
10. JIS G 4403：2015「高速度工具鋼鋼材」（48）
11. JIS K 2241：2017「切削油剤」（53，54）
12. JIS R 6001－1：2017「研削といし用研削材の粒度－第1部：粗粒」（209）
13. JIS R 6001－2：2017「研削といし用研削材の粒度－第2部：微粉」（209）
14. JIS R 6242：2015「といし－一般的要求事項」（207，211，212）
15. JIS Z 3001－1：2018「溶接用語－第1部：一般」（367，382）
16. JIS Z 3211：2008「軟鋼，高張力鋼及び低温用鋼用被覆アーク溶接棒」（372）

（　）内は本教科書の該当ページ

○参考規格一覧

1. JIS B 4053：1998「切削用超硬質工具材料の使用分類及び呼び記号の付け方」（46）
2. JIS B 4232「インボリュートフライス」（171）
3. JIS B 4704：1964「紙やすり」（278）
4. JIS B 6190－1：2016「工作機械試験方法通則」（398）
5. JIS B 6201：1993「工作機械－運転試験方法及び剛性試験方法通則」（396）
6. JIS B 6202：1998「普通旋盤 」（398）
7. JIS R 6111：2005「人造研削材」（208）
8. JIS R 6211－1～16：2014「といし－寸法－」（216）
9. JIS R 6251：2006「研磨布」（273）
10. JIS R 6252：2006「研摩紙」（273）
11. JIS R 6253：2006「耐水研摩紙」（273）
12. JIS T 8141：2003「遮光保護具」（369）
13. JIS Z 2241：2011「金属材料引張試験方法」（381）
14. JIS Z 3121：2013「突合せ溶接継手の引張試験方法」（381）
15. JIS Z 3801：1997「手溶接技術検定における試験方法及び判定基準」（382）

（　）内は本教科書の該当ページ

○引用文献（五十音順）

1．「'07 － '08 イゲタロイ切削工具」住友電工ハードメタル㈱，2006／pN14（104）／pG7（105）

2．「2001 － 2002 切削工具」サンドビック㈱，2001／pB140（102）／pC004 － 005（113）

3．3D Systems Ltd. 公式ウェブサイト，イメージギャラリー内（362）

4．「ADH N シリーズ」㈱エスエヌシー公式ウェブサイト（328）

5．EOS GmbH（357）

6．「Handbook of Machine Tools Volume 1」M.Weck，John Wiley and Sons，1984／p158，図 9.4（一部追記）（178）／p119，図 8.3（一部追記）（199）

7．『JTEKT Engineering Jornal No. 1004』「円筒研削盤用寸法不良防止システム」沢木典一・米津寿宏・杉浦浩昭著，㈱ジェイテクト，2007，p115，図 4（199）

8．Mcor Technologies Ltd. 公式ウェブサイト（359）

9．「NACHI　切削工具 2010」㈱不二越，2009／pH － 20（101）／pH － 22（102）

10．「NC 工作概論」職業能力開発総合大学校 基盤整備センター編，雇用問題研究会，2016／p29，図 2 － 23（248）／p30，図 2 － 24 ～ 2 － 25（249）／p30，表 2 － 1（一部追記）（249）／p31，図 2 － 31（250）／p32，図 2 － 32（一部変更）（251）／p32，図 2 － 33 ～ 2 － 35（251）／p33，図 2 － 37（250）／p54，図 3 － 10（一部追記）（250）／p54，図 3 － 9（一部追記）（248）

11．「POPULAR SCHIENCE」第 167 巻，第 2 号，BONNIER Corporation，1955，p107（20）

12．「SH － MIN」㈲寺澤鉄工所公式ウェブサイト（328）

13．stratasys.Ltd. 公式ウェブサイト，イメージギャラリー内／「橋の建築モデル」「ABSplus 樹脂で製作されたバッテリーボックス」（358）／「他社の追随を許さない」「複雑さを明確にする」（360）

14．「Tool and Manufacturing Enginerrs Handbook」Society of Manufacturing Engineers，1998，p15 － 38，図 15 － 33（一部変更）（59）

15．㈱アマダ公式ウェブサイト／「シャーリングマシン（M シリーズ）」（338）／「ベンディングマシン HG シリーズ」（339）

16．「絵とき　機械工学のやさしい知識」小町弘・吉田裕亮・金野祥久・櫻井美千代著，オーム社，1993／p133，図 3.48（93）／p139，図 3.59（94）／p139，図 3.58（134）

17．「絵とき　研削の実務－作業の勘どころとトラブル対策－」海野邦明著，日刊工業新聞社，2007／p14，図 1.11（207）／p19，表 1.2（210）／p22，図 1.20（211）／p22，表 1.3（212）／p242，図 1.22（213）

18．「エンジンブロック（TSR － 884B）」シーメット㈱公式ウェブサイト（355）

19．「円筒研削盤の世界（2010 年 1 月号）」㈲大橋機械，2010（19）

20．「改訂　機械工作法（2）」米津栄著，朝倉書店，1984，p61，表 8.5（127）

21．「改訂　機械製作法（2）」竹中規雄著，コロナ社，1973，p99，図 3 － 38（一部追記）（93）

22．「改定新版　工作機械」益子正巳・伊東誼著，朝倉書店，1981，p126，図 5.17（一部追記）（63）

23．「加工の工学」篠崎襄・広田平一著，開発社，2000，p87，図 3.11（93，94）

24．「金型工作法」高木六弥著，日刊工業新聞社，1973，p106 ～ 107，図 6.2，図 6.3（97）

25. 「金型工作法」職業能力開発総合大学校 基盤整備センター編，雇用問題研究会，2017，p120，図4－9（348）

26. 『機械資料館』㈱三共製作所公式ウェブサイト／「万能フライス盤」（18）／「内面研削盤」（19）

27. 「機械設計法　第3版」塚田忠夫・吉村靖夫・黒崎茂・柳下福蔵著，森北出版，2015，p57，表3.8（205）

28. 「研削盤製品総合カタログ（1410－1500－CDG－KP）」セイコーインスツル㈱，p1，p3（一部追記）（201）

29. 「工作機械工学」伊東誼・森脇俊道著，コロナ社，2004，p25，図1.14（20）

30. 「工作機械入門」福田力也著，理工学社，1990，p148，8・86図（一部追記）((221)

31. 「工作機械の歴史」L. T. C. ロルト著，平凡社，1993／p21，図3（16）／p27，図6～7（16）／p35，図11（17）／p61，図20（18）／p73，図22（18）／p103，図34（18）

32. 「高出力レーザプロセス技術」新井武二著，マシニスト出版，2004／p47，図3.2（254）／p53，図3.5（253）／p56，表3.3（254）

33. 「高精度3次元金型技術－CAD／CAE／CAT入門－」武藤一夫著，日刊工業新聞社，1995，p161，図12（98）

34. 「新版　JIS半自動溶接受験の手引」日本溶接協会出版委員会編，産報出版，2005／p15，表1.1（一部変更）（366）／p163，図6.3（381）

35. 「新版　アーク溶接技能者教本」㈳日本溶接協会監修，産報出版，1995／p25，図2.1（371）

36. 「新編　工作機械」伊藤鎮・本田巨範・竹中規雄著，養賢堂，1966，p168，第1.29図（62）

37. 「新マシニング・ツール事典」新マシニング・ツール事典編集委員会，産業調査会，1991／p512，図3.3.2～3.3.3（129）／p691，表10.1.3（一部追記）（206）／p694，図10.1.3（一部追記）（210）／p781，表12.3.1（252）

38. 「図解レーザのはなし」谷腰欣司著，日本実業出版社，2000，p160，図1（253）

39. 「精密機械加工の原理」安木暢男・高木純一郎著，日刊工業新聞社，2011，p266，図6.49（243）

40. 「切削工具2013～2014」日立ツール㈱，2012，pC2（86）

41. 「旋削工具・ミーリング工具・穴あけ工具総合カタログ2006～2008」三菱マテリアル㈱，2001／pF031（一部追記）（44）／ppA0002～A0003（87）

42. 「テクニカブックス37　型彫・ワイヤ放電加工マニュアル」向山芳世監修，大河出版，1989，p10，図6（243）

43. 「鉄を知る／4　熱間圧延」日新製鋼㈱公式ウェブサイト（342）

44. 「トコトンやさしい工作機械の本」清水伸二・岡部眞幸・坂本治久・伊東正頼著，日刊工業新聞社，2011，p71，図1（202）

45. 「板金工作法及びプレス加工法」能力開発研究センター編，職業訓練教材研究会，2006／p33，図1－25～1－26（338）／p49，図1－67（339）／p54，図1－75（339）

46. 「理論切削工学」小野浩二著，現代工学社，1995，p229，図4・57（200）

（　）内は本教科書の該当ページ

○協力企業

㈱NTT データエンジニアリングシステムズ（356）

索 引

[数字・アルファベット]

[あ]

[き]

[く]

[し]

[す]

［せ］

［そ］

[に]

[ね]

[の]

[は]

[ひ]

[ふ]

[へ]

[ほ]

[ま]

[む]

[め]

[も]

[や]

[ゆ]

[よ]

[ら]

[り]

［れ］

［ろ］

［わ］

委員一覧

平成４年３月		
〈作成委員〉	大野　信行	神奈川県立技能訓練センター
	桑原　辰夫	元職業訓練大学校
	佐藤　　初	神奈川総合高等職業訓練校
	滝本　秀雄	元職業訓練大学校
	田辺　　豊	神奈川総合高等職業訓練校
	西沢　史次	松本総合高等職業訓練校
平成15年３月		
〈改定委員〉	小川　秀夫	職業能力開発総合大学校
	片岡　義博	職業能力開発総合大学校
	東江　真一	職業能力開発総合大学校
	日向　輝彦	職業能力開発総合大学校
	武藤　一夫	職業能力開発総合大学校

（委員名は五十音順，所属は執筆当時のものです）

職業訓練教材

機械工作法

厚生労働省認定教材	
認定番号	第58643号
認定年月日	昭和58年10月６日
改定承認年月日	平成30年１月11日
訓練の種類	普通職業訓練
訓練課程名	普通課程

昭和59年２月　初版発行
平成４年３月　改定初版１刷発行
平成15年３月　改定２版１刷発行
平成30年２月　改定３版１刷発行
令和７年２月　改定３版７刷発行

編　集　独立行政法人 高齢・障害・求職者雇用支援機構
　　　　職業能力開発総合大学校 基盤整備センター

発行所　一般社団法人 雇用問題研究会
〒103－0002 東京都中央区日本橋馬喰町１－14－５ 日本橋Ｋビル２階
電話 03（5651）7071（代表） FAX 03（5651）7077
URL https://www.koyoerc.or.jp/

印刷所　株式会社 ワイズ

151502-25-11

ISBN978-4-87563-420-1